D1720934

FREI

HSG Zander GmbH

D-81663 München

Dietmar Benda

Wie sucht man Fehler in elektronischen Schaltungen?

Elektronik

Dietmar Benda

Wie sucht man Fehler in elektronischen Schaltungen?

Fehlersuche mit Methode

Mit 170 Abbildungen

FRANZIS

Bibliografische Information der Deutschen Bibliothek

Die Deutsche Bibliothek verzeichnet diese Publikation in der Deutschen Nationalbibliografie; detaillierte Daten sind im Internet über **http://dnb.ddb.de** abrufbar.

© 2007 Franzis Verlag GmbH, 85586 Poing

Satz: Fotosatz Pfeifer, 82166 Gräfelfing
art & design: www.ideehoch2.de
Druck: Legoprint S.p.A., Lavis (Italia)
Printed in Italy

ISBN 978-3-7723-**5268**-3

Vorwort

Der Fehlersuche in Anlagensystemen, Baugruppen, Schaltungen und Bauelementen kommt in Hinblick auf einen kostengerechten und qualitativen Service- und Wartungsaufwand eine sehr große Bedeutung zu.

Die weitgehendst automatisierten Produktions- und Fertigungsanlagen erfordern gut ausgebildete Instandhalter.

Die Fehlersuche auf nicht logisch begründete Ursachen oder nur vage Vermutung und das daraus unsystematische Vorgehen bei der Fehlersuche ist fehlerträchtig, zeit- und kostenaufwendig. Dies führt auch in den überwiegenden Fällen zu einer erheblichen Qualitätsminderung des Geräts bzw. der Anlage.

Erfolgreiche Instandhaltung erfordert daher eine Persönlichkeit mit folgenden Eigenschaften:

- solides Fachwissen,
- schnelles Erfassen von Systemzusammenhängen,
- Teamfähigkeit und Organisationstalent zum Austausch und zur Beschaffung von Informationen.

Entsprechend diesem Anforderungsprofil und der Vorgehensweise einer systematischen Fehlersuche, gliedert sich der Inhalt dieses Buchs in vier Themenbereiche:

Aneignung von Systemwissen
An dem Beispiel einer automatisierten Fertigungsanlage wird die Erkundungs- und Strukturierungsphase zur Ermittlung der Systemzusammenhänge aufgezeigt.

Systematische Fehlersuche an automatisierten Geräten und Anlagen
Anhand von Informationen, Ist-Zustand und Diagnoseergebnissen wird eine Instandsetzung an einer automatisierten Produktionsanlage beschrieben.

Signalüberprüfungen und Messungen elektrischer Größen in Baugruppen und Schaltungen
An vielen exemplarischen Schaltungsbeispielen aus der Linear-, Digital-, SPS- und der Computertechnik wird die schaltungsspezifische Systematik der Fehlersuche erklärt.

Fehlersuche mit automatischen Clip-Test- und Diagnosesystemen in Baugruppen
Möglichkeiten der Funktionsprüfung über Spannungs-, Verbindungs-, VI-Kurven- und Vergleichstests sowie Kurzschluss-Lokalisierung.

In der Elektronik gibt es unterschiedliche Anwendungsbereiche mit unterschiedlichen Schaltungstechniken und Schaltungskonfigurationen. **Daher kann es nicht nur eine Betrachtungsweise geben,** sondern es werden entsprechend den schaltungsspezifischen Merkmalen und den Erfahrungen aus der Praxis unterschiedliche Funktionsbetrachtungen und Überprüfungsmethoden beschrieben und dargestellt.

Das Buch versteht sich als Leitfaden für alle, die Instandhaltung und Fehlersuche unterrichten, vermitteln und anwenden müssen.

Inhalt

HSG Zander GmbH

D-81663 München

1 Grundregeln für erfolgreiche Instandhaltung

Durch die Automatisierung aller Produktionsbereiche ist die Instandhaltung und die Fehlerbeseitigung in der Prozessautomation ein zunehmender Kosten- und Qualitätsfaktor (Verfügbarkeit und Genauigkeit).

1.1 Systematik, Logik und Erfahrung sichern den Erfolg

Aufgrund der großen und komplexen Anlagen und der unterschiedlichen Anlagensystematik muss der Instandhalter in der Lage sein, sich in die Systemfunktionen der Anlage vor Ort einzuarbeiten. Der Instandhalter unterscheidet sich hierbei von einem Reparateur von immer gleichen Serienprodukten.

Fehler suchen kann man auf zwei verschiedene Arten: Mit Logik und Systematik oder auf Verdacht und Intuition. Bei beiden Methoden ist die Berufserfahrung für den Erfolg ausschlaggebend. **Aber nur die auf Logik und Systematik aufbauende Fehlersuche führt zum sicheren Erfolg in einem vertretbaren Zeitrahmen.** Die Fehlersuche auf Verdacht und Intuition ist auf den Zufall angewiesen; sie kann – muss aber nicht – zum Erfolg führen.

Bei der Fehlersuche muss zwischen bekannten und unbekannten Systemen und Funktionen unterschieden werden. Bei bekannten Systemen und Funktionen wird ein Großteil der Störungen und Defekte zu Routinefehlern. Dazu ein Beispiel:

Ein Wartungsfachmann, der über einen längeren Zeitraum Geräte mit gleicher Funktion repariert und instand hält, z. B. Fernseh-, Rundfunk- und Videogeräte oder Personal-Computer, hat es immer oder in den meisten Fällen mit gleich gearteten Fehlern an Geräten mit demselben Funktionsprinzip zu tun. An diesen Geräten ist das Funktionsprinzip von vornherein bekannt (auch bei verschiedenen Fabrikaten), d. h., es braucht nicht anhand von Unterlagen rekonstruiert zu werden. Die defekten Baugruppen und die damit auftretenden Fehlersymptome können mit zunehmenden Erfahrungseindrücken immer sicherer lokalisiert und gedeutet werden. Hier entwickelt sich ein Fehlersuchschemata – kein Fehlersuchsystem –, das nur auf Erfahrungswerten basiert und in etwa so abläuft:

- Fehlersymptom A verursacht durch Fehler in Baugruppe X oder Schaltung Y.
- Fehlersymptom B verursacht durch Defekt in Schaltung Z.

Diese Art – oder besser gesagt Gewohnheit – der Fehlersuche hat ihre Vorteile, aber auch Nachteile. Der Instandhalter verlernt es, unter Anwendung seiner fachlichen Kenntnisse Fehler methodisch und systematisch zu analysieren und zu lokalisieren. Die Folge ist die zwangsläufige Verminderung der permanenten Übung, die systematische Anwendung des erlernten Fachwissens. Verbunden ist damit gleichzeitig eine Verminderung der Lernfähigkeit, sich auf neue oder unbekannte Systeme und Funktionen einzustellen.

Das Gegenteil ist der Instandhalter, der aufgrund seiner fundierten Fachkenntnisse sowie einer gewissen Systematik und Logik an kundenspezifischen und z. T. einmaligen Geräten und Anlagen Fehler orten und lokalisieren kann, über deren Funktionsabläufe und Funktionseinheiten er sich erst anhand von Informationen und Dokumentationen eine Übersicht und einen Einblick verschaffen kann. Hier zeigt sich der Fachmann in Hinblick auf selbständiges und methodisches Arbeiten.

In den folgenden Abschnitten soll dem Lernenden an typischen Beispielen aus der Industriepraxis ein systematischer Orientierungsweg aufgezeigt werden, wie er selbständig an automatisierten Anlagen Schaltungen und Komponenten durch zielgerichtetes und systematisches Vorgehen sich die Systemübersicht und Kenntnisse aneignet, die es ihm ermöglichen, selbständig eine Störung oder einem Defekt zu beseitigen. Der hierbei begangene systematische Weg orientiert sich immer an dem in Abb. 1.1 dargestellten Schemata.

Zuvor jedoch sollte noch der folgende Abschnitt aufmerksam aufgenommen werden. Er ist ein sehr wesentlicher Beitrag für eine erfolgreiche Instandhaltung und die Repräsentation Ihres Unternehmens.

Aneignung von System- und Anlagenwissen

Systematische Fehlersuche an Systemen und Anlagen

Spannungs- und Signalüberprüfungen an Baugruppen und Schaltungen

Fehlersuche und Funktionsprüfungen an Komponenten und Bauteilen

Abb. 1.1: Systematische Fehlersuche von der Anlage bis zum Bauelement

1.2 Auftreten und Verhalten beim Kunden

Das Auftreten und die Gesprächsführung beim Kunden sind wichtige Bestandteile für eine erfolgreiche Tätigkeit des Instandhalters.

Der erste Eindruck, den Sie machen, ist äußerst wichtig. Sobald Sie dem Kunden gegenüberstehen, werden Sie von ihm beurteilt. Dies ist eine einmalige Chance, die Sie haben, das Verhältnis zum Kunden auf Dauer gesehen gut und positiv zu gestalten (Abb. 1.2). Hierzu gehören:

- positive Einstellung
- Pünktlichkeit
- Äußeres Erscheinungsbild
- Augenkontakt
- sicheres Auftreten

Die Vertrauensbasis, die man sich durch sein Auftreten aufgebaut hat, darf man sich nicht durch schlecht geführte Gespräche oder durch falsche Aktivitäten zerstören. Stellen Sie deshalb Fragen und bitten Sie den Kunden, über die Störung zu berichten.

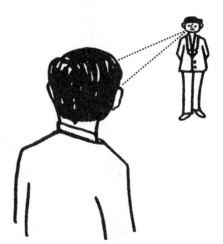

Abb. 1.2: Ersten Eindruck positiv gestalten

Abb. 1.3: Gleichgewicht der Gesprächsführung

Abb. 1.4: Auf Einwände ruhig und überzeugend eingehen

Achten Sie hierbei auf ein gutes Gleichgewicht im Gespräch (Abb. 1.3) und versuchen Sie Einwänden durch aktives Zuhören, überzeugende Analyse des Einwands sowie durch ruhiges und überzeugendes Antworten zu begegnen (Abb. 1.4). Denken Sie immer an ein Ziel:

Ihre Arbeit ist das Vertrauen, das der Kunde Ihnen und dem Produkt entgegenbringt.

2 Aneignen von Anlagen- und Systemkenntnissen

Ausgangspunkt dieser Betrachtung ist die Notwendigkeit, sich an einer unbekannten automatisierten Produktionsanlage einen Überblick zu verschaffen, insbesondere über den Aufbau, den Funktions- und den Prozessablauf, die Bedienung und die Programmierung.

2.1 Systemerkundung über Bekanntes und Unbekanntes

Bearbeitungszentren, Industrieroboter und Fertigungszentren haben bestimmte Hardware- und Software-Strukturen, die es zu erfassen und der Gesamtfunktion zuzuordnen gilt.

Bei den Hardware-Funktionen wären dies z. B. die Fragen:
- Werkstücktransport,
- Werkzeugwechsel,
- CNC-Achsen, Art der Antriebe,
- Schmiersysteme für Achsen,
- hydraulisch und pneumatisch gesteuerte Funktionsabläufe,
- Kühlsystem,
- Hilfsaggregate zur Druck-, Schmier- und Kühlmittelversorgung, Standort,
- Sicherungssysteme für Not-Aus- und Sperrfunktionen, wie z. B. Lichtschranken, Lichtvorhänge, Kontaktmatten, Schranken und Türen,
- Art und Typ der Steuerungen bzw. der Automatisierungsgeräte, z. B. zentrale oder dezentrale Steuerung,
- Standorte der Bedienpulte und ihre Zuordnung,
- Standort der Steuerschränke.

Fragen zu den Software-Strukturen:
- Programmstrukturen, Programmiersprache,
- Verkettung von CNC- und SPS-Programmen,
- Vernetzungsstruktur bei dezentraler Steuerung,
- Bedienprogramme,
- Fehlersuchprogramme und Umfang der Service-Unterstützungsprogramme,
- Sicherung der Programme.

Besonders wichtig ist es, detaillierte Informationen über abweichende oder unbekannte Funktionsmerkmale zu bekommen. Dazu gehören Erkundungen über zuständige Personen für:

- Verantwortung der Produktionseinrichtung,
- Bedienung der Anlage,
- Systemverantwortung,
- CNC-Programmierung,
- SPS-Programmierung,
- Elektrik,
- Mechanik, Hydraulik, Pneumatik.

Ein erheblicher Teil der hier gestellten Fragen und die wichtigsten Informationen können mit Hilfe der Dokumentation der Anlage beantwortet werden. Dokumentationen können sehr umfangreich, aber auch sehr verwirrend und unübersichtlich aufgebaut sein. Sollten wichtige Bestandteile zur Erlangung einer vollständigen Systemübersicht oder Bearbeitungsunterlagen (z. B. Programmablaufpläne, Programmlisten, Schaltungsunterlagen) fehlen, dann müssten diese Unterlagen unbedingt vor dem Serviceeinsatz beschafft werden.

2.2 Informationen gezielt sammeln

Auf die Frage: **Was zeichnet einen guten Instandhalter aus?** erhält man vielleicht die Antwort: **Der kennt alle wichtigen Informationsquellen!**

Einen schlechten Eindruck macht immer der Instandhalter, der planlos in der Gegend herumtelefoniert, um sich Informationen und Unterlagen zu beschaffen.

Bevor das Betriebspersonal oder über Telefon die Herstellerfirma befragt wird, sollte sich der Instandhalter eine Checkliste mit den zu stellenden Fragen anlegen. Nur auf präzise Fragen erhält man präzise Antworten.

Hierzu einige Beispiele:
- unpräzise Frage:
  Es fehlen wichtige Programmlisten.
- präzise Frage:
  In der Programmliste fehlen die Schrittketten für die Steuerventile des Werkzeugwechslers.
- unpräzise Frage:
  Die Elemente-Bezeichnungen verstehe ich nicht.
- präzise Frage:
  Die Kürzel der Elemente-Bezeichnungen kann ich nicht deuten, haben Sie eine eigene Hausnorm? Wo finde ich darüber eine Liste?

Wichtig ist auch bei der Erstellung der Frageliste über fehlende Unterlagen oder Informationen, an welche Person die einzelnen Fragen gestellt werden sollten. Gezielte Fragen an die richtigen Personen (Fachkompetenz) erhöhen die Auskunftsbereitschaft der befragten Personen. Die Hilfsbereitschaft der befragten Personen sinkt, wenn sie mit Fachfragen überfordert werden.

Hierzu zwei Beispiele:
- Falsche Frage an den Bediener:
  Wissen Sie, welche Hydraulikventile den Rundtisch steuern?
  Mit einer gezielten Fachfrage wird der Bediener meistens überfordert. Damit er nicht nochmals in diese Verlegenheit gebracht wird, wird er versuchen, sich weiteren Fragen zu entziehen.
- Falsche Frage an den Anlagenführer:
  Können Sie mir sagen, wer für die Technik der Anlage in diesem Hause verantwortlich ist?
  Der Anlagenführer wird in diesem Falle, damit er keinen Fehler begeht, die ranghöchste Person benennen. Dies sollte man durch Präzisierung der Fragen vermeiden. Der Technische Leiter wird sonst zu einem Vermittler von Fachpersonal missbraucht.

Aus diesen Beispielen ist ersichtlich, dass schon die Erkundung von Informationsquellen und das Erlangen von Auskünften eine professionelle Fragetechnik und die Beachtung von Organisationsstrukturen erfordert.

Der Instandhalter sollte bei der Aneignung von Systemkenntnissen folgende vier **Werkzeuge** benutzen:

Beobachten
Gehen Sie an die Anlage. Stellen Sie fest, was Ihnen schon bekannt ist oder was für Sie neu ist. Beobachten Sie Arbeitsabläufe der Bediener und Anlagenführer sowie die Funktionsabläufe der Anlageneinheiten.

Auskundschaften
Verschaffen Sie sich Informationen über das Umfeld der Anlage (z. B. Materialfluss, Verkettung, Informationsvernetzung). Welche Bedeutung hat die Anlage für die Gesamtproduktion? Ermitteln Sie Zuständigkeiten zur Betreuung, Bedienung und Programmierung der Anlage.

Beschaffen
Dokumentationen, Gerätehandbuch, neueste Softwarekopien, Serviceberichte.

Befragen

Bediener, Anlagenführer, Systemverantwortliche gezielt über unklare und unbekannte Bedien- und Funktionsabläufe sowie Fehlersymptome befragen, die für Ihr Verständnis besonders wichtig sind.

2.3 Strukturmerkmale festlegen

Nachdem Sie sich alle erforderlichen Anlagen- und Systemkenntnisse beschafft haben, sollten Sie anhand der Informationen und Dokumentationsunterlagen einen Funktionsablauf (Prozess und Arbeitsablauf) in Form eines Programmablaufplans erstellen, sofern er in den Dokumentationsunterlagen nicht vorhanden ist (Abb. 2.1).

Zur Selbstkontrolle ist es von Vorteil, den vorhandenen Programmablaufplan mit seinen eigenen Kenntnissen zu vergleichen und durch die neu hinzugekommenen aktuellen Informationen zu ergänzen. Gliedern Sie den Programmablaufplan in sinnvolle Teilschritte! Erfassen Sie die Komponenten eines Systems in einer Übersichtsdarstellung, wobei Sie die Begriffsdefinitionen nach DIN 31051 verwenden (Abb. 2.2). Skizzieren Sie eine maßstäbliche Draufsicht der Anlage mit den wesentlichen Umrissen (Layout der Anlage, soweit nicht in den Dokumentationsunterlagen vorhanden).

Symbol	Bezeichnung	Bedeutung	Beispiel
⬭	große Marke	Anfang oder Ende des Absatzes	
○	kleine Marke	Verknüpfungsstelle	
▭	Anweisung	Arbeitsschritte	
◇	Entscheidungsraute	binäre Abfrage von Bedingungen	
▱	Parallelogramm	Ein- und Ausgabe-Anweisungen	
⬠	Anfang Schleife	Wiederholungsteile	
⬡	Ende Schleife	Wiederholungsteile	

Abb. 2.1: Elemente eines Programmablaufplans

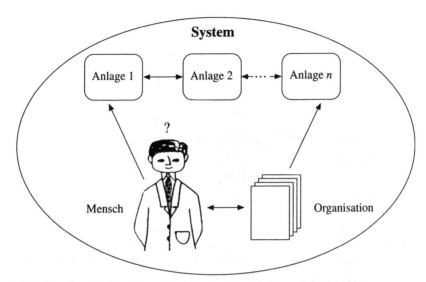

Abb. 2.2: Begriffsdefinitionen zu einer Systemübersicht nach DIN 31051:

System: In der Instandhaltung die Gesamtheit technischer, organisatorischer und anderer Mittel zur selbständigen Erfüllung eines Aufgabenkomplexes.

Anlage: Die Gesamtheit der technischen Mittel eines Systems.

Gruppe: Zusammenfassung oder Verbindung von Elementen. Die Gruppe hat eine eigenständige Funktion, sie ist innerhalb einer Anlage jedoch nicht selbständig verwendbar.

Elemente: Stellen in Abhängigkeit von der Betrachtung kleinste, als unteilbar aufgefasste technische Einheiten dar.

Betrachtungseinheit: In der Instandhaltung der Gegenstand einer Betrachtung, der jeweils nach Art und Umfang ausschließlich vom Betrachter abgegrenzt wird (DIN 40150). Ein automatisiertes System entspricht dieser Definition.

Funktion: Eine durch den Verwendungszweck bedingte Aufgabe.

Störung: Eine unbeabsichtigte Unterbrechung der Funktionserfüllung einer Betrachtungseinheit.

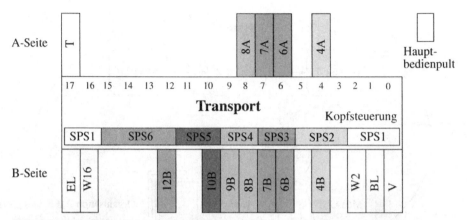

Abb. 2.3: Systemübersicht am Beispiel einer Transferstraße

Transport (T): Der Transport wird mit der Kopfsteuerung bewegt. Zur Bedienung des Transports gibt es zwei Möglichkeiten: Hauptbedienpult oder separates Transportbedienpult.

Vereinzelung (V), Belader (BL), Entlader (EL), Wendestation (W2, W16): Transporteinheiten, die mit der Kopfsteuerung bewegt werden. Bedient werden diese Stationen am Hauptbedienpult in Verbindung mit dem Transport. Es gibt auch die Möglichkeit, diese Einheiten über spezielle Einrichtbilder an den jeweiligen Bedienpulten der Bearbeitungseinheiten zu bedienen: EL und W16 am Bedienpult der Bearbeitungseinheit W16 und W2, BL und V am Bedienpult der Station 1.

Stationen 3, 5, 11, 13, 15: Leerstationen; diese Stationen führen keine Bearbeitungen aus.

Einheiten 4A, 4B, 6A, 6B, 8A, 8B, 10B, 12B: Einheiten mit zwei Verfahrensachsen und eigenem Bedienpult. Zur Steuerung und Positionierung der Einheiten sind SPS-Steuerungen vom Typ U115 mit der Positionierbaugruppe WF 726 eingebaut.

Einheiten 7A, 7B, 9B: Prüfeinheiten, die Werkzeugbruch erkennen sollen.

Ergänzen Sie die Komponenten mit Definitionen (Beispiel Abb. 2.3), wenn diese nicht vorhanden sind. Aus dieser Zeichnung ist die Lage und die Form der einzelnen Komponenten ersichtlich. Nachdem Sie die Komponenten der Anlage kennen, ist es für das Systemverständnis besonders wichtig, die Informationsverbindungen zwischen den einzelnen Gruppen und Elementen kennen zu lernen. Untersuchen Sie daher die Informationsflüsse innerhalb eines Systems. Welche Elemente, Gruppen, Anlagen tauschen Informationen aus? Diese funktionalen Zusammenhänge der Komponenten sollen zur besseren Übersicht in verschiedenen Ebenen grafisch dargestellt werden. Ein Beispiel hierzu zeigt Abb. 2.4 für eine Transfer-Bearbeitungsmaschine. In dieser Darstellung ist nicht die Lage der Einheiten dargestellt, sondern die Informationsverbindungen der Komponenten.

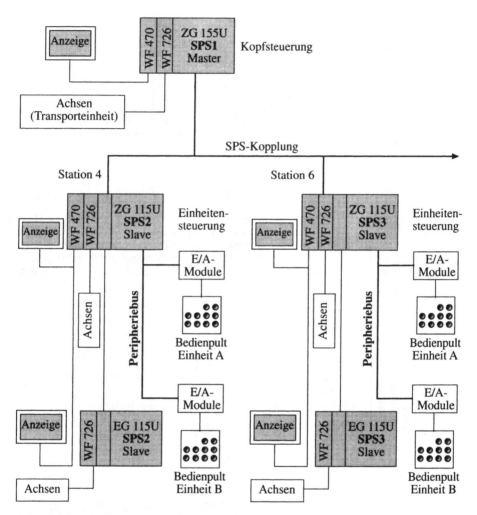

Abb. 2.4: Systemübersicht über elektronische Informationsflüsse

Für die erfolgreiche systematische Fehlersuche ist die Verfolgung von elektrischen Signalwegen und Fluidwegen von entscheidender Bedeutung (siehe hierzu Abschnitt 3). Hierbei werden in Systemen und Anlagen drei Funktionsgruppen unterschieden:

- Aktoren, z. B. Ventile, Motoren, Elektromagnete.

- Sensoren, z. B. mechanische-, optische-, induktive-, kapazitive- und Halbleiter-schalter, Drehzahlgeber, Druckmesser.

- Signalverarbeitung, z. B. speicherprogrammierbare Steuerung, Robotersteuerung, Computersteuerung, Analogsteuerung, Digitalsteuerung.

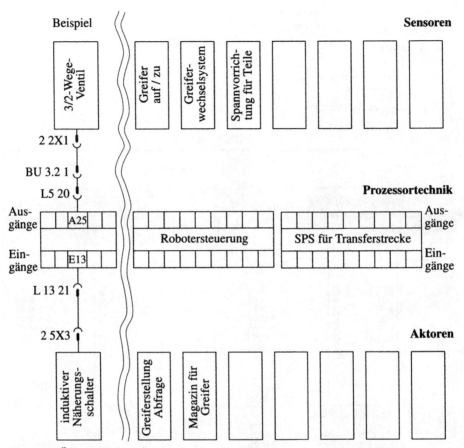

Abb. 2.5: Übersicht über elektrische Signalwege

In Abb. 2.5 ist als Beispiel ein Übersichtsplan für elektrische Signalwege dargestellt. Für die Instandhaltung ist es wichtig, die Funktionsabläufe der einzelnen Elemente, Gruppen und Anlagen zu kennen. In den Anlagendokumentationen oder den Herstellerunterlagen sollen die Funktionsabläufe von Baugruppen beschrieben sein, wie z. B. Robotergreifer, Werkzeugwechsler. Darüber müssten auch die Schaltpläne (Pneumatik, Hydraulik, Elektrik) zur Verfügung stehen. Eine vollständige Dokumentation sollte im Idealfall die in Abb. 2.6 dargestellten Inhalte aufweisen.

Für die Instandhaltung ist es erforderlich, dass man die Anlage bedienen und in dem vom Hersteller vorgegebenen Rahmen Programm- oder Parameteränderungen vornehmen kann.

Bevor man an dem System und der Anlage selbständig Funktionsabläufe in Gang setzt, sollte man in der Lage sein – sicherheitshalber im Beisein des Bedienpersonals,

1. **Informationen zur Anlage**
   Kurzbezeichnung
   Ansprechpartner
   Änderungsliste
2. **Anlagenschaubilder**
   Layout der Anlage
   Explosionsdarstellung
   Dreidimensionale Darstellung
   Darstellungen von Einzelkomponenten
3. **System- und Steuerungsstruktur**
   Programmablaufpläne
   Funktionsabläufe
   Beschreibung des Prozessablaufs
   Technologieschema
4. **Programme**
   Anwenderprogramme (Roboter, SPS, CNC, PC)
   Systemprogramme (Betriebssystem, Maschinendaten)
   Ein- und Ausgangsbelegungen
   Zuordnungslisten
5. **Schaltpläne**
   Elektrische Stromlaufpläne
   Klemmenpläne
   Installationspläne
   Pneumatische und hydraulische Schaltpläne
6. **Bedienung und Programmierung**
   Bedienleitfaden
   Hinweise zur Diagnose
   Fehlermeldungen
   Programmierhinweise
7. **Instandhaltung**
   Wartung
   Inspektion
   Instandsetzung
   Wiederinbetriebnahme
8. **Inbetriebnahme**
9. **Stücklisten und Ersatzteillisten**

Abb. 2.6: Inhalte einer Dokumentation

das Fragen beantworten und notfalls korrigierend eingreifen kann –, die Bedienungsabläufe und die damit verbundenen Systemabläufe auslösen zu können. Hierzu ist es erforderlich, anhand der Betriebsanleitung die Funktionsgliederung der Bedien- und Steuerpulte (Abb. 2.7) sowie die Anzeigefelder der Bildschirme (Abb. 2.8) zu studieren.

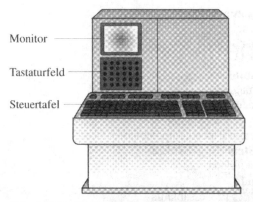

Abb. 2.7: Bedien- und Steuerpult einer Anlage

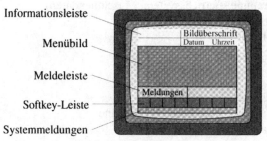

Abb. 2.8: Anzeigenfelder der Bildschirmdiagnose

Das Hauptbedienpult unterteilt sich in ein Tastaturfeld mit Monitor und der Bedienta-fel zur Steuerung der Maschine, des Transports und der Transporteinheiten. Das An-zeigesystem erleichtert das Bedienen durch eine Bedienführung am Bildschirm. Es stehen diverse Funktionsbilder zur Verfügung, die Auskunft über den Status sämtli-cher Einheiten, Werkzeuge und Werkstücke der Maschine geben. Die Steuerung arbei-tet zusammen mit einem Diagnose- und Anzeigesystem, das Störungen schnell und si-cher erkennt, lokalisiert und am Bildschirm zur Anzeige bringt. Dabei erfolgen Hin-weise auf Störungsart, Ort der Störung, Störungsursache und Störungsbeseitigung.

3 Systematisierte Fehlersuche an automatisierten Anlagen

Große verkettete und vernetzte Produktionsanlagen können möglicherweise durch einzelne Störungen oder Ausfälle stillgesetzt werden. Es gibt praktisch kein technisches System, dass ununterbrochen störungsfrei arbeitet. Je größer die Anzahl der Elemente in einer Anlage ist, um so höher ist die statistische Ausfallrate. Die damit für das Unternehmen entstehenden Ausfallkosten können sehr groß werden. Aufgabe einer guten Instandhaltung ist es, diese Kosten durch vorausschauende und vorbeugende Wartung und Ersatzteilbevorratung sowie durch schnelle Beseitigung auftretender Störungen niedrig zu halten. Daher wird eine gute Instandhaltung:

- durch vorbeugende Wartung eine Funktionseinschränkung der Anlage vermeiden,
- auftretende Störungen durch Inspektion frühzeitig erkennen,
- Störungen richtig einschätzen,
- möglichst schnell instandsetzen.

Nach DIN 31051 umfasst die Instandhaltung folgende Aufgaben:

- **Inspektion**, bezieht sich auf die Maßnahmen zur Feststellung und Beurteilung des Ist-Zustands von technischen Mitteln eines Systems.
- **Wartung**, betrifft Maßnahmen zur Bewahrung des Soll-Zustands von technischen Mitteln eines Systems.
- **Instandsetzung,** umfasst Maßnahmen zur Wiederherstellung des Soll-Zustands von technischen Mitteln eines Systems.

3.1 Voraussetzungen und Ablauf einer erfolgreichen Fehlersuche

In den vorhergehenden Abschnitten wurde aufgezeigt, wie man sich Systemkenntnisse einer Anlage aneignet (erkundet) und wie man diese Kenntnisse strukturiert. Darauf aufbauend setzt nun die systematisierte Fehlersuche ein (vgl. Abb. 3.1). Basierend auf Ihren Systemkenntnissen sollten Sie die Lösung der Probleme mit Logik und einer gewissen Systematik unter Einbeziehung Ihrer Erfahrungen angehen.

In unserem Musterfall ist an einer automatischen Produktionsanlage eine Störung aufgetreten. Daraus ergibt sich folgender Ablauf bzw. folgende Vorgehensweise:

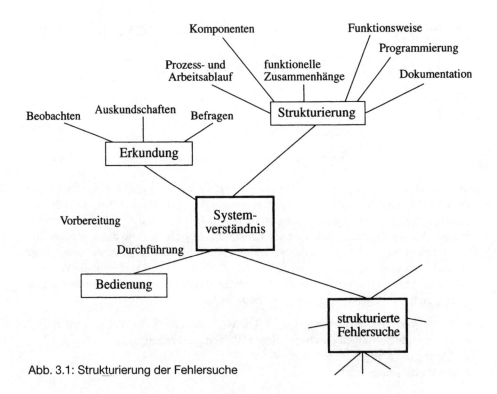

Abb. 3.1: Strukturierung der Fehlersuche

- Der Störfall wird dem Instandhalter gemeldet.
- Diese Störmeldung löst einen Instandhaltungsauftrag aus.
- Der Instandhalter erfasst den Ist-Zustand mit Hilfe des Anlagenführers oder des Bedienpersonals.
- Der Instandhalter beginnt mit der Fehlersuche, die zu einer Fehlerdiagnose führt.
- Der festgestellte Fehler wird behoben (Softwarekorrektur oder Justage) bzw. die Instandsetzung (Wechsel von Baugruppen oder Bauelementen) erfolgt.
- Dann schließt sich die Funktionsprüfung bzw. die Wiederinbetriebnahme der Anlage an.
- In einem Schadensbericht wird der Fehler beschrieben. Ist der Fehler auf falsche Bedienung oder Wartung zurückzuführen, sollten konkrete Hinweise zur Vermeidung dieser Fehlerursachen gegeben werden.
- In den technischen Unterlagen müssen Korrekturen an der Software oder Veränderungen an Bauteilkennwerten dokumentiert werden. Von der geänderten Software sind Kopien anzufertigen.

3.2 Ist-Zustandserfassung

Die Ist-Zustandserfassung erfordert das Aufnehmen und Auswerten aller sichtbaren Funktionsmerkmale. Dazu gehören:

- *Das Erfassen von sichtbaren Beschädigungen und des Gesamtzustands der Anlage sowie das Erfassen von äußeren Merkmalen.*
  Macht die Anlage einen gepflegten Eindruck oder sieht sie verlottert aus? Das Bedienpersonal sollte in diese Betrachtungen mit einbezogen werden. Ist es motiviert oder desinteressiert? Das zeigt sich an vielen Verhaltensmerkmalen. Freut sich z. B. das Bedienpersonal über die Ausfallzeit und verschwindet es? Oder bleibt es bei der Anlage und hilft Ihnen bei Ihren Bemühungen?
- *Das Erfassen der Leuchtmelder und Leuchttaster (Abb. 3.3).*
  Welche leuchten und welche nicht? Sind die Leuchtanzeigen richtig, entsprechen sie dem Betriebszustand und der Betriebsart? Hierbei erhält man schon Informationen über fehlende Betriebsmittel, z. B. fehlende Lastspannung, Schmierung und Kühlmittel oder Störung in der Elektrik. Fehlt eines dieser Betriebsmittel, bleibt die Anlage im Stillstand.
- *Zeigen die Bildschirmdiagnosen Status-, Fehler- oder Störungsmeldungen (Abb. 3.2)?*
  Für welche Station oder Anlagenteil?

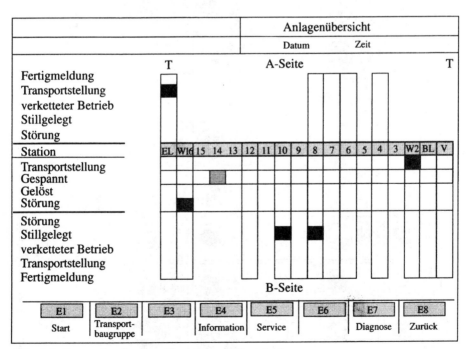

Abb. 3.2: Zustandserfassung über Anlagenübersicht

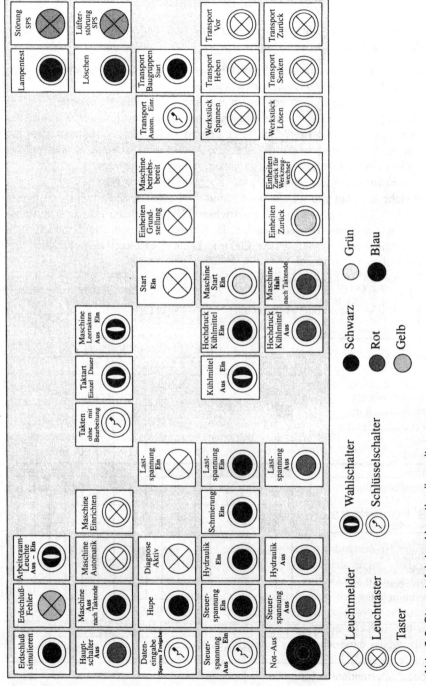

Abb. 3.3: Steuertafel des Hauptbedienpults

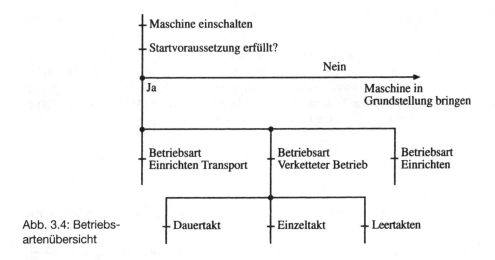

Abb. 3.4: Betriebs-
artenübersicht

- *In welcher Betriebsart befindet sich die Anlage (Abb. 3.4)?*
  Auf der Steuertafel des Hauptbedienpults (Abb. 3.3) sollten die Taster und Wahl-
  schalter auf Stellung überprüft werden.
- *In welchen Betriebsarten tritt der Fehler auf, ist es ein Dauerfehler oder ein spo-
  radischer Fehler?*
  Auf jeden Fall ist es erforderlich, die Anlage in den einzelnen Betriebsarten zu
  überprüfen, damit Einstell- und Bedienfehler ausgeschlossen werden. Daher die
  Anlage abschalten, wieder einschalten und alle Einheiten in Grundstellung bringen
  (vgl. Abb. 3.3 und Abb. 3.4). Hierbei sind die Funktionsabläufe anhand der
  Leuchtmelder und der Bildschirmdiagnose aufmerksam zu verfolgen. Schon die
  ersten Störmeldungen können auf die defekte Einheit verweisen.
- *Transport- oder Zeitfehler im verketten Dauerbetrieb können in den Betriebsarten
  Einrichten oder Einzeltakt am ehesten identifiziert werden.*

3.3 Fehlerbereich eingrenzen

Aus der Ist-Zustandserfassung – sofern dieser noch nicht zur Fehlereingrenzung geführt hat – ergibt sich ein Anlagenbereich (z. B. Transportereinheit, Be- und Entlader,
Wendestation, Messstation, Bearbeitungseinheit), in dem die Fehlerursache liegt. Diesen Anlagenbereich bezeichnen wir als Suchraum. Der Suchraum lässt sich anhand
der zur Verfügung stehenden Unterlagen definieren und kennzeichnen, oder er wird
über die Bildschirmdiagnose definiert. Hierzu kann man sich ein Übersichtsblatt erstellen, in das der Suchraum eingezeichnet wird. Dazu verwendet man die Informationen aus der Bildschirmdiagnose, der Komponentenübersicht, dem Layout der Anlage,
aus dem informationstechnischen Modell und dem Programmablaufplan des Prozesses.

Die Anlagenbereiche, die man mit Sicherheit ausschließen kann, sollte man in diesem Fall auch kennzeichnen. Ein Beispiel hierzu zeigen die Darstellungen in Abb. 3.5.

Nachdem der Suchraum festgelegt wurde, sollte man seine Vermutungen (Hypothesen) über die möglichen Störungsursachen aufstellen. Dazu sollte man den Suchraum und seine Erfahrung nutzen. Die Betrachtung der unterschiedlichsten Fehlermöglichkeiten soll helfen, alle Techniken mit einzubeziehen. Bei der Aufstellung von Hypothesen sollten die wichtigsten Komponenten in Betracht gezogen werden.

Dies sind:

- die Mechanik,
- die Elektrik,
- die Software,
- die Hardware der Elektronik (z. B. Steuerungs-, Antriebs- und Überwachungselektronik).

Das Einfließen des Erfahrungswissens berücksichtigt bei der Erstellung einer Vermutung die Wahrscheinlichkeit, dass eine Störung aufgrund eines einfachen Fehlers ausgelöst wurde, z. B.:

- Spannungs- oder Druckluftausfall,
- Sensor oder Schalter verstellt,
- Software nicht in Funktion.

Weitere Erkenntnisse aus der Erfahrung sind z. B.:

- Mechanisch bedingte Fehler durch Verstellung und Verschmutzung sind am häufigsten.
- Sporadische Ausfälle werden vielfach durch Umwelteinflüsse (Temperatur, Luftfeuchte, Störstrahlungen) verursacht.
- Fehler in der Steuerungselektronik sind selten.
- Fehler in der Leistungselektronik (Lastschalter, Antriebsstufen) treten häufiger auf.
- Jeder irgendwie mögliche Fehler kann doch einmal auftreten.
- Softwarefehler nur im Bereich der Änderungsmöglichkeiten. Über- oder Unterschreiten von Grenzwerten.

Kommen mehrere Vermutungen oder Hypothesen in Frage, dann muss eine Prioritätenauswahl getroffen werden. Hierbei sollte den Hypothesen, die auf logischen Überlegungen basieren, der Vorrang vor intuitiven Eingebungen gegeben werden. Die Vorgehensweise der Fehlersuche muss dabei ebenfalls in Betracht gezogen werden. Folgende Kriterien sollten daher beachtet werden:

- Die Wahrscheinlichkeit der Fehlermöglichkeit, z. B. Elektronik, Software oder Mechanik.
- Aufwand der Fehlersuche, z. B. zeitlicher, technischer oder personeller Aufwand.
- Risiko der Fehlersuche, z. B. durch Versuche oder Experimente, z. B. Überlastung (elektrisch, mechanisch), Crash-Situationen (mechanisch).

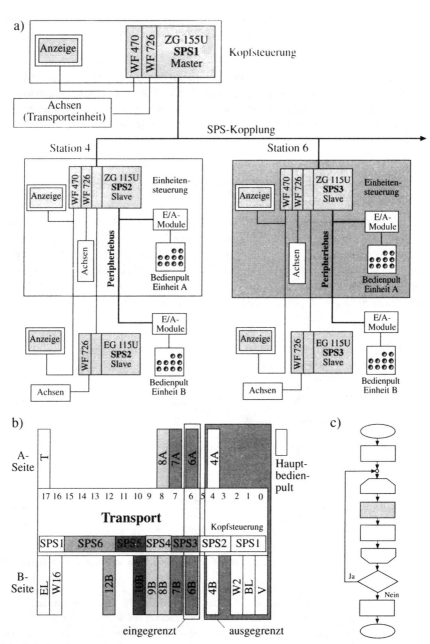

Abb. 3.5: Suchraum festlegen
a) Layout der Anlage
b) Informationstechnisches Modell
c) Programmablaufplan für informationstechnisches Modell

Bei der Fehlersuche sollte man vergleichen, ob man nach der aufgestellten und favorisierten Hypothese vorgeht. Ist dies nicht der Fall, sollte man für sich die Vorgehensweise in Stichworten festhalten.

Dieser bewusste Soll-Ist-Vergleich zwischen theoretischen Überlegungen und der praktischen Vorgehensweise zeigt auf, inwieweit Sie fähig sind, eine systematische Fehlersuche zu betreiben, oder ob Sie immer wieder in ein einmal angeeignetes und bevorzugtes Suchschema verfallen, das weitgehend unabhängig von der gezeigten Störung ist.

Die Vorgehensweise bei der Prüfung der Hypothese zur Fehlerdiagnose ist abhängig von der Art der Suchraumfestlegung und der Hypothese (Abb. 3.6). Hierzu einige Beispiele für die Vorgehensweise (Abb. 3.7):

Nur selten führt die erste Fehlereinschätzung und die daraus abgeleitete Fehlersuche zum Erfolg. Dann ist es erforderlich, weiter zurückliegende Eingrenzungsmaßnahmen, wie z. B. Suchraumfestlegung, Hypothesenbewertung, zu korrigieren und zu präzisieren. Dieser Einkreisungsprozess (Abb. 3.8), der zur immer besseren Annäherung an die Lösung der Störungsursache führt, wird nach mehrmaligem Durchlaufen zur Erstellung der richtigen Hypothese und damit zur richtigen Fehlerdiagnose führen.

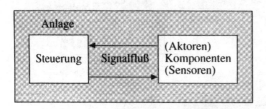

Abb. 3.6: Suchraum für Hypothesenfestlegung

Teilsystem	Vorgehensweise
Anlage	– Bildschirmdiagnose anwenden. – Leuchttaster, Leuchtmelder auf Bedienpulten prüfen. – Hinweise in Serviceunterlagen beachten.
Steuerung	– LED-Anzeigen der binären Ein- und Ausgänge überprüfen. – Programmablaufpläne in den Serviceunterlagen beachten. – Status-, Schrittketten- und Diagnosefehlermeldungen auswerten.
Signalfluß	– Sichtprüfung von Stecker und Leitungen auf feste Verbindung und mechanische Beschädigung. – Sichtprüfung von Klemmenleisten. – Prüfung der hydraulischen und pneumatischen Installationen (Anschlüsse). – Messung der Steuerspannungen an Steckern und Klemmenleisten.
Komponenten	– Funktionsprüfung über Statusanzeigen (LED) und Taster bei Ventilen und Schützen. – Sichtprüfung auf Beschädigung und Lageänderung von Sensoren und Schaltern.

Abb. 3.7: Vorgehensweise zur Hypothesenfestlegung

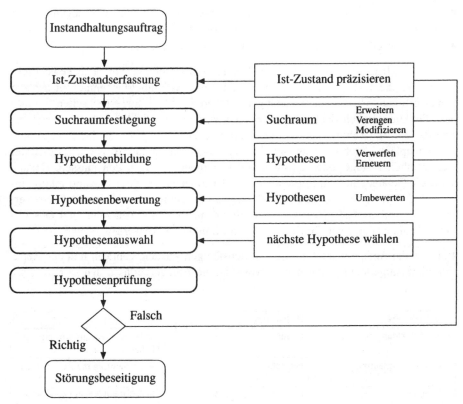

Abb. 3.8: Entscheidungsbewertung

3.4 Instandsetzungsmaßnahmen und Wiederinbetriebnahme

Nachdem anhand der erfolgreichen Fehlerdiagnose mit Hilfe des Soll-Ist-Vergleichs, der Festlegung des Suchraums und der richtigen Hypothesenerstellung die Störungsursache lokalisiert wurde, erfolgt nun die Fehlerbeseitigung. Die Instandsetzung kann sehr umfangreich sein, wenn z. B. große Teile ausgewechselt werden müssen (z. B. mechanische Funktionseinheiten, Geräte, Antriebsspindeln, Motoren oder Messsysteme).

Bei umfangreichen Instandsetzungen sollte daher ein Arbeitsplan zur Durchführung erstellt werden. Dieser Arbeitsplan könnte wie folgt aussehen:

- notwendige Ersatzteile,
- erforderliche Werkzeuge,
- weiteres Personal zur Unterstützung,

- zusätzliches Informationsmaterial (spezielle Aus- und Einbauanweisungen),
- Vorgehensweise mit Absprache über Arbeitsablauf und Einsatzplan,
- Sicherheitseinrichtungen, Beachtung von Unfallvorschriften.

Wird bei der Instandsetzung eine ganze Geräte-, bzw. Funktionseinheit ausgewechselt, dann wäre die Instandsetzung beendet und die Wiederinbetriebnahme der Anlage könnte erfolgen. Hierbei muss zuerst geprüft werden, ob die ausgewechselten Geräte-, bzw. Funktionseinheit richtig angeschlossen wurde. Dazu gehört nochmals die Überprüfung der angeschlossenen Leitungsverbindungen mit Hilfe der Belegungs- und Klemmenpläne. Auch muss anhand der Serviceunterlagen geprüft werden, ob an der Geräteeinheit Justage- oder Einstellarbeiten vorgenommen werden müssen. Danach sollte die Geräteeinheit im Einrichtbetrieb oder Einzeltakt in ihrer Gesamtfunktion innerhalb der Anlage überprüft und in ihren geforderten oberen und unteren Grenzwerten (z. B. Antriebe) ausgetestet werden. Erst dann sollte die Anlage in ihrer Gesamtfunktion in den einzelnen Betriebsarten geprüft und getestet werden.

Hat man die Anlage wieder in ihren betriebsfähigen Zustand gebracht und den Reparaturplatz aufgeräumt, sollte man, bevor man die Anlage verlässt, den so genannten

Arbeitsschritt	Hilfsmittel	Kommentar
Störungsmeldung aufnehmen	Formular	erster Hinweis auf Störungsverhalten
Instandsetzungsauftrag	Formular	Arbeitsauftrag mit Zeit- und Kostenvoranschlag
Ist-Zustandserfassung	Fragenkatalog vgl. Abschnitt	Erfassung des sichtbaren Funktionszustands der Anlage
Suchraum festlegen	vgl. Bild 3.5	aufgrund der Ist-Merkmale Störungsursache eingrenzen
Fehlerhypothesen erstellen	Serviceunterlagen	Fehlereingrenzung mit Suchraum, Logik und Erfahrung
Fehlerhypothesen bewerten und auswählen	Prioritätenliste	Auswahl der erfolgversprechendsten Fehlerhypothese
Fehlerhypothese prüfen	Meßgeräte, Serviceunterlagen, Werkzeug	Fehlersuche, evtl. neue Fehlerhypothese
Instandsetzung planen und durchführen	Ersatzteile, Einbauvorschriften, Prüfvorschriften	Planung der Instandhaltung, Störung beheben
Wiederinbetriebnahme durchführen	Funktionstest, Betriebsanweisung	Komponenten prüfen, Inbetriebnahme in den einzelnen Betriebsarten
Störungsbericht erstellen	Instandhaltungsformular, Anlagentagebuch	Störungsursache, Auswirkung, vorbeugende Maßnahmen, Schwachstellenanalyse
Dokumentation und Software ergänzen	Anlagendokumentation, Speichermedien	Anlagendokumentation aktualisieren

Abb. 3.9: Beispiel einer Checkliste zur systematischen Fehlersuche

Hut- und Manteltest durchführen. Das heißt, dass man noch so lange bei der Anlage verbleibt, bis das Bedienpersonal die Anlage in Betrieb genommen und einige Arbeitszyklen störungsfrei damit durchgeführt hat.

Die systematische und strukturierte Fehlersuche an einer Anlage kann mit der Checkliste (Abb. 3.9) als Gedankenstütze erfolgen:

Hat man keine Ersatzgeräteeinheiten zur Verfügung oder sind keine vorgesehen (kundenspezifische Einzelanfertigung), müssen die Geräte selbst einer Fehlersuche auf Schaltungs- oder Komponentenebene unterzogen werden. Wie man hierbei vorgeht und was man dabei zu beachten hat, wird in den folgenden Abschnitten sehr ausführlich beschrieben!

4 Bestimmung der Polaritäten und der Spannungen an elektronischen Baugruppen und Schaltungen

In den vorhergehenden Abschnitten wurde aufgezeigt, wie man in automatisierten Systemen größeren Umfangs einen Suchraum festlegt. Die Aufspürung der defekten Baugruppe oder Komponente erfordert dass Messen von Spannungen in jeder Form, sei es mit einem Digitalmultimeter, einem Oszilloskop oder einem Logikanalysator.

In Halbleiterschaltungen werden meistens keine Spannungsangaben gemacht. Ausnahme sind Referenzspannungen und Justagespannungen (z. B. einstellbare Arbeitspunkte). Dies hat größtenteils seine Ursache darin, dass Spannungsangaben an Halbleiterschaltkreisen aufgrund der großen Toleranzbereiche der Halbleiterkomponenten keinen Sinn machen. Daher muss der Instandsetzer die gemessene Spannung in Relation zu seinen Funktionsbetrachtungen und überschlägigen Abschätzungen anhand der Schaltungsdimensionierung setzen. Nur dieser Soll-Ist-Vergleich ermöglicht dem Instandsetzer die richtige Bewertung der gemessenen Spannungswerte. Wie dies gemacht wird, sollen die folgenden Abschnitte aufzeigen.

4.1 Spannungsmessungen

Die Ermittlung der Spannungswerte durch Spannungsmessung ist die effektivste Form der Fehlersuche an elektronischen Schaltkreisen (Abb. 4.1a). Bei Strommessungen muss der Stromkreis, bzw. der Signalweg unterbrochen werden (Abb. 4.1b). Dies ist vor allem bei Leiterplatten sehr aufwändig und qualitätsmindernd. Widerstandsmessungen können nur im stromlosen Zustand der Schaltung gemessen werden (Abb. 4.1c). Auch muss das zu messende Bauteil auf einer Seite aus den Schaltkreisen gelöst werden, weil sonst die umliegend angeschlossen Bauteile das Messergebnis verfälschen.

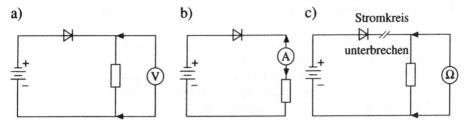

Abb. 4.1: Messungen am Stromkreis
a) Spannungsmessung
b) Strommessung
c) Widerstandsmessung

4.2 Fehler im Stromkreis

Als Beispiel für eine Fehlersuche mit Hilfe von Spannungsmessungen betrachten wir zuerst den einfachen Stromkreis in Abb. 4.2.

Auch bei fehlerhaften Stromkreisen gilt die Regel, dass vor dem Einschalten eine Sichtprüfung des elektrischen Systems erfolgt. Hierzu einige praktische Hinweise:

- Stromkreise auf blanke Leitungsdrähte überprüfen, der ein Bauelement an Bezugspotenzial (Masse) oder Versorgungsspannung kurzschließen kann oder mit einem anderen Bauelement in Berührung bringt.
- Auf fehlende oder abgenutzte Isolierungen (Schläuche, Abdeckungen) überprüfen (Kurzschlussgefahr).

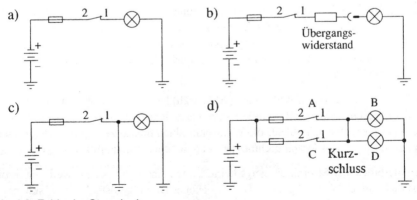

Abb. 4.2: Fehler im Stromkreis
a) Bauelemente im Stromkreis
b) Übergangswiderstand im Stromkreis
c) Kurzschluss gegen Bezugspotenzial
d) Kurzschluss zwischen zwei Stromkreisen

- Auf lose oder gebrochene Anschlüsse und Leitungsverbindungen, vor allem Steckverbinder, prüfen.
- Anschlüsse für Versorgungsspannungen auf korrodierte und lose Klemmen prüfen.
- Anzeigelämpchen, Leuchtdioden auf Funktion prüfen.
- Versorgungsspannung an Stromkreis oder Schaltung wiederholt an- und abschalten. Auf Erhitzen, Funken-, Rauch- oder Geruchsbildung achten, die Kurzschlüsse oder Überhitzung durch Überlastung anzeigen könnten.

Kurz gesagt, **mit Augen, Nase und Ohren prüfen**, ob irgend etwas Ungewöhnliches festzustellen ist.

Leider können nur wenige elektrische Ausfälle mit den Sinnen erfasst werden. Aus diesem Grund sind systematische und vollständige Prüfungen der Funktionen erforderlich.

In einem einfachen Stromkreis gibt es nur die drei wesentlichen Störungsarten, unter der Voraussetzung, der Stromkreis hat einwandfreie Verbindungen und keine Kurzschlüsse. Diese Fehlfunktionen sind:

- Bauelement mit innerem Kurzschluss
- Bauelement mit erhöhtem Innenwiderstand
- Bauelement mit innerer Unterbrechung

Im einfachen Stromkreis nach Abb. 4.2a gibt es drei Bauelemente und die dazu gehörenden Leitungsverbindungen, an denen diese Störungen vorkommen können (Sicherung, Schalter, Lampe, Leitungen und Klemmenverbindungen). Fehler, verursacht durch Bauelementeverbindungen, können leicht mit Fehlfunktionen der Bauelemente des Stromkreises verwechselt werden.

Dazu ein Beispiel: Ein Bauelement ist ohne Funktion. Nachdem ein elektrischer Anschluss gelöst wird und wieder fest verbunden wird, funktioniert das Bauelement wieder. Der Grund war ein hoher Übergangswiderstand in der Anschlussklemme durch Korrosion, wodurch verhindert wurde, dass der erforderliche Strom durch das Bauelement fließen konnte.

Ein Stromkreis mit hohem Widerstand (Abb. 4.2b) hat langsame (z. B. Motor), fehlende oder abgeschwächte (z. B. dunkle Lampe) Bauelementefunktionen zur Folge, z. B. lose, korrodierte, verschmutzte, ölige Anschlussklemmen und angebrochene Leitungen sowie zu geringer Drahtdurchmesser bei gebrochenen Drahtlitzen.

Ein unterbrochener Stromkreis zeigt keine Bauelementefunktionen, weil der Stromkreis nicht mehr vollständig ist, z. B. gebrochener Draht, gelöste Anschlussklemmen, offene Schalter.

Zur Feststellung des Übergangswiderstandes oder der Unterbrechung im Stromkreis wird bei geschlossenem Schalter und zwischen Schalter und Verbraucher (Lampe) an einer leicht zugänglichen Stelle die vorschriftsmäßige Spannung (z. B. 24 V) gegen

Bezugspotenzial (Masse) gemessen. Ist die Spannung zu niedrig, wird in Richtung Spannungsquelle weiter gemessen, um festzustellen, wo die Spannung abfällt. Dabei wird nach jeder Steck- oder Klemmenverbindung gemessen. Beträgt die Spannung zwischen Verbraucher und Schalter nicht 24 V, ist also niedriger, dann wäre hier der Fehler in den Verbindungsleitung zu suchen. Ist die Versorgungsspannung in ihrem Wert vorhanden, bestünde auch die Möglichkeit eines Übergangswiderstandes zwischen Verbraucher und Bezugspotenzial. Daher wird nach dem Verbraucher in Richtung Bezugspotenzial (Masse) gemessen. Hier darf fast keine Spannung gemessen werden, weil die ganze Spannung am Verbraucher (Lampe) zur Verfügung stehen muss.

Wenn vor dem Verbraucher ein Kurzschluss gegen Bezugspotenzial vorliegt (Abb. 4.2c), hat der Verbraucher keine Funktion. Der Schalter ist hierbei scheinbar auch ohne Funktion und die Sicherung muss ausgelöst (unterbrochen) sein. Bevor die Sicherung ersetzt oder in Funktion gesetzt wird, sollte der Schalter ausgeschaltet werden und mit einem Spannungsmesser im Widerstandsbereich zwischen Versorgungsleitung (vor und nach dem Schalter) und Bezugspotenzial der Stromkreis auf Kurzschluss geprüft werden. Besteht ein Durchgang zwischen Sicherung und Schalter, ist hier der Kurzschluss zu suchen. Wird kein Durchgang gemessen, dann muss nach dem Schalter gemessen werden. Ist hier ein Durchgang, muss der Kurzschluss zwischen Schalter und Verbraucher gesucht werden.

Ein Kurzschluss zwischen zwei Stromkreisen (Abb. 4.2d) hat zur Folge, dass zwei Bauelemente in Betrieb gesetzt werden, wenn einer von den zwei Schaltern geschlossen wird (z. B. falscher Leitung- zu-Leitung-Kontakt). Die Bauelemente können auch kurzgeschlossen sein. Um festzustellen, wo die Stromkreise kurzgeschlossen sind, wird zuerst der Schalter A eingeschaltet. Beide Lampen B und D brennen. Begonnen wird mit dem Abklemmen der Anschlussklemme des Schalters C zur Lampe D. Danach wird dem Stromkreis zur Lampe D gefolgt und abgeklemmt, bis die Lampe nicht mehr leuchtet. Der Kurzschluss liegt dann zwischen den beiden letzten Stellen, wo der Draht abgeklemmt wurde.

Der Stromkreis ist wie folgt zu reparieren:

Bei einzelnen beschädigten Drähten die beschädigte Drahtstelle mit Isolierband umwickeln oder den beschädigten Draht ersetzen. Wenn ein Kabelbaum im Kurzschlussbereich heiß ist, den Kabelbaum ersetzen. Wenn keine heißen Stellen fühlbar sind, einen neuen Draht mit passender Drahtstärke zwischen den letzten beiden Abklemmungen anbringen. Den Draht außen am Kabelbaum führen und am Kabelbaum entlang befestigen. Nach allen Reparaturen Funktionsprüfungen wiederholen!

Die Erkenntnisse aus diesem Beispiel eines einfachen Stromkreises lassen sich auch auf typische elektronische Halbleiterbauelemente übertragen, wie z. B. Dioden, Transistoren, Thyristoren u.a. Auch hier gibt es die typischen Fehlersymptome: Kurzschluss, Unterbrechung und Übergangswiderstand.

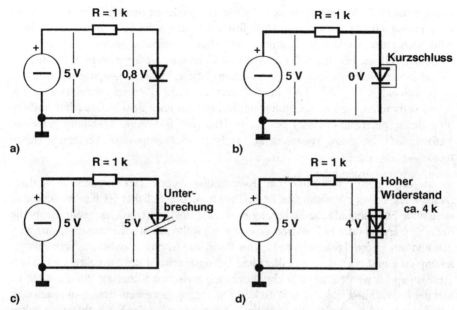

Abb. 4.3: Diode im Stromkreis
a) Spannungen im **nicht defekten** Dioden-Stromkreis
b) Spannungen mit Kurzschluss in der **defekten** Diode
c) Spannungen mit Unterbrechung in der **defekten** Diode
d) Spannungen mit hohen Widerstand der **defekten** Diode

Abb. 4.3a zeigt eine Diode in Durchlassrichtung in einem Stromkreis mit der typischen Spannung von U = 0,8 V. Über den Vorwiderstand verbleiben dann die übrige Spannung von U = 4,2 V.

In Abb. 4.3b hat die Diode einen Kurzschluss, dadurch messen wir 0 V an der Diode und die Betriebsspannung von 5 V am Widerstand.

Abb. 4.3c zeigt die Diode mit Unterbrechung, dadurch ist der Stromkreis unterbrochen, es fließt kein Strom, daher werden vor und nach dem Widerstand jeweils die angeschlossene Spannung von 5 V gemessen. Weil kein Strom fließt, beträgt die Spannungsdifferenz am Widerstand 0 V.

Die Abb. 4.3d zeigt den Stromkreis mit einen Übergangswiderstand der defekten Diode von R = 4 k. Dadurch verteilt sich die anliegende Spannung entsprechend den Widerstandsverhältnis 1:4 von defekter Diode und dem Vorwiderstand. Deshalb wird an der defekten Diode eine Spannung von 4 V gemessen. Die Differenz zwischen anliegender Spannung (5 V) und der an der Diode gemessenen Spannung (4 V) verbleibt am Widerstand (1 V).

Nicht vergessen! – Spannungen werden immer gegen das gemeinsame Bezugspotenzial gemessen. Differenzspannungen zwischen zwei frei gewählten Messpunkten, z. B. direkt über einem Bauelement.

Die Abb. 4.4 zeigt ein Bauelement mit drei Anschlüssen. Der Transistor hat daher zwei Stromkreise, einen Eingangsstromkreis (auch Steuerstromkreis benannt) und einen Ausgangsstromkreis (auch Arbeitsstromkreis benannt). Bei der Überprüfung eines vermutlich defekten Transistors ist es daher sinnvoll, beide Stromkreise auf ihre Funktion zu überprüfen.

Abb. 4.4a zeigt die Spannungen an Eingangs- und Ausgangsstromkreis im funktionsfähigen Arbeitszustand der Verstärkerstufe. Die Spannung U = 0,3 V an der Basis ist

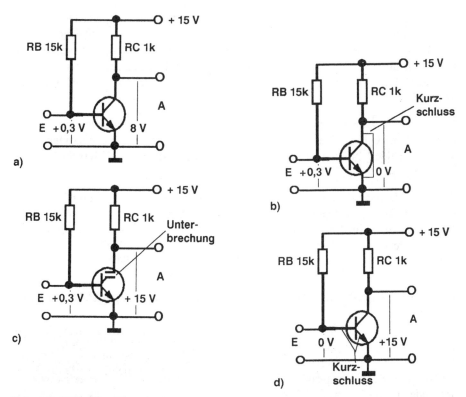

Abb. 4.4: Transistor-Stromkreise
a) Spannungen im **nicht defekten** Transistor-Stromkreisen
b) Spannungen mit Kurzschluss im **defekten** Emitter-Kollektor-Stromkreis des Transistors
c) Spannungen mit Unterbrechung im **defekten** Emitter-Kollektor-Stromkreis des Transistors
d) Spannungen mit Kurzschluss im **defekten** Emitter-Basis-Stromkreis des Transistors

die Arbeitspunktspannung, die über den Basiswiderstand RB erzeugt wird. Die Spannung am Kollektor beträgt in etwa die Hälfte der Versorgungsspannung, also 8 V.

In Abb. 4.4b ist die Verstärkerstufe mit einen Kurzschluss zwischen Kollektor und Emitter dargestellt. Damit ist praktisch auch der Ausgang kurzgeschlossen und am Kollektor (Ausgang) werden 0 V gemessen (vgl. Diodenstromkreis Abb. 4.3). Die gesamte Versorgungsspannung von U = +15 V verbleibt am Kollektorwiderstand RC.

Die Abb. 4.4c zeigt die Schaltung mit Unterbrechung zwischen Kollektor und Emitter. Damit ist der Emitter-Kollektor-Stromkreis unterbrochen und somit stromlos. Am Kollektor wird daher die volle Versorgungsspannung von U = +15 V gemessen.

Die Abb. 4.4d zeigt die Verstärkerstufe mit einem Kurzschluss zwischen Basis und Emitter. Dieser Defekt im Steuerkreis ist identisch mit dem Diodenstromkreis in Abb. 4.3c, weil der Transistor zwischen Basis und Emitter praktisch eine Diodenfunktion hat. Daher ergibt sich an der Basis ein Messwert der bei $U_B = 0$ V liegt. Da jetzt der Transistor keinen Arbeitspunkt mehr hat, kann auch im Emitter-Kollektor-Stromkreis kein Strom mehr fließen, der Emitter-Kollektor-Übergangswiderstand ist jetzt sehr hoch (MΩ-Bereich), so dass jetzt am Kollektor die Spannung $U_C = +15$ V gemessen wird.

Die an diesen zwei Beispielen gewonnenen Erkenntnisse können wir auf alle gebräuchlichen Halbleiterbauelemente (2- und 3-polig) im Stromkreis übertragen, also auch auf Feldeffekt-Transistoren (z. B. MOS und CMOS) und Vierschichtdioden (z. B. Thyristor und Triac).

Auch bei Widerständen, Kondensatoren und Induktivitäten gibt es die drei Fehlerursachen Kurzschluss, Unterbrechung und Übergangswiderstand, wie wir in den weiteren Beispielen dieses Buches sehen werden. Es gelten hierbei immer die gleichen Überlegungen, wie an diesen Beispielen aufgezeigt wurde.

4.3 Bezugspotenzial bestimmt Polarität und Spannungswert

Wenn man Spannungsmessungen zur Fehleranalyse durchführt und anhand der gemessenen Spannungen zu einer richtigen Schlussfolgerung kommen will, ist es unerlässlich, die gemessenen Spannungen in richtigen Bezug zueinander zu setzen. Dabei muss das gewählte Bezugspotenzial berücksichtigt werden. Nicht immer ist, wie das folgende Beispiel in Abb. 4.5 zeigt, das Massepotenzial hierfür das geeignete Bezugspotenzial. Die potenzialfreie Eingangsspannung $U_E = 24$V wird über die Widerstände R_1 und R_2 in zwei gleiche Spannungshälften aufgeteilt. Wählt man in Abb. 4.5 die Verbindung zwischen den gleich großen Widerständen R_1 und R_2 als Bezugspotenzial für den Spannungsmesser M1, dann wird am oberen Anschluss des Widerstandes R_1 eine positive Spannung (+12 V) gemessen und am unteren Anschluss von R_2 eine negative Spannung (−12 V). Anders sieht es aus, wenn man die untere Verbindung von

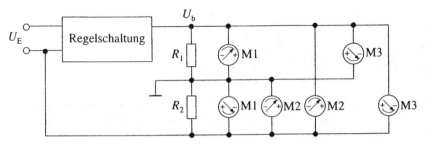

Abb. 4.5: Potenzialbestimmung gegen Bezugspotenzial

R_2 als Bezugspotenzial für das Messinstrument M2 wählt, dann wird man am mittleren Verbindungspunkt +12 V messen und am oberen Verbindungspunkt +24 V. Wählt man den oberen Verbindungspunkt als Bezugspotenzial für das Messinstrument M3, dann werden am mittleren Verbindungspunkt –12 V gemessen und am unteren Verbindungspunkt –24 V.

In der Regel wird man für das Messgerät das Bezugspotenzial wählen, das auch für die zu prüfende Schaltung das Bezugspotenzial bildet. Dadurch werden Verwirrungen und falsche Interpretationen der gemessenen Spannungswerte vermieden.

Einer Reihenschaltung von stabilisierten Versorgungsspannungen entsprechen die Anordnungen von Abb. 4.6. Welche Spannungspolaritäten an den Ausgängen abgenommen werden, ist letztlich wiederum von der Festlegung des Bezugspotenzials abhängig. In Abb. 4.6a liegt das gemeinsame Bezugspotenzial am untersten Ausgang. Daher stehen an den verbundenen mittleren Ausgängen +24 V, bezogen auf das Bezugspotenzial. An den oberen Ausgängen steht die Reihenschaltung der beiden Spannungen +48 V zur Verfügung. Abb. 4.6b zeigt das gemeinsame Bezugspotenzial in der Mitte der beiden Spannungsausgänge. An der unteren Klemme stehen dann –24 V und an der oberen Klemme +24 V zur Verfügung. In Abb. 4.6c ist das Bezugspotenzial mit der obersten Ausgangsklemme verbunden. Dadurch werden an der mittleren Klemme –24 V und an der unteren Klemme –48 V gemessen.

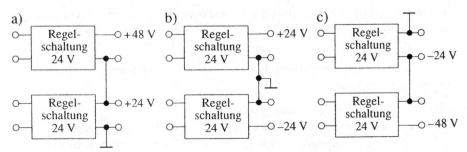

Abb. 4.6: Spannungen bei unterschiedlichem Bezugspotenzial

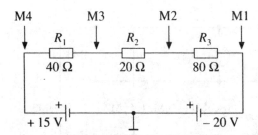

Abb. 4.7: Reihenschaltung von Verbrauchern und Spannungen

In einer Reihenschaltung von Verbrauchern (Lastwiderständen) ist die Spannungsaufteilung abhängig von den Widerstandsgrößen im Verhältnis zueinander und von der gesamten angelegten Gleichspannung. Das Beispiel in Abb. 4.7 zeigt drei Widerstände, die in Reihe zwischen den Spannungsquellen von +15 V und –20 V liegen. Die zwei Spannungsquellen liegen ebenfalls in Reihe. Welche Spannungen gegen Bezugspotenzial mit welcher Polarität an den einzelnen Widerständen gemessen werden, zeigen folgende Überlegungen: Die Widerstände R_1, R_2 und R_3 stehen zueinander im Verhältnis 2 : 1 : 4. Im gleichen Verhältnis muss sich die Gesamtspannung U_{ges} = 15 V + 20 V = 35 V aufteilen: U_{R1} = 10 V, U_{R2} = 5 V und U_{R3} = 20. Vom Bezugspotenzial aus betrachtet, werden die Spannungen an den einzelnen Messpunkten mit folgender Polarität gemessen: M1 = –20 V, M2 = 0V, M3 = +5 V , M4 = +15 V. Die Probe ergibt: R_3 liegt zwischen M1 und M2 (–20 V), R_2 liegt zwischen M2 und M3 (+5 V), R_3 liegt zwischen M3 und M4 (+10 V).

Würde der Bezugspunkt des Messinstrumentes beispielsweise an M1 gelegt, dann ergeben sich folgende Messwerte: M2 = +20 V, M3 = +25 V und M4 = +35 V.

4.4 Durchführung von Polaritäts- und Spannungsbestimmungen an Beispielen

In den vorhergehenden Beispielen haben wir an einfachen Stromkreisen gelernt, Polaritäten und Spannungen zu bestimmen.

Das Beispiel in Abb. 4.8 zeigt uns einen erweiterten Stromkreis mit zwei Spannungsquellen und zwei Transistoren, die über die Eingänge E1 und E2 aus- und eingeschaltet werden.

Betrachten wir zuerst die Schaltung in ihren funktionalen Möglichkeiten. Dies wären vier Funktionszustände:

1. Beide Transistoren ausgeschaltet (gesperrt).
2. Transistor T1 eingeschaltet (leitend), Transistor T2 ausgeschaltet (gesperrt).
3. Transistor T1 ausgeschaltet (gesperrt), Transistor T2 eingeschaltet (leitend).
4. Beide Transistoren eingeschaltet (leitend).

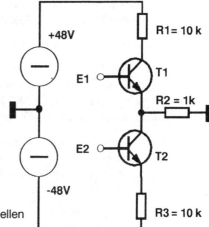

Abb. 4.8: Reihenschaltung von Spannungsquellen und Transistorstufen

Die nächste Überlegung ist nun, welche Spannungen – bezogen gegen Bezugspotenzial – ergeben einen funktionalen Überblick und würden sich bei den vier Funktionszuständen einstellen.

Für die funktionale Betrachtung dieses Beispiels ist es sinnvoll, am Kollektor von T1, am Emitter von T2 und am Widerstand R2 die Spannungswerte zu betrachten. Die Betriebsspannungen werden für alle Funktionszustände dieses Beispiels als stabil mit den angegebenen Werten +48 V und −48 V betrachtet.

Für den **ersten** Funktionszustand, beide Transistoren ausgeschaltet, ergeben sich für die drei Messpunkte folgende drei überschlägige Spannungswerte:

Kollektor T1 = +48 V   Emitter T2 = −48 V   Widerstand R2 = 0 V

Bei dieser Betrachtung wird davon ausgegangen, dass die gesperrten Transistoren einen so hohen Übergangswiderstand haben und damit die Spannungen an den Widerständen R1 bis R3 vernachlässigt werden können, was für die Funktionsbetrachtung ausreichend ist.

Für den **zweiten** Funktionszustand, T1 leitend und T2 gesperrt, ergeben sich für die drei Messpunkte folgende überschlägige Spannungswerte:

Kollektor T1 = +4,7V   Emitter T2 = −48 V   Widerstand R2 = +4,6 V

Beim **dritten** Funktionszustand ist T1 gesperrt und T2 leitend, daraus leiten sich für die drei Messpunkte folgende überschlägige Spannungen ab:

Kollektor T1 = +48 V   Emitter T2 = −4,7V   Widerstand R2 = −4,6 V

Die Messergebnisse für die Funktionszustände 2 und 3 sind identisch, nur mit umgekehrten Vorzeichen, weil hierbei immer nur eine Betriebsspannung einen Stromfluss erzeugen kann.

Der **vierte** Funktionszustand zeigt beide Transistoren T1 und T2 leitend. Hierfür ergeben sich für die drei Messpunkte folgende Spannungswerte:

Kollektor T1 = +0,1V   Emitter T2 = −0,1 V   Widerstand R2 = 0 V

Dieses Ergebnis ergibt sich daraus, dass nun beide Betriebsspannungen einen Stromfluss erzeugen können, der an den leitenden Transistoren eine Sättigungsspannung von etwa 0,1 V erzeugt. Im Widerstand R2 heben sich die zwei Ströme mit umgekehrten Vorzeichen auf, so dass an diesem Widerstand keine Spannung erzeugt wird.

Nachdem wir anhand der Betrachtungen für diese Schaltung einen Funktionsüberblick haben, ist es gar nicht mehr schwierig, einen Defekt in dieser Schaltung anhand der gemessenen Spannungen zu erkennen. Zuvor fassen wir die Messergebnisse für die vier Funktionszustände zusammen:

Funkt.	KT1	ET2	R2(V)
1	+48	−48	0
2	+4,7	−48	+4,6
3	+48	−4,7	−4,6
4	+0,1	−0,1	0

Betrachten wir einmal nur die Eingangsbedingungen für den Funktionszustand an R2 = 0 V, dann sehen wir, dass nur bei gleichen Eingangsbedingungen dieser Funktionszustand eintritt.

Übertragen wir die gewonnenen Erkenntnisse auf die folgenden Messergebnisse, dann kann man das defekte Bauteil daraus bestimmen:

Funkt.	KT1	ET2	R2(V)
1	+4,7	−48	+4,6
2	+4,7	−48	+4,6
3	+0,1	−0,1	0
4	+0,1	−0,1	0

Im ersten Funktionszustand ersehen wir die Spannungen identisch mit dem zweiten Funktionszustand, Transistor T1 eingeschaltet.

Im dritten Funktionszustand ersehen wir die Spannungen identisch mit dem vierten Funktionszustand, beide Transistoren eingeschaltet.

In den Funktionszuständen 1 und 3 ist der Transistor T1 ausgeschaltet. Das Spannungsbild zeigt aber immer die Funktionen eines eingeschalteten Transistors T1.

Ein Vergleich mit der Abb. 4.4 zeigt, dass hier ein Kurzschluss zwischen Emitter und Kollektor des Transistors T1 vorliegt.

Im Vergleich der Übersichtstabellen sind wir von gleichen Spannungswerten ausgegangen. In der Praxis können aufgrund der Bauelementetoleranzen diese Spannungswerte im Bereich von bis zu 100 mV differieren.

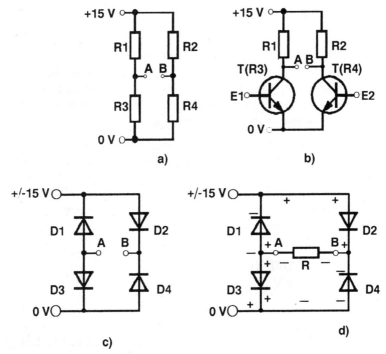

Abb. 4.9: Brückenschaltungen
a) Widerstandsbrückenschaltung
b) Transistorbrückenschaltung
c) Diodenbrückenschaltung
d) Diodenbrückenschaltung mit Lastwiderstand

Widerstände, Dioden und Transistoren können in Reihe-, aber auch in Parallelschaltung vorkommen. Das folgende Beispiel in Abb. 4.9 zeigt diese Bauelemente in Brückenschaltungen.

Vielfach werden diese Schaltungen als Messbrücken oder im Falle der Dioden als Brückengleichrichter eingesetzt.

Bekanntlich wird bei Brückenschaltungen keine Differenzspannung zwischen den Messpunkten A und B gemessen, wenn alle Widerstände gleich groß sind oder die zwei Reihenschaltungen der Brückenzweige das gleiche Widerstandsverhältnis aufweisen.

Bei der Widerstandsbrücke in Abb. 4.9a sind beide Brückenzweige gleich dimensioniert, jeweils 10 k zu 5 k. Die Eingangsspannung von +15 V wird dadurch in beiden Brückenzweigen gleichmäßig geteilt, sodass von Messpunkt A und Messpunkt B nach Bezugspotenzial jeweils +5 V gemessen werden. Die Differenz zwischen den Messpunkten beträgt daher 0 V.

Nun halbieren wir in der Abb. 4.9a den Widerstand R3 von 5 k auf 2,5 k. Dies ergibt eine Spannungsaufteilung von R1 = 10 k zu R3 = 2,5 k von 4:1. Die anliegende Spannung teilt sich dann auf in 12 V an R1 und 3 V an R3. Der zweite Widerstandszweig ist mit R2 = 10 k und R4 = 5 k gleich geblieben. Dadurch werden an Messpunkt A = +3 V gemessen und an Messpunkt B = +5 V. So ergibt sich zwischen den Messpunkten eine Spannungsdifferenz von 2 V. Liegt die Minusklemme (–) des Messinstrumentes an Messpunkt B und die Plusklemme (+) an Messpunkt A, dann wird die Differenzspannung am Messinstrument mit –2 V angezeigt.

Verdoppeln wir den ursprünglichen Widerstandswert von R3 von 5 k auf 10 k, dann sind in diesem Widerstandszweig die beiden Widerstandswerte von R1 und R3 gleich groß und wir messen an Messpunkt A = +7,5 V. Die Spannung an Messpunkt B beträgt weiterhin +5 V. Bei gleich angeschlossenem Messinstrument, wie bei der vorhergehenden Messung, wird zwischen den Messpunkten die Spannungsdifferenz von +2,5 V angezeigt. Die folgende Übersichtstabelle fasst nochmals alle Messergebnisse zusammen:

R3	A	B	Diff. A – B
5 k	+5 V	+5 V	0 V
2,5 k	+3 V	+5 V	–2 V
10 k	+7,5 V	+5 V	+2,5 V

Die folgende Übersichtstabelle zeigt die Messwerte bei den gleichen Änderungen im zweiten Brückenstrompfad:

R4	A	B	Diff. A – B
5 k	+5 V	+5 V	0 V
2,5 k	+5 V	+3 V	+2 V
10 k	+5 V	+7,5 V	–2,5 V

Die Transistorbrücke in Abb. 4.9b wird vielfach als Differenzverstärker und in Operationsverstärkern eingesetzt und funktioniert ähnlich wie die Widerstandsbrücke, wenn wir die elektrische Funktion zwischen Kollektor- und Emitteranschluss als veränderlichen Widerstand betrachten, dessen Widerstandswert von den Steuerstromkreisen (Basis-Emitter) der Transistoren verändert wird.

Gehen wir davon aus, dass die Kollektorwiderstände R1 und R2 den gleichen Wert (10 k) wie die Widerstände in Abb. 4.9a haben und die Transistoren T(R3) und T(R4) die gleichen Widerstandswerte annehmen wie R3 und R4 in Abb. 4.9a, dann ergeben sich die gleichen gemessenen Spannungswerte für den ersten Transistorstrompfad wie in den Übersichtstabellen für die Widerstandsbrücke dargestellt:

T(R3)	A	B	Diff. A – B
5 k	+5 V	+5 V	0 V
2,5 k	+3 V	+5 V	–2 V
10 k	+7,5 V	+5 V	+2,5 V

Die folgende Übersichtstabelle (Tabelle 4.1) zeigt die Messwerte bei den gleichen Änderungen im zweiten Transistorstrompfad:

T(R4)	A	B	Diff. A – B
5 k	+5 V	+5 V	0 V
2,5 k	+5 V	+3 V	+2 V
10 k	+5 V	+7,5 V	–2,5 V

Die Schaltung in Abb. 4.9c zeigt eine Dioden-Brückenschaltung, wie sie z.B. in Gleichrichterschaltungen von Wechselspannungen in Gleichspannung zur Anwendung kommt. Bei dieser Schaltung gibt es ebenfalls zwei Strompfade. Der linke Strompfad mit den Dioden D1 und D3 und der rechte Strompfad mit den Dioden D2 und D4. Aus der Schaltung kann man ersehen, dass in beiden Strompfaden die Polaritäten der Dioden gegeneinander liegen, sodass sowohl eine positive Betriebsspannung, als auch eine negative Betriebsspannung keinen Stromfluss in den beiden Strompfaden erzeugen kann.

Die Betriebsspannung +15 V würde über die leitende Diode D2 an dem Messpunkt B gegen 0V gemessen werden. Die Dioden D1 und D4 liegen für diese Spannung in Sperrrichtung (sehr hoher Widerstand).

Eine Messung der Differenzspannung zwischen den Messpunkten A und B ergibt damit einen Messwert von –15 V, wenn der Minuspol des Messinstrumentes am Messpunkt B und der Pluspol am Messpunkt A angeschlossen wäre. In diesem Fall messen wir von +15 V nach 0 V, also –15 V.

Eine Betriebsspannung –15 V würde über die leitende Diode D1 an den Messpunkt A gegen 0 V gemessen werden. Bei dieser Betriebsspannung liegen die Dioden D2 und D3 in Sperrrichtung.

Eine Messung der Differenzspannung zwischen den Messpunkten A und B ergibt ebenfalls einen Messwert von –15 V, wenn der Minuspol des Messinstrumentes am Messpunkt B und der Pluspol am Messpunkt A angeschlossen wäre. In diesem Fall messen wir von 0 V nach –15 V, also –15 V.

Die Abb. 4.9d zeigt die Strompfade bei unterschiedlicher Polarität der Betriebsspannung über einen Widerstand R zwischen den Messpunkten A und B. Bei einer Betriebsspannung von +15 V fließt ein Strom über die in Durchlassrichtung geschaltete Diode D2 über den Messpunkt B, den Widerstand R und weiter über den Messpunkt A und die in Durchlassrichtung geschaltete Diode D3 nach Bezugspotenzial 0 V. Die folgende Übersichtstabelle zeigt die genauen Messwerte:

Anode D2	Katode D2 (B)	Anode D3 (A)	Katode D3
+15 V	+14,2 V	+0,8 V	0 V

Aus den Messwerten der Übersichtstabelle ist ersichtlich, dass an dem Widerstand R eine Differenzspannung A – B von 13, 4 V gemessen wird. Die gemessenen Polarität der Spannung ist von der angeschlossenen Polarität des Messinstrumentes abhängig.

Der Stromkreis für die Betriebsspannung –15 V wird über die jetzt in Durchlassrichtung geschaltete Diode D1, den Messpunkt A, den Widerstand R und weiter über den Messpunkt B und die in Durchlassrichtung geschaltete Diode D4 nach Bezugspotenzial 0 V geschlossen. Die folgende Übersichtstabelle zeigt die genauen Messwerte:

Katode D1	Anode D1 (A)	Katode D4 (B)	Anode D4
–15 V	–14,2 V	–0,8 V	0 V

Auch bei dieser Betriebsspannung ist aus der Übersichtstabelle ersichtlich, dass an dem Widerstand R eine Differenzspannung von 13,4 V gemessen wird und die gemessene Polarität vom Anschluss des Messinstrumentes abhängig ist.

Als Nächstes wollen wir an zwei etwas umfangreicheren Schaltungen aus der Praxis die Arbeitsspannungen bestimmen.

An der in Abb. 4.10 dargestellten Indikatorschaltung, bestehend aus vier Funktionseinheiten, sollen die Gleichspannungswerte an den Transistoranschlüssen bestimmt und abgeschätzt werden.

Hierbei kommt es nicht auf genaue Werte an, sondern auf überschlägige Bestimmungen, die der Funktion der Schaltung entsprechen. Wie bereits erwähnt, liegt der Toleranzbereich der Halbleiterbauelemente im Bereich 20 % bis 30 %. Es gelten folgende Vereinbarungen:

- Wird nur eine Elektrode oder ein Messpunkt zur Spannungsdefinition angegeben, dann bezieht sich die gemessene Spannung auf das Bezugspotenzial, z. B. U_C, U_B.
- Wird zwischen zwei Elektroden die Spannung definiert, dann gilt die Bezeichnung U_{BE} oder U_{CE}.
- Liegt eine Elektrode am Bezugspotenzial, dann kann bei den Betrachtungen $U_{BE} = U_B$ oder $U_{CE} = U_C$ sein.

Bei dem Linearverstärker T37 wird von der Kollektorspannung $U_C = U_{bat}/2 = +24$ V/ 2 = +12 V ausgegangen. Die Emitterspannung U_E wird aus dem Widerstandsverhältnis R_{112} zu R_{113} an +12 V bestimmt ($R_{CE} = R_{112}$). Daraus ergibt sich eine rechnerische Spannung von etwa $U_E = +2$ V. Die Spannung U_B ergibt sich als Summe der Emitterspannung U_E und der Basis-Emitterspannung $U_{BE} = 0,3$ V (Kleinsignalverstärker): 2 V +0,3 V = 2,3 V. Die nachfolgende Impulsformerstufe stellt eine Begrenzerschaltung für sinusförmige Spannungssignale dar. Daher wird davon ausgegangen, dass die Stufe T39 in der Ausgangslage ohne Signal leitend ist und die Transistorstufe T 38 gesperrt. Daraus ergibt sich am Kollektor von T39 die Sättigungsspannung von $U_C <$ 0,1 V. Der leitende Transistor T39 erzeugt eine Basis-Emitter-Spannung U_{BE} von etwa 0,7 V. Dies ist gleichzeitig die Kollektorspannung U_C von T38. Betrachtet man die Reihenschaltung von R_{115} und R_{114}, dann ergibt sich ein Widerstandsverhältnis von

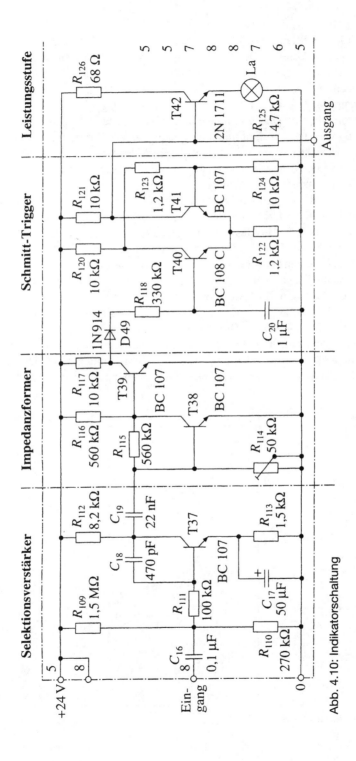

Abb. 4.10: Indikatorschaltung

560 k + 50 k = 610 k/50 k = 12. Die Basisspannung von T38 ergibt sich damit zu 0,7 V/12 = 60 mV. Damit ist der Transistor gesperrt. Die Basisspannung von T39 hält aber die Kollektorspannung U_C von T38 auf den Wert 0,7 V konstant. Der Steuereingang der Schmitt-Triggerschaltung ist durch die Diode D49 und den Widerstand R_{118} von der Transistorstufe T39 entkoppelt. Der Schmitt-Trigger hat in der Ausgangslage die Transistorstufe T 40 gesperrt und die Stufe T41 ist leitend. Die Basisspannung von T40 ist damit niedriger als die Emitterspannung. Die Kollektorspannung U_C vom leitenden Transistor T41 ist im Wesentlichen vom Widerstandsverhältnis R_{121}/R_{122} abhängig. Berücksichtigt werden muss auch noch der Basisstrom des leitenden Transistors T41, der die Spannung am Widerstand R_{122} erhöht. Aus dem Widerstandsverhältnis $(R_{121} + R_{122})/R_{122}$ ergibt sich eine Spannung von 2,6 V. Um etwa 50 % erhöht sich die Spannung an R_{122} durch den Basisstrom. Somit ergibt sich eine Spannung von etwa 4 V als U_C und U_E. Die Basisspannung an T41 beträgt dann etwa 4,7 V. Die Kollektorspannung U_C an T40 resultiert aus der Reihenschaltung der Widerstände R_{120}, R_{123} und R_{124} sowie aus der Belastung durch den Basisstrom von T41. Aus dem Widerstandsverhältnis von $(R_{120} + R_{123} + R_{124})/R_{124}$ ergibt sich für die Versorgungsspannung von 24 V ein Teilfaktor von etwa 2. Geht man davon aus, dass der Basisstrom etwa dem Strom durch R_{124} entspricht, dann ergibt sich für U_C ein Teilerfaktor von etwa 4 (24 V/4 = 6 V). Die Potenzialbestimmung an der Transistorstufe T42 ergibt sich aus der Lampenspannung. Beträgt die Lampenspannung 12 V, dann ist die Stufe nichtleitend durch die Spannung U_B = 4 V vom Kollektor T41. Die Kollektorspannung U_C hat dann den Wert der Versorgungsspannung $U_{bat} = U_C$ = 24 V.

Anschlüsse	bewertet	gemessen
Transistor T37		
Kollektor	12 V	12,7 V
Emitter	2 V	2,1 V
Basis	2,6 V	2,7 V
Transistor T38		
Kollektor	0,7 V	0,6 V
Basis	60 mV	50 mV
Transistor T39		
Kollektor	0,1 V	80 mV
Basis	0,7 V	0,6 V
Transistor T40		
Kollektor	6 V	6,9 V
Emitter	4 V	3,8 V
Basis	< 4 V	3,5 V
Transistor T41		
Kollektor	4 V	4,2 V
Emitter	4 V	3,8 V
Basis	4,7 V	4,8 V
Transistor T42		
Kollektor	24 V	22 V
Emitter	12 V	11,4 V
Basis	4 V	4,2 V

Tabelle 4.1: Vergleichswerte

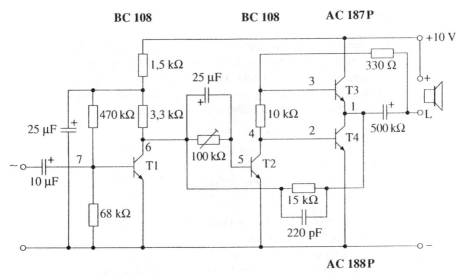

Abb. 4.11: NF-Verstärkerschaltung

Die Tabelle 4.1 zeigt einen Vergleich der veranschlagten Werte mit den tatsächlich gemessenen Spannungswerten der Schaltung ohne Eingangssignal.

In Abb. 4.11 ist als Beispiel ein NF-Verstärker dargestellt, der aus Endstufe, Treiber und Vorverstärkerstufe besteht. Man beginnt mit der Potenzialbestimmung an gleichspannungsgekoppelten Verstärkern grundsätzlich bei den Ausgangsstufen.

Am Ausgang der Endstufen muss man etwa mit $U_{bat}/2$ rechnen, Messpunkt 1 ca. +5 V. Die Spannungen an den Basisanschlüssen müssen entsprechend um den Betrag der Schleusenspannung abgesetzt sein. Man rechnet hierbei mit etwa 0,3 bis 0,5 V. Dies ergibt die Spannung an Messpunkt 3: +5 V + 0,5 V = 5,5 V. Für die Spannung an Messpunkt 2 vermindert sich die Ausgangsspannung um –0,5 V, % V –0,5 V = 4,5 V. Die am Messpunkt 2 gemessene Spannung wird auch an Messpunkt 4 gemessen. Die Spannung an Messpunkt 5 lässt sich ebenfalls leicht ermitteln. Der Emitter liegt am Nullpotenzial. Die Spannung an der Basis dürfte noch etwa 0,3 V bis 0,4 V höher liegen: Messpunkt 5 ca. 0,4 V. Messpunkt 6 hat, da es sich um eine Verstärkerstufe handelt, ungefähr die Spannung $U_{bat}/2$ = +5 V. Die Spannung an Punkt 7 beträgt etwa 0,2 V bis 0,3 V, da sich hier der Emitter ebenfalls auf Nullpotenzial befindet. Die in diesem Beispiel aufgezeigte methodische Bestimmung der Spannungspotenziale lässt sich an allen Analogschaltungen mit Erfolg anwenden. Von wesentlicher Bedeutung sind hier ebenfalls die Kenntnis der für bestimmte Verstärkerstufen (z. B. Vorverstärker, Treiber und Endstufen) typische Arbeitspunkt und die Dimensionierung der Widerstände.

4.5 Übungen zur Vertiefung

Wie wir aus den vorhergehenden Beispielen gesehen haben, ist die systematische Fehlersuche ein Frage- und Antwortspiel zwischen Mensch und Maschine. Die Frage lautet z. B.: Welche Spannung liegt an Punkt A? Die Schaltung antwortet über die Messung: +3 V! Diese Antwort ist solange nichtssagend, wie der Instandhalter an seine Frage keine Erwartung knüpft. Zweckmäßig ist daher folgendes Vorgehen:

Frage: Welche Spannung liegt am Punkt A?
Erwartung: Ich erwarte etwa +3 V mit 15 % Toleranz.
Messantwort: Die Spannung beträgt 3,2 V.
Ergebnis: Die gemessene Spannung entspricht der Funktion.

Oder:
Frage: Welche Spannung liegt am Punkt A?
Erwartung: +3 V mit 15 % Toleranz.
Antwort: Die Spannung beträgt 3,7 V.
Überlegung: Stimmt meine Potenzialbestimmung? Wenn ja: Fehler.

1. An der Schaltung nach Abb. 4.3 wird die Betriebsspannung von 5 V auf 10 erhöht. Welche Spannungen werden in den Abb. 4.3a bis Abb. 4.3d an der Diode gemessen?

   a) _____ V   b) _____ V

   c) _____ V   d) _____ V

2. An der Schaltung nach Abb. 4.3 wird die Betriebsspannung umgepolt. Welche Spannungen werden nach Abb. 4.3a bis Abb. 4.3d an der Diode gemessen?

   a) _____ V   b) _____ V

   c) _____ V   d) _____ V

3. An der Schaltung nach Abb. 4.3 wird an der Diode nur noch 0,1 V gemessen. Die Betriebsspannung hat sich nicht verändert. Welcher Fehlerursache liegt hier vor?

4. In Abb. 4.4a wird die Basisspannung von +0,3 V auf +0,2 V erniedrigt. Wie verändert sich die Kollektorspannung?
   a) Die Spannung steigt,
   b) die Spannung wird niedriger,
   c) die Spannung bleibt gleich.

5. In Abb. 4.4a wird die Basisspannung von +0,3 V auf +0,5 V erhöht. Wie verändert sich die Kollektorspannung?
   a) Die Spannung steigt,
   b) die Spannung wird niedriger,
   c) die Spannung bleibt gleich.

6. In Abb. 4.4a wird die Basis des Transistors mit einer Pinzette oder Spitzzange gegen Bezugspotenzial kurzgeschlossen (0 V). Welcher Spannungswert stellt sich am Kollektor ein?

   a) +7 V bis +10 V,

   b) 0 V,

   c) Betriebsspannung +15 V,

   d) anderer Wert: _____ V.

7. In Abb. 4.4 wird der Widerstand RB = 15 k zwischen Betriebsspannung und Basis entfernt. Welche Spannungen werden an der Basis und am Kollektor des Transistors gemessen?

   a) Basis +15 V   Kollektor 0,1 V,

   b) Basis +0,3 V   Kollektor +8 V,

   c) Basis 0 V   Kollektor +15V.

8. An der Widerstandsbrücke in Abb. 4.9a haben alle vier Widerstände den gleichen Widerstandswert.
   Wie verändert sich die Brückenspannung, wenn der Widerstand R1 seinen Widerstandswert verdoppelt?

   a) Die Differenzspannung zwischen A und B bleibt 0 V,

   b) die Differenzspannung erhöht sich auf 5 V,

   c) die Differenzspannung erhöht sich auf 2,5 V.

9. An der Transistor-Brückenschaltung in Abb. 4.9b wird die Basis des Transistor T(R3) gegen 0 V kurzgeschlossen. Der Widerstand Kollektor-Emitter des Transistors T(R4) ist genau so groß wie der Widerstand R2. Welche Differenzspannung zwischen den Messpunkten A und B wird gemessen?

   a) 15 V

   b) 7,5 V,

   c) 0 V.

10. Die Schaltung nach Abb. 4.9d liegt an der Betriebsspannung +15 V. Die Diode D3 hat einen Kurzschluss.
    Welche Spannungen werden an den Messpunkten A und B gemessen?
    Wie groß ist die Differenzspannung an dem Widerstand R?

    A: _____ V

    B: _____ V

    R: _____ V

11. An der Schaltung nach Abb. 4.12 ist eine Potenzialbestimmung durchzuführen. Die geschätzten und überschlägig berechneten Spannungswerte sind:

U_{RC}: _____ V

U_{CB}: _____ V

U_{BE} : _____ V

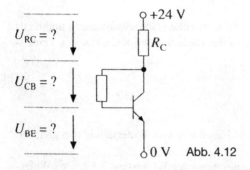

Abb. 4.12

Lösungen im Anhang!

5 Fehlersuche mit System an analogen Schaltungen

Analoge- oder lineare Schaltungen unterscheiden sich im Schaltungsaufbau und in der Funktion wesentlich von digitalen Schaltungen. Vor allem im Akustikbereich und in der Hochfrequenzübertragung (Antennenverstärker) kommen lineare Schaltungen zum Einsatz.

Die Vielzahl von Verstärkerarten erfordert erfreulicherweise nicht im selben Umfang notwendige Fehlersuchverfahren oder Anleitungen. Vielmehr sind einige grundsätzliche Überlegungen zu berücksichtigen, die sich auf unterschiedliche Verstärkerarten beziehen.

Ob es sich um einen Kleinsignalverstärker oder einen Leistungsverstärker handelt, ist neben den zur Anwendung kommenden Transistortypen vor allem an der Dimensionierung der angeschlossenen Widerstände zu erkennen.

Vorverstärker und Eingangsstufen von Verstärkern mit hoher Verstärkung und Eingangsempfindlichkeit sind aufgrund der erforderlichen Kleinsignalverstärkung an den hohen Widerstandswerten im Basisspannungsteiler und am hohen Arbeitswiderstand des Kollektors zu erkennen.

Dies ist erforderlich, um in den ersten Stufen durch entsprechende Festlegung des Arbeitspunkts den notwendigen, hohen Eingangswiderstand zu erhalten sowie einen großen Spannungsverstärkungsfaktor zu erzielen. Mit zunehmender Stufenzahl werden diese Widerstandswerte niedriger, weil die Arbeitsströme höher werden.

Aufgrund der hohen Verstärkung in den ersten Stufen können zu hohe Rauschverstärkung oder Verstärkungsschwankungen nur in diesen Stufen erzeugt werden.

Rückschlüsse auf die Gesamtverstärkung eines Verstärkers erhält man nicht nur aus der Dimensionierung der Arbeitswiderstände, sondern auch in Verbindung mit den dabei zur Anwendung kommenden Gegenkopplungsmaßnahmen.

5.1 Spannungsbestimmungen an Schaltungen

Bei linear gesteuerten Bauelementen, z. B. bipolaren Transistoren (PNP und NPN) und Feldeffekttransistoren (FET) muss der Aussteuerungsbereich durch die Steuerspannung mit Hilfe eines definierten Arbeitspunktes festgelegt werden (Abb. 5.1). Diese Festlegung des Arbeitspunktes erfolgt bei den bipolaren Transistoren durch einen Vorwiderstand (Abb. 5.1a) oder einen Spannungsteiler (Abb. 5.1b) an der Steuerelektrode (Basisanschluss) des Transistors. Bei einem FET durch den Source-Widerstand (Abb. 5.1c), weil in der Gate-Elektrode kein Strom fließt. Bei einer linear ausgesteuerten Transistorstufe kann man davon ausgehen, dass der Arbeitspunkt die Spannung am Kollektor bzw. am Drain auf $U_{bat}/2$ festlegt. Dadurch ist der maximale Aussteuerbereich zwischen U_{bat} und U_{Cesat} (ca. 0,1 V) gewährleistet. Nur bei Kleinsignalverstärkern kann dieser Spannungswert erheblich abweichen. Aufgrund dieser Überlegung kann man alle anderen Gleichspannungswerte an den Transistorstufen mit Hilfe der angeschlossenen Widerstände überschlägig bestimmen. Hierzu zwei Beispiele in Abb. 5.2. Die Verstärkerstufe in Abb. 5.2a zeigt einen NPN-Transistor als Kleinsignalverstärker. Dies zeigen die hohen Widerstandswerte im Kollektor und in der Basis. Die Kollektorspannung U_{CE} liegt bei etwa $U_{bat}/2 = 24$ V $/2 = 12$ V. Bei dieser Spannung ist der Gleichspannungs-Innenwiderstand des Transistors genau so groß wie der Kollektorarbeitswiderstand. Daraus lässt sich nun die Gleichspannung am Emitterwiderstand aus dem Widerstandsverhältnis überschlägig berechnen. Der Basisstrom kann hierbei vernachlässigt werden. Das Widerstandsverhältnis von $R_{CE} = 1$ M und $R_E = 10$ k beträgt 101:1. Daraus ergibt sich eine Spannung von $12/100 = 0,12$ V $= 120$ mV an R_E. Die Basis-Emitter-Spannung U_{BE} liegt bei Linear-Verstärkerstufen in der Größenordnung von 0,2 V bis 0,6 V. Gegen das Bezugspotenzial gemessen muss an der Basis eine Spannung von etwa 0,3 V bis 0,7 V anliegen. Es gilt $U_B = U_{BE} + U_{RE}$. Dieselben Überlegungen kann man bei der FET-Verstärkerstufe in Abb. 5.2b anstellen. Im Arbeitspunkt bei $U_{bat}/2$ ist der Gleichspannungs-Innenwiderstand des FET zwischen Drain und Source genau so groß wie der Arbeitswiderstand R_D. Daher kann die Spannung am Source-Widerstand ebenfalls aus dem Widerstandsverhältnis errechnet werden. Die daraus resultierende Spannung von $U_{RS} = 12$ V $/11 = 1,1$ V. Diese Spannung ist die Gate-Spannung, weil bekanntlich im Gate kein Strom fließt.

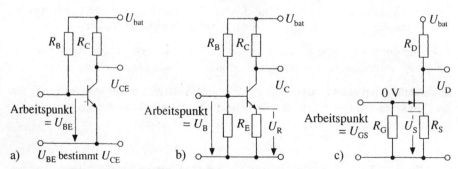

Abb. 5.1 Spannungspotenziale an linearen Verstärkerstufen
a) Transistorstufe mit Basisvorwiderstand
b) Transistorstufe mit Basisspannungsteiler
c) FET-Stufe mit Gate-Ableitwiderstand und Source-Widerstand

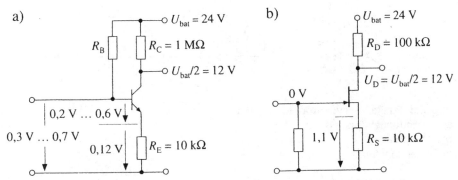

Abb. 5.2: Beispiel für gemessene Spannungswerte an linearen Verstärkerstufen
a) NPN-Transistorstufe
b) FET-Stufe

Diese Gleichspannungsüberprüfung ist für Funktionsstörungen in Schaltungen am effektivsten, um ein defektes Bauteil lokalisieren zu können.

Bei diesen Messungen darf kein Aussteuersignal an der Schaltung anliegen, weil dadurch die Messwerte verfälscht werden!

5.2 Auswirkungen von möglichen Kurzschlüssen oder Unterbrechungen bei unterschiedlichen Kopplungsarten

Das Erkennen und richtige Bewerten von Kopplungsarten bereitet dem Fachmann erfahrungsgemäß die größten Schwierigkeiten, obwohl auch hier mit wenigen Regeln und Merkmalen ein beachtlicher Auswertungsgrad erreicht werden kann.

Grundsätzlich sind alle Verbindungen von Stufen und Netzwerken Kopplungen. Wie und mit welchen Bauelementen diese Kopplungen ausgeführt werden, entscheidet über ihre Funktion und Wirkung.

Kopplungen können grundsätzlich mit allen Bauelementen durchgeführt werden, z. B. Kondensatoren, Spulen, Transformatoren, Widerstände, Dioden und Transistoren. Auch die direkte Verbindung zweier Stufen ist eine Kopplung, die als „direkte Kopplung" bezeichnet wird.

Die Kopplung übernimmt jeweils die Wirkung, die dem als Koppelelement verwendeten Bauelement zu eigen ist. Ist der Widerstand des Bauelementes frequenzabhängig, so ist auch die Kopplung frequenzabhängig.

Der Widerstandswert des Bauelements ist für die Wirkung der Kopplung ebenfalls von Bedeutung. Bei kleinen Widerstandswerten der Koppelelemente spricht man von einer „festen Kopplung", bei großen Werten von einer „losen Kopplung".

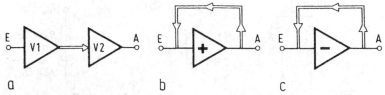

Abb. 5.3: Funktionen von Kopplungsarten
a) Verbindungskopplung
b) Mitkopplung
c) Gegenkopplung

Kopplungen, die gleichzeitig eine „Entkopplung" zweier Verstärkerstufen bewirken sollen, haben noch höhere Widerstandswerte oder sogar eine Trennstufe (Emitter-schaltung).

Nach der Aufgabe oder Funktion der Kopplung unterscheidet man drei Kopplungsar-ten (vgl. Abb. 5.3):

Die **Verbindungskopplung** dient zur elektronischen Verbindung zweier Verstärker-oder Steuerstufen oder auch Filternetzwerke zum Zwecke der Signalweiterführung (Abb. 5.3a).

Die **Mitkopplung** dient zur Rückführung von Ausgangssignalen an den Eingang von ein- oder mehrstufigen Verstärkern zum Zwecke der Verstärkung, d. h., die Ausgangs-spannung muss mit gleicher Polarität an den Eingang zurückgeführt werden (Abb. 5.3b), z. B. bei Schwingschaltungen (Oszillatoren).

Die **Gegenkopplung** dient ebenfalls zur Rückführung von Ausgangssignalen an den Eingang von ein- oder mehrstufigen Verstärkern zum Zwecke der Stabilisierung und Linearisierung der Verstärkereigenschaften, d. h., die Ausgangsspannung muss mit Gegenpolarität an den Eingang zurückgeführt werden (Abb. 5.3c). Die Kopplungen und ihre in der Schaltungspraxis üblichen Realisierungen sind in der Tabelle 5.1 noch-mals zusammengefasst dargestellt.

Verbindungskopplungen
Kopplungen als Verbindungskopplungen in Schaltungsdarstellungen zu definieren, ist nicht schwierig und durch Übung leicht zu erlernen.

Beginnen wir die Übung mit der Schaltung nach Abb. 5.4, die eine Anzahl interessan-ter Verbindungskopplungen enthält, wie dies in der Übersichtstabelle 5.2 dargestellt ist.

Bei der Darstellung der Verbindungskopplungen in der Tabelle 5.2 sind neben den funktional wirksamen Bauelementen noch weitere Bauelemente aufgeführt. Diese Bauelemente liegen zwar in der Verbindungskopplung mit drin, bestimmen aber nicht die Kopplungsfunktion.

Tab. 5.1: Kopplungen in üblichen Anwendungen

Mögliche Ausführung	Verbindungs-kopplung	Rückkopplungen	
		Mitkopplung	Gegenkopplung
Direkte Kopplung	X		
Widerstand	X	X	X
Diode	X		X
Z-Diode	X		
Transistor	X	X	
Kondensator	X	X	X
Spule	X		
Übertrager	X	X	X
Bandpass	X	X	X

Tab. 5.2: Übersicht zu Kopplungsarten aus Abb. 5.4

Ausgang	Eingang	Kopplungsart
Kollektor T1	Basis T2	direkt
Kollektor T2	Basis T3	direkt
Emitter T3	Ausgang R20	kapazitiv, C1
Emitter T3	Basis T4	kapazitiv, C1, C10, R12
Kollektor T4	Basis T5	Widerstand R15, C11
Kollektor T5	Ausgang	Widerstand R18

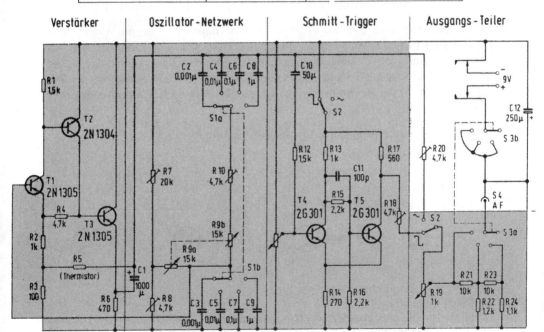

Abb. 5.4: Kopplungsarten von Funktionsgruppen eines RC-Generators

Liegt z. B. bei einer kapazitiven Kopplung noch ein Widerstand in Reihe, so ist diese Verbindungskopplung in ihrer Wirkung kapazitiv, d. h., sie ist frequenzabhängig und trennt Gleichspannungen.

Gerade umgekehrt ist die Funktionswirkung bei parallel geschalteten Verbindungskopplungen von Widerstand und Kondensator. In diesem Fall gehen die elektrischen Eigenschaften von der Wirkung des Widerstands aus; der Kondensator wirkt hier nur bei Wechselspannungen mit Frequenzen, bei denen der Blindwiderstand des Kondensators in die Größenordnung des ohmschen Widerstandes gerät.

Welche Auswirkungen haben nun defekte Bauelemente in den Verbindungskopplungen auf die Funktion der Verstärkerschaltung:

Die direkte Kopplung zwischen zwei Transistoren, wie dies in Abb. 5.4 von Kollektor T1 nach der Basis T2 und vom Kollektor T2 nach der Basis T3 der Fall ist, hat bei einem defekten Transistor Auswirkungen auf die Arbeitspunkte aller drei Verstärkerstufen.

Gehen wir davon aus, dass der Spannungsteiler R7 (20 kΩ) und R8 (4,7 kΩ) in Abb. 5.4 so verstellt ist, dass der Arbeitspunkt von T1 nach höherer Spannung verschoben wird. Der Widerstand zwischen Kollektor und Emitter des Transistors wird dadurch kleiner, die Spannung am Kollektor wird auch kleiner. Diese Spannungsänderung verschiebt den Arbeitspunkt von T2 und damit in Funktion als Basiswiderstand von T3 auch dessen Arbeitspunkt.

Eine weitere Auswirkung auf den Arbeitspunkt des Transistor T1 hat die Widerstandskopplung R4 (4,7 kΩ) vom Emitter T1 auf die Basis von T3. Durch den höheren Strom im Emitter von T1 steigt die Spannung am Emitterwiderstand und damit über den Widerstand R4 auch die Spannung an der Basis von T3. Die Veränderung des Widerstandes von T2 und der Emitterspannung von T1 führen auch zu einer Veränderung des Arbeitspunktes von T3.

Weitere Beispiele für Verbindungskopplungen zeigt die Abb. 5.5.

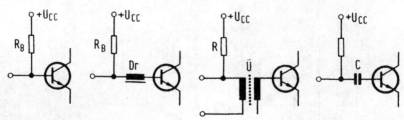

Abb. 5.5: Kopplungsschaltungen:
a) direkte Kopplung,
b) direkte Kopplung über induktiven Blindwiderstand,
c) Übertragerkopplung,
d) kapazitive Kopplung.

In der Abb. 5.5a wird der Arbeitspunkt einer Transistorstufe durch einen Widerstand zwischen Betriebsspannung und der Basis erzeugt.

Abb. 5.5b zeigt eine direkte Kopplung über einen induktiven Blindwiderstand. Hat diese Spule einen Kurzschluss, wirkt sich dies kaum auf den Arbeitspunkt des Transistors aus, weil der Kupferwiderstand sehr klein ist im Verhältnis zum Widerstand R_B.

Eine Unterbrechung der Spule würde den Arbeitspunkt des Transistors gegen 0V verändern und damit den Transistor sperren.

In Abb. 5.5c erfolgt die Kopplung über einen Transformator. Nur wenn der Trafo einen Kurzschluss zwischen der Primär- und Sekundärwicklung hätte, würde dies einen Einfluss auf den Arbeitspunkt des Transistors haben. Auch ein Kurzschluss in der Sekundärwicklung, würde den Transistor sperren.

Die kapazitive Verbindungskopplung in Abb. 5.5d hätte nur bei einen Kurzschluss des Kondensators Auswirkungen auf den Arbeitspunkt der Transistorstufe. Eine Unterbrechung des Kondensators hätte keinen Einfluss auf die Gleichspannungsarbeitspunkte. Ein unterbrochener und daher kapazitätsloser Kondensator hat nur Auswirkungen auf die Übertragungseigenschaften von Wechselspannungen.

Gegenkopplungen

Erinnert sei nochmals daran, dass die Gegenkopplung vom Ausgang einer Stufe zum Eingang einer oder über mehrere Stufen mit entgegengesetzter Polarität zurückgeführt wird.

Als Beispiel in Abb. 5.4 sind dies der Widerstand R4 vom Emitter des Transistors T1 zum Kollektor von T2 und Basis T3. Außerdem der Thermistor-Widerstand R5 vom C1 zu den Emitterwiderständen von T1.

Die Gegenkopplungswirkung von dem Widerstand R4 wirkt sich sowohl auf die Arbeitspunkte der Transistorstufen als auch auf die Signalamplitude aus. Im Gegensatz hierzu hat die Wirkung des Thermistors nur Einfluss auf die Signalamplitude, weil über den Kondensator C1 eine Gleichspannungstrennung vom Transistor T3 erfolgt.

Es gibt die unterschiedlichsten Arten der Gegenkopplungen. Man unterscheidet Frequenz unabhängige Gegenkopplungen, wie z. B. die Widerstandsgegenkopplung, die sowohl auf die Gleichspannungsarbeitspunkte als auch auf die Signalamplitude Einfluss hat und die nur frequenzabhängigen Gegenkopplungen (Kondensator, Induktiver Transformator), die nur die Signalamplitude beeinflussen.

Abb. 5.6a zeigt eine Schaltung zur Arbeitspunkterzeugung über einen Widerstand, der zwischen Kollektor und Basis geschaltet ist. Die arbeitspunktstabilisierende Wirkung läuft wie folgt ab:

Erhöht sich die Basis-Emitter-Spannung (Arbeitspunktspannung), dann erhöht sich der Kollektorstrom. Die Folge ist ein Absinken der Kollektorspannung und damit die

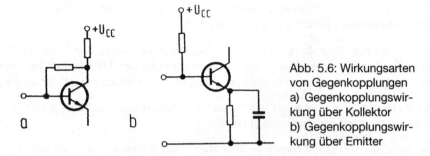

Abb. 5.6: Wirkungsarten
von Gegenkopplungen
a) Gegenkopplungswir-
kung über Kollektor
b) Gegenkopplungswir-
kung über Emitter

Reduzierung, bzw. Konstanthaltung der Basisspannung. Hier sehen wir das gegensinnige Verhalten von Kollektor- und Basisspannung, das zur Gegenkopplung ausgenützt wird.

Diese Gegenkopplung über einen Widerstand wirkt natürlich auch für die Konstanthaltung von Wechselspannungsamplituden im gleichen Maße.

Diese Gegenkopplung wird als Spannungsgegenkopplung bezeichnet.

Wie wirken sich fehlerhafte Veränderungen im Gegenkopplungszweig auf die Funktion aus:

Verändert sich der Gegenkopplungswiderstand nach größeren Werten, wird der Arbeitspunkt der Basis nach niedrigeren Werten verändert. Die Folge ist ein geringerer Kollektorstrom und damit eine höhere Kollektorspannung, die aber über den größeren Widerstandswert den Ausgleich nicht mehr schafft. Dadurch wird der Arbeitspunkt bei niedrigeren Werten gehalten. Die Folge ist eine geringere Verstärkung der Wechselspannungsamplitude und eine Begrenzung der negativen Halbwellen am Kollektor durch Erreichen der unteren Aussteuerungsgrenze.

Verändert sich der Gegenkopplungswiderstand nach kleineren Werten, wird der Arbeitspunkt der Basis nach höheren Werten verändert. Die Folge ist ein größerer Kollektorstrom und damit eine niedrigere Kollektorspannung, die aber über den kleineren Widerstandswert den Ausgleich nicht mehr schafft. Dadurch wird der Arbeitspunkt bei hohen Werten gehalten. Die Folge ist eine erhöhte Verstärkung der Wechselspannungsamplitude und eine Begrenzung der positiven Halbwellen am Kollektor durch Erreichen der oberen Aussteuerungsgrenze.

Ein Kurzschluss im Gegenkopplungswiderstand (direkte Verbindung Kollektor-Basis) hätte eine Zerstörung der Transistorstufe zur Folge. Kurzschluss oder Unterbrechung der Basis-Emitter-Grenzschicht.

Abb. 5.6b zeigt einen Emitterwiderstand als Gegenkopplung zur Arbeitspunktstabilisierung der Transistorstufe mit folgender Funktion:

Bei Arbeitspunktveränderungen, ändert sich der Basis-Emitter-Strom und der Kollektor-Emitter-Strom. Eine Erhöhung des Kollektorstromes hat auch eine Erhöhung des Emitterstromes zur Folge und damit eine Erhöhung der Spannung am Emitterwiderstand. Dadurch wird die Basis-Emitter-Spannung kleiner. Basis- und Kollektorstrom ebenfalls. Somit bleibt der Arbeitspunkt konstant.

Hier wird der Arbeitspunkt (Basis-Emitter-Spannung) über die Stromänderung im Emitter reguliert. Daher wird diese Gegenkopplung als Stromgegenkopplung bezeichnet.

Der zu dem Emitterwiderstand parallel geschaltete Kondensator (Abb. 5.6b) bildet für die Wechselspannung einen sehr niedrigen Blindwiderstand. Dadurch wird die Gegenkopplungswirkung des Emitterwiderstandes für die zu verstärkende Wechselspannung aufgehoben.

Fehlerhafte Bauelemente bei dieser Gegenkopplung haben ebenfalls funktionale Veränderungen in der Baugruppe zur Folge:

Veränderungen des Emitter-Widerstandswertes führen zu Veränderungen des Arbeitspunktes der Verstärkerstufe. Kleinere Widerstandswerte erhöhen die Arbeitspunktspannung (größerer Stromfluss im Kollektor), bis zur Strombegrenzung und damit zur Erhöhung der Verstärkung und der Begrenzung der Signalamplitude. Größere Widerstandswerte verringern die Arbeitspunktspannung (kleinerer Stromfluss im Kollektor), bis zur Stromsperrung und damit Verringerung der Verstärkung und der Begrenzung der Signalamplitude.

Mitkopplungen

Bereits zum Anfang des Abschnittes 5.2 wurde definiert, dass als Merkmal der Mitkopplung das Ausgangssignal eines ein- oder mehrstufigen Verstärkers an den Eingang – mit gleicher Polarität wie das Eingangssignal – zurückgeführt wird. Eine Mitkopplung wird immer dann angewendet, wenn ein Verstärker sich selbst steuern soll, d. h. wenn er die Funktion eines Generators oder Oszillators übernimmt.

Die in Abb. 5.4 dargestellte Oszillatorschaltung ist dafür ein typisches Beispiel. Zum Zwecke der Selbststeuerung wird vom Ausgang des Verstärkers am Emitter T3 über den Koppelkondensator C1 und die umschaltbare RC-Kombination C2, R9, R10 das Signal an die Basis von T1 zurückgeführt. Koppelnetzwerke können als Mitkopplungen zwei Funktionen haben. Entweder müssen sie die zur Verstärkung gelangende Frequenz mit gleicher Polarität vom Ausgang an den Eingang zurückführen oder müssen bei ungleicher Polarität zwischen Ausgang und Eingang eine selektive Frequenz in der Phase auf gleiche Polarität drehen.

Dies kann man entweder an der Schaltungsform des Koppelnetzwerkes erkennen oder durch Überprüfung der Polaritäten an den Ein- und Ausgängen der Verstärkerstufen. In der nach Abb. 5.4 dargestellten Mitkopplung ergibt eine Überprüfung der Polaritäten folgendes Funktionsverhalten.

Die erste Stufe kehrt das Signal in seiner Polarität um (Basis-Kollektor). Durch die nochmalige Umkehrung der zweiten Stufe erhält das Signal dieselbe Polarität wie am Eingang der ersten Stufe. Die dritte Stufe ändert die Polarität nicht mehr (Emitterschaltung). Daraus ist ersichtlich, dass das Signal durch das Koppelnetzwerk mit gleicher Polarität vom Ausgang an den Eingang zurückgeführt wird.

5.3 Systematische Fehlersuche an einer Analogschaltung

An einem defekten unbekannten Gerät wird man zuerst versuchen, anhand der Prüfung äußerer Funktionsmerkmale (z. B. Sichtzeichen, Lampen, Bedienungselemente und Anzeigeinstrumente), die durch Auslösung einer Funktion auf einen Fehler hinweisen könnten, den Fehlerbereich zu lokalisieren. Ein einfaches Beispiel:

Ein ausgefallenes Gerät, das einen Netzanschluss, Netzschalter und Kontrolllampe besitzt, wird man zuerst einschalten. Daher lautet die erste Regel (Abb. 5.7):

Funktion auslösen

Abb. 5.7

Anschließend wird man versuchen, ein sichtbares Ergebnis oder Resultat festzustellen. Bei diesem Beispiel würde das bedeuten, dass die Kontrolllampe auf ihre Anzeigefunktion überprüft bzw. ausgewertet wird. Daher lautet die zweite Regel (Abb. 5.8):

Fehler korrigieren

Abb. 5.8

Fällt das Ergebnis der Prüfung negativ aus, d. h., die Kontrolllampe leuchtet nicht, ist eine Korrektur der Ursache der Fehlererscheinung erforderlich.

In diesem Fall bedeutet dies, dass z. B. mit einem Messgerät oder Phasenprüfer die Netzzuführung auf Kurzschluss oder Unterbrechung und die Netzsicherung sowie erforderlichenfalls die Lampe und der Netzschalter auf ihre Funktion geprüft werden. Daher lautet die dritte Regel (Abb. 5.9):

Ergebnis auswerten

Abb. 5.9

Ist in diesen bezeichneten Bereichen kein Fehler zu finden, muss entsprechend Regel 1 eine weitere Funktion überprüft werden (Abb. 5.10):

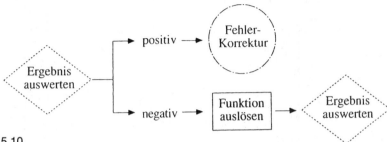

Abb. 5.10

Merke: Die wichtigsten logischen Gedankenschritte bei der systematischen Fehlersuche lauten (Abb. 5.11):

- Funktion auslösen,
- Ergebnis auswerten,
- Fehler korrigieren.

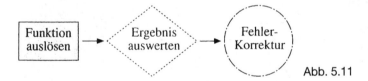

Abb. 5.11

Als Beispiel soll ein NF-Verstärker betrachtet werden (Abb. 5.12). Der Bass-Lautsprecher des Verstärkers gibt keine Leistung ab und bringt nur ganz schwache und verzerrte Töne. Die Betriebsspannungen sind in Ordnung. Im Folgenden soll die schrittweise Überprüfung dieses Verstärkers durchgeführt werden. Von links nach rechts gesehen erkennt man die einzelnen Funktionsgruppen: Mikrofon- und NF-Verstärker-Eingänge, Filter, Hochpass, Hochtonverstärker und Hochton-Lautsprecher. Parallel dazu Tiefpass, Basston-Brückenverstärker und Basston-Lautsprecher.

Bevor man an einer umfangreichen Schaltung mit der Fehlersuche beginnt, versucht man aufgrund der äußeren Merkmale und anhand eines Blockschemas, den Fehler grob einzugrenzen. Ist kein Blockschema vorhanden, ist es sinnvoll, dieses zu skizzieren. Dies hat zwei Vorteile: Erstens muss man im Schaltbild die einzelnen Funktionseinheiten definieren und eingrenzen, zum Zweiten wird durch das Blockschema eine funktionale Übersicht ermöglicht, die bei der Fehlersuche und Fehlereingrenzung sehr hilfreich ist.

Der NF-Verstärker kann aufgrund seines Funktionsablaufs in sechs Funktionsgruppen gegliedert werden (Abb. 5.13). Diese Funktionseinheiten werden entsprechend ihres

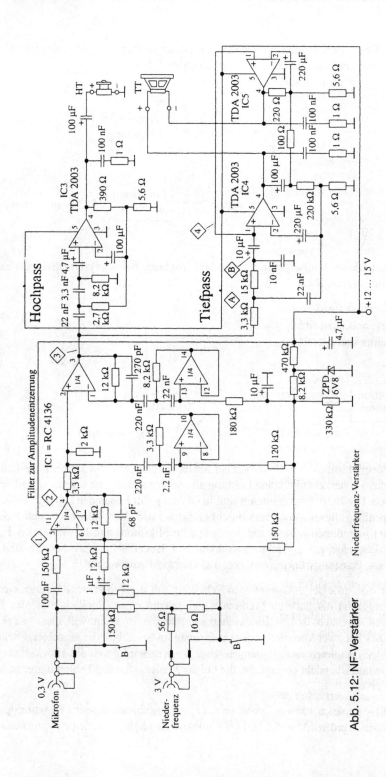

Abb. 5.12: NF-Verstärker

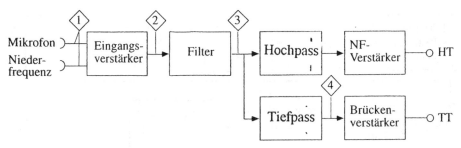

Abb. 5.13: Blockschema des NF-Verstärkers

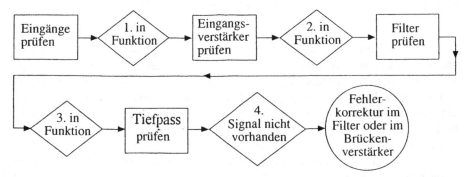

Abb. 5.14: Fehlersuche entsprechend dem Blockschema

Funktionsablaufs der Reihe nach überprüft (Abb. 5.14). Zuerst werden einschließlich der Zuleitungen die Eingänge „Mikr." und „NF" überprüft und an Messpunkt „1" das Signal gemessen. Dazu wird an die Eingänge eine Signalquelle angeschlossen, die in Frequenz und Amplitude einigermaßen konstant ist. Dadurch wird die Signalverfolgung wesentlich erleichtert.

Ist das Signal an Messpunkt „1" noch vorhanden, werden nacheinander die Messpunkte „2" und „3" überprüft.. Danach wird anschließend am Ausgang des Tiefpasses gemessen, da sich nur der Tieftonlautsprecher TT als fehlerhaft gezeigt hat. Die Messung des Signals an Messpunkt „4" ergibt kein Signal. Somit stehen der Tiefpass und der Brückenverstärker als Fehlerquelle fest. Eine weitere Prüfung des Tieftonlautsprechers ist nicht erforderlich, da dieser aufgrund der bekannten Funktionsergebnisse mit großer Wahrscheinlichkeit – und dies ist Erfahrung – nicht defekt ist und als Fehlerquelle ausscheidet.

Zur ersten Abgrenzung des Fehlers waren bisher folgende Schritte erforderlich:

- Eingänge prüfen,
- Eingangsverstärker prüfen,
- Filter prüfen,
- Tiefpass prüfen.

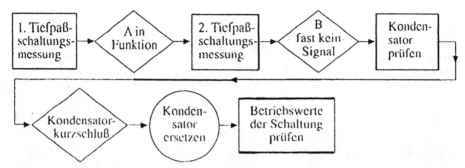

Abb. 5.15: Fehlersuche in der defekten Schaltung

Da bisher der Fehler auf den Ausgang des Tiefpasses begrenzt wurde, muss jetzt als nächster Schritt der Tiefpass in seinen Einzelfunktionen überprüft werden (vgl. Abb. 5.12). Die Funktionsprüfung des Tiefpasses erfolgt unter denselben Überlegungen wie zuvor die Prüfung der ganzen Schaltung. Zur weiteren Eingrenzung des Fehlers wird der Tiefpass in seinen Einzelkomponenten (Bauelementen) überprüft. Hierbei kann man zwei grundsätzliche Überlegungen anstellen. Entweder beginnt man die Fehlersuche am Eingang der Schaltung oder misst am Ausgang der Schaltung nach rückwärts zum Eingang hin. In diesem Beispiel beginnen wir mit der erstgenannten Vorgehensweise (Abb. 5.15).

Der Messpunkt „3" ist der Eingang der Tiefpassschaltung. Daher braucht diese Messung nicht mehr durchgeführt werden.

Die nächste Funktionsprüfung erfolgt daher am Messpunkt „A". Die Messung ergibt ein Signal mit deutlich abgeschwächter Amplitude. Daher wird eine Messung am Punkt „B" vorgenommen. An diesem Messpunkt ist nur noch ein Signal mit wesentlich geringerer Amplitude (wenige Millivolt) messbar. Dieses Messergebnis lässt darauf schließen, dass eine niederohmige Ableitung gegen Masse bzw. Bezugspotenzial besteht.

Am Messpunkt „B" liegt ein Kondensator mit den Kapazitätswert 10 nF (Nano-Farad) gegen Masse. Aufgrund der Schaltungsanordnung in diesem Bereich ist es naheliegend, diesen Kondensator als Fehlerquelle in Betracht zu ziehen. Der Kondensator könnte einen Kurzschluss haben. Dies kann man mit einer Widerstandsmessung feststellen. Dazu wird die Schaltung von der Betriebsspannung abgeschaltet, der Kondensator an einer Seite ausgelötet und mit den Messgerät im Ohm-Bereich geprüft. Der Kurzschluss bestätigt sich hierbei.

Nachdem der Kondensator ausgewechselt wurde, sollte man abschließend die Betriebszustände des Tiefpasses und des nachfolgenden Brückenverstärkers überprüfen. Diese Nachkontrolle ist dann von wesentlicher Bedeutung, wenn – wie in diesem Beispiel – die Ursachen für den defekten Kondensator nicht bekannt sind.

Nicht zu vergessen ist der sogenannte „Hut- und Mantel-Test"! Dies ist ein Abschlusstest der gesamten Betriebsfunktionen und Anschlüsse. Dieser Test ist vor allem im Außendienst sehr wichtig. Damit ist gewährleistet, dass alle vorgenommenen Veränderungen des Geräts bzw. der Anlage wieder rückgängig gemacht werden.

Betrachtet man nochmals alle Einzelschritte zusammenfassend, so hat sich für diesen Fehler folgender Programmablauf für die methodische Fehlersuche ergeben:

- Eingänge prüfen   Ergebnis: Funktion gegeben
- Eingangsverstärker prüfen   Ergebnis: Funktion gegeben
- Filter prüfen   Ergebnis: Funktion gegeben
- Tiefpass prüfen   Ergebnis: Funktion nicht gegeben
- erste Messung in Schaltung   Ergebnis: Messergebnis richtig
- zweite Messung in Schaltung   Ergebnis: Messsignal fehlt
- Kondensator prüfen   Ergebnis: Kondensator defekt
- Kondensator wechseln   Ergebnis: Funktion gegeben

Die hier zugrunde liegende Systematik entspricht dem Einkreisen eines Fehlers, wie dies bei einer effektiven und konsequenten Fehlersuche in elektronischen Schaltungen üblich sein sollte.

In Abb. 5.16 ist dieser Programmablauf nochmals symbolisch dargestellt. Man beginnt zuerst mit der groben Eingrenzung des Fehlers (äußerer Kreis) und dann in immer enger werdenden Kreisen den Fehler einzugrenzen und zu beheben.

Dieses Beispiel demonstriert eine systematische und allgemeingültige Fehlersuche nach einem festen Programmschema, bei dem weder Erfahrungen des Technikers hinsichtlich der Fehleranfälligkeit des Gerätetyps noch andere persönliche Erfahrungen und Verfahrensweisen berücksichtigt wurden..

Noch erfolgreicher und effektiver wird die systematische Fehlersuche dann, wenn der Fachmann persönliche Erfahrungen und Gerätekenntnisse in dieses Verfahren mit einbringt.

Wenn dem Techniker z. B. bekannt ist, dass der Leistungsverstärker eine häufige Fehlerquelle darstellt (Erfahrungswert), wird er diesen eventuell als zweite Eingrenzungsmaßnahme prüfen (Abb. 5.17) und daher die zweite Fehlereingrenzungsmaßnahme überspringen. Ergibt diese Prüfung jedoch keinen Aufschluss, sollte nach dem bekannten Schema der Reihenfolge nach systematisch abgeprüft werden.

Abweichend vom vorgezeigten Beispiel kann innerhalb des vorgegebenen systematischen Programmablaufs die Prüfung der Verstärkergruppen oder Verstärkerstufen von hinten nach vorne erfolgen, also von der letzten Stufe oder Gruppe zur ersten (Abb. 5.18) und nicht von vorn nach hinten. Mitunter führt diese Reihenfolge eher zum Erfolg, da aus der Praxis her bekannt ist, dass die Verstärkerstufe mit der größten Leistungsaufnahme, also insbesondere Treiberstufen und Leistungsendstufen, am häufigsten defekt sind.

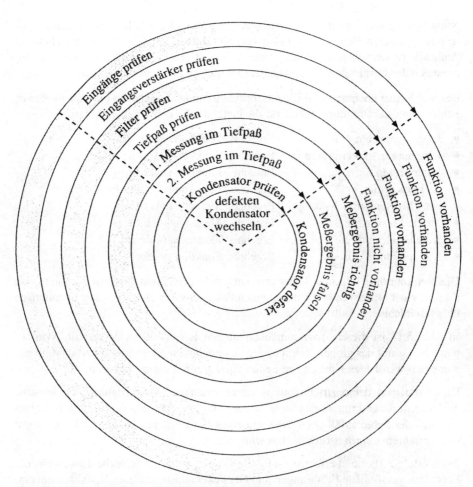

Abb. 5.16: Symbolik für systematisches Einkreisen des Fehlers

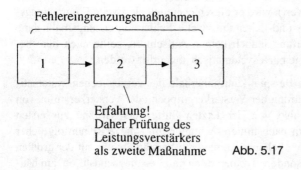

Fehlereingrenzungsmaßnahmen

Erfahrung!
Daher Prüfung des
Leistungsverstärkers
als zweite Maßnahme   Abb. 5.17

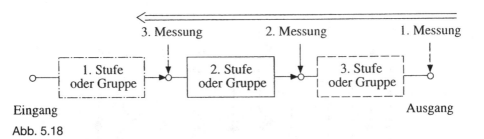

Eingang

Ausgang

Abb. 5.18

Abschließend sei nochmals auf die wichtigsten Regeln bei der systematischen Fehlersuche hingewiesen:

- Defekte Schaltungen oder Geräte in Funktionseinheiten (Blockschema) unterteilen und dies nach dem Halbierungsprinzip prüfen.
- Bei Funktionsabläufen, die von mehreren Signalwegen abhängig sind, die Verzweigungs- oder Zusammenfassungspunkte vorrangig unter Berücksichtigung des Halbierungsprinzips überprüfen.
- Als erstes Betriebsspannungen überprüfen, wenn diese nicht durch andere Funktionsprüfungen definitiv ausgeschlossen werden können.
- Leistungsschaltungen und deren Belüftungen und Kühlsysteme in die Überprüfung mit einbeziehen.

5.4 Fehlersuche an Steuer- und Regelschaltungen

Drehstromantrieb
Für CNC-gesteuerte Achsantriebe und Positioniereinheiten werden weitgehend Drehstromantriebe verwendet. Die Antriebssteuerungen arbeiten vollelektronisch und sind daher weitgehendst wartungsfrei. Trotzdem gibt es einige Abgleichelemente, die auf den Funktionsablauf, vor allem auf das Regelverhalten, erheblichen Einfluss haben. Das Funktionsprinzip eines Drehzahl- und Lagekreisreglers veranschaulicht Abb. 5.19.

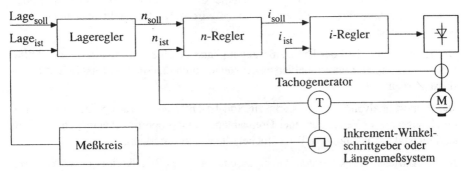

Abb. 5.19: Blockschema für Drehzahl- und Lagekreisregler

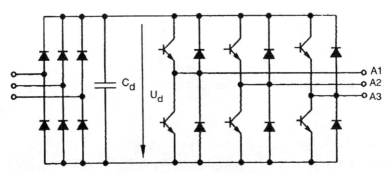

Abb. 5.20: Prinzipschaltung eines Umrichters für Vorschubantriebe

Die Leistungssteuerung des Servomotors erfolgt über einen i-Regler und über einen nachgeschalteten Umrichter. Für die Ausführung eines Umrichters kommen ausschließlich, kontaktlose, verschleißfrei arbeitende Halbleiterbauelemente zum Einsatz. Dabei ist zu unterscheiden zwischen Ventilen und Schaltern. Ventile werden in Form von Dioden eingesetzt. Sie öffnen bei positiver Spannung und sperren im Stromnulldurchgang. Im Gegensatz dazu können Schalter beliebig geöffnet oder geschlossen werden. Daher werden als Schalter löschbare Thyristoren (GTO) oder Leistungstransistoren verwendet. Abb. 5.20 zeigt das Schaltbild eines Umrichters für Vorschubantriebe. Der Gleichrichter ist als Drehstrombrücke geschaltet. Der Wechselrichter besteht aus Leistungstransistoren mit parallelgeschalteten Schutzdioden in Brückenschaltung.

Über den i-Regler werden weitgehend Lastschwankungen ausgeglichen. Auf der Motorwelle ist ein Gleichstrom-Tachogenerator angebracht, der über den n-Regler die Drehzahl des Servomotors kontrolliert und den vorgegebenen Sollwert konstant hält.

Die Winkellage oder die Position der vom Servomotor angetriebenen Achse wird von einem Inkrementalgeber oder bei Schlittenfunktionen über ein Längenmesssystem kontrolliert und gesteuert. Die Drehstromantriebe sind in Baugruppen aufgebaut und unterteilen sich in Versorgungs-, Antriebs- und Reglermodule. Die Mess- und Reglerfunktionen und die Diagnosesysteme dieser Antriebe sind teilweise hard- oder software-gesteuert. Die einfachen Diagnosesysteme sind mit LED-Anzeigen ausgestattet. Der Signalzustand dieser Anzeigefunktionen wird entweder direkt oder über Codemeldungen ausgewertet.

Der Kennlinienverlauf der Drehzahlregelung kann durch einen Integral-, einen Differential- oder einen Proportionalverstärker sowie durch die Summenverstärkung beeinflusst werden.

Der Proportionalverstärker verstärkt die Soll-Ist-Differenz linear und negiert sie. Dadurch wirkt dieser Verstärker jeder Drehzahländerung proportional entgegen. Der Verstärkungsfaktor bestimmt im Wesentlichen die Kreisverstärkung.

In der Antriebstechnik werden die Eigenschaften eines Regelkreises durch zwei Begriffe gekennzeichnet:

Der **Schleppfehler** definiert die Zeit, die der Motor zum Erreichen einer neuen Drehzahl benötigt, hervorgerufen durch eine Soll- oder Istwert-Änderung (Abb 5.21a). Umgesetzt in die Wegstrecke auf einer Achse ist es die Wegdifferenz, den die Achse dem Sollwert nachläuft.

a)

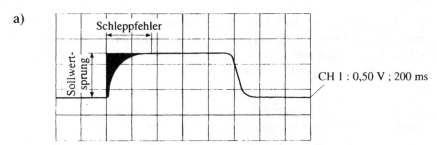

b)

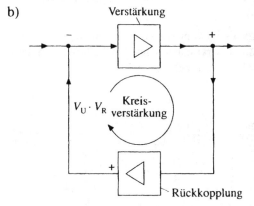

c) Schleppfehler

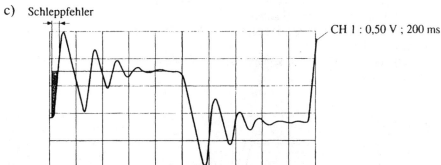

Abb. 5.21: Auswirkungen der Kreisverstärkungen
a) die Kreisverstärkung ist klein, der Schleppfehler wird groß
b) Zusammenhang Verstärkung, Rückkopplung und Kreisverstärkung
c) Die Kreisverstärkung ist groß, der Schleppfehler wird klein, aber der Regelungskreis schwingt

Die Gesamtverstärkung in einem geschlossenen Regelkreis wird als Kreisverstärkung (K_v) bezeichnet (Abb. 5.21b). Der Faktor K_v bestimmt im Wesentlichen das Reglerverhalten. Eine zu hohe Kreisverstärkung führt zu Schwingungen (Abb. 5.21c).

Das Schwingungskriterium ergibt sich aus dem Rückkopplungsfaktor und den Verstärkungsfaktor.

Bei zu kleiner Kreisverstärkung nähert sich die Ist-Drehzahl zu langsam an die Soll-Drehzahl und umgekehrt ($K_v = V_u \times V_r > 1$). Daher ist die Kreisverstärkung umgekehrt proportional zum Schleppfehler. Die Kreisverstärkung muss so optimiert werden, dass der Motor seine Soll-Drehzahl so schnell wie möglich erreicht, ohne jedoch zu schwingen.

Der Integralverstärker wirkt durch seine Funktion, das Ausgangssignal als Integral des Eingangssignals über eine bestimmte Zeit zu bilden, der Schwingungsneigung der Proportionalverstärkung des ganzen Systems (Motor, Tachogenerator und Verstärker) entgegen (Abb. 5.22a und Abb. 5.22b).

Der Differenzverstärker soll das Ausgangssignal proportional zur Steilheit des Tachometersignals verändern. Dieser Verstärker wirkt daher schnellen Tachosignaländerungen stärker entgegen als langsamen (Abb. 5.23a und Abb. 5.23b).

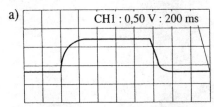
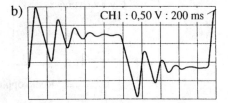

Abb. 5.22: Einfluss des Integralreglers
a) überhöhter I-Anteil, Schleppabstand wird größer (langsame Annäherung); Kreisverstärkung ist klein
b) verringerter I-Anteil, kleiner Schleppabstand, große Kreisverstärkung, Schwingungsneigung

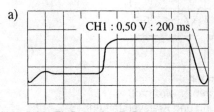
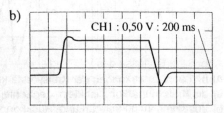

Abb. 5.23: Einfluss des D-Reglers
a) überhöhter D-Anteil, Flanke zu Beginn der Näherung wird steiler
b) verringerter D-Anteil bewirkt nur geringfügige Vergrößerung des Schleppabstands

Die Regelfunktionen können einzeln zu- und abgeschaltet werden.

Abb. 5.24a bis Abb. 5.24c zeigen weitere kritische Einstellmöglichkeiten. Die Abb. 5.24d zeigt den optimal möglichen Abgleich des PID-Reglers.

Diese Beispiele zeigen, dass sich fehlerhaftes Verhalten des PID-Reglers vor allem im Anlaufverhalten des Motors zeigt. Schwingneigungen machen sich durch schnelle Drehzahländerungen und/oder starkes Vibrieren des Motors bemerkbar.

Defekte im Umrichter (Leistungsteil) machen sich durch verringerte Leistung des Motors und durch nicht Erreichen der geforderten Drehzahlen bemerkbar.

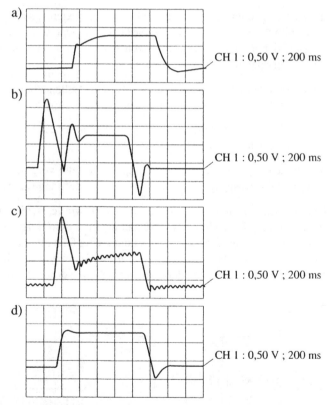

a) CH 1 : 0,50 V ; 200 ms

b) CH 1 : 0,50 V ; 200 ms

c) CH 1 : 0,50 V ; 200 ms

d) CH 1 : 0,50 V ; 200 ms

Abb. 5.24: Einflüsse des PID-Regler
a) ID-Anteil vergrößert, ergibt zuerst schnelle, dann langsame Annäherung
b) Vergrößerung der PID-Summe, Kennlinie des gesamten Regelkreises wird zu steil und damit zu schnell
c) Überhöhter P-Anteil bewirkt überproportionale Reaktion auf Sollwert-Sprung
d) Optimierte PID-Regelung, folgt dem Sollwert-Sprung (Rechteck); der Überschwinger an der abfallenden Flanke kann ohne Bremse nicht verhindert werden

Regelschaltung zur Spannungsstabilisierung

Die aus einer Netzgleichrichtung gewonnene, unstabilisierte Gleichspannung zur Erzeugung von Betriebsspannungen wird durch eine elektronische Regelschaltung stabilisiert, bzw. konstant gehalten.

Eine einfache Schaltung dieser Art zeigt Abb. 5.25. Der Kollektor-Emitter-Stromweg des Transistors ist in den Laststromkreis als veränderlicher Widerstand geschaltet. Die Basisspannung wird durch die Z-Diode unabhängig von Spannungs- oder Laständerungen konstant gehalten. Gesteuert wird der Transistor durch die Änderung der Emitterspannung am Lastwiderstand, die somit eine Änderung der Basis-Emitter-Spannung U_{BE} hervorruft. Nach diesem Prinzip funktionieren alle elektronischen Spannungsstabilisierungsschaltungen.

Vorteilhaft ist es, wenn man bei der Fehlersuche einen Regelungstransformator am Netzeingang zur Simulierung der Netzspannungsänderung oder einen Leistungswiderstand am Eingang der Regelschaltung einsetzen kann, damit man im Bereich von +/–10 % die Eingangsspannung verändern kann.

Mit Hilfe der einstellbaren Eingangsspannung U_E kann festgestellt werden, in welchem Spannungsbereich die gemessene Ausgangsspannung U_b noch stabilisiert wird.

Ändert sich die Ausgangsspannung in Abhängigkeit von der Eingangsspannung im Bereich von +/–10 %, dann ist die Schaltung defekt.

Bei der Fehlerbetrachtung wird davon ausgegangen, dass die vorgeschaltete Gleichrichterschaltung und die Ausgangslast in Form des Lastwiderstandes fehlerfrei sind.

Nachdem die Ausgangsspannung als unstabil festgestellt wurde, wird man als Nächstes die Referenzspannung U_z prüfen. Diese Spannung, in diesem Beispiel $U_z = +10$ V, darf sich in Abhängigkeit von der Eingangsspannung ebenfalls nicht proportional ändern. Keinesfalls darf man aber erwarten, dass diese Spannung absolut stabil sein muss. Bedingt durch den differenziellen Innenwiderstand der Z-Diode ändert sich

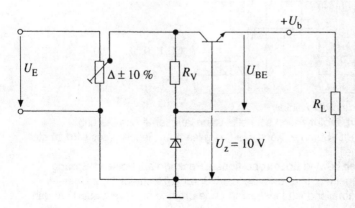

Abb. 5.25: Spannungen an einer Serienstabilisierung

auch die Z-Spannung um einige Millivolt. Auf keinen Fall darf sich die Referenzspannung proportional ändern, z. B. um 10 %.

Ändert sich die Referenzspannung proportional mit der Eingangsspannung, dann wäre dies die Ursache für die sich ebenfalls proportional ändernde Ausgangsspannung. Es wäre jetzt zu prüfen, ob der Strom I_z durch die Z-Diode bei −10 % der Eingangsspannung U_E noch über I_{zmin} liegt.

Bevor der Praktiker eine Strommessung vornimmt, bei der ein Stromkreis geöffnet werden muss, wird er zuerst die Funktion des Leistungstransistors überprüfen. Denn ein zu niedriger Strom I_z könnte auch durch einen Kurzschluss in der Basis-Emitter-Diode des Leistungstransistors verursacht werden.

Daher wird nach der Messung der Referenzspannung die Ausgangsspannung gemessen. Die Basis-Emitter-Elektrodenanschlüsse mit einem Werkzeug (Spitzzange, Pinzette, Draht, Prüfspitzen) kurzgeschlossen und das Verhalten der Ausgangsspannung kontrolliert.

Durch den Kurzschluss wird der Basis-Emitter-Strom zu Null. Der Transistor wird dadurch gesperrt ($I_C = 0$). Die Ausgangsspannung $+U_b$ am Lastwiderstand, der in seiner Funktion den Emitter-Widerstand für den Transistor darstellt, muss dadurch kleiner werden. Ist diese Funktion gegeben, kann als Fehlerursache nur noch der Arbeitswiderstand R_v der Z-Diode in Frage kommen.

Bereits die Prüfung der Ausgangsspannung U_b auf Stabilität kann aufgrund des gemessenen Spannungswertes auf die Fehlerquelle verweisen.

Wird ein höherer unstabiler Spannungswert als die Soll-Spannung U_b gemessen, deutet dies meist darauf hin, dass die Z-Diode außerhalb des Regelbereiches liegt. Aber auch ein Kurzschluss zwischen Kollektor und Emitter kann die Ursache sein.

Wenn die unstabile Ausgangsspannung U_b niedriger als der Sollwert (Minimum: +9,2 V) ist, dann ist der Transistor gesperrt. Dies kann verschiedene Ursachen haben. Es kann ein Kurzschluss zwischen Basis und Emitter vorliegen oder eine Unterbrechung zwischen Kollektor und Emitter.

Der Transistor kommt als Fehlerquelle dann nicht in Betracht, wenn die Ausgangsspannung $+U_b$ um etwa 0,6 V bis 0,8 V niedriger ist als die Referenzspannung. Dies entspricht der Schleusenspannung zwischen Basis und Emitter.

Die integrierten elektronischen Stabilisierungsschaltungen besitzen zur Erreichung eines höheren Stabilisierungsfaktors einen ein- oder mehrstufigen Regelungsverstärker zwischen Referenzspannung und Stell-(Leistungs-)Transistor.

5.5 Fehlersuche an Schwingschaltungen

Im Gegensatz zu Gegenkopplungsschaltungen, bei denen man das Ausgangssignal mit umgekehrter Polarität an den Eingang zurückführt, wird bei Schwingschaltungen das Ausgangssignal mit gleicher Polarität an den Eingang zurückgeführt (Selbststeuerung bzw. Selbsterregung eines Verstärkers).

Bei der Fehlersuche an Schwingschaltungen muss man sich ebenfalls erst Klarheit darüber verschaffen, ob es sich um eine Schaltung mit induktiver oder kapazitiver Mitkopplung handelt oder um eine Gleichspannungsmitkopplung. In den beiden zuerst genannten Beispielen hat die Mitkopplung keinen Einfluss auf den Arbeitspunkt und kann daher bei der Fehlerursache am Verstärker bei einem Totalausfall (keine Schwingungen) unberücksichtigt bleiben. Nur im letzteren Fall wirkt sich ein Fehler, der eine Potenzialveränderung als Auswirkung mit sich bringt, über die Mitkopplung (geschlossener Regelkreis) aus. Dieser Einfluss muss, wie bei gegengekoppelten Verstärkern, bei der Fehlersuche berücksichtigt werden. Ansonsten sind bei der Fehlersuche die selben Überlegungen anzustellen, wie an einem entsprechenden ein- oder mehrstufigen Verstärker.

Die Praxis zeigt, dass bei Schwingschaltungen die Fehlerursache im überwiegenden Teil der Fälle im Verstärker liegt und nur selten im Netzwerk der Mitkopplung zu suchen ist.

Diese Feststellung gilt für alle gebräuchlichen Schwingschaltungsarten, mit Ausnahme der quarzgesteuerten Oszillatoren. Der Schwingquarz ist bei diesen Schaltungen sehr häufig die Fehlerursache, weil je nach der Stärke der Ankopplung und der Alterung (Betriebsverhältnisse) der Quarz brechen kann.

LC-Sinusoszillator
Die in Abb. 5.26 dargestellte Oszillatorschaltung arbeitet mit einer Regelschaltung, die es erlaubt, einen Oszillator nahe am Schwingungseinsatz arbeiten zu lassen. Dadurch erhält man eine Sinusspannung mit sehr geringen Verzerrungen (Klirrfaktor) und eine Amplitudenregelung mit einem Fehler von < 1 %, bei einem Abstimmverhältnis von 3,5.

Wegen des Feldeffekttransistors T1 benötigt man keine Dreipunktschaltung mit Spulenabgriff, sondern kommt mit der einfachen Meißner-Mitkopplung aus.

Die von den Transistoren T1 und T2 erzeugten und verstärkten Schwingungen werden über L_1 (induktive Kopplung) an den Parallelschwingkreis L_2 und C_2 zurückgekoppelt.

Die Regelung des Schwingungseinsatzes wird durch eine Stromverteilung über die Transistoren T2 und T3 vorgenommen.

Beim Einschalten ist C_6 entladen, so dass ein Basisstrom in Transistor T3 zustande kommen kann. Dieser Transistor ist dadurch leitend, so dass ein Drain-Strom im Transitor T2 über T3 fließen kann.

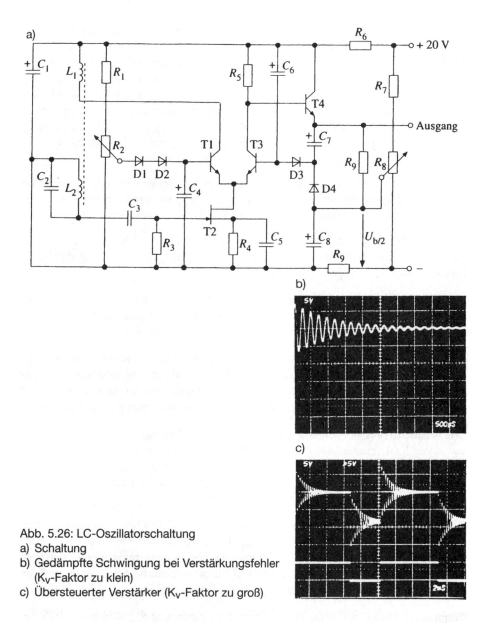

Abb. 5.26: LC-Oszillatorschaltung
a) Schaltung
b) Gedämpfte Schwingung bei Verstärkungsfehler
   (K$_V$-Faktor zu klein)
c) Übersteuerter Verstärker (K$_V$-Faktor zu groß)

Während des Aufladens von C_6 fließt auch durch T1 und L1 ein Kollektorstrom, der die Schwingung einsetzen lässt. Dadurch entsteht eine Wechselspannung an R_5, die über T4 und C_7 an die Dioden D3 und D4 gelangt. Diese Wechselspannung wird von den Dioden gleich gerichtet und mit C_6 geglättet. Die dadurch erzeugte positive Gleichspannung an der Basis von T3 lässt den Strom im Transistor noch höher ansteigen, sodass die Spannung auch an R_5 weiter steigt. Dies hat ein weiteres Ansteigen der gleich gerichteten Spannung zur Folge. Über die Transistoren T3 und T4 löst sich dadurch ein Rückkopplungseffekt aus, der allerdings durch den Feldeffekttransistor T2 begrenzt wird. Der Schwingstrom wird sich daher auf einen Zustand einpegeln, bei dem er in T1 und L_1 gerade noch so groß ist, dass die Schwingungen aufrecht erhalten bleiben. Die Dioden D1 und D2 haben die Aufgabe der Temperaturstabilisierung bzw. Konstanthaltung. Mit dem Potentiometer R_2 kann die Ausgangsspannung eingestellt werden. Der Regelverstärker ist nur im Gleichgewicht, wenn die Gleichspannung an der Basis von T1 genau so hoch ist wie die Basis-Spannung an T3.

Im funktionsfähigen Zustand wird über die Spule L_1 eine Wechselspannung von 100 mV gemessen, am Kollektor von T3 eine Spannung von etwa 300 mV. Am Emitter von T4 wird eine Ausgangsspannung von etwa 1 V gemessen.

Alle angegebenen Wechselspannungen sind Effektivwerte. Bei Messung mit dem Oszilloskop müssen die Spannungswerte (Spitzen-Spitzen-Spannung) daher durch den Faktor 2,8 dividiert werden.

Die Fehlersuche an diesem Oszillator ist aufgrund der beiden Koppelkreise, bestehend aus dem Rückkopplungskreis T2, T1, L_1 und L_2 sowie den Regelkreis T3, T4, C_7 und D3, schwieriger als bei einem Oszillator mit einer Rückkopplung.

Trotzdem kann man auch hier unter Beachtung der Funktion recht schnell zu konkreten Ergebnissen gelangen. Schwingt der Oszillator nicht, kann man bei der bestehenden Funktion davon ausgehen, dass ein Halbleiterbauelement, Diode oder Transistor defekt ist. Vorausgesetzt wird, dass die Arbeitspunkte noch richtig abgeglichen sind.

Wie bei allen Transistorschaltungen ist es bei dieser Schaltung ebenfalls zweckmäßig, zuerst durch Gleichspannungsmessungen die Arbeitspunkte der Transistoren zu überprüfen. Die Schaltung mit den Transistoren T1, T2 und T3 stellt sich als Differenzverstärkerstufe T1 und T3 dar, die als gemeinsamen „dynamischen Emitterwiderstand" in Funktion als Konstantstromquelle den FE-Transistor haben.

Wenn sich die Basisspannungen von T1 und T3 an R_2 auf gleiches Potenzial einstellen lassen, kann man davon ausgehen, dass der Differenzverstärker in Funktion ist. Den exaktesten Abgleich erzielt man, wenn man die Messleitungen eines potenzialfreien und hochohmigen Spannungsmessers (DVM) direkt mit den beiden Basisanschlüssen verbindet und dann die Spannungsdifferenz auf Null abgleicht.

Wenn dies nicht gelingt, sollte man prüfen, ob die Spannung an D4 in etwa +10 V beträgt, entsprechend $U_b/2$. Trifft dies nicht zu, muss dieser Spannungswert an R_8 nachjustiert werden.

Wenn der Oszillator nicht schwingt, dann ist der Transistor T2 nahezu gesperrt. Dieses Funktionsverhalten erlaubt daher keinen Rückschluss auf eine darauf zurückzuführende Fehlerursache.

Die Steuerwirkung des FE-Transistors T2 kann durch Kurzschließen der Gate- und Source-Elektroden geprüft werden.

Im Falle des Kurzschlusses wird der FET (N-Kanal) leitend. Die dabei gemessene Gleichspannung an den Emittern der Transistoren T1 und T3 muss dann niedriger werden.

Zeigen diese Überprüfungen keine Fehlerursache, dann wird als Nächstes die Regelschaltung T3, T4 und D3, D4 auf ihre Funktion überprüft.

Transistor T4 wirkt zusammen mit dem Emitter-Widerstand R_9 und Teilwiderstand R_8 als Emitter-Folge-Schaltung. Die Funktion dieses Transistors lässt sich durch Messen der Basis-Emitter-Spannung schnell überprüfen. Ist eine Spannungsdifferenz von ca. 0,5 V vorhanden, kann die Fehlerursache nur noch bei den Kondensatoren C_6, C_7, C_8 und an den Dioden D3 und D4 liegen.

An der Diode D4 muss etwa $U_b/2$ als Sperrspannung gemessen werden. Die Spannung U_F an der leitenden Diode D3 wird sehr niedrig sein, maximal 0,1 bis 0,3 V, da durch den geringen Basisstrom von T3 kaum eine Schleusenspannung zustande kommt. Ein Kurzschluss der Diode D4 kommt nicht mehr in Frage, da sich dieser Fehler bereits bei der Prüfung der Stufen T1 bis T3 bemerkbar gemacht hätte. Ein Abgleich der Ruhespannung an R_2 wäre in diesem Fall nicht mehr möglich. Wäre die Diode unterbrochen, würde die Messung der Sperrspannung keinen Aufschluss darüber geben, weil sie sich kaum noch verändern würde. Da aber in diesem Fall die negative Halbwelle der Sinusschwingung nicht abgeleitet würde, könnte sich der Kondensator C_7 nicht aufladen. An der Katode der Diode D3 könnte somit keine gleichgerichtete Regelspannung entstehen. Dieselbe Fehlerursache würde eine kurzgeschlossene oder unterbrochene Diode D3 bewirken.

Schwingt der Oszillator und ist lediglich eine unzureichende Amplitudenstabilisierung festzustellen, so kann dies auf folgende Fehlerursachen zurückzuführen sein:

Wenn die Stufen T1 und T3 aufgrund von Alterungs- und Temperaturschwankungen unterschiedliche Kollektorströme führen, die aufgrund von Arbeitspunktveränderungen entstehen, ist ein Abgleich an R_2 vorzunehmen. Lässt sich der Abgleich nicht durchführen, müssen unter Umständen beide Transistoren ausgewechselt werden.

Veränderungen der Schwellenspannungen von D3 und D4: Durch Alterungserscheinungen können die Schwellenspannungen niedriger werden. Die Dioden müssen dann ausgewechselt werden.

Der Leckstrom im Kondensator C_6 ist aufgrund von Alterungserscheinungen größer geworden. Dadurch fließt ein Teil des Regelstroms über den Kondensator ab und geht zur Steuerung der Basis von T3 verloren. In diesem Fall muss der Kondensator dann ausgewechselt werden, damit keine Verminderung der Regelwirkung eintritt.

RC-Brückenoszillator

Für die Fehlersuche an Oszillatoren mit *RC*-Rückkopplung kann von folgenden Voraussetzungen ausgegangen werden (Abb. 5.27):

Die frequenzbestimmende Rückkopplung ist überwiegend kapazitiv, d. h., es werden nur die Wechselspannungen vom Ausgang der zweistufigen Verstärkerschaltung an den Eingang zurückgeführt.

Die Gegenkopplungen zur Stabilisierung des Arbeitspunktes bzw. des Amplitudenganges über den gesamten Frequenzbereich werden – wie bei Verstärkerschaltungen üblich – ausgeführt und können sowohl Gleichspannungs-Gegenkopplungen (Arbeitspunkt und Amplitudengang) als auch kapazitive (nur Amplitudengang) sein.

Für die Fehlersuche ergeben sich somit dieselben Überlegungen wie bei einem Verstärker. Bei der Fehlersuche, die sich auch bei einem Oszillator in erster Linie auf die Funktion der einzelnen Verstärkerstufen konzentriert, braucht daher die frequenzbestimmende Rückkopplung ebenfalls nicht berücksichtigt zu werden, weil sie auf den Arbeitspunkt des Verstärkers keinen Einfluss hat.

Die Möglichkeit, dass ein durchgeschlagener Kondensator als Fehlerursache den Arbeitspunkt des Verstärkers beeinflussen könnte, ist sehr selten. In der Wienschen Brückenschaltung nach Abb. 5.27a wären dies Kondensatoren C_1 und C_2. Der Kondensator C_1 würde bei Kurzschluss die Ausgangsgleichspannung von T2 an den Eingang von T1 zurückführen. Die Verstärkerstufe T1 wäre dann im Arbeitspunkt übersteuert, Transistor T2 dadurch gesperrt. Ein Kurzschluss im Kondensator C_2 würde die Stufe T1 sperren. Als Folge davon würde die Stufe T2 übersteuert.

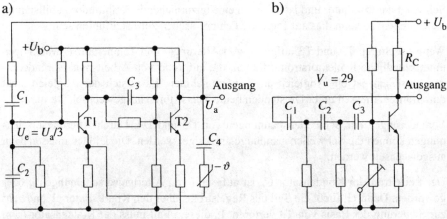

Abb. 5.27: RC-Oszillatoren
a) Wienesche Brückenschaltung
b) Phasendrehungsnetzwerk

Ein kurzgeschlossener Kondensator in der Schaltung nach Abb. 5.27b hätte keinen Einfluss auf den Arbeitspunkt der Verstärkerstufe. Es müssten in diesem Fall schon alle drei Kondensatoren durchschlagen. Überdies würde sich diese Fehlerursache ebenfalls bei der Funktionsprüfung der Verstärkerstufen bemerkbar machen.

Beachten muss man grundsätzlich, dass bei der Wienschen Brückenschaltung nach Abb. 5.27a die Rückkopplung das Ausgangssignal mit derselben Polarität wie das Eingangssignal an das RC-Netzwerk zurückführen muss. Daher wird bei diesen Schaltungen der Rückkopplungsausgang immer nach einer geradzahligen Anzahl (2, 4, 6 ...) von Stufen folgen. Bei der Schaltung nach Abb. 5.27b muss das Ausgangssignal mit umgekehrter Polarität zum Eingangssignal an das RC-Netzwerk zurückgeführt werden, weil das RC-Netzwerk eine Phasenverschiebung von 180° erzeugt. Das Ausgangssignal für die Rückkopplung muss daher immer an einer ungeradzahligen Stufenzahl (1,3,5, ...) abgenommen werden.

Funktionsgenerator

Die Prinzipschaltung der Funktionsgeneratoren hat sich standardisiert und besteht daher zumindest immer aus einem Integrator (Abb. 5.28), einem elektronischen Schalter (Schmitt-Trigger für Rechteckformung), einen Dreieck-Sinus-Umformernetzwerk und einem Ausgangsverstärker.

Ein geschlossener Mitkopplungskreis besteht nur zwischen Integrator und dem elektronischen Schalter. Daher können diese beiden Schaltungen einen selbstschwingenden Funktionsgenerator bilden.

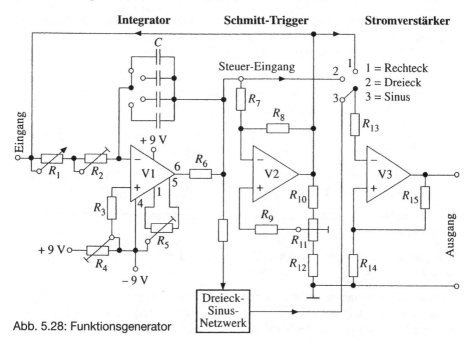

Abb. 5.28: Funktionsgenerator

Die Funktion im Einzelnen:

Das Integrationsglied des Integrators V1 bilden die umschaltbaren Kondensatoren C und die vorgeschalteten Widerstände R_1 und R_2, an denen die Integrationszeit (Zeitkonstante $= R \times C$) eingestellt werden kann.

Entsprechend der Funktion eines Integrierglieds laden sich die Kondensatoren mit der Zeitkonstante auf die am Eingang liegende Spannung auf, das durch die rechteckförmigen Spannungsverläufe des Schmitt-Triggers bestimmt wird.

Da der Schmitt-Trigger als elektronischer Schalter als Ausgangszustand die positive und negative Betriebsspannung der Operationsverstärker einnehmen kann, können sich die Kondensatoren des Integrierglieds maximal auf diese Werte aufladen. Der genaue Wert ist von der Triggerschwelle des Schmitt-Triggers abhängig, der an R_{11} eingestellt wird. Der Schmitt-Trigger schaltet in den anderen Ausgangszustand, wenn die Ausgangsspannung des Integrators die positive oder negative Triggerschwelle überschreitet.

Die dadurch entstehenden positiven und negativen Schaltflanken werden an den Eingang des Integrators zurückgekoppelt.

Der Operationsverstärker V1 des Integrators hat für den Ladevorgang der Kondensatoren die Wirkung einer Konstantstromquelle, wodurch die Ladevorgänge der Kondensatoren sowohl in positiver als auch in negativer Richtung linear verlaufen. Das Dreieck-Sinus-Netzwerk wird von der Dreieckspannung des Integrators gespeist.

Angenommen es fehlt die Ausgangsspannung in der Stellung 3 (Sinus) des Funktionsschalters. Als Fehlerursachen kommen in diesem Fall sowohl der Integrator und der Schmitt-Trigger als auch das Dreieck-Sinus-Netzwerk in Frage.

Um diese Fehlerquellen festzustellen, wird daher zuerst der Fehler anhand der äußeren Funktionsmerkmale eingegrenzt. In der Stellung 2 des Funktionsschalters muss am Ausgang der Signalverlauf des Dreiecks auf einem Oszilloskop sichtbar werden.

Ist dies der Fall, liegt die Fehlerursache am Dreieck-Sinus-Netzwerk. Der Stromverstärker V3 scheidet dabei ebenfalls als Fehlerursache aus.

Zeigt sich kein Dreieck-Spannung-Verlauf, dann liegt der Fehler am Integrator, Schmitt-Trigger oder am Stromverstärker V3.

Die nächste Messung ist daher am Ausgang des Integrators oder am Schmitt-Trigger vorzunehmen.

Ist hier ebenfalls kein Signal messbar, dann scheidet der Stromverstärker als Fehlerursache aus.

Als möglich Fehlerquelle verbleiben jetzt nur noch der Integrator bzw. der Schmitt-Trigger. Da beide in ihrer Funktion voneinander abhängig sind, ist es erforderlich eine Steuerfunktion für diese beiden Schaltungsfunktionen nachzubilden.

Hierzu wird der Schmitt-Trigger extern mit einer beliebigen Wechselspannung, aber ohne Gleichspannungsanteil, am Steuer-Eingang R_7 getriggert. Der Schmitt-Trigger muss am Ausgang eine rechteckförmige Signalform zeigen.

Zeigt sich am Ausgang des Schmitt-Triggers keine Rechteckspannung, dann liegt der Fehler am Schmitt-Trigger. Ist die Schaltspannung vorhanden, dann liegt die Fehlerursache am Integrator.

Fehler am Dreieck-Sinus-Netzwerk machen sich in der Regel dadurch bemerkbar, dass die Dreieck- und Rechteckfunktionen vorhanden sind und nur die Sinusspannung fehlt bzw. stark verzerrt in Erscheinung tritt.

Das Netzwerk besteht im Wesentlichen aus zwei Konstantstromquellen mit unterschiedlicher Polarität, für die Vorspannungen des Dioden-Widerstands-Netzwerks. Bei Kurzschluss in einer der beiden Konstantstromquellen fällt die Sinusfunktion völlig aus. Das Dioden-Widerstands-Netzwerk wird dadurch kurzgeschlossen.

Veränderungen der Widerstandswerte oder der Funktion der Dioden haben eine Verzerrung der Sinusspannung zur Folge. Dies trifft ebenfalls zu, wenn sich die Spannungen der Konstantstromquellen oder deren Innenwiderstände verändern.

5.6 Fehlersuche an Operationsverstärkern

Integrierte Verstärker, insbesondere Operationsverstärker, kommen in allen Anwendungsbereichen der Elektronik zum Einsatz. Vor allem in so genannten Hybridschaltungen (Zusammenschaltung von diskreten und integrierten Halbleiterbauelementen) ist es erforderlich, die Fehlerursache anhand der gemessenen Kennwerte einwandfrei festzustellen.

Lässt sich ein Transistor mit drei Anschlüssen noch ohne erhebliche Beschädigung der Leiterplatte auslöten, so ist dies bei einem Bauelement mit acht und mehr Anschlüssen kaum mehr möglich.

Von den Kennwerten des Operationsverstärkers können nur wenige direkt in einer Schaltungsanordnung gemessen werden.

Dies sind die Nennstromaufnahme, die Spannungsverstärkung, die Eingangs-Offsetspannung U_{OS} und der Ausgangsspannungshub.

Die Nennstromaufnahme muss ohne Ausgangslast gemessen werden. Man misst sie zweckmäßig in der positiven Betriebsspannung-Zuleitung (vgl. Abb. 5.29a). Die Stromaufnahme sollte etwa zwischen 1,5 mA bis 2,5 mA liegen. Die Spannungsverstärkung ergibt sich aus der Dimensionierung der Widerstände R1 und R3 (vgl. Abb. 5.29b). Sie ergibt sich aus dem Verhältnis u_E zu u_A und muss mit dem Widerstandsverhältnis übereinstimmen.

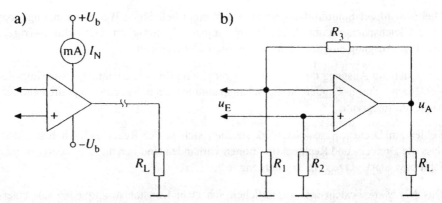

Abb. 5.29: Prüfung des Operationsverstärkers
a) Nennstromaufnahme, Ausgang unbelastet
b) Bestimmung der Verstärkung v_u über Spannungsteiler

Die Eingangsoffsetspannung U_{OS} ist die Spannung, die zwischen den Eingangsklemmen liegen muss, damit die Ausgangsspannung zu Null wird. Bezugspunkt ist der invertierende Eingang. Die Offsetspannung liegt im Allgemeinen zwischen 0 und +/–10 mV. Stellt man mit dem Nullabgleich-Potentiometer die Ausgangsspannung auf Null, dann muss bei abgeklemmten Eingangssignalen die Offset-Spannung an den Eingängen des Verstärkers gemessen werden.

Der Ausgangsspannungshub kann ebenfalls mit dem Nullabgleich-Potentiometer überprüft werden.

Von der Mittelstellung des Potentiometers aus muss sich die Ausgangsgleichspannung, entsprechend Linksanschlag und Rechtsanschlag des Potentiometers um den selben Betrag nach positiver und negativer Polarität verändern.

Sind die Gleichspannungspotenziale des Operationsverstärkers in Ordnung und ist nur die Verstärkung zu hoch bzw. zu niedrig, dann empfiehlt sich folgende Maßnahme (vgl. Abb. 5.30) zur Überprüfung der Verstärkerfunktion des OPV:

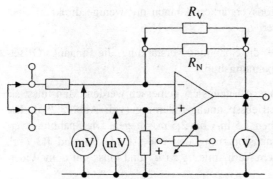

Abb. 5.30: Mess- und Prüfmethoden am Operationsverstärker

Zum Gegenkopplungswiderstand R_N wird ein gleich großer Widerstand R_V parallel angeschlossen. Der Widerstandswert des Gegenkopplungswiderstands wird dadurch halbiert. Dadurch wird auch der Verstärkungsfaktor halbiert, sodass die Ausgangsamplitude um die Hälfte kleiner werden müsste. Ist dies der Fall, kommen der Verstärker und die Gegenkopplung als Fehlerursache nicht in Frage. Es müsste dann die Amplitude des Eingangssignals überprüft werden.

Ist das Ausgangssignal zu groß und zeigt es Übersteuerungsbegrenzung und kommt es dann durch die Parallelschaltung des Widerstandes R_V aus der *Übersteuerung* heraus und geht auf seinen normalen Verstärkungswert zurück, dann ist der Operationsverstärker in Ordnung und der Gegenkopplungswiderstand R_N unterbrochen.

Ist bei geringer Ausgangsamplitude durch Anschließen des Widerstandes R_V keine Änderung festzustellen, dann ist entweder der Operationsverstärker defekt oder Gegenkopplungswiderstand in seinem Wert zu niedrig, bzw. der Eingangswiderstand in seinem Wert zu hoch. In diesem Fall empfiehlt es sich vor Auswechslung des Operationsverstärkers diese zwei Widerstände auf ihren Wert zu überprüfen.

Unterbrechungen der IC-Anschlüsse und Kurzschlüsse am Operationsverstärker wirken sich wie folgt aus:

Die in Abb. 5.31a dargestellte Unterbrechung des invertierenden Eingangs bewirkt eine Trennung des Eingangssignals und der Gegenkopplung. Der Operationsverstärker arbeitet mit maximaler Verstärkung, wodurch die auf den Eingang wirkenden Störsignale den Verstärkerausgang übersteuern.

In Abb. 5.31b liegt die Unterbrechung vor dem Verbindungspunkt der Gegenkopplung mit dem invertierenden Eingang. Dadurch wird das verstärkte Störsignal an den Eingang unvermindert zurückgekoppelt. Durch die unsymmetrische Belastung der Eingänge kann auch eine Verschiebung der Offsetspannung am Ausgang auftreten.

Eine Unterbrechung des Ausgangs entsprechend der Abb. 5.31c übersteuert den Operationsverstärker bis zur Begrenzung. Am Ausgang messbar ist aber nur das über den Gegenkopplungswiderstand auf den Ausgang übertragene und reduzierte Eingangssignal.

Die in Abb. 5.31d dargestellte Unterbrechung der Gegenkopplung auf der Ausgangsseite hebt die Begrenzung der Leerlaufverstärkung des Operationsverstärkers auf, wodurch das Ausgangssignal voll durch Übersteuerung in der Begrenzung liegt.

Kurzgeschlossene Eingänge eines OPV (vgl. Abb. 5.31e) haben kein Ausgangssignal zur Folge.

Ist der Ausgang mit den Betriebsspannungen verbunden, nimmt er das Potenzial der Betriebsspannung an. In Abb. 5.31f ist der Ausgang mit $+U_{CC}$ kurzgeschlossen, sodass dieser Pegel am Ausgang gemessen wird. Auch Kurzschlüsse der Eingänge mit den Betriebsspannungen zeigen sich am Ausgang nahezu mit dem Betriebsspannungs-

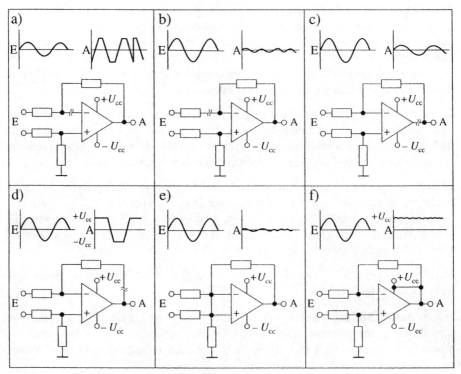

Abb. 5.31: Fehlermöglichkeiten am Operationsverstärker

potenzial durch die Verstärkung. Von der gemessenen Polarität kann man nicht auf Kurzschluss eines bestimmten Eingangs schließen. Ist z. B. der invertierende Eingang mit der positiven Betriebsspannung kurzgeschlossen, zeigt der Ausgang negative oder positive Betriebsspannung.

Bei integrierten NF-Leistungsverstärkern können zusätzlich zu den Widerstandsmessungen an den Eingangs- und Ausgangsanschlüssen anhand der Fehlerauswirkungen noch folgende Prüfungen durchgeführt werden:

Ist bei vorhandenem Eingangssignal keine Ausgangsspannung feststellbar, dann kann durch Messung der Stromaufnahme und gleichzeitiger Veränderung der Eingangsspannung festgestellt werden, ob sich die Stromaufnahme ändert. Sie muss bei größerer Eingangsamplitude ebenfalls größer werden. Ändert sich die Stromaufnahme nicht, ist der IC-Verstärker defekt.

Kurzschlüsse und Unterbrechungen an Ein- und Ausgängen wirken sich wie das Nichtvorhandensein des Signals aus.

Fehlersuche an Vorverstärkern

Hier wird man in jeden Fall so vorgehen, dass man an den Eingang des Operationsverstärkers ein Signal anlegt und mit dem Oszilloskop an den aufeinanderfolgenden Stufen prüft, ob das Signal noch vorhanden ist. Auf diese Weise lässt sich ein Bauelementefehler, der zu einem Totalausfall des Gerätes geführt hat, leicht einkreisen. Ist die fehlerhafte Verstärkerstufe gefunden, so werden die statischen Arbeitspunkte gemessen (z. B. Kollektor-Emitter-Spannung und Basis-Emitter-Spannung). Mit diesen Messungen ist es in den meisten Fällen möglich, das defekte Bauelement zu lokalisieren.

Etwas schwieriger sind Fehler zu finden, die nicht zu einem Totalausfall führen. Ein häufig vorkommender Fehler dieser Art ist der Verstärkungsrückgang durch Kapazitätsverlust von Elektrolytkondensatoren. Hierbei muss die Verstärkung jeder Stufe gemessen werden. Man geht dabei so vor, dass man die Wechselspannung vor und hinter jeder Stufe misst und daraus die Verstärkung berechnet. Ein Zweikanal-Oszilloskop ist hierbei von großem Nutzen, da auch die Phasenlage und die Signalform zu sehen ist. Es kann jedoch auch mit einem Einstrahl-Oszilloskop gearbeitet werden.

Ein weiterer, relativ häufig auftretender Fehler bei Vorverstärkern mit hoher Verstärkung und geringer Gegenkopplung sind Eigenschwingungen. Bei Operationsverstärkern ist die Gefahr besonders groß. Solche Eigenschwingungen können verursacht werden durch falsche Dimensionierung der Gegenkopplung und durch kapazitive Belastung des Ausgangs (vgl. Abb. 5.32).

Die kapazitive Belastung verhindert ein genügend schnelles Ansteigen oder Abfallen der Ausgangsspannung. Diese Begrenzung der „Slew-Rate" oder Spannungs-Anstiegsgeschwindigkeit führt zu dreiecksförmiger Ausgangsspannung und kann eine Instabilität zur Folge haben. Die Slew-Rate-Begrenzung kann auch im Verstärker selbst auftreten, wenn die Herstellerdaten bezüglich Eingangs- und Ausgangsbelastung, Frequenzgang und Verstärkung, nicht beachtet werden.

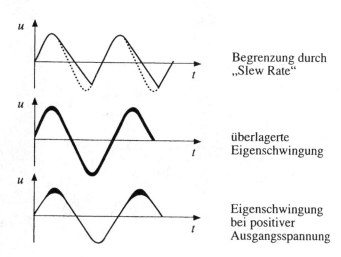

Begrenzung durch „Slew Rate"

überlagerte Eigenschwingung

Abb. 5.32: Fehlerhafte Ausgangssignale am Operationsverstärker

Eigenschwingung bei positiver Ausgangsspannung

Eigenschwingungen können mit dem Oszilloskop erkannt werden. In der Regel wird das gewünschte NF-Ausgangssignal durch überlagerte, hochfrequente Schwingungen zu einem Band verbreitert (vgl. Abb. 5.31). Diese Verbreiterung kann dauernd vorhanden sein oder nur an bestimmten Stellen der zu verstärkenden Signalform, z. B. im Nulldurchgang oder im Maximum von Sinusschwingungen.

Endverstärker

Der Unterschied im Betrieb der Endverstärker zu den Vorverstärkern liegt darin, dass die Ausgangswechselspannung in der Größe der angelegten Betriebsspannung liegt, bei hohen Strömen und daher großen Leistungen (Leistungsverstärkung), während bei den Vorverstärkern die Verstärkung kleiner Signale (Spannungsverstärkung) im Vordergrund steht. Aus diesem Grund müssen vielfach die Arbeitspunkte einer Leistungsendstufe einstellbar sein, um ein Maximum an der Aussteuerlinearität zu erreichen.

In Abb. 5.33 ist als Beispiel eine Gegentakt-Endstufe mit Komplementärtransistoren (NPN und PNP) dargestellt. Der veränderliche Widerstand R_B zwischen den beiden Basisanschlüssen dient zur Einstellung einer Basisvorspannung und damit zur Ruhestromeinstellung. Diese Einstellung kann mit einem Strommessgerät in einer Kollektorzuleitung vorgenommen werden, aber auch mit einem Oszilloskop ist die Einstellung möglich. Zu geringer Ruhestrom äußert sich in einem Knick beim Nulldurchgang der Spannung. In diesem Zustand leitet keiner der beiden Transistoren. Der Widerstand R_B muss vergrößert werden, damit der Ruhestrom größer wird (Abb. 5.33a).

Ein weiterer Abgleich bei Endverstärkern ist die Einstellung der Arbeitspunkte der beiden Transistoren. Bei unsymmetrischem Arbeitspunkt wird die Ausgangswechselspannung einseitig begrenzt. Zum Abgleich muss deshalb die Gleichspannung so eingestellt werden, dass bei Erhöhung der Wechselspannungsamplitude die Ausgangswechselspannung symmetrisch begrenzt wird (Abb. 5.33b).

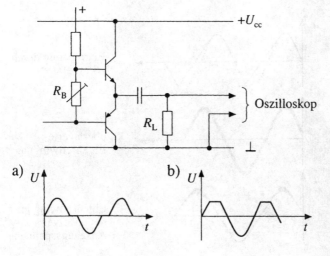

Abb. 5.33: Fehlerhafte Ausgangssignale an einer Leistungsendstufe
a) Ruhestrom (Arbeitspunkt) zu niedrig
b) Unsymmetrische Arbeitspunkte

5.7 Übungen zur Vertiefung

1. Die Schaltung in Abb. 5.34 zeigt einen dreistufigen Verstärker, der im funktionsfähigen Zustand eine Gesamtverstärkung von $v_U = 1000$ hat.
   Die Verstärkung ist aufgrund eines Defekts wesentlich geringer.
   Zur Fehlerbehebung werden die Gleich- und Wechselspannungen mit einem Digitalvoltmeter gemessen, das im Wechselspannungsmessbereich bis $f = 10$ kHz messen kann.
   Die Eingangswechselspannung ist sinusförmig mit einer Frequenz von $f = 1$ kHz.
   Alle Spannungsmessungen werden gegen Bezugspotenzial (Masse) gemessen. Die Wechselspannungen sind Effektivwerte.
   Mit einem Minimum von Messungen soll versucht werden, die Fehlerursache zu finden.

   Gemessene Werte:
   $U_1 = 10$ mV, $u_2 = 3$ V, $v_u = 300$
   Transistor T1
   $U_{BE} = 1{,}3$ V, $U_E = 0{,}8$ V
   Transistor T2
   $U_{BE} = 0{,}2$ V, $U_E = 0{,}2$ V
   Transistor T3
   $U_{BE} = 1{,}6$ V, $U_E = 1$ V, $U_C = 8$ V
   Welcher Transistor ist defekt?
   Warum ergibt sich eine geringere Gesamtverstärkung?

2. In der Schaltung nach Abb. 5.35a sind alle drei Transistorstufen direkt miteinander gekoppelt. Die Tabelle in Abb. 5.35b zeigt die möglichen Fehlerarten. Für jede

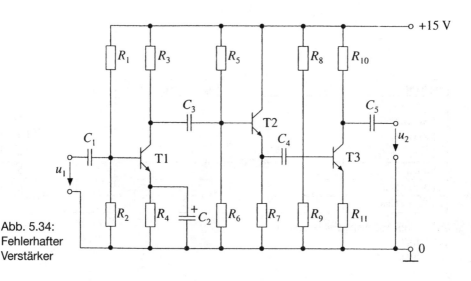

Abb. 5.34:
Fehlerhafter
Verstärker

Fehlerart sind die in der Schaltung und der Tabelle angegebenen Spannungen zu bestimmen.

Da in der Schaltung nach Abb. 5.35a keine Werte für Bauelemente und Versorgungsspannung angegeben sind, kann zur Ergänzung der Tabelle in Abb. 5.35b nur von Richtwerten ausgegangen werden. Hierbei gilt:

0 V;   >> 0 V;   ca. 0 V;

0,6 V;   >> 0,6 V;   ca. 0,6 V;

U_{CC}; $U_{CC}/2$;   ca. U_{CC}.

Bei dieser theoretischen Fehlersuche geht man anhand der Tabelle Abb.5.35b willkürlich von einen Fehler aus und trägt die geschätzten Spannungswerte in die Tabelle ein. Bestimmt man einen Spannungswert, z. B. $U_{21} = 0$ V, so sind nur noch die Fehler in den Zeilen 2, 3, und 5 möglich. Ein Blick in die Tabelle zeigt, dass durch Bestimmung von U_{32} sofort festgelegt werden kann, welche dieser drei Möglichkeiten vorliegt. Für $U_{32} = 0$ V (Zeile 2), $U_{32} = 0,6$ V (Zeile 3) und für U_{32}

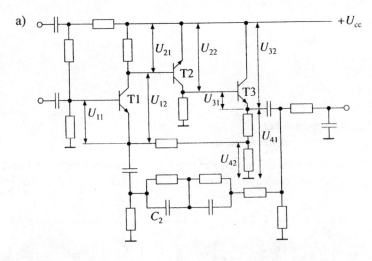

a) Schaltung

Fehlerart	U_{41}	$U4_2$	U_{11}	U_{12}	U_{21}	U_{22}	U_{31}	U_{32}	Zeile
T3 offen									1
T3 Kurzschluß									2
T2 Kurzschluß									3
T2 offen									4
T1 offen									5
C_1 Kurzschluß									6
C_2 Kurzschluß									7

Abb. 5.35: Mögliche Fehlerursachen
a) Schaltung
b) Fehlerarten

ca. U_{CC} (Zeile 5). Nun wird man noch durch Kontrolle der übrigen Spannungen feststellen, ob sie mit den erwarteten Werten dieser Zeile übereinstimmen.

Stellt man fest, dass ein fehlerhaftes Bauelement nicht durch eine Gleichspannungsmessung erfasst werden kann (Zeile 7), so muss man zur Wechselspannungsmessung übergehen. Der Kondensator C_2 bestimmt hier den Frequenzgang der Verstärkung. Die Abweichung zwischen Soll- und Ist-Frequenzgang gibt dann wieder den Hinweis welches Bauelement defekt ist.

3. Der Frequenzgang einer Wien-Robinson-Brückenschaltung wurde über Amplituden – und Phasengang gemessen (Abb 5.36a).

   Mit welcher der vier Schaltungen in Abb. 5.36b kann die Schwingungsbedingung $k \times v = 1$ für einen Oszillator mit den vorgegebenen Operationsverstärkern eingehalten werden?
   - Schaltung A
   - Schaltung B
   - Schaltung C
   - Schaltung D

Lösungen im Anhang!

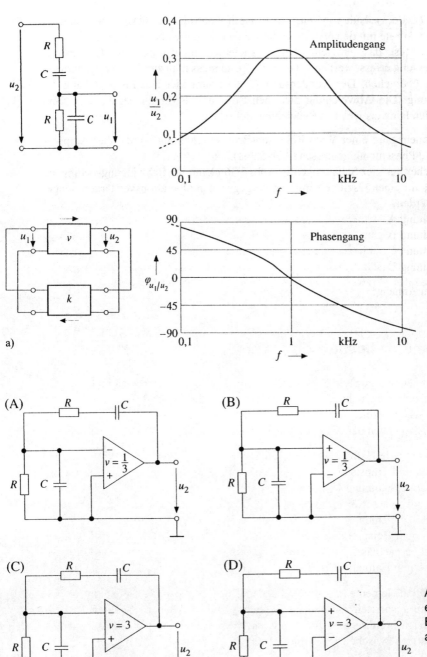

a)

b)

Abb. 5.36: Funktion einer Wieneschen Brückenschaltung
a) Amplituden- und Phasengang,
b) dazugehörige Schaltungsauswahl

6 Fehlersuche mit System an Impuls- und digitalen Schaltungen

Die Fehlersuche an Schaltungen, die nur im Schalterbetrieb arbeiten, ist in der Regel einfacher als an linearen Schaltungen, wie wir in Abschnitt 5 erfahren haben. Hierbei sind einige wenige Fehlersuchregeln und lediglich das Verhalten der Bauelemente in den beiden Schaltzuständen zu berücksichtigen, sofern nicht durch zeitbestimmende Bauelemente oder Netzwerke Zwischenwerte bei den Messungen berücksichtigt werden müssen.

6.1 Spannungsbestimmungen an Schaltungen

Bei digitalen Schaltungen wird der Transistor im Laststromkreis nur zwischen den Zuständen „leitend" und „nichtleitend" (gesperrt) geschaltet. Daher ist kein Arbeitspunkt im linearen Arbeitsbereich für die Aussteuerung erforderlich. Die Widerstände an den Steuerelektroden haben daher nur Begrenzerfunktion für das Steuersignal.

In der Regel sind die Halbleiterschaltungen so dimensioniert, dass die Lastwiderstände bei Dioden und Transistoren im leitenden Zustand des Halbleiterbauelementes nahezu die gesamte Spannung U_b aufnehmen (Abb. 6.1a) und im gesperrten Zustand 0 V (Abb. 6.1b) aufweisen. Im ersten Beispiel (Abb. 6.1a) ist der Übergangswiderstand des Halbleiterbauelementes vernachlässigbar klein im Vergleich zum Arbeitswiderstand. Im zweiten Beispiel (Abb. 6.1b) verhält es sich umgekehrt, der Arbeitswiderstand ist jetzt vernachlässigbar klein im Vergleich zu den hohen Übergangswiderständen der gesperrten Halbleiter.

Die Halbleiterbauelemente haben im leitenden Zustand Widerstandswerte im Bereich mΩ bis Ω, im gesperrten Zustand im Bereich MΩ. Die Arbeitswiderstände werden dann im Bereich kΩ dimensioniert. Dadurch ergibt sich immer ein Widerstandsverhältnis im Bereich zwischen 1:100 und 1:1000.

Bei der Messung der Spannungen muss man darauf achten, welcher Punkt der Schaltung als Bezugspotenzial für das Messinstrument benützt wird. Entscheidend für die richtige Zuordnung der gemessenen Spannung ist immer das Bauelement, das bei der

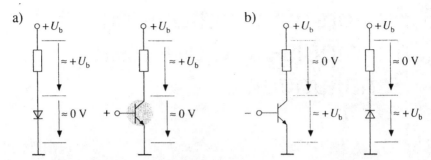

Abb. 6.1 Spannungswerte an digitalen Schaltungen
a) Diode und Transistor leitend
b) Diode und Transistor nichtleitend (gesperrt)

Spannungsmessung dem Messinstrument parallel liegt. Wird zum Beispiel an dem Halbleiterbauelement eine Spannung von ca. 0 V gemessen, dann ist die Diode bzw. der Transistor leitend, im Stromkreis fließt Strom, der durch den Wert des Arbeitswiderstandes bestimmt wird. Ist das Halbleiterbauelement nichtleitend, dann wird nahezu die Betriebsspannung gemessen, durch den Arbeitswiderstand fließt kein Strom.

Für integrierte Schaltungen der TTL-Familie gelten die Festlegungen für Spannungspegel in Abb. 6.2.

Aus der Definition der Eingangspegel ist ersichtlich, dass der Eingangstransistor bei L-Pegel leitend ist (0 V bis +0,8 V) und bei H-Pegel (+2 V bis +5 V) gesperrt.

Die Ausgangsstufe, bestehend aus zwei in Reihe geschalteten Transistoren, wechselt ihren Schaltzustand von leitend in nichtleitend, bzw. umgekehrt. Bei H-Pegel (+2,4 V bis +5 V) ist der obere Transistor leitend und der untere Transistor gesperrt.

Bei L-Pegel (0 V bis +0,4 V) ist der untere Transistor leitend und der obere Transistor gesperrt.

Die Störspannungsabstände zwischen Eingang und Ausgang für H-Pegel (+2 V und +2,4 V) und L-Pegel (+0,8 V bis 0,4 V) betragen jeweils 0,4 V.

Abb. 6.2: Spannungswerte
H- und L-Pegel) für TTL-Technik

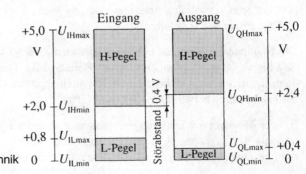

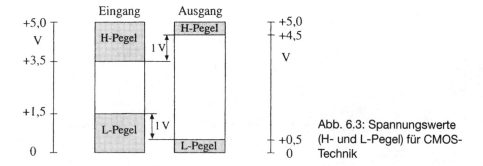

Abb. 6.3: Spannungswerte (H- und L-Pegel) für CMOS-Technik

Als Störspannungsabstand bezeichnet man die Spannung, die den H- und L-Pegeln überlagert sein darf, ohne dass der angesteuerte Eingang infolge der Störspannung einen falschen Pegel und damit ein falsches Signal registriert.

Bei integrierten CMOS-Schaltungen kann die Betriebsspannung im Bereich 3 V bis 15 V liegen. Die Spannungspegel für eine Betriebsspannung von +5 V zeigt die Abb. 6.3.

FET-Komponenten bestehen aus einer komplementär-symmetrischen Anordnung eines P-Kanal- und eines N-Kanal-MOS-FETs (Anreicherungstyp), deren Drain Anschlüsse miteinander verbunden sind. Dadurch erhält jeder Transistor die richtige Polarität der Betriebsspannung. In beiden logischen Zuständen ist jeweils ein FET leitend und der andere gesperrt.

Aus den Spannungspegeln von TTL und CMOS ist ersichtlich, dass der Störabstand bei der FET-Technik größer ist (1 V), als bei der TTL-Technik.

Tri-state-Ausgänge führen neben dem L- und H-Pegel, entsprechend TTL- oder CMOS-Technik, den Hoch-Impedanz-Pegel (HI) etwa 2,5 V bei einer Betriebsspannung von +5 V. Dieser HI-Pegel ist weitgehend von der am Ausgang angeschlossenen Gesamtlast der Eingänge abhängig und kann bis unter 0,5 V absinken.

6.2 Auswirkungen von möglichen Kurzschlüssen oder Unterbrechungen

Im Impuls- oder Digitalbetrieb arbeitende Halbleiterbauelemente, die zwischen L- und H- Pegel schalten, können bei Kurzschlüssen im Eingang sowohl einen L-Pegel, als auch einen H-Pegel simulieren. Dies ist wiederum abhängig, nach welcher Seite (Betriebsspannung oder Bezugspotenzial) der Kurzschluss wirksam ist und ob es sich um TTL- oder CMOS-Technik handelt.

Ein Beispiel zeigt die Eingangsschaltung eines TTL-Inverters in Abb. 6.4a. In den meisten Schadensfällen ist die Schutzdiode defekt und hat einen Kurzschluss gegen Bezugspotenzial.

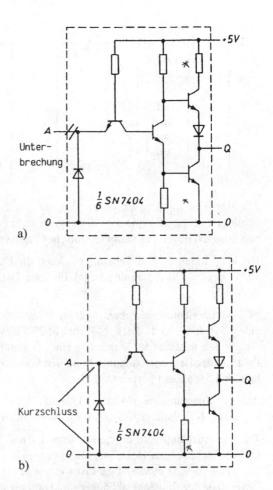

Abb. 6.4: Mögliche Defekte in
TTL-Eingängen
a) Kurzschluss
b) Unterbrechungen

Für den Ausgang des Inverters hat dies folgende Auswirkungen:

Durch diesen Kurzschluss wird der Emitter gegen Bezugspotenzial heruntergezogen. Der Eingangstransistor ist somit leitend und sperrt den folgenden Transistor. Der obere von den in Reihe liegenden Ausgangstransistoren wird dadurch leitend, der untere wird gesperrt. Dadurch zeigt der defekte Inverter immer H-Pegel am Ausgang, unabhängig vom Eingangssignal.

Durch die kurzgeschlossene Diode liegt der Eingang immer an L-Pegel. Im funktionsfähigen Zustand würde am Eingang H-Pegel gemessen werden.

Eine Unterbrechung des Einganges in der Emitterzuleitung würde sich wie eine offene Leitung bemerkbar machen (Abb. 6.4b).

Kurzschlüsse oder Unterbrechungen in den Ausgangstransistoren würden sich wie folgt bemerkbar machen:

Eingang A	Transistor T3	Transistor T4	Ausgang Q
Pegel L	Kurzschluss	Gesperrt	Pegel H
Pegel H	Kurzschluss	Leitend	Pegel zwischen L und H
Pegel L	Unterbrochen	Gesperrt	Pegel zwischen L und H
Pegel H	Unterbrochen	Leitend	Pegel L
Pegel L	Leitend	Kurzschluss	Pegel L
Pegel H	Gesperrt	Kurzschluss	Pegel L
Pegel L	Leitend	Unterbrochen	Pegel H
Pegel H	Gesperrt	Unterbrochen	Pegel zwischen H und L

Diese Beispiele zeigen, dass sich der Inverter bei bestimmten Defekten scheinbar in Funktion zeigt, z. B. die Zeilen 1, 4, 6 und 7. Daher ist es notwendig bei Logikfunktionen das Umschaltverhalten zu prüfen, dann kann man aus den zwei Kombinationsmöglichkeiten sogar die Fehlerursache herausfinden.

Die Eingangsschaltung der CMOS-Logik in Abb. 6.5 zeigt die zusammengeschalteten Gate-Anschlüsse. Ein Kurzschluss in diesem Eingang hätte ein Ausgangssignal zur Folge, das von der Polarität des Kurzschlusses abhängig wäre.

Ein Kurzschluss des Eingangs zur Betriebsspannung würde bei funktionsfähigen Transistoren den oberen Transistor sperren und den unteren leitend schalten. Die Folge wäre ein L-Pegel am Ausgang.

Ein Kurzschluss an das Bezugspotenzial, würde den oberen Transistor leitend schalten, den unteren Transistor sperren. Die Folge wäre ein ständiger H-Pegel am Ausgang.

Eine Unterbrechung des Eingangs hätte undefinierte Pegel und Störspannungen am Eingang und am Ausgang der sehr hochohmigen Schaltung zur Folge.

Für Defekte in der Ausgangsseite kann man bei dieser CMOS-Logikschaltung die gleichen Überlegungen anstellen, wie bei der TTL-Logik.

Die Wirkung von Zeitverzögerungsgliedern in einer Digitalschaltung kann bei Beachtung der Funktionsmerkmale sowie der Schaltungsanordnung und der Dimensionie-

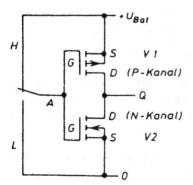

Abb. 6.5: Mögliche Defekte in CMOS-Eingängen

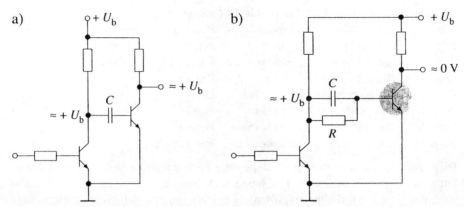

Abb. 6.6: Kopplungen von Schalttransistoren
a) kapazitiv gekoppelte Schaltstufen
b) Widerstandskopplung

rung der Zeitglieder ohne Weiteres festgestellt werden. Ein Kondensator als Koppelglied, wie in Abb. 6.6a dargestellt, hat die Funktion eines Differenziergliedes, das zur Impulsverformung dient. Dagegen wird mit der Schaltung in Abb. 6.6b das Gegenteil erreicht. Die Parallelschaltung des Kondensators mit den Widerstand als Koppelglied soll einer Impulsverformung entgegen wirken, d. h. diese kompensieren.

Weiter ist zu beachten, dass der Kondensator in Abb. 6.6a im Ruhezustand (keine Impulsfolge am Eingang) potenzialtrennend wirkt. Beide Transistoren müssen daher nichtleitend, d. h. gesperrt sein.

In Abb. 6.6b bewirkt dagegen die Widerstandskopplung, dass das Potenzial am Ausgang des ersten Transistors an den Eingang des zweiten Transistors übertragen wird. Die so gekoppelten Transistorstufen haben somit immer entgegengesetzte Ausgangszustände. Ist der erste Transistor nichtleitend (gesperrt), muss der zweite Transistor leitend sein. Ist der erste Transistor leitend, bleibt der zweite Transistor zwangsläufig nichtleitend.

Defekte kapazitive Koppelelemente haben daher andere Auswirkungen auf das Funktionsverhalten von Schaltungen als direkte- oder Widerstandskopplungen.

Bei einem Kurzschluss des Kondensators in Abb. 6.6a würde die zweite Transistorstufe leitend. In Abb. 6.6b würde das an dem Ausgangszustand des zweiten Transistors nichts ändern, weil dieser Transistor über die Widerstandskopplung bereits leitend war. Für beide Schaltungen könnte aber der Kurzschluss der Basis des zweiten Transistors an den Kollektor des ersten Transistors zu einer Zerstörung dieser Transistoren führen.

Eine Unterbrechung der kapazitiven Koppelelemente würde an den Ausgangszuständen der Schaltungen nach Abb. 6.6 nichts verändern.

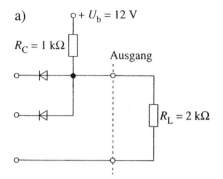
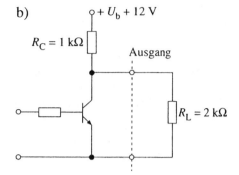

Abb. 6.7: Einfluss von R_L
a) bei einer Gatterschaltung
b) bei einer Inverterschaltung

Bei der Ansteuerung dieser Schaltungen würde in der Schaltung nach Abb. 6.6a die zweite Stufe nicht mehr angesteuert werden. In der Schaltung nach Abb. 6.6b würde sich an dem Aussteuerverhalten nichts verändern, nur die Impulsform, besonders in der Anstiegsflanke, hätte sich verändert (Verrundung der An- und Abstiegsflanken).

Die Belastung durch Vor- oder Nebenwiderstände bzw. Leitwerte ist eines der Haupt- ursachen für gemessene Zwischenwerte, die man aufgrund der Logikzustände nicht erwartet. Dies ist vor allem dann der Fall, wenn passive Logiknetzwerke (RDL-Tech- nik) hintereinander geschaltet werden. In Abb. 6.7a ist als Beispiel ein UND-Gatter dargestellt. Entsprechend den offenen Eingängen, die Pegel H entsprechen, ist die UND-Bedingung für das Gatter erfüllt, so das auch am Ausgang Pegel H (+12 V) an- stehen müsste.

Das dieser Pegel nicht erreicht werden kann, zeigt die Funktion der Widerstände R_C und R_L in Verbindung zueinander. Beide Widerstände bilden eine Reihenschaltung, durch die sich die Betriebsspannung $+U_b$ entsprechend den Widerstandsverhältnis R_L zu RC am Ausgang aufteilt. In diesem Beispiel beträgt die Ausgangsspannung 12 V/3 x 2 = 8 V (H-Pegel). Im Logikzustand L spielt das Teilerverhältnis keine Rolle, weil die leitenden Dioden, die dem Lastwiderstand R_L parallel liegen, mit der Schleusen- spannung die Ausgangsspannung bestimmen.

Dieselben Überlegungen sind auf aktive Schalterstufen bzw. Netzwerke anzuwenden (vgl. Abb. 6.7b). Entsprechend dem Umkehrungsprinzip der Inverterstufe gilt das für die Schaltung in Abb. 6.7a Gesagte im umgekehrten Sinne für die Schaltung in Abb. 6.7b.

Bei dieser Schaltung ist die Spannungsteilung wirksam, wenn am Eingang der Pegel L anliegt. Der Transistor ist dann gesperrt, so dass am Ausgang +8 V als Pegel H am Ausgang, entsprechend dem gleichen Teilerverhältnis, gemessen werden. Pegel H am Eingang schaltet den Transistor leitend, so dass der parallel geschaltete Lastwiderstand durch den sehr kleinen Übergangswiderstand des Transistors kurzgeschlossen wird. Hierbei ergibt sich eine Ausgangsspannung von ca. 0,1 V.

Kipp- und Zählstufen

Im Wesentlichen kommt es darauf an, dass man in Industrieschaltungen die Funktionen der Kippschaltungen richtig erkennt. Man unterscheidet hierbei zwischen den Funktionsarten astabile, monostabile und bistabile Kippstufe sowie den Schmitt-Trigger.

Diese Kippstufen unterscheiden sich im Wesentlichen durch die Kopplungsart, wie dies in der folgenden Übersicht dargestellt ist:

Schaltung	Kopplung 1	Kopplung 2
Astabile Kippstufe Kopplung zwischen:	Kondensator Kollektor T 1 – Basis T 2	Kondensator Kollektor T 2 – Basis T 1
Monostabile Kippstufe Kopplung zwischen:	Kondensator Kollektor T 1 – Basis T 2	Widerstand Kollektor T 2 – Basis T 1
Bistabile Kippstufe Kopplung zwischen:	Widerstand Kollektor T 1 – Basis T 2	Widerstand Kollektor T 2 – Basis T 1
Schmitt-Trigger Kopplung zwischen:	Widerstand Kollektor T 1 – Basis T 2	Widerstand Emitter T 2 – Emitter T 1

An einem Beispiel, der bistabilen Kippstufe in Abb. 6.8, wie sie in Schritt- und Zählschaltungen zur Anwendung kommt, sollen Funktions- und Fehlerbetrachtungen an Kippstufen geübt werden.

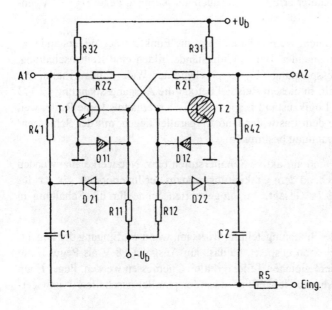

Abb. 6.8: Flipflop (Bistabile Kippstufe) mit kapazitiv gekoppelten (dynamischen) Eingängen

Die Grundschaltung dieser Kippstufe besteht aus den Transistoren T 1 und T 2, den Kollektorwiderständen R 31 und R 32 sowie den Koppelwiderständen R 21 und R 22.

Die Dioden D 11 und D 12 sowie die dazugehörigen Vorwiderstände R 11 und R 12 bilden eine zusätzliche Schutzschaltung für die Eingänge der Transistoren gegen Störsignale, die in ihrer Spannungsamplitude höher sind als die Sperrspannung der Basis-Emitter-Dioden.

Der gemeinsame Impulseingang der Kippstufe wirkt auf die Transistoreingänge über die Kondensatoren C 1 und C 2, die Widerstände R 41 und R 42 sowie die Dioden D 21 und D22.

An der Polung der Dioden kann man erkennen, dass die Kippstufe mit den negativen Schaltflanken der Schaltimpulse geschaltet wird. Das bedeutet, dass immer der leitende Transistor geschaltet wird. Am Eingang des z. B. nichtleitenden Transistors T1 wird die Diode D 21 durch die positive Spannung gesperrt, die über den Widerstand R 41 anliegt.

Ein Kurzschluss in den Dioden D 11 oder D 12 würde auch die Eingänge der Transistoren kurzschließen und damit für die Steuerimpulse blockieren. Der betreffende Transistor wäre dann nichtleitend, der andere Transistor dann zwangsläufig leitend.

Hätte einer dieser Dioden eine Unterbrechung, dann würde der entsprechende Transistor über den Vorwiderstand R 11 oder R 12 von $-U_b$ gesperrt. Es würden sich die gleichen Fehlermerkmale zeigen. Die Unterschiede würden sich lediglich durch die Spannungsunterschiede an der Basis definieren lassen.

Im funktionsfähigen Zustand wird an der Basis des nichtleitenden Transistors die negative Schleusenspannung der Diode D 11 bzw. D 12 gemessen. Bei einem Kurzschluss in der Diode wäre die Basis-Emitter-Spannung $U_{BE} = 0$ V. Wenn die Dioden D 11 oder D 12 unterbrochen sind, wird die Betriebsspannung $-U_b$ gemessen, da die Diode keine Begrenzerwirkung mehr hat. Die Basis-Emitter-Diode des betreffenden Transistors wird dann durch diese hohe negative Betriebsspannung mit Sicherheit zerstört.

Die Dioden D 21 und D22, die zum Eingangsnetzwerk gehören, würden bei Kurzschluss den Ausgang des betreffenden Transistors über die Widerstände R 41 und R 42 mit dem jeweiligen Ausgang verbinden. Dies würde durch einen instabilen Zustand des Transistors bemerkbar werden, da er zwischen den Zuständen leitend und nichtleitend ständig hin- und herpendeln könnte. Durch die Eingangsimpulse würde sich dieser Zustand rhythmisch wiederholen.

Eindeutiger sind die Verhältnisse, wenn eine der Dioden D 21 oder D 22 unterbrochen ist. Über den funktionsfähigen Eingang können hier die negativen Impulse wirksam werden. Wenn der Transistor auf dieser Seite einmal nichtleitend geschaltet ist, bleibt die Schaltung in diesem Zustand bestehen.

Diese Überlegungen zu den Fehlersituationen bei Kippstufen haben gezeigt, dass – nachdem man sich von den Ausgangszuständen der Transistoren überzeugt hat – es zweckmäßig ist, die Funktionen der Dioden ebenfalls einer Prüfung zu unterziehen.

Das Messen der Schleusenspannungen und die Potenzialüberprüfung an den Steuerelektroden der Transistoren führt hier am schnellsten zum Erfolg.

Sollten dabei ausnahmsweise nicht die Halbleiter, sondern andere Bauelemente als Fehlerursache in Frage kommen, dazu zählen auch Leiterbahnunterbrechungen oder -Kurzschlüsse, werden sie zwangsläufig mit erfasst.

Die Prüfung der dynamischen Eingänge muss bei angeschlossenem Impulssignal erfolgen, da die Dioden D 21 und D 22 im Ruhezustand nichtleitend sind und daher bei Spannungsmessungen mit dem Instrument keinen Unterschied zu einer unterbrochenen Diode zeigen.

Bei langsamen Taktfrequenzen, die langsamer als 10 kHz sind, können die Taktimpulse noch gut mit einem Messinstrument festgestellt werden. Messwerte kann man davon allerdings nicht ableiten. Bei höheren Taktfrequenzen muss mit dem Oszilloskop das Signal bis zu den Basisanschlüssen verfolgt werden.

Bei der Fehlersuche an Zählschaltungen, worunter man insbesondere Zählketten, Dualzähler und Dezimaldekaden versteht, ergibt sich hauptsächlich das Problem, die defekte Zählstufe aufzufinden.

Vor allem Dezimaldekaden, die unterschiedlichste Dezimalcodes aufweisen, erschweren diese Aufgabe. Den Code einer unbekannten Dezimaldekade aus der Schaltungsanordnung auszutüfteln ist ein langwieriges und zeitraubendes Unterfangen, das zumeist wenig Erfolg verspricht.

Vielfach geben die Hersteller in den Schaltungsunterlagen an den Zählstufen der Zähldekaden die Stufenwertigkeit an. Damit ist einem schon sehr viel geholfen, weil man jetzt eindeutig feststellen kann, bei welchem Zählimpuls die einzelnen Stufen kippen müssen.

Als Beispiel sei die folgende Stufenwertigkeit angenommen:

Zählstufe A = 2^0 = 1
Zählstufe B = 2^1 = 2
Zählstufe C = 2^2 = 4
Zählstufe D = 2^1 = 2

Im Ausgangszustand der Zähldekade sind alle Stufen an den Zählausgängen auf Pegel L, entsprechend Zählerstand 0. An der Wertigkeit der Stufen kann man nun erkennen, welche bei einer bestimmten Anzahl von Zählimpulsen aus der Ausgangslage Pegel L in Pegel H kippen muss.

Dies sind bei Zählimpuls Nr.:

1, die Stufe A = 2^0 = 1

2, die Stufe B = 2^1 = 2

3, die Stufen A und B = $2^0 + 2^1$ = 1 + 2 = 3

4, die Stufe C = 2^2 = 4

5, die Stufen A und C = $2^0 + 2^2$ = 1 + 4 = 5

6, die Stufen C und D = $2^2 + 2^1$ = 4 + 2 = 6

7, die Stufen A, C und D = $2^0 + 2^4 + 2^1$ = 1 + 4 + 2 = 7

8, die Stufen B, C und D = $2^1 + 2^4 + 2^1$ = 2 + 4 + 2 = 8

9, die Stufen A, B, C und D = $2^0 + 2^1 + 2^2 + 2^1$ = 1 + 2 + 4 + 2 = 9

0, alle Stufen A, B, C, und D auf Ausgangslage (2^0 = 0, 2^1 = 0, 2^2 = 0, 2^1 = 0)

Für andere Codes ergibt sich eine Stufenfolge entsprechend der für diesen Code bestimmten Stufenwertigkeit. Sind an die Zähldekaden Anzeigeeinheiten angeschlossen, ist das Auffinden der defekten Zählstufe noch einfacher, da man am Verlauf der Ziffernanzeige sofort erkennen kann, welche Stufe den Zählablauf blockiert, bzw. aussetzt. Für den in diesem Beispiel vorgestellten Aiken-Code würden sich defekte Zählstufen wie folgt bemerkbar machen:

Erste Zählstufe A (Wertigkeit 2^0) defekt

Die Zähldekade bleibt in der Ausgangslage (Pegel L) stehen, vorausgesetzt die defekte Stufe steht in der Ausgangslage, sichtbar in der Anzeige. Alle anderen Zählstufen würden dann auch nicht zählen.

Zweite Zählstufe B (Wertigkeit 2^1) defekt

Die Zähldekade wird von der ersten Stufe gesteuert. Eine Zähleranzeige würde nur den 1. Zählimpuls anzeigen. Voraussetzung, die defekte 2. Stufe steht in der Ausgangslage.

Dritte Zählstufe C (Wertigkeit 2^2) defekt

Die Zähldekade bekommt ihren Zählimpuls von der 2. Stufe. Eine Anzeige bis zu dem dritten Zählimpuls würde erfolgen. Auch hier wird vorausgesetzt, dass die 3. Stufe in der Ausgangslage stehen geblieben ist.

Vierte Zählstufe D (Wertigkeit 2^1) defekt

Die Zähldekade kann jetzt bis 7 zählen. Die Zähleranzeige würde nach dem siebten Zählerimpuls stehen bleiben.

Die Fehlersuche an Zähldekaden ohne Anzeige und schnellen Zählerfrequenzen sowie unbekannten Codes erfordert mehr Aufwand.

Grundsätzlich sollte der Praktiker, der viel mit taktgesteuerten Zählschaltungen zu tun hat, einen von Hand zu betreibenden Taktgenerator mit sich führen, um alle Zählschal-

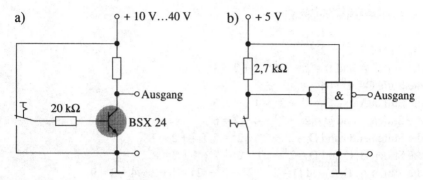

Abb. 6.9: Elektronische Impulsgeber
a) mit Transistor
b) mit TTL-Technik

tungen unabhängig von den Takt- und Steuerimpulsen betreiben bzw. prüfen zu können.

Eine sehr einfache und sehr hilfreiche Schaltung zeigt Abb. 6.9a. Diese Schaltung besteht im Wesentlichen aus vier Bauelementen: Einem Mikroschalter, zwei Widerständen und einem Transistor, die auf einer kleinen Leiterplatte aufgelötet sind. Der elektronische Schalter eignet sich zum Testen von diskreten Schaltungen oder auch CMOS- und TTL-Schaltungen.

In Abb. 6.9b ist eine Testschaltung in TTL-Technik dargestellt.

Für beide Testschaltungen benötigt man drei Anschlussleitungen. Zwei für die Stromversorgung, die man aus dem zu prüfenden Gerät oder der Schaltung entnimmt, und eine Anschlussleitung für den Ausgang der Schaltung, bzw. für den Takteingang der zu prüfenden Zähldekade. Somit besteht die Möglichkeit, dass man auch unbekannte Zählschaltungen auf ihre Funktion genau überprüfen kann. Durch die manuelle Takteingabe lässt sich jede beliebige Zählstellung einstellen und nach jedem Zählimpuls die Schaltung durch Messungen überprüfen.

Es lässt sich dann auch feststellen, mit welcher Schaltflanke die Zählstufen untereinander gesteuert werden und welche Zählstufe den Fehler verursacht.

Man kann davon ausgehen, dass eine Zählstufe in einer Zähldekade, deren Code nicht bekannt ist, im Verlauf von neun eingegebenen Zählimpulsen mindestens zweimal kippen muss und zwar unabhängig davon, nach welchem Zählcode die Zähldekade abläuft. Ist dies bei einer Zählstufe nicht der Fall, dann ist diese Kippstufe oder eine ihrer Verbindungskopplungen defekt.

6.3 Systematische Fehlersuche an einer Digitalschaltung

Die Überlegungen der systematischen Fehlersuche sind nicht nur anwendbar auf lineare Schaltungen (Analogtechnik), sondern auch auf die Digitaltechnik.

Beispiel hierfür ist eine Logikschaltung aus einem Verkehrssteuergerät (Abb. 6.10).

Fehlersituation: Der Taktgeber (Elektronischer Zähler) des Geräts wird nicht auf Null zurückgestellt, weil der Kontakt des Relais AR diesen Vorgang nicht auslöst, d. h., das Relais zieht bei entsprechender Signaleingabe der Eingänge E1 und E2 nicht an.

Bevor man mit der eigentlichen Fehlersuche beginnt, fasst man (wie in der Lineartechnik im vorhergehenden Abschnitt 5 dargestellt) die Schaltung zu Funktionseinheiten in Form eines Blockschemas zusammen. Aus der Anordnung in Abb. 6.11 ist zu ersehen, dass die Transistorstufe T3 durch zwei Signale gesteuert wird. Über den Eingang E1 und den Eingang E2. Der Eingang E1 wirkt über die Schaltstufen T1 und T2 auf die Diode D3. Die Umkehrung des elektromechanischen Eingangssignals E1 in der ersten Stufe hebt die zweite Stufe wieder auf. Somit wird das Ausgangssignal von T2 mit der Polarität von E1 an der Diode D3 wirksam. Das elektronische Signal an E2 wirkt direkt auf die Diode D4. Die Dioden D3 und D4 haben die Funktion einer UND-Logik mit zwei Eingängen.

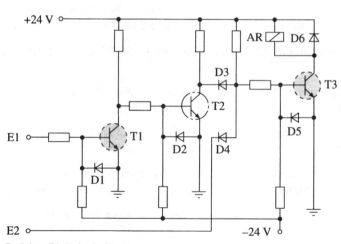

Abb. 6.10: Defekte Digitalschaltung

Abb. 6.11: Blockschalt-
bild der defekten Digitalschaltung aus Abb. 6.10

Aus diesen Funktionsbetrachtungen ergeben sich drei Funktionseinheiten:

- Die zusammengefasste Funktionseinheit der beiden invertierenden Schaltstufen T1 und T2 zu einer Schaltstufe ohne Umkehrfunktion.
- Die Logikschaltung der Dioden D3 und D4.
- Die Schaltstufe T3 mit dem Relais im Kollektor.

Die erste Prüfung wird am Ausgang der Schaltung vorgenommen, an der beide Signaleingänge zusammenführen. In der Schaltung nach Abb. 6.11 ist dies die UND-Schaltung, bestehend aus den Dioden D3 und D4.

Wenn beide Eingangssignale in richtiger Folge (Abb. 6.12) vorhanden wären, würde man ein resultierendes Ausgangssignal entsprechend der Darstellung messen können. Wird kein Signal gemessen, sind theoretisch an den Eingängen folgende Fehlermöglichkeiten gegeben:

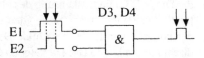

Abb. 6.12: Eingangssignale an der Digitalschaltung aus Abb. 6.10

- Signal an E1 nicht vorhanden.   Signal an E2 vorhanden.
- Signal an E1 vorhanden.   Signal an E2 nicht vorhanden.
- Signal an E1 nicht vorhanden.   Signal an E2 nicht vorhanden.

Praktisch werden die Fehlermöglichkeiten durch folgende Überlegungen eingeschränkt:

Die Taktimpulse am Eingang E2 sind mit hoher Wahrscheinlichkeit vorhanden, weil alle anderen Funktionsabläufe im Gerät funktionieren.

Man wird daher als nächsten Schritt das Steuersignal am Eingang E1 überprüfen und dabei gleichzeitig eine weitere Halbierung entsprechend der Abb. 6.13 vornehmen.

Wird ein Impuls mit der in Abb. 6.13 dargestellten Polarität gemessen, dann ist die erste Stufe in Funktion. Die Polaritätsumkehr wird durch die erste Stufe verursacht.

Bisher waren für die Fehlersuche zwei Messungen mit dem Oszilloskop erforderlich (vgl. Abb. 6.14):

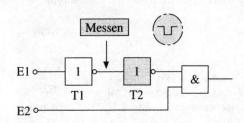

Abb. 6.13: Spannung messen zwischen T1 und T2

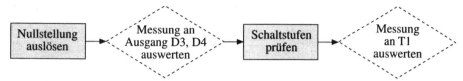

Abb. 6.14: Schritte der Fehlersuche

Zuerst wurde am Ausgang der Logik-Schaltung gemessen (Erste Halbierung der Schaltung). Die zweite Messung wurde entsprechend dem logischen und systematischen Vorgehen durch weiteres Halbieren der eingangsseitigen Hälfte am Ausgang von Transistor T1 vorgenommen.

Wenn am Eingang der Transistorstufe T2 das Signal noch vorhanden ist, kann nur diese Stufe als Fehlerquelle in Frage kommen. Die Logikschaltung D3, D4 kommt mit Sicherheit nicht in Frage, da es unwahrscheinlich ist, dass die Diode D3 Unterbrechung hat. Sogar im Falle eines Kurzschlusses dieser Diode wäre die Funktion dieses Signalweges noch gegeben.

Eine Messung der Kollektor-Emitter-Spannung beweist, dass der Transistor T2 nicht leitend, d. h. gesperrt ist (vgl. Abb. 6.15).

Die Messung der Basis-Emitter-Spannung in Abb. 6.16 bestätigt das Messergebnis am Kollektor: $U_{BE} = 0$ V.

Den Transistor T2 aufgrund dieser Messungen als fehlerhaft zu bezeichnen, wäre aber verfrüht, da zu den Basis-Emitter-Anschlüssen die Diode D2 parallel liegt, die für diesen Fehler ebenfalls in Frage kommt.

Aufgrund der Feststellung, dass zwischen Basis und Emitter des Transistors keine Spannungsdifferenz (0 V) gemessen wurde, kommt sowohl die Basis-Emitter-Diode

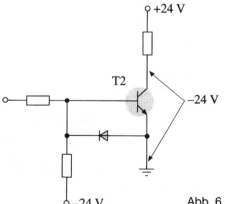

Abb. 6.15: Prüfen der Ausgangsspannung von T2

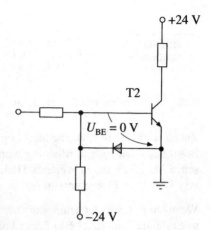

Abb. 6.16: Prüfen der Basis-Emitter-Spannung

von T2 als auch die Diode D2 als Fehlerursache (Kurzschluss) in Frage. Daher müssen die beiden parallelgeschalteten Dioden voneinander getrennt werden.

Zunächst wird man daher die Diode D2 im stromlosen Zustand des Gerätes an einer Seite auslöten (Abb. 6.17) und mit einer Widerstandsmessung der Diode D2 in Sperr- und Durchlassrichtung die Funktion feststellen. Wird hierbei ein Kurzschluss festgestellt, dann war die Diode die Fehlerursache.

Nach dem Auswechseln der defekten Diode D2 sollte nochmals die Funktion der Transistorstufe T2 überprüft werden. Vor allem am Basisanschluss des Transistors müssten $U_{BE} = -0{,}5$ bis $0{,}7$ gemessen werden. Dies ist die Vorspannung, die von der Betriebsspannung $U = -24$ V über den Vorwiderstand an der leitenden Diode D 2 erzeugt werden.

In Abb. 6.18 sind nochmals die an diesem Beispiel zur Fehlerbehebung notwendigen Schritte dargestellt.

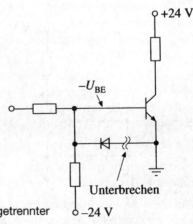

Abb. 6.17: Prüfen der Eingangsspannung bei abgetrennter Diode

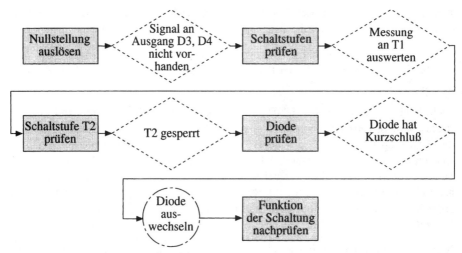

Abb. 6.18: Systematische Fehlersuche im Überblick

6.4 Fehler digitaler ICs

Die systematische Fehlersuche an Digitalschaltungen in TTL- oder CMOS-Technik erfordert dieselben Überlegungen wie die Fehlersuche an diskreten Schaltungen, mit dem Unterschied, dass diese Schaltungen in Hinblick auf die Eingangs- und Ausgangsgrößen ihre spezifischen Eigenschaften haben. Hinzu kommen die besonderen Anforderungen an den Schaltungsaufbau.

TTL-Bausteine reagieren bereits bei relativ kleinen Störsignalen an den Eingängen mit unerwünschten bzw. unvorhersehbaren Funktionsabläufen.

Schlechte Kontaktgabe von Verbindungsleitungen zur Betriebsspannung, wie sie durch schlechte Lötstellen oder Schraubverbindungen entstehen können, sind ebenfalls kennzeichnend für Fehlfunktionen. Dieselben Störungen können auch durch zu lange Leitungsverbindungen auftreten. Manchmal genügt schon eine Veränderung der Leitungsführung, um einen Störimpuls auszulösen.

Die Störungsabstände werden für die TTL-Pegel H und L mit 0,4 V angegeben (vgl. Abb. 6.2) Als Störspannungsabstand bezeichnet man die Spannung, die dem Pegel H und L auf der Leitung überlagert sein darf, ohne dass der angesteuerte Eingang infolge der Störspannung ein falsches Signal registriert.

Die Belastbarkeit Fo (Fan-out) des Ausgangs wird in Lasteinheiten *LE* angegeben.

Jeder Eingang einer digitalen integrierten Schaltung stellt für den Ausgang des vorgeschalteten Bausteins eine Belastung dar.

Aufgrund der Abhängigkeit der Lastströme von Temperatur- und Versorgungsspannung wird einfach angegeben, wie viele TTL-Eingänge an einen TTL-Ausgang angeschlossen werden können. Ein TTL-Eingang entspricht einer Lasteinheit LE. Das *Fo* (Fan-out) eines TTL-Standard-Ausgangs beträgt im Allgemeinen 10 LE.

In der TTL-Technik müssen die Anstiegs- und Abfallzeiten der Eingangssignale kleiner als 1 µs sein. Ist dies nicht der Fall, können beim Durchschalten der TTL-Bausteine Einschwingvorgänge auftreten.

Nicht benutzte Eingänge von UND- und NAND-Gattern können direkt mit der Betriebsspannung verbunden werden (Abb. 6.19a). Es muss aber sichergestellt sein, das die Betriebsspannung nicht +5 V übersteigt. Ist dies nicht gewährleistet, müssen diese Eingänge über einen Widerstand, 1 kΩ oder größer, mit der Betriebsspannung verbunden werden (Abb. 6.19b). Dabei können mehrere Eingänge an einen Widerstand angeschlossen werden (Abb. 6.19c). Reicht das *Fo* der anzusteuernden Schaltung bei H-Pegel nicht aus, dann können ein oder mehrere nicht benutzte Eingänge eines Gatters mit einem benutzten Eingang desselben Gatters verbunden werden (Abb. 6.19d).

Nicht benötigte Eingänge benutzter Gatter können an den auf H-Pegel befindlichen Ausgang eines unbenutzten Gatters angeschlossen werden (Abb. 6.19e), dessen Eingänge L-Pegel führen, z. B. wenn sie mit Masse verbunden sind. Auch hier muss man das *Fo* beachten.

Nicht benutzte oder aufgetrennte Eingänge von NOR-Gattern können mit einem benutzten Eingang desselben Gatters verbunden sein, wenn dafür das *Fo* der ansteuernden Schaltung ausreicht (Abb. 6.19f). Wenn nicht müssen die Eingänge mit dem Bezugspotenzial verbunden sein (Abb. 6.19f).

Wenn in TTL-Bausteinen mit Vierfach-Gattern nicht alle Gatter benutzt sind oder von einer Schaltung getrennt werden, weil sie nicht benötigt werden oder überzählig sind, dann legt man ebenfalls diese Eingänge an das Bezugspotenzial. Dadurch reduziert sich die Stromaufnahme dieses Gatters (Abb 6.20a).

Wenn es erforderlich ist, das *Fo* am Ausgang eines Gatters zu erhöhen, dann kann ein zweites Gatter durch Verbinden der Ein- und Ausgänge parallel geschaltet werden (Abb. 6.20b). Mehr ist nicht zulässig.

Die Anforderungen an die Anstiegs- und Abfallzeiten von Taktimpulsen zur Steuerung von Flipflops sind noch höher als bei den Gattern.

Ein flankengesteuertes Flipflop benötigt einen Taktimpuls mit einer Anstiegs- und Abfallzeit von $t_r = t_f < 250$ ns (Nano-Sekunden). Ein MS- (Master-Slave)Flipflop hat Schaltzeiten von < 500 ns.

Aus D-Flipflops aufgebaute Schieberegister und Zähler benötigen einen Taktimpuls mit einer Schaltzeit von $t_r < 25$ ns. Wird während der Dauer des Taktimpulses (Pegel H am Eingang T) das Flipflop asynchron gesetzt oder zurückgestellt, muss der Setzeingang P oder der Löscheingang C so lange auf Pegel L gehalten werden, bis der Taktimpuls beendet ist, d. h. Pegel L aufweist.

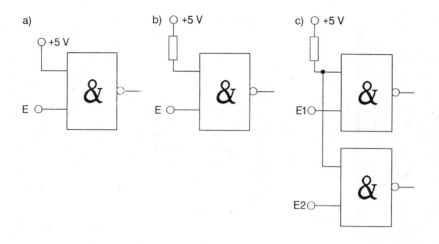

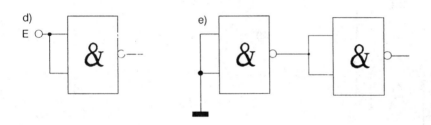

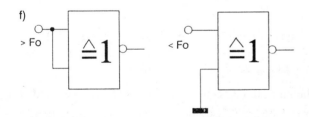

Abb. 6.19: Belastbarkeit der Ein- und Ausgänge von TTL-Logik-Gattern

a) Anschluss von nicht belegten Eingängen

b) Anschluss von nicht belegten Eingängen bei Überschreitung der Betriebsspannung von +5 V

c) Zusammenschaltung von nicht belegten Eingängen

d) Zusammenschaltung von Eingängen zur Erhöhung des Fan-out

e) Ein- und Ausgangsverbindung von nicht benutzten Gattern

f) Verbindung von nicht belegten NOR-Gattern

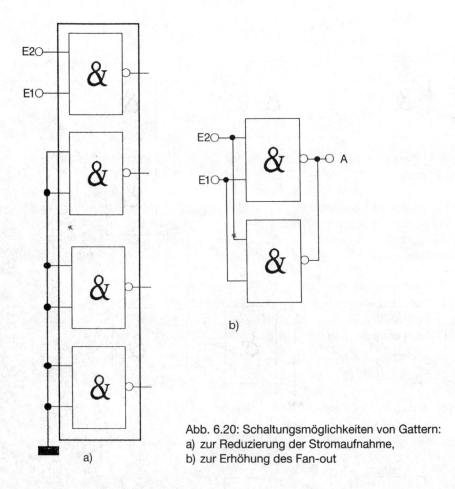

Abb. 6.20: Schaltungsmöglichkeiten von Gattern:
a) zur Reduzierung der Stromaufnahme,
b) zur Erhöhung des Fan-out

Für nicht benutzte Eingänge der Flipflops gelten dieselben Hinweise wie über die Eingänge von Gattern. Allerdings ist darauf zu achten, dass invertierte Eingänge nicht am Pegel H, sondern an Pegel L (Null, Bezugspotenzial) zu verbinden sind.

Es gibt insgesamt vier Fehler, die innerhalb bzw. außerhalb von IC-Schaltungen auftreten können. Die Fehler und ihre Folgen sind:

Unterbrechung an Ein- und Ausgängen
Dieser Fehler hat unterschiedliche Auswirkung, je nachdem, ob es sich um einen unterbrochenen Eingang oder Ausgang handelt.

In TTL- oder DTL-Schaltungen stellen sich an einem offenen Eingang ungefähr 1,4 bis 1,5 V ein. Dies ist ein Zwischenpegel zwischen logisch H (Schwellenwert 2,0 V) und logisch L (Schwellenwert 0,4 V), der einem undefinierten Pegel entspricht.

Ein unterbrochener Ausgang hat zur Folge, dass alle angeschlossenen Eingänge, die von diesem Ausgang gesteuert werden, mit undefinierten Pegeln gesteuert werden. Die Ausgänge dieser Schaltungen können dann wahllos Pegel L oder Pegel H annehmen.

Ist der Ausgang intern unterbrochen, wird am Ausgangs-Pin und an den angeschlossenen Eingängen ein undefinierbarer Pegel gemessen. Die externe Unterbrechung zeigt dagegen den richtigen Pegel am Ausgangs-Pin, dagegen den undefinierbaren Pegel an den Eingängen.

Kurzschlüsse zwischen Ein- und Ausgängen mit Betriebsspannung oder Bezugspotenzial

Diese Fehler wirken sich so aus, das praktisch alle Ein- und Ausgänge, die mit der Betriebsspannung kurzgeschlossen sind, Pegel H $= +U_b$ aufweisen. Bei Kurzschluss gegen Bezugspotenzial entsprechend Pegel L $= 0$ V. Bemerkbar macht sich dieser Fehler insbesondere dadurch, dass an diesen Eingangs- und Ausgangsleitungen keine Impulsveränderungen mehr auftreten (Totalausfall).

Ein Kurzschluss zwischen zwei Ein- oder Ausgängen

Dieser Fehler kann nicht eindeutig definiert werden. Wenn zwei Ausgänge kurzgeschlossen sind, kann sich sowohl der H-Pegel als auch der L-Pegel einstellen. Diese Pegel treten unabhängig vom Eingangspegeln der Schaltung auf.

Kurzgeschlossene Eingänge schließen auch die davor liegenden Ausgänge kurz. Daher gilt auch hier das zuvor Gesagte.

Fehler durch äußere Beschaltung von Bausteinen

Bei fehlerhaften Ein- oder Ausgangspegeln bzw. Signalen sind vielfach die Fehlerursache Bauteile, die zur äußeren Beschaltung der ICs erforderlich sind; z. B. Koppelglieder, Zeitglieder, Filter u. a. Erschwert wird die Fehlersuche an den „Open Collector" Gattern (Wired Or oder Wired And).

Die Ausgänge dieser Bausteine können miteinander verbunden werden, sodass ein Ausgang den anderen Ausgängen seinen Pegel aufzwingen kann. Wenn der Fehler bis zu diesen Bausteinen sicher eingegrenzt ist, ersetzt man am besten einen Baustein nach dem anderen, bis der Fehler behoben ist.

Wie bei allen Schaltungen, so gilt auch hier das oberste Prinzip, den Fehler einzugrenzen, etwa durch sichtbare Folgen des Fehlers, bzw. durch Anwendung des Halbierungsprinzips, um den Fehler auf wenige Funktionseinheiten zu begrenzen.

Im Wesentlichen lassen sich Defekte auf Leiterplatten mit IC auf acht Fehlermöglichkeiten zurückführen. Dies sind innerhalb der ICs (vgl. Abb. 6.21):

- Unterbrechung eines Ein- oder Ausgangs (Abb. 6.21a),
- Kurzschluss zwischen einem Ein- oder Ausgang und Betriebsspannung, bzw. Bezugspotenzial (Abb. 6.21b),

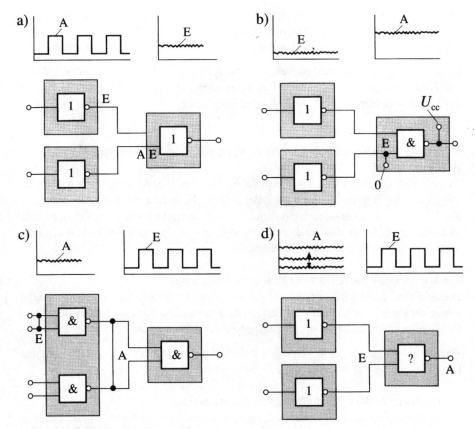

Abb. 6.21: Fehler innerhalb von ICs

- Kurzschluss zwischen Ein- oder Ausgängen (6.21c),
- Defekt innerhalb der Schaltungsfunktion (Abb. 6.21d).

Defekte außerhalb der IC (vgl. Abb. 6.22):

- Kurzschluss zwischen einer Verbindungsleitung und Betriebsspannung bzw. Bezugspotenzial (6.22a),
- Kurzschluss zwischen zwei Verbindungsleitungen (Abb. 6.22b),
- Leitungsunterbrechung (Abb. 6.22c),
- Defektes diskretes Bauelement (Abb. 6.22d).

Der Vergleich der Abb. 6.21 und Abb. 6.22 zeigt, dass verschiedene interne und externe Fehler von IC-Schaltungen dieselben Fehlerauswirkungen aufzeigen, beispielsweise ein Kurzschluss oder eine Unterbrechung am Ein- oder Ausgang innerhalb eines ICs oder einer entsprechenden Leiterbahn außerhalb des ICs den selben Fehler verur-

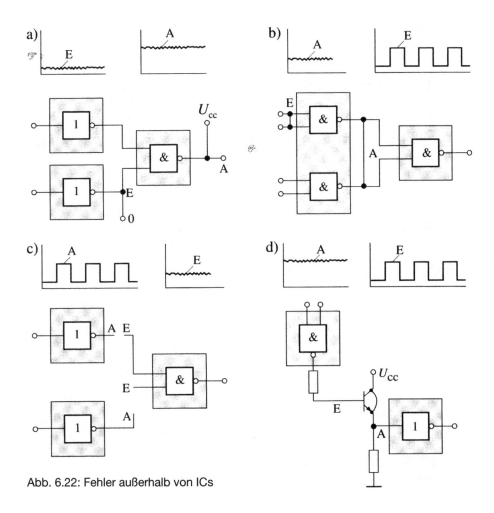

Abb. 6.22: Fehler außerhalb von ICs

sacht, sofern es sich um direkte Verbindungen handelt, dass also keine anderen Bauelemente dazwischen liegen.

Die Fehler in Abb. 6.21a und Abb. 6.22c zeigen die Unterbrechung einer Verbindung
zwischen einem Ausgang und einem Eingang. In allen Fällen wird die Signalfolge unterbrochen. An den Ausgängen kann der Signalpegel noch gemessen werden. An den
Eingängen stellt sich ein Pegel von 1,4 V bis 1,5 V ein, der dem undefinierten Bereich
entspricht, aber die Wirkung eines H-Pegel erzeugt.

Die in Abb. 6.21a und Abb. 6.22a dargestellten Kurzschlüsse wirken sich entsprechend den Signalbildern darüber aus. Ein- und Ausgänge, die mit der Betriebsspannung ($+U_{cc}$) verbunden sind, nehmen dieses Potenzial an. Ein- und Ausgänge, die mit
dem Bezugspotenzial verbunden sind, weisen entsprechend 0 V auf. Alle an diesen

Kurzschlüssen angeschlossenen Eingangs- und Ausgangsfunktionen nehmen den Pegel H oder Pegel des Kurzschlusspotenzials an.

Kurzschlüsse zwischen den Anschlüssen untereinander (vgl. Abb. 6.21c und Abb. 6.22b) sind nicht so folgerichtig zu definieren wie Kurzschlüsse gegen definierte Potenziale. Wenn zwei Eingänge kurzgeschlossen sind, dann übernehmen die Eingänge in der Regel immer die Signalpegel der niederohmigeren Steuerquelle.

Bei kurzgeschlossenen IC-Ausgängen ist der sich einstellende Ausgangspegel von den Ausgangszuständen abhängig. Arbeiten beide Ausgänge synchron, d. h., haben beide zu jeder Zeit immer denselben Ausgangspegel H oder L, ist kein Unterschied zum Normalbetrieb ohne Kurzschluss festzustellen.

Haben beide Ausgänge entgegengesetzte Ausgangspegel, dann haben die Ausgangstransistoren komplementäre Arbeitslagen. Beim Ausgang mit H-Pegel ist der obere Transistor leitend und der untere gesperrt. Der Ausgang mit L-Pegel verhält sich genau umgekehrt. Dadurch stellt sich in jedem Fall L-Pegel ein, wie dies Abb. 6.23 veranschaulicht.

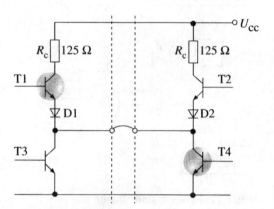

Abb. 6.23: Gegenseitige Beeinflussung von Eingängen

Der Strompfad über R_C = 125 Ω, den leitenden Bauelementen Transistor T1, Diode D1 und Transistor T4 verursacht an dem Kollektorwiderstand R_C nahezu den gesamten Spannungsabfall, so dass sich an Transistor T4 und damit am Ausgang nur der L-Pegel einstellen kann.

Ein Defekt innerhalb eines ICs (Abb. 6.21d) kann unterschiedliche Ausgangspegel zur Folge haben. Außer definierten L- oder H-Pegeln können sich alle undefinierten Zwischenpegel einstellen.

Auch bei Schaltungen mit diskreten Bauelementen, die einen Defekt aufweisen, ist es von der Fehlerursache abhängig, welcher Pegel sich einstellt (vgl. Abb. 6.22d). in der Regel sind defekte Halbleiterbauelemente leitend oder gesperrt, so dass am Ausgang L- oder H-Pegel erscheint. Auch hier wiederum ist die Zuordnung der Ausgänge entscheidend dafür, welcher Pegel auftritt (Abb. 6.24).

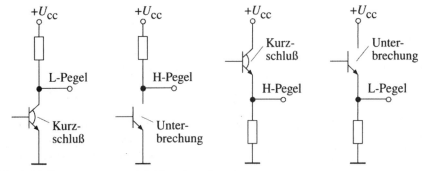

Abb. 6.24: Spannungen an defekten Ausgängen

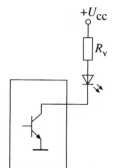

Abb. 6.25: IC-Ausgang mit offenem Kollektor

Die Fehlerursache an ICs mit offenem Kollektor ist bei einzeln geschalteten Ausgängen problemlos (vgl. Abb. 6.25). Bei gesetztem Ausgang ist der Transistor im IC eines BCD/ 7-Segment-Decoders leitend, am Ausgang wird L-Pegel gemessen. Im nichtgesetzten Zustand ist der Transistor gesperrt, am Kollektorausgang wird dann H-Pegel gemessen.

Schwieriger gestaltet sich die Fehlersuche an sogenannten Wired-Or-Schaltungen. Hier werden mehrere Gatter-Ausgänge verknüpft und über einen externen Pull-up-Widerstand an die Betriebsspannung $+U_{CC}$ angeschlossen (vgl. Abb. 6.26), d. h., alle Ausgangstransistoren sind über den gemeinsamen Pull-up-Widerstand parallel geschaltet.

Wenn als Fehler eine Unterbrechung eines Ausgangstransistors vorliegt, würde diese Stufe wie ein gesperrter Transistor wirken und die Funktion der anderen Stufen nicht beeinträchtigen.

Bei einem Kurzschluss würde der defekte Ausgangstransistor Pegel L annehmen und den anderen Transistoren diesen Pegel aufzwingen. Unabhängig von den einzelnen Signalfolgen an den einzelnen Eingängen bleibt dieser Ausgangspegel stehen. In diesem Fall ist es nicht möglich, die defekte Umkehrstufe (Negator) durch Pegelmessungen zu bestimmen.

Auch hier werden die einzelnen Ausgänge aufgetrennt und die Schaltfunktionen einzeln geprüft, um so den defekten IC, bzw. die Umkehrstufe (Negator) zu bestimmen.

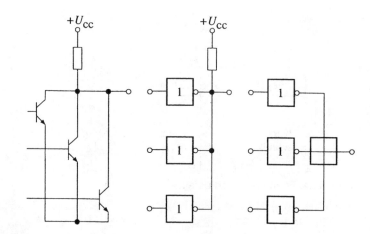

Abb. 6.26: Wired-
Or-Schaltung

6.5 Übungen zur Vertiefung

1. Bei welchen der TTL-Verknüpfungsgliedern in Abb. 6.27 stimmen die angegebenen Spannungspegel mit den logischen Zuständen „H" und „L" überein?

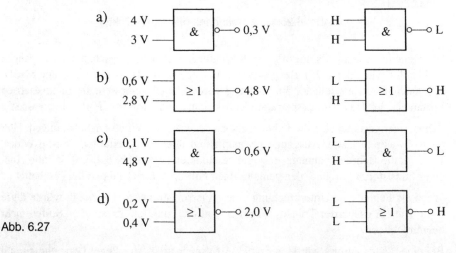

Abb. 6.27

2. In der nachfolgenden Schaltung (Abb. 6.28) ist ein Gatter defekt.
   Messungen an der Schaltung ergaben die folgende Wahrheitstabelle:

Defekt ist das Gatter:

A) Gatter 1

B Gatter 2

C) Gatter 3

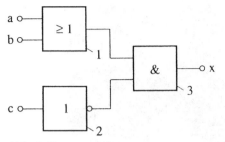

c	b	a	x
0	0	0	0
1	0	0	0
0	1	0	0
1	1	0	1
0	0	1	0
1	0	1	1
0	1	1	0
1	1	1	1

Abb. 6.28

3. Bei der Pegelmessung mit einem Oszilloskop an der digitalen Verknüpfungsschaltung in Abb. 6.29 ergeben sich die oben dargestellten Impulsverläufe. Oberes (a) und mittleres (b) Oszillogramm sind die Eingänge a und b, das untere Oszillogramm (c) ist der Ausgang z der Schaltung.

Welche Aussage kann zutreffen:

A Die Schaltung arbeitet einwandfrei, d. h., die Verknüpfungsglieder sind intakt.

B Das Verknüpfungsglied 1 ist defekt, da an seinem Ausgang, unabhängig von den Eingangsvariablen, immer der Pegel H ansteht.

C Das Verknüpfungsglied 2 ist defekt, da an seinem Ausgang, unabhängig von den Eingangsvariablen, immer der Pegel L ansteht.

D Das Verknüpfungsglied 3 ist defekt, weil es nicht invertiert.

Lösungshinweis: Arbeitstabelle erstellen.

4. An den Ein- und Ausgängen Mp1 bis Mp5 der einzelnen Kippstufen FF1 bis FF4 eines vierstufigen Dualzählers (Abb. 6.30a) wurden die folgenden Oszillogramme aufgenommen (Abb. 6.30b).

Die defekte Zählstufe ist:

A Zählstufe FF1

B Zählstufe FF2

C Zählstufe FF3

D Zählstufe FF4

5. Die Abb. 6.31 zeigt die Verläufe der Eingangsspannung u_1 und die Ausgangsspannung u_2 eines Dualzählers:

Dieser Dualzähler realisiert ein Teilerverhältnis von:

   2 : 1

   4 : 1

   8 : 1

  16 : 1

Lösungen im Anhang!

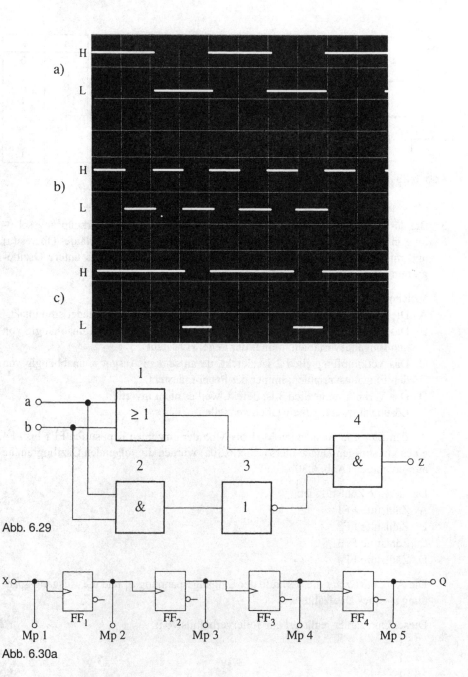

Abb. 6.29

Abb. 6.30a

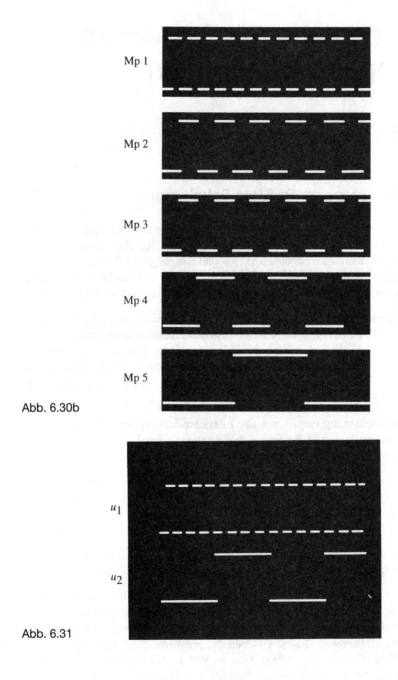

Mp 1

Mp 2

Mp 3

Mp 4

Mp 5

Abb. 6.30b

u_1

u_2

Abb. 6.31

7 Fehlersuche mit System an Computerschaltungen

7.1 Fehlerdiagnose an Tri-State-Schaltungen

Die in der Computertechnik angewendeten Busschaltungen unterscheiden sich durch eine grundsätzlich andere Schaltungsanordnung von den Digitalschaltungen. Kennzeichnend für Busschaltungen ist, dass alle Ein- und Ausgänge der Tri-State-Schaltungen an einer gemeinsamen Leitungsverbindung liegen. Im Ruhezustand, wenn keine Datenübertragung erfolgt, sind alle angeschlossenen Ausgänge auf High-Impedanz.

Tri-State-ICs unterscheiden sich von digitalen ICs durch einen zusätzlichen Steuereingang (Enable), über den die beiden in Reihe liegenden Ausgangstransistoren des ICs, unabhängig von der Ausgangslage (L- oder H-Pegel) gesperrt (nichtleitend) geschaltet werden können, so dass der Ausgang sozusagen hochohmig (MΩ-Bereich) wird (High-Impedanz). Die Freigabeimpulse an den Steuereingang erfolgen von einem Steuerausgang des Mikroprozessors oder Mikrocontrollers.

Bei einer Datenübertragung werden nur der zu sendende Ausgang freigeschaltet (enable) und der zu empfangende Eingang getaktet. Dies ist das Funktionsprinzip jeder Datenübertragung in einer Busschaltung.

Als Beispiel zeigt Abb. 7.1 eine Tri-State-Busschaltung, in der die linke Logikschaltung als Tri-State-NAND-Funktion über den Steuereingang freigeschaltet (Enable) ist und die Busleitung daher den Ausgangspegel H übernimmt. Durch ein Taktsignal an den Empfänger-IC (rechter Baustein in Abb. 7.1) wird der H-Pegel übernommen.

Dieser Datentransport funktioniert nur dann, wenn alle an der Datenleitung mit Ein- und Ausgang angeschlossenen ICs ihre Tri-State-Funktion beibehalten.

In Abb. 7.1 hat von den beiden I/O-Ports der linke keine Tri-State-Funktion mehr, d. h., er kann nicht mehr in den High-Impedanz-Zustand geschaltet werden. Wenn nun dieser IC am Ausgang L-Pegel stehen hat, zieht er den H-Pegel auf der Datenleitung auf sein Potenzial herunter. Diesen falschen Pegel würde dann der Empfänger-IC übernehmen. Diese Datenleitung würde dann im Verlauf des Datentransports alle angeschlossenen und auf Empfang geschalteten ICs mit diesem L-Pegel beaufschlagen. Durch diese eine Datenleitung würden die auf einen Daten-, Adress- oder Steuerbus übertragenen Daten verfälscht werden.

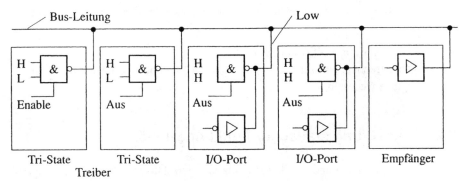

Abb. 7.1: Defekter Tri-state-IC an Bus-Leitung

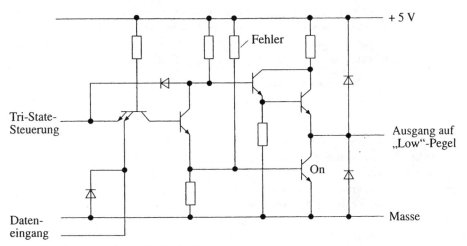

Abb. 7.2: Fehler in einem Tri-State-IC

Abb. 7.2 zeigt als Beispiel die typische Ausgangsschaltung des defekten I/O-Ports aus Abb. 7.1.

Der durch den Widerstand angenommene und bedingte Fehler (Kurzschluss) schaltet die untere Ausgangsstufe durch und der Ausgang wird dadurch immer auf Pegel L gehalten. Der Tri-State-Steuereingang hat keinen Einfluss mehr. Die Fehlersuche an solchen Schaltungen auf einer Leiterplatte ist sehr schwer, weil alle an den Busleitungen angeschlossenen ICs mit den Ein- und Ausgängen parallel liegen. Auch die Anschlüsse für die Ausgangsfreigabe und die Taktübernahme der Eingänge sind meistens an einem Steueranschluss zusammengefasst.

Die schnelle Fehlereingrenzung ist hier nur sinnvoll mit einem Clip-Testsystem (siehe Abschnitt 10) oder einem Logikanalysator, über den der Datenfluss an das Bussystem gezielt überprüft werden kann.

Auf der Hardwareschiene gibt es nur drei Möglichkeiten der Fehlererkennung und Beseitigung:

- IC wechseln, wenn auf Sockel gesteckt.
- Ausgänge trennen, was sehr mühsam, zeitaufwendig und qualitätsmindernd ist.
- Leiterplatte wechseln.

7.2 Überprüfung statischer Funktionszustände

Mit Spannungsmessern und Logik-Testern lassen sich statische Messungen durchführen. Es können somit statische Zustände überprüft und Betriebsspannungen gemessen werden. Wie bei anderen Schaltungen auch, sind mit Messinstrumenten die Betriebsspannungen und die Betriebsströme messbar, Aussagefähige Messungen im Betriebsablauf des Mikrocomputers (Steuer-, Daten- und Adress-Busfunktionen), also dynamische Messungen, sind aufgrund der hohen Arbeitsfrequenzen mit Messinstrumenten und Logik-Testern (z. B. Logik-Skop oder Logik-Stift) nicht möglich.

Im Wartezustand des Prozessors können mit allen herkömmlichen Messinstrumenten (Multimeter, Logik-Tester) die Spannungspegel an den einzelnen Busleitungen gemessen werden.

Zu beachten sind hierbei die Busleitungen, die sich in der Warte- (Wait-) Funktion im Hoch-Impedanz-Zustand befinden. Bei nicht ausreichendem Innenwiderstand des Messgerätes werden die unterschiedlichsten Pegel angezeigt. Die Verwendung des Logik-Testers ist aufgrund der einfachen Handhabung und Bedienung sinnvoll zur Fehlersuche und zur Kontrolle der einzelnen Pegelzustände am Mikroprozessor oder Mikrocontroller, die in die Wait- Funktion durch einen L-Pegel am vorhandenen Ready-Eingang gebracht werden können.

Hierbei sollte man nur Logik-Tester verwenden, die neben H- und L-Pegel eine separate Anzeige für „schlechte" (undefinierbare) Pegel haben, die nicht innerhalb der IC-Spezifikation liegen.

An der in Abb. 7.3 dargestellten Mikroprozessorschaltung können die statischen Funktionseingänge RESET und HOLD zur Funktionsüberprüfung von Daten- und Adressbus herangezogen werden.

Der statische RESET- Eingang (H-Pegel aktiv) setzt alle Adressleitungen so lange auf L-Pegel (Adresse 0), so lange er auf +5 V-Pegel gelegt wird. Dieser Zustand kann an jeder einzelnen Adressleitung über beliebigen Zeitraum mit einem einfachen Messinstrument überprüft werden.

Die HOLD-Funktion schaltet den Daten- und Adressbus und buscompatible Steuerleitungen auf High-Impedanz. Auch der HOLD- Eingang kann beliebig lange an +5 V Betriebsspannung gelegt werden. In diesem Zustand kann dann jede einzelne Daten-

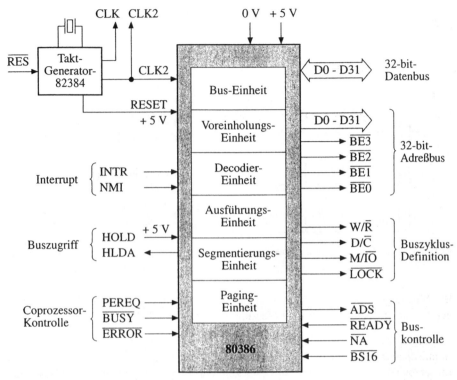

Abb. 7.3: Anschlüsse des Mikrocomputers MP 80386

und Adressleitung mit einem Messinstrument auf den High-Impedanzwert zwischen 2 V bis 3 V überprüft werden. Bei dieser Messung ist von Bedeutung, dass alle Daten- und Adressleitungen in etwa den gleichen Spannungswert aufweisen.

7.3 Überprüfung dynamischer Funktionszustände

Messungen an den Bussystemleitungen (Adress-, Daten- und Steuerbusfunktionen) sind nur mit einem Zweikanal- oder noch besser Vierkanal-Oszilloskop sinnvoll, weil bei den meisten Messungen die Informationen und zeitlichen Zusammenhänge von mindestens zwei Signalleitungen zueinander in Betrachtung gesetzt werden müssen, z. B. die Information auf einer Datenbusleitung in Abhängigkeit zu einer Steuerleitung.

Zwei wesentliche Informationen will man durch Messungen an MC-Systemen in Erfahrung bringen:

a) Steht ein Daten- oder Adressstatus in richtiger Beziehung zu einem Steuersignal **(Zeitbeziehungen)** und

b) haben die Busleitungen die richtigen Informationswerte im Maschinencode **(Zustand)**.

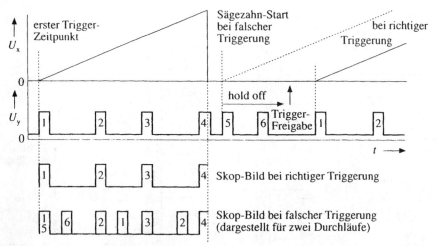

Abb. 7.4: Triggerung mit und ohne Auslösesperre

Bei Messungen nach a) ist die Festlegung des richtigen Triggersignals mit der richtigen Flanke entscheidend für eine Messung mit richtigem Zeitbezug.

Wichtig ist beim Messen die richtige Auswahl des Triggersignals. Denn alles, was an Impulsdiagrammen auf dem Oszilloskop erscheint, bezieht sich auf den zeitlichen Einsatzpunkt der Triggerung. Ist dieser zeitliche Fixpunkt nicht für alle Messungen gleich, entstehen Messfehler, die unter Umständen als solche gar nicht erkannt werden und es entstehen Fehlinterpretationen der dargestellten Impulsdiagramme vom Datenfluss.

Abb. 7.4 zeigt, dass bei einem festen Zeitmaßstab ein stehendes Bild bzw. ein Bild ohne „Geisterimpulse" (Impulse, die oben und unten eine durchgezogene Linie haben) nur möglich ist, wenn das Oszilloskop eine Trigger-Auslösesperre (Hold-Off) besitzt. Der Hold-Off muss durch „probieren" so eingestellt werden, bis ein ordnungsgemäßes Impulsdiagramm dargestellt wird.

Abb. 7.5 zeigt, wie man auch dann brauchbare Impulsdiagramme erzeugen kann, wenn das Oszilloskop **keinen** „Hold-Off" besitzt. Allerdings ist hier beim Einstellen der Sägezahnlänge etwas „Fingerspitzengefühl" erforderlich. Denn die Triggerschaltung löst den Sägezahn der Zeitablenkung mit dem nächsten auftretenden Impuls aus, nachdem der Sägezahn sich in „Wartestellung" befindet.

Wird nach einer der beiden erklärten Triggerverfahren ein Programm, das aus mehr als 5 Befehlen besteht, in seinen Impulsfolgen gemessen, ist der Abstand der zusammengehörenden Triggersignale zu groß. Ein sinnvolles Auswerten des Impulsdiagramms ist kaum mehr möglich. Besitzt das Oszilloskop jedoch eine zweite Zeitbasis, kann das Impulsdiagramm wieder beliebig gespreizt werden (Abb. 7.6).

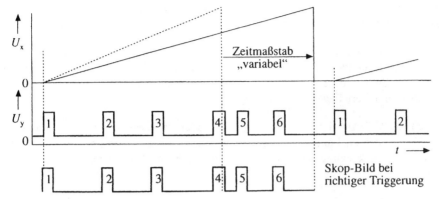

Abb. 7.5: Triggerung ohne Auslösesperre

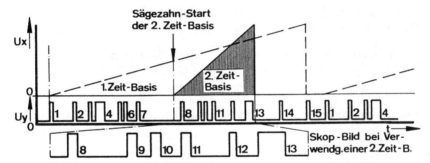

Abb. 7.6: Bilddehnung mit zweiter Zeitbasis

Beim Auswerten von Impulsdiagrammen ist es von Vorteil, wenn man mehr als zwei Impulsketten parallel darstellen kann. Denn damit ist es möglich, die verschiedenen Signalfunktionen zueinander in Relation zu bringen und zu jedem Zeitpunkt miteinander zu vergleichen.

Im Gegensatz zum Oszilloskop nimmt der Logikanalysator für Funktionsfehler der Schaltungen (Hardware-Probleme) die Signale durch ständiges Abfragen der Eingänge (je nach Gerät 8 bis 48 Eingangskanäle) in seinen Speicher.

Die Aufnahme- Taktfrequenz ist intern einstellbar oder kann von extern zugeschaltet werden. Die anliegende Information wird ständig gespeichert. Ist der Speicher voll, wird die älteste Information aus dem Speicher geschoben.

Mit Hilfe der Triggerlogik und einer einstellbaren Verzögerung wird die Signalaufnahme gestoppt.

Nach erfolgter Triggerung wird also diejenige Information im Speicher festgehalten, die bis zum Zeitpunkt des Triggerimpulses und der eingestellten Verzögerung anfällt.

Die Darstellung der Impulsdiagramme auf dem Bildschirm erfolgt durch ständiges Auslesen der Informationen aus dem Speicher.

Logikanalysatoren können nur H- und L-Pegel erkennen, deshalb haben sie einen Schwellwertschalter in den Eingangskanälen. Der Schwellwert lässt sich somit in verschiedene Schwellwertgruppen einstellen, wie z. B. für TTL, ECL, CMOS oder auch variabel für andere Pegeldefinitionen.

Durch das Abfragen der Eingangsinformationen durch Abtastimpulse können Impulse verfälscht oder im Impulsdiagramm nicht erscheinen. Besonders wichtig ist bei der Abfrage die Erkennung sehr kurzer Störimpulse (Nadelimpulse oder Glitches), siehe Abb. 7.7.

Bei der Betriebsart SAMPLE werden die Zustände dargestellt, die mit der Flanke des Abtastimpulses zusammenfallen.

In der Betriebsart LATCH setzen die Eingangssignale Flipflops (Latch), die dann mit der Flanke des Abtastimpulses abgefragt werden.

Bei der Triggerung von Logikanalysatoren besteht ein wesentlicher Unterschied zu dem Oszilloskop. Bei den Logikanalysator wird nicht ein Sägezahn zur Zeitablenkung gestartet, sondern die Informationsaufnahme in den Speicher wird gestoppt.

Bei Logikanalysatoren wird daher mit vier verschiedenen Triggerarten gearbeitet:

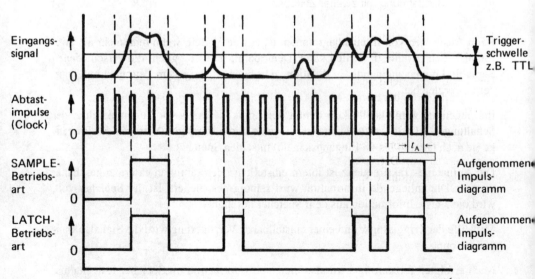

Abb. 7.7: Triggerung von Logikanalysatoren

- **Pre-Triggerung**
  Hier wird die Aufnahme von Impulsen in den Speicher in dem Moment gestoppt, wenn das Triggerereignis eingetreten ist. Damit ist es möglich, Vorgänge vor dem Triggerereignis zu untersuchen.

- **Post-Triggerung**
  Wenn es erforderlich ist, die Funktionen nach dem Triggerereignis zu untersuchen, verwendet man diese Triggerfunktion, da hier der Speicher erst nach dem Triggerereignis vollgeschrieben wird.

- **Mid- oder Center-Triggerung**
  Diese Triggerfunktion stellt eine Mischung der beiden vorhergehenden Triggerungsarten dar. Das Triggerereignis liegt hierbei in der Bildmitte.

- **Kombinatorische Triggerung**
  Diese Triggerung ermöglicht es, beliebige logische Zustände vorzuwählen, die damit als Triggerbedingung definiert werden. Jeder Eingangskanal kann über Schalter auf logisch „High", logisch „Low" oder „don't care" (beliebig) eingestellt werden.

Außer der Darstellung als Impuls-Zeitdiagramm können bei Logikanalysatoren die Informationen als Bitmuster und als Analogen-Darstellung, dem so genannten „Mapping", ausgewählt werden. Die Analogen-Darstellung wird als optisch bessere Auswertung von Speicherinhalten verwendet.

Bei speziellen Logikanalysatoren für die Prüfung der Software werden auf dem Bildschirm die Datenbewegungen des Computers in der für den jeweiligen Prozessortyp erforderlichen Mnemonik dargestellt. Daraus erhält man Programmauszüge, die zeigen, wie der Prozessor arbeitet.

Der wesentliche Unterschied zwischen den Software- und Hardware orientierten Logikanalysator liegt jedoch in den Triggermöglichkeiten.

Beim Software orientierten Logikanalysator wird die Triggerung nicht von der Hardware sondern von der Software gesteuert, d. h., dem Anwender stehen Triggerbefehle, bzw. Triggerprogrammelemente zur Verfügung. Solche Triggerelemente können sein: Ereignisse, Befehle, Verbundereignisse, komplementierte Ereignisse, Verbundbefehle u. a. (z. B. Synchronisation von Nachrichten). Damit ist es z. B. möglich, den Logikanalysator auf ein Datenwort zu triggern, das in einem vorgegebenen Unterprogramm in eine ganz bestimmte Speicherstelle geschrieben werden soll.

7.4 Systematische Fehlersuche an einer Computerschaltung

Die Schaltung in Abb. 7.8 zeigt die Schnittstelle für den Betrieb von zwei Schrittmotoren.

Schrittmotoren finden z. B. Anwendung in Datendruckern, Lochstreifenlesern, Plottern, medizinischen Geräten, Analysegeräten, Fotosetzmaschinen, elektromechanischen Zählern, CD-Laufwerken, u. a.

Der Schrittmotor wird mit einem Gleichstrom erregt. Er hat zwei oder mehr Wicklungen, die, vom Strom durchflossen, im Stator ein bestimmtes Magnetfeld erzeugen. Der Rotor wird dadurch in einer definierten Lage festgehalten. Die Anzahl der Wicklungen bestimmt die Genauigkeit der Schaltschritte. Soll die Motorwelle eine Schrittdrehung ausführen, so muss eine der Wicklungen um-, aus- oder eingeschaltet werden. Damit wird der Rotor in eine neue stabile Lage (Schritt) gezogen. Führt man dem Schrittmotor eine ausreichend hohe Anzahl von Schaltimpulsen pro Sekunde (Schaltfrequenz) zu, führt die Motorwelle eine kontinuierliche Drehung aus.

Die für den Betrieb des Schrittmotors erforderlichen Stromimpulse werden mit den Transistorstufen T01 bis T08 aus der Betriebsspannung (+26 V) erzeugt. Die Transistoren werden direkt über die Ausgänge des E/A- Bausteins 8212 angesteuert (IC1).

Je zwei Transistoren werden für die Ansteuerung eines stromführenden Leiters (Phase A oder Phase B) benötigt. Im Betrieb fließt immer nur in einer Hälfte der Wicklung Strom. Die Schrittmotoren werden daher in unipolarer Betriebsart gesteuert (Abb. 7.9a).

Wird die Polarität eines Stators durch Umkehren der Stromrichtung geändert, führt der Rotor einen Schritt aus. Bei jedem Schritt ist eine der Halbspulen über die leitenden Transistoren in den Phasen A oder B stromführend. Die anderen zwei Halbspulen sind über die anderen zwei gesperrten Transistoren stromlos (Abb. 7.9b).

Für die systematische Fehlersuche wird davon ausgegangen, dass der angeschlossene Schrittmotor nicht mehr gesteuert wird, obwohl der Schrittmotor volle Funktion hat und alle anderen Funktionseinheiten des Computers ebenfalls.

Bei einer Computer gesteuerten Schaltungsfunktion muss sowohl die Software in Form des Steuerprogramms als auch die Hardware in Form der Schaltung geprüft werden (vgl. Abb. 7.10).

Für die Überprüfung der Software gibt es verschiedene Möglichkeiten.

Werden von dem Prozessor noch andere Funktionseinheiten gesteuert, dann kann man von deren Funktionsverhalten aus Rückschlüsse auf die Funktion der Software ziehen.

Man kann auch stichprobenartig das Vorhandensein von Impulsverläufen auf einer oder mehreren Datenleitungen mit einem Oszilloskop überprüfen.

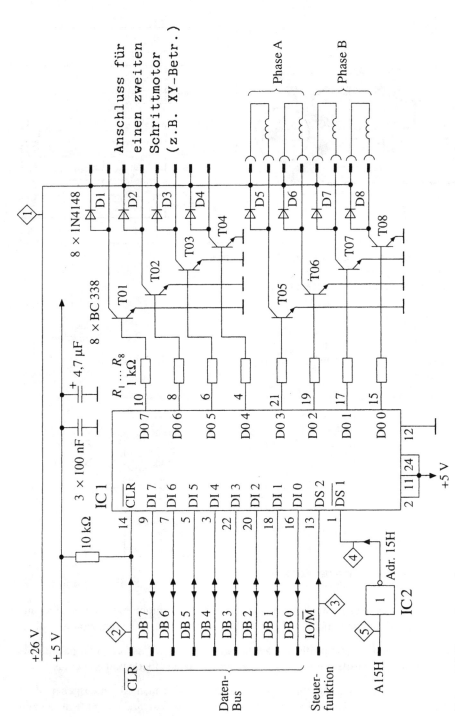

Abb. 7.8: MP-gesteuerte Schrittmotorschaltung

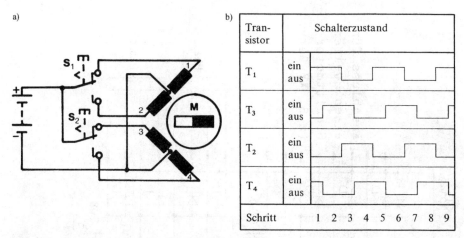

Abb. 7.9: Funktion eines unipolaren Schrittmotors
a) Aufbau
b) Impulsdiagramme zur Ansteuerung

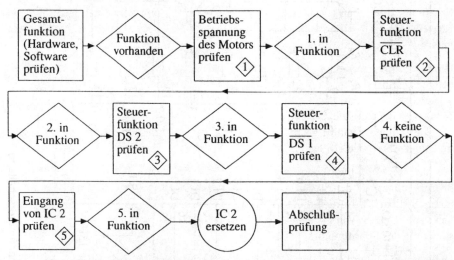

Abb. 7.10: Ablaufschema der Fehlersuche

Überprüfen sollte man auch, ob die Ansteuerung des Schrittmotors noch von einer anderen Hardwarefunktion abhängig ist, z. B. Überstromschutz oder Temperaturschalter.

Wenn diese Funktionsüberprüfungen keine negativen Ergebnisse erbracht haben, folgen die nächsten Schritte der Fehlersuche aus praktischen Überlegungen heraus.

Da der Schrittmotor überhaupt keine Funktion zeigt, kann man davon ausgehen, dass die Ausgänge des E/A-Bausteins DO 0 bis DO 3 nicht defekt sind. Damit einbeziehen kann man auch die vier Koppelwiderstände, die Transistoren TO 5 bis TO 8 und die Dioden D5 bis D8.

Ein weiterer Schritt der Fehlersuche wäre daher die Prüfung der Betriebsspannung (<1> in Abb. 7.10) für den Motor (+26 V). Wenn die Betriebsspannung innerhalb der Toleranzgrenzen gemessen wird, sollten als nächstes die Steuereingänge des E/A-Bausteins der Reihe nach überprüft werden. Der E/A-Baustein hat drei Steuereingänge CLR, DS2 und DS1. Die Steuereingänge CLR und DS1 sind L-Pegel aktiv.

Der Reihe nach wird als Erstes der Steuereingang CLR (Clear) auf Funktion überprüft (<2> in Abb. 7.10). Dieser Eingang muss über den Widerstand $R = 10\ \mathrm{k\Omega}$ während der Steuerphase des Motors H-Pegel aufweisen (+5 V), danach wird er vom Mikrocomputer auf L-Pegel geschaltet, d. h., das Speicherflipflop des E/A-Bausteins wird gelöscht.

Die Messungen an den Steuerfunktionen müssen während des gesamten Betriebsablaufes des Softwareprogramms vorgenommen werden. Das Betriebsprogramm des Schrittmotors gibt nur in der Steuerphase des Schrittmotors die entsprechenden Schrittimpulse auf die Dateneingänge DI 0 bis DI 7, danach schaltet der Mikrocomputer den Baustein wieder ab.

Es genügt, wenn man feststellt, dass die Steuerleitungen im Verlauf des mehrmaligen Betriebsablaufs ihre Pegel ändern. Daraus kann gefolgert werden, dass der Baustein mehrmals angesteuert wurde und die Steuereingänge entsprechend reagieren.

Beachten muss man, dass die Ausgangslage der Pegel an den Steuereingängen immer der nicht aktiven Betriebsphase entspricht. Ein Mikrocomputer bzw. das Programm schaltet den Baustein nur auf Datenübernahme, wenn er Daten bekommen soll. Ansonsten ist der Baustein im weiteren Verlauf des Programms über die Steuerleitungen für eine Datenübernahme gesperrt. Für die CLR-Steuerfunktion bedeutet dies L-Pegel im Ruhezustand und H-Pegel im aktiven Zustand (Ansteuerung des Schrittmotors).

Als nächster Schritt wird der Freigabe-Eingang DS2 (Data Select) (<3> in Abb. 7.10) überprüft, der von der Steuerfunktion IO/M (Input-Output/Memory) des Mikrocomputers bedient wird. Auch diese Funktion muss im Verlauf des Programmablaufs seinen Pegel ändern, Von L-Pegel im Ruhezustand auf H-Pegel im aktiven Zustand (Ansteuerung des Schrittmotors).

Diese Funktion wird auch durch die Messung bestätigt.

Der Freigabe-Eingang DS1 (<4> in Abb. 7.10) müsste vom H-Pegel im Ruhezustand in den L-Pegel im aktiven Zustand schalten (Adressfreigabe durch die Adresse 15 im Hexadezimal-Code). Dieser Eingang bleibt während der Messung auf H-Pegel. Dies bedeutet, dass keine Freigabe der Dateneingänge DI 0 Bis DI 7 des Bausteins für die Ansteuerung durch den Datenbus erfolgt.

Durch den Inverter IC2 wird der Adress-Impuls an den Steuereingang übertragen. Daher muss als nächste Messung (<5> in Abb. 7.10) der Eingang von IC2 geprüft werden. Dieser Eingang zeigt die Impulsänderungen der Adressleitung.

Damit ist der Inverter-Baustein IC2 als Fehlerursache lokalisiert, er wird durch einen neuen IC ersetzt.

Danach müssen nochmals alle Funktionen überprüft werden, weil der 6fach-Inverter noch mit anderen Schaltungsfunktionen verbunden ist.

7.5 Fehlersuche an Schnittstellen-(Interface-)Schaltungen

Die Fehlersuche an computergesteuerten Schaltungen ist aufgrund der zusammenwirkenden Hardware- und Software- Funktionen etwas aufwendiger, wie wir im vorhergehenden Abschnitt gesehen haben und setzt auch vor allem Kenntnisse der Schnittstellen-ICs voraus, oder man berücksichtigt die folgenden Hinweise und Ratschläge:

- Die Datenbus-Anschlüsse des E/A-Bausteins werden vom Mikrocomputer nicht getaktet, wenn für diesen Baustein keine Daten auf den Datenbus gelegt werden oder die Ausgänge nicht aus dem HI-Zustand geschaltet, wenn vom Mikrocomputer keine Daten abgefragt werden. Diese Funktionen werden in der Regel über den Steuereingang MOD oder MD von dem Mikrocomputer mit L-Pegel gesteuert.
- Die Freigabe der Hardwareseite der E/A-Bausteine erfolgt über die Eingänge DS (Data Select) oder CS (Chip Select). Diese Eingänge sind meist doppelt über UND-Verknüpfung und komplementär (ein Eingang L-aktiv und ein Eingang H-aktiv) ausgeführt. Die Selektierung über diese Eingänge erfolgt mit den Steuerfunktionen RD (Read), WR (Write) oder über Adressleitungen des Mikrocomputers.
- Über den CLR- oder RESET-Eingang kann das letzte gespeicherte Datenwort der E/A-Bausteine auf der Hardware-(Ausgangs-)Seite gelöscht werden.

Ein wesentliches Merkmal an computergesteuerten Schaltungen sind servicefreundliche Steuerprogramme und Schnittstellenbausteine. Serviceroutinen im Steuerprogramm, die man gezielt und beliebig oft für E/A-Bausteine aufrufen kann, erleichtern die Fehlersuche wesentlich in Hinblick auf die Frage: Hardware- oder Software-Fehler?

Auch der an LED- und LCD-Anzeigen übliche Lampentest ist manchmal auch für die Hardware-Seite der E/A-Bausteine vorgesehen. Damit kann die Fehlerfrage auch sehr schnell beantwortet werden.

An einem weiteren Beispiel (Schnittstelle für LED-Anzeige in Abb. 7.11) soll als Fehlerursache angenommen werden, dass die LED im Ausgang DO1 ständig leuchtet, die anderen Dioden arbeiten funktionsgerecht .

Für dieses Beispiel gibt es folgende und alle denkbaren in Betracht gezogenen Fehlermöglichkeiten:

- Programm defekt,
- Datenbusleitung DB5 defekt,
- E/A-Baustein IC 601 defekt,

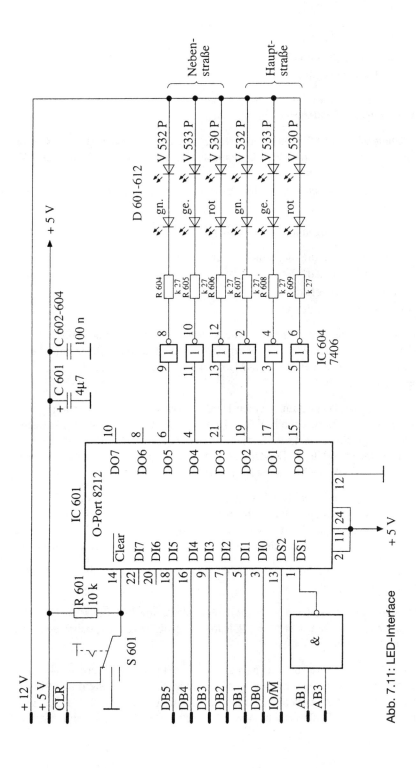

Abb. 7.11: LED-Interface

- Inverter IC 604 defekt,
- Widerstand R 604 defekt,
- Betriebsspannungen ausgefallen.

Die Fehlersymptome und der ordnungsgemäße Funktionsablauf der anderen LEDs schließt folgende Fehlermöglichkeiten aus:

- Datenbusleitung DB5 ist nicht defekt, weil die anderen LEDs programmgemäß geschaltet werden und alle Datenbusleitungen für den ordnungsgemäßen Programmdurchlauf benötigt werden.
- Betriebsspannungen sind vorhanden, weil alle ICs und die anderen LEDs funktionsgemäß arbeiten.

Damit verbleiben folgende Fehlermöglichkeiten:

- Programmteil für die Steuerung dieser LED ist defekt,
- E/A-Baustein IC 601 defekt,
- Inverter IC 604 defekt,
- Widerstand R 604 defekt.

Dass sich in diesem Programmteil eine fehlerhafte Datenstruktur gebildet hat, ist sehr unwahrscheinlich. Trotzdem besteht die Möglichkeit, dass ein Bit in einer bestimmten Adresse des Arbeitsspeichers (RAM) defekt ist und immer auf L- oder H-Pegel (0 oder 1) stehen bleibt.

Daher wird man zuerst immer einen Hardware-Reset (Betriebsspannung) oder einen Software-Reset (Taste) durchführen. Dadurch werden alle Statusfunktionen in die Ausgangslage gesetzt und die Halbleiterspeicher geprüft. Befindet sich das Programm auf einer Speicherplatte (CD oder Festplatte), kann man das über ein erneutes Überspielen eines Back-up-Programmes überprüfen.

Sind die Programme auf EPROM gespeichert, sollte man erst die folgenden Hardware-Funktionsprüfungen durchführen, bevor man Speicher-Chips auf der Leiterplatte wechselt. Dies deshalb, weil – wie bereits gesagt – die Wahrscheinlichkeit eines Programm- und damit Speicherfehlers bei dieser Fehlerkonstellation sehr gering ist.

Somit verbleiben als Fehlermöglichkeit drei Hardwarefehler, die wie folgt geprüft werden können:

Über den Schalter S 601 besteht die Möglichkeit, den E/A-Baustein IC 601 an den Ausgängen zu löschen. Der CLR- (Clear-) Eingang ist L-aktiv, daher den Schalter S 601 in Mittelstellung schalten.

In dieser Stellung muss am Ausgang DO5 L-Pegel gemessen werden, die zwei LEDs müssten ausschalten. Ist dies nicht der Fall, kann der E/A-Baustein IC 601 an diesem Ausgang als defekt betrachtet werden. Wird am Ausgang DO5 L-Pegel gemessen, dann verbleibt als Fehlerursache nur der Inverter IC 604 oder der Widerstand R 604.

Die zwei LEDs scheiden aus, weil sie beide ständig leuchten. Im Falle eines Defektes wären sie ständig dunkel.

Anstelle des Schalters oder Tasters S 601, der nur in diesem Beispiel vorhanden ist, kann man mit Klemmen und Verbindungsleitung den Eingang CLR an Masse (GND) legen.

Ein weiteres Beispiel für eine computer-gesteuerte Schaltung ist in Abb. 7.12 dargestellt.

Die zweistellige Ziffernanzeige wird über den E/A-Baustein 8212 angesteuert. Die 7 Segmente beider Dekaden werden über die Ausgänge DO 0 bis DO 6 gesteuert. Über den Ausgang DO 7 erfolgt die Dekadenauswahl. Als Fehler wird eine falsche Anzeige mit den nachfolgend beschriebenen Eigenschaften festgestellt.

Die eingegebenen Anzeigewerte werden nicht richtig dargestellt. Es werden immer zwei gleiche Zahlen dargestellt, wobei die linke Dekade den Ziffernwert der rechten Dekade übernimmt, z. B.:

- Eingabe 53 – Anzeige 33
- Eingabe 77 – Anzeige 77
- Eingabe 17 – Anzeige 77
- Eingabe 30 – Anzeige 00

Damit sich dieser Fehler besser analysieren lässt, muss man sich den Software-, Hardware-Funktionsablauf mit Hilfe des Flussdiagramms in Abb. 7.13 verdeutlichen.

Die zweistellige Anzeige wird mit der Software im Multiplexbetrieb angesteuert. Dies erkennt man an der Parallelschaltung der Dekadenanzeigen an den Steuerausgängen des E/A-Bausteins 8212 in Abb. 7.12. Solange der E/A-Baustein nicht angesteuert wird, haben alle Ausgänge DO 0 bis DO 7 H-Pegel. Somit ist die wertniedrige rechte Dekade WNT über den Transistor T3 immer aktiv geschaltet, solange der Ausgang DO 7 nicht auf L-Pegel geschaltet wird. Damit wird bei einer zweistelligen Zahleneingabe die wertniedrige Dekade vom Programm sofort ausgegeben. Die werthöhere Dekade wird erst mit dem Umschaltbit DO 7 ergänzt (vgl. Abb. 7.13, STEUERBITMUSTER FÜR WHT BILDEN).

Mit der Ausgabe der werthöheren Dekade WHT wird der Ausgang DO 7 auf L-Pegel umgeschaltet, die Transistoren V2 und V3 werden gesperrt und der Transistor V1 wird leitend. Damit kann die wertniedrigere Dekade den zweiten Wert nicht übernehmen. Übertragen wir diese Erkenntnisse auf den Anzeigefehler, dann kann festgestellt werden, dass ein Fehler im Softwareprogramm, ein Fehler in der CPU (Mikroprozessor), ein Fehler im Daten- oder Adressbus oder in den Betriebsspannungen ausgeschlossen werden kann. Die Anzeigebausteine zeigen auch keinen Segmentfehler.

Aufgrund der falschen Anzeigewerte kommen nur der E/A-Baustein und die Schalttransistoren V1, V2 und V3 als Fehlerursache in Frage.

Die Funktion des E/A-Bausteins kann wieder über den CLR-Schalter überprüft werden.

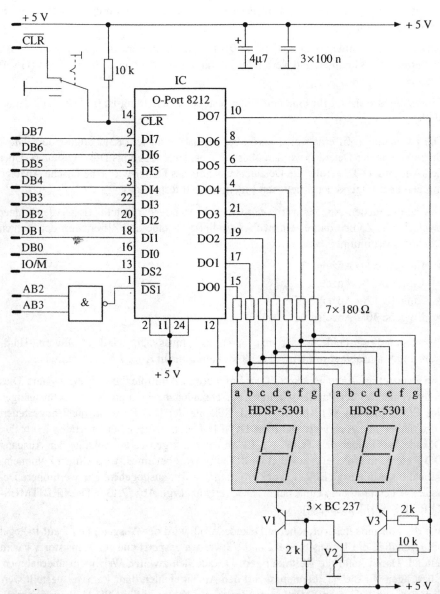

Abb. 7.12: Interface für zweistellige Ziffernanzeige

In der mittleren Stellung müssen alle Ausgänge, unabhängig von der Programmsteue-rung, auf H-Pegel schalten. Dadurch müssen die Anzeigen Dunkel geschaltet werden. Wenn dies der Fall ist, kommen nur noch die Schalttransistoren V1 und V2 zur Steue-rung der höherwertigen Anzeigedekade WHT als Fehlerursache in Frage. Die fehler-

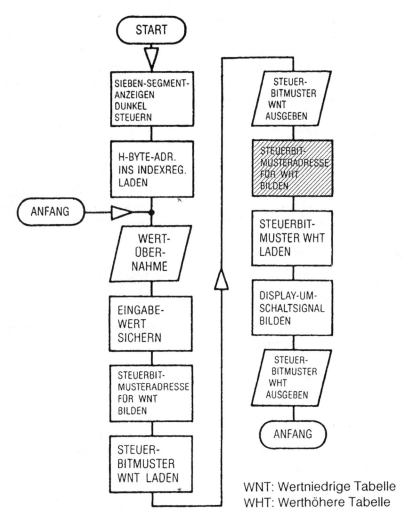

Abb. 7.13: Software-Flussdiagramm der Schaltung nach Abb. 7.12

haften Anzeigen lassen darauf schließen, dass die höherwertige Anzeige immer durchgeschaltet ist. Entweder ist Transistor V2 immer gesperrt (hochohmig) und dadurch Transistor V1 immer leitend. Oder Transistor V1 ist immer leitend, z. B. bei einem Kurzschluss zwischen Basis und Emitter.

7.6 Übungen zur Vertiefung

1. Zwei Speicherregister A und B sind über einen Datenbus miteinander verbunden. Es sollen Daten vom Register B nach Register A übertragen werden.
Welches Register muss in den Betriebszustand HI (Hoch-Impedanz) geschaltet werden und welches muss getaktet werden?

	HI	Takten
A)	Reg. A	Reg. B
B)	Reg. B	Reg. A
C)	Reg. A	Reg. A
D)	Reg. B	Reg. B

2. In welchem Betriebszustand eines Mikroprozessors kann man mit einem Messinstrument (Innenwiderstand > 40 kΩ) an den Adress- und Datenbussen die Spannungspegel überprüfen?
   A) READY-Zustand
   B) WAIT-Zustand
   C) RESET-Zustand
   D) HI-Zustand

3. An wie viel Adress- oder Datenbusleitungen kann man mit einem Zweistrahl-Oszilloskop gleichzeitig messen?
   A) 8 Busleitungen
   B) 4 Busleitungen
   C) 2 Busleitungen
   D) 1 Busleitung

4. Welche Funktion muss ein Oszilloskop haben, damit beim Triggern mit einem festen Zeitmaßstab beim Messen ein stehendes Impulsbild entsteht?
   A) Externen Triggereingang
   B) Externen X-Verstärkereingang
   C) HOLD-OFF-Einstellfunktion
   D) 50 Hz-Triggerfunktion

5. Bei der in Abb. 7.11 dargestellten Verkehrsampelsteuerung sind alle LEDs dunkel. Eine Überprüfung der Softwarefunktionen ergab keine Fehler. Die Daten- und Adressbusfunktionen sind einwandfrei. Die Betriebsspannungen sind vorhanden. Welche Fehlermöglichkeiten könnten hier vorliegen?
   A) Der E/A-Baustein ist defekt
   B) Der Taster S 601 ist defekt
   C) Das NAND-Gatter ist defekt
   D) IC 604 ist defekt

6. Welche Eingrenzungsmöglichkeiten des Fehlers in Übung 5 hat man mit dem Taster S 601?

A) Der Taster selbst kann geprüft werden

B) Der E/A-Baustein kann geprüft werden

C) Das NAND-Gatter kann geprüft werden

D) Das IC 604 kann geprüft werden

7. An der Schrittmotorsteuerung in Abb. 7.8 werden zwei Schrittmotoren betrieben. Ein Schrittmotor dreht sich nur ruckartig und ungleichmäßig. Der zweite Schritt- motor arbeitet fehlerlos. Wie kann man am <u>schnellsten</u> feststellen, welche Fehler- ursache vorliegt?

A) Die Spannungen an den Motoranschlüssen werden gemessen

B) Die Software wird überprüft

C) Die Leistungstransistoren werden überprüft

D) Die Motoren werden ausgetauscht und auf ihr Funktionsverhalten überprüft

8. Welches der in Abb. 7.14 dargestellten Messergebnisse kann mit einem Logikana- lysator gemessen werden:

Wie sieht die Signalform aus?	Erscheinen die Steuerzeichen in der richtigen Reihenfolge?	Welche Befehls- zyklen erscheinen auf dem Bus?
analog	Zeit	Zustand

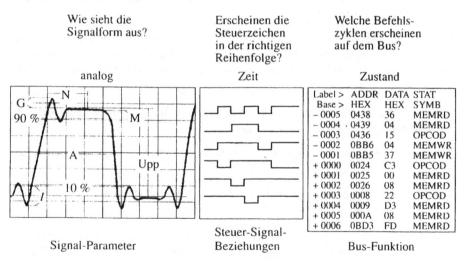

Signal-Parameter · Steuer-Signal-Beziehungen · Bus-Funktion

Abb. 7.14

A) Analoge Messungen (Signal-Parameter)

B) Zeit (zeitliche Zuordnung der Signale)

C) Zustand (Bus-Funktionen)

Lösungen im Anhang!

8 Fehlersuche mit System an SPS-Schaltungen

Für die Fehlersuche an SPS-gesteuerten Geräten und Anlagen bestimmen im Wesentlichen die Größe der SPS über die Steuerungs- und Diagnosemöglichkeiten der Service-Software. Daher kann man die SPS-Steuergeräte in drei Größenordnungen einordnen.

Kleine SPS-Steuergeräte-Einheiten verfügen in der Regel über einen PC-Anschluss oder über ein kleines Ein-Ausgabe-Terminal mit einem Display zur Anzeige oder Änderung der Anweisungsliste (AWL).

Mittlere SPS-Steuergeräte-Einheiten verfügen über Bildschirmdiagnoseprogramme, die bis zu Software-Hardware-Schnittstellen (Interface) alle Eingangs- und Ausgangsfunktionen und ihre Verknüpfungsbedingungen überwachen und entsprechende Fehlermeldungen anzeigen (vgl. Abb. 8.1).

Große SPS-Steuergeräte verfügen neben der Verknüpfungssteuerung auch über Ablaufsteuerungsmöglichkeiten (Schrittketten).

Verknüpfungssteuerungen beschreiben nur die statischen Zusammenhänge zwischen Ein- und Ausgangsfunktionen.

Maschinensteuerungen erfordern neben den Verknüpfungsbedingungen noch zeitliche Zusammenhänge zwischen Ein- und Ausgangsfunktionen.

Ablaufsteuerungen ermöglichen einen schrittweisen Ablauf, die von einem Funktionsschritt auf den folgenden, abhängig von Bedingungen, weiterschalten. Die Weiterschaltbedingungen sind von Zeiten (Warte- und Überwachungszeiten) und von den Signalen (Parametern) des gesteuerten Prozesses (z. B. Rückmeldungen) abhängig.

Kennzeichnend für die Ablaufsteuerung sind daher Schritte und Weiterschaltbedingungen. Daher auch die Bezeichnung Schrittkettensteuerung.

Die Steuerungsaufgabe wird in einzelne Schritte unterteilt. Jedem Schritt werden Steuerungsbefehle und Weiterschaltbedingungen zugeordnet (Abb. 8.2).

Die Weiterschaltbedingungen geben das Weiterschalten von einem auf den jeweils folgenden Schritt frei. Die Befehle eines Schrittes bestehen aus Steuerungsanweisungen für interne und externe Funktionen (z. B. Merker setzen, Zeiten starten, Stellglieder schalten).

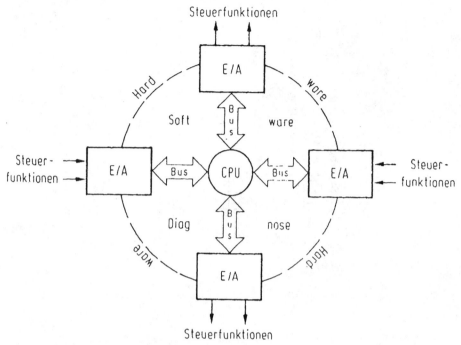

Abb. 8.1: Softwareüberwachung

Eine Ablaufsteuerung besteht daher aus den drei folgenden Funktionselementen:

- Betriebsartenteil,
- Ablaufkette,
- Befehlsausgabe.

Im **Betriebsartenteil** werden die Vorgaben zur Betriebsart verarbeitet. Das Ergebnis wird der Ablaufkette und der Befehlsausgabe in Form von Signalen, z. B. Freigabe, mitgeteilt.

Die **Ablaufkette** sorgt für den schrittweisen Ablauf der Steuerung. Abhängig von Weiterschaltbedingungen wird von einem Schritt auf den nachfolgenden geschaltet. Ein Schritt entspricht einem Speicherglied. Der Ausgang gibt Befehle aus, bereitet das Setzen des nachfolgenden Schrittes vor und setzt den vorhergehenden Schritt zurück. Die Schrittkette schaltet abhängig von den Weiterschaltbedingungen. Die Ausgabe der Steuerungsbefehle kann direkt vom jeweiligen Schritt aus erfolgen, häufig jedoch über die Befehlsausgabe.

In der **Befehlsausgabe** werden die Schrittbefehle der Ablaufkette mit den Signalen vom Betriebsartenteil und den Verriegelungen verknüpft. Ausgaben sind Befehle an die Stellglieder.

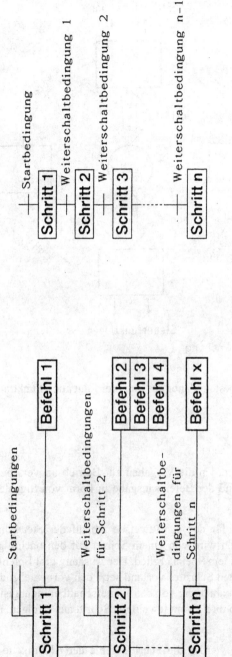

Abb. 8.2: Ablaufsteuerung
a) Funktionsplan nach DIN 40719
b) Funktionsplan nach IEC SC65A/WG6

8.1 Überprüfung statischer und dynamischer Funktionszustände

Wie bei den Computerschaltungen, so kann man auch bei einer SPS-Schaltung mit einem Spannungsmesser die Betriebsspannungen und die Eingangs- und Ausgangsspannungen – vor allem bei langsam schaltenden elektromechanischen Bauelementen – überprüfen.

Vor allem die Ausgänge, die als Leistungsschalter (Relais, Thyristoren, Leistungstransistoren) mit unterschiedlichen Schaltspannungen ausgelegt sind, können durch Spannungsmessungen auf ihre Funktion überprüft werden.

Mit dem Oszilloskop kann man die Logikverknüpfungen der Eingänge auf einen Ausgang überprüfen.

Dazu folgendes Beispiel:

Aus den Serviceunterlagen ist ersichtlich, dass ein Ausgang über eine ODER-Verknüpfung des SPS-Programms von zwei Eingängen gesteuert wird (Abb. 8.3).

Es wird angenommen, dass der Ausgang bei bestimmten Funktionsbedingungen nicht geschaltet wird, sodass als erste Maßnahme eine Überprüfung der Eingänge angebracht ist.

Mit einem Oszilloskop mit externer Triggerung wird das Ausgangssignal gemessen und einer der Eingänge als externes Triggersignal angeschlossen.

Wenn dieser Eingang kein Schaltsignal erhält, wird die Triggerung am Oszilloskop nicht ausgelöst. Am Bildschirm des Oszilloskops wird kein stehender Schaltimpuls dargestellt, bzw. keiner angezeigt.

Ist das Schaltsignal am Eingang vorhanden, wird am Ausgang ein stehendes Schaltsignal ausgelöst, weil die Zeitablenkung durch das Triggersignal ausgelöst wird.

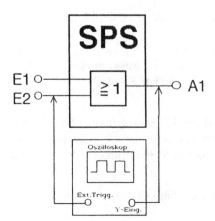

Abb. 8.3: Funktionsprüfung mit „Ext. Triggern"

Mit diesem Messvorgang können beide Eingänge geprüft werden.

Wird von beiden Eingängen keine Triggerung ausgelöst, gibt es zwei Fehlermöglichkeiten:

- Kein Eingang erhält ein Schaltsignal,
- das Programm der SPS ist gestört oder fehlerhaft (falsche oder fehlende Zuordnungen von Ein- oder Ausgängen.

8.2 Service über Bildschirmdiagnose

Die Software-Diagnosesysteme ermöglichen vielerlei Informationen über den Funktionszustand einer Anlage. Neben Betriebsdauer und Verschleißdaten werden vor allem über Funktionsstörungen und Defekte folgende Hinweise gegeben:

- Art der Störung
- Ort der Störung
- Ursache der Störung
- Beseitigung der Störung

Der Status von Eingängen, Ausgängen, Merkern u. a. kann angezeigt und zur Funktionsauslösung freigegeben werden. Diese Diagnosesysteme unterstützen die Inbetriebnahme einer Maschine durch eine Bedienerführung im Dialog. Sie geben Einschaltbedingungen vor, damit Fehlbedienungen vermieden werden.

Die Diagnosesysteme können Betriebsdaten kontinuierlich erfassen und in übersichtlicher Form darstellen.

Einige Funktionsmerkmale der Diagnosesysteme:

- Frei projektierbare Bild- und Maskenerstellung mit Bediener- und Funktionstasten-Unterstützung.
- Grafische Hilfsmittel für die Anpassung des Bildaufbaus an die Maschinenfunktion und den Prozessablauf.
- Funktionsanweisungen und Störhinweise im Klartext.
- Protokollierung der Meldungen über einen Drucker oder Auswertung der Meldungen in einem übergeordneten Rechner zur Ermittlung von Schwachstellen.
- Aufsummieren aller Störungen und dokumentieren.

Einer der wichtigsten Service-Unterstützungen dieser Diagnosesysteme ist die Schrittkettenanalyse für SPS-Ablaufprogramme. Abb. 8.4 zeigt das Übersichtsbild einer Schrittkettenanalyse. In der obersten Zeile wird die Typenbezeichnung (WF 470) und die Programmiersprache (Graph 5) angegeben.

Die Auswertung und Analyse dieser Bilder setzt allerdings Grundkenntnisse der angewendeten Programmiersprachen-Struktur voraus.

WF 470 Graph 5   Übersichtsbild

Nr	SB-Nr.	Status	Funktion		
17	017	***	Einschaltbedingung für Transferstraße		
18	018	*	Beladeeinrichtung mit manipulator	ST 1	
19	019		Grobbearbeitung für Getriebeflansch links		ST 2A
20	020	***	Grobbearbeitung für Getriebeflansch rechts		ST 2B
21	021		Bohreinheit für Löcher im Flansch links	ST 3A	
22	022	*	Bohreinheit für Löcher im Flansch rechts	ST 3A	
23	023	***	Feinbearbeitung Flansch linke Seite	ST 4A	
24	024		Feinbearbeitung Flansch rechte Seite	ST 4B	
25	030		Prüfstation für Getriebegehäuse	ST 7	
26	000				
27	000				
28	000			Kein * Kette gestartet und läuft	
29	000			* Kette nicht gestartet	
30	000			*** Kette gestört	
31	000				
32	000				

F 1 Einzel-Diagnose	F 2 Kette +1	F 3 Kette -1	F 4 Rol AUF	F 5 Rol AB	F 6 Blätt. +1	F 7 Blätt. -1	F 8 Grundbild

Abb. 8.4: Schrittkettenanalyse, Übersichtsbild

Eine Ablaufsteuerung wird mit Graph 5 über zwei Darstellungsebenen programmiert (Abb. 8.5).

In der Übersichtsdarstellung wird die Ablaufstruktur der Schrittkette festgelegt. In dieser Darstellung wird die Ablaufstruktur der Schritte, insbesondere Verzweigungen und Zusammenführungen der Kette, beschrieben. In der Lupendarstellung wird der Inhalt der Schritte und Transitionen bestimmt. Programmiert werden Aktionen, die im Schritt erfolgen und die von der Steuerung in einem bestimmten Zustand ausgeführt werden. Transitionen beschreiben die Weiterschaltbedingung, mit der eine Steuerung von einem Zustand in den Folgezustand übergeht, d. h. von einem Schritt in den/die nächsten schaltet.

Dazu werden folgende Informationen abgegeben:

Nr.	– Fortlaufende Schrittkettennummer
SB-Nr.	– Nummer in der Anweisungsliste
Status	– Schrittkettenzustand (vgl. Abb. 8.4)
Funktion	– Betriebsfunktion der Schrittkette

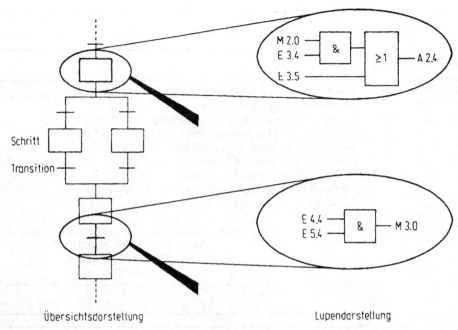

Übersichtsdarstellung   Lupendarstellung

Abb. 8.5: Darstellung von Schrittketten

Die Funktionstasten F1 bis F8 haben in dem Übersichtsabbildung 8.4 folgende Funktionen:

F1 Einzeldiagnose	– Schrittkette anwählen
F2 Kette + 1	– Eine Schrittkette weiterwählen
F3 Kette – 1	– Eine Schrittkette zurückwählen
F4 Rol AUF	– Nächste Schrittkette in das Bild wählen
F5 Rol AB	– Zurückliegende Schrittkette in das Bild wählen
F6 Blaett. + 1	– Nächstes Übersichtsbild anwählen
F7 Blaett. – 1	– Zurückliegendes Übersichtsbild anwählen
F8 Grundbild	– Übersichtsbild verlassen

Aus dem Übersichtsbild kann mit der Funktionstaste F1 in das Diagnosebild in Abb. 8.6 geschaltet werden. Dieses Diagnosebild gibt Einzelhinweise für die Schaltbedingungen der Funktionseinheiten. In diesem Beispiel Einschaltbedingungen für eine Transferstraße. Neben „gestörte Ketten" stehen die Schrittkettennummern 17, 20, 23. Unter AUTOMATIK werden folgende Informationen gegeben:

- gestörte Ablaufkette Nr. 17,
- Schrittkettenbaustein Nr. 017
- Transition Nr. 2
- Maximale Schrittkettenanzahl 67

WF 470 Graph 5			Diagnosebild				
gestörte Ketten:			17 20 23				

Automatik			Einschaltbedingungen für Transferstraße
Ablaufkette		17	U E021.7 Öldruckschmierung zu niedrig oder fehlt!
SB-Nr		017	U(
Transition		2	UNE021.3 Werkstück für Beladestation fehlt
Max. Schritt		067	UNE021.4 Leertakten ist nicht angewählt
			UNE000.3 Kühlmittel einschalten
			U E000.6 Station nicht leer
Zweig	Schritt	Status	U E000.5 Leertakten
			)
1	007		U E021.6 Not-Aus im zentralen Bedienpult betätigt
2	011	*	U(
3	017	*>>	One021.4 Leertakten ist nicht angewählt
4	031		O E021.3 Werkstück für Beladestation fehlt
5	34		)
6	045		
7	000		
8	000		

F 1 Graph 5	F 2	F 3	F 4	F 5 Umsch.	F 6	F 7	F 8
Übersicht	Kette +1	Rollen +1	Rollen -1	Betr.-Art	Transit. +1	Zweig +1	Grundbild

Abb. 8.6: Schrittkettenanalyse, Diagnosebild

Darunter erfolgt eine Übersicht über die Verzweigungen innerhalb einer Schrittketten-funktion und die Statusausgabe.

In dem Beispiel der Abb. 8.6 steht der Cursor auf der dritten Verzweigung der Schritt-kette 017. Diese Schrittkette ist mit dem „*" gekennzeichnet und damit gestartet und in Funktion.

Die Hinweismarkierungen weisen direkt auf die Funktionsbeschreibungen der dritten Verzweigung (ODER-NICHT-Bedingung) des Eingangs 021.4 hin:

• ON E021.4 Leertakten ist nicht angewählt.

Die Funktionstasten F1 bis F8 haben in dem Diagnosebild folgende Funktionen:

F1 Graph 5 Übersicht	– Zurückschalten in das Übersichtsbild
F2 Kette + 1	– Eine Schrittkette weiterwählen
F3 Rollen + 1	– Nächste Schrittkette anwählen
F4 Rollen – 1	– Zurückliegende Schrittkette anwählen
F5 Umsch. Betr.-Art	– Schrittkette starten oder ausschalten
F6 Transit. + 1	– Nächste Transition anwählen
F7 Zweig + 1	– Nächste Kettenverzweigung anwählen
F8 Grundbild	– Schrittkettenanalyse verlassen

WF 470 Service Modul

Steuern	n/DI	n + 1/DR	HEXA	DEZ	
EW 000	0000 0110	1100 0000	06C0	01728	
AW 000	1000 0100	1100 0000	84C0	33984	
MW 100	0000 0001	0000 0000	0100	00256	
Z 005	0000 0000	0000 0000	0000	0000	
T 102	0000 0000	0000 0000	0000	0000	100ms
PW 129	1111 1111	1111 1111	FFFF	65535	
DB 030					
DW 001	0000 0000	0000 0001	0001	00001	
DW 002	0000 0000	0000 0101	0005	00005	
DW 003	0010 1000	0000 0000	4820	18464	

1 = Eingangswort (EW)	2 = Ausgangswort (AW)	3 = Merkerwort (MW)
4 = Zähler (Z)	5 = Zeitstufe (T)	6 = Peripherie (PW)
7 = DB-Nummer (DB)	8 = DW-Nummer (D1)	0 = Löschen

F 1	F 2	F 3	F 4	F 5	F 6	F 7	F 8
Ger. Aufbau	Bed. Führ.	B-Elemente	Datum Uhr	Merkmale	Frei	Schrittfkt.	Grundbild

Abb. 8.7: Serviceinformationen

Eine weitere Diagnosefunktion sind die in Abb. 8.7 dargestellten Serviceinformationen. Diese Darstellung informiert über den Status von:

- Eingängen,
- Ausgängen,
- Merkern,
- Zeitgliedern und
- Zählfunktionen.

Ergänzt werden diese Serviceinformationen mit Hinweisen über die Datenbaustein-Nummern (DB) und die Datenwortnummern (DW). Die Status-Informationen erfolgen in 16-Bit-Datenwörtern, die auf dem Bild in die niederwertige Datenworthälfte (n+1/DR) und in die höherwertige Datenworthälfte (n/DL) aufgeteilt sind. Die Aufteilung des 16-Bit-Datenwortes in zwei Hälften hat ihre Ursache in der Byte-Organisation der Eingänge, Ausgänge, Merker, Zeit- und Zählglieder, z. B. E021.0 bis E021.7.

Die Funktionstasten F1 bis F8 haben in dem Diagnosebild folgende Funktionen:

F1 Ger.-Aufbau	– Anwahl des Geräteaufbaubildes
F2 Bed.-Führ.	– Anwahl der Bedienerführung
F3 B.-Elemente	– Anwahl der Bedienelemente
F4 Datum Uhr	– Anwahl der Datum- und Zeitangabe
F5 Merkmale	– Anwahl der Gerätemerkmale
F6 Frei	– Nicht belegt

F7 Schrittfkt.   – Anwahl der Schrittketten-Funktionsanalyse

F8 Grundbild   – Servicefunktionen verlassen

Die einzelnen Statusbits können auch über dieses Bild gesetzt oder gelöscht werden. Somit ist es möglich, gezielt Einzelfunktionen auf ihre Funktion zu überprüfen. Diese Schrittkettenanalyse und die Servicefunktionen sind nur zwei Beispiele für den Einsatz von Bildschirmdiagnosen. Darüber hinaus wird die Bildschirmdiagnose für die Startbedingungen, Betriebsmeldungen, direkte Fehler und für Alarmmeldungen eingesetzt.

8.3 Systematische Fehlersuche an einer SPS-Schaltung

Im Gegensatz zu elektronischen Schaltungen kann man bei SPS-gesteuerten Schaltungen, bestehend aus Schütz- und Relaisschaltungen, durch optische Kontrollen und evtl. manuellen Auslösefunktionen eine gute und schnelle Übersicht über die Funktionen und Funktionsstörungen erhalten. Bei einem Defekt in der Anlage sollte man immer, von der Funktionsstörung ausgehend, den Signalweg verfolgen.

An Schützen und Relais kann man optisch erkennen, ob sie schalten. Hat man den Schaltweg bis zu den SPS-Eingängen und Ausgängen richtig definiert, so kann man an den LED-Anzeigen der SPS-Eingänge und Ausgänge den Funktionsweg weiter verfolgen. Wichtig ist, dass man den Beginn des Funktionsweges richtig und schnell definieren kann, z. B. Winkelschrittgeber, Näherungsschalter, Endschalter, Taster, Schalter u. ä. Betrachten wir als Beispiel für eine Fehlersuche den Tippbetrieb für eine Maschine.

Bei dieser Betriebsart liegt der Funktionsweg zwischen den Tastern der Bedienstationen und den Hauptantriebsmotoren.

Als Fehlerursache wird eine Blockierung des Tippbetriebs vom vorderen Bedienpult einer Druckmaschine aus gemeldet, d. h., die Tippfreigabe lässt sich nicht mehr löschen.

Der Fehler kann in jedem Fall durch Überprüfung weiterer Betriebsfunktionen, die auf den Hauptantrieb Einfluss haben, eingegrenzt werden. Das wäre zum Beispiel die Prüfung des Leitbetriebs und die Prüfung des Einzelbetriebs. Ergeben diese Prüfungen keine Funktionsstörungen, dann begrenzt sich die Fehlersuche auf den Tippbetrieb, in diesem Fall sogar auf die Freigabe des Tippbetriebs.

Zur Definition des Signalweges beginnt man mit dem Betrachten der Stromlaufpläne. Die Seitenübersicht der Stromlaufpläne verweist auf die Seite 28 (Abb. 8.8) mit dem Stichwort „Tippen ein", die Seite 28 des Stromlaufplans in Abb. 8.8 zeigt den Taster 3S111 als Freigabe für den Tippbetrieb vom Pult aus. Die Taste wirkt direkt auf den SPS-Eingang I111 (I6.15) und hat keinen Selbsthaltekontakt. Die LED an diesem Eingang muss mit dem Betätigen der Taste an- und ausgehen. Wenn diese Funktion gege-

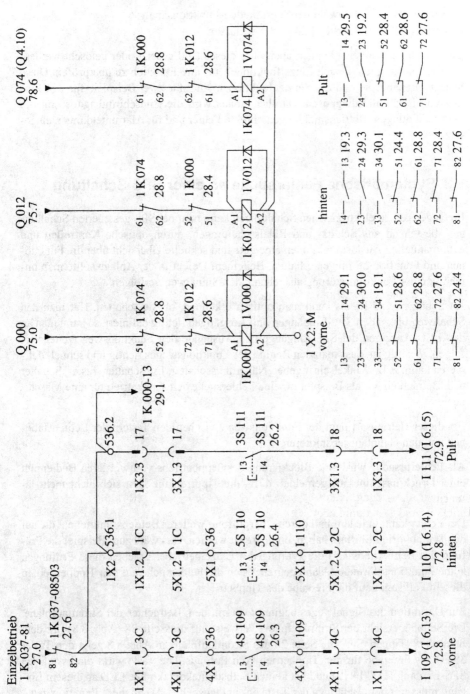

Abb. 8.8: Stromlaufplan „Tippen Ein"

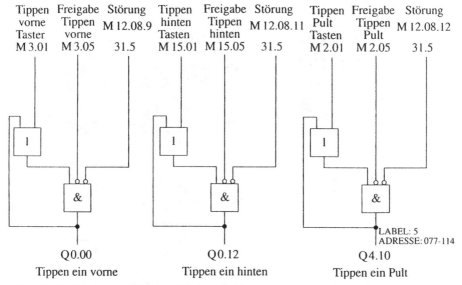

Abb. 8.9: Logikplan für „Tippen Ein"

ben ist, dann wird als nächstes der Ausgang geprüft, der die Freigabe des Pults weiterschaltet. Aus dem Logikplan in Abb. 8.9 ersehen wir, dass der Ausgang Q4.10 die Freigabe des Pults im Tippbetrieb bewirkt. Diesen Ausgang finden wir auf der Ausgangskarte der SPS, die sich auf Seite 72 der Schaltungsunterlagen befindet (Abb. 8.10).

Die LED dieses Ausgangs hat aufgrund der Funktion (vgl. Logikpläne Abb. 8.9) speichernde Funktion, d. h., mit jedem Tastendruck muss diese Ausgangs-LED an- oder ausgehen. Die Prüfung dieser LED am Ausgang Q4.10 zeigt keine Veränderung, d. h., diese Anzeige leuchtet ständig, unabhängig davon, ob die Taste betätigt wird oder nicht. Da die anderen Bedienpulte mit dem Ausgang verriegelt sind, entsteht dadurch die Blockadewirkung. Nun ist nur noch nicht geklärt, was im Einzelnen an der SPS defekt ist, das Programm oder der Ausgang?

Hat man es mit einer Kompakt-SPS zu tun, die Ein- und Ausgänge im Gehäuse integriert haben, dann kann man den Programmspeicher-IC versuchsweise wechseln und den Funktionsvorgang „Tippen" wiederholen. Ist der Fehler nicht behoben, liegt die Fehlerursache in der Hardware der SPS. Diese muss dann komplett gewechselt werden.

In unserem praktischen Beispiel besteht die SPS aus steckbaren Eingangs- und Ausgangsmodulen. Die Praxis hat vielfach bewiesen, dass vor allem in den Ausgängen wesentlich häufiger Hardware-Fehler auftreten als Softwarefehler im Programm (ausgenommen programmierte logische Fehler) oder auf den Bussystemen innerhalb des Mikrocomputers.

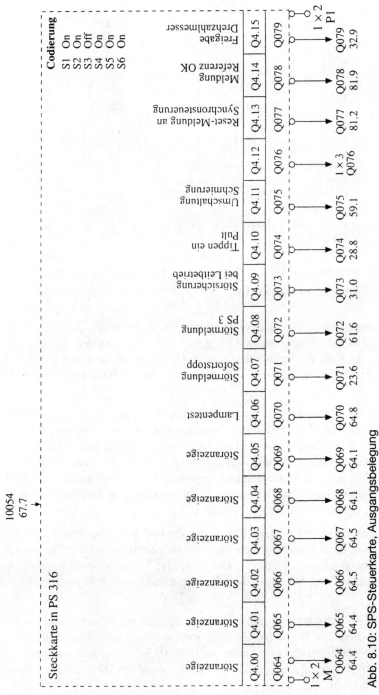

Abb. 8.10: SPS-Steuerkarte, Ausgangsbelegung

Da die LEDs von der Ausgangsschaltung gesteuert werden, sollte man auf jeden Fall zuerst dieses Steckmodul prüfen. Am Schnellsten durch einen Austausch des Steckmoduls. Hat man kein Austauschmodul zur Hand, verwendet man ein benachbartes Austauschmodul, das an den Funktionen des Tippbetriebes nicht beteiligt ist. Dabei darf man nicht vergessen an den Codierschaltern die Codenummer für den Tauschplatz vorher umzustellen. Die Codierung ist in Abb. 8.10 angegeben. Der Kartentausch bestätigt die Fehlervermutung, dass der Schalttransistor von Ausgang Q4.10 nicht mehr schaltet.

8.4 Übungen zur Vertiefung

1. Das Beispiel in Abb. 8.11 zeigt eine Schützschaltung mit Kontaktverriegelung, d. h. es kann immer nur ein Schütz eingeschaltet werden.
   Wird S2 betätigt, zieht Schütz K1 an und hält sich über Selbsthaltekontakt. Gleichzeitig wird Schütz K2 durch einen K1-Kontakt (Öffner) unterbrochen und kann damit über S3 nicht eingeschaltet werden. Die gleiche Verriegelung wirkt auf Schütz K1.
   In einer **Belegungsliste** sind den Operandenbezeichnungen im Logikplan Abb. 8.11 (E1 bis E3 und A1 bis A4) die Funktionsbauelemente bzw. deren Kennzeichnungen im Stromlaufplan zuzuordnen.

Funktionsteil (Bauelement)	Kennzeichnung im Stromlaufplan	Operanden- zuordnung
1		
2		
3		
4		
5		
6		
7		

Abb. 8.11: Schützschaltung mit Kontaktverriegelung
a) Hardwaresteuerung, b) SPS-Steuerung (Logikplan)

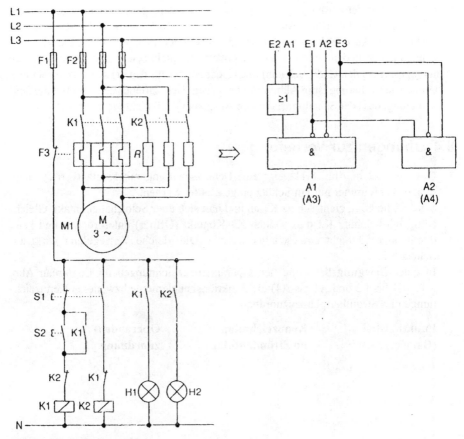

Abb. 8.12: Umkehrschaltung
a) Hardwaresteuerung
b) SPS-Steuerung (Logikplan)

2. Die Ein- und Ausgänge der SPS in Abb. 8.11 sind mit LEDs versehen.
   In der Ausgangslage leuchtet die LED am Ausgang A1, aber die Meldeleuchte H1
   leuchtet nicht.
   Welche Defekte könnten möglich sein?

3. Die Schaltung in Abb. 8.12 zeigt einen Drehstrommotor, der durch die Tastschalter
   S1 und S2 wahlweise in der Drehrichtung verändert werden kann. Durch Betätigen
   von S2 wird das Schütz K1 für den Rechtslauf eingeschaltet. Taster S1 für den
   Linkslauf bewirkt die Bremsung des Motors. Wird S2 gelöst und S1 betätigt, kann
   der Motor abgebremst werden. Schalter F3 ist ein Überstromschutzschalter. Die
   Meldeleuchter zeigen die eingeschaltete Drehrichtung an.

In einer **Belegungsliste** sind den Operandenbezeichnungen im Logikplan Abb. 8.12 die Funktionsbauelemente, bzw. deren Kennzeichnungen im Stromlaufplan zuzuordnen.

Funktionsteil (Bauelement)	Kennzeichnung im Stromlaufplan	Operanden- zuordnung
1		
2		
3		
4		
5		
6		
7		

4. Die Ein- und Ausgänge der SPS in Abb. 8.12 sind mit LEDs versehen.
   Der Motor läuft im Rechtslauf. Die Betätigung der Taste S1 für den Linkslauf zeigt keine Wirkung. Die LED am Eingang E1 der SPS leuchtet nicht beim Betätigen der Taste S1.
   Welche Defekte könnten möglich sein?

Lösungen im Anhang!

9 Fehlersuche mit System an Netz- und Betriebsspannungen

Die häufigsten Defekte und Fehlersymptome in Geräten und Anlagen haben ihren Ursprung in der Betriebsspannungsversorgung. Begründet wird dies durch die z. T. hohe Leistungsbelastung (Wärmeerzeugung) der Bauelemente.

Daher ist es sinnvoll die hierfür eingesetzten Schaltungen in ihrer Funktion und bei Defekten eingehend zu betrachten.

Die Betriebsgleichspannungen von elektronischen Schaltungen werden über Regelschaltungen zur Stabilisierung der Gleichspannungen über Gleichrichter aus der Netzspannung gewonnen (Abb. 9.1). Fehler in elektrischen Schaltungsfunktionen erfordern daher immer als eine der ersten Maßnahmen die Überprüfung der Versorgungsspannungen und bei bestimmten Fehlersymptomen auch die Überprüfung der Netzspannung.

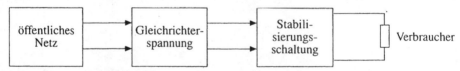

Abb. 9.1: Geregeltes Netzgerät, Blockschema

9.1 Netzstörungen und ihre Auswirkungen

Viele Netzstörungen entstehen durch Rückwirkungen elektrischer Einrichtungen, die sich durch Spannungsänderungen (große Laständerungen), Unsymmetrie der Spannungen im Drehstromnetz (einseitige Belastung der Phasen), Oberschwingungsspannungen (Frequenzumrichter, Gleichrichter) und Spannungen von Zwischenharmonischen (Stromrichterantriebe) ergeben.

Viele dieser aufgeführten Netzstörungen führen bei elektronischen Schaltungen zu folgenden Auswirkungen:

- Netzspannungsänderungen führen zu Änderungen der gleichgerichteten Spannungen und dadurch bei elektronisch stabilisierten Gleichspannungen zu Veränderungen des Innenwiderstandes der Regelschaltung. Liegen die Netzspannungsänderungen außerhalb des Regelbereichs der Stabilisierungsschaltung, dann ändern sich die Betriebsgleichspannungen und die überlagerten Brummspannungen (Restwelligkeit von der Netzspannung).

- Unsymmetrische Spannungen im Drehstromnetz führen zu Veränderungen der Lastleistung von Drehstromverbrauchern und bei elektronisch geregelten einphasigen Netzteilen zu ähnlichen Auswirkungen wie bei Netzspannungsänderungen.
- Oberschwingungsspannungen der Netzfrequenz und Zerhackerfrequenzen und Spannungen von Zwischenharmonischen führen zur Erhöhung der Verlustleistung und damit zur Erwärmung von Kondensatoren, Motoren, Filternetzwerken, Sperr- und Siebdrosseln, sowie Transformatoren.

Die Diagnose der Netzspannung und des Netzstromes kann mit Hilfe eines Speicher-Oszilloskops durchgeführt werden. Die wichtigsten Signalformen und ihre Bedeutung sind in Abb. 9.2 dargestellt.

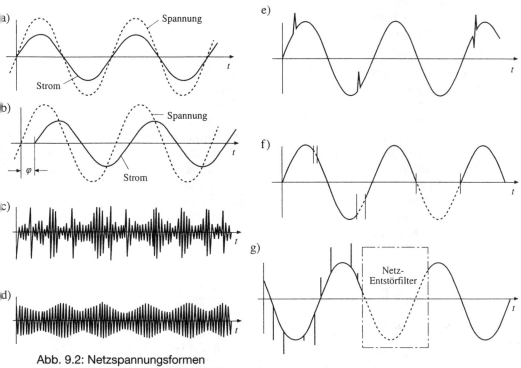

Abb. 9.2: Netzspannungsformen
a) ideale Netzenergie, Phasengleichheit zwischen Strom und Spannung
b) induktiv- oder kapazitiv belastetes Netz erzeugt Phasenverschiebung
c) nichtperiodische Spannungsschwankungen
d) periodische Spannungsschwankungen
e) transiente Störungen
f) Kurzzeitunterbrechungen
g) Kompensation von Netzstörungen durch ein Netzfilter

Abb. 9.2a zeigt Strom und Spannung phasengleich in einer „sauberen" Netzspannung.

Abb. 9.2b zeigt eine Phasenverschiebung zwischen Strom und Spannung, die durch kapazitive und induktive Verbraucherlast entstehen.

Periodische und nicht periodische Spannungsschwankungen zeigen die Abb. 9.2c und Abb. 9.2d.

Störimpulse oder Spannungsstörspitzen auf der Netzspannung (Abb. 9.2e) werden verursacht durch Motorschalter, Thyristorregler, durch Funkenbildung beim Schweißen, durch Trennen von Sicherungen oder bei atmosphärischen Entladungen.

Kurzzeitunterbrechungen in Abb. 9.2f werden durch Phasenkompensation, Überlastung, Kurzschlüsse oder atmosphärische Beeinflussungen erzeugt.

Voraussetzung für die einwandfreie Funktion aller am öffentlichen Versorgungsnetz angeschlossenen elektrischen Betriebsmittel ist u. a., dass der Betrieb eines Gerätes durch den Betrieb anderer Geräte nicht unzulässig beeinflusst wird. Das heißt, dass die Bedingungen der Elektromagnetischen Verträglichkeit (EMV) eingehalten werden.

Ist ein Netz mit Netzstörungen behaftet, die kurzfristig nicht beseitigt werden können, dann muss zur Abhilfe der Netzstörungen ein Netzfilter eingeschaltet werden. Abb. 9.3 zeigt ein Schaltungsbeispiel für ein leistungsfähiges Netzfilter. Mit einer oberen Grenzfrequenz von 400 Hz wird eine Dämpfung von 20 dB pro Dekade erreicht, sodass Störungen unterschiedlichster Art wirksam unterdrückt werden. Durch den Varistor R_1 werden Spannungsspitzen kurzgeschlossen. Die Magnetfelder der Drosselspule L_1 heben sich gegenseitig auf. Für den Netzstrom ist die Induktivität der Drosselspulen daher sehr gering und somit auch der Spannungsverlust über den Wicklungen. Einseitige Störungen auf dem Phasenleiter oder dem Null-Leiter werden durch die Drosselspule stark bedämpft. Mittel- und höherfrequente Störspannungen werden über die Kondensatoren C_3 und C_4 gegen den Schutzleiter abgeleitet. Auf der Netzseite wirkt der Kondensator C_1 als Kurzschluss für höherfrequente Störspannungen, auf

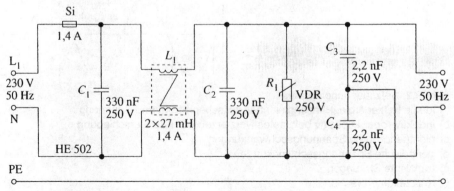

Abb. 9.3: Schaltung eines Netzfilters

der Geräteseite der Kondensator C_2. Das Netzfilter ist daher in beiden Richtungen wirksam.

Das Flussdiagramm in Abb. 9.4 zeigt die einzelnen Untersuchungsschritte zur Lösung des Netzversorgungsproblems eines störempfindlichen Gerätes.

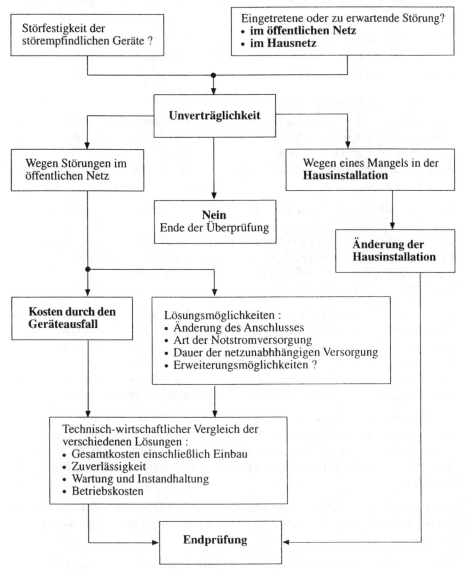

Abb. 9.4: Flussdiagramm zur Störungssuche an Netzen

9.2 Fehlersuche an Gleichrichterschaltungen

Jedes netzbetriebene Gerät mit elektronischen Bauelementen benötigt eine Gleichrichterschaltung, die eine der häufigsten Fehlerquellen eines Gerätes darstellt. Und dies aus zweierlei Gründen: Wenn in einem Gerät ein Fehler auftritt, der einen höheren Betriebsstrom zur Folge hat, z. B. Kurzschluss eines Bauelementes, dann wird die Gleichrichterschaltung mit diesem Fehlerstrom zusätzlich belastet und damit u. U. überlastet.

Außerdem ist in einer Leistungsschaltung, wie sie eine Gleichrichterschaltung zur Erzeugung der gesamten Leistungsaufnahme (Wärmeerzeugung) darstellt, die Fehlerwahrscheinlichkeit am höchsten.

Vollwellen- und Brückengleichrichter
Die häufigsten Fehlersymptome bei defekten Gleichrichterschaltungen sind zu hohe Brummspannungen auf den Betriebsspannungen oder totaler Ausfall der Betriebsspannungen. Bei einem netzbetriebenen Verstärker machen sich diese Defekte z. B. durch 50- oder 100 Hz-Brummen bemerkbar oder durch stark geschwächte oder verzerrte Widergabe.

Bei einem defekten Gerät mit Gleichrichterschaltung wird man zuerst die gleichgerichtete Betriebsspannung und die überlagerte Brummspannung messen. Stimmen beide Werte mit den Sollwerten nicht mehr überein, d. h., ist die Gleichspannung zu niedrig und die überlagerte Wechselspannung zu hoch, muss als nächstes der Laststrom geprüft werden. Entspricht dieser, dem Sollwert, kann man direkt mit der Fehlersuche an der Gleichrichterschaltung beginnen.

Damit man bei der Doppelweggleichrichtung und der Brückengleichrichtung klare Vorstellungen über die zu messenden Spannungswerte erhält, ist es sinnvoll, sich vorzustellen, was für Spannungen gemessen würden, wenn an der Schaltung anstelle der 50 Hz-Wechselspannung vom Transformator eine Gleichspannung anliegen würde. Diese Überlegung hat den Vorteil, dass man mit Hilfe der Gleichspannung dieselben Bedingungen für die Momentanwerte der Wechselspannung simulieren kann.

In Abb. 9.5a ist eine Doppelweggleichrichtung dargestellt. Die Spitzenspannung U_S = 50 V pro Wicklung wurde entsprechend ihrer Spannungsaufteilung eingetragen. Hieraus ist die Funktion der Schaltung ersichtlich: Eine Diode ist leitend, die andere gesperrt. Bei Umkehr der Polarität verhalten sich die Spannungswerte an den Dioden umgekehrt.

Um es nochmals zu erwähnen, hier handelt es sich um Momentanwerte, die man nur mit einem Oszilloskop, aber nicht z. B. mit einem üblichen Spannungsmessgerät messen kann.

Mit einem Messinstrument in der Betriebsart „Wechselspannung" würde man an allen Dioden und am Lastwiderstand (bei abgetrenntem Kondensator) einen Wechselspan-

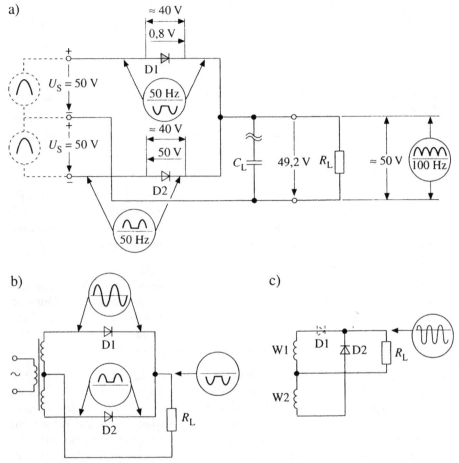

Abb. 9.5: Gleichrichterschaltungen
a) Prüfen der Zweiwegschaltung
b) Messungen mit dem Oszilloskop zur Feststellung der defekten Diode
c) Ersatzschaltbild für Kurzschluss in der defekten Diode

nungswert von ca. 40 V messen (vgl. Abb. 9.5a). Und dies aus dem einfachen Grund: ein Messinstrument (Vielfachmessinstrument oder Voltmeter) kann zwischen einzelnen Momentanwerten nicht unterscheiden und zeigt daher immer einen integrierten Effektivwert an. Mit einem Messinstrument ist es daher wesentlich schwerer einen Fehler an der Gleichrichterschaltung zu definieren.

Die Messung mit einem Oszilloskop ist daher schon wesentlich effektiver und aufschlussreicher, wie dies die Darstellungen in der Abb. 9.5a zeigen.

Da ein Oszilloskop nicht nur die Amplitude, sondern auch bei entsprechender einge-stellter Ablenkzeit die Signalform darstellt, kann man sehr wohl erkennen, welches Verhalten die einzelnen Bauelemente an Wechselspannung zeigen.

Es ist hier offensichtlich, dass an den nichtleitenden Dioden jeweils nur die Halbwel-len mit negativer Polarität gemessen werden. Am Lastwiderstand werden, entspre-chend der Funktion der Schaltung, beide Halbwellen der Sinusperiode mit gleicher po-sitiver Polarität gemessen.

An den Dioden ergibt dies eine Frequenz von 50 Hz, weil der Abstand der Halbwellen 20 ms beträgt. Am Lastwiderstand wird eine Frequenz von 100 Hz gemessen, da hier der Abstand der zu messenden Halbwellen nur 10 ms beträgt.

In Abb. 9.5b sind die Signalformen an einer defekten Schaltung dargestellt. An der Di-ode D1 werden die vollständigen Sinusperioden mit positiven und negativen Halbwel-len gemessen. An der Diode D2 entspricht die Signalform der in Abb. 9.5a. Die Mes-sung am Lastwiderstand R_L zeigt das gleiche Ergebnis wie an der Diode D2, nur mit umgekehrter Polarität.

Das Messergebnis am Lastwiderstand R_L lässt bereits die Fehlerursache dahingehend erkennen, dass die Schaltung nur noch die Funktion einer Einweggleichrichtung be-sitzt. Die Messung der vollständigen Sinusperioden an der Diode D1 lässt den Rück-schluss zu, dass diese Diode eine Unterbrechung hat, d. h. dass sie für beide Polaritä-ten der Sinushalbwellen einen sehr hohen Widerstand aufweist.

Zeigt eine Diode einen Kurzschluss, dann gilt die Ersatzschaltung nach Abb. 9.5c. Aus dieser Schaltungsanordnung ist ersichtlich, dass der Lastwiderstand direkt zur Wicklung W1 parallel geschaltet ist. Man wird daher den Sinusverlauf der Wechsel-spannung messen. Die Diode D2 ist parallel zu den Wicklungen W1 und W2 geschal-tet. Die Diode wirkt somit als Lastwiderstand für beide Wicklungen, aber mit unter-schiedlicher Wirkung. Wenn die Diode leitend ist, stellt sie praktisch einen kurz-schlussähnlichen niedrigen Lastwiderstand für die Wicklungen dar. Bei dieser Halb-welle fließt durch die Wicklungen ein hoher Strom, durch den der Eisenkern des Transformatorkerns nahezu bis zur Sättigung vormagnetisiert wird. Während dieser Belastung kann auch an der Wicklung W1, an der der Lastwiderstand R_L angeschlos-sen ist, nur eine geringe Spannung wirksam werden.

Bei der Fehlersuche an einer Brückenschaltung geht man nach den selben Überlegun-gen vor. In Abb. 9.6 ist die Funktion der Schaltung bei der positiven Spitzenspannung dargestellt. Eine Gleichspannungsmessung zu diesem Zeitpunkt zeigt, dass die Dioden D1 und D3 leitend sind – der Stromkreis ist über diese Dioden und den Lastwiderstand R_L geschlossen – und die Dioden D2 und D4 sind gesperrt. Somit ergibt sich eine Gleichspannungsaufteilung entsprechend Abb. 9.6.

Eine Wechselspannungsmessung an den Bauelementen würde dieselben Messergeb-nisse wie in Abb. 9.5 ergeben.

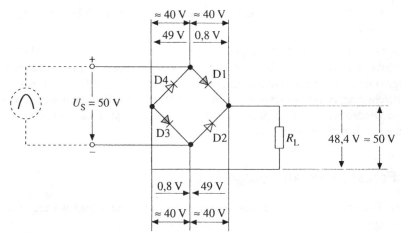

Abb. 9.6: Prüfen der Brückengleichrichterschaltung

Die Messungen mit einem Oszilloskop ergeben an den Dioden 50-Hz-Halbwellen mit unterschiedlicher Polarität. Entsprechend der Anordnung der Dioden ergibt sich für die Dioden D1 und D3 dieselbe Polarität – vorausgesetzt, dass an den Dioden mit derselben Polarität gemessen wird – wie an den Dioden D2 und D4. Der Vergleich dieser Diodenpaare untereinander ergibt entgegengesetzte Polarität. An Widerstand R_L zeigen sich die 100-Hz-Halbwellen mit positiver Polarität.

Messungen mit dem Oszilloskop an Gleichrichterschaltungen mit angeschlossenem Ladekondensator und Siebgliedern ergeben andere Signalbilder. Man kann aber auch hier aus der Amplitude der überlagerten Brummspannung und deren Frequenz wesentliche Fehlersymptome ableiten (vgl. Abb. 9.7).

Die Amplitude der Brummspannung gibt darüber Aufschluss, ob der Siebfaktor der Siebglieder in Ordnung ist. Die Brummspannung wird größer, wenn der Siebwider-

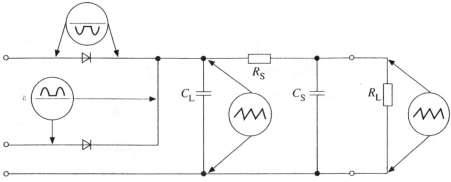

Abb. 9.7: Prüfen der Siebschaltung

stand kleiner (Kurzschluss) oder die Kapazität des Lade- oder Siebkondensators kleiner geworden ist.

Ob die Doppelweg- oder Brückengleichrichter-Schaltung noch für beide Halbwellen ihre Funktion erfüllt, kann man an der Frequenz der Brummspannung erkennen. Bei richtiger Funktion der Schaltung zeigt die Brummspannung eine 100-Hz-Frequenz. Ist ein Gleichrichterzweig ausgefallen, werden nur 50-Hz-Brummspannungen gemessen. An den Dioden wird, wie zuvor in Abb. 9.5 und 9.6 gezeigt, eine Halbwelle mit entsprechender Amplitude gemessen.

9.3 Fehlersuche an Netzgeräten

Bei der Fehlersuche an Geräten, die bereits einmal funktionsfähig waren, lautet die erste Frage:

Sind die Betriebsspannungen vorhanden?

Wenn nein, muss geprüft werden, ob an dem Netzgerät die entsprechenden Betriebsspannungen vorhanden sind. Diese Prüfung erfasst nicht nur die Gleichrichterschaltung, sondern die gesamte Schaltung, beginnend beim Netzanschluss (vgl. Abb. 9.8).

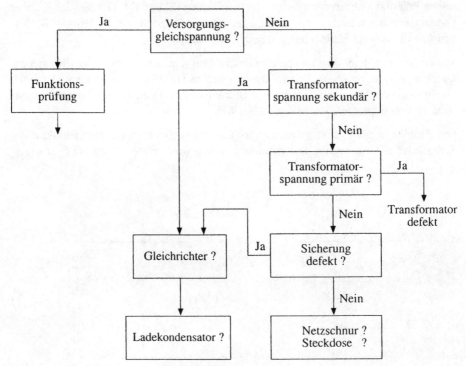

Abb. 9.8: Flussdiagramm zur Störungssuche an Netzgeräten

Ein Netzgerät mit elektronisch stabilisierten Betriebsspannungen zeigt die Abb. 9.9a.

Dieses Netzgerät weist eine Fülle von Schaltungsmerkmalen auf, die für eine erfolgreiche und systematische Fehlersuche erst erkannt und in Zusammenhang gebracht werden müssen.

Bei einem Netzgerät mit mehreren Versorgungsspannungen muss geprüft werden, in welchem Maße die Spannungen aufeinander aufbauen oder gegenseitig als Hilfsspannung genutzt werden. Das Blockschema in Abb. 9.9b verdeutlicht die folgenden Zusammenhänge:

Die Spannungsregler IC 503 (+5 V) und IC 501 (+5 V) erhalten die Gleichspannung von einem Brückengleichrichter D 508. Der Strombegrenzer OPV IC 50 im +5-V-Netzteil erhält die Betriebsspannung aus dem –12-V-Netzteil. Der Brückengleichrichter D 509 ist nicht mit dem Bezugspotenzial verbunden. Erst die Regler IC 505 (+12 V), IC 506 (–12 V) und IC 507 (–5 V) beziehen sich auf das gemeinsame Bezugspotenzial.

Zu beachten ist die Lastverteilung an dem +12-V- und an dem –12-V-Regler. Die daran angeschlossenen Schaltungen als Lastwiderstände liegen über die Regler IC 505 und IC 506 am Pluspol, bzw. am Minuspol des Brückengleichrichters D 509. Die Lastwiderstände liegen dadurch in Reihe zwischen den Spannungen +12 V und –12 V. Extreme Laststromänderungen in einem Lastwiderstand können dadurch zu Spannungsänderungen führen, die beide Regler nicht mehr ausgleichen können (vgl. hierzu Abb. 4.7). Hierdurch kann auch der Regler IC 507 für die Stabilisierung der Spannung –5 V in Mitleidenschaft gezogen werden.

Die Regelungsschaltungen für die einzelnen Versorgungsspannungen zeigen die folgenden Funktionsmerkmale:

Der Regler IC 503 arbeitet mit einer externen Strombegrenzung, bestehend aus dem Operationsverstärker IC 50.

Die Referenzspannung für die interne Referenzspannungsquelle wird durch den Spannungsteiler R 511 und R 512 bestimmt.

Der Transistor T 01 ist zur Stromerhöhung dem internen Leistungsregler in Kaskade zugeschaltet.

Die Strombegrenzung für den 5-V-Regler IC 501 erfolgt über den Operationsverstärker IC 502. Bei Überschreiten einer Stromobergrenze wird der Thyristor Th 501 durchgeschaltet, wodurch die Schmelzsicherung S 502 ausgelöst wird.

In der 26-V-Regelungsschaltung wird der Strom über den Transistor T 506 begrenzt. Die Spannung wird über die Referenzspannungsquelle D 503 und den Differenzverstärker T 503 und T 505 geregelt.

a)

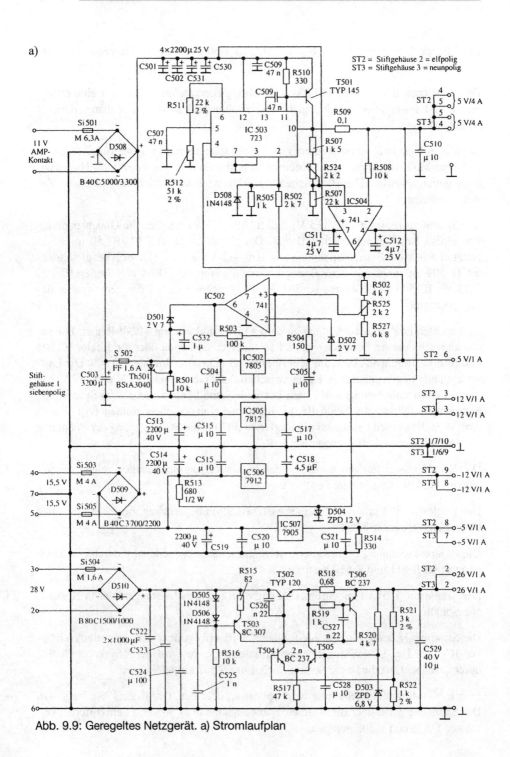

Abb. 9.9: Geregeltes Netzgerät. a) Stromlaufplan

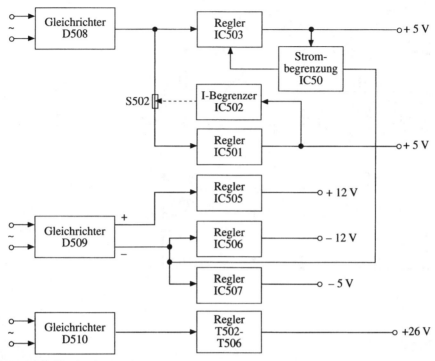

Abb. 9.9b: Blockschema

Der Transistor T 503 dient in Verbindung mit den Dioden D 505 und D506 zur Temperaturausgleichsregelung der Schaltung.

Die Vorgehensweise zur Fehlerortung an diesen Regelschaltungen wurde eingehend im Abschnitt 5.4, Abb. 5.25 erklärt.

9.4 Übungen zur Vertiefung

1. Ein Netzteil (Abb. 9.10) ist für die Spannung $U_2 = 250$ V ausgelegt, bei einer Stromentnahme von I = 0,05 A. Eine Spannungsmessung bei dieser Stromentnahme ergab den Spannungswert von $U_2 = 210$ V.

   Welche der folgenden Fehlerursachen sind wahrscheinlich?

   (A) Diode D1 defekt

   (B) Netztransformator, Windungsschluss

   (C) Spule L_1, Windungsschluss

   (D) C_1 defekt (keine Kapazität)

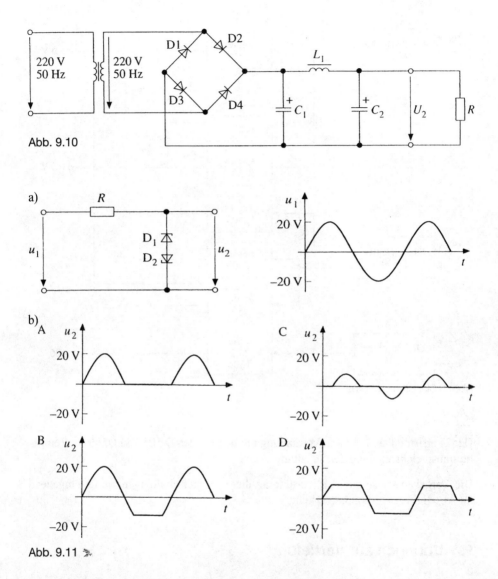

Abb. 9.10

Abb. 9.11

2. Die Z-Spannung der Dioden in Abb. 9.11a beträgt 10 V. Die Eingangsspannung u_1 der Begrenzerschaltung hat den dargestellten Verlauf (Sinus, 50 Hz): Welcher Verlauf der Ausgangsspannung u_2 entspricht den in Abb. 9.11b dargestellten Spannungsverläufen?

a)

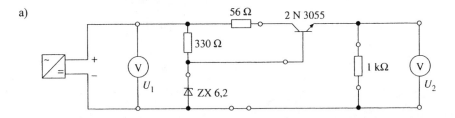

b)

	$\dfrac{u_1}{V}$	4,5	5,5	6,6	7,0	12,0	20,0	30,0
A	$\dfrac{u_2}{V}$	4,5	5,5	6,6	7,0	11,0	19,0	29,0
B	$\dfrac{u_2}{V}$	4,5	5,5	6,2	6,2	6,2	6,2	6,2
C	$\dfrac{u_2}{V}$	3,9	4,9	5,6	5,6	5,7	5,7	5,8
D	$\dfrac{u_2}{V}$	4,5	5,5	6,0	6,0	6,0	6,0	6,0

Abb. 9.12

3. Mit der funktionsfähigen Schaltung in Abb. 9.12a soll bei veränderlicher Eingangsspannung von 0 bis 30 V die Ausgangsspannungsänderung ermittelt werden. Welche der in Abb. 9.12b vorgeschlagenen Messwerte sind bei dieser Schaltung zu erwarten?

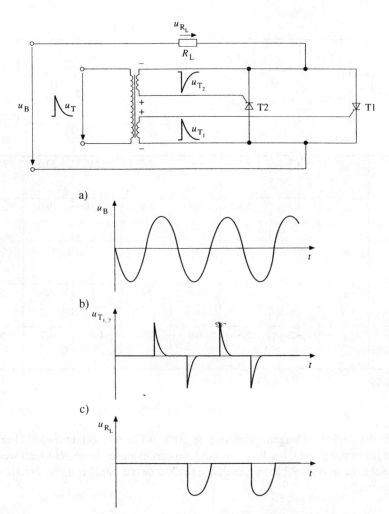

Abb. 9.13

4. In der Schaltung (Abb. 9.13) ergibt sich bei einem Spannungsverlauf u_B (Abb. 9.13a) und einem Verlauf der Triggerspannungen u_T (Abb. 9.13b) die folgende Ausgangsspannung u_{RL} (Abb. 9.13c).
Welche der folgenden Fehlerursachen ist wahrscheinlich:
(A) Windungsschluss im Steuertransformator
(B) Thyristor T2 defekt (innere Unterbrechung)
(C) Thyristor T1 defekt (innere Unterbrechung)
(D) Lastwiderstand R_L unterbrochen

Lösungen im Anhang!

10 Fehlersuche mit Testsystemen im Service und in der Fertigung

Die in den vorhergehenden Abschnitten aufgezeigten Funktionsprüfungen und Fehlersuchsysteme mit Multimeter, Oszilloskop und Logikanalysator beziehen sich auf Service-Einsätze und Instandhaltung von Einzelschaltungen und Kleinserien. Hier sind die Kosten für Testdiagnoseprogramme und Adapter sehr hoch. Aber auch hier kann der Einsatz von Clip-Testsystemen, vor allem von Schaltungen auf Leiterplatinen, sinnvoll sein.

Das Prüfen von analogen und digitalen Bauelementen in Schaltungen aus Serienfertigungen und größerer Stückzahlen erfolgt in der Regel mit Clip-Testsystemen.

Bei der Fertigung einer Elektronik-Baugruppe können auf jeder Fertigungsebene Fehler entstehen (Abb. 10.1), die Funktion oder Zuverlässigkeit einer Baugruppe beeinträchtigen und mit mehr oder weniger großem Aufwand gesucht werden müssen.

Für diese Bedarfsfälle stellt ein Clip-Testsystem komfortable Werkzeuge zur Verfügung, um die meisten Fehler auf einer Baugruppe zu diagnostizieren. Je nach Fertigungsstufe sind die bei der Reparatur vorhandenen Fehler auf der Baugruppe unterschiedlich. Nach dem Bestücken und Löten sind die meisten Fehler die Produktionsfehler, wie fehlende oder falsche Bauelemente, verpolte Bauelemente, Lötkurzschlüsse und Unterbrechungen (nicht gelötete Pins).

Nach dem Einbau und der Inbetriebnahme der Baugruppen treten überwiegend mechanisch und elektrisch zerstörte Bauelemente in Erscheinung.

Ein Reparatur- und Diagnosesystem, das auf allen Fertigungsebenen eingesetzt werden kann, muss deshalb über mehrere Testverfahren verfügen, um alle Fehler finden zu können.

Es werden eine Vielzahl von Testverfahren und noch mehr Testsysteme in allen Preislagen zum Prüfen von Baugruppen angeboten. Die Wirtschaftlichkeit ist dabei von vielen Faktoren abhängig, so z. B. von Fehlerraten, Fertigungsstückzahlen, Größe der Baugruppen, Kosten der Adaption, Kosten der Testprogramme, Preis und Folgekosten eines Testsystems, Qualifikation der Mitarbeiter.

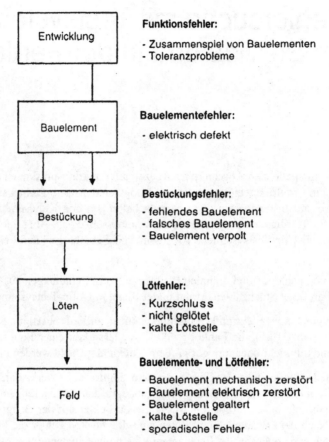

Abb. 10.1: Fehlermöglichkeiten bei Herstellung und Inbetriebnahme

10.1 In-Circuit-Test

Dieser Test ist einer der effektivsten Tests zur Diagnose von Fehlern in der Schaltung. Die Funktionsprüfung eines Bauelementes erfolgt bei diesem Test durch elektrische Isolierung des Bauelementes von den anderen Bauelementen der Schaltung.

Das zu prüfende Bauelement wird bei dem In-Circuit-Test, z. B. Diode, Transistor, Widerstand, Leiterbahnverbindung oder IC im eingelöteten Zustand gemessen, ohne dass die umgebenden und verbundenen Bauelemente diese Messung wesentlich verfälschen.

Das Ziel eines In-Circuit-Tests ist jedoch nur die Überprüfung eines Bauelementes auf seinen richtigen Platz und seine Funktion. Parameter, wie z. B. Toleranzen, Restströme, Sperrspannungen, Grenzfrequenzen, können in der Schaltung nicht mehr geprüft werden. Z. B. kann das Anlegen einer hohen Spannung zum Prüfen der Sperrspannung einer Diode die an der Diode angeschlossenen weiteren Halbleiterbauelemente mit hoher Wahrscheinlichkeit zerstören.

Linearer In-Circuit-Test

Unter diesem Test versteht man das Prüfen von Bauelementen in analogen Schaltungen, wie z. B. Dioden, Kondensatoren, Widerständen, Transistoren, Kurzschlüssen zwischen Leiterbahnen, Unterbrechungen in der Schaltung.

Das Messverfahren zum Prüfen eines Widerstandes in der Schaltung zeigt die Abb. 10.2.

An den Widerstand R_X wird eine Gleichspannung von ca. 250 mV angelegt. Danach wird der Strom über eine invertierende Verstärkerschaltung gemessen. Solange die Messspannung kleiner als die Durchlassspannung von Dioden bleibt, beeinflussen evtl. parallel liegende Dioden, auch die Dioden von IC-Ein- und Ausgangs-Pins die Messung nicht, da die Dioden unterhalb der Durchlassspannung sehr hochohmig sind.

Liegt jedoch parallel zum Widerstand R_X ein Netzwerk, so wird der Wert von R_X bei dieser Zweileitungsmessung (eine Leitung zum Anlegen der Spannung und eine Leitung zum Messen des Stromes) verfälscht. Bei diesem Beispiel nach Abb. 10.3a liegen parallel zum Widerstand R_X die zwei Widerstände R1 und R2 mit je 1 kΩ, d. h., 2 kΩ parallel zu 100 kΩ. R_X wäre damit nicht mehr messbar, da er im Toleranzbereich des Gesamtwiderstandes liegen würde.

Prüfling

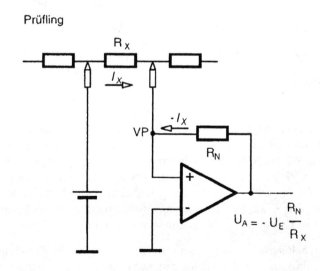

VP = virtueller Nullpunkt

Abb. 10.2: Messung von Widerständen

a)

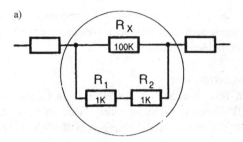

b)   Prüfling

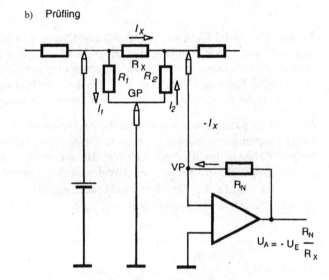

Abb. 10.3: Messung von Netzwerken
a) Parallelschaltung von Widerständen
b) Messschaltung

VP = virtueller Nullpunkt
GP = Guardpunkt

In Abb. 10.3b ist nun dargestellt, wie man den Widerstand R_X in dieser Schaltung mittels der Knotentechnik messen kann. Durch das Setzen des Knotenpunktes GP zwischen den zwei Widerständen fließt der Strom durch R1 gegen Masse ab, beeinflusst also den Knoten VP bzw. den Strom I_X nicht. Da am Knoten GP 0V liegt und der virtuelle Nullpunkt des OPV ebenfalls den Spannungspegel 0V aufweist, beträgt die Spannung über den Widerstand R2 ebenfalls 0V. Es fließt damit auch kein Fehlstrom über den R2 zum Knoten VP, der den Messstrom I_X verfälschen würde.

Durch diese Schaltungsanordnung kann man Widerstände in der Schaltung elektrisch isolieren, ohne dass man Parallelschaltungen mechanisch auftrennen muss. Man spricht hier auch von einer Dreileitungstechnik. Sind mehrere Netzwerke parallel geschaltet, lassen sich alle Netzwerke durch diese Knotentechnik gleichartig eliminieren. Parallelschaltungen von zwei Widerständen lassen sich mit der Knotentechnik nicht einzeln ausmessen, da an dieser Schaltung kein Knotenpunkt gesetzt werden kann.

Auch die Messung eines Blindwiderstandes in der Schaltung, wie z. B. Kondensator oder Spule, lassen sich mit der Knotentechnik durchführen. Zur Messung eines Blindwiderstandes wird an Stelle der Gleichspannung eine Wechselspannung angelegt. Meist liegen jedoch in einer Schaltung Wirk- und Blindwiderstände direkt parallel, die man dann nicht über einen Knoten eliminieren kann, wie das Beispiel in Abb. 10.4a zeigt.

Das Messen des Widerstandes erfolgt über eine Gleichspannung. Hierbei wird mit der Messung des Stromes so lange gewartet, bis der Kondensator voll aufgeladen ist. Wenn der Stromfluss in den Kondensator beendet ist, erfolgt die Messung des Stromes durch den Widerstand R nach der bekannten Zwei- oder Dreileitungsmessung zur Bestimmung des Wirkwiderstandes R.

Für die Bestimmung der Kapazität des Kondensators C in Abb. 10.4a ist eine Vierquadranten-Messbrücke erforderlich, die zusätzlich zu den Werten des Blind- und Wirkwiderstandes auch die Phasenlage zwischen Blind- und Wirkstrom ermittelt. Daraus lässt sich bei bekannter Messfrequenz die Kapazität errechnen (Abb. 10.4b).

Ohne diese Vierquadrantenmethode können Kapazitäten und Induktivitäten in einer Schaltung nur eingeschränkt und ungenau gemessen werden.

Für den Test von Dioden und Transistoren in der Schaltung speist man einen Konstantstrom ein und misst die daraus resultierende Spannung in Durchlassrichtung der Diode (Abb. 10.5a).

In Abb. 10.5b ist die Realisierung des Konstantstromverfahrens von Dioden mit einer invertierenden OPV dargestellt.

Beim In-Circuit-Test eines Transistors werden die Basis-Emitter- und die Basis-Collektor-Diode mittels des Diodentests geprüft. In Abb. 10.6a ist die Dioden-Ersatzschaltung eines NPN-Transistors und in Abb. 10.6b eines PNP-Transistors dargestellt.

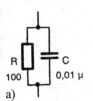

Messfrequenz	Blindwiderstand Xc
10 kHz	1 590 Ohm
1 kHz	15 900 Ohm
100 Hz	159 000 Ohm

a)

R 100   C 0,01 µ

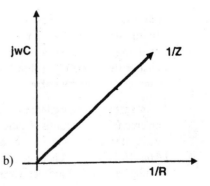

b)

Abb. 10.4: Impedanzmessung
a) RC-Parallelschaltung
b) Vierquadrantenmessung

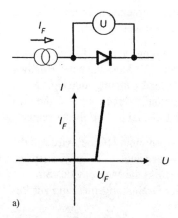

Abb. 10.5: Diodentest
a) Konstantstromeinspeisung,
   Diodenkennlinie
b) Messschaltung

$$I_F = \frac{U_E}{R_N}$$

VP = virtueller Nullpunkt

$U_A = U_F$

Abb. 10.6: Ersatzschaltungen von Transistoren
a) NPN-Transistor
b) PNP-Transistor

Digitaler In-Circuit-Test

Mit diesem Testprogramm werden digitale integrierte Schaltungen (ICs) in einer Schaltung geprüft. Dazu werden die ICs auf ihre Funktion entsprechend der Wahrheitstabelle (Abb. 10.7a) hin überprüft. An das IC muss die entsprechende Betriebsspannung angelegt werden.

Beim Testen eines digitalen ICs im eingelöteten Zustand müssen die Eingänge des ICs entsprechend der Wahrheitstabelle auf H- und L-Pegel gesetzt werden. Da die Eingänge in der Schaltung durch andere ICs oder Bauelemente angesteuert werden (Abb. 10.7b), die auch an der Betriebsspannung liegen und damit aktiv sind, ist es notwendig, die Ausgänge der vorgeschalteten ICs oder Bauelemente zu überschreiben, damit die geforderten H- und L-Pegel an den Eingängen des zu testenden ICs erzwun-

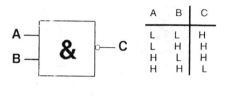

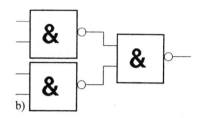

a)

b)

Abb. 10.7: NAND-Gatter
a) Funktionstabelle
b) NAND-Gatter in der Schaltung

Strom ziehen, bis Ausgang von H auf L geht

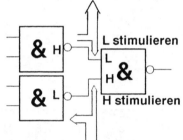

L stimulieren

H stimulieren

Strom treiben, bis Ausgang von L auf H geht

Abb. 10.8: Änderung der Eingangspegel durch **Backdriving**

gen werden (Abb. 10.8). Diese Prüfmethode wird als Backdriving, Node-forcing oder Over-writing bezeichnet.

Für diesen Prüfvorgang sind entsprechende Treiberstufen erforderlich, die diese relativ hohen Ströme erzeugen (ziehen und treiben) können. Für TTL-ICs tritt der ungünstige Fall auf, wenn ein Ausgang mit L-Pegel auf H-Pegel gezogen werden muss, da der zu ziehende Strom viel höher ist, als der zu treibende Strom (Abb. 10.9). Bei diesem Prüfverfahren fließen viel höhere Ströme als beim Normalbetrieb des ICs. Deshalb müssen entsprechende Vorsichtsmaßnahmen getroffen werden, damit die ICs in der Schaltung nicht zerstört werden. So darf zum Beispiel die maximale Versorgungsspannung in diesen Prüfverfahren nur 5 V betragen. Auch wenn eine Schaltung mit CMOS-ICs und einer Betriebsspannung von 15 V betrieben wird, erfolgt der Test nur mit 5 V. Diese Betriebsspannung ist auch für einen Test ausreichend, der die ICs in der Schaltung nur darauf überprüft, ob sie richtig bestückt und nicht defekt sind und keine Lötfehler vorhanden sind.

Typische Stromwerte (treiben, ziehen) für das Testverfahren bei einer Betriebsspannung von 5 V, zeigt die Tabelle 10.1.

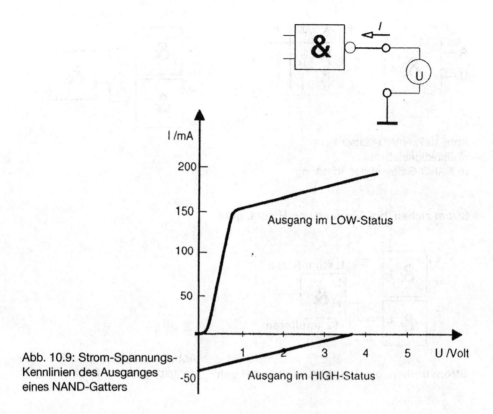

Abb. 10.9: Strom-Spannungs-Kennlinien des Ausganges eines NAND-Gatters

Tabelle 10.1: **Backdriving**-*Ströme der verschiedenen Logikfamilien*

	HIGH auf LOW	LOW auf HIGH
TTL-Familie	75 mA	150 mA
LS TTL-Familie	60 mA	100 mA
CMOS-Familie	10 mA	10 mA
ECL-Familie	150 mA	< 1 mA
S TTL-Familie	150 mA	300 mA

Neben der Begrenzung der Ströme ist auch die Begrenzung der Testzeiten erforderlich, da bei entsprechend großem Strom und zu langer Testzeit das IC überhitzt und damit zerstört würde. Bei TTL-ICs muss die Testzeit immer unter 500 ms und bei CMOS-IC unter 100 ms liegen. Liegen an den Eingängen des zu prüfenden ICs keine anderen Ausgänge oder nur Ausgänge in Tri-State-Zustand, ist eine Zeitbegrenzung nicht erforderlich.

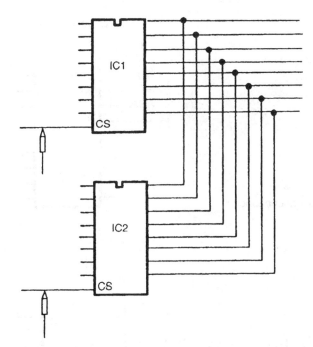

Abb. 10.10: BUS-Schaltung

Neben dem Backdriving-Testverfahren sind noch weitere Maßnahmen erforderlich, um ein IC in der Schaltung testen zu können. Liegt das zu testende IC zum Beispiel an einem BUS, müssen alle anderen angeschalteten BUS-ICs in den Tri-State-Zustand HI (High-Impedanz) geschaltet werden. Sonst werden die Ausgänge des zu testenden ICs durch die Ausgänge der anderen BUS-ICs willkürlich beeinflusst.

Wird (vgl. Abb. 10.10) IC1 getestet, muss IC2 über den Eingang CS (Chip select) in den HI-Zustand geschaltet werden. Beim Test von IC2 muss IC1 über den Eingang CS in den HI-Zustand geschaltet werden. Dieser Testablauf wird als **Disabling** bezeichnet.

Ist auf einer Baugruppe ein Oszillator (z. B. ein Quarzoszillator) aktiv, wird dieser über eine Testelektrode (vgl. Abb. 10.11) stillgelegt. Damit wird verhindert, dass der Testvorgang an den ICs durch die Frequenzspannungen des Oszillators gestört wird.

Sind Logikschleifen (logische Rückkopplungen) in einer Schaltung vorhanden, so können diese ebenfalls zu Störungen beim Testen von ICs führen. Im Beispiel der Abb. 10.12 führt die Rückkopplung des Ausganges Q über das NAND-Gatter auf den Takteingang des JK-Flipflop unter Umständen dazu, dass das JK-Flipflop durch den Spike (hervorgerufen durch den Signalwechsel am Ausgang C des NAND-Gatters) auf der Taktleitung wieder zurückkippt. Das Testsystem würde das JK-Flipflop als fehlerhaft melden.

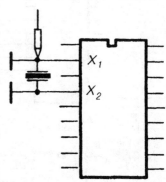

Abb. 10.11: Möglichkeiten der Abschaltung eines Quarzes

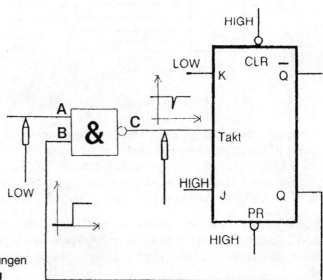

Abb. 10.12: Rückkopplungen sperren durch **Inhibiting**

Damit diese Fehlmeldungen des Testsystems vermieden werden, müssen derartige Rückkopplungen elektrisch blockiert werden. In dem Beispiel nach Abb. 10.12 wird durch Anlegen eines L-Pegels an den Eingang A des NAND-Gatters ein Wechsel des Pegels am Eingang B nicht mehr am Ausgang C wirksam. Dieser Testvorgang wird als **Inhibiting** bezeichnet.

Falls beim Entwickeln der Schaltung die Testeingriffsmöglichkeiten unberücksichtigt bleiben, können insbesondere beim digitalen In-Circuit-Test Bausteine und Bereiche auf einer Baugruppe nicht testbar sein, weil z. B. das BUS-Disabling nicht möglich ist. Abb. 10.13 zeigt hierfür ein Beispiel. Anstelle den CS-Eingang direkt an Masse zu le-

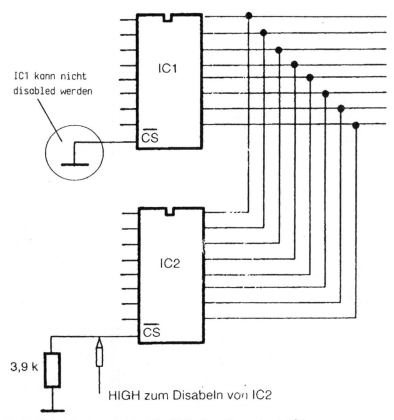

IC1 kann nicht
disabled werden

IC1

$\overline{CS}$

IC2

$\overline{CS}$

3,9 k

HIGH zum Disabeln von IC2

Abb. 10.13: Keine Testmöglichkeit für BUS-Schaltung durch IC1

gen, sollte dieser über einen Widerstand von ca. 4 kΩ an Masse liegen. Damit kann der CS-Eingang über eine Treiberelektrode an den erforderlichen H-Pegel gelegt werden.

Daher gilt für alle Schaltungen, die in der Serienfertigung durch ein Testsystem geprüft werden sollen, alle Steuer- und Kontroll-Eingänge eines Bausteins steuerbar zu halten, d. h. sie nicht direkt an Masse oder eine Betriebsspannung zu verbinden. Dies sind z. B. RESET- und PRESET-Pins an Zählern und Flipflops, Chip-Select-Pins, Hold- und External-Access-Pins an Mikroprozessoren.

In Abb. 10.14 ist als Beispiel ein typisches Bussystem dargestellt. Um alle am Bussystem angeschlossenen Bausteine testen zu können, müssen alle ICs in den Tri-State-Zustand geschaltet werden (Disabling). Gelingt dies nicht, kann **kein** am Bus angeschlossenes IC getestet werden.

Der In-Circuit-Test kann grundsätzlich nicht alle Fehler auf einer Baugruppe finden. Im Prinzip ist das Ziel dieses Testsystems die Prüfung auf Bauelementefehler (richtig bestückt und nicht defekt) und auf Lötfehler (Kurzschlüsse und Unterbrechungen).

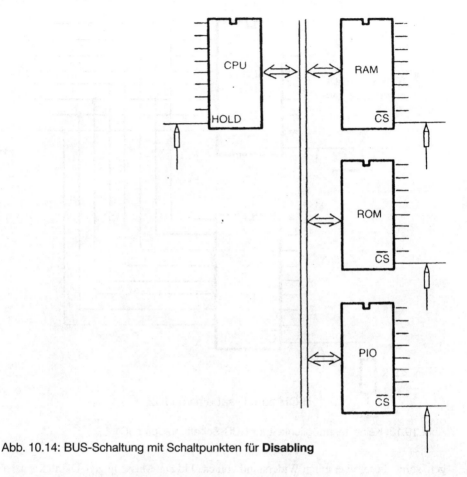

Abb. 10.14: BUS-Schaltung mit Schaltpunkten für **Disabling**

Dieses Testsystem kann daher:

- Nur statische Prüfungen durchführen,
- keine vollständigen Funktionstests in einem komplexen IC,
- keine Überprüfung des Zusammenwirkens von Bauelementen,
- keinen Betrieb unter Betriebsspannungen.

10.2 Fehlersuche mit Clip-Testsystemen

Für den Test mit Bauelementen in den Schaltung nach dem zuvor beschriebenen Testsystem gibt es zwei Möglichkeiten der Adaptierung: Entweder über einen Nadelbettadapter oder über Tastspitzen mit Clips.

Bei der Nadelbettadaptierung erfolgt über eine Schaltmatrix aus Halbleiter- oder Reed-Relais die Stimulierung und Messung an allen Knoten der Baugruppe. Dabei

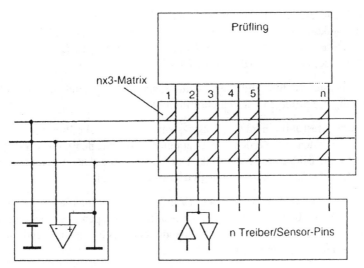

Abb. 10.15: Schaltungsprinzip einer In-Circuit-Testschaltung

werden die analogen und digitalen Bauelemente sequenziell über die Matrix kontaktiert und gemessen. Die Abb. 10.15 zeigt die Prinzipschaltung eines In-Circuit-Testsystems.

Neben der Matrix enthält die Hardware entsprechend viele Multiplexerpins, Treiber und Sensoren. Für den automatischen Ablauf sorgt ein Testprogramm, in dem auch alle Guarding-, Disabling- und Inhibiting-Verfahren enthalten sind. Für die Anwendung des Nadelbettadapters ist eine Schaltungsbeschreibung und eine Stückliste der zu prüfenden Baugruppen erforderlich, die gerade im Servicebereich nicht immer vorhanden ist.

Bei den einfacheren, manuellen Clip-Testsystemen erfolgt das Kontaktieren der Bauelemente über manuell geführte Probes und Clips. Damit entfällt der hohe Aufwand für Hardware und Software. Für Prüfungen von Serien ist dieser manuelle Test zu zeitaufwendig und daher unwirtschaftlich, eignet sich aber für die Einzelprüfung und daher für die Anwendung im Servicebereich. Die Clip-Testsysteme können über einen PC (Notebook) betrieben werden.

Das manuelle Clip-Testsystem besitzt mehrere Betriebsfunktionen zur Fehlerermittlung in der Schaltung, so z. B. die linearen Funktionen:

- Spannungstest,
- Verbindungstest,
- Strom-/Spannungs-Kennlinien
- sowie die aktiven Prüfungen für ICs (digitaler In-Circuit-Test)

Die linearen Prüfprozeduren (analoge Signatur) ermitteln statische Funktionen, wie z. B. Spannungen, Impedanzen, Verbindungen eines Knotens oder aller Pins an einem IC.

Bei der Prüfung digitaler Bausteine in einer Schaltung mit dem Clip-Testsystem erfolgt die Kontaktierung über Standard-Clips für alle handelsüblichen Gehäuseformen, die auf das zu testende IC gesteckt werden, z. B.: DIL (**D**ual-**I**n-**L**ine), SMD (**S**urface **M**ounted **D**evice) und PLCC (**P**lastic **L**eaded **C**hip **C**arrier).

Spannungsmessungen mit Multimetern und Oszilloskopen sind die manuellen und zeitaufwendigen Prüfungen zur Fehlerauffindung.

Der **Spannungstest** mit einem Clip-Testsystem ermöglicht alle Pins eines ICs gleichzeitig zu beobachten. Es werden alle Spannungswerte mit den daraus resultierenden Logikpegeln am Bildschirm dargestellt. Der Spannungstest zeigt den statischen Zustand des ICs direkt nach Anlegen der Betriebsspannung an.

In Abb. 10.16a ist das TTL-IC SN 7432 (Vierfach-Oder-Gatter) in der Schaltung dargestellt. Die Abb. 10.16b zeigt die daraus resultierende Spannungsmessung an allen Pins. Dabei werden die gemessenen Spannungen nach entsprechend definierten Schwellen in H- oder L-Pegel eingestuft.

Die Standard-Pegel für dieses TTL-IC sind dabei 2,4 V für H-Pegel und 0,5 V für L-Pegel.

Das bedeutet, dass alles, was gleich oder größer 2,4 V ist, wird als H-Pegel und alles, was gleich oder kleiner 0,5 V ist, wird als L-Pegel ausgegeben.

Die Testaussage ist hierbei generell UNDEFINIERT, da bei diesem Test noch keine Vergleichsdaten, z. B. von einer Referenzbaugruppe vorliegen. Die gemessenen Spannungswerte sind von der Schaltung abhängig und können deshalb nicht in einer Bibliothek-Datei hinterlegt werden.

Mit diesen Test kann der gemessene Spannungswert eines Pins in Relation zu den anderen Pins eines Bauelementes beobachtet werden. Beim Spannungstest von digitalen Bauelementen, die z. B. Flipflops enthalten oder von Bausteinen angesteuert werden, die Speicherfunktionen enthalten, können von Test zu Test unterschiedliche Spannungswerte auftreten, da die Flipflops beim Anlegen der Betriebsspannung in eine willkürliche Lage fallen, d. h., die Ausgänge können beliebig H- oder L-Pegel annehmen. Um die Stabilität des Spannungstests zu sehen, kann man das IC mehrfach hintereinander oder in einen Dauertest betreiben – in diesem Beispiel 36mal – und die Änderungen an den Pins beobachten. So können in dem Beispiel nach Abb. 10.16a über den Prozessor bei jedem Testdurchlauf unterschiedliche H- und L-Pegel an jedem Ausgangspin anliegen, die eine Spannungsmessung am IC 7432 beeinflussen.

Ein weiteres Beispiel in Abb. 10.17 zeigt einen Spannungstest an einem digitalen Dekoder-IC (Abb. 10.17b). Um die Diagnose zu verbessern, ist hier zusätzlich zu den H- und L- Schwellwerten noch eine weitere Schwelle, die Schaltschwelle definiert (Abb. 10.17c). Damit lässt sich der Zwischenbereich zwischen H und L logisch noch näher definieren, das heißt, die Pegel zwischen H und der Schaltschwelle werden als MID-H, die Pegel zwischen L und der Schaltschwelle als MID-L definiert.

a)

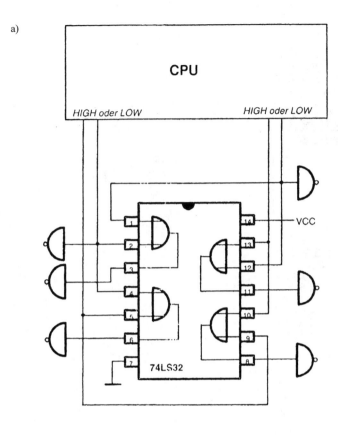

b)

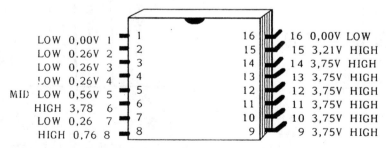

Abb. 10.16: Spannungstest
a) Schaltung mit SN74LS32
b) Darstellung des Testergebnisses

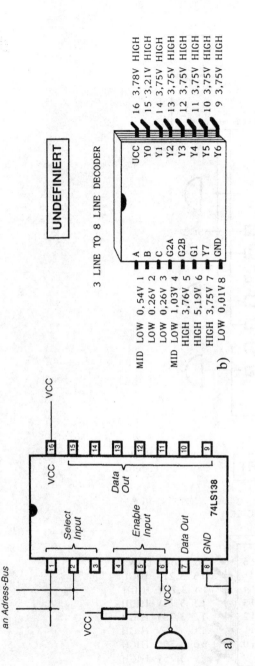

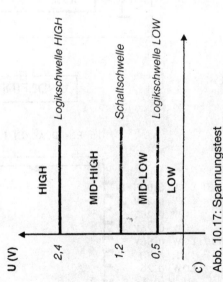

Abb. 10.17: Spannungstest

a) Schaltung mit SN74LS138

b) Darstellung des Testergebnisses

c) Definition der Schaltschwellen beim Spannungstest

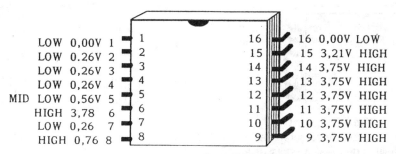

UNDEFINIERT

16 PIN DUAL IN LINE IC

LOW	0,00V	1	16	0,00V	LOW
LOW	0.26V	2	15	3,21V	HIGH
LOW	0,26V	3	14	3,75V	HIGH
LOW	0,26V	4	13	3,75V	HIGH
MID LOW	0,56V	5	12	3,75V	HIGH
HIGH	3,78	6	11	3,75V	HIGH
LOW	0,26	7	10	3,75V	HIGH
HIGH	0,76	8	9	3,75V	HIGH

Abb. 10.18: Spannungstest an einem 16-Pin DIL IC

Alle drei Schwellen sind entsprechend der Bauelementefamilie als Standardschwellen in der Clip-Datei hinterlegt, können aber auch frei definiert werden.

Der Spannungstest ist nicht nur zur Prüfung von digitalen ICs geeignet, sondern er zeigt bei linearen ICSs und bei unbekannten Bausteinen, wo eventuell nur das Gehäuse bekannt ist, die Spannungswerte an allen Pins, wie im Beispiel in Abb. 10.18 an einem DIL-IC, 16 Pin dargestellt.

Der **Verbindungstest** zeigt, welche Pins an einem zu testenden Baustein miteinander sowie gegen Masse und Betriebsspannung verbunden sind. Es werden alle Kurzschlüsse und Unterbrechungen zwischen den Pins eines Bauelements angezeigt. Bei diesem Test wird eine Widerstandsmessung an jedem Pin gegen jeden anderen Pin und gegen Masse und die Betriebsspannung VCC durchgeführt. Das Beispiel in Abb. 10.19a zeigt die Verbindungen entsprechend der Schaltung in Abb. 10.16a.

Die Verbindungen hierbei sind:

VERB 1:   Pin 1 mit Pin12
VERB 2:   Pin 2 mit Pin 4
VERB 3:   Pin 5 mit Pin 9
VERB 4:   Pin 10 mit Pin 13
Masse: Pin 7 liegt an Masse
VCC: Pin 14 liegt an Masse

In Abb. 10.19b ist der Verbindungstest am IC 74138 der Schaltung Abb. 10.17a dargestellt. Dabei sind keine Verbindungen zwischen den Pins untereinander vorhanden. Pin 8 liegt aber an Masse und Pin 16 an VCC. Pin 6 hat einen Kurzschluss gegen VCC (+5 V). An Pin 3 ist bei der Messung ein sehr hochohmiger Widerstandswert (OFFEN) und an Pin 4 ein etwas niederohmiger Wert (Floating) festgestellt worden.

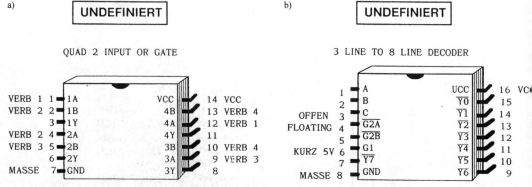

Abb. 10.19: Verbindungstest
a) Darstellung des Testergebnisses am IC 7432
b) Darstellung des Testergebnisses am IC 74138

Folgende Meldungen können beim Verbindungstest erscheinen und geben damit einen Überblick über die Impedanzverhältnisse an jedem Pin:

VERB n: Pins die niederohmig (< 10 Ω) miteinander verbunden sind

KURZ 0 V: Pins, die niederohmig (< 1,6 Ω) direkt an Masse liegen

KURZ 5 V: Pins, die niederohmig (< 3,5 Ω) direkt an 5 V liegen

FLOATING: Pins, die nicht durch einen gültigen Logikpegel (H oder L) getrieben werden

OFFEN: Pins, die offen sind

Die Ergebnisanzeige des Verbindungstests im Clip-Testsystem ist auch UNDEFINIERT, da ohne Referenzdatei keine Aussage über die Richtigkeit der Ergebnisse möglich ist.

Der **IC-Verbindungstest** ist eine Erweiterung zur Prüfung von Verbindungen zwischen ICs. Mittels zweier Clips werden die entsprechenden ICs kontaktiert. Die Messungen laufen dann gleichartig wie beim Verbindungstest, wobei die Darstellung am Bildschirm beide zu testende ICs zeigt. Entsprechend der Schaltung in Abb. 10.20a ergeben sich die in Abb. 10.20b resultierenden Verbindungen:

VERB 1:   Pin 2 mit Pin 4 von IC 1
VERB 2:   Pin 5 mit Pin 7 von IC 1
VERB 3:   Pin 9 mit Pin 11 von IC 1
VERB 4:   Pin 12 mit Pin 14 von IC 1
VERB 5:   Pin 15 von IC 1 mit Pin 15 von IC 2
VERB 6:   Pin 2 mit Pin 4 von IC 2
VERB 7:   Pin 5 mit Pin 7 von IC 2
VERB 8:   Pin 9 mit Pin 11 von IC 2
VERB 9:   Pin 12 mit Pin 14 von IC 2

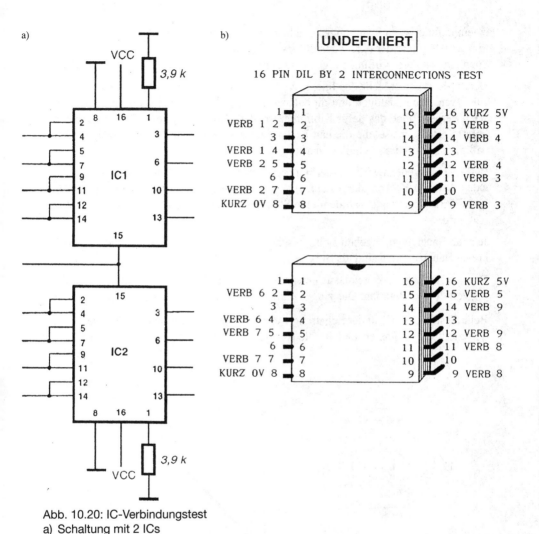

Abb. 10.20: IC-Verbindungstest
a) Schaltung mit 2 ICs
b) Darstellung des Testergebnisses

KURZ 0 V: Pin 8 von IC 1 und Pin 8 von IC 2 liegen an 0 V
KURZ 5 V: Pin 16 von IC 1 und Pin 16 von IC 2 liegen an 5 V

Der IC-Verbindungstest ist ebenfalls dann von Vorteil, wenn für die Reparatur einer Baugruppe kein Stromlaufplan zur Verfügung steht.

Beim **VI-Kurven-**(Kennlinien-)**test** wird die Strom-Spannungskennlinie aller angeschlossenen Pins oder eines einzelnen Knotens, bezogen auf Masse, aufgezeichnet. Hierzu wird vom Testsystem eine strombegrenzte, hochohmige Sägezahnspannung in einem definierbaren Spannungsbereich, z. B. von –10 V bis +10 V, sequenziell an die Pins angelegt und der daraus resultierende Strom aufgezeichnet. Es darf keine andere Spannung an dem Prüfling anliegen, da die Kennlinien dadurch beeinflusst werden.

Der VI-Kurventest stellt das lineare Verhalten eines Bauelemente-Pins dar und kann zum Testen von analogen und digitalen ICs wie auch diskreten Bauelementen eingesetzt werden, ohne das dafür Bibliotheksmodelle notwendig sind. Das Testverfahren liefert Testergebnisse, die die häufigsten Fehler eines Bauelementes aufzeigen. Es ist dafür keine Isolationstechnik (Guarding) notwendig.

Beim VI-Kurventest wird auf der horizontalen Achse die Spannung und auf der vertikalen Achse der Strom dargestellt. Abb. 10.21a zeigt die Strom-Spannungskennlinie eines Wirkwiderstandes, an dem eine Sägezahnspannung von –10 V bis +10 V angelegt wird.

Je nach Bauelement ergeben sich typische VI-Kennlinien. Einige Kennlinien von diskreten Bauelementen sind als Beispiel in Abb. 10. 21b dargestellt.

Beim Testen von diskreten Bauelementen in der Schaltung sind die Kennlinien abhängig von der Beschaltung. Das zeigen einige Beispiele in Abb. 10. 21c.

Beim Testen von ICs in der Schaltung werden die VI-Kurven an allen Pins des ICs sequenziell aufgenommen und in Blöcken (z. B. 8 Stück) am Bildschirm dargestellt.

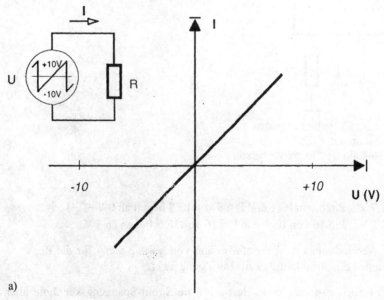

a)

Abb. 10.21: VI-Kurventest Kennlinien
a) Strom-Spannungs-Kennlinie eines Wirkwiderstandes

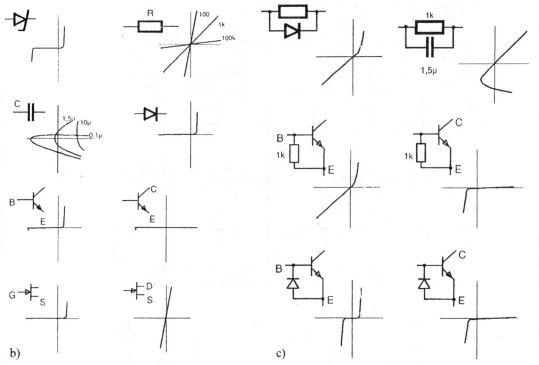

Abb. 10.21: VI-Kurventest Kennlinien
b) Ergebnisse bei unbeschalteten Bauelementen
c) Ergebnisse bei Bauelementen in der Schaltung

Auch bei diesem Test darf keine weitere Spannung anliegen, auch keine Betriebsspannung.

Abb. 10.22a zeigt einige der VI-Kennlinien des IC 7432 aus der Schaltung in Abb. 10.16a. Die daraus resultierenden Kennlinien sind wie folgt zu bewerten:

Für Pin 8, 10, 11, 13: Typische Kennlinie für einen Knoten, an dem ein LS-TTL-Eingangspin und Ausgangspin liegt (Ersatzschaltung in Abb. 10.22b). Im negativen Bereich zeigt sich die Diodenkennlinie von D1, im positiven Bereich die Summe der Diodenflussspannungen D2, D3 und D4.

Für Pin 9, 12: typische Kennlinie für einen Knoten, an dem nur ein LS TTL-Eingangspin oder noch ein hochohmiger Ausgangspin einer anderen Logikfamilie liegt.

Für Pin 7: Pin mit einem Kurzschluss gegen MASSE

Für Pin 14: Kurzschluss gegen VCC

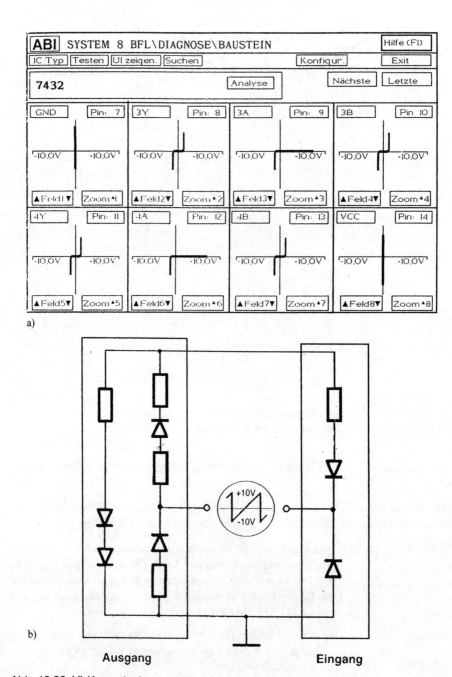

a)

b)

Ausgang   **Eingang**

Abb. 10.22: VI-Kurventest
a) Ergebnisse von VI-Kurven des TTL-IC 7432
b) Ersatzschaltung der Ein- und Ausgänge eines TTL-LS-ICs

Die VI-Kurven sind also auch von den internen Eingangs- und Ausgangsstrukturen der unterschiedlichen Logikfamilien abhängig. Damit können durch den VI-Kurventest auch teilweise falsch bestückte Logikfamilien-ICs erkannt werden.

Beim **Funktionstest** eines digitalen ICs in der Schaltung handelt es sich um einen digitalen In-Circuit-Test mit Backdriving. Die Aktivierung der Eingänge und das Prüfen der Ausgänge erfolgt nach der Wahrheitstabelle. Ein Clip-Testsystem verfügt in aller Regel über eine umfangreiche Baustein-Bibliotheks-Datei für alle Standard-ICs. Da es sich beim In-Circuit-Test um einen statischen Funktionstest handelt mit Testfrequenzen im kHz-Bereich, sind nur die Basismodelle enthalten, so z. B. 7400 für SN 7400 und SN74LS00 etc.

In der Baustein-Bibliothek sind die Standard-Schwellen für die einzelnen ICs bereits enthalten. Bei entsprechender Beschaltung der ICs sind diese Schwellen jedoch manchmal nicht geeignet, so dass man sie anpassen muss, indem man anwenderspezifische Schwellen festlegt. Die Tabelle 10.2 zeigt typische Abfragepegel.

Tabelle. 10.2: Standard-Schwellen der ICs

	programmierbar	in Bibliothek	
		CMOS	TTL
LOW-Pegel	0,1 V – 1,5 V	0,5 V	0,5 V
Schaltschwelle	1,0 V – 3,0 V	1,2 V	2,5 V
HIGH-Pegel	1,9 V – 4,9 V	2,4 V	4,0 V

Ein Problem stellen die Sonderschaltungen von digitalen ICs in der Schaltung dar, z. B. wenn zwei Eingänge eines NAND-Gatters miteinander verbunden sind (Abb. 10.23).

Beim Testen nach der Standard-Bibliotheks-Datei für ein NAND-Gatter wird versucht, am Eingang A und B unterschiedliche Logikpegel zu erzeugen, was bei verbundenen Eingängen nicht möglich ist. Das Clip-Testsystem muss diese Sonderbeschaltung erkennen und automatisch berücksichtigen. In diesem Fall bedeutet das, dass die Schritte 2 und 3 in der Wahrheitstabelle (Abb. 10.23) vollständig entfallen. Genauso können Eingangspins von ICs an MASSE oder VCC liegen, die ebenfalls dann entsprechend in der Wahrheitstabelle berücksichtigt werden müssen.

Um dies zu gewährleisten, sind einige Vortests vor dem Starten des Funktionstests notwendig. Einen entsprechenden automatischen Testablauf zeigt die Tabelle 10.3.

Da in der Bibliotheks-Datei die VCC- und MASSE-Pins bekannt sind, kann durch den Testschritt 1 und 2 eine automatische Zuordnung aller Pins erfolgen. Damit ist eine

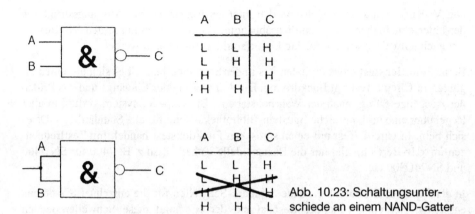

Abb. 10.23: Schaltungsunterschiede an einem NAND-Gatter

Tabelle. 10.3: Testablauf für Funktionstest

	Testverfahren	**Resultierende Aktionen**
1. Testschritt	**Test der Versorgungs-spannung (VCC)**	Test wird abgebrochen, wenn keine VCC oder VCC < 4,5 V ist
2. Testschritt	**Test des Masseanschlus-ses (MASSE)**	Test wird abgebrochen, wenn keine MASSE vorhanden
3. Testschritt	**Verbindungstest zu VCC und MASSE**	Anpassung der Wahrheitsta-belle, wenn Eingänge an VCC oder MASSE liegen
4. Testschritt	**Verbindungstest zwischen Pins**	Anpassung der Wahrheitsta-belle, wenn Pins miteinander verbunden sind
5. Testschritt	**Funktionstest**	

Clip-Positionierung möglich, d. h., der Clip kann für die Funktionstest beliebig auf das IC gesteckt werden.

In Abb. 10.24a ist ein Funktionsergebnis des IC 7432 (vgl. Abb. 16a) dargestellt. Alle Ergebnisse des Vortests werden gleichzeitig mit angezeigt. Beim Funktionstest kann eine GUT/SCHLECHT-Aussage gemacht werden, da eine Referenz in der Biblio-theks-Datei vorhanden ist, gegen die verglichen werden kann.

Wie vorher bereits beschrieben, können noch weitere Störeinflüsse den Funktionstest in der Schaltung beeinträchtigen, so z. B. ein aktiver Oszillator auf der Baugruppe und Busstrukturen an den Ausgängen eines zu testenden ICs.

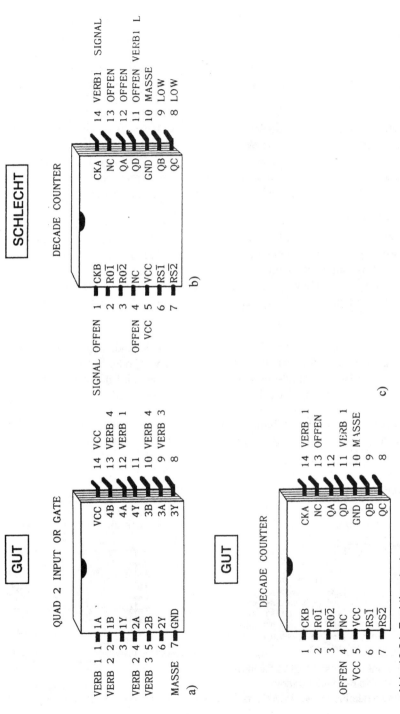

Abb. 10.24: Funktionstest
a) Testergebnis eines 7432
b) Testergebnis eines unstabilen Funktionstests durch Signalwechsel
c) Stabiler Funktionstest durch Abschaltung des Oszillators

Ein aktiver Oszillator ist stillzulegen. Die Warnmeldung „Signal" weist auf dieses Problem hin (Abb. 10.24b). Am Pin 1 und Pin 14 stellt das Clip-Testsystem noch Signalwechsel fest, sodass der Test nicht stabil ist und mit der Fehlermeldung SCHLECHT abschließt. Durch das Abschalten des Oszillators werden diese Signalwechsel unterbunden, die Schaltung ist stabil und der Test ist damit gültig (Abb. 10.24c).

Ähnlich verhält es sich bei Bus-Schaltungen, z. B. beim Test des RAM 2114. Abb. 10.25a zeigt die entsprechende Warnmeldung KONFLIKT an den Pins 11, 12, 13 und 14, die auf derartige Situationen hinweisen. Durch Disabling aller am Bus angeschlossenen ICs kann diese Funktionsstörung beseitigt werden, sodass eine isolierte gültige Messung des RAM möglich ist, wie in Abb. 10.25b dargestellt.

Für das elektrische Isolieren von digitalen ICs in der Schaltung sind neben den Treiber/Sensor-Pins zum Testen des ICs weitere aktive Treiber-Pins mit Backdriving-Fähigkeit notwendig. Die Kontaktierung erfolgt über flexible Leitungen mit Hakenklemmen oder Klemm-Prüfpinzetten am Ende, mit denen man die Pins kontaktiert, an denen das Disabling oder Inhibiting gemacht werden muss. Diese zusätzlichen Treiber werden nur während des Tests dazugeschaltet und weisen dabei ständig H- und L-Pegel auf.

An IC-Pins, die nicht mit anderen IC-Ausgängen verbunden sind, kann man das digitale Guarding auch durch Anlegen dieser Pins direkt an VCC oder MASSE durchführen, da dort keine Backdriving-Situation besteht, d. h., es wird damit kein IC-Ausgangs-Pin gegen MASSE oder VCC kurzgeschlossen (Abb. 10.26).

Mit dem **Suchverfahren** ist es möglich, unbekannte ICs, nicht mehr lesbare ICs oder ICs mit firmenspezifischen Bezeichnungen zu identifizieren. Dabei wird die Funktion

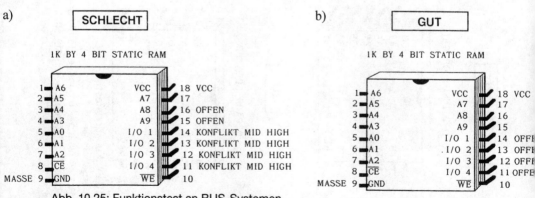

Abb. 10.25: Funktionstest an BUS-Systemen
a) Ergebnisse von Konfliktsituationen
b) Ergebnisse eines isolierten RAM-Tests bei **Disabling** der anderen BUS-Bausteine

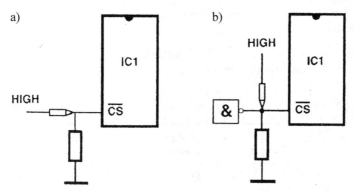

Abb. 10.26: Digitales **Guarding**
a) Test an VCC möglich, es besteht keine **Backdriving**-Situation
b) Ein aktiver Treiber ist notwendig, sonst Gefährdung von IC1

des ICs mit der Funktion aus der Bausteinbibliothek verglichen. Als Eingabe ist nur die Anzahl der IC-Pins notwendig.

Grundvoraussetzungen für das Suchverfahren sind:

- das IC muss funktionstüchtig sein,
- das IC muss in der Bibliotheks-Datei vorhanden sein,
- die Kontaktierungen müssen einwandfrei sein,
- es dürfen keine Konflikt- und Signalprobleme vorliegen.

Bei diesem Suchlauf können mehrere äquivalente Bausteine gefunden werden. Das ist normalerweise abhängig von der Schaltungskonfiguration und der IC-Pin-Kompabilität.

Zu beachten ist, dass der Suchlauf zu langen Backdriving-Zeiten führen kann. Gegebenenfalls sind entsprechende Abhilfemaßnahmen wie Disabling von angeschlossenen ICs notwendig.

In **Teststrategien** zum Aufspüren von möglichst vielen Fehlern können mehrere Testverfahren kombiniert werden und nacheinander ablaufen. Ein Testverfahren allein kann nicht alle Fehler auf einer Baugruppe finden. Z. B. würde ein Kurzschluss zwischen zwei Eingangspins beim Funktionstest nicht bemerkt werden, da durch die automatische Schaltungskompensation dieser Fehler kompensiert wird. Dafür würde der Verbindungstest diesen Fehler direkt aufzeigen. Offene Pins, hervorgerufen durch schlechte Lötstellen oder Leiterbahnunterbrechungen, können ebenfalls nicht im Funktionstest erkannt werden, da die Kontaktierung mittels des Clip direkt am IC-Gehäuse erfolgt. Ein echter Funktionsfehler eines digitalen ICs kann aber nur über den Funktionstest gefunden werden. An diesen Beispielen sieht man, dass man mit einem Testverfahren nicht alles abdecken kann, sondern erst die Kombination verschiedener

Tests das Spektrum der Fehlerabdeckung erweitert und die Reparatur von Baugruppen somit erleichtert.

Die Tabelle 10.4 zeigt in einem Überblick die Fehlerabdeckung der vorgestellten Testverfahren. Hierzu eine Zusammenfassung:

Tabelle. 10.4: Übersicht über Fehlererkennung der einzelnen Testverfahren

	Span-nung	Verbin-dung	IC-Ver-bindung	VI-Kurve	Funktion
Unterbre-chung an IC-Pins	teilweise	teilweise	ja	teilweise	nein
Sonstige Unterbre-chungen				ja	
Kurzschluss an IC-Pins	teilweise	teilweise	ja	teilweise	teilweise
Sonstige Kurzschlüsse				ja	
Defekte digi-tale IC's	teilweise	nein	nein	nein	ja
Defekte IC-Ein/Aus-gänge	teilweise	teilweise	teilweise	ja	teilweise
Defekte dis-krete BE				ja	

Unterbrechungen an IC-Pins sind z. B. unterbrochene Leiterbahnen, schlechte Lötstellen und umgebogene Anschluss-Pins. Der Spannungstest kann diese Fehler nur erkennen, wenn die Beschaltung des ICs den Spannungswert beeinflusst.

Der Verbindungstest erkennt diese Fehler eindeutig, soweit sie Verbindungen zwischen den Pins des angeschlossenen ICs oder Verbindungen zur MASSE und VCC betreffen.

Der IC-Verbindungstest findet grundsätzlich alle Unterbrechungen an IC-Pins, sofern man mit den zwei Clips die relevanten Verbindungen überprüft.

Mit dem VI-Kurventest können ebenfalls nur die Unterbrechungen erkannt werden, die eine Änderung der Strom-Spannungskennlinie bewirken. Bestimmt die IC-interne Schaltung die VI-Kurve, kann der VI-Kurventest eine Unterbrechung an diesen Pins nicht erkennen.

Beim Funktionstest werden diese Fehler überhaupt nicht erkannt, außer fehlender MASSE oder VCC, da er durch den Clip das IC direkt kontaktiert und durch die Guarding-Verfahren (Backdriving, Disabling, Inhibiting) isoliert von der Schaltungsumgebung testet.

Sonstige Unterbrechungen sind Leiterbahnunterbrechungen und Lötfehler an diskreten Bauelementen. Diese Fehler können durch den VI-Kurventest mit der Einzel-Probe gut gefunden werden. Probleme gibt es bei Parallelschaltungen von z. B. zwei Dioden, z. B. eine Diode parallel zu der IC-Eingangs-Schutzdiode. Auch wenn eine Unterbrechung an der Diode vorliegt, zeigt die IC-Eingangs-Schutzdiode immer noch die typische Diodenkennlinie.

Liegen Kurzschlüsse an IC-Pins vor, ist die Fehlerabdeckung des Spannungs-, Verbindungs-, IC-Verbindungs- und VI-Kurventests gleichartig wie bei Unterbrechungen. Der Funktionstest kann jedoch die Kurzschlüsse erkennen, die eine Funktion beeinflussen, z. B. Fehlverbindungen an den Ausgangspins.

Sonstige Kurzschlüsse in der Schaltung, wie Lötkurzschlüsse, Leiterbahnkurzschlüsse, kurzgeschlossene Bauelemente, sich berührende Drahtenden etc. sind durch den VI-Kurventest eindeutig zu erkennen.

Logisch defekte digitale ICs können beim Spannungstest erkannt werden, wenn der Funktionsfehler sich bereits ohne Stimulierung an den Eingängen zeigt, z. B. ständig H-Pegel an dem Ausgang eines NAND-Gatters, obwohl beide Eingänge H-Pegel aufweisen.

Mit beiden Verbindungstests und durch den VI-Kurventest können logische Funktionsfehler überhaupt nicht erkannt werden. Der Funktionstest ist für diese Fehlererkennung am besten geeignet.

Defekte IC-Ein- und Ausgänge infolge zerstörter Schutzelemente (Dioden, Widerstände etc.) oder unterbrochene Bond-Drähte sind häufige Fehler, da die Anschluss-Elemente eines ICs nach außen am meisten durch z. B. Überspannungen, und Überlastungen gefährdet sind.

Auch diese Fehler können durch den Spannungs-, Verbindungs- und IC-Verbindungstest nur dann erkannt werden, wenn sie sich auf die Spannungswerte bzw. Impedanzen an den IC-Pins direkt auswirken.

Mit dem VI-Kurventest findet man diese häufigen Fehler sehr gut, da sie entsprechend große Abweichungen der typischen Strom-Spannungs-Kennlinien mit sich bringen. Probleme kann es bei Unterbrechungen geben, bei denen andere gleichartige Pins parallel liegen. Dieser Fehler kann aber durch den Funktionstest eindeutig erkannt werden, weil er sich auf die Funktion auswirkt, dagegen defekte niederohmige Eingänge durch die Backdrivingfähigkeit der Treiber von dem Funktionstest nicht gefunden werden.

Bei defekten diskreten Bauelementen verhält es sich wie bei sonstigen Kurzschlüssen und Unterbrechungen. Sie werden überwiegend durch den VI-Kurventest gefunden, mit Ausnahme der Parallelschaltungen.

Die **Vergleichsfunktion** ist einer der schnellsten und effektivsten Tests zum Reparieren von Baugruppen. Bei einem Vergleich zwischen einem guten und einem defekten Bauelement entfallen weitgehend die ansonsten notwendigen Interpretationen der Testaussagen, die eine entsprechend tiefe Kenntnis der Baugruppe und der Bauelemente erfordert.

Für den Vergleich sind grundsätzlich zwei Verfahren möglich:

1. Der Vergleich mit abgespeicherten Daten.
   Dabei werden alle gewünschten Testergebnisse von einer GUT-Baugruppe aufgenommen und zum späteren Vergleich abgespeichert.

2. Der Vergleich mit einer parallel laufenden GUT-Baugruppe
   Dabei werden beide Baugruppen gleichartig kontaktiert und stimuliert. Die Referenzergebnisse werden von der GUT-Baugruppe übernommen. Für diesen Vergleichstest ist eine Verdopplung der Clip-Testsystem-Hardware notwendig, da die Treiber-Sensor-Pins die Guard-Pins, die Versorgungsspannung u. a. für beide Baugruppen parallel zur Verfügung stehen müssen.

Der Einsatz der zwei Vergleichsverfahren ist von den gewählten Testverfahren und der Qualifikation des Instandhalters abhängig.

Das erste Reparaturverfahren ist immer dann sinnvoll, wenn

- das Fachwissen eines qualifizierten Instandhalters notwendig ist, das mit der Abspeicherung gleichzeitig archiviert wird,
- umfangreiche Tests ablaufen,
- die Baugruppe schwer zu kontaktieren ist,
- eine GUT-Baugruppe nur begrenzt zur Verfügung steht oder die Möglichkeit der Zerstörung besteht.

Das zweite Reparaturverfahren bietet sich an, wenn man einzelne Knoten sequentiell mittels VI-Kurventest vergleichen will. Damit kann man sehr schnell und effektiv Fehler aufspüren.

Abb. 10.27 zeigt die Referenzkennlinie des VI-Kurventests einer RC-Kombination mit den entsprechenden fehlerhaften Kennlinien, d. h. wenn die Funktion des Kondensators oder des Widerstandes fehlt.

Als weiteres Beispiel zeigt die Abb. 10.28, die Basis-Emitter- (links) und die Kollektor-Emitter- (rechts) Kennlinien eines NPN-Transistors mit und ohne Basiswiderstand.

Abb. 10.29a zeigt das Ergebnis eines Vergleichstests mit abgespeicherten Daten am IC 7432, entsprechend der Schaltung in Abb. 10.16a. Dabei wurde ein Verbindungs- und Funktionstest durchgeführt. Die abweichenden Pins wurden markiert. Durch das Ein-

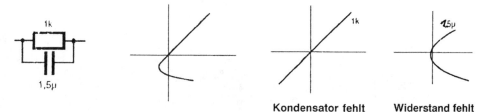

Kondensator fehlt   **Widerstand fehlt**

Abb. 10.27: VI-Kurven einer RC-Kombination mit Fehler

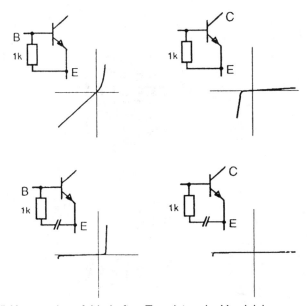

Abb. 10.28: VI-Kurven eines fehlerhaften Transistors im Vergleich

blenden der abgespeicherten GUT-Daten (Abb. 10.29b) können sofort die Abweichungen an den markierten Pins erkannt werden. Als Testergebnis kommen zwei Meldungen. Die erste Meldung gibt das Ergebnis des Funktionstests wieder (im Beispiel GUT). Hierfür wird als Referenz die Baustein-Bibliothek benützt. Die zweite Meldung zeigt das Ergebnis des Vergleichs mit den abgespeicherten Daten des Verbindungstests (im Beispiel FALSCH).

Ein weiteres Beispiel zeigt die Abb. 10.30a, bei dem die Testergebnisse eines Spannungs-, Verbindungs-, VI-Kurven- und Funktionstestes am 74138 (Schaltung nach Abb. 10.17a) mit abgespeicherten Daten verglichen wurden. Die abweichenden Pins sind auch hier markiert und können durch den Aufruf der abgespeicherten Daten sofort analysiert werden. Der Fehler am Pin 5 zeigt sich eindeutig beim Vergleich der VI-Kurve. An Pin 5 fehlt der Widerstand (Abb. 10.30b).

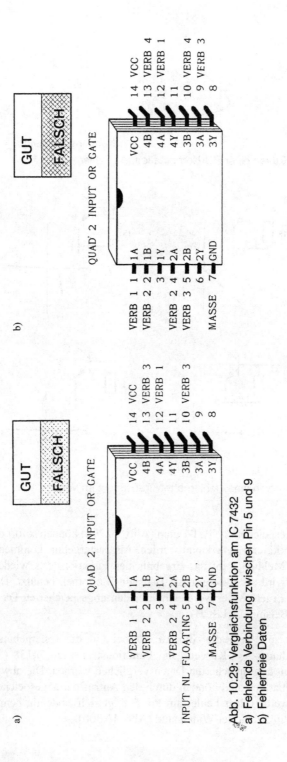

Abb. 10.29: Vergleichsfunktion am IC 7432
a) Fehlende Verbindung zwischen Pin 5 und 9
b) Fehlerfreie Daten

a)

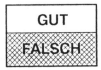

3 LINE TO 8 LINE DECODER

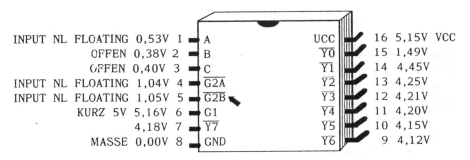

INPUT NL FLOATING 0,53V 1	A	UCC	16 5,15V VCC
OFFEN 0,38V 2	B	$\overline{Y0}$	15 1,49V
OFFEN 0,40V 3	C	$\overline{Y1}$	14 4,45V
INPUT NL FLOATING 1,04V 4	$\overline{G2A}$	$\overline{Y2}$	13 4,25V
INPUT NL FLOATING 1,05V 5	$\overline{G2B}$	$\overline{Y3}$	12 4,21V
KURZ 5V 5,16V 6	G1	$\overline{Y4}$	11 4,20V
4,18V 7	$\overline{Y7}$	$\overline{Y5}$	10 4,15V
MASSE 0,00V 8	GND	$\overline{Y6}$	9 4,12V

b)

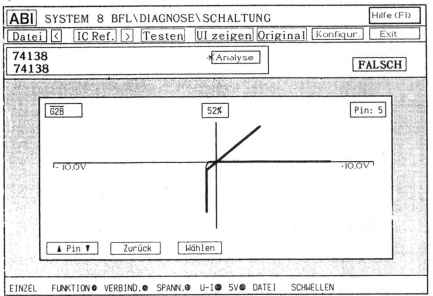

Abb. 10.30: Vergleichsfunktion am IC 74138
a) Vergleich zu abgespeicherten Daten
b) Fehlender Widerstand an Pin 5

Die Vergleichsergebnisse dieser eindeutigen Fehler sind sehr einfach zu diagnostizieren. In der Praxis können auch komplexere Schaltungsstrukturen vorkommen, wobei die Kennlinien guter Baugruppen durch Bauelementestreuungen relativ stark voneinander abweichen können oder bei Defekten durch ungenügende Isolationsmöglichkeiten nahezu keine Abweichung aufweisen.

10.3 Vorbereitung der Baugruppen

Bevor man mit dem Testen von Baugruppen beginnt, sollte man Folgendes beachten:

Reinigen der Pins
Damit ein zuverlässiges Ergebnis erwartet werden kann, ist eine gute Kontaktierung notwendig. Insbesondere beim Anclippen der ICs kann es erforderlich sein, die Baugruppe bzw. Anschluss-Pins von Flux, Schmutz und Oxidation zu befreien.

Oszillator
Für den Funktionstest von ICs müssen statische Testbedingungen geschaffen werden. Deshalb müssen die Oszillatoren auf der Baugruppe während des Tests stillgelegt werden. Oftmals besitzt eine Baugruppe einen Jumper, mit dem der Oszillator abgeschaltet werden kann. Wenn nicht, kann man dafür die zusätzlichen Treiber-Pins benutzen.

Digitales Guarding
Die zusätzlichen Treiber mit Backdriving-Fähigkeit werden dazu eingesetzt, die gegebenenfalls erforderliche elektrische Isolierung des zu testenden digitalen ICs in der Schaltung zu ermöglichen, z. B. durch:

- Disabling eines Mikroprozessors durch Anlegen der RESET-, HOLD- oder DMA-, REQUEST-Pins an den entsprechenden Logikpegel,
- Disabling von ICs mit Tri-State-Ausgängen an einem Bus, um Konflikte zu vermeiden.

10.4 Kurzschluss-Lokalisierung

Bei der Reparatur einer Baugruppe ist das Aufspüren des physikalischen Fehlerortes problematisch. Wenn das Testsystem einen Kurzschluss zwischen zwei Pins oder Knoten festgestellt hat, ist damit der Fehlerort noch nicht definiert.

Die Lokalisierung kann nun visuell erfolgen, indem man entlang der Knoten prüft, ob ein Kurzschluss sichtbar ist. Dies ist bei komplexen Baugruppen sehr aufwendig und zeitraubend, weil die Leiterbahnen unter Bauelementen oder in Zwischenlagen unsichtbar sind. Kurzschlüsse durch defekte Bauelemente lassen sich so überhaupt nicht aufspüren.

a)

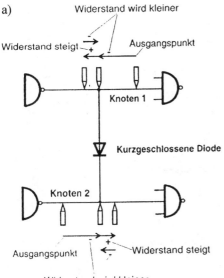

b)

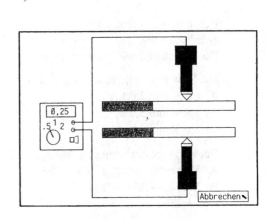

Abb. 10.31: Kurzschlussortung
a) Ablauf der Messungen
b) Kurzschlusstest mit Clip-Testsystem

Versucht man mit messtechnischen Mitteln den Kurzschluss zu orten, gibt es die Möglichkeit an die zwei Knoten eine Spannung zu legen (Abb. 10.31a) und den dabei fließenden Strom mit einem „Stromschnüffler" (der das entstehende Magnetfeld des fließenden Stromes aufnimmt) aufzuspüren. Diese Methode versagt aber bei komplexen Baugruppen, da die Abstände zwischen den Leiterbahnen zu klein sind und das Verfolgen unter den ICs und in Zwischenlagen nicht mehr funktioniert. Ein weiteres Verfahren der Aufspürung von Kurzschlussströmen ist die Anwendung wärmeempfindlicher Folien.

In der Praxis bieten sich noch zwei weitere Möglichkeiten an. Zum einen über die Messung der Spannungsunterschiede an den stromdurchflossenen Leiterbahnen mittels eines Mikrovoltmeters, wobei eine Spannung an die zwei Knoten angelegt wird, die vom Testsystem als kurzgeschlossen gemeldet wird.

Die zweite Methode mit weit weniger Aufwand ist die Ortung mittels eines empfindlichen Ohm-Meters, bei der man an jeden Knoten jeweils die Stelle mit dem geringsten Widerstand sucht. Die Abb. 10.31a zeigt die Vorgehensweise und die Abb. 10.31b die Umsetzung in einem Clip-Testsystem.

10.5 Übungen zur Vertiefung

1. Bei den Clip-Testsystemen unterscheidet man zwischen Logikschwelle und Schaltschwelle.
   Durch welche Funktionsmerkmale unterscheiden sich diese Schwellen?

2. Die Schaltschwelle eines Clip-Testsystems ist programmierbar zwischen:
   A) 0,1 V und 3,0 V,
   B) 1,9 V und 3,0 V,
   C) 1,0 V und 3,0 V.

3. Bei einem bestimmten Clip-Testsystem sind Vortests erforderlich?
   A) Verbindungstest zwischen Pins,
   B) Masseanschluss-Test,
   C) Funktionstest.

4. Welcher Clip-Test eignet sich am besten für diskrete Bauelemente:
   A) Spannungstest,
   B) Verbindungstest,
   C) VI-Kurventest.

5. Der geeignetste Test für defekte digitale ICs ist:
   A) der Verbindungstest,
   B) der IC-Verbindungstest,
   C) der Funktionstest.

6. Welcher Clip-Test kann die meisten Fehlerursachen erkennen?
   A) der Funktionstest,
   B) der Vergleichstest,
   C) der VI-Kurventest.

7. Welches ist der schnellste Clip-Test zum Aufspüren von Fehlerursachen in Baugruppen?
   A) der VI-Kurventest,
   B) der IC-Verbindungstest,
   C) der Vergleichstest zwischen einem guten und einem fehlerhaften Prüfling.

8. Welches ist der geeignetste Clip-Test zum Auffinden von Kurzschlüssen?
   A) die Strommessung,
   B) die Spannungsmessung,
   C) die Widerstandsmessung.

Lösungen im Anhang!

Lösungen zu den Übungen

4.5.1   a)+0,8 V   b) 0 V   c) +10 V   d) +8 V

4.5.2   a) -5 V   b) 0 V   c) –5 V   d) –4 V

4.5.3   Der Widerstand R hat seinen Wert erhöht oder die Betriebsspannung ist kleiner geworden.

4.5.4   a) die Spannung steigt

4.5.5   b) die Spannung wird niedriger

4.5.6   c) Betriebsspannung +15 V

4.5.7   c) Basis 0 V, Kollektor +15 V

4.5.8   c) die Differenzspannung erhöht sich auf 2,5 V

4.5.9   a) 15 V

4.5.10 Messpunkt A = 0 V, Messpunkt B = +14,8 V (beide Messungen gegen Bezugspotenzial 0 V).
Spannungsdifferenz am Widerstand R = 14,8 V.

4.5.11 U_{CE} = 12 V, U_{BE} = 0,5 V
U_{RC} = 24 V – 12 V = 12 V
U_{CB} = $U_{CE} - U_{BE}$ = 12 V – 0,5 V = 11,5 V

5.7.1 u_1 = 10 mV, u_2 = 3 V, v_u = *300*
Transistor T1
U_{be} = 1,3 V, U_C = 10 V, U_E = 0,8 V
Transistor T2
U_{BE} = 0,2 V, U_E = 0,2 V
Transistor T3
U_{BE} = 1,6 V, U_E = 1 V, U_C = 8 V
Resultat aus den Messergebnissen:
T2 defekt, Kurzschluss zwischen Emitter und Basis. An beiden wurde die gleiche Spannung gemessen.

5.7.2   Lösung zur Schaltung in Abb. 5.35a

5.7.3   Schaltung D

6.5.1   Abbildung 6.27a

6.5.2   B) Gatter 2

6.5.3   C) Das Verknüpfungsglied 2 ist defekt, da an seinem Ausgang, unabhängig von den Eingangsvariablen, immer der Pegel L ansteht.

6.5.4   B) Zählstufe FF2

6.5.5   B) 4 : 1

7.6.1   B) Reg. B   Reg. A

7.6.2   B) Wait-Zustand

7.6.3   C) 2 Busleitungen

7.6.4   C) HOLD-OFF-Einstellfunktion

7.6.5   D) IC 604 ist defekt

7.6.6   B) Der E/A-Baustein kann geprüft werden

7.6.7   D) Die Motoren werden ausgetauscht und auf ihr Funktionsverhalten überprüft

7.6.8   Zustand der Bus-Funktionen

8.4.1   Belegungsliste

Funktionsteil	Kennzeichnung im Stromlaufplan	Operanden-Zuordnung
Taster	S1 (Öffner)	E1
Taster	S2 (Schließer)	E2
Taster	S3 (Schließer)	E3
Schütz 1	K1	A1
Schütz 2	K2	A2
Meldeleuchte 1	H1	A3
Meldeleuchte 2	H2	A4

8.4.2   Wenn die LED am Ausgang der SPS leuchtet, dann kann der Fehler nur an der Meldeleuchte H1 (defekt) selbst oder an den Kontaktverbindungen liegen.

8.5.3   Belegungsliste

Funktionsteil	Kennzeichnung im Stromlaufplan	Operanden-Zuordnung
Taster (für Schütz 2)	S1	E1
Taster (EIN für Schütz 1)	S2	E2
Überstromauslöser	F3	E3
Schütz 1 (Rechtslauf)	K1	A1

Schütz 2 (Linkslauf)	K2	A2
Meldeleuchte 1	H1	A3
Meldeleuchte 2	H2	A4

8.4.4 Wenn die LED im Eingang E1 der SPS nicht aufleuchtet, wenn S1 betätigt wird, dann kann ein Kontaktfehler nur am Taster selbst oder an den Verbindungsleitungen liegen.

9.4.1 D) C_1 defekt, keine Kapazität

9.4.2 Abbildung 9.12 D

9.4.3 Abbildung 9.12 C

9.4.4 C) Thyristor T1 defekt (innere Unterbrechung)

10.5.1 Mit der Schaltschwelle lässt sich der Zwischenbereich zwischen H- und L-Pegel durch die Zwischenpegel MID-H und MID-L noch näher definieren.

10.5.2 C) 1,0 V und 3,0 V

10.5.3 C) Funktionstest

10.5.4 C) VI-Kurventest

10.5.5 C) der Funktionstest

10.5.6 C) der VI-Kurventest

10.5.7 C) der Vergleichstest zwischen einem guten und einem fehlerhaften Prüfling

10.5.8 C) die Widerstandsmessung

Sachverzeichnis

Wer heute einen Einstieg in die Elektronik sucht, hat es nicht leicht. Die zunehmende Komplexität moderner integrierter Schaltungen und die kaum zu überblickende Vielfalt an Fachinformationen verhindern den Blick auf das Wesentliche. Dieses Buch bietet Ihnen die notwendige Orientierung. Die zahlreichen Applikationen bieten ein weites Betätigungsfeld im Hobby, zur Fortbildung und als Lösungsansatz für die berufliche Nutzung. Das Buch enthält eine Fülle von Informationen und schlägt eine Brücke zwischen der einfachen Schaltungstechnik mit Einzelhalbleitern sowie der Anwendung moderner integrierter Schaltungen.

Grundwissen Elektronik

Kainka, B./Häßler, M./Straub, H. W. ; 2004; ca. 640 Seiten

ISBN 3-7723-**5588**-9

€ **39,95**

Dietmar Benda

Wie liest man eine Schaltung?

Elektronik

Dietmar Benda

Wie liest man eine Schaltung?

13. vollständig überarbeitete Auflage

Mit 128 Abbildungen

FRANZIS

Bibliografische Information der Deutschen Bibliothek

Die Deutsche Bibliothek verzeichnet diese Publikation in der Deutschen Nationalbibliografie; detaillierte Daten sind im Internet über **http://dnb.ddb.de** abrufbar.

© 2007 Franzis Verlag GmbH, 85586 Poing

Satz: Fotosatz Pfeifer, 82166 Gräfelfing
art & design: www.ideehoch2.de
Druck: Legoprint S.p.A., Lavis (Italia)
Printed in Italy

ISBN 978-3-7723-**4356-8**

Vorwort

Das Zeitalter der hochintegrierten Schaltungsfunktionen und das Zusammenfassen dieser Bausteine zu steckbaren und einfach lösbaren Baugruppen in Baugruppenträgern, erfordert vom anwendungsorientierten Elektroniker keine tiefgehenden Grundkenntnisse über die einzelnen Bauelemente und ihre Funktionen.

Die hierfür zur Verfügung stehenden Dokumentationsunterlagen sind Darstellungen (Hardware/Software) der Geräte- und Anlagenfunktionen, mit deren Hilfe der Elektroniker die Softwaresteuerung und die Funktionsabläufe der Schaltungstechnik erkennt und entsprechend auswerten kann.

Wie schnell ein Techniker die für ihn erforderlichen Informationen aus einer Gerätedokumentation auswerten und in entsprechende Maßnahmen seiner Prüf-, Wartungs- und Servicearbeit umsetzen kann, ist im entscheidenden Maße davon abhängig, mit welchem fachlichen und methodischen Rüstzeug er diese Aufgabe angeht.

Bedenkt man, dass das Lesen und Auswerten der Dokumentationsunterlagen einen hohen Prozentsatz an den auszuführenden Arbeiten ausmacht – je nach der Geräte- und Anlagenfunktionen 60 bis 80% –, ist es sinnvoll, auch bei diesem wesentlichen Tätigkeitsmerkmal nach methodisch effektiven Verfahrensweisen vorzugehen.

Daher will dieses Lehrbuch:

das Lesen von Schaltungen unter verschiedenen Funktionsbetrachtungen lehren und üben.
Vor allem den Youngstern, sei es als Berufsanfänger oder Fachschulabgänger, sollen die Lücken geschlossen werden, die ihnen den Übergang von der einfachen Lehrbuchschaltung in die umfangreichen Industrieunterlagen und Dokumentationen erleichtert und die sonst damit verbundenen Anlaufprobleme und Verwirrungen vermeiden helfen.

die unterschiedlichsten Dokumentationsarten auf allen Anwendungsgebieten aufzeigen.
Dies erleichtert nicht nur die Arbeit des Technikers, sondern kann auch denen nützlich sein, die eine Dokumentation erstellen müssen, manuell oder als CAD-Dokumentation.

ein umfangreiches Nachschlagewerk sein.
Vielen Geräten liegen als Unterlagen nur noch Bedienungsanleitungen bei. Die Beigabe der Schaltungsunterlagen ist nicht mehr üblich. Mit Hilfe dieses Buches kann man

sich mit der Technik vertraut machen und die eine oder andere Schaltungsverbindung oder -funktion rekonstruieren.

durch viele Übungs- und Vertiefungsaufgaben richtig fit machen.
In jedem Hauptabschnitt werden Übungsaufgaben angeboten, die das Gelernte wiederholen und vertiefen helfen, mit einem Lösungsangebot im Anhang.

Inhalt

1 Strukturen, Funktionen, Definitionen und Signalformen

Neben der Methodik sind beim Analysieren und Bewerten einer Schaltung bestimmte Grundkenntnisse der Schaltungstechnik Grundvoraussetzung für den Erfolg. Daher wird in den ersten beiden Hauptabschnitten eingehend und ausführlich auf das Verhalten von Bauelementen, Grundschaltungen und Signalformen eingegangen.

1.1 Strukturen der Schaltungen und Wirkungen der zu verarbeitenden Signale

Schaltungen sind wie Schrifttexte strukturiert und können daher ähnlich wie Texte gelesen werden.

Genauso wie bei der Schrift, bei der man die Buchstaben über die einzelnen Wörter zu Sätzen und Texten verbinden kann,

O,R,T,W → WORT → Sätze, Texte,

werden bei elektronischen Schaltungen die Einzelfunktionen der Bauelemente zu Grund- und Einzelschaltungen und diese weiter zu Funktionseinheiten verbunden.

Sinngemäß können die **Bauelemente** oder **Komponenten** (vgl. Abb. 1.1) mit ihren Kurzbezeichnungen:

C für Kondensator (Kapazität),
D für Diode,
L für Spule (Induktivität),
R für Widerstand,
T für Transistor,

als Buchstabe betrachtet und entsprechend der Wortbildung zu **Grund-** oder **Einzelschaltungen** zusammengeschaltet werden. Dem Zusammensetzen der Wörter würde dann das Verbinden mehrerer **Grund-** oder **Einzelfunktionen** zu mehrstufigen Funktionseinheiten bedeuten. In Abb. 1.1 sind diese **Funktions-** oder **Schaltungseinheiten** zur besseren Übersicht nicht mehr als Einzelfunktionen, sondern vereinfacht mit einem Symbol dargestellt.

Bauelemente, Komponenten

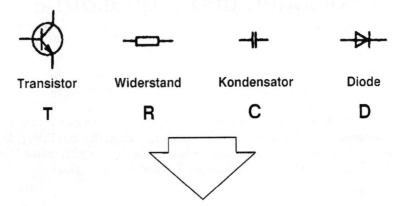

Grund- oder Einzelschaltung

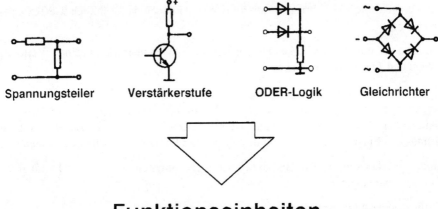

Funktionseinheiten

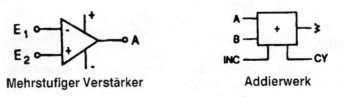

Abb. 1.1: Aufbau von Schaltungen

Neben der Zusammensetzung der Komponenten und Einzelfunktionen zu mehrstufigen Schaltungen müssen die zu verarbeitenden Signalspannungen mit ihren unterschiedlichen Signalformen berücksichtigt werden. Im Wesentlichen werden drei grundsätzlich unterschiedliche Spannungsformen (Abb. 1.2) unterschieden, auf die einzelne Bauelemente mit unterschiedlichen Widerstandsverhalten reagieren.

Spannungsformen werden nach ihrem Zeitverhalten definiert.

Die Gleichspannung (Abb. 1.2a) hat zu jeder Zeit einen gleich hohen Spannungspegel mit gleicher Polarität. z. B. hat die Autobatterie immer eine Spannung von 12 Volt. Der Minuspol der Spannung ist hierbei mit dem Blechchassis des Autos als gemeinsames Bezugspotenzial für alle Verbraucher im Auto (Lampen, Anlasser, Elektronik, Elektromotoren, Radio u.a.) verbunden.

Die sinusförmige Wechselspannung (Abb. 1.2b) ändert ihren festen Amplitudenwert in bestimmten Zeitabständen von Pluswerten nach Minuswerten. Bezogen auf ein Bezugspotenzial der Schaltung, wechselt diese Spannung ständig die Polarität. Die Netzspannung hat z. B. eine gleichbleibende Spannungsamplitude von 230 Volt. Ihr periodisches Wechseln der Polarität innerhalb einer Sekunde wird mit der Frequenz f angegeben, z. B. $f = 50$ Hz bedeuten 50 Polaritätswechsel pro Sekunde.

Die Impulsspannungen (Abb. 1.2c) sind schnell geschaltete Gleichspannungen von einem bestimmten Gleichspannungspegel gegen ein Bezugspotenzial. In der Digitaltechnik, bzw. Computertechnik erfolgt das schnelle Ein- und Ausschalten durch einen Impulsgenerator, der z. B. bei einem PC-Computer die Impulsfolge mit einer Geschwindigkeit von mehreren 100 MHz (100 MHz sind hundert Millionen Schwingungen pro Sekunde) schaltet.

Wechselspannungen und Impulsspannungen können jeweils zusammen mit der Gleichspannung als Mischspannung (Abb. 1.2d) auftreten. In diesem Fall ist die Wechsel- oder Impulsspannung einer Gleichspannung mit unterschiedlicher Polarität überlagert. z. B. sind bei allen elektronischen Schaltungen (Verstärkerstufen), die Wechsel- oder Impulssignale der für diese Schaltungen erforderlichen Betriebsgleichspannung überlagert.

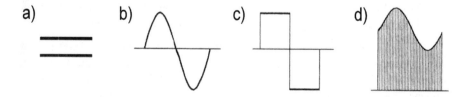

Abb. 1.2: Spannungsformen, a) Gleichspannung, b) Sinusspannung, c) Rechteckspannung, d) Mischspannung

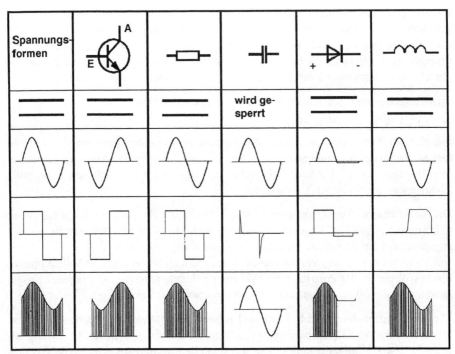

Abb. 1.3: Übertragungsverhalten der unterschiedlichen Bauelemente

Die verschiedenen Bauelemente reagieren unterschiedlich auf die einzelnen Spannungsformen.

Der ohmsche Widerstand in der Übersicht in Abb. 1.3 setzt allen Spannungsformen den gleichen Widerstandswert entgegen, unabhängig von der Polarität und der Wechselfrequenz.

Von der Polarität abhängig ist der Widerstand der Halbleiterdiode. Die Darstellung der Diode an Gleich- und Wechselspannung zeigt, dass der Widerstand beim Pluspol an der Kathode sehr hoch ist, in der Größenordnung Mega-Ohm. Bei umgekehrter Polarität, Minuspol an der Kathode, Pluspol an der Anode, sehr niedrig, im Bereich 1 bis 10 Ohm. Dieses Verhalten wird z. B. zum Gleichrichten von Wechselspannungen ausgenützt. Diese Dioden bezeichnet man daher auch als Gleichrichterdioden.

Beim Transistor wird der Kollektor-Emitter-Widerstand durch Änderung der Basisspannung gesteuert. Höhere Basisspannung verringert den Kollektor-Emitter-Widerstand und umgekehrt. Eine Spannungsänderung an der Basis (E) bewirkt eine umgekehrte Spannungsänderung am Kollektor (A), wenn im Kollektor ein Arbeitswiderstand liegt.

Das Widerstandsverhalten des Kondensators und der Spule ist nur von der Wechselfrequenz f der anliegenden Spannung abhängig. Der frequenzabhängige Widerstand X des

Kondensators wird mit zunehmender Frequenz der Wechselspannung kleiner und umgekehrt. Gleichspannung sperrt der Kondensator (Abb. 1.3). Impulsspannungen mit steilen Schaltflanken verändern den Widerstand X des Kondensators auf sehr niedrige Werte im Ohm-Bereich, sodass die Schaltflanken des Impulses unverändert übertragen werden.

Genau umgekehrt verhält sich die Spule an Wechselspannung. Der Widerstand X wird mit zunehmender Frequenz der Wechselspannung größer und umgekehrt. Da eine Spule eine durchgehende Leitung darstellt, werden Gleichspannungen übertragen.

Wie wir in den folgenden Abschnitten ersehen, wirken die einzelnen Zusammenschaltungen von Bauelementen daher unterschiedlich auf die einzelnen Spannungsformen.

Der vorgenommene Vergleich der Elektronikfunktionen und ihrer Symbole mit unserem Sprachaufbau ist ein anschauliches Beispiel, Strukturmerkmale in den Zusammenhängen der Schaltelemente, Funktionen und Schaltungen aufzuzeigen.

Die Anwendungselektronik deckt mit wenigen Komponenten (Bauelementen) und Grundfunktionen das gesamte Anwendungsspektrum der Elektronik ab.

Die gebräuchlichsten Komponenten der Elektronik sind die Bauelemente:

- Diode (vgl. Anhang 14.1.9)
- Kondensator (vgl. Anhang 14.1.7)
- Transistor (vgl. Anhang 14.1.10)
- Spule (vgl. Anhang 14.1.6)
- Widerstand (vgl. Anhang 14.1.5)

Diese elementaren Komponenten gibt es in den unterschiedlichsten Funktionsvarianten wie die folgenden Beispiele zeigen:

Diode: Z-Diode für Begrenzer- und Stabilisierungsschaltungen, Leistungsdioden für Gleichrichterschaltungen, Dioden für Klammer- und Begrenzerschaltungen, Vierschichtdioden (Diac, Triac, Thyristor für Schaltfunktionen), Tunneldioden für Schaltfunktionen.

Kondensator: Fest-, Dreh-, Trimm-, Elektrolytkondensator für Resonanz- und Abstimmkreise, Block- und Siebkondensator, Koppelkondensator.

Spule: Filter-, Drossel-, Resonanzspulen.

Transistor: In der Anwendung unterscheidet man die beiden Transistorarten bipolar- und unipolar. Bei den bipolaren Transistoren gibt es die NPN- und PNP-Typen und den Fototransistor. Die unipolaren Feldeffekttransistoren (FET) unterscheidet man nach N- und P-Typen in Sperrschicht- und Anreicherungsfunktion.

Widerstand: Ohmsche Widerstände, temperaturabhängige Widerstände (PTC und NTC), spannungsabhängige Widerstände (VDR).

Diese Komponenten können nun wiederum in den verschiedensten Grundschaltungen zur Anwendung kommen, sowohl in der diskreten Schaltungstechnik (Zusammenschaltung von Bauelementen auf Lötleisten oder Leiterplatinen) oder in integrierten Schaltungen (IC-Technik) der Linear-, Digital- oder Computertechnik.

1.2 Bezug herstellen zwischen symbolischem Schaltbild und der Verdrahtungsanordnung

Das Erkennen einer Schaltungsfunktion aus einem Schaltbild, in dem die Komponenten funktionsgerecht angeordnet sind, und das Aufsuchen der Funktionsverbindungen sowie die Zuordnung der symbolischen Komponenten zu den realen Bauelementen in dem dazugehörenden Elektronikgerät sind für die Funktionsprüfung und das Messen der Signale und Potenziale unerlässlich.

In einem elektronischen Gerät oder einer Anlage sind die Komponenten entsprechend ihrer Aufgabe, Form oder Größe in einem Gerät untergebracht. Bedien- oder Abgleichkomponenten müssen von außen zugänglich an den Frontseiten der Geräte angebracht sein. Komponenten mit hoher Verlustleistung können außerdem auf Kühlkörpern befestigt sein. Große Bauelemente, z.B. Elektrolytkondensatoren mit großer Kapazität, Transformatoren, sind häufig außerhalb der Leiterplatinen an dem Gehäusechassis befestigt.

Aus der **Abb. 1.4** ist die mögliche Verdrahtungsanordnung eines Spannungsteilers ersichtlich. Abb. 1.4a zeigt die funktionsgerechte symbolische Darstellung. Abb. 1.4b

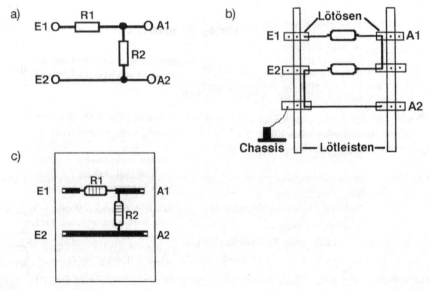

Abb. 1.4: a) Spannungsteiler, b) Anordnung auf Lötleisten, c) Anordnung auf Leiterplatte

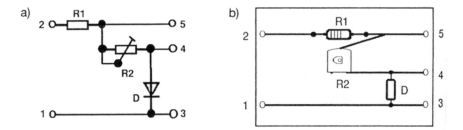

Abb. 1.5: a) Spannungsteiler mit Begrenzerdiode, b) Anordnung auf Leiterplatte

zeigt die mögliche Anordnung der Komponenten auf zwei Lötleisten. Die Abb. 1.4c zeigt die Anordnung der Komponenten auf einer Leiterplatine.

Ein weiteres Beispiel in **Abb. 1.5** zeigt einen einstellbaren Spannungsteiler mit Begrenzerfunktion durch die in Durchlassrichtung geschaltete Diode. Durch die Bauform des Trimmwiderstandes ist eine andere Anordnung der Komponenten und Leiterbahnführung erforderlich.

Diese zwei Beispiele zeigen, dass bei der zeichnerischen Darstellung eine Systematik in der funktionsgerechten Anordnung der Komponenten eingehalten wird.

Dagegen ist dies bei der mechanischen Anordnung der Komponenten aus vielerlei gestalterischen Gründen und Einschränkungen nicht möglich.

1.3 Polarität, Stromrichtung, Bezugspotenzial, Definitionen

Zur Verständigung über Funktionsabläufe und Erklärungen wird vorab auf einige Definitionen der in diesem Buch verwendeten Begriffe hingewiesen.

Polaritätsangabe: Der Spannungspfeil **U** zeigt vom Pluspol zum Minuspol (Abb. 1.6a).

Stromrichtung: Die in den Abbildungen verwendeten Strompfeile **I** zeigen die technische Stromrichtung vom Pluspol zum Minuspol an (Abb. 1.6a)

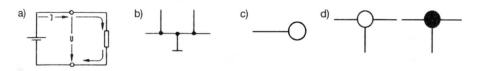

Abb. 1.6: a) Polaritäts- und Stromrichtungsangabe, b) Bezugspotenzial, c) Klemme oder Pol, d) Knoten

Bezugspotenzial: Sämtliche in den Schaltungsfunktionen angegebenen Spannungswerte beziehen sich, wenn nicht besonders gekennzeichnet, auf das in Abb. 1.6b dargestellte Symbol für das Bezugspotenzial.

Klemme oder **Pol** ist ein Anschlusspunkt in einer Schaltung. Die Kennzeichnung in Schaltplänen erfolgt durch einen kleinen Kreis (Abb. 1.6c).

Als **Knoten** bezeichnet man eine Klemme und jede elektrisch leitende Verbindung zwischen mehreren Klemmen. Kennzeichnungen (Abb. 1.6d):

Unter **Bauelement** oder **Schaltelement** versteht man den Baustein eines Geräts oder einer Schaltung mit bestimmten, durch seine Aufgaben festgelegten Eigenschaften.

Netzwerk, Schaltung oder **Stromkreis** ist die Zusammenschaltung mehrerer Bauelemente, sodass Ströme fließen können.

Die Definitionen **gesperrt** oder **nichtleitend** wird für Halbleiterbauelemente angewendet, die keinen Strom führen; die Definition **leitend** für Halbleiterbauelemente, die Strom führen.

Rückkopplungen werden nach **Mitkopplungen** und **Gegenkopplungen** unterschieden. Bei **Mitkopplungen** werden Spannungen mit gleicher Polarität und Phase vom Ausgang an den Eingang einer Verstärkerschaltung zurückgeführt. Die Rückführung mit gegensinniger Polarität und Phase definiert die **Gegenkopplung**.

Die Definition **Stufe** (z.B. Verstärker- oder Schaltstufe) bezieht sich immer auf den Transistor und die dazu erforderlichen Funktionselemente, z.B. Kollektor- und Emitterwiderstand sowie Basisspannungsteiler oder Vorwiderstand.

1.4 Übungen zur Vertiefung

Die Übungen am Ende jeden Hauptabschnittes sollen dazu beitragen, das Gelernte zu wiederholen und die dazu angebotenen zahlreichen Hilfsmittel im Anhang 14 anzuwenden.

1. Durch welche elektrischen Eigenschaften unterscheidet sich der Kondensator vom ohmschen Widerstand?
   A Der Kondensatorwiderstand ist spannungsabhängig,
   B der Kondensatorwiderstand ist stromabhängig,
   C der Kondensatorwiderstand ist frequenzabhängig,
   D der Kondensatorwiderstand ist neutral.

2. Der Widerstand der Diode ist:
   A Von der Polarität der anliegenden Spannung abhängig,
   B von der Signalform der anliegenden Spannung abhängig,
   C bei hohen Spannungen von der Polarität abhängig,
   D nur bei bestimmten Frequenzen bemerkbar.

3. Welches Bauelement hat 2 Stromkreise?

   A Der Widerstand,

   B die Diode,

   C der Kondensator,

   D der Transistor.

4. Welches Bauelement kann Rechteckimpulse verformen?

   A Der Kondensator,

   B der Widerstand,

   C die Induktionsspule,

   D die Diode.

5. Welches Schaltungssymbol ist der Z-Diode zugeordnet (siehe Anhang)?

6. Welches Schaltungssymbol ist den temperaturabhängigen Widerstand (PTC) zugeordnet (siehe Anhang)?

7. Welches Schaltungssymbol ist den Thyristor zugeordnet (siehe Anhang)?

8. Welche Darstellung zeigt die Lage des Bauelementes auf einem Baugruppenträger (z.B. Leiterplatte, Lötleisten)?

   A Schaltbild,

   B symbolisches Schaltbild,

   C Verdrahtungsplan,

   D elektrisches Schaltbild.

9. Die symbolische Darstellung eines Bauelementes in einem elektrischen Stromlaufplan (Schaltbild) gibt Auskunft über:

   A Die Größe des Bauelementes,

   B die Funktion des Bauelementes,

   C die Anordnung des Bauelementes,

   D die elektrischen Eigenschaften des Bauelementes.

Lösungen im Anhang

2 Schaltungsanalyse ein Puzzlespiel?

Ganz gleich ob kleine oder große Schaltbilder gelesen werden müssen. Im Detail handelt es sich immer um Reihen- oder Parallelschaltungen von unterschiedlichen Bauelementen, die Spannungswerte und Signalformen beeinflussen.

Beim Lesen von Schaltungen gibt es drei wesentliche Funktionsmerkmale zu prüfen und zu beachten:

1. Wo teilt sich eine Spannung auf?
   In der Reihenschaltung von Bauelementen

2. Wo verzweigen sich Ströme?
   In der Parallelschaltung von Bauelementen

3. Wo verändern sich Strom- und Spannungsformen?
   Durch Zusammenschaltung von Bauelementen unterschiedlicher Funktionen

2.1 Funktionsbetrachtungen

Betrachten wir diese wesentlichen Funktionsmerkmale von elektronischen Schaltungen an den folgenden Beispielen:

An der Reihenschaltung von ohmschen Widerständen verteilt sich die anliegende Spannung proportional zu den Widerständen.

Je größer das Widerstandsverhältnis um so größer das Spannungsverhältnis (Spannungsteilerprinzip).

In der Abb. 2.1a sind die Widerstände gleich groß, entsprechend verhalten sich die Spannungen an den Widerständen. Sie teilen sich in drei gleich große Spannungen auf.

Diese Aufteilung der Spannung ist bei ohmschen Widerständen unabhängig von den Signalformen (Gleich- oder Wechselspannung) und deren Frequenz (niedrige, hohe oder wechselnde Frequenzen), vgl. hierzu die Erläuterungen der Tabelle in Abb. 1.3.

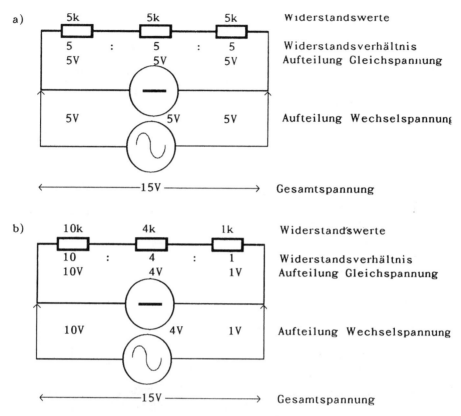

Abb. 2.1: Spannungsaufteilung an Reihenschaltungen von Widerständen
a) mit gleich großen Widerstandswerten
b) mit unterschiedlich großen Widerstandswerten

In der Abb. 2.1b sind drei unterschiedliche Widerstandswerte dargestellt. Entsprechend den Widerstandsverhältnis 10:4:1 teilt sich auch die anliegende Spannung im Verhältnis 10:4:1 auf.

In einer Reihenschaltung fließt nur ein Strom, der sich aus der anliegenden Spannung und den Gesamtwiderstand ergibt.

Bei dem zweiten Funktionsmerkmal der Parallelschaltung von Bauelementen verzweigen sich die Ströme entsprechend der Anzahl von Strompfaden. In der Abb. 2.2a sind die drei gleich großen Widerstandswerte von R = 5 k parallel geschaltet. Daraus ergeben sich drei Strompfade mit gleich großen Strömen von I = 3 mA. Die Summe der parallel fließenden Ströme ergibt den Gesamtstrom von 9 mA.

In der Abb. 2.2b sind die drei Widerstandswerte aus Abb. 2.1b parallel geschaltet. Entsprechend teilen sich die Ströme im Verhältnis 10:4:1 auf.

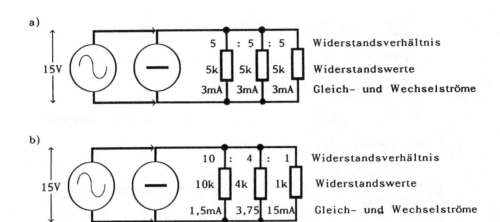

Abb. 2.2: Stromaufteilung an Parallelschaltung von Widerständen
a) mit gleich großen Widerstandswerten
b) mit unterschiedlichen Widerstandswerten

Der Vergleich der beiden Schaltungen zeigt uns:

Der kleinste Widerstand erzeugt in der Reihenschaltung den kleinsten Spannungsabfall, aber in der Parallelschaltung den größten Strom.

Der Gesamtwiderstandswert ergibt sich bei der Reihenschaltung aus der Summe der Einzelwiderstandswerte, bei der Parallelschaltung bestimmt der kleinste Widerstandswert den Gesamtwiderstand.

Das Widerstands- bzw. das Teilerverhältnis bei der Reihenschaltung von zwei Widerständen kann mit Hilfe der Tabelle 14.3 im Anhang bestimmt werden.

Der Gesamtwiderstand bei der Parallelschaltung von Widerständen kann mit Hilfe der Tabelle 14.4 im Anhang bestimmt werden.

In der Abb. 2.3 ist die Reihenschaltung einer Diode mit einem Widerstand dargestellt. Die Abb. 2.3a zeigt die Spannungsaufteilung bei einer in Durchlassrichtung geschalteten Diode (Widerstand der Diode mit 10 Ohm sehr klein). Im Gegensatz dazu kehrt sich das Widerstandsverhältnis bei Umkehrung der Polung (Abb. 2.3b), der die Diode in Sperrbereich schaltet (Widerstand der Diode mit 1 Megaohm sehr groß). Siehe hierzu auch die Erläuterungen der Abb. 1.3.

Die Abb. 2.4 zeigt die Spannungsaufteilung bei einer Reihenschaltung von Kondensator und Widerstand. Aus der Abb. 2.4a ist ersichtlich, dass der Kondensator der Gleichspannung einen nahezu unendlichen Widerstand entgegensetzt und daher für die Gleichspannung sozusagen eine Unterbrechung darstellt. Daraus resultiert die Gesamtspannung am Kondensator und keine Spannung am Widerstand.

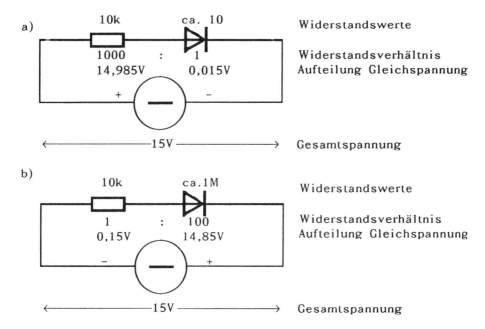

Abb. 2.3: Spannungsaufteilung an Reihenschaltung von Diode und Widerstand
a) Diode mit leitender Polarität
b) Diode mit nichtleitender (gesperrter) Polarität

Anders sieht die Spannungsaufteilung bei Wechselspannung aus (Abb. 2.4b.) Hier hat der frequenzabhängige Widerstand X des Kondensators die gleiche Wirkung für die Wechselspannung wie der ohmsche Widerstand.

Die Kombination von Reihen- und Parallelfunktionen finden wir nicht nur durch das Zusammenschalten von Bauelementen in Schaltungen sondern auch bei bestimmten Bauelementen, wie z.B. Transistoren und Thyristoren. Diese Bauelemente haben daher nicht nur zwei Anschlüsse, sondern deren drei.

Abb. 2.5a zeigt jeweils zwei in Reihe geschaltete Widerstände in Parallelschaltung und die entsprechenden Spannungsaufteilungen. Die gleiche Schaltung ergibt sich bei der Schaltungsanordnung mit einem Transistor in Abb. 2.5b. Wir sehen aus der Schaltungsanordnung, das der Übergangswiderstand zwischen C und E (Kollektor-Emitter des Transistors) in seiner Wirkung ebenfalls einen Widerstand darstellt. Gesteuert wird dieser C-E-Widerstandswert durch den B-E-Stromkreis (Basis-Emitter-Stromkreis), der den Diodenstromkreis in Abb. 2.3a entspricht. Die Summe der beiden Ströme fließt über den Emitteranschluss E des Transistors.

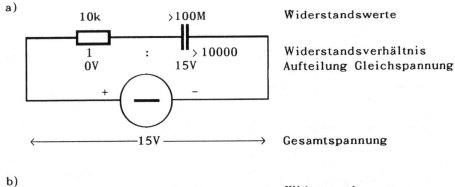

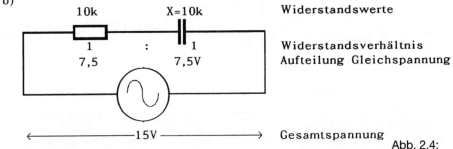

Abb. 2.4:
Spannungsaufteilung an Reihenschaltung von Kondensator und Widerstand
a) Kondensator im Gleichstromkreis

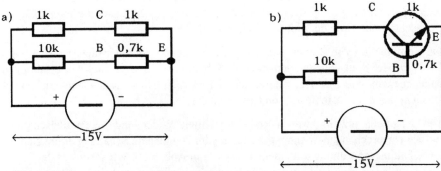

Spannungsaufteilung: 7,5V:7,5V
Strom C: 7,5mA
Spannungsaufteilung: 14V:1V
Strom B: 1,4mA
Gesamtstrom E: C+B = 7,5ma+1,4mA=8,9mA

Abb. 2.5: Reihen- und Parallelschaltung von Widerständen und Transistor
a) Widerstandersatzschaltung der Transistorschaltung
b) Transistorschaltung

2.2 Funktionen von Reihenschaltungen

Wie wichtig es ist, eine Reihenschaltung zu erkennen und in ihrer Wirkung auf die möglichen anliegenden Signalformen zu bewerten, soll an den weiteren Beispielen in **Abb. 2.6** aufgezeigt und vertieft werden.

Abb. 2.6a zeigt die Reihenschaltung von zwei ohmschen Widerständen, wie dies zur Spannungsteilung von allen Signalformen erforderlich ist (vgl. Anhang 14.3). Daher wird diese Schaltung entsprechend ihrer Funktion auch Spannungsteiler genannt.

Abb. 2.6b zeigt die Reihenschaltung eines ohmschen Widerstandes und einer Diode. Die zwei Schaltungsvarianten haben unterschiedliche Wirkungen auf eine Wechselspannung. In der linken Darstellung wird das resultierende Ausgangssignal am Widerstand R abgenommen. Für die positive Halbwelle hat die Diode D einen kleinen Widerstand. Diese Halbwelle wird am Widerstand R anstehen. Für die negative Halbwelle ist der Sperrwiderstand der Diode sehr hoch. Am Widerstand wird nur eine geringfügige Spannung abgenommen. Diese Schaltung dient zur Gleichrichtung von Wechselspannungen und wird dann als Einweg-Gleichrichterschaltung bezeichnet, wobei der Widerstand R den Verbrauchswiderstand darstellt.

An der rechten Schaltung wird die Wechselspannung an der Diode abgenommen. Daher wird als Ausgangsspannung die negative Halbwelle gemessen und die positive Halbwelle nur als geringfügige Schwellenspannung der Diode gemessen. Diese Schaltung entspricht ebenfalls der Wirkung einer Gleichrichterfunktion.

Die Reihenschaltung eines Widerstandes mit einer Z-Diode zeigt Abb. 2.6c. Da die Z-Diode Gleichspannungsänderungen einen nahezu konstanten Widerstand entgegensetzt, wirkt diese Schaltung als Begrenzer- und Stabilisierungsschaltung für Gleichspannungen.

Die linke Darstellung in Abb. 2.6d zeigt die Reihenschaltung eines NPN-Transistors mit einem ohmschen Widerstand als Arbeitswiderstand RC im Kollektor des Transistors (vgl. Emitter-Schaltung in Tabelle 2.1). Eine Eingangsspannung wird dadurch in der Polarität am Ausgang umgekehrt. Dieser Arbeitswiderstand kann auch im Emitter des Transistors liegen (RE in rechter Darstellung). Die Eingangsspannung wird dadurch am Ausgang nicht umgekehrt.

Die Reihenschaltung von Transistoren (Abb. 2.6e) finden wir bei Ausgangsschaltungen von Nf-Verstärkern oder linearen und digitalen IC's.

Die Aussteuerung der Transistoren erfolgt gegensinnig. Wenn T1 hochohmig gesteuert wird, dann wird T2 niederohmig und umgekehrt. Dadurch erhöht sich die dynamische Spannungsteilerwirkung der Schaltungsanordnung.

Die Reihenschaltung eines ohmschen Widerstandes mit einem frequenzabhängigen Widerstand zeigt die Abb. 2.6f. Damit wird am Ausgang der Schaltungen die Teilerwirkung für die Eingangswechselspannung abhängig von der Frequenz.

a) Unterschiedliche Darstellung des Spannungsleiters

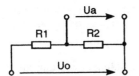 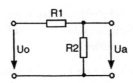 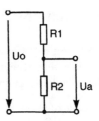

b) Gleichrichter- und Begrenzerschaltung

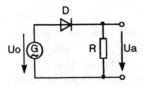 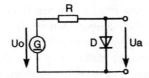

c) Stabilisierungsschaltung

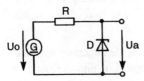

d) Arbeitswiderstand am Transistor

 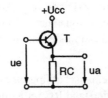

e) Transistor in Reihenschaltung

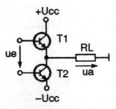

f) Reihenschaltung aus ohmschen- und frequenzabhängigen Widerständen

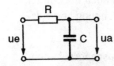 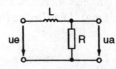 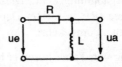 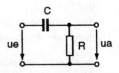

Abb. 2.6: Reihenschaltung von Komponenten

In den beiden linken Abbildungen liegt die Ausgangsspannung einmal am Kondensator und einmal am ohmschen Widerstand. Dadurch ergeben sich für beide Schaltungsvarianten das gleiche Frequenzverhalten für die Ausgangsspannung.

Der Kondensator in der ersten Abbildung verringert seinen frequenzabhängigen Widerstand mit zunehmender Frequenz. Das Widerstandsverhältnis wird dadurch größer, die Ausgangsspannung am Kondensator kleiner. In der zweiten Abbildung erhöht sich der frequenzabhängige Widerstand der Spule mit zunehmender Frequenz. Das Widerstandsverhältnis wird dadurch auch größer und die Ausgangsspannung am ohmschen Widerstand wird dadurch auch kleiner (Funktion eines Tiefpasses).

Überträgt man dieses Funktionsverhalten auf die beiden rechten Bilder, dann wird es verständlich, dass bei diesen Schaltungsanordnungen die frequenzabhängige Ausgangsspannung mit zunehmender Frequenz ansteigt (Funktion eines Hochpasses).

Abb. 2.7 zeigt die Schaltung eines einstufigen Transistor-Spannungsverstärkers. Dieser Verstärker wird auch in seiner Standard-Grundschaltung als Emitterschaltung bezeichnet. Kennzeichnend für die Grundschaltungen sind die Zuordnungen des Ein- und Ausganges zu den Elektrodenanschlüssen des Transistors. Bei der Emitter-Grundschaltung ist der Eingang dem Basisanschluss zugeordnet, der Ausgang dem Kollektoranschluss, das gemeinsame Bezugspotenzial dem Emitteranschluss.

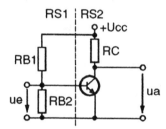

Abb. 2.7: Kombination von Reihenschaltungen am Beispiel einer Verstärkerstufe

Aus der Abbildung sehen wir, dass die Verstärkerstufe aus zwei Reihenschaltkreisen besteht, dem Basisspannungsteiler zur Erzeugung des Arbeitspunktes AP, bestehend aus den ohmschen Widerständen RB1 und RB2 (Reihenschaltung RS1) und der Reihenschaltung RS2 des Arbeitswiderstandes RC mit dem Transistor.

Abschließend zu den Betrachtungen von Reihenschaltungen schauen wir uns etwas eingehender das Schaltungsbeispiel eines Rechteckgenerators in **Abb. 2.8** an.

In einem Gesamtschaltbild sind Einzelfunktionen immer etwas schwerer zu erkennen, deshalb sind in Abb. 2.8 die einzelnen Reihenschaltungen mit Linien abgegrenzt und mit Kleinbuchstaben wie folgt gekennzeichnet:

a) Reihenschaltung der Widerstände R23 und R24 (Spannungsteiler zur Erzeugung des Arbeitspunktes für die Basis des Transistors T8);

b) Reihenschaltung des Kondensators C12 und der Spule L1/1-2 (Serienresonanzkreis);

c) Reihenschaltung der Spule L1/3-4, Transistor T8 (Kollektor-Emitter) und Emitterwiderstand R25;

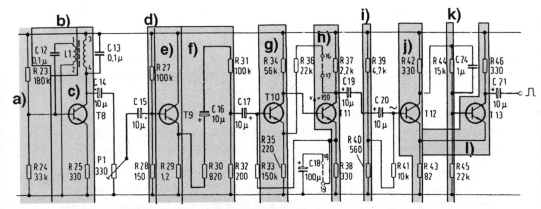

Abb. 2.8: Schaltungsbeispiel für Reihenschaltungen

d) Reihenschaltung der Widerstände R27 und R28 (Spannungsteiler für Basis T9);

e) Reihenschaltung des Transistors T9 (Kollektor-Emitter) und des Emitterwiderstandes R29;

f) Reihenschaltung des Widerstandes R30, Kondensator C16 und die Widerstände R31 und R32;

g) Reihenschaltung des Kollektorwiderstandes R34, Transistor T10 (Kollektor-Emitter) und des Emitterwiderstandes R35;

h) Reihenschaltung des Kollektorwiderstandes R37, des Transistors T11 (Kollektor-Emitter) und des Emitterwiderstandes R38;

i) Reihenschaltung des Spannungsteilers R39 und R40;

j) Reihenschaltung Kollektorwiderstand R42, Transistor T12 (Kollektor-Emitter) und der mit T13 gemeinsame Emitterwiderstand R43;

k) Reihenschaltung des Spannungsteilers R44 und R45;

l) Reihenschaltung des Kollektorwiderstandes R46, Transistor T13 (Kollektor-Emitter) und des mit T12 gemeinsamen Emitterwiderstandes R43.

2.3 Funktionen von Parallelschaltungen

Eine weitere wichtige Funktion hat die Parallelschaltung von Komponenten in elektronischen Schaltungen. Eine Parallelschaltung ist vor allem dann gegeben, wenn am Ausgang einer Elektronikschaltung die nächstfolgende Schaltungsfunktion oder ein Verbraucher angeschlossen ist. Hierzu die folgenden Beispiele der **Abb. 2.9**:

In Abb. 2.9a ist am Ausgang des Spannungsteilers ein Lastwiderstand angeschlossen. Dieser Lastwiderstand RL bildet mit dem Widerstand R2 einen Parallelwiderstand RP mit einem daraus resultierenden neuen Widerstandswert, der das Widerstandsverhältnis zusammen mit R1 bestimmt.

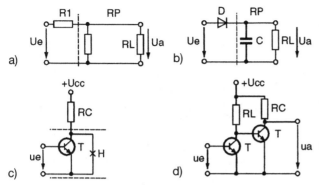

Abb. 2.9: Parallelschaltung von Komponenten: a) Spannungsteiler und Lastwiderstand; b) Ladekondensator und Lastwiderstand; c) Transistor und Lämpchen als Lastwiderstand; d) Parallelschaltung von Transistorfunktionen

In Abb. 2.9b ist an den Ausgang der Gleichrichterdiode D ein Ladekondensator C und ein Lastwiderstand RL angeschlossen. C und RL sind parallel geschaltet und liegen als resultierender frequenzabhängiger Gesamtwiderstand in Reihenschaltung zu der Diode D.

Abb. 2.9c zeigt ein am Ausgang des Transistorverstärkers angeschlossenes Lämpchen H an. Dieses Lämpchen liegt als Lastwiderstand parallel zu dem Transistor T. Der resultierende Gesamtwiderstand aus T und H liegt in Reihe zu dem Widerstand RC.

Abb. 2.9d zeigt zwei Transistorverstärkerstufen T, die hintereinander geschaltet sind. Hierbei liegt der Basis-Emitterwiderstand des zweiten Transistors parallel zum Ausgang (Kollektor-Emitter-Widerstand) des ersten Transistors.

Die Parallelschaltung der beiden Verstärkerstromkreise über die Widerstände RL und RC an der Versorgungsspannung Ucc hat auf die Funktionsbetrachtung der Verstärkerstufen keinen Einfluss.

Abschließend zu den grundsätzlichen funktionalen Betrachtungen über Parallelschaltungen werden wieder in der Schaltungsvorlage des Rechteckgenerators von Abb. 2.8 einige Parallelschaltungen definiert. Hierzu sind wiederum in der **Abb. 2.10** die Parallelschaltungen durch Eingrenzungslinien gekennzeichnet und mit fortlaufenden Kleinbuchstaben versehen:

a) Im Basis-Emitter-Stromkreis liegen Widerstand R24, parallel dazu die Reihenschaltung C12 und L1/1-2 und parallel dazu die Reihenschaltung von Basis-Emitter-Widerstand T8 und Emitterwiderstand R25.

b) Die Spule L1/3-4 und der Kondensator C13 bilden einen Parallelschwingkreis

c) Der Widerstand R28 liegt parallel zur Reihenschaltung des Basis-Emitter-Widerstands T9 und dem Emitterwiderstand R29.

d) Dem Widerstand R40 liegen parallel die in Reihe geschalteten Widerstände R41, Basis-Emitter-Widerstand T12 und der Emitterwiderstand R43.

e) R44 und C24 bilden eine Parallelschaltung als Koppelelement zwischen Transistor T12 und Transistor T13.

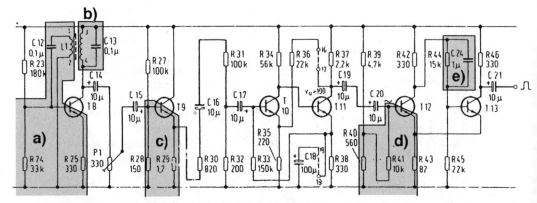

Abb. 2.10: Schaltungsbeispiel für Parallelschaltungen

Die hier als Beispiel für Reihen- und Parallelschaltungen eingesetzte Schaltung wird in Hauptabschnitt 7 nochmals näher in ihrer Funktion (Abb. 7.3) beschrieben.

2.4 Standardisierte Grundschaltungen

Die Kombination von Reihen- und Parallelschaltungen der Komponenten ergeben dann die ganze Vielfalt der zur Anwendung kommenden Schaltungsvarianten. Daraus haben sich einige Standard-Grundschaltungen entwickelt, wie sie in der folgenden **Übersichtstabelle 2.1** beispielhaft dargestellt sind:

Die Verstärker-Grundschaltungen haben unterschiedliche Leistungskennwerte:

Die **Emitter**-Schaltung ist eine Spannungs- und Stromverstärkerstufe. Der gebräuchlichste Einsatz ist der als Spannungsverstärkerstufe.

Die **Kollektor**-Schaltung hat die größte Stromverstärkung, aber die Spannungsverstärkung ist <1. Aufgrund des großen Eingangs-, Ausgangs-Widerstandsverhältnisses wird sie als Impedanzwandler eingesetzt.

Die **Basis**-Schaltung hat die größte Spannungsverstärkung, aber eine Stromverstärkung <1. Ihr Einsatz erfolgt bevorzugt für kleine Spannungen (Antennenverstärker).

Die **Differenz**-Verstärkerstufe ist ein Brückenverstärker, der nur die Differenzspannung zwischen den Eingängen verstärkt am Ausgang wiedergibt. Spannungen mit gleicher Polarität und Amplitude werden nicht verstärkt. Aufgrund der daraus resultierenden Gleichtaktunterdrückung, die Störspannungen unterdrückt, wird dieser Verstärkertyp als Eingangsstufe für Operationsverstärker eingesetzt.

Der **Darlington**-Verstärker hat ausgesprochene Stromverstärkerfunktion und wird entsprechend zur Steuerstromanpassung eingesetzt.

Tabelle 2.1 Grundschaltungen

Ermitter-Schaltung	Kollektor-Schaltung	Basis-Schaltung	Differenz-Verstärker	Darlington-Verstärker
Einweg-Gleichrichter	Zweiweg-Gleichrichter	Brücken-Gleichrichter	Einweg-Verdoppler	Zweiweg-Verdoppler
Nichtinvertierender Operationsverstärker	Invertierender Operationsverstärker	Impedanz-Verstärker	Differenz-Verstärker	Stromquelle
Bistabiler Multivibrator	Astabiler Multivibrator	Monostabiler Multivibrator	Schmitt-Trigger	NAND-Logik

Die Gleichrichter-Grundschaltungen haben zur Aufgabe, Wechselspannungen zu Gleichspannungen umzuformen.

Der **Einweg**-Gleichrichter verwertet nur eine Halbwelle zur Gleichspannungsgewinnung. Daher wird diese Gleichrichtung nur für geringe Leistungsanforderungen eingesetzt.

Der **Zweiweg**-Gleichrichter verwertet beide Halbwellen zur Gleichspannungsgewinnung. Außerdem werden die Sekundärwicklungen des Transformators nicht durch den Laststrom vormagnetisiert.

Der **Brücken**-Gleichrichter nutzt ebenfalls beide Halbwellen zur Gleichspannungsgewinnung.

Die **Einweg-Spannungsverdoppler**-Schaltung lädt den Kondensator C2 auf den doppelten Wert der Eingangsspitzenspannung.

Die **Zweiweg-Spannungsverdoppler**-Schaltung lädt beide Kondensatoren auf den doppelten Wert der Eingangsspitzenspannung.

Der Operationsverstärker ist der universellste Verstärkertyp. Als IC's werden diese Verstärker mit den unterschiedlichsten Leistungsmerkmalen angeboten.

Beim **nichtinvertierenden** Verstärker wird das Eingangssignal an den +-Eingang gelegt.

Beim **invertierenden** Verstärker erfolgt die Ansteuerung über den −-Eingang. Die Spannungsverstärkung wird über den Teilungsfaktor der ohmschen Widerstände bestimmt.

Beim **Impedanz**-Verstärker wird der invertierende Eingang mit dem Ausgang kurzgeschlossen. Die Stromverstärkung ist hoch. Es erfolgt keine Spannungsverstärkung.

Die Eigenschaften des **Differenz**-Verstärkers entsprechen der Differenzstufe.

Die **Stromquelle** hält die mit dem Widerstand R2 eingestellte Spannung konstant. Die Referenzspannung wird durch die Z-Diode erzeugt.

Bei den Impulserzeugerschaltungen (Multivibratoren) unterscheidet man die folgenden Standardfunktionen:

Die rechteckförmige Umschaltung der **bistabilen** Kippstufe erfolgt über Eingangsimpulse an den beiden Eingängen. Die Impulszeiten werden durch die zeitliche Folge der Eingangsimpulse bestimmt.

Die **astabile** Kippstufe ist ein freischwingender Rechteckgenerator. Die Impulszeiten werden durch die zwei RC-Glieder bestimmt, die gegenseitig Eingang und Ausgang miteinander verkoppeln

Die **monostabile** Kippstufe benötigt am Eingang einen Startimpuls, damit ein einmaliger Rechteckimpuls am Ausgang abgegeben wird. Der zeitliche Ablauf des Impulses wird dann durch das RC-Koppelglied zwischen Kollektor der ersten Stufe und Basis der zweiten Stufe bestimmt.

Der **Schmitt-Trigger** benötigt zur Erzeugung eines Rechteckimpulses am Ausgang zwei unterschiedliche Spannungspegel beliebiger Signalform am Eingang.

Die **NAND-Logik** besteht aus dem UND-Diodengatter und der nachfolgenden Emitterschaltung (Umkehrfunktion).

2.5 Übungen zur Vertiefung

In den folgenden Übungsbeispielen wollen wir das bisher Gelernte weiter vertiefen und anwenden.

1. Welche Funktion haben die Widerstände RB und RQ in der Emitter-Schaltung der Tabelle 2.1?
2. Welche Aufgabe hat der Kondensator C in der Basis-Schaltung der Tabelle 2.1?
3. Wie viele Strompfade hat der Darlington-Verstärker in Tabelle 2.1?
4. Welche Aufgabe hat der Kondensator CL in den Gleichrichterschaltungen der Tabelle 2.1?
5. An den Eingängen der Gleichrichterschaltungen in Tabelle 2.1 liegt eine sinusförmige Wechselspannung an. Welche Ausgangsspannungen sind die Folge, wenn sich an den Ausgängen keine Ladekondensatoren befinden?
6. An beide Eingänge des Operationsverstärkers in Tabelle 2.1 wird eine Wechselspannung angelegt. Welche Spannung erhält man am Ausgang?
7. Welcher Unterschied in der Ausgangsfunktion besteht zwischen dem bistabilen und dem monostabilen Multivibrator?
8. Bezüglich der Ausgangsfunktion sind die Emitter- und die Kollektorschaltung jeweils identisch mit den invertierenden-, bzw. den nichtinvertierenden Operationsverstärker. Für welche Stufen trifft dies zu?
9. Wann leuchtet das Lämpchen in der Schaltung Abb. 2.9c? Bei einem Eingangssignal oder ohne Eingangssignal am Transistor?
10. In der Schaltung Abb. 2.9d ist am Eingang eine positive Halbwelle wirksam. Welche Polarität hat die Halbwelle am Ausgang?
11. In der Schaltung Abb. 2.5b bestimmt die Basisspannung den Übergangswiderstand R zwischen Kollektor (C) und Emitter (E).
    Wenn die Basisspannung UB = OV beträgt, in welcher Größenordnung befindet sich der Übergangswiderstand Kollektor-Emitter?
    R = _____
    Wie groß wird die Spannung an dem Widerstand R = 1 k?
    U = _____
12. Der Gesamtwiderstand in der Abb. 2.2a ist überschlägig zu bestimmen:
    R = _____
13. Der Gesamtwiderstand in der Abb. 2.2b ist überschlägig zu bestimmen:
    R = _____

Lösungen im Anhang

3 Das Wesentliche vom Unwesentlichen unterscheiden

Nachdem wir in den ersten Abschnitten die unterschiedlichsten Darstellungen von Einzelfunktionen und Grundschaltungen in den verschiedensten Darstellungsformen kennen gelernt haben, wollen wir in diesem Abschnitt zwei umfangreichere Schaltungen auf ihre Funktionen hin überprüfen, denn beim Lesen von Schaltungen kommt es darauf an, möglichst schnell und umfassend die Schaltungsunterlagen auf ihren Funktions- und Signalablauf hin auszuwerten.

Wie geht man dabei am besten vor? – Besonders dann, wenn es keine Schaltungsbeschreibung gibt!

Beim ersten Betrachten der Schaltungsunterlagen von größeren Funktionseinheiten sollte man zuallererst versuchen, alle an der Gesamtfunktion beteiligten Grundschaltungen zu erkennen (z.B. Verstärkerstufen, Impedanzwandler, Trennstufen, Kippstufen usw.). Die Schaltung wird sozusagen mit dem Auge in ihre Grundbestandteile zerlegt, wobei man einzelne Netzwerke und Bauelemente vorerst vollkommen außer Betracht lassen kann. Erst danach versucht man die um eine definierte Funktionsstufe angeordneten Bauelemente auf ihren Funktionseinfluss auf diese Stufe zu definieren und zuzuordnen. Dabei können als Bedienelemente gekennzeichnete Bauelemente – wie z.B. Eingangs- und Ausgangsbuchsen, Steller für Amplitudenänderungen, Stufen- und Bereichsschalter – den Eindruck von der Gesamtfunktion, sozusagen als Indizienkette, verdichten helfen.

3.1 Beispiel einer Generatorschaltung

Die Abb. 3.1 zeigt die Schaltung eines Rechteck-Sinusgenerators.

Der Generator hat folgende gekennzeichnete Bedienelemente:

- Potentiometer (Steller) R9a,R9b zur Frequenzeinstellung
- Potentiometer (Steller) R19 zur Amplitudeneinstellung
- Schalter S1a, S1b zur dekadischen Frequenzeinstellung
- Schalter S3a, S3b zur dekadischen Amplitudeneinstellung
- Umschalter S2 für die Rechteck-/Sinusfunktion

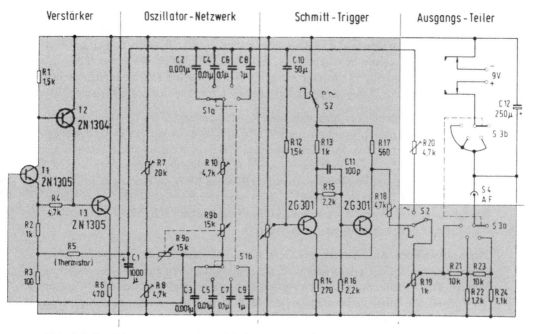

Abb. 3.1: Funktionsgruppen eines RC-Generators

Die insgesamt fünf PNP-Transistorstufen (Minuspol der Versorgungsspanunung an den Kollektoren) des Schaltbildes lassen schon durch die optische Aufteilung auf zwei verschiedene Funktionsgruppen schließen.

Die Transistorstufen T1 und T2 sind als Spannungsverstärkerstufen (Emitter-Schaltung, vgl. Tab. 2.1) zu erkennen, die Transistorstufe T3 als Impedanzwandler, bzw. als Emitterfolger (Kollektor Schaltung, vgl. Tab. 2.1). Der Ausgang dieser Verstärkergruppe liegt am Emitter von T3.

Die Darstellung der PNP-Stufen T1 und T2 lässt zwar nicht auf Anhieb zwei Verstärkerstufen erkennen. Man sieht aber auch, dass es sich hier nicht um eine Kippstufe (vgl. Tab. 2.1) handelt. Dies ist an der Art der Kopplung Kollektor-Basis erkennbar. Die Anordnung des Emitterfolgers ist eindeutig.

Im Gegensatz dazu lassen die beiden Transistorstufen 2G301 durch die Kopplungsanordnung die Kippstufe in Form des Schmitt-Triggers erkennen (vgl. Tab. 2.1).

Anhand der bekannten Funktionsaufgaben des Generators ist es jetzt nicht mehr schwer, die Aufgaben der einzelnen Schaltungseinheiten zu erkennen. Die Verstärkergruppe ist Bestandteil des Sinusgenerators, der Schmitt-Trigger dient zur Umwandlung der Sinusschwingungen in Rechteckschwingungen.

Diese Funktionen werden durch die Anordnung der Schaltkontakte des Umschalters S2 bestätigt. Über die Schaltebene des Schalters S2 zwischen der Betriebsspannung und den Kollektorwiderstand R13 wird diese wahlweise dem Schmitt-Trigger zu- oder abgeschaltet. Die zweite Schaltebene des Schalters S2 schaltet wahlweise vom Ausgang des Schmitt-Triggers auf den Ausgang des Verstärkers (Verbindung über den Einstellwiderstand R20, den Koppelkondensator C1 zum Emitter des Transistors T3).

Anhand der Anordnung der umschaltbaren Kondensatoren C2 bis C10 über S1a und S1b und der Widerstandspotentiometer R9a und R9b lässt sich unschwer die frequenzbestimmende Wien-Robinson-Brücke erkennen. Sie liegt mit den parallelgeschalteten Kondensatoren C2, C4, C6 und C8 zwischen dem Ausgang der Transistorstufe von T3 und mit einer direkten Verbindung (zwischen R9a und R9b) zur Basis von T1, womit gleichzeitig der Eingang des Verstärkers fixiert ist. Die Erzeugung der Sinusfunktion erfolgt somit über einen Wien-Brücken-Generatorschaltung (Oszillator-Netzwerk in Verbindung mit den dreistufigen Verstärker).

Zur vollständigen Absicherung des Gesamteindrucks der Schaltungsfunktion ist es zweckmäßig, sich die Funktionseingriffe der restlichen Bedienungselemente zu vergewissern. Der Feinabschwächer R19 als Spannungsteiler liegt wahlweise im Ausgang der Funktionseinheiten als Abschlusswiderstand. Der Schalter S3 hat zwei Segmente. Mit einem Schaltersegment S3b wird die Betriebsspannung ein- und ausgeschaltet. Das zweite Schaltersegment S3a schaltet die Bereiche des Spannungsteilers R21 bis R24.

Abschließend sollte man auch noch die Einstell- bzw. Abgleichmöglichkeiten der Trimmpotentiometer festhalten.

Damit wurde im Wesentlichen die Schaltung des Funktionsgenerators analysiert. Weitere Details werden in den abschließenden Übungen dieses Abschnittes erarbeitet.

Fassen wir die wesentlichen Erkenntnisse aus diesem Beispiel zusammen:

- Gesamtschaltbild auf Funktionsgruppen prüfen und herausfinden.
- Funktionsgruppen definieren.
- Zusammenwirken der Funktionsgruppen unter Einbeziehung der Bedienelemente feststellen.
- Den Funktionsgruppen zugeordnete Bauelemente und Netzwerke auf Funktionseinflüsse (Rückkopplungen, Arbeitspunktstabilisierung) prüfen.

3.2 Beispiel einer Impulsformerschaltung

Die Betrachtung eines weiteren Beispiels unter Berücksichtigung der bisherigen Analysierungsregeln soll anhand der Schaltung Abb. 3.2 erfolgen.

Von der Funktion der Schaltung ist bekannt, dass sie aufgrund eines Signals beliebiger Form am Eingang die Lampe im Emitter der letzten Transistorstufe T42 einschaltet

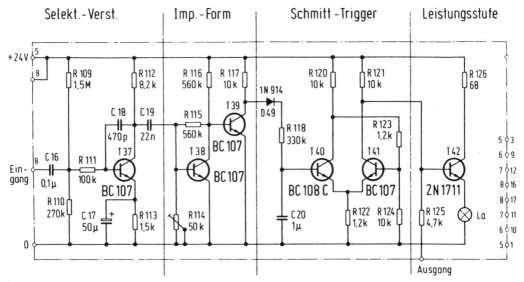

Abb. 3.2: Funktionsgruppen einer Indikatorschaltung

und über den Ausgang gleichzeitig einen Schaltimpuls abgibt. Betrachtet man das Schaltbild genauer, dann lassen sich die Transistorstufen auf den ersten Blick in die vier dargestellten Funktionsgruppen aufgliedern.

Die Verstärkerstufe T37 entspricht der Grundschaltung in Tab. 2.1 (Eingang Basis, Ausgang Kollektor). Zusammen mit der Beschaltung der Kondensatoren C17, C18 und den Widerständen R110 bis R113 bildet diese Stufe einen aktiven Bandpassverstärker.

Die darauf folgende kapazitiv gekoppelte Impulsformerschaltung T38 und T39 ist in ihrer Ruhelage (ohne Eingangssignal) durch das Potentiometer R114 auf einen Wert eingestellt, der T38 nichtleitend und den direkt gekoppelten Transistor T39 dadurch leitend hält. Durch die Spitzen der verstärkten Eingangsspannung wird bei Überschreiten der eingestellten Schwellenspannung die Impulsformerschaltung in die andere Lage umgeschaltet (T38 leitend, T39 nichtleitend). Mit der dadurch am Kollektor des Transistors T39 anstehenden Spannung wird über die Entkopplungsdiode D49 der Kondensator aufgeladen. Die Diode D49 verhindert, dass sich der Kondensator C20 während der Impulspausen über den leitenden Transistor T39 entladen kann.

Der Schmitt-Trigger, bestehend aus den Transistorstufen T40 und T41, wird nach Erreichen eines bestimmten Spannungswertes am Kondensator C20 umgeschaltet. Durch den Umschaltvorgang wird der Transistor T41 nichtleitend, am Kollektor stellt sich eine hohe Spannung ein, durch die der Emitterfolger T42 (Kollektorschaltung, vgl. Tab. 2.1) leitend geschaltet wird, die Lampe leuchtet. Am Ausgang entsteht hierbei ein Spannungssprung von ca. +1,5 V nach +21 bis +24 V.

3.3 Übungen zur Vertiefung

Machen Sie es sich zur Gewohnheit, in allen Schaltungsunterlagen die einzelnen Funktionseinheiten zu definieren und ihre Aufgabe in der Gesamtfunktion zu erkennen.

In den folgenden Aufgaben werden anhand der Abbildungen 3.1 und 3.2 weitere Bauelemente auf ihre Funktonsaufgabe abgefragt:

1. Welche Funktion hat der Thermistor R5 in Abb. 3.1?
2. Welche Funktionen werden mit den Trimmwiderständen R7 und R8 in Abb. 3.1 eingestellt, bzw. beeinflusst?
3. Welche Funktionen werden mit dem Potentiometer an der Basis von Transistor 2G301 in Abb. 3.1 eingestellt?
4. Welche Funktion hat der Kondensator C10 in Abb. 3.1?
5. Welchen Einfluss hat der Kondensator C11 in Abb. 3.1 auf das Ausgangssignal des Schmitt-Triggers?
6. Welche Funktion hat der Widerstand R126 in Abb. 3.2?
7. Die Verstärkerstufe T37 in Abb. 3.2 wurde als Bandpassverstärker definiert. Welche Kondensatoren übernehmen hier die Funktion des Hoch- bzw. des Tiefpasses?
8. Welche Funktion hat der Widerstand R115 in Abb. 3.2?
9. Welche Wirkung hat der Widerstand R118 in Abb. 3.2 auf den Ladevorgang des Kondensators C20?
10. Welche Aufgabe hat der Widerstand R125 in Abb. 3.2?

Lösungen im Anhang

Haben Sie die Ausführungen in den ersten drei Hauptabschnitten gut verstanden und den überwiegenden Teil der Übungsaufgaben richtig gelöst, dann brauchen Sie die nächsten Hauptabschnitte nicht zu lesen bzw. zu bearbeiten. Im anderen Fall ist es empfehlenswert, vor allem die Hauptabschnitte 5 und 6 aufmerksam zu studieren.

4 Hauptfunktionen aus Neben- oder Hilfsfunktionen erkennen

Die Schaltungsfunktionen der Industrieschaltungen setzen sich überwiegend aus Grundschaltungen zusammen. Leider nicht in ihren Grundformen, sondern versteckt in den mannigfaltigsten Netzwerken und Nebenfunktionen. Wodurch sich nicht nur die meisten Berufsanfänger, sondern auch viele Routiniers entmutigen lassen und deshalb den Funktionsablauf oder Signalweg mehr erraten als folgerichtig festlegen.

In den meisten Fällen handelt es sich bei den sogenannten Nebenfunktionen um wesentliche immer wiederkehrende Hilfsfunktionen. Dies können z.B. sein: Schaltungen zur Erzeugung von Arbeitspunkten, Stabilisierungsschaltungen, Siebschaltungen, Filterschaltungen, Schaltungen zur Erzeugung von Hilfsspannungen, Gegenkopplungen und Entkopplungsschaltungen. Hierzu ein einfaches Beispiel:

Die Abb. 4.1 zeigt eine komplette Verstärkerstufe. Die eigentliche Verstärkerfunktion wird durch den Transistor und den Arbeitswiderstand im Kollektor ausgeübt. Dazu gehört die Anordnung des Einganges an der Basis und des Ausganges am Kollektor.

Alle anderen Hilfs- oder Nebenfunktionen sind nicht spezifisch für die Funktion, sie könnten daher entfallen oder in einer anderen Schaltungsvariante dargestellt sein. Zum Beispiel könnte der Spannungsteiler zur Erzeugung des Arbeitspunktes in abgewandelter Form nur aus dem oberen Widerstand bestehen.

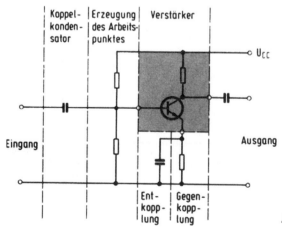

Abb. 4.1: Verstärkerstufe

Anstelle der kapazitiven Kopplung könnte eine direkte Kopplung oder eine Widerstandskopplung vorhanden sein. Auch der Emitterwiderstand als Stromgegenkopplung ist für die Grundfunktion nicht erforderlich. Eine ähnliche Wirkung könnte eine Schaltungsanordnung an anderer Stelle erzielen. Entsprechende Veränderungen können auch an der Wirkung des Entkopplungskondensators vorgenommen werden.

Dieses Beispiel hat gezeigt, dass eine Grundfunktion unter den unterschiedlichsten Schaltungsvarianten auftreten kann. Es hat daher keinen Zweck, sich nur eine oder mehrere Schaltungsvarianten einzuprägen und mit diesen Vorbildern sozusagen im Soll-Ist-Vergleich die Schaltungen abzuprüfen. Viel leichter tut man sich, wenn man nach den Grundfunktionen sucht und die daran angeordneten Bauelemente und Netzwerke auf ihre Funktionsaufgaben überprüft.

Man würde bei einer Verstärkerschaltung entsprechend Abb. 4.1 wie folgt vorgehen:

- Grundschaltung aufgrund der Anordnung von Ein- und Ausgang definieren;
- Bauelemente zur Erzeugung des Arbeitspunktes bestimmen;
- weitere Bauelemente auf ihre Funktionen als Gegenkopplung (Arbeitspunktstabilisierung), Kopplungselemente oder frequenzabhängige Netzwerke überprüfen.

Diese Überlegungen können bei Impuls- oder Digitalschaltungen ebenfalls angewendet werden. In Abb. 4.2 ist ein Flipflop dargestellt. Bekanntlich liegt allen Flipflops als Zähl- oder Speicherfunktion die bistabile Kippstufe als Schaltung zugrunde.

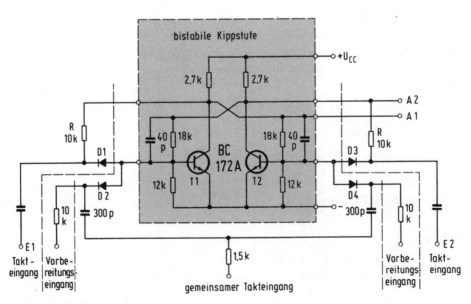

Abb. 4.2: Flipflopschaltung

Auch hier gilt es, zuerst die Grundfunktion anhand der dazu erforderlichen Bauelemente zu erkennen und dann die Nebenfunktionen zu definieren.

Die bistabile Kippstufe in ihrer Grundfunktion wird durch die Transistoren, die Kollektorwiderstände R = 2,7 k und die Koppelnetzwerke R = 18 k und R = 12 k sowie C = 40 p dargestellt.

Entsprechend der Funktion befinden sich die Eingänge an der Basis und die Ausgänge A1 und A2 an den Kollektoren. Die Eingangsnetzwerke erweitern die bistabile Grundschaltung zu einem getakteten Flipflop.

Die getrennten Takteingänge E1 und E2 wirken über C und die Dioden D1 und D3 auf die Eingänge der bistabilen Kippstufe. Durch den Widerstand R = 10 k wird der Takteingang immer gesperrt, der an den nichtleitenden Transistor angeschlossen ist, da die Diode D1 bzw. D3 durch die hohe positive Spannung gesperrt ist. Der gemeinsame Takteingang wirkt über die Kondensatoren C = 300 p und die Dioden D2 und D4 auf die Eingänge der Kippstufe. Die negative Polarität des differenzierten Rechteckimpulses wird jeweils am leitenden Transistor wirksam, dieser Transistor wird nichtleitend und löst den Kippvorgang aus. Der gemeinsame Takteingang kann über die Vorbereitungseingänge jeweils blockiert bzw. freigegeben werden.

Zur Blockierung des Takteinganges ist eine positive Gleichspannung in Höhe von U_{cc}, erforderlich, damit die Dioden D2 und D4 gesperrt werden. Freigegeben wird der Takteingang durch Nullpotenzial am Vorbereitungseingang.

4.1 Beispiele anhand von Verstärkern aus der Praxis

Nachdem anhand von zwei grundlegenden Beispielen der Sinn dieser Betrachtungsweise dargestellt wurde, werden nun einige Schaltungsbeispiele aus der Industriepraxis nach dieser Methode analysiert. In Abb. 4.3 ist ein dreistufiger Spannungsverstärker als Bestandteil einer größeren Funktionseinheit (TF-Verstärker) dargestellt.

Aus der Anordnung der Ein- und Ausgänge ist ersichtlich, dass die Stufen T22 und T23 als Spannungsverstärker (Emittergrundschaltung) wirksam sind. Transistor T24 arbeitet als Emitterfolger (Kollektorgrundschaltung), diese Funktion kann man an der Anordnung des Ausgangs am Emitter erkennen. Die Arbeitswiderstände für die Stufen T22 und T23 sind die Widerstände R116 und R117, für die Stufe T24 der Emitterwiderstand R120.

Die Erzeugung der Spannung für den Arbeitspunkt erfolgt an der Stufe T22 durch den Vorwiderstand R113, der an 0 V angeschlossen ist, wodurch die Basis des pnp-Transistors negative Spannung zu dem an +24 V angeschlossenen Emitter anliegen hat. Für die Stufen T23 und T24 wird aufgrund der direkten Kopplung kein Vorwiderstand bzw. Basisspannungsteiler benötigt.

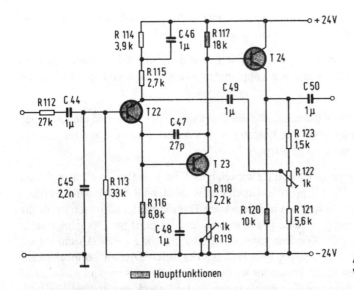

Abb. 4.3: Dreistufiger Verstärker

▨▨ Hauptfunktionen

Als Gegenkopplungsmaßnahme sind in der Stufe T22 im Emitter die Widerstände R114 und R115 wirksam. Die Gegenkopplungswirkung des Widerstandes R114 für Wechselspannungen ist durch den Kondensator C46 unwirksam gemacht. In der Stufe T23 befindet sich die gleiche Schaltungsanordnung. Lediglich der Gegenkopplungswiderstand R119 ist in dieser Stufe einstellbar, wodurch der Verstärkungsgrad in kleinen Grenzen verändert werden kann (Erhöhung oder Verminderung der Gegenkopplungswirkung).

Als weitere Gegenkopplungsmaßnahme wirkt der Kondensator C47, der allerdings durch seine geringe Kapazität von C = 27 pF lediglich als Phasenkompensation für hohe Frequenzen wirksam wird, wodurch die Selbsterregung der Stufen vermieden werden soll.

Eine weitere, nicht sofort in ihrer Funktion durchschaubare, einstellbare Rückkopplung für Wechselspannung bildet der Kondensator C49 zusammen mit den Widerständen R122, R123 und dem Widerstand R121. Durch diese Schaltungsfunktion wird die Gegenkopplungswirkung des Widerstandes R115 in der Stufe T22 verstärkt oder abgeschwächt.

Diese Wirkung wird durch folgende Überlegung deutlich: Das Eingangssignal gelangt mit gleicher Polarität an den Ausgang, das zurückgekoppelte Signal ist daher auch polaritätsgleich mit der Wechselspannung am Emitter von T22. Je nach Stellung des Potentiometers wird dadurch die Emitterwechselspannung in ihrer Gegenkopplungswirkung mehr oder weniger erhöht oder vermindert.

Ein weiteres Schaltungsbeispiel aus einem TF-Messverstärker zeigt die Abb. 4.4.

An dem Eingang des Übertragers liegt im Betriebsfall eine NF-modulierte HF-Trägerfrequenz an. Da hier die Basisanschlüsse der Transistoren T2 und T3 gesteuert werden

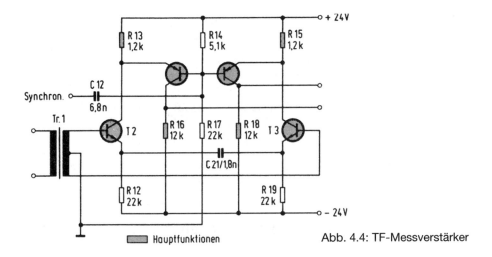

Abb. 4.4: TF-Messverstärker

und an den Kollektorausgängen die nächstfolgenden Stufen T4 und T5 angeschlossen sind, kann es sich nur um Verstärkerstufen (Emittergrundschaltungen) handeln.

Ein Merkmal für die Definition von Eingang und Ausgang einer Schaltung sind immer die Elektrodenbelegungen der Transistorgrundschaltungen. An einem Transistor kann immer nur Basis oder Emitter als Eingang benutzt werden (vgl. Tab. 4.1). Als Ausgänge kommen nur Emitter und Kollektor in Frage.

Tabelle 4.1

Signale an	Eingang	Ausgang
Basis-Kollektor	Basis	Kollektor
Emitter-Basis	Basis	Emitter
Kollektor-Emitter	Emitter	Kollektor

Bei Beachtung dieser Definition lässt sich die Verstärkerrichtung sehr schnell feststellen. Für das Beispiel in Abb. 4.4 sind die Signalanschlüsse die Basen der Transistoren T2 und T3 und die Kollektoren der Transistoren T4 und T5. Somit steht, entsprechend der Definition in Zeile 1 der Tabelle 4.1, die Verstärkerrichtung fest. Eingang an T2 und T3; Ausgang an T4 und T5.

Nachdem bereits zuvor die Stufen T2 und T3 in ihren Funktionen definiert waren, verbleiben noch die Stufen T4 und T5. Aus der Schaltung ist ersichtlich, dass die Emitteranschlüsse dieser Stufen an den Kollektoren der Stufen T2 und T3 direkt angeschlossen sind. Die Ausgänge befinden sich, entsprechend der Definition in Tabelle 4.1, Zeile 3, an den Kollektoren. Dies entspricht der Funktion einer Basisgrundschaltung (vgl. Tab. 2.1).

Die Arbeitswiderstände liegen jeweils in den Elektrodenzuleitungen, die auch den Anschlusspunkt für den Ausgang bilden.

Für dieses Schaltungsbeispiel sind dies daher die Widerstände R13 und R15 für die Stufen T2 und T3, für die Stufen T4 und T5 die Widerstände R16 und R18.

Nebenfunktionen haben folgende Bauelemente: Die Widerstände R14 und R17 wirken als gemeinsamer Spannungsteiler zur Arbeitspunkterzeugung der Stufen T4 und T5. Die Emitter-Widerstände R12 und R19 wirken als Stromgegenkopplung für die Stufen T2 und T3. Die gleiche Aufgabe haben die Widerstände R13 und R15 für die Stufen T4 und T5. Diese Widerstände üben damit eine Doppelfunktion aus. Der Kondensator C21 zwischen den Emitteranschlüssen der Stufen T2 und T3 dient zur Phasenkompensation.

Zur Synchronisation des Trägerfrequenzverstärkers wird über den Kondensator C12 ein Teil des Trägerfrequenzsignales eingespeist.

4.2 Beispiel anhand einer Impulsschaltung

In Abb. 4.5 ist der Schaltungsausschnitt eines Signalgenerators dargestellt.

Die Art der Darstellung ist sehr verwirrend und lässt nur schwer die Grundfunktionen erkennen.

Da es sich hier mit Sicherheit um eine selbsterregte Schaltung handelt, muss als erstes nach der Anzahl und der Art der Rückkopplungen gesucht werden. Von allen Rückkopplungen bei selbsterregten Generatoren ist bekannt, dass sie als Mitkopplungen wirken.

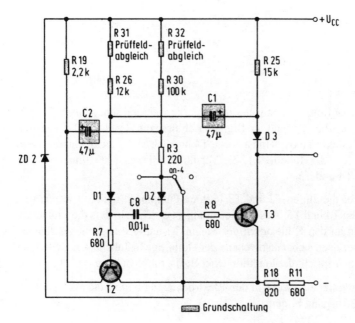

Abb. 4.5: Signalgenerator

In der Regel führen die Mitkopplungen vom Kollektor zur Basis. Eine weitere Möglichkeit besteht in der Kopplung zwischen den Emittern.

Entsprechend diesen Überlegungen beginnt man, eine Kopplung am Kollektor von T2 nach der Basis von T3 zu suchen. Man findet auch eine kapazitive Kopplung C2, die über R3, D2 und R8 an die Basis von T3 führt. Umgekehrt führt ebenfalls eine kapazitive Kopplung vom Kollektor T3 über D3, Cl, D1 und R7 an die Basis von T2.

Diese beiden Kopplungsarten lassen die Vermutung zu, dass es sich hier um eine astabile Kippschaltung, also um einen Rechteckgenerator handelt.

Ausgehend von diesem Schaltungsprinzip, werden jetzt noch die dazu fehlenden Bauelemente gesucht.

Die Basiswiderstände erkennt man an den aufgeteilten Widerständen R26 und R31 bzw. R30 und R32. Die Widerstände R19 und R25 sind die Kollektorwiderstände. Damit ist die Prinzipschaltung des astabilen Multivibrators fixiert. Alle anderen Bauteile haben Nebenfunktionen, die auf das Funktionsprinzip keinen Einfluss haben.

Die Diode D3 verhindert, dass Entladeströme des Kondensators Cl, die infolge der Spannungsschwankungen von U_{cc} auftreten können, den Transistor T2 sperren.

Die Dioden D1 und D2 schützen die Transistoren T2 und T3 vor zu hohen Spannungen.

Die Widerstände R7 und R8 haben ebenfalls eine Schutzfunktion gegenüber zu hoher Basisströme.

Aufgrund der Darstellungsform ist sehr schwer zu erkennen, welche Funktion die Z-Diode ZD2 und die Widerstände R18 und R11 haben.

Da die Z-Diode zwischen $+U_{cc}$, und den Emitteranschlüssen der Transistoren liegt, zur Schaltung also parallel liegt, ist ersichtlich, dass diese Diode die eigentliche Versorgungsspannung für die Schaltung erzeugt, die über die Vorwiderstände R11 und R18 aus der Betriebsspannung $+U_{cc}$, gewonnen wird.

4.3 Beispiel einer Zählkettenschaltung

In Abb. 4.6 ist die Schaltung einer dreigliedrigen Zählkette dargestellt. Bevor die Schaltfunktion im einzelnen besprochen wird, soll auch diese Industrieschaltung – die ebenfalls nach räumlichen und nicht nach funktionalen Gesichtspunkten dargestellt ist – nach ihren Hauptfunktionen und der dazugehörenden Bauelemente geordnet werden.

Entsprechend der Funktionsbezeichnung muss es sich um Schaltstufen handeln, die miteinander nach einem bestimmten Funktionsprinzip gekoppelt sind.

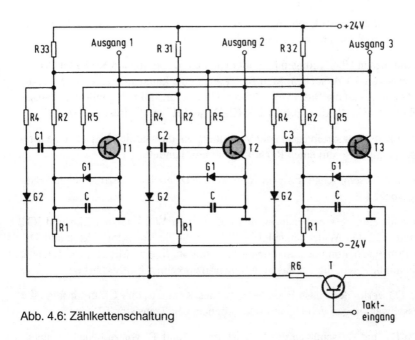

Abb. 4.6: Zählkettenschaltung

Aus der Bezeichnung der Kollektorwiderstände R31 bis R33 ist die Zuordnung zu den einzelnen Kollektoranschlüssen ersichtlich.

Der Widerstand R33 ist der Kollektorwiderstand von Transistor T3, entsprechend R32 von T2 und R31 von Tl.

Aus der Schaltungsanordnung sind außerdem die Kopplungen der einzelnen Schaltstufen ersichtlich.

Die Stufe T3 koppelt vom Kollektor (Anschluss R33) über den Widerstand R2 an die Basis der Stufe T1 und über den Widerstand R5 an die Basis von T2. Die Stufe T2 (Anschluss R32) koppelt vom Kollektor über den Widerstand R2 an die Basis der Stufe T3 und über R5 an die Basis von T1.

Die Stufe T1 (Anschluss R31) koppelt vom Kollektor T1 über den Widerstand R2 auf die Stufe T2 und über den Widerstand R5 auf die Stufe T3.

Somit ergibt sich für die Funktionserklärung ein wichtiger Tatbestand. Dadurch, dass immer zwei Stufen an eine Stufe gekoppelt sind, ist der Schaltzustand zweier Stufen immer vom Schaltzustand einer Stufe abhängig, d.h., ein Transistor ist gesperrt, die anderen zwei leiten.

Nachdem die Anordnung der Stufen und die Kopplungen der Stufen untereinander definiert sind, kann die Eingangsschaltung geklärt werden.

Die Eingangsschaltung besteht bei jeder Stufe aus der Diode G2, dem Widerstand R4 und dem Kondensator C1, bzw. C2 und C3.

Diese Schaltungsanordnung ist mit dem dynamischen Takteingang eines Flipflops vergleichbar.

Die Widerstände R4 dienen zur Vorbereitung der Eingänge. Aus der Schaltung ist ersichtlich, dass nur der Widerstand R4 Plusspannung an den Koppelkondensator legt, der am Kollektor des gesperrten Transistors liegt. In diesem Beispiel ist dies der Widerstand der zweiten Stufe, der am Kollektor des gesperrten Transistors T1 angeschlossen ist.

Im Ruhezustand ist der Transistor T1 nichtleitend, die parallelgeschalteten Dioden G2 sind daher gesperrt. Dadurch ist es möglich, dass sich der Kondensator C2 auf die über R4 angebotene Plusspannung aufladen kann.

Beim nächsten Taktimpuls wird der Transistor T leitend, wodurch sich der Kondensator C2 über die jetzt leitende Diode G2 entladen kann. Dieser Entladestrom durch den Widerstand R2 zieht das Pluspotenzial von der Basis von T2 weg, wodurch dieser gesperrt wird. Der Transistor T1 wird dadurch leitend. Transistor T3 bleibt leitend.

Somit sind die an der Funktion direkt beteiligten Bauelemente und zugleich der Funktionsablauf definiert.

Die Widerstände R1, die Kondensatoren C und die Dioden G1 haben eine Nebenfunktion und sind daher für den Funktionsablauf ohne Bedeutung, d.h., auch wenn man diese Bauelemente entfernt, ändert sich nichts an der Schaltungsfunktion.

Die –24 V erzeugen über die Vorwiderstände R1 an den leitenden Dioden G1 eine Basisvorspannung von ca. –0,8 V. Diese Vorspannung dient zur Sperrung von Störspannungen. Die Kondensatoren C blocken zusätzlich hochfrequente Störspannungen gegen das Bezugspotenzial ab.

4.4 Beispiel einer Regelschaltung

Der Regelverstärker in Abb. 4.7, Bestandteil eines industriell gefertigten Druckvorverstärkers, steuert zwei Motoren, die den kapazitiven und ohmschen Anteil einer Druckmessbrücke abgleichen.

Wenn man das Schaltbild etwas genauer betrachtet, sieht man die Funktion schon nahezu aus der sinngemäßen Anordnung der Bauelemente. Dieser Eindruck entsteht durch zwei wesentliche Merkmale:

Zum einen ist die Schaltung nahezu funktionsgerecht dargestellt. An der übersichtlichen und logischen Anordnung der Bauelemente ist die Funktion gut ersichtlich. Die

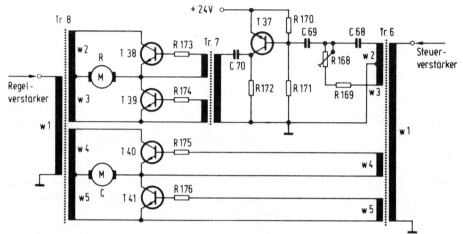

Abb. 4.7: Regelverstärker

zu einer Funktion gehörenden Bauelemente brauchen sozusagen nicht erst zusammengesucht werden.

Zum anderen gibt es nahezu keine Bauelemente, die eine Nebenfunktion erfüllen, wodurch der verwirrende Eindruck, der durch viele in einer Schaltung angeordneten Bauelemente entsteht, entfällt. Nebenfunktionen haben in dieser Regelschaltung nur die als Spannungsteiler eingesetzten Widerstände R170 und R171 sowie die Basisvorwiderstände R173 bis R176. Die kapazitiven Koppelelemente C69 und C70 gehören ebenfalls dazu.

Die Schaltung besteht aus zwei aktiven Brücken, in deren Brückenzweig die Motoren liegen.

Der Übertrager Tr6 verteilt die Steuerspannung an die Transistoren T40 und T41 direkt. Für die Transistoren T38 bis T39, zur Steuerung des Motors für den ohmschen Abgleich, muss das Steuersignal um 90° phasenverschoben werden. Dies erfolgt über das Phasenverschiebungsglied C68, R168 und R169.

Über den Impedanzwandler T37 wird dieses Signal an den Übertrager Tr7 übertragen.

Versuchen wir abschließend, aus diesen Beispielen die wichtigsten Merkmale festzuhalten:

- Grundfunktionen von Schaltungseinheiten und Baugruppen herausfinden;
- wesentliche Funktionselemente von Bauelementen mit Nebenfunktionen unterscheiden;
- Wirkung der Nebenfunktionen der Hauptfunktion richtig zuordnen.

4.5 Übungen zur Vertiefung

Versuchen Sie grundsätzlich bei allen Schaltungen die Grundfunktionen und die Nebenfunktionen zu definieren sowie ihre Wirkungen richtig einzuordnen:

1. Ordnen Sie die Verstärkerstufe in Abb. 4.1 der entsprechenden Grundschaltung in Tabelle 2.1 zu.
2. Welcher Grundschaltung in Tab. 2.1 entspricht die Schaltung in Abb. 4.2?
3. Welcher Grundschaltung in Tab. 2.1 entspricht die Transistorstufe T24 in Abb. 4.3?
4. Die in Tab. 4.1 aufgeführten Schaltungsvarianten entsprechen welchen Grundschaltungen in Tab. 2.1?
5. Welche Funktion hat der Schaltkontakt an-4 in Abb. 4.5?

Lösungen im Anhang

Sollten Sie auch bei diesen Übungen keine Schwierigkeiten haben, können Sie den nächsten Hauptabschnitt übergehen. Im anderen Fall ist das Studium des folgenden Abschnitts sehr zu empfehlen.

5 Schaltungsmaßnahmen zur Erzeugung und Stabilisierung von Arbeitspunkten

Es gibt viele Maßnahmen, um bei den unterschiedlichsten Bauelementen, die zur Anwendung kommen, Arbeitspunkte festzulegen. Auch muss unterschieden werden zwischen Stabilisierungs- und Begrenzungsmaßnahmen sowie zwischen Strom- und Spannungsstabilisierung und Arbeitspunktfestlegung. Wesentlichstes Merkmal dieser Schaltungsmaßnahmen ist die direkte bzw. die Gleichspannungskopplung (vgl. Abb. 5.1). Das heißt die Kopplung dieser Bauelemente an einer Transistor- oder Verstärkerstufe muss direkt erfolgen (5.1a). Dies ist auch bei einer Induktivität der Fall (5.1.b).

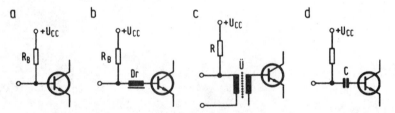

Abb. 5.1: Kopplungsarten: a) direkte Kopplung; b) direkte Kopplung über induktiven Blindwiderstand; c) Übertragerkopplung; d) kapazitive Kopplung

Eine Kopplung über einen Übertrager (5.1c) oder einen Kondensator (5.1d) kann keine Maßnahme zur Arbeitspunkterzeugung oder -stabilisierung sein, da hier eine Gleichspannungstrennung erfolgt.

5.1 Gebräuchliche Schaltungen zur Arbeitspunkterzeugung

Vor allem bei Linearverstärker, z.B. NF- und ZF-Verstärkerstufen, ist ein Arbeitspunkt zur Aussteuerung erforderlich. Im einfachsten Fall erfolgt die Erzeugung durch einen Vorwiderstand in der Basis (Abb. 5.2a).

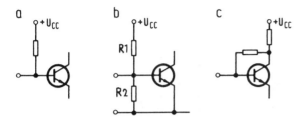

Abb. 5.2: Arbeitspunkterzeugung: a) über Vorwiderstand; b) über Spannungsteiler; c) Arbeitspunkterzeugung mit Gegenkopplungswirkung

Bei dieser Form der Arbeitspunkterzeugung ist es von der Größe des Widerstandes abhängig, ob diese Schaltung zusätzlich noch stabilisierende Wirkung hat oder nicht.

Ist der Widerstand sehr hoch im Verhältnis zum Basisbahnwiderstand, z.B. bei Vorverstärkern und Eingangsstufen mit sehr geringem Basisstrom, wirkt er als Konstantstromquelle und hält dadurch den Basisstrom im Arbeitspunkt in gewissen Grenzen konstant.

Eine wesentlich bessere Wirkung im Hinblick auf die stabilisierende Wirkung des erzeugten Arbeitspunktes hat der Spannungsteiler in Abb. 5.2b.

Der Widerstand R2 wird so dimensioniert, dass der Strom durch diesen Widerstand wesentlich höher ist als der Ruhestrom im Arbeitspunkt durch die Basis. Thermisch verursachte Stromänderungen in der Basis werden dadurch nur im Verhältnis $R2/R_{BE}$ wirksam.

Eine weitere Maßnahme mit stabilisierender Wirkung auf den Arbeitspunkt zeigt Abb. 5.2c. In diesem Beispiel wird die Basisvorspannung über den Basisvorwiderstand am Kollektor abgenommen. Dies entspricht einer direkten Gegenkopplung und bewirkt dadurch auch eine sehr hohe Arbeitspunktstabilisierung.

5.2 Schaltungen zur Arbeitspunktstabilisierung

Zusätzlich zu den stabilisierenden Wirkungen der Schaltungen werden häufig noch flankierende Maßnahmen in Verstärker eingebaut.

Die gebräuchlichste Schaltung ist dafür der Emitterwiderstand in Abb. 5.3a. Dieser Widerstand hat neben der thermischen Arbeitspunktstabilisierung noch die Wirkung einer Gegenkopplung für das Eingangssignal. Daher wird diese Wirkung vielfach durch einen parallelgeschalteten Kondensator unwirksam gemacht.

In Abb. 5.3b ist die Stabilisierung des Arbeitspunktes durch eine Diode dargestellt, die den gleichen TK-Wert wie die Basis-Emitter-Diode aufweist. Dadurch passt sich das

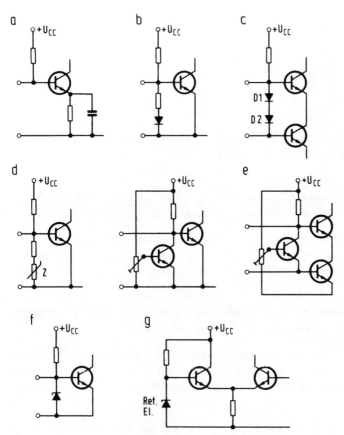

Abb. 5.3: Stabilisierungsmaßnahmen: a) Emitterwiderstand; b) Diode im Spannungsteiler; c) potenzialdifferenz durch Dioden; d) temperaturabhängiger Widerstand; e) Transistor im Spannungsteiler, auch zur Potenzialverschiebung; f) Z-Diode im Spannungsteiler; g) emittergekoppelter Referenzverstärker

Teilerverhältnis des Basis-Spannungsteilers an die jeweiligen temperaturbedingten Änderungen des Arbeitspunktes entsprechend an, d.h., er gleicht diese aus.

Die gleiche Wirkung wird mit den Dioden Dl und D2 bei Schaltungen entsprechend Abb. 5.3c erreicht. Für jeden Transistor wird durch jeweils eine Diode der Arbeitspunkt eingestellt ($U_F = U_{BE}$). In den Dioden wird ein im Verhältnis zu den Basisströmen wesentlich größerer Querstrom erzeugt, wodurch die Schleusenspannung von temperaturbedingten Spannungsschwankungen an der Basis unabhängig bleibt und somit das Basispotenzial bestimmt.

Ähnliche Wirkung hat ein NTC Widerstand als Bestandteil eines Basisspannungsteilers (Abb. 5.3d). Bei steigender Temperatur und damit steigendem Basisstrom wird der NTC-Widerstand im Wert kleiner, sodass dadurch das Teilverhältnis des Basisspannungsteilers größer wird und U_{BE} begrenzt.

Anstelle von Dioden und NTC Widerständen wird vielfach auch ein Transistor eingesetzt (Abb. 5.3e). Schaltungen, die nicht zur Verstärkung und Übertragung von frequenten Spannungen eingesetzt werden, z.b. Regelschaltungen, können auch direkt mit Z-Dioden oder Referenzelementen (Abb. 5.3f) in den Arbeitspunkten stabilisiert werden, da hier der geringe differentielle Widerstand dieser Bauelemente keinen Einfluss auf langsame Regelvorgänge hat. Wo dies nicht der Fall ist, wird mit Entkopplungsstufen, z.B. Differenzverstärker (Abb. 5.3g), gearbeitet.

5.3 Schutz- und Begrenzerschaltungen in diskreten und integrierten Schaltungen

Die Aufgabe dieser Schaltungsmaßnahmen in Verstärker und Digitalschaltungen besteht im Wesentlichen darin, Halbleiterbauelemente vor Überlastungen zu schützen, d.h. darauf einwirkende Signale und Pegel in ihrer Amplitude zu begrenzen. Man unterscheidet auch hier zwischen Maßnahmen, die nur für Wechselspannungen wirksam sind (induktive und kapazitive Schaltungen), oder Schaltungen mit direkter Kopplung (Widerstände, Dioden), die für Gleich- und Wechselstromsignale gleiche Wirkung haben. Die am weit verbreitetste Maßnahme ist der Vorwiderstand in der Basiszuleitung, der sowohl in Analogschaltungen als auch in Digitalschaltungen Anwendung findet (Abb. 5.4a und 5.4b). Der Vorwiderstand ist in Schaltungen daran zu erkennen, dass er direkt im Steuerstromkreis liegt. In den meisten Fällen übernimmt er damit gleichzeitig die Funktion der Entkopplung zwischen Steuerquelle und darauffolgendem Verstärker.

Abb. 5.4a zeigt die typische Anordnung eines Begrenzungswiderstandes für einen Linearverstärker. In Abb. 5.4b ist die Anordnung für eine Schaltstufe dargestellt. Es ist ersichtlich, dass hier der Spannungsteiler zur Festlegung des Arbeitspunktes fehlt. Im Schalterbetrieb ist die Festlegung eines Arbeitspunktes nicht erforderlich, die Schaltstufe soll lediglich aus- und eingeschaltet werden.

Abb. 5.4c zeigt eine Begrenzerschaltung, die über einen Vorwiderstand und zwei antiparallelgeschaltete Dioden die Eingangsspannungen begrenzt.

Abb. 5.4d zeigt dieselbe Schaltung in einem Differenzverstärkereingang.

In Abb. 5.4e ist ein Differenzeingang gegen überhöhte Differenzsignale durch die komplementären Transistoren TI und T2 geschützt.

Zu große Gleichtaktsignale in einem Differenzverstärkereingang werden in der Praxis durch gegeneinandergeschaltete Z-Dioden begrenzt (Abb. 5.4f). Verstärkereingänge, die gegen Hochspannungsimpulse mit steilen Flanken und hochfrequente Hochspan-

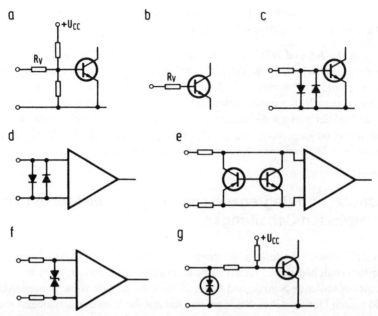

Abb. 5.4: Schutz- und Begrenzerschaltungen: a) Entkopplungswiderstand im Verstärkereingang; b) Begrenzerwiderstand einer Schaltstufe; c) Begrenzung durch antiparallel
geschaltete Dioden; d) Begrenzerschaltung im OPV; e) Begrenzung von Differenzsigna-
len; f) Begrenzung von Gleichtaktsignalen durch Z-Dioden; g) Überlastschutz durch
Überspannungsableiter

nungen bis mehrere kV geschützt werden müssen, werden durch gasgefüllte Überspannungsableiter (Abb. 5.4g) abgesichert.

TTL-Schaltungen besitzen keine internen Begrenzungsmaßnahmen, außer der in
Sperrrichtung geschalteten „Clamping"-Diode, zur Dämpfung von Überschwingen bei
langen Leitungsverbindungen.

Dies ist auch nicht erforderlich, da für diese Schaltungen die Betriebsspannungen, mit
denen auch die Eingänge belastet werden dürfen, mit maximaler Plustoleranz von
10 % eingehalten werden müssen.

Müssen höhere Pegelwerte als 5,5 V in TTL-Schaltungen verarbeitet werden, dann
sind so genannte „Interface"-Schaltungen erforderlich.

In der Industrieelektronik kommen die in Abb. 5.5 dargestellten Schaltungen vorwie-
gend zur Anwendung.

Die gebräuchlichste und einfachste Schaltung ist die in Abb. 5.5a dargestellte Begrenzerschaltung, die aus einem Vorwiderstand und einer Diode besteht, die durch ihre
Anschaltung an das Pluspotenzial alle Pegelwerte, die höher als +4,3 V sind, begrenzt.

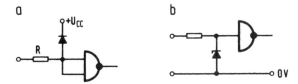

Abb. 5.5: Interface-Schaltungen: a) Anpassung durch eine Clamping-Diode; b) Anpassung durch eine Z-Diode

Die Begrenzung gegen Minuspotenzial wird durch die in den Eingängen befindliche Clamping-Diode übernommen. Die gleiche Wirkung wird durch einen Vorwiderstand um eine Z-Diode, $U_z = 4,7$ V, entsprechend der Schaltungsanordnung in Abb. 5.5b erzielt.

5.4 Beispiele aus der Praxis

Die Kenntnis über die verschiedenen Möglichkeiten der Arbeitspunkterzeugung, Begrenzung und Stabilisierung, ermöglicht auch die Erkennung und richtige Deutung dieser Schaltungsmaßnahmen. Die in Abb. 5.6 dargestellte Schaltung zeigt einen Rechteckgenerator aus einer Industrieschaltung. Auch bei dieser Schaltung ist auf den ersten Blick diese Funktion nicht erkennbar.

In der Schaltung sind die Widerstände R241, R239 und R240 als Begrenzerwiderstände in den Basiszuleitungen erkennbar. Die Widerstände R233 und R238 sind als Spannungsteiler zur Arbeitspunkterzeugung und -stabilisierung für den Transistor T96 zu erkennen. Die gleiche Funktion hat der Widerstand R235 zusammen mit dem Widerstand R241. Dieser Widerstand hat somit eine Doppelfunktion.

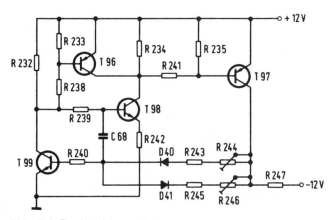

Abb. 5.6: Rechteckgenerator

Die Widerstände R243 und R244 bzw. R245 und R246 sind gewissermaßen wechselweise die Basisvorwiderstände für den Transistor T99 und damit die Entlade- bzw. Aufladewiderstände für den Kondensator C68.

Die Dioden D40 und D41 bestimmen die Einsatzfunktion dieser Widerstände für den Lade- bzw. Entladevorgang des Kondensators. Während der Impulsdauer ti sind die Transistoren T98 und T97 leitend. In dieser Zeit ist die Diode D40 ebenfalls leitend, sodass sich der Kondensator über die Widerstände R243 und R244 aufladen kann.

Ein weiteres Beispiel in Abb. 5.7 zeigt einen Gleichspannungsverstärker.

Aus der Zeichnungsanordnung sind die Funktionen der einzelnen Bauelemente ebenfalls nur schwer zu erkennen. Auffallend sind die drei Blockkondensatoren C24, C25 und C27, die nicht zu übersehen sind.

Beginnend bei der ersten Stufe T8, sind in den Eingängen die Ableitwiderstände R40 und R41 ersichtlich.

An den Widerständen R36 und R38 sind die Source-Anschlüsse von T8 und die Emitter von T10 und T11 angeschlossen. Diese Transistoren wirken als Differenzverstärker

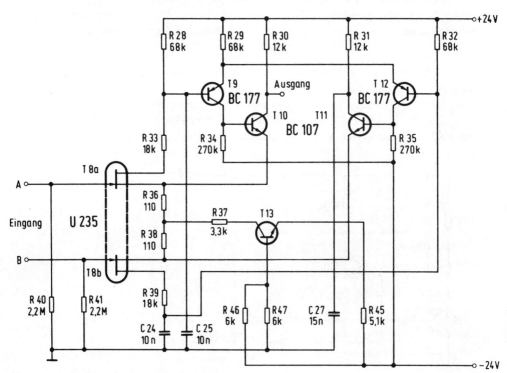

Abb. 5.7: Gleichspannungsverstärker

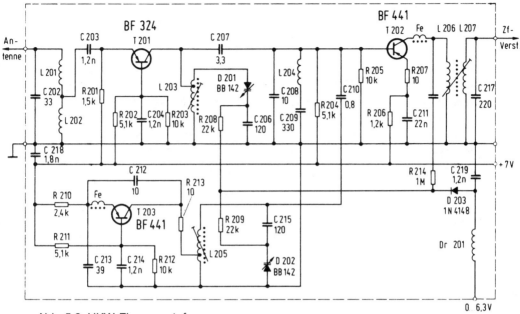

Abb. 5.8: UKW-Eingangsstufe

und haben einen gemeinsamen Emitterwiderstand zur Arbeitspunktstabilisierung. Der Emitterwiderstand setzt sich zusammen aus R37 und der Transistorstufe T13.

Der Arbeitspunkt für die Stufe T13 wird durch den Spannungsteiler R46, R47 festgelegt. Der hohe Wert des Emitterwiderstandes R45 (5,1 k) sagt aus, dass diese Stufe für die Differenzverstärkerstufen T8 und T10, T11 als Konstantstromquelle wirkt.

Für die Stufen T9 und T12, die ebenfalls als Differenzverstärker wirken, ist der Widerstand R29 der gemeinsame Emitterwiderstand. Der Arbeitspunkt für diese Stufen wird durch die Widerstände R28, R33 bzw. R32, R39 festgelegt. Dabei ist zu berücksichtigen, dass die Widerstände R28 und R32 gleichzeitig die Funktion der Arbeitswiderstände für die Stufen T8 übernehmen.

Die Abb. 5.8 zeigt die UKW-Eingangsstufe eines Reisesupers. Die Bestimmung von Bauelementen zur Festlegung und Stabilisierung von Arbeitspunkten ist hier wesentlich einfacher, weil dies in Hf-Schaltungen meistens die einzigen Widerstände sind, die vorkommen. Koppelelemente und Arbeitswiderstände bestehen in der Regel aus Kapazitäten und Schwingkreisen.

Die Transistorstufe T201, als Eingangsstufe in Basisschaltung, wird im Arbeitspunkt durch die Widerstände R202 gegen +7 V und R203 gegen Bezugspotenzial festgehalten. Über den Emitterwiderstand R201 liegt diese pnp-Stufe folgerichtig gegen +7 V. Der Kollektor über L203 gegen Bezugspotenzial. Der Mischoszillator, bestehend aus T203, ist ebenfalls in Basisschaltung aufgebaut. Der Emitterwiderstand R210 und der

Basiswiderstand R211 sind gegen +7 V geschaltet, der zweite Basiswiderstand R212 gegen Bezugspotenzial. Die Mischstufe, Transistor T202 in Emitterschaltung, wird in ihrem Arbeitspunkt durch die Basiswiderstände R204 gegen +7 V und R205 gegen Bezugspotenzial festgehalten. Der Emitter liegt über R206 und R207 auf +7 V, der Kollektor über die Drossel Fe und die Bandfilterspule L206 gegen Bezugspotenzial. Die Frequenzabstimmung im Eingangskreis und am Mischoszillator erfolgt durch die Kapazitätsdioden D201 und D202, die zusammen mit den Spulen L203 und L205 einen Schwingkreis bilden. Abgestimmt werden diese Kapazitätsdioden über ein Potentiometer, an dem die Spannung zwischen 0 und 6,3 V eingestellt werden kann. Diese Gleichspannung wird über die Entkopplungsdiode D203 und die Widerstände R208 und R209 zur Kapazitätsabstimmung an den Kathoden der Kapazitätsdioden wirksam.

Auch dieses Beispiel hat gezeigt, dass man durch die Bestimmung der Bauelemente zur Arbeitspunkterzeugung die Schaltung in ihrem Aufbau und ihrer Funktion auswerten kann.

5.5 Übungen zur Vertiefung

Machen Sie es sich in nächster Zeit zur Gewohnheit, an allen Schaltungen, die sie in die Hand bekommen, die Bauelemente und Schaltungsmaßnahmen, die zur Festlegung von Arbeitspunkten und deren Stabilisierung dienen, herauszufinden.

1. Welche Bauelemente bestimmen die Arbeitspunkte an der Basis von T1,T2 und T3 in der Schaltung Abb. 3.1?
2. Welche Widerstände bestimmen den Arbeitspunkt an der Basis der Transistorstufe T37 in Abb. 3.2?
3. Welche Bauelemente bestimmen die Arbeitspunkte der Verstärkerstufen T22, T23 und T24 in Abb. 4.3?
4. Welche Widerstände bestimmen den Arbeitspunkt an der Basis der Transistorstufen T4 und T5 in Abb. 4.4?
5. Welche stabilisierenden Maßnahmen für die Arbeitspunkte sind bei den Transistorstufen T1, T2 und T3 in Abb. 3.1 vorgesehen?
6. Welcher Widerstand bewirkt eine Reduzierung der thermischen Rückkopplung bei dem Schmitt-Trigger in der Abb. 3.1?
7. Welche Stabilisierungswirkung hat der Widerstand R115 auf die Transistorstufe T38 in Abb. 3.2?
8. Welche Schutzaufgabe hat der Widerstand R111 in Abb. 3.2?
9. Haben die Dioden D1 bis D3 in Abb. 4.5. Schutzfunktionen?
10. Welche Schutzfunktionen haben die Dioden G1 in Abb. 4.6?
11. Bestimmen Sie die Funktionen der einzelnen Transistorschaltungen in den Abb. 5.7 und Abb. 5.8 mit Hilfe der Grundschaltungen in Tab. 2.1!

Lösungen im Anhang

6 Kopplungsarten in ihrer Funktion erkennen

Das Erkennen und richtige Bewerten von Kopplungsarten bereitet dem Fachmann erfahrungsgemäß die größten Schwierigkeiten, obwohl auch hier mit wenigen Regeln und Merkmalen ein beachtlicher Auswertungsgrad erreicht werden kann.

Grundsätzlich sind alle Verbindungen von Stufen und Netzwerken Kopplungen. Wie und mit welchen Bauelementen diese Kopplungen ausgeführt werden, entscheidet über ihre Funktion und Wirkung.

Kopplungen können grundsätzlich mit allen Bauelementen durchgeführt werden, z.B. Kondensatoren, Spulen, Übertrager, Widerstände, Dioden und Transistoren. Auch die direkte Verbindung zweier Stufen ist eine Kopplung, die als „direkte Kopplung" bezeichnet wird.

Die Kopplung übernimmt jeweils die Wirkung, die dem als Koppelelement verwendeten Bauelement zu eigen ist. Ist der Widerstand des Bauelementes frequenzabhängig, so ist auch die Kopplung frequenzabhängig.

Der Widerstandswert des Bauelementes ist für die Wirkung der Kopplung ebenfalls von Bedeutung. Bei kleinen Widerstandswerten der Koppelelemente spricht man von einer „festen Kopplung", bei großen Werten von einer „losen Kopplung". Kopplungen, die gleichzeitig eine „Entkopplung" zweier Stufen bewirken sollen, haben noch höhere Widerstandswerte oder sogar eine Emitterschaltung als Trennstufe. Nach der Aufgabe oder Funktion der Kopplung unterscheidet man drei Kopplungsarten (vgl. Abb. 6.1).

Die *Verbindungskopplung* dient zur elektronischen Verbindung zweier Stufen oder Netzwerke zum Zwecke der Signalweiterführung (Abb. 6.1a).

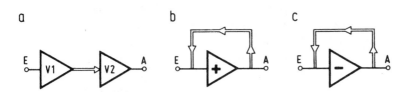

Abb. 6.1: Kopplungsarten: a) Verbindungskopplung; b) Mitkopplung; c) Gegenkopplung

Die *Mitkopplung* dient zur Rückführung von Ausgangssignalen an den Eingang von ein- oder mehrstufigen Verstärkern zum Zwecke der Verstärkung, d.h., die Ausgangsspannung muss mit gleicher Polarität an den Eingang zurückgeführt werden (Abb. 6.1b).

Die *Gegenkopplung* dient ebenfalls zur Rückführung von Ausgangssignalen an den Eingang von ein- oder mehrstufigen Verstärkern zum Zwecke der Stabilisierung und Linearisierung der Verstärkereigenschaften, d.h., die Ausgangsspannung muss mit Gegenpolarität an den Eingang zurückgeführt werden (Abb. 6.1c). Die Kopplungen und ihre in der Schaltungspraxis üblichen Realisierungen sind in der Tabelle 6.1 noch mal zusammengefasst dargestellt.

Tabelle 6.1

Mögliche Ausführung	Verbindungs- kopplung	Rückkopplungen	
		Mitkopplung	Gegenkopplung
Direkte Kopplung	X		
Widerstand	X	X	X
Diode	X		X
Z-Diode	X		
Transistor	X	X	
Kondensator	X	X	X
Spule	X		
Übertrager	X	X	X
Bandpass	X	X	X

6.1 Verbindungskopplungen

Kopplungen als Verbindungskopplungen in Schaltungsunterlagen zu definieren, ist nicht schwierig und durch Übung leicht zu erlernen.

In den bisher beschriebenen Abbildungen der Hauptabschnitte 3 bis 5 ergeben sich hier die besten Übungsmöglichkeiten. Beginnen wir die Übung mit Abb. 3.1, die eine Anzahl interessanter Verbindungskopplungen enthält (Tabelle 6.2):

Tabelle 6.2

Ausgang	Eingang	Kopplungsart
Kollektor T1	Basis T2	direkt
Kollektor T2	Basis T3	direkt
Emitter T3	Ausgang R20	kapazitiv, C1
Emitter T3	Basis T4	kapazitiv, C1, C10, R12
Kollektor T4	Basis T5	Widerstand R15, C11
Kollektor T5	Ausgang	Widerstand R18

Es wird aufgefallen sein, dass in die Tabelle zur Abb. 3.1 neben der Bauelementeart der Verbindungskopplung noch andere Bauelemente aufgeführt sind. Diese Bauelemente liegen zwar in der Verbindungskopplung mit drin, bestimmen aber nicht die Kopplungsfunktion.

Liegt z.B. bei einer kapazitiven Kopplung noch ein Widerstand in Reihe, so ist diese Verbindungskopplung in ihrer Wirkung kapazitiv, d.h., sie ist frequenzabhängig und trennt Gleichspannungspotenziale.

Gerade umgekehrt ist die Funktionsauswirkung bei parallelgeschalteten Verbindungskopplungen von Widerstand und Kondensator. In diesem Fall gehen die elektrischen Eigenschaften von der Wirkung des Widerstandes aus, der Kondensator wirkt hier nur bei Wechselspannungen mit Frequenzen, bei denen der Blindwiderstand des Kondensators in die Größenordnung des ohmschen Widerstandes gerät.

In Abb. 3.2 sind folgende Vebindungskopplungen enthalten (Tabelle 6.3):

Tabelle 6.3

Ausgang	Eingang	Kopplungsart
Kollektor T37	Basis T38	kapazitiv, C19
Kollektor T38	Basis T39	direkt
Kollektor T39	Basis T40	Diode D49, Widerstand R118
Kollektor T40	Basis T41	Widerstand R123
Kollektor T41	Basis T42	direkt

Die Abb. 4.6 hat aufgrund ihrer Funktion als Kettenschaltung Verbindungskopplungen, die nicht ohne Übung sofort erkennbar sind. Die Schaltung hat folgende Verbindungskopplungen (Tabelle 6.4):

Tabelle 6.4

Ausgang	Eingang	Kopplungsart
Kollektor TA	Basis T1	kapazitiv, C1
Basis T2	kapazitiv, C2	
Basis T3	kapazitiv, C3	
Kollektor T1	Basis T2	Widerstand R2
Basis T3	Widerstand R5	
Kollektor T2	Basis T1	Widerstand R5
Basis T3	Widerstand R2	
Kollektor T3	Basis T1	Widerstand R2
Basis T2	Widerstand R5	

Interessant sind auch die Verbindungskopplungen in der Differenzverstärkerschaltung in Abb. 5.7 (Tabelle 6.5).

Tabelle 6.5

Ausgang	Eingang	Kopplungsart
Drain 8a	Basis T9	Widerstand R33
Drain 8b	Basis T12	Widerstand R39
Kollektor T9	Basis T10	direkt
Kollektor T12	Basis T11	direkt

Die HF-Schaltung in Abb. 5.8 hat folgende Verbindungskopplungen (Tabelle 6.6):

Tabelle 6.6

Ausgang	Eingang	Kopplungsart
Kollektor T201	Basis T202	kapazitiv, C207
Kollektor T203	Basis T202	(R213) kapazitiv, C210
Kollektor T202	Basis, Zf-Verstärker	Bandfilter L206, L207

6.2 Gegenkopplungen

Auch für die Definition der Gegenkopplungen sind die in den vorhergehenden Abschnitten dargestellten Schaltungsabbildungen für den Anfang die beste Übung:

Erinnert sei nochmals daran, dass die Gegenkopplung vom Ausgang einer Stufe zum Eingang einer Stufe mit entgegengesetzter Polarität zurückgeführt wird.

In Abb. 3.1 sind dies der Widerstand R4 vom Emitter des Transistors T1 zum Kollektor des Transistors T2. Außerdem wirkt der Thermistorwiderstand R5 vom Ausgang C1 zurück zum Emitter von T1.

In Abb. 3.2 wirkt der Emitterwiderstand R113 als stromgesteuerte Spannungsgegenkopplung (aber nur für Gleichströme); außerdem der Kondensator C18 vom Kollektor T37 zurück zur Basis desselben Transistors als Wechselspannungsgegenkopplung. Hinzu kommt die Gegenkopplung vom Kollektor T38 zur Basis des Transistors über R115.

Spannungsgesteuerte Stromgegenkopplungen weisen in Abb. 4.3 alle Stufen auf. Die Widerstände R115, R118 und R120 als Gleich- und Wechselstromgegenkopplung. Die Widerstände R114 und R119 nur als Gleichstromgegenkopplung. Durch die Kondensatoren C46 und C48 sind sie für Wechselströme abgeblockt.

Als reine Wechselstromgegenkopplung wirkt die kapazitive Rückführung vom einstellbaren Widerstandsabgriff R122 im Emitter 724 über C49 zum Emitter T22. Man beachte hierbei die Polaritätsveränderungen an den einzelnen Stufen. Das Eingangssignal wird am Kollektor der Stufe T22 umgepolt. Am Kollektor T23 ist es wieder polaritätsgleich und somit auch am Emitter von Transistor T24. Somit besteht bei dieser Gegenkopplung eine gegenseitige Beeinflussung mit gegensinniger Wirkung.

Eine Wechselstromgegenkopplung mit wechselseitiger Beeinflussung für hohe Frequenzen bewirkt der Kondensator C47 vom Kollektor der Stufe T22 zum Kollektor der Stufe T23.

Die Arbeitspunkt- und Verstärkungsstabilisierung für den dreistufigen Differenzverstärker in Abb. 5.7 wird im Wesentlichen durch die Stufe T13 übernommen. Diese Stufe hat die Funktion einer Konstantstromquelle für die Stufen T8 und T10 bzw. T11. Eine weitere spannungsgesteuerte Stromgegenkopplung bewirkt der gemeinsame Emitterwiderstand R29 für die Stufen T9 und T12.

In der HF-Schaltung nach Abb. 5.8 befindet sich in der Stufe T203 eine Wechselspannungsgegenkopplung vom Kollektor zum Emitter über C212. Eine Stromgegenkopplung in der Stufe T202 wird durch den Widerstand R207 erzeugt.

Gegenkopplungen sind auch in NF-Verstärkern und Regelschaltungen (z.B. elektronisch stab. Netzgeräte) von Bedeutung.

Einen NF-Verstärker mit zwei Gegenkopplungen zeigt Abb. 6.2.

Die erste Gleichspannungsgegenkopplung führt vom Kollektor der zweiten Stufe zum Emitter der ersten Stufe. Das Teilerverhältnis der Widerstände R1 und R2 bestimmt die Spannungsverstärkung. Bei den angegebenen Widerstandswerten stellt sich eine 50fache Verstärkung ein.

Die zweite Gegenkopplung führt vom Emitter der zweiten Stufe zur Basis der ersten Stufe über die Widerstände R3, R4. Diese- Gegenkopplung liefert gleichzeitig den Basisstrom für die erste Stufe und steuert somit den Arbeitspunkt. Steigt zum Beispiel aus Temperaturgründen der Emitterstrom in der Stufe T2, dann wird die Spannung an den Emitterwiderständen R5, R6 größer. Diese erhöhte Spannung bewirkt einen größeren Basisstrom in der Stufe T1. Daraus resultiert ein größerer Kollektorstrom und somit eine kleinere Kollektorspannung, die an der direkt gekoppelten Stufe T2 die Ba-

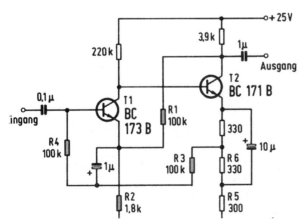

Abb. 6.2: NF-Verstärker mit Gegenkopplungen

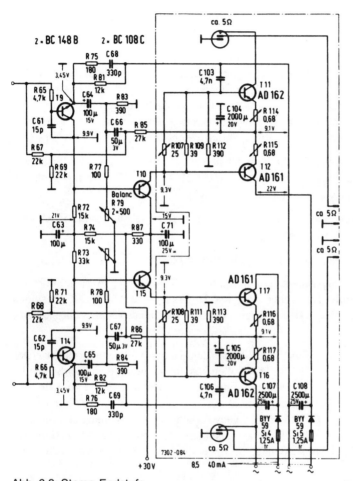

Abb. 6.3: Stereo-Endstufe

sisspannung verringert. Der Emitterstrom wird dadurch wieder geringer. Der gleiche Regelmechanismus setzt ein, wenn die Ursache der Arbeitspunktveränderung in der ersten Stufe liegt.

Bei der Stereoendstufe (15 W pro Kanal) in Abb. 6 3 sind auch Gegenkopplungsmaßnahmen ersichtlich, die zur Arbeitspunkt- bzw. Amplitudenstabilisierung dienen.

Vom gemeinsamen Emitterbezugspunkt der Endstufen T11, T12 bzw. T16, T17 führen die Kopplungen über R85 bzw. R86 und R67 (R68) an die Basisanschlüsse der Transistoren 19 im oberen Kanal und T14 im unteren Kanal.

Beide Gegenkopplungen sind für Wechselspannungen unwirksam. Dies wird durch die Blockkondensatoren C104 und C66 bzw. C105 und C67 erreicht.

Durch diese Gegenkopplung werden die Arbeitspunkte für die Stufen T9 und T14 festgelegt. Sie sind, wie in Abb. 6.2 erklärt, von den Emitterspannungen der Endstufen abhängig.

Die Kondensatoren C61, C62, C103 und C106, die jeweils zwischen Kollektor und Basis der Stufen T9, T14, T11 und T16 liegen, sind zur Wechselspannungsgegenkopplung vorgesehen und halten somit die Wechselspannungsverstärkung konstant, bzw. verhindern damit eine Selbsterregung der Verstärkerstufen. Die Widerstände und Kondensatoren in den Emitterzuleitungen der Stufen T9 und T14 sind ebenfalls zur Arbeitspunkt- und Wechselspannungsstabilisierung vorgesehen.

Abschließend zu dem Thema Gegenkopplungen wird anhand von Abb. 6.4 die Anwendung von Gegenkopplungsmaßnahmen in einer Regelschaltung zur Spannungsstabilisierung erklärt.

Das Prinzip jeder elektronischen Regelschaltung besteht darin, einer Abweichung einer vorgegebenen Spannung entgegenzuwirken und somit wieder auszugleichen.

In der Schaltung nach Abb. 6.4 soll die Versorgungsspannung +45 V, unabhängig von Last- und Eingangsspannungsänderungen, stabil gehalten werden. Dies erfolgt durch die Gegenkopplung vom Ausgang des Transistors 2N 5293 zurück auf die Basis über die Regelschaltung der Transistoren BC107B. Dazu wird mit einem Teil der Ausgangsspannung von +45 V die Basis des unteren Transistors BC107B gesteuert. Der Emitter dieses Transistors wird durch die Z-Diode konstant gehalten. Die Spannungsänderung am Kollektor steuert den nachfolgenden Emitterfolger BC107B und dieser wiederum den Leistungstransistor 2N 5293. Damit diese Regelspannung der sich ändernden Ausgangsspannung entgegenwirkt, muss sie im Verlauf der Regelschaltung in der Polarität umgekehrt werden.

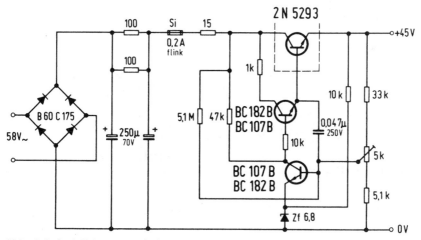

Abb. 6.4: Stabilisierungsschaltung

Die Polaritätsumkehr erfolgt in der unteren Regelstufe. Gesteuert wird diese Stufe in der Basis, abgenommen wird das Signal am Kollektor. In den nachfolgenden Stufen erfolgt keine Umkehr der Spannung, da beide Stufen an der Basis gesteuert werden und am Emitter die Abnahme der Regelspannung bzw. der Versorgungsspannung erfolgt.

6.3 Mitkopplungen

Bereits zu Anfang des Abschnitts 6 wurde definiert, dass das Merkmal der Mitkopplung das Ausgangssignal eines ein- oder mehrstufigen Verstärkers an den Eingang, mit gleicher Polarität wie das Eingangssignal, zurückgeführt wird. Eine Mitkopplung wird immer dann eingesetzt, wenn ein Verstärker sich selbst steuern soll, d.h. wenn er die Funktion eines Generators oder Oszillators übernimmt.

Die in Abb. 3.1 dargestellte Oszillatorschaltung ist dafür ein typisches Beispiel. Zum Zwecke der Selbststeuerung wird vom Ausgang des Verstärkers am Emitter T3 über den Koppelkondensator C1 und die umschaltbare RC-Kombination C2, R9, R10 das Signal an die Basis von T1 zurückgeführt. Koppelnetzwerke können als Mitkopplungen zwei Funktionen haben. Entweder müssen sie die zur Verstärkung gelangende Frequenz mit gleicher oder umgekehrter Polarität vom Ausgang an den Eingang zurückführen.

Dies kann man entweder an der Schaltungsform des Koppelnetzwerkes erkennen oder durch Überprüfung der Polarität von Eingang und Ausgang. In der nach Abb. 3.1 dargestellten Mitkopplung ergibt eine Überprüfung der Polaritäten folgendes Funktionsverhalten:

Die erste Stufe kehrt das Signal in seiner Polarität um (Basis-Kollektor). Durch die nochmalige Umkehrung der zweiten Stufe erhält das Signal die gleiche Polarität wie am Eingang der ersten Stufe. Die dritte Stufe ändert die Polarität nicht mehr (Emitterfolger). Daraus ist ersichtlich, dass das Signal durch das Koppelnetzwerk mit gleicher Polarität vom Ausgang an den Eingang zurückgeführt wird.

Eine Rückkopplung in Form einer Mitkopplung liegt auch bei den Kippstufen vor. Als Beispiel dafür ist in Abb. 6.5 als Funktionsmodell die astabile Kippstufe dargestellt.

Diese Kippstufe hat, wie alle anderen Kippstufen, zwei Kopplungen. Jeweils vom Ausgang der einen Stufe an den Eingang der anderen Stufe.

Bei gleichen Kopplungsnetzwerken, z.B. astabile und bistabile Kippstufe, ist es frei bestimmbar, welche Kopplung als Verbindungskopplung und welche als Mitkopplung betrachtet wird.

Durch beide Kopplungen werden beide Verstärkerstufen zu einem Ringverstärker zusammengeschlossen. Die Art der Kopplung bestimmt hierbei, ob sich die Schaltung selbstständig schaltet oder nicht.

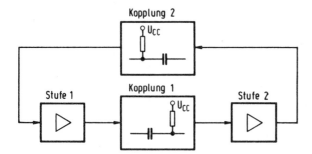

Abb. 6.5: Funktionsprinzip von Kippstufen

Bei einer selbsterregten Schaltung müssen beide Kopplungen dynamisch ausgeführt sein. Dies ist in Abb. 6.5 bei der astabilen Schaltung der Fall. Beide Kopplungen sind kapazitiv.

Ist nur eine Kopplung dynamisch, wie bei der monostabilen Kippstufe, oder gar keine, wie bei der bistabilen Kippstufe, dann kann die Schaltung nicht selbsttätig kippen. Sie braucht bei einer dynamischen Kopplung einen Steuerimpuls, um zweimal zu kippen, und bei zwei statischen Kopplungen zwei Steuerimpulse, um zweimal zu kippen, d.h. eine Periode T zu schalten.

Die Schaltung in Abb. 4.5 zeigt eine astabile Kippschaltung mit zwei dynamischen Kopplungen (vgl. auch die Beschreibung dazu).

Eine Kopplung führt vom Kollektor des Transistors T2 über C2, R3, D2 und R8 an die Basis T3.

Die zweite Kopplung vom Kollektor 13 über Cl, D1 und R7 an die Basis von T2.

Abschließend werden zu dem Thema „Mitkopplung" zur Vertiefung des bisher Bekannten die Funktionen eines Funktionsgenerators einer serienmäßigen Industrieschaltung in Abb. 6.6 beschrieben.

Dieser Generator besteht aus drei Hauptfunktionen. Zur Erzeugung der Dreieckfunktion dient ein Integrator IC4, der durch einen Schmitt-Trigger T12, T13 und IC5, IC6 geschaltet wird. Daraus resultieren eine Gegenkopplung und eine Mitkopplung.

Die Gegenkopplung in Form der durch den Schalter CW umschaltbaren Kondensatoren C23, C24 und C25 führt vom Ausgang des Integrators IC4 an den invertierenden Eingang zurück.

Die Mitkopplung führt vom Ausgang des Schmitt-Triggers (Ausgänge IC5 und IC6) über den Emitterfolger T11 und DA1 ebenfalls an den invertierenden Eingang an IC4. Die so erzeugte Dreieckfunktion am Ausgang IC4 gelangt an den Sinus-Konverter, bestehend aus den drei Diodenbrückenschaltungen und dem Ausgangsverstärker IC7.

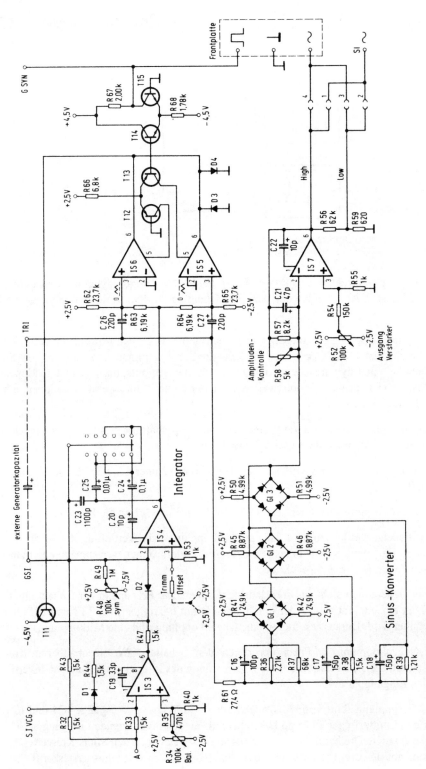

Abb. 6.6: Funktionsgenerator

Die Ausgänge der drei Brückenschaltungen liegen gemeinsam am invertierenden Eingang von IC7, sodass die drei Teilbegrenzungen der Dreieckfunktion durch die Brückenschaltungen in ihrer Gesamtfunktion am Verstärkereingang wirksam werden. Versuchen wir abschließend, auch an den Beispielen dieses Abschnitts die wesentlichsten Erkenntnisse festzuhalten:

- Kopplungen in Schaltungen lokalisieren;
- Unterscheidungsmerkmale von Kopplungen bestimmen und in ihrer Wirkung definieren.

6.4 Übungen zur Vertiefung

Versuchen Sie anhand vieler Schaltungsbeispiele aus Fachdokumentationen und Industrieschaltungen die Kopplungsarten und ihre Funktionen herauszufinden:

1. Bestimmen Sie in Abb. 6.2 die Verbindungskopplung zwischen T1 und T2.
2. Welche Verbindungskopplung besteht zwischen T9 und T10 in Abb. 6.3?
3. Welche Verbindungskopplung besteht zwischen T15 und T16 in Abb. 6.3?
4. Hat der Kondensator C47 in Abb. 4.3 die Wirkung einer Mitkopplung oder einer Gegenkopplung?
5. Der Widerstand R 115 zwischen Kollektor und Basis von T30 in Abb. 3.2 hat die Wirkung einer _____ kopplung.
6. Welche Funktion haben die Widerstände 5,1 M und 47 k in Abb. 6.4?
7. Welche Wirkung hat ein Emitterwiderstand auf den Arbeitspunkt einer Emittergrundschaltung?
8. Welche Funktion hat ein Kondensator, der einem Gegenkopplungswiderstand parallel geschaltet ist?
9. Wie wird die Selbsterregung (Eigenschwingung) eines Verstärkers verhindert, durch eine Mit- oder Gegenkopplung?
10. Wie wirkt sich eine kapazitive Gegenkopplung auf den Arbeitspunkt einer Verstärkerstufe aus?

Lösungen im Anhang

7 Signalwege und Funktionsabläufe festlegen

Es gibt leider nur wenige Serviceunterlagen, in denen vom Hersteller bereits der Signalweg oder der Funktionsablauf im Gesamtbild durch besondere Kennzeichnungen oder Markierungen hervorgehoben ist.

Gerade in umfangreichen Schaltungen ist es vorteilhaft, den Signalweg oder den Funktionsablauf zu kennzeichnen, damit ein zügiges Vorangehen bei der Überprüfung und Fehlersuche der Schaltung ermöglicht wird.

Bei analogen Schaltungen (z.B. Verstärker, Oszillatoren) genügt es, die Verbindungswege (Verbindungskopplungen) durch eine breitere Strichstärke zu kennzeichnen. Man muss sich aber noch weitere „Gedächtnisstützen" anmerken. Etwa den Verstärkungsfaktor jeder Stufe; oder bei konstanter Eingangsamplitude, die Spannungen an den Ausgängen jeder Stufe.

7.1 Kennzeichnung der Signalwege in analogen Schaltungen

Die Schaltung in Abb. 7.1 stellt einen aktiven Klangeinsteller dar. Die erste Stufe ist ein Emitterfolger und hat daher die Verstärkung $v_u \leq 1$. Das NF-Signal teilt sich nach dieser Stufe in zwei Signalwege für hohe und tiefe Frequenzen. Vor dem Eingang der zweiten Verstärkerstufe ($v_u = 5$) werden beide Signalwege zusammengeführt. Die dritte Stufe ist ebenfalls ein Emitterfolger mit der Verstärkung $v_u \leq 1$.

Der Signalweg im NF-Verstärker nach Abb. 7.2 führt vom Eingang über C1 und R1 an den nichtinvertierenden Eingang des integrierten Vorverstärkers. Aufgrund des Widerstandsverhältnisses R2 und R4 liegt die Verstärkung mit $v_u = 22$ fest.

Das NF-Signal gelangt vom Ausgang des ICs an den Eingang des Transistors T2 und über die Dioden D1 und D2 an die Basis von T1.

Am zusammengeführten Emitter der beiden Transistoren wird das Signal wieder abgenommen. Grundsätzlich soll man verzweigte Signalwege, sofern sie für die Funktion von Bedeutung sind, mit kennzeichnen.

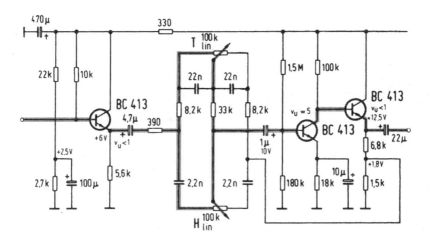

Abb. 7.1: Aktiver Klangeinsteller

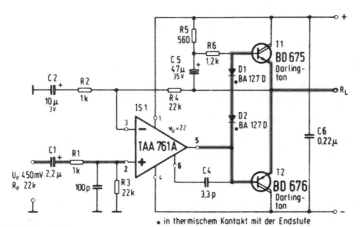

Abb. 7.2: NF-Verstärker

Dies empfiehlt sich für Differenzverstärker (vgl. Abb. 5.7). Vom Eingang A führt der Signalweg über T8a (Gate-Drain) zur Basis T9. Weiter vom Kollektor T9 zur Basis T10. Am Kollektor T10 wird das Signal abgenommen. Der zweite Signalweg führt über T8b (Gate-Drain) zur Basis T12. Weiter vom Kollektor T12 zur Basis T11.

Die Abb. 7.3 zeigt einen Funktionsablauf, an dem verschiedene Grundschaltungen beteiligt sind. Die Stufe T8 wirkt mit der äußeren Beschaltung als Meißner-Generator. Der Signalweg beginnt deshalb am Ausgang dieser Schaltung.

Die Stufe T9 ist ein Impedanzwandler, von dessen Emitterausgang das Signal zur weiteren Verstärkung an einen zweistufigen Verstärker T10 und T11 führt. Der Verstär-

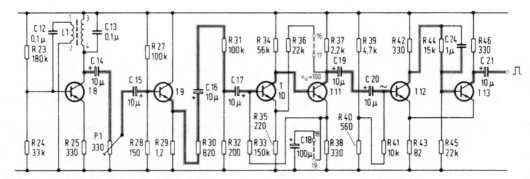

Abb. 7.3: Rechteckgenerator

kungsfaktor dieser Stufen liegt bei $v_u = 100$. Dies ergibt sich aus dem Widerstandsverhältnis R35 und R36 (vgl. dazu Abb. 6.2).

Nach diesem Verstärker folgt eine Kippstufe in Form eines Schmitt-Triggers.

Bei Kippstufen ist es nicht sinnvoll, den Funktionsablauf über jede einzelne Stufe festzulegen. Dies würde nur zu Verwirrungen führen, da hier die Funktion selbsttätig, sozusagen innerhalb der Schaltung abläuft, d.h. keine Verstärkung des angelegten Signals erfolgt.

Sinnvoller ist es, den Eingang und den Ausgang mit der jeweiligen Signalform zu kennzeichnen. Die Signalwegmarkierung endet am Eingang der Kippstufe oder Impulserzeugerschaltung und wird am Ausgang fortgeführt.

Die gleichen Überlegungen gelten für Synchronsignale. Der Signalweg für das Synchronsignal endet an der zu synchronisierenden Stufe.

7.2 Kennzeichnung des Funktionsablaufs bei digitalen Schaltungen

Die Markierung der Signalwege bei digitalen IC-Schaltungen ist weniger sinnvoll, da damit keine verwertbare Aussage über die Funktion entsteht.

Mehr Vorteile und verwertbare Aussagen bringen hier Pegelangaben an Ein- oder Ausgängen.

Als Beispiel wird die in Abb. 7.4 dargestellte Zählerschaltung mit selbsttätiger Rückstellung auf ihren Funktionsablauf überprüft.

Der 4-Bit-Binärzähler 7493 wird über den Eingang E_A (14) mit vh-Impulsen getaktet. Die Verbindung des Ausgangs A_A (12) und des Eingangs E_B (1) sagt aus, dass dieser Binärzähler 1:16 untersetzt, bzw. codiert ist.

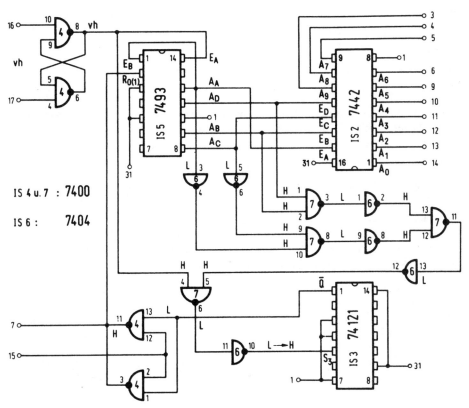

Abb. 7.4: Zählerschaltung mit Rückstellung

An den Ausgängen A_A bis A_D sind zwei weitere Funktionseinheiten angeschlossen.

Es sind dies der BCD-Dezimal-Decodierer 7442, der den Binärcode in dezimale Zählung umwandelt und die Logikschaltung, die das Monoflop 74121 steuert. Dieses Monoflop setzt über eine weitere Logik den 4-Bit-Binärzähler am Rückstelleingang $R_{o(1)}$ zurück.

Nicht sofort ersichtlich ist, bei welcher Taktzahl an E_A (7493) die Rückstellung erfolgt.

Um dies herauszufinden, ist es bei Digitalschaltungen sinnvoll, von den Bedingungen auszugehen, die erforderlich sind, das Monoflop 74121 am Ausgang $\overline{Q}$ (1) von H nach L zu kippen.

Anhand einer Funktionstabelle und der Beschaltung der Eingänge S1 und S2 sind die Eingangsvoraussetzungen für S3 gegeben.

Wenn die Eingänge S1 und S2 an Pegel L liegen, ist eine L→H-Pegeländerung am Eingang S3 erforderlich, damit Ausgang Q von Pegel H nach Pegel L springt. Diese Eingangsbedingung wird am Ausgang des Negators 6/10 (*Abb. 7.5b*) eingetragen.

Der Endzustand t = tn + 1, Pegel H, erfordert daher am Eingang des Negators und damit am Ausgang 6 der NAND-Schaltung 7 (*Abb. 7.5.a*) den Pegel L.

An einem NAND-Ausgang steht am Ausgang nur dann der Pegel L, wenn beide Eingänge Pegel H führen. Dies ergibt bereits die Aussage, dass das Monoflop nur dann gesetzt wird, wenn der Taktimpuls vom Eingang und der Impuls von den Ausgängen des 4-Bit-Binarzählers am NAND-Gatter anliegen.

Am Eingang 5 des NAND-Gatters 7 liegt der Pegel an, der durch die Ausgänge des Binarzählers bestimmt wird. Da die Rückstellung nur bei einer bestimmten Wertigkeit der Binarausgänge erfolgen soll, kann der Pegel H am Eingang des NAND-Gatters 7/5 nur bei einer bestimmten Konfiguration der Ausgänge erscheinen. Dies lässt sich durch weitere Rückverfolgung der Pegel an den Gattern bestimmen. Wenn am Ausgang des Negators 6/12 H-Pegel anliegt, dann muss am Eingang 6/13 L-Pegel anstehen.

Dies hat wiederum zwangsweise Pegel H an den Eingängen 12 und 13 des NAND-Gatters 7 zur Voraussetzung. An den Eingängen 1 und 9 der Negatoren 6 steht dadurch Pegel L, der wiederum Pegel H an den Eingängen 1, 2, 9 und 10 der NAND-Gatter 7 voraussetzt.

Die Eingänge 3 und 5 der Negatoren 6 haben dann Pegel L. Jetzt ist auch ersichtlich, welche Pegel die Ausgänge des Binarzählers haben und welcher Wertigkeit dies entspricht.

Ausgang A_A Pegel L   ($2^0 = 0$)
Ausgang A_B Pegel H   ($2^1 = 2$)
Ausgang A_C Pegel L   ($2^2 = 0$)
Ausgang A_D Pegel H   ($2^3 = 8$)

Somit steht fest, dass der Binarzähler nach dem zehnten Taktimpuls zurückgestellt wird.

Durch diese Kennzeichnung des Funktionsablaufes hat man zwei wesentliche Vorarbeiten, geleistet. Man weiß jetzt definitiv, wann sich der Zähler zurückstellt, und hat damit gleichzeitig den Funktionsablauf für alle Logikschaltungen gekennzeichnet. Verbleibt nur noch die Feststellung, mit welchem Pegel an Eingang $R_0(1)$ der Binarzähler zurückgestellt wird.

Wenn am Eingang S3 des Monoflop ein L→H-Sprung erfolgt, springt der Ausgang $\bar{Q}$ von Pegel H nach Pegel L. Dieser Pegel steht dann am Eingang des NAND-Gatters 4/13. Das Gatter muss dann am zweiten Eingang 12 ebenfalls Pegel L anstehen haben, damit am Ausgang 4/11 ein H-Pegel entsteht. Dieser Pegel ist erforderlich, um den Binärzähler an $R_{0(1)}$ zurückzustellen.

Fassen wir die Funktion der Rückstellung des Binarzählers noch einmal zusammen:

Der zehnte Taktimpuls am Eingang des Binarzählers setzt die Rückstelllogik bis zum Eingang 5 des NAND-Gatters 7. Mit dem elften Taktimpuls (Pegel H an Eingang 4 des Gatters 7) wird das Monoflop am Ausgang $\bar{Q}$ auf Pegel L gesetzt. Dieser Pegel bewirkt zusammen mit einem weiteren L-Pegel am Eingang 15 die Rücksetzung des Binarzählers.

a)

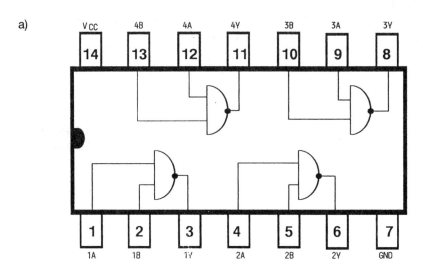

b)

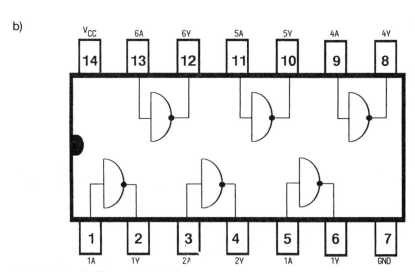

Abb. 7.5: Logik-ICs zur Abb. 7.4
a) NAND-Gatter
b) Negatoren (NICHT-Funktion)

7.3 Übungen zur Vertiefung

1. Der Signalweg für den Sinusoszillator in den drei Transistorstufen T1 bis T3 der Abb. 3.1 ist zu definieren!
2. Für die Impulsformerschaltung in Abb. 3.2 ist der Signalweg zu definieren!
3. Der Signalweg für den Verstärker in Abb. 4.3 ist anzugeben!
4. Der Signalweg für den Rechteckgenerator in Abb. 5.6 ist zu finden?
5. Der Signalweg des Gleichspannungsverstärkers in Abb. 5.7 mit symmetrischen Eingang und unsymmetrischen Ausgang ist festzulegen!
6. Der Signalweg für den Antennenverstärker in Abb. 5.8 ist zu definieren!
7. Der Signalweg der Stereo-Endstufe in Abb. 6.3 ist für den oberen Kanal festzulegen!
8. Für die Stabilisierungsschaltung in Abb. 6.4 ist der Signalweg für das Regelsignal festzulegen!
9. Die in der Zählerschaltung in Abb. 7.4 einzeln dargestellten Logikschaltungen sind mit Verbindungsleitungen den Ein- und Ausgängen der in Abb. 7.5 dargestellten ICs zuzuordnen!

Lösungen im Anhang

8 Schaltungen in Übersichtsplänen dargestellt

Für den Einstieg und die schnelle Orientierung in elektronischen Schaltungsunterlagen ist ein Übersichtsplan oder Blockschemata eine nutzbare Arbeitshilfe.

8.1 Schaltungsbeispiele

Die wesentlichsten Inhalte und Merkmale von Übersichtsplänen sollen anhand einiger Beispiele der bisher besprochenen Schaltungen erläutert und geübt werden.

Bereits die Schaltung nach Abb. 3.1 lässt sich mit ihren Funktionsgruppen als Blockschema darstellen (vgl. Abb. 8.1).

Im Wesentlichen handelt es sich hier um drei Funktionsgruppen, die einzeln herausgestellt werden:

a) der Wienbrückengenerator,
b) der Sinus-Rechteck-Umformer,
c) der Ausgangsteiler mit Netzwerk.

Anhand dieses Übersichtsplanes ist, es sofort möglich, das Funktionsprinzip und die Signalwege in ihrem wesentlichsten Umfang zu überblicken.

Außer den Symbolen für die Funktionseinheiten sind noch die Zuordnungen der von außen bedienbaren Funktionen dargestellt.

Dies sind bei dem Sinusgenerator die Bedienungselemente für stufige und stetige Frequenzeinstellung und bei dem Ausgangsabschwächer die Bedienungselemente für stetige und stufige Amplitudenabschwächung.

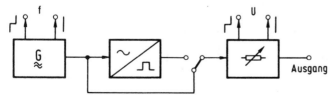

Abb. 8.1: Übersichtsplan der Schaltung nach Abb. 3.1

Außerdem ist bei diesem Übersichtsplan auch noch die Funktion der Signalwege dargestellt.

Somit sind alle wesentlichen Funktionen erfasst und in ihrer Wirkungsweise den entsprechenden Schaltungsgruppen zugeordnet.

In der Darstellung von Übersichtsplänen und Blockschematas ist man an keine Normvorgaben gebunden.

Wichtigster Grundgedanke muss sein, das Wesentlichste so deutlich wie möglich darzustellen, d.h., die einprägsame Übersicht darf nicht durch zu viele Details erschwert bzw. verloren gehen. Der Sinn dieser Darstellungsform wäre dadurch in Frage gestellt.

Als weiteres Beispiel soll der Stromlaufplan in Abb. 3.2 als Blockschema dargestellt werden (vgl. Abb. 8.2). Von der linken Seite aus gesehen, das erste Kästchen, stellt den selektiven Verstärker dar. An zweiter Stelle folgt die Impulsformerschaltung. Daran folgt der Funktion entsprechend der Schmitt-Trigger. Am Ausgang dieser Schaltung befindet sich dann noch die Leistungsstufe zur Versorgung der Lampe.

Auch Differenzverstärker können in einer übersichtlichen Form in ihrem Funktionsprinzip dargestellt werden. Man sieht dann vor allem sofort, ob die Ansteuerung symmetrisch ist und ob sie im Verlauf der Verstärkung symmetrisch bleibt. In Abb. 8.3 ist als Beispiel der Differenzverstärker aus Abb. 4.4 dargestellt. Außer Eingang und Ausgang wurde der Synchroneingang mit seiner Wirkung auf die zweite Stufe dargestellt.

Übersichtspläne für Impuls- und Digitalschaltungen sind ebenfalls bestens dazu geeignet, das Funktionsprinzip und die Kopplung der Stufen und Funktionseinheiten untereinander eindeutig hervorzuheben.

Die Umsetzung der Abb. 4.6 in einen Übersichtsplan nach Abb. 8.4 zeigt besonders deutlich die Vorteile dieser Funktionsdarstellung auf.

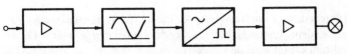

Abb. 8.2: Übersichtsplan der Schaltung nach Abb. 3.2

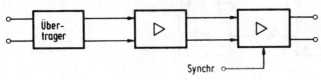

Synchr.

Abb. 8.3: Übersichtsplan der Schaltung nach Abb. 4.4

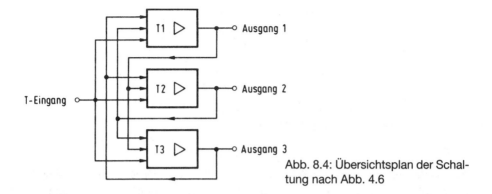

Abb. 8.4: Übersichtsplan der Schaltung nach Abb. 4.6

Stehen als Schaltungsunterlagen nur der Stromlaufplan zur Verfügung, d.h., es ist auch keine Funktionsbeschreibung vorhanden, dann ist man sozusagen gezwungen, die Kopplungsarten der einzelnen Stufen untereinander zu ergründen. Dies kann, aufgrund von Unsicherheiten im Schaltungslesen oder mangelnder Konzentration, zu langwierigen und sogar falschen Schaltungsanalysen führen.

Mit der Darstellung Abb. 8.4 wird die Verkopplung der einzelnen Stufen klar definiert. Der Ausgang jeder Stufe ist mit je einem Eingang der anderen zwei Stufen verbunden.

Die Takteingänge sind in Abb. 8.4 in direkter Verbindung zueinander dargestellt. Diese Art der Darstellung ist in Übersichtsplänen üblich. Bauelemente, wie in diesem Beispiel die Entkopplungsdioden G2, müssen hierbei nicht berücksichtigt werden, da sie am Funktionsprinzip nichts ändern.

Die HF-Schaltung aus Abb. 5.8 lässt sich entsprechend Abb. 8.5 darstellen.

Bei dieser Schaltung kommt es unter anderem. auch darauf an, die Frequenzabstimmung des Eingangskreises und des Oszillators mit hervorzuheben, bzw. diese Funktion deutlich zu machen.

Bei der Darstellung von elektronisch stabilisierten Netzteilen kommt es darauf an, das Funktionsprinzip des geschlossenen Regelkreises sichtbar zu machen (Abb. 8.6). Bei der Schaltung nach Abb. 6.4 wird außer der Gleichrichter- und Siebschaltung die elektronische Regelung in drei Blöcken dargestellt.

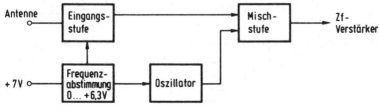

Abb. 8.5: Übersichtsplan der Schaltung nach Abb. 5.8

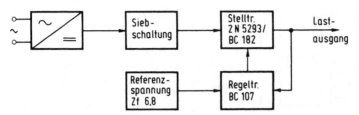

Abb. 8.6: Übersichtsplan der Schaltung nach Abb. 6.4

Es sind dies grundsätzlich die Schaltungen zur Erzeugung der Referenzspannung für den Soll-Ist-Vergleich, die Regelschaltung und der Leistungstransistor als Stellglied.

Ob es sich hierbei um ein- oder mehrstufige Schaltungseinheiten handelt, ist für die Prinzipdarstellung ohne Bedeutung.

Auch die Art des Anschlusses an die Versorgungsspannungen und die Anzahl der Arbeitswiderstände sind bei dieser Darstellung ohne Bedeutung.

Der Funktionsgenerator nach Abb. 6.6 wird zur Erstellung eines Blockschemas in Abb. 8.7, mit allen wesentlichen Funktionsstufen und Gegen- bzw. Mitkopplungen über mehrere Funktionseinheiten dargestellt. Die funktionsbestimmenden Gegen- oder Mitkopplungen innerhalb einer Schaltungseinheit werden nicht berücksichtigt, z.B. die Rückkopplung des Integrators oder des Schmitt-Triggers (HYSTERESIS-SWITCH).

Abschließend soll anhand des Beispiels nach 7.4 gezeigt werden, dass auch bei Schaltungen mit integrierten Bausteinen eine Zusammenfassung der Funktionsprinzipien sinnvoll erscheint, um damit die wichtigsten Wirkungsmerkmale entsprechend herausstellen zu können.

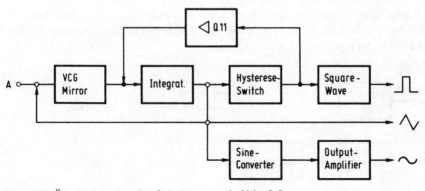

Abb. 8.7: Übersichtsplan der Schaltung nach Abb. 6.6

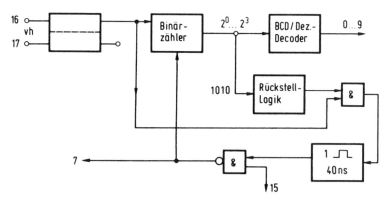

Abb. 8.8: Übersichtsplan der Schaltung nach Abb. 7.4

Die Entprellschaltung für den Eingang „vh" wird entsprechend ihres Aufbaus als RS-Flipflop dargestellt (Abb. 8.8).

Die vier Ausgänge des Binärzählers 7493 werden mit einer Verbindung dargestellt – wie dies bei Übersichtsplänen üblich ist und durch das Symbol für ein Vielfach gekennzeichnet. Die gleiche Anordnung wird für die Dezimalausgänge des Dual-Dezimal-Decoders gewählt.

Die Rückstelllogik, bestehend aus drei NAND-Gattern und fünf Negatoren, wird ebenfalls zu einem Block zusammengefasst. Die Verknüpfungsschaltung, an der das Rücksetzsignal vom Ausgang des Binärzählers und vom Takteingang anliegen, kann man als UND-Gatter im Übersichtsplan darstellen, da der auf das NAND-Gatter folgende Negator die Negation aufhebt.

Das Monoflop wird mit seinem Symbol dargestellt. Der Ausgang des Monoflop führt an eine NAND-Verknüpfung, die ebenfalls mit ihrem Symbol dargestellt wird. Die Parallelschaltung von, zwei NAND-Gattern hat lediglich die Aufgabe, die Leistungseinheiten (Fan out) des Rücksetzausganges zu erhöhen.

Zusammenfassend ist festzustellen, dass Übersichtspläne oder Blockschematas als Vorinformation für Stromlaufpläne wesentliche Orientierungshinweise über das Zusammenwirken und die Arten der Verkopplungen der einzelnen Schaltungseinheiten in ihrem Funktionsprinzip geben.

Auch Computer- und Mikroprozessorsysteme lassen sich in ihren Funktionseinheiten zusammengefasst in einem Übersichtsplan darstellen.

Der in Abb. 10.7 dargestellte Mikroprozessor ist in einem typischen Blockschema für ein Computersystem in Abb. 8.9 dargestellt.

Die Einzelbausteine 8085, BUS-Treiber und Systemsteuerung sowie Taktgeber aus Abb. 10.7 sind in der Abb. 8.9 in einem Baustein, der als Mikroprozessor (CPU) bezeichnet wird, zusammengefasst.

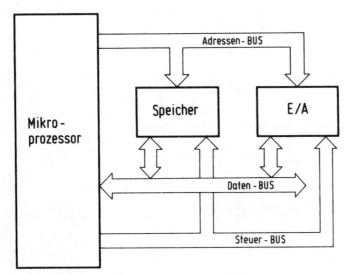

Abb. 8.9: Übersichtsplan der Schaltung nach Abb. 10.7

Dazu kommt die vereinfachte Darstellung der Leitungsvielfache für den Datenbus, der aus 8 Leitungen besteht, auf denen die Daten zwischen Zentraleinheit und Speicher bzw. Ein-Ausgabe-Einheiten in beiden Richtungen (Doppelweg) übertragen werden.

Der Adressbus ist vereinfacht für 16 Leitungen dargestellt, über die die Zentraleinheit einen bestimmten Speicherplatz oder einen Eingang-Ausgang-Baustein kennzeichnet (Einweg in Pfeilrichtung). Der Steuerbus ist für Leitungen dargestellt, die über den Zustand der Zentraleinheit Aufschluss geben (Einweg in Pfeilrichtung).

Vereinfacht wurde das Blockschema in Abb. 8.9 durch zwei periphere Bausteine, die in Abb. 10.7 nicht enthalten sind. Dies ist zum einen eine Speichereinheit, die für die Festspeicher (EPROM) und die Schreib-Lese-Speicher (RAM) für die Programm- und Datenspeicherung dargestellt ist.

Des weiteren ein Funktionsblock für die Ein-Ausgabe-Bausteine. Dieser enthält Schaltungen, die es der Zentraleinheit ermöglichen, mit peripheren Funktionseinheiten oder Geräten zu verkehren, z.B. Tastaturen, Floppy-Disks, Lochstreifen, Bildschirmgeräten usw. Durch die BUS-Leitungen werden diese Systeme miteinander verbunden.

Der in Abb. 10.7 dargestellte Stromlaufplan ist eine Mischung zwischen Schaltung und Blockschema.

Einen Übersichtsplan für die Schaltungsbeschreibung in Abschnitt 10.6, Abb. 10.19 zeigt die Abb. 8.10.

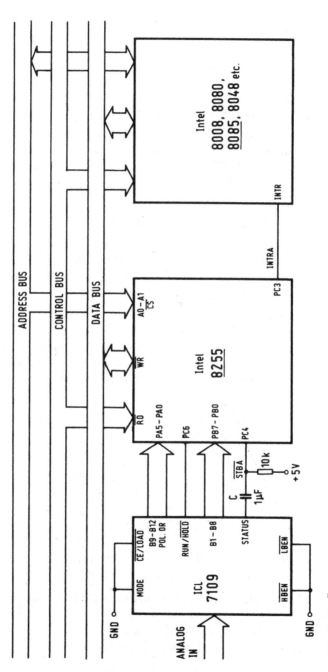

Abb. 8.10: Übersichtsplan der AD-Schaltung nach Abb. 10.19

Dieses Blockschema des AD-Umsetzers ICL 7109 ist der amerikanischen Hersteller-publikation entnommen.

Von oben nach unten betrachtet sind Adress-, Steuer- und Datenbus dargestellt. Das Übersichtsbild zeigt recht einprägsam, dass der AD-Umsetzer keine Softwareverbindung an den Mikrocomputer 8085 hat, sondern- lediglich über Hardwareverbindungen des E/A-Bausteins 8255 an das Bussystem gekoppelt ist.

Viel eindeutiger als aus der Detailabbildung 10.19 ist die Kanalbelegung zu ersehen.

Die Anschlüsse B1 bis B8 sind mit den Eingangskanal PBO bis PB7 des IC 8255 verbunden. Die restlichen 4 Übertragungsanschlüsse B9 bis B12. mit den Eingangska-nalleitungen PA0 bis PA3. Die Anschlüsse POL und OR liegen an P4 und P5.

Wozu werden diese Unterlagen im Einzelnen benötigt und wie werden sie eingesetzt?

Der Umfang der Unterlagen ist im Wesentlichen von der Größe des Gerätes und dem Aufbau abhängig. Für kleinere, technisch standardisierte Geräte werden nicht in dem Umfang Unterlagen benötigt, wie z.B. für kommerzielle Produkte mit neuen Techno-logien und Funktionsabläufen.

Geräteabbildungen, Bedienungsanleitungen und technische Daten liegen allen Gerä-ten bei, unabhängig davon, ob sie groß oder klein, einfach oder kompliziert im Aufbau sind. Nach VDE sind diese Unterlagen Bestandteil eines Gerätes. Mit Hilfe der Gerä-teabbildung und der Bedienungsanleitung kann sich der Anwender über die sachge-rechte Bedienung informieren und aus den technischen Daten die Leistungsmerkmale und die Leistungsfähigkeit ersehen.

Der Übersichtsplan und die Systembeschreibung dienen zur Information über das Funktionsprinzip und den Betriebsablauf.

Diese Unterlagen sind nicht allen Geräten beigefügt. In der Regel nur bei kommerziel-len Geräten der Industrieelektronik (Mess- und Steuergeräte) in Form eines Wartungs-handbuches (engl.: Manual).

Serienmäßigen Standardgeräten, wie z.B. Rundfunk- und Fernsehgeräte, Tonbandge-räte und NF-Verstärker, liegen in der Regel diese Unterlagen nicht bei.

Unerlässliche Bestandteile der Unterlagen sind die Stromlaufpläne und wenn erforder-lich die Explosionszeichnungen für mechanische Funktionseinheiten.

Hier gilt wieder, dass bei standardisierten Geräten die Stromlaufpläne und Explosions-zeichnungen ohne Schaltungs- und Funktionsbeschreibung beigefügt sind und nur bei Geräten der kommerziellen Elektronik dazu auch entsprechende Beschreibungen in Form der Wartungs-Handbücher und -Mappen mitgeliefert werden.

Dies ist nicht immer der Fall, aber dem schaltungskundigen Fachmann genügen meis-tens die Stromlaufpläne, um daraus die Schaltungsfunktionen zu erkennen, vor allem dann, wenn er die ersten Abschnitte dieses Buches aufmerksam gelesen hat. Referenz-

und Belegungspläne sowie die Darstellung des mechanischen Aufbaus sind Unterlagen, die für das Auffinden bestimmter mechanischer und elektrischer Baugruppen und Bauelemente unerlässlich sind. Daher sind sie ebenfalls ein fester Bestandteil der Wartungsunterlagen.

Aus der Darstellung des mechanischen Aufbaus geht die Anordnung der Baugruppen (z.B. Netztransformator, Schalter, Platinen, Abschirmungen) hervor.

8.2 Übungen zur Vertiefung

1. Entsprechend den Übersichtsplan nach Abb. 8.1 sind für die 3 Funktionsblöcke die Ein- und Ausgänge an dem Schaltbild Abb. 3.1 anhand der Bauelemente zu definieren.
2. Entsprechend den Übersichtsplan nach Abb. 8.2 sind für die 4 Funktionsblöcke die Ein- und Ausgänge an dem Schaltbild 3.2 näher zu definieren.
3. Für den Übersichtsplan nach Abb. 8.4 sind für die 3 Zählstufen die Ein- und Ausgänge sowie die Verkopplungen an dem Schaltbild Abb. 4.6 zu definieren.
4. Für den Übersichtsplan nach Abb. 8.5 sind die Ein- und Ausgänge und die Rückkopplung an dem Schaltbild Abb. 5.8 näher zu definieren.
5. Entsprechend dem Übersichtsplan nach Abb. 8.7 sind für die Funktionsblöcke die Ein- und Ausgänge an dem Schaltbild Abb. 6.6 anhand der Bauelemente zu definieren.
6. Entsprechend dem Übersichtsplan nach Abb. 8.8 sind für die Funktionsblöcke die Ein- und Ausgänge anhand der Pinnummer in der Schaltung Abb. 7.4 zu definieren.
7. Die Schaltung der Stereo-Endstufe in Abb. 6.3 ist in einem Übersichtsplan mit 4 Funktionsblöcken entsprechend Abschnitt 8.1 darzustellen.
8. Die Schaltung des NF-Verstärkers in Abb. 7.2 ist in einem Übersichtsplan mit 2 Funktionsblöcken entsprechend Abschnitt 8.1 darzustellen.
9. Für die Grundschaltungen in Tabelle 2.1 sind die entsprechenden Schaltzeichen nach DIN aus Anhang 14 (soweit vorhanden) auszusuchen, bzw. Symbole aus Abschnitt 8.1 anzuwenden.
10. Die Schaltung des Rechteckgenerators in Abb. 7.3 ist in einem Übersichtsplan entsprechend Abschnitt 8.1 darzustellen.

Lösungen im Anhang

Versuchen Sie für alle in diesem Buch vorkommenden und noch nicht umgesetzten Schaltungen die Übersichtspläne zu entwickeln und darzustellen.

9 Schaltungsunterlagen in der Praxis anwenden

9.1 Gerätedokumentationen

Zu den elektronischen Geräten und Anlagen gehören im Wesentlichen die in Abb. 9.1 dargestellten Unterlagen, die es ermöglichen, die Bedienung, die Leistungsfähigkeit, die Schaltungsfunktionen, den mechanischen Aufbau und die verwendeten Bauelemente zu identifizieren bzw. beurteilen zu können. Im Idealfall gehören dazu folgende Zeichnungs- und Textunterlagen:

a) Geräteabbildungen und dazu gehörend Bedienungsanleitungen sowie technische Daten;

b) Übersichtspläne und Systembeschreibungen sowie Kennwerte;

c) Stromlaufpläne und falls erforderlich die Explosionszeichnungen von mechanischen Vorrichtungen (z.B. Antriebe, Schreibwerke, Tastatur) und die dazu gehö-

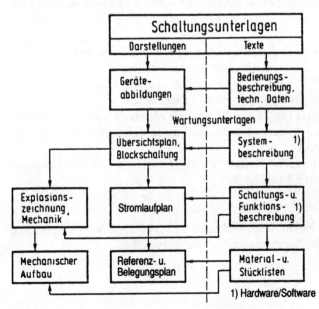

Abb. 9.1: Übersichtsschema über Schaltungsunterlagen

renden Schaltungs- und Funktionsbeschreibungen sowie Abgleich- und Testanweisungen;

d) Referenz- und Belegungspläne sowie der mechanische Aufbau und dazu die Material- und Stücklisten.

Die Referenzpläne zeigen die Anordnung der Bauelemente auf den bestückten Platinen, entsprechend der Bezeichnung in den Stromlaufplänen.

Der Belegungsplan ist vor allem bei Geräten und Anlagen mit mehreren Baugruppen erforderlich, die durch Verbindungsleitungen, geführt in Kabelbäumen, miteinander verbunden sind. Aus dem Belegungsplan sind die Verbindungsanschlüsse der Baugruppen untereinander ersichtlich. Material- und Stücklisten sind für die Ersatzteilbeschaffung wichtig. Aus diesen Listen sind außer den herstellerspezifischen Lager- und Bestellnummern auch die Kennwerte ersichtlich. Dies können sein, Bauelementewerte, Toleranzen, Leistungsangaben, Hersteller, Typ und sonstige Kennwerte. Wie diese Pläne sich in der Praxis darstellen und wie man mit Hilfe dieser Pläne arbeitet, soll folgendes Beispiel zeigen.

9.2 Beispiel aus der Praxis

Die Abb. 9.2 zeigt das vollständige Blockschema eines Druckvorverstärkers.

Aus dessen Funktionsübersicht ist zu ersehen, dass dieser Verstärker nach dem Trägerfrequenz-Messverfahren arbeitet. Die hierfür erforderliche Trägerfrequenz von 5 kHz wird extern zugeführt.

Diese Trägerfrequenz wird zunächst in einem Speisespannungsverstärker verstärkt und über einen Übertrager mit mehreren Abgriffen zur Versorgung des Druckaufnehmers, der Brückenkompensation und des Schaltspannungsverstärkers abgenommen. Im Schaltspannungsverstärker wird das 5-kHz-Signal nochmals verstärkt, sodass eine ausreichende Steuerspannung für den Regelverstärker und die Impulsformerstufe zur Verfügung steht. Der Druckaufnehmer moduliert die ihm zugeführte Speisespannung proportional dem aufgenommenen Druck. Dieses amplitudenmodulierte Signal wird dann dem mehrstufigen Signalverstärker zugeführt.

Die vom Signalverstärker verstärkte amplitudenmodulierte 5-kHz-Trägerfrequenz wird in dem von der Impulsformerstufe gesteuerten Demodulatorphasenselektor demoduliert. Unerwünschte Reste der Trägerfrequenz und deren Oberwellen werden in einem darauf folgenden Filter unterdrückt. Es folgt ein weiteres Filter mit vier einstellbaren Grenzfrequenzen. Danach folgen zwei Impedanzwandler.

Eine wesentliche Einrichtung ist der automatische Nullabgleich des Druckaufnehmers.

Durch Betätigen der Taste AUTOMATIKBEREICH wird im Regelverstärker aus der Verstimmung des Druckaufnehmers eine Steuerspannung für zwei Stellmotoren er-

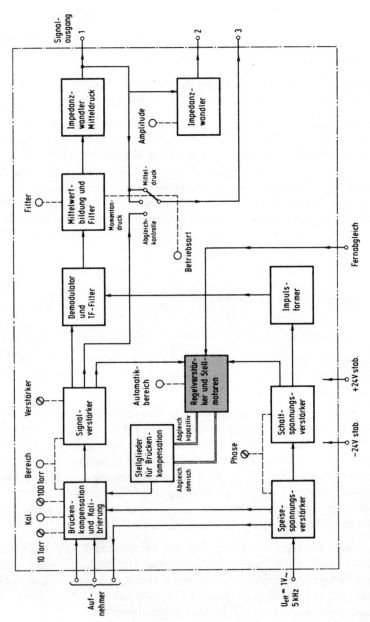

Abb. 9.2: Blockschema eines Druckvorverstärkers

zeugt, die mit den auf den Eingang wirkenden Potentiometern für den ohmschen und kapazitiven Abgleich gekoppelt sind. Die Stromversorgung erfolgt ebenfalls extern.

Angenommen, man müsste bei diesem Druckverstärker den Nullabgleich im Regelverstärker neu abgleichen. Dazu benötigt man den Stromlaufplan des Regelverstärkers mit den dazu angeschlossenen Motoren, entsprechend Abb. 9.3. Anhand dieses Stromlaufplanes ist es erst möglich, die für diesen Abgleich erforderlichen Bauelemente (Trimmpotis) aufgrund ihrer Funktion zu bestimmen.

Als nächster Schritt muss jetzt die Lage dieser Bauelemente auf der Leiterplatte „Regelverstärker" festgelegt werden.

Dazu dient der Referenzplan dieser Leiterplatte entsprechend Abb. 9.4, in dem die Bauelemente in ihrer Lage zu sehen sind.

Die Bauelemente sind im Stromlaufplan mit Referenznummern versehen, z.B. R145 oder C63. Diese Bezeichnungen findet man auf den Referenzplänen wieder, sodass das entsprechende Bauelement in der auf diesen Plänen angegebenen Lage auf der Leiterplatte wiedergefunden werden kann. Da im Referenzplan auch die Leiterbahnen zu ersehen sind, ist die Bestimmung von Verbindungspunkten ebenfalls möglich (z.B. für Messpunkte). Dieser Referenzplan zeigt die Bauelemente in ihrer Bauform. Es gibt auch Referenzpläne – und dies in der Mehrzahl –, in der die Symbole der Bauelemente eingezeichnet sind.

Wiederum andere Hersteller legen sich da überhaupt nicht fest und wenden beide Varianten an.

Zur Messung von Eingangs- und Ausgangswerten des Regelverstärkers benötigt man die Kontaktbelegung der steckbaren Leiterplatte.

Dazu ist der Belegungsplan erforderlich, sofern man die mühsame und zeitraubende Sucherei von Leiterbahn zu Leiterbahn auf der Leiterplatte vermeiden will.

Auf dem Belegungsplan sind in der Regel die Anschlussverbindungen aller Baugruppen eingezeichnet. Dazu gehören z.B. Potentiometer (Frontplatte), Schalter, Steckerleisten der Leiterplatten und des Einschubes, Lötstützpunkte und in diesem Fall die Motorenanschlüsse.

Damit man auf dem Belegungsplan aus der Vielzahl der Baugruppen die richtige sofort selektieren kann, sind entsprechende Kennzeichnungen vorhanden.

Auf dem Stromlaufplan in Abb. 9.3 befindet sich auf der oberen Abgrenzungslinie ein T in einem Kreis. Unter diesem Symbol findet man im Belegungsplan (vgl. Abb. 9.5) die zu dieser Leiterplatte gehörende Steckerleiste mit den entsprechenden Verbindungsanschlüssen.

Den Verstärkereingang z.B. als Messpunkt findet man dann wie folgt: Auf dem Stromlaufplan in Abb. 9.3 verfolgt man den Verstärkereingang bis zur Abgrenzungslinie des

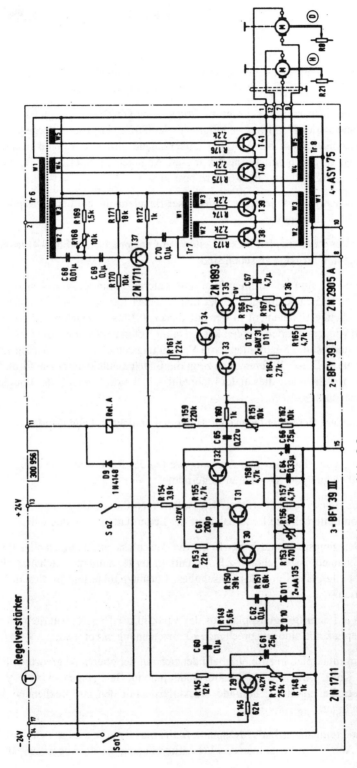

Abb. 9.3: Stromlaufplan des Regelverstärkers aus Abb. 9.2

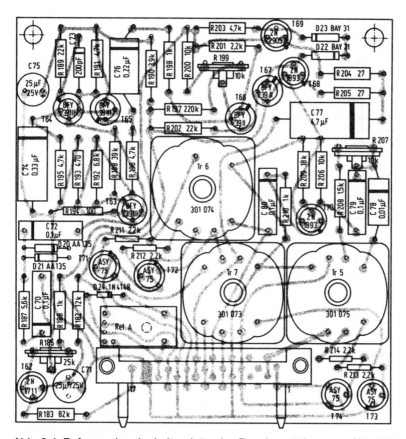

Abb. 9.4: Referenzplan der Leiterplatte des Regelverstärkers aus Abb. 9.3

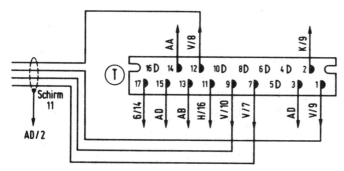

Abb. 9.5: Belegungsplan des Verbindungssteckers der Schaltung nach Abb. 9.3

Regelverstärkers. Die daran aufgeführte Zahl ist die Kontaktnummerierung, die man dann aufgrund der Anordnung im Belegungsplan auf der Steckerleiste leicht auffindet.

Notwendige Ersatzteile kann man aufgrund der nachfolgend wiedergegebenen Teileliste auffinden und beschaffen.

Tabelle 9.1: Beispiel einer Teileliste zur Schaltung in Abb. 9.3

Ref. Bez.	Benennung und Kennwerte				firmenspezifische Bestellnr.
C60	Kondensator	0,1 µF	±10%	250 V	903 198
C61	Kondensator (Elyt)	25 µF	−10...+100%	25 V	903 193
C62	Kondensator	0,1 µF	±10%	250 V	903 198
C63	Kondensator	200 pF	±1%	500 V	903 185
C64	Kondensator	0,33 µF	±10%	160 V	903 201
C65	Kondensator	0,22 µF	±10%	125 V	903 197
C66	Kondensator (Elyt)	25 µF	−10...+100%	25 V	903 193
C67	Kondensator	4,7 µF	±20%	63 V	903 218
C68	Kondensator	0,01 µF	±1%	100 V	903 176
C69	Kondensator	0,1 µF	±10%	250 V	903 198
D9	Diode	1N4148			904 610
D10	Diode	2AA135			904 549
D11	Diode	2AA135			904 549
D12	Diode	BAY31			904 536
D13	Diode	BAY31			904 536
M1	Stellmotor				918 061
M2	Stellmotor				918 061
R8	Potentiometer	20 k (m. Antrieb)			301 405
R21	Potentiometer	20 k (m. Antrieb)			301 405
R145	Widerstand	82 kΩ	±10%	0,25 W	921 279
R164	Widerstand	12 kΩ	±10%	0,5 W	921 222
R147	Trimmpoti	25 kΩ	linear	0,15 W	909 159
R148	Widerstand	1 kΩ	±5%	0,25 W	921 135
R149	Widerstand	5,6 kΩ	±10%	0,5 W	921 008
R150	Widerstand	39 kΩ	±2%	0,25 W	921 242
R151	Widerstand	6,8 kΩ	±2%	0,25 W	921 410
R152	Widerstand	22 kΩ	±1%	0,2 W	921 379

Ref. Bez.	Benennung und Kennwerte				firmenspezifische Bestellnr.
R153	Widerstand	470 Ω	±2%	0,25 W	921 119
R154	Widerstand	3,9 kΩ	±5 %	0,5 W	921 210
R155	Widerstand	4,7 kΩ	±5 %	0,25 W	921 300
R156	Widerstand (NTC)	100 Ω	±5 %	0,25 W	910 016
R157	Widerstand	4,7 Ω	±5%	0,25 W	921 300
R158	Widerstand	4,7 Ω	±5 %	0,25 W	921 300
R159	Widerstand	220 kΩ	±1%	0,2 W	921 325
R160	Widerstand	1 kΩ	±5 %	0,25 W	921 135
R161	Trimmpoti	10 kΩ	linear	0,15 W	921 143
R162	Widerstand	10 kΩ	±2%	0,25 W	921 133
R163	Widerstand	22 kΩ	±1%	0,2 W	921 379
R164	Widerstand	2,2 kΩ	±2%	0,25 W	921 101
R165	Widerstand	4,7 kΩ	±5 %	0,25 W	921 300
R166	Widerstand	27 Ω	±10%	0,5 W	921 289
R167	Widerstand	27 Ω	±10%	0,5 W	921 289
R168	Trimmpoti	10 kΩ	linear	0,15 W	909 143
R169	Widerstand	1,5 Ω	±10 %	0,25 W	921 049
R170	Widerstand	10 kΩ	±2%	0,25 W	921 133
R171	Widerstand	18 kΩ	±5 %	0,25 W	921 240
R172	Widerstand	1 kΩ	±5%	0,25 W	921 135
R173	Widerstand	2,2 kΩ	±2%	0,25 W	921 101
R174	Widerstand	2,2 kΩ	±2%	0,25 W	921 101
R175	Widerstand	2,2 kΩ	±2%	0,25 W	921 101
R176	Widerstand	2,2 kΩ	±2%	0,25 W	921 101
Rel.A	Reedrelais	24 V			914 170
T29	Transistor	2 N 1711			904 538
T30...T32	Transistor	BFY 39 III			904 551
T33	Transistor	BFY 39 II			904 564
T34	Transistor	BFY 39 II			904 564
T35	Transistor	2 N 1893			904 548
T36	Transistor	2 N 2905			904 629
T37	Transistor	2 N 1711			904 538
T39...T41	Transistor	ASY 75			904 684
Tr6	Übertrager				301 075
Tr7	Übertrager				301 074
Tr8	Übertrager				301 073
T	Leiterplatte	Regelverstärker bestückt			301 401
T	Leiterplatte	Regelverstärker unbestückt			417 083

In der Spalte Ref.-Bez. der Teileliste sind als erstes die im Stromlaufplan und dem Referenzplan enthaltenen Referenznummern der Bauteile enthalten. Dann folgt die Bauteilbezeichnung sowie der Wert des Bauteils, bzw. die Typenbezeichnung. Dann folgen weitere elektrische Kennwerte, die über die weiteren Spezifikationen etwas aussagen. Dies ist vor allem dann von Bedeutung, wenn man die Bauteile nicht bei der Herstellerfirma unter der Bestellnummer disponieren will, sondern aus eigenen Beständen oder bei anderen Lieferanten beschafft. Dies ist allerdings nur bei Kondensatoren, Widerständen und Halbleiterbauelementen möglich. Bauelemente, wie z.B. Übertrager und Leiterplatten, müssen direkt von der Herstellerfirma des betreffenden Gerätes unter der Bestellnummer bestellt werden.

9.3 Übungen zur Vertiefung

Dem Hersteller des Regelverstärkers sind leider im Stromlaufplan (Abb. 9.3) und im Referenzplan der bestückten Leiterplatte (Abb. 9.4) einige Fehler in den Referenzbezeichnungen unterlaufen. So sind einige Kondensatoren und Widerstände im Stromlaufplan (Abb. 9.3) in der fortlaufenden Nummerierung mit gleichen Nummern versehen worden.

Erschwerend kommt hinzu, dass im Referenzplan für die bestückte Leiterplatte in Abb. 9.4 die Referenznummern mit höherwertigen Zahlen beginnen, z.B.:

Transistoren beginnen mit T29 in Abb. 9.3. In Abb. 9.4 mit T62 (2N1711).

Widerstände beginnen mit R145 in Abb. 9.3. In Abb. 9.4 mit R183 (82 k).

Kondensatoren beginnen mit C60 in Abb.9.3. In Abb. 9.4 mit C70 (0,1μF).

Dioden beginnen mit D10 in Abb. 9.3. In Abb. 9.4 mit D20 (AA 135).

Diese Fehler bieten eine hervorragende Übungsmöglichkeit, anhand des Schaltbildes (Abb. 9.3) die Referenzbezeichnungen der Bauelemente in Abb. 9.4 zu bestimmen und zu korrigieren und in die Tabelle 9.1 entsprechend einzutragen.

Lösungen im Anhang

10 Computertechnik: Hardware, Software

In diesem Abschnitt werden die Merkmale und Strukturen der computerspezifischen Schaltungen (Hardware), Leitungsstrukturen (Bussysteme) und die Programmstrukturen (Software) näher erläutert.

10.1 Tri-state-Ausgänge oder Bus-Funktionen

Bevor wir uns mit den Funktionen und Signalwegen eines Mikrocomputers näher befassen, müssen wir die in einer Mikrocomputerschaltung besonderen Leitungsverbindungen kennenlernen. Einer Fachdefinition entsprechend, ist ein Bus eine Datenleitung, an der mehrere digitale Funktionseinheiten mit Eingang und Ausgang gleichzeitig angeschlossen sind.

Von der Digitaltechnik wissen wir, dass an einen Ausgang mehrere Eingänge angeschlossen werden können, aber nicht ein oder mehrere Ausgänge.

Um die Sache verständlich zu machen, beginnen wir am besten mit einer einfachen Leitungsverbindung zwischen zwei digitalen ICs (Abb. 10.1).

Der Ausgang des ersten ICs (Kollektor V2 in Abb. 10.1b) ist mit dem Eingang des zweiten ICs (Emitter V3) verbunden. Die Ausgangsstufe des ersten ICs bestimmt damit den Eingangspegel der zweiten Stufe. Ist die Transistorstufe V1 gesperrt und die Transistorstufe V2 leitend, stellt sich am Ausgang der Pegel L (etwa 0 V) ein: Der Innenwiderstand der Stufe beträgt gegen Bezugspotenzial O_s nur wenige Ohm, ist also sehr niederohmig. Der Emitterstrom der Eingangsstufe V3 des zweiten ICs fließt über den leitenden Transistor V2 ab und erzeugt nur geringen Spannungsabfall, entsprechend Pegel L.

Ist der Transistor V1 in Abb. 10.1b leitend und V2 gesperrt, ergibt sich am Ausgang des ersten ICs ein Ausgangspegel von etwa 5 V, entsprechend U_s (Pegel H). Dieser Pegel stellt sich damit auch am Eingang des zweiten ICs ein. Durch den gesperrten Transistor V2 kann der Emitterstrom der Eingangsstufe V3 nicht über diese Stufe abfließen, der Transistor bleibt gesperrt.

Solange an den Ausgang einer Schaltung nur die Eingänge von einem oder mehreren ICs angeschlossen sind, können diese Eingänge gemeinsam gesteuert werden. Es ist

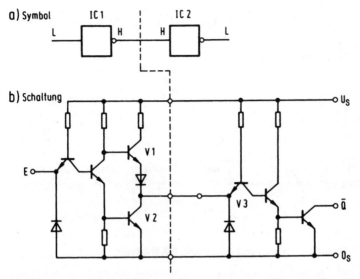

Abb. 10.1: Leitungsverbindung zwischen zwei ICs: a) Symbol; b) Schaltung

aber nicht möglich, nur eines von mehreren angeschlossenen ICs von der gemeinsamen Steuerstufe aus zu bedienen.

Eine schaltungstechnische Lösung, die ein Zusammenschließen der Ein- und Ausgänge ermöglicht, veranschaulicht Abb. 10.2. Außer dem Eingang E und dem Ausgang A weist das Symbol der Schaltung in Abb. 10.2a noch einen weiteren Eingang C auf, der es ermöglicht, die beiden Ausgangstransistoren V1 und V2 im Bild 10.2b gleichzeitig nichtleitend zu schalten. Dadurch wird der Ausgang dieser Stufe hochohmig. Auf die angeschlossene Leitung wirkt sich dies elektrisch so aus, als wenn sich dieser Baustein mit seinem Ausgang abgeschaltet hätte. Bausteine mit dieser Funktion werden als „Tri-state"-Baustein bezeichnet.

Die Funktionstabelle in Abb. 10.2c zeigt, dass sich an der Funktion der Treiberstufe nichts ändert, solange die Steuerleitung C für die Funktion „Hochimpedanz" (Abk.: HI) nicht aktiv ist. Sobald dieser Eingang gesetzt wird, geht der Ausgang der Treiberstufe auf Hochimpedanz.

Die Tri-State-Funktion kann auch in CMOS-Technik realisiert werden (Abb. 10.3). Die MOS-Transistoren V2 (N-Kanal) und V3 (P-Kanal) bilden die Inverterausgangsstufe, die vom Eingang E gesteuert werden. Hinzu kommen die Schalttransistoren V1 (N-Kanal) und V4 (P-Kanal), die vom Eingang C (Control) schaltbar sind.

Liegt der C-Eingang auf H-Pegel, dann sind V1 und V4 durchgeschaltet. Dies entspricht der Funktionsfreigabe für den Dateneingang E. Mit C auf L-Pegel sperren die Transistoren V1 und V4, der Ausgang A wird abgeschaltet. Bei dieser S ergibt sich die Tri-State-Funktion bei L-aktivem Steuereingang C (vgl. Abb. 10.2c).

a)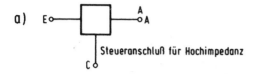

b)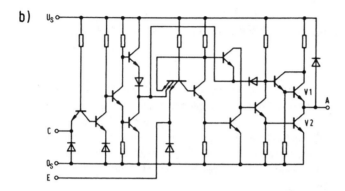

c)

C	E	A
L	L	L
L	H	H
H	L	HI
H	H	HI

Abb. 10.2: IC mitTri-state-Funktion: a) Symbol; b) Schaltung; c) Funktion

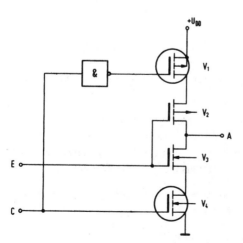

Abb. 10.3: CMOS-Ausgangsstufe mit „Tri-state"-Funktion

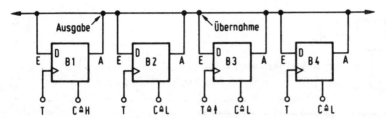

Abb. 10.4: IC mit Tri-state-Funktion am Ausgang und Taktfunktion am Eingang

Die Bausteine mit „Tri-state"-Funktion können dadurch mit den sowieso vorhandenen hochohmigen Eingängen E und den Tri-state Ausgängen A auf eine gemeinsame Leitung geschaltet werden (Abb. 10.4). Voraussetzung ist, dass nur ein Baustein über dem Kontrolleingang C (Pegel H) am Ausgang freigegeben ist (in diesem Beispiel der Baustein B1). Alle anderen Bausteine sind über den Steuereingang C am Ausgang auf Hochimpedanz (HI) geschaltet. Dadurch kann der Baustein B1 seinen Ausgangspegel an alle anderen Eingänge übertragen.

Damit der Eingang des Bausteins B1 nicht sein eigenes Ausgangssignal übernehmen muss, sind die Bausteine an den Eingängen mit einem Takteingang versehen.

Der Takteingang T in Abb. 10.4 übernimmt diese Funktion. Solange ein Baustein nicht getaktet wird, kann er die an seinen Eingängen anstehenden Informationen nicht übernehmen. Soll z.B. der Baustein B3 die Daten übernehmen, muss er getaktet werden.

Der Baustein der zur Datenausgabe bestimmt wird, bezeichnet man in der Software-terminologie als „Datenquelle", der Baustein, der die Daten übernimmt, wird als Datenziel definiert.

Wenn z.B. der Baustein B3 eine Information an den Baustein B1 übertragen soll, muss vom Steuerwerk über den Kontrolleingang C der Baustein B3 am Ausgang freigegeben werden und im kurzen Zeitabstand der Baustein B1 zur Datenübernahme am Takteingang T getaktet werden.

Wie eingangs erwähnt, kann an einem Baustein eine Datenselbstübertragung vorgenommen werden. Hierzu wird z.B. der Baustein B2 vom Steuerwerk zuerst am Kontrolleingang C freigegeben und danach am Takteingang getaktet. In diesem Fall hat der Baustein sowohl die Funktion als Datenquelle als auch die des Datenzieles.

Die Funktionen „Datenausgabe" und „Datenübernahme" werden von den Programmierern im übertragenen Sinne wie folgt definiert:

Datenausgabe   = „Daten lesen"   (Datenquelle) Source
Datenübernahme = „Daten schreiben" (Datenziel)   Destination

Kennzeichnend für diese beiden Funktionen ist:

- In der Datenquelle werden Informationen nur gelesen, d.h., bei einem Lesevorgang werden die Daten nicht verändert, bzw. gelöscht.
- In das Datenziel werden Daten geschrieben, d.h., die vorhergehenden Daten werden dadurch überschrieben, bzw. gelöscht.

Als Beispiel betrachten wir die Programminstruktion MOV A, B (Intel). In diesem Befehl liest das Steuerwerk des Mikroprozessors folgende Information: Daten vom Register B in das Register A übertragen.

In diesem Beispiel ist das Register B die Datenquelle, die das Steuerwerk über den Kontrolleingang C freigibt.

Das Register A ist das Datenziel, das vom Steuerwerk des Mikroprozessors über den Takteingang T zur Datenübernahme veranlasst wird.

Die Steuereingänge an den Bausteinen (Controller-, Speicher- und E/A-Bausteine) haben unterschiedliche Bezeichnungen (vgl. Anhang 14.10):

CE (Chip Enable) – Kontrolleingang C für Bausteinfreigabe
CS (Chip Select)   – Kontrolleingang C für Bausteinfreigabe
OD (Output Data) – Kontrolleingang C für Bausteinfreigabe
R/W (Read/Write)   – Speicher Lesen/Schreiben

Die Freigabe dieser Steuereingänge erfolgt über die Steuerausgänge des Mikroprozessors, wie z.B. R (Read), W (Write), S (Select), oder über die Adressleitungen A0 bis A15.

In Abb. 10.5 ist das Blockschema dargestellt. Die einzelnen Daten-, Adress- und Steuerleitungen werden hierbei zu Sammelschienen zusammengefasst.

Die Sammelschiene des Datenbusses zeigt an jedem Endpunkt eine Pfeilspitze. Dies soll zum Ausdruck bringen, dass die Daten gelesen und geschrieben werden können

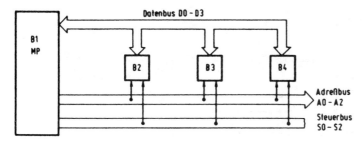

Abb. 10.5: Schematische Darstellung der Schaltung

(bidirektionaler Bus). Als Ursprung der Definition wird hierbei immer der Mikroprozessor betrachtet.

Wenn vom Mikroprozessor Daten aus dem Datenbus gelesen werden, heißt dies, dass die Information von den peripheren Bausteinen zum Mikroprozessor übertragen wird. Schreibt der Mikroprozessor Daten, werden diese vom Mikroprozessor zu den peripheren Bausteinen übertragen. Der Informationsfluss verläuft in diesem Fall vom Mikroprozessor zu den peripheren Bausteinen.

Die Sammelschiene des Adressbusses ist vom Mikroprozessor zu den peripheren Bausteinen gerichtet (eine Richtung).

Nur der Mikroprozessor kann Adressen ausgeben (schreiben). Die peripheren Bausteine können keine Adressen über die Adressleitungen zum Mikroprozessor übertragen (unidirektionaler Bus).

Der Mikroprozessor kann die Adressausgänge ebenfalls in den Zustand „Hochimpedanz" schalten.

Der Steuerbus ist im Grunde nur eine Vielfachleitung mit teilweise Tri-state"-Funktion an den einzelnen Ausgangsleitungen.

Aus Abb. 10.6 sind nochmals alle Busfunktionen und ihre symbolischen Darstellungsformen ersichtlich.

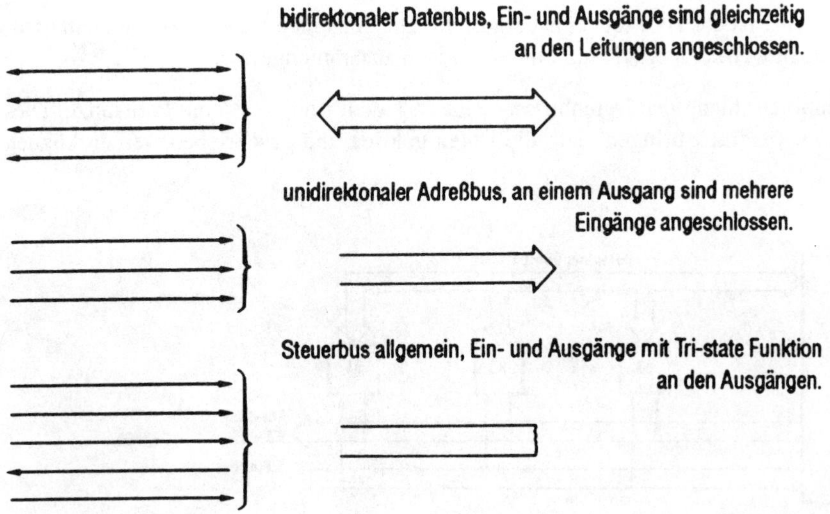

bidirektonaler Datenbus, Ein- und Ausgänge sind gleichzeitig
an den Leitungen angeschlossen.

unidirektonaler Adreßbus, an einem Ausgang sind mehrere
Eingänge angeschlossen.

Steuerbus allgemein, Ein- und Ausgänge mit Tri-state Funktion
an den Ausgängen.

Abb. 10.6: Symbolische Darstellungen der Mikrocomputer-Verbindungsleitungen

10.2 Mikrocomputer-Schaltung

Die in Abb. 10.7 dargestellte Mikrocomputer-Schaltung ist eine Kombination aus Stromlaufbahn und Übersichtsplan.

Die Schaltung arbeitet als Prüfsteuerung in einem Mehrrechnersystem (Multiprozessor-Steuerung), in der die einzelnen Mikrocomputer untereinander funktionelle

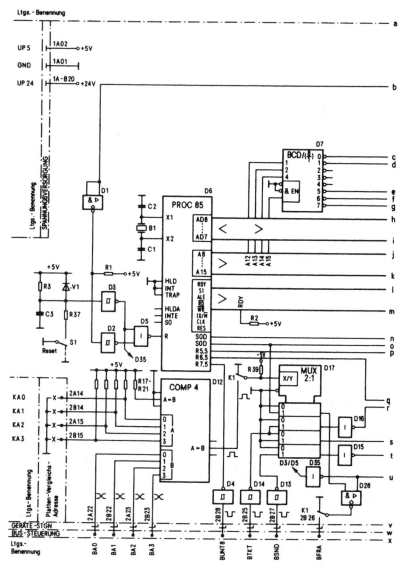

Abb. 10.7: Prüfsteuerung

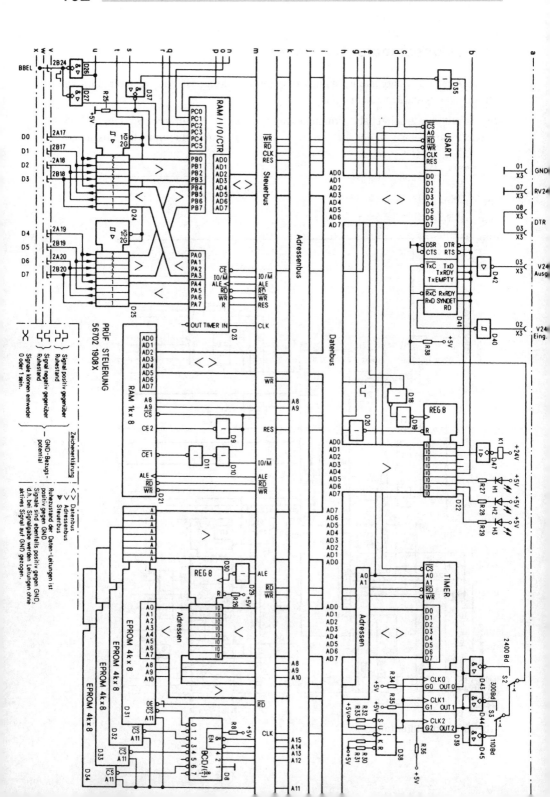

Daten austauschen. Dieser Datenaustausch wird von einer nicht dargestellten BUS-Steuerung koordiniert.

Die Prüfsteuerung ist mit einem „Ein-Chip-8-Bit-Mikroprozessor" (8085) D6, der von einem 5,994-MHz-Quarz getaktet wird, bestückt.

Das Programm für die Funktionsabläufe ist in den EPROMs D31...D34 enthalten, als Speicher für die flüchtigen Daten dienen der „RAM-1K × 8"- D21 und der „RAM-256×8-Bereich" des D23.

Der Eingabe-Ausgabe-Baustein D23 stellt den Übergang von der Steuerung zum System-BUS für den Datenaustausch dar und hat außer dem RAM-Bereich je eine 8-Bit-Daten-Eingabe und -Ausgabe mit dazugehöriger Status-Ein-Ausgabe.

Mit dem Einschalten der Anlage bzw. dem Anlegen der Betriebsspannung an die Prüfsteuerung wird über die R3/C3-Kombination und den Schmitt-Trigger D3 ein Rückstellimpuls auf den Eingang R des Mikroprozessor-Bausteins D6 gegeben, der als Folge am Ausgang RES erscheint.

Mit diesem Signal werden die Speicher (z.B. D22) und der Eingabe-Ausgabe-Baustein D23 gelöscht. Die Kontroll-LEDs H1, H2, H3 leuchten.

Nach Ende des Rückstellimpulses beginnt der Mikroprozessor mit der Abarbeitung des Programms. Die ersten Programmschritte stellen den Eingabe-Ausgabe-Baustein D23 in Arbeits-Grund-Stellung. Bei der nun folgenden RAM-Prüfung werden alle RAM-Speicher-Adressen mit allen Hexadezimal-Kombinationen geladen, ausgelesen und verglichen.

Ist dieser Test positiv verlaufen, erlischt das Kontroll-LED H3. Mit dem folgenden Test wird der EPROM-Bereich geprüft, indem die Byte-Inhalte aller EPROM-Adressen addiert und mit dem zweier-Complement dieser Addition, die im Programm abgelegt ist, verglichen.

Ist das Ergebnis = 0, erlischt auch das Kontroll-LED H2. In diesem Zustand übernimmt der Mikroprozessor D6 das Signal vom Ausgang SOD und damit von der Vielfachleitung BBEL zur BUS-Steuerung.

Der Datenaustausch zwischen den verschiedenen Steuerungen erfolgt mittels BUS-Nachrichten.

Jede Nachricht hat eine Länge von 8 Bytes und ist wie folgt aufgebaut:

Byte 0 = Ursprung der Nachricht
Byte 1 = Ziel der Nachricht
Byte 2 = Kennung der Nachricht
Byte 3 = ⎫
Byte 4 = ⎪
Byte 5 = ⎬ Steuerinformation
Byte 6 = ⎭
Byte 7 = Inhalt der Nachricht

Bei einer Initialisierungs-Nachricht enthält Byte 3 die relative Adresse, für die diese Nachricht bestimmt ist.

Der Austausch von BUS-Nachrichten wird von der BUS-Steuerung gesteuert und koordiniert.

Die BUS-Nachrichten werden vom Betriebsprogramm generiert und in den Ausgangs-Speicher übergeben. Dies ist ein Software-FIFO, ein RAM-SpeicherBereich, dessen Daten in der Reihenfolge des Einschreibens ausgelesen werden und der max. 10 abgehende BUS-Nachrichten speichern kann.

Das 1. Byte der 1. BUS-Nachricht wird in die Daten-Ausgabe des Eingabe-Ausgabe-Bausteins D23 übergeben, was die Ausgabe eines Status-Signals am Ausgang PC1 zur Folge hat.

Die BUS-Steuerung legt zyklisch Adress-Informationen an die Vielfach-Leitungen BA0, BA1, BA2 und BA3. Stimmt die angelegte Adresse mit der in der Platine fest geschalteten Positions-Adresse KA0, KA1, KA2 und KA3 der Steuerung überein, erscheint am Ausgang des D12 ein Signal, das den Datenwähler D17 umschaltet.

Über den umgeschalteten Datenwähler D17 gelangt das Status-Signal vom Ausgang PC1 des D23 auf die BFRA-Vielfachleitung zur BUS-Steuerung, die den Weiterlauf der Adressierung stoppt und mit den erforderlichen Zeitvorgaben zuerst die BUS-Treiber D24 und D25 in „Senderichtung" umschaltet. Mit dem nachfolgenden BTKT-Signal werden die Daten von den empfangenden Steuerungen übernommen, das gleiche Signal löscht über den Eingang PC2 am D23 die Nachricht in der Daten-Ausgabe PA0...PA7 des gleichen Bausteins in der sendenden Prüfsteuerung. Der Ausgang PC0 meldet die Löschung der Daten-Ausgabe an den Eingang R5,5 des Mikroprozessors D6, der daraufhin das nächste Byte der BUS-Nachricht aus dem SW-FIFO in die Daten-Ausgabe des D23 überschreibt.

Das Vorhandensein dieser neuen Daten wird wieder als Status-Signal am Ausgang PC1 des D23 angezeigt und gelangt über die Vielfachleitung BFRA zur BUS-Steuerung, die nach Freiwerden der Daten-Eingaben in den empfangenden Steuerungen den Datenaustausch des neuen Bytes veranlasst.

Sind alle 8 Bytes einer Nachricht ausgetauscht, wird nach Löschung dieser Bytes durch BTKT in der Daten-Ausgabe der sendenden Prüfsteuerung kein weiteres Byte eingeschrieben, das Signal BFRA verschwindet, die Adressierung der Steuerungen durch die BUS-Steuerung wird wieder aufgenommen.

Gleichzeitig mit der Übergabe der BUS-Nachricht in den Ausgangs-Speicher (SW-FIFO) wird die Nachricht auch in den eigenen Eingangs-Speicher (ebenfalls ein SW-FIFO) geschrieben, der im Zuge des Betriebsprogramm-Ablaufs wieder ausgelesen wird. Dadurch ist es möglich, Daten zwischen SW-Steuerungen, die in der gleichen Hardware-Steuerung untergebracht sind, auszutauschen. Die Entscheidung, wer der richtige Empfänger für eine Nachricht ist, wird anhand der Zeileninformation in Byte 1 der Nachricht gefällt.

Während der Aussendung eines jeden Nachrichten-Bytes wird das Kontroll-LSD H2 eingeschaltet, da der Vorgang jedoch in Mikrosekunden abläuft, ist nur ein mehrmaliges Aufblitzen der LED zu erkennen.

Wie zuvor beschrieben, legt die Prüfsteuerung bei Vorhandensein einer BUS-Nachricht in der Daten-Ausgabe des D23, nach Erhalt des BSND-Signals aus der BUS-Steuerung, die Daten mit Hilfe der BUS-Treiber D24 und D25 an das Daten-Vielfach D0...D7 und damit bei allen nicht adressierten Steuerungen über die in Ruhelage befindlichen BUS-Treiber an die Daten-Eingabe PB0...PB7 des Eingabe-Ausgabe-Bausteins D23.

Mit Hilfe des von der BUS-Steuerung an den Eingang PC5 des D23 gelegten BTKT-Signals werden die Daten vom Eingabe-Ausgabe-Baustein D23 übernommen, worauf das Status-Signal PC4 des D23 den Belegt-Zustand der Daten-Eingabe mit dem Signal BBEL an die BUS-Steuerung meldet.

Gleichzeitig wird dieser Zustand durch das Status-Signal PC3 an den Eingang R6,5 des Mikroprozessors D6 gelegt, der daraufhin sein gerade laufendes Programm zum nächstmöglichen Zeitpunkt unterbricht und den Inhalt der Daten-Eingabe in den Eingangs-Speicher überträgt.

Die Status-Signale PC3 und PC4 verschwinden, das BBEL-Signal wird aufgehoben. Die Prüfsteuerung ist zur Aufnahme des nächsten BUS-Nachrichten-Bytes bereit, das dann wiederum über die Daten-Eingabe in den Eingangs-Speicher übertragen wird.

Dieser Eingangs-Speicher, ein SW-FIFO, kann max. 10 BUS-Nachrichten speichern und wird im Rahmen des Betriebsprogramms abgearbeitet.

Während der Aufnahme eines jeden Nachrichten-Bytes wird das Kontroll-LED H3 eingeschaltet, da der Vorgang jedoch in Mikrosekunden abläuft, ist nur ein mehrmaliges Aufblitzen des LEDs zu erkennen. Beim Empfang von Initialisierungs-BUS-Nachrichten blitzen die Kontroll-LEDs H1 und H3 auf.

Die Prüfsteuerung erlaubt die Überwachung aller BUS-Nachrichten und kann aufgrund entsprechender Eingaben BUS-Nachrichten zu allen Steuerungen generieren.

ZumAnschluss eines Eingabe-Ausgabe-Gerätes (Bildschirm oder Drucker mit Tastatur) ist eine V24-Schnittstelle für asynchronen Betrieb vorhanden.

Die Prüfsteuerung hat eine RESET-Taste. Die Adressierung und das BBEL-Signal sind nur wirksam, wenn über die Prüfsteuerung durch entsprechende Befehle aktiv in den Datenaustausch eingegriffen werden soll. Diese Umschaltung erfolgt über das Relais K1, das durch einen Befehl aus dem Register D22 eingeschaltet wird. Ist das Relais in Ruhelage, kann der Datenaustausch der anderen Steuerungen mitgelesen werden.

Die Anzeige kann über einen Bildschirm oder einen Drucker erfolgen. Entsprechend der Art der Anzeigerichtung kann die Übermittlung der Daten mit einer Geschwindigkeit von 110 Bd, 300 Bd, oder 2400 Bd erfolgen, zur Umschaltung sind 2 Schiebe-schalter S2, S3, auf der Platine vorhanden. Als Haupt-Steuerelemente dienen der Zeit-geber D39, der während der Initialisierung der Prüfsteuerung mit den Grund-Daten über die Baud-Raten geladen wurde, und der USART D41. Der Zeitgeber steuert ent-sprechend der eingegebenen Baud-Raten, getaktet durch den Taktausgang CLK des Mikroprozessors D6, den USART D41, der die vom internen Daten-BUS übernomme-nen Parallel-Daten in serielle Daten umsetzt und ankommende serielle Daten in Paral-lel-Daten umwandelt.

Aufgaben der Schnittstellen-Anschlüsse:

V24   Ausgangsdaten
V24   Eingangsdaten
RV24   Signalrückleitung (an Masse)
DTR   Quittung für Asynchron-Betrieb (Schleifenerkennung)

Wird eine Eingabe-Tastatur mit ASCII-Code-Ausgabe an die Prüfsteuerung ange-schaltet, können durch entsprechende Befehle die Daten bei der Inbetriebnahme der Anlage eingegeben werden.

10.3 Software/Hardware-Schnittstellenbausteine

Gerätefunktionen, die ein Mikrocomputer zu steuern hat, werden über Ein-Ausgabe-Bausteine (Input-Output-Port) an die Bus-Anschlüsse verbunden.

Bereits in dem vorhergehenden Abschnitt wurden zwei typische E/A-Bausteine (8255 und 8212) vorgestellt. Kennzeichnend für diese Schnittstellenbausteine ist die Tatsa-che, dass an diesen Bausteinen die Bus-Anschlüsse (Tri-state-Funktionen) enden und die Funktionssteuerung und Funktionsabfrage über übliche Leitungsverbindungen ge-führt wird.

Daher spricht man auch von Software/Hardware-Schnittstellen, d.h., die Daten-übertragung von und zum Mikrocomputer erfolgt nur bis zu diesen Schnittstel-lenbausteinen. Die Form der Signalumsetzung von Hardware nach Software oder um-gekehrt ist hierbei unterschiedlich.

Es gibt Bausteine, die Signale und Informationen nur in eine Richtung übertragen können (vgl. Abb 10.8a). Der Baustein 8212 kann nur so geschaltet werden. Für die parallele Datenübertragung erfolgt der Einsatz von z.B. 8-Bit-Registern mit Aus-gangs-Leistungsverstärkern (Puffer): Diese Bausteine können die Aufgabe eines Zwischenspeichers, eines gesteuerten Leistungstreibers oder Multiplexers überneh-men.

So genannte programmierbare E/A-Bausteine können in ihrer Übertragungsrichtung durch einen Programmbefehl festgelegt werden (vgl. Abb. 10.8b). Port A und Port B

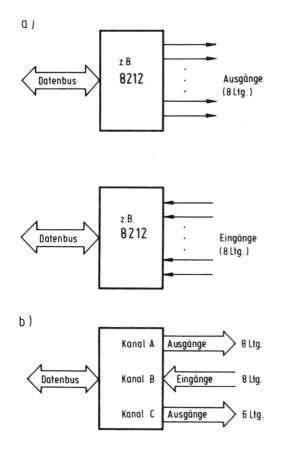

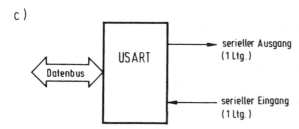

Abb. 10.8:
a) E/A-Baustein;
b) programmierbarer E/A-Baustein;
c) serieller E/A-Baustein

des E/A Bausteins 8255 in Abb. 10.8b wurden als Eingänge programmiert, der Port C als Ausgang. Die Übertragungsrichtung kann für alle Ports, entsprechend der Steuerungsaufgabe durch ein entsprechendes Statuswort im Programm festgelegt werden.

Für längere Übertragungswege werden die Bit-parallelen Datenbusinformationen in serielle Ein- oder Ausgangssignale umgewandelt (vgl. Abb. 10.8c).

Diese Form der Datenübertragung ist die langsamste innerhalb einer Mikrocomputerschaltung, aber wie bereits erwähnt, lassen sich damit längere Übertragungswege überbrücken, z.B. Bildschirmgeräte, Modems, Drucker und Telefax-Geräte.

Dieser Baustein kann sowohl synchron- als auch asynchron und wahlweise als Sender und Empfänger betrieben werden; sie werden als USART bezeichnet.

Ein Anwendungsbeispiel für den USART als universelle Seriell/Parallel-Schnittstelle zeigt die Abb.10.9 Dieser Schaltungsauszug ist einem amerikanischen Operating-Manual für einen 16-Bit-Mikrocomputer entnommen (Schaltungssymbole beachten!). Die Auswahl des Bausteins erfolgt über die Chip-select-Eingänge Pin 11 und Pin 12.

Die Ausgänge RXDY (Empfänger bereit, kann Daten an den Mikrocomputer senden) und TXRDY (Sender bereit, kann Daten vom Mikrocomputer empfangen) sind nicht angeschlossen. Der USART hat daher keine Interruptfunktion für den Mikrocomputer.

Der Eingang CTS, Pin 17 (Sendebereitschaft) wird über die direkte Verbindung mit dem Ausgang RTS, Pin 23 (Sendeaufforderung) gesteuert. Der Ausgang RTS wird durch Programmierung des entsprechenden Datenbits im Steuerwort auf L-Pegel gesetzt. Somit gibt sich der Baustein selbst die Sendefreigabe am Eingang CTS.

Der serielle Dateneingang RXD (Pin 3) erhält seine Daten über die Eingänge CRT (V.24) oder TTY.

Bei Dateneingabe über den Eingang CRT RX (2) verläuft der Signalweg im STAND-ALONE-Betrieb über die Verbindung W2 (3–4), R9, A21, Verbindung W3 (5–6), RXD-Eingang (vergleiche hierzu die Tabelle in Abb. 10.9, SERIAL INTERFACE („JUMPER TABLE").

Die Dateneingabe über die TTY-Schnittstelle TTY RX (12) erfolgt im STAND-ALONE-Betrieb über den Signalweg W11 (21–22), R8, W15 (29–30), A21 (3–4 und 6–5), W16 (31–32), RXD-Eingang.

Das Ausgangssignal DTR (Datenstation bereit) wird über die Transistorstufe 01 (13–14) und die Verbindung W12 (23–24) an den Ausgang TTYRD CONTROL (16) und über die Datenstation sowie den Eingang TTYRD CONTROL RET, Verbindung W13 (25–26), R5, nach –12 V geschleift.

Der Signalweg im Sendebetrieb des USART erfolgt zum CRT-TX-Ausgang (3) über den Ausgang TXD, A25 (1–2), A21 (1–7), W4 (7–8), R15, Q1 (9–8), R11, W5 (9–10), W1 (1–2).

Für den Ausgang TTY TX (13) erfolgt der Signalweg über A25 (1–2), W14 (27–28), R15, 01 (9–8), R13, W8 (15–16).

In der Slave-Betriebsart (vgl. Abb. 10.9, Tabelle MDS SLAVE) werden durch Verbindungen die Datenausgänge zu den Dateneingängen durchverbunden.

Der Ausgang CRT TX verbindet über W6 (11–12) nach CRT RX. Der Ausgang TTY TX verbindet über W17 (33–34) zu dem Eingang TTY RX.

Die Erzeugung und Einstellung der Taktsignale für den USART erfolgt über die ICs A18 und A28. Hierzu wird das Taktsignal der CPU vom Ausgang PCLK an das erste D-Flipflop A28 an den Takteingang CLK geschaltet. Durch die zwei D-Flipflop wird das Taktsignal zweimal halbiert und an den BCD-Zähler A18 geführt. Über die BCD-Ausgänge können die Taktsignale für die Übertragungsgeschwindigkeit des USART TXC und RXC abgegriffen werden.

Folgende Übertragungsgeschwindigkeiten sind wählbar:

4800 Baud	an Verbindung W25 (49–50), 1QA
2400 Baud	an Verbindung W24 (47–48), 1QB
1200 Baud	an Verbindung W23 (45–46), 1QC
600 Baud	an Verbindung W22 (43–44), 1QD
300 Baud	an Verbindung W21 (41–42), 2QB
110/150 Baud	an Verbindung W20 (39–40), 2QC
75 Baud	an Verbindung W19 (37–38), 2QD

Die Übertragungsgeschwindigkeit 110 Baud muss mit der zusätzlichen Verbindung W26 (50–51) versehen werden.

10.4 Pegel- und Leistungsanpassschaltungen am Mikrocomputer

Der Anschluss eines Mikrocomputersystems an Ein- und Ausgabeschaltungen erfordert meistens eine Pegelanpassung an den Schnittstellen, in der Regel Ein-/Ausgabe-IC.

Eine Maschinensteuerung arbeitet beispielsweise mit Betriebsspannungen von mindestens 24 V, ein MC-System in der Regel mit 5 V. Hinzu kommt, dass die Datenausgänge integrierter ITL-Schaltungen nur Lastströme bis zu 10 LE (max. 10 mA) zur Verfügung stellen können, MOS-Schaltungen max. 1 mA. Somit ergeben sich an Anpassschaltungen (auch als Interface bezeichnet) unterschiedliche Forderungen:

- Anpassung hoher Ausgangsspannungen an TTL- oder MOS-Eingänge,
- Anpassung von TTL- oder MOS-Ausgängen an Schaltungen mit höheren Betriebsspannungen und höheren Lastströmen,
- Anpassung von TTL-Schaltungen an MOS-Schaltungen und umgekehrt.

Anzusteuernde Bauteile, wie Lampen, Relais und Motoren, arbeiten mit höheren Lastströmen oder Betriebsspannungen als beispielsweise die Ausgänge eines Ein-Ausgabe-ICs (1 mA). Daher ist es erforderlich, eine zusätzliche Schaltstufe einzusetzen und somit den notwendigen Laststrom und die Betriebsspannung für das zu steuernde Bau-

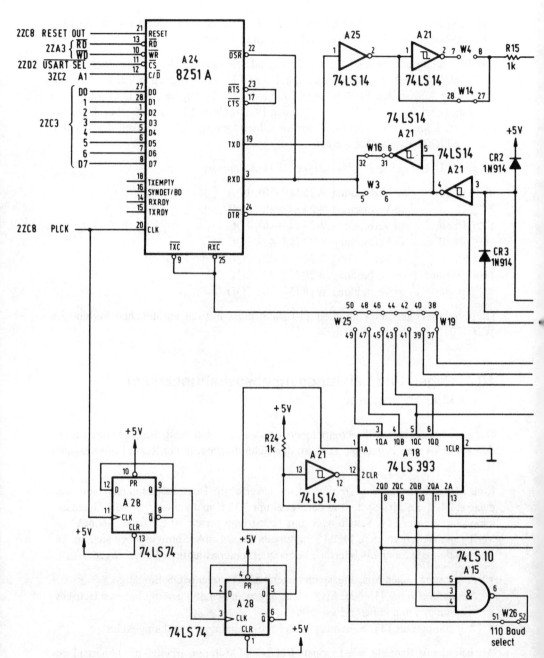

Abb. 10.9: Schaltung für seriellen Datenaustausch

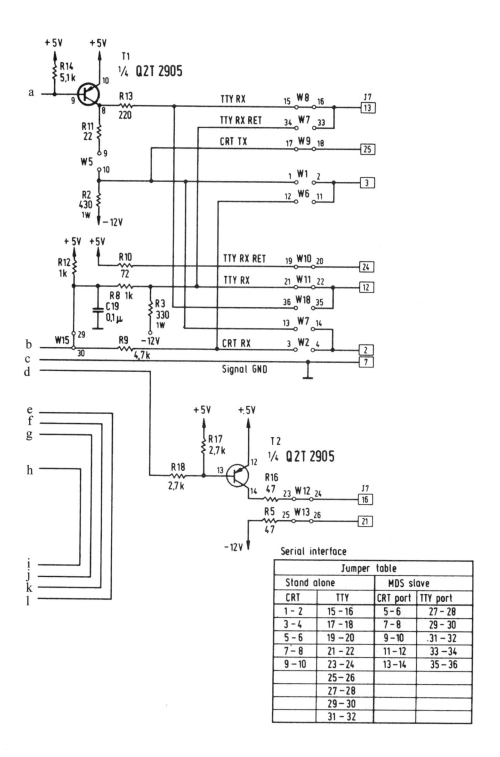

Serial interface

Jumper table			
Stand alone		MDS slave	
CRT	TTY	CRT port	TTY port
1 – 2	15 – 16	5 – 6	27 – 28
3 – 4	17 – 18	7 – 8	29 – 30
5 – 6	19 – 20	9 – 10	31 – 32
7 – 8	21 – 22	11 – 12	33 – 34
9 – 10	23 – 24	13 – 14	35 – 36
	25 – 26		
	27 – 28		
	29 – 30		
	31 – 32		

element zu erzeugen. Hierbei muss beachtet werden, dass die hohen Schaltströme und -spannungen das MC-System nicht beeinflussen dürfen. Deshalb sind für diese Schaltungen getrennte Netzteile erforderlich. Die Netzteile dürfen mit dem Netzteil des MC-Systems nur über den Massepunkt (Bezugspunkt) verbunden werden.

Wird von einem Ausgang eines Ein-Ausgabe-ICs (Abk.: EA-IC) nur ein npn-Transistor angesteuert, kann die Basis des Transistors direkt mit dem Ausgang verbunden werden (Abb. 10.10a). Für den Transistor ist dann ein Basisstrom von ca. 1,5 mA gewährleistet.

Ein zusätzlicher Widerstand zwischen dem Ausgang PB1 des EA-IC und U_{cc}, ermöglicht, für den nachgeschalteten Transistor einen größeren Basisstrom zu erzeugen. Der Minimalwert dieses Widerstandes ist durch den zulässigen Ausgangsstrom bei L-Pegel gegeben, der für den Ausgang 2 mA beträgt, woraus ein Minimalwert von ca. 2,7 k für diesen Widerstand resultiert. Für den Transistor wird ein Basisstrom von ca. 3 mA zur Verfügung gestellt.

Wenn außer der Verstärkerstufe noch weitere Logik-Schaltungen angeschlossen werden sollen, muss die für den H-Pegel festgelegte Spannung (in diesem Beispiel ca. 1,5 V) erhalten bleiben. In dem vorangegangenen Beispiel würde diese durch die Basis-Emitter-Diode des Transistors kurzgeschlossen werden. Ein Widerstand zwischen Ausgang des EA-IC und der Basis des Transistors gewährleistet die Aufrechterhaltung des H-Pegels (Abb. 10.10b).

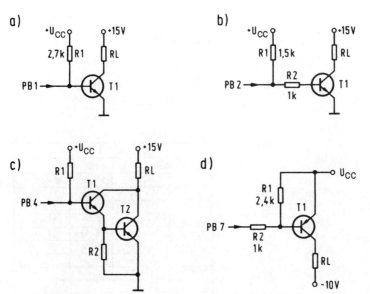

Abb. 10.10: Pegel- und Leistungsanpassung mit Transistoren am Ausgang von EA-ICs

Ein Transistor, der bei 1 mA Basisstrom voll durchsteuert, kann max. 50 bis 100 mA Laststrom im Kollektor schalten. Eine höhere Schaltleistung kann nur durch Kaskadierung von Schaltstufen in Form von Darlingtonstufen erreicht werden. Die Schaltung am Ausgang PB4 zeigt dies als Beispiel (Abb. 10.10c).

Bei Lastspannungen mit negativer Polarität ist es erforderlich, einen pnp-Transistor einzusetzen, wie dies am Ausgang PB7 (Abb. 10.10d) gezeigt ist. Der Widerstand R1 bestimmt den Basisstrom für diesen Transistor. Widerstand R2 gewährleistet den gesperrten Zustand des Transistors, wenn der Ausgang des EA-IC H-Pegel aufweist.

In Abb. 10.11 sind einige Beispiele für die Anpassung höherer Pegel an die Eingangsstufe des EA-IC dargestellt.

Die Schaltung am Anschluss PA0 (Abb. 10.11a) zeigt den einfachsten Fall der Pegeldämpfung durch einen Spannungsteiler.

Die Schaltung des PA2-Einganges (Abb. 10.11b) zeigt die Herabsetzung von 15 V Pegeln auf 5 V durch einen CMOS-Treiber CD 4050. Dieser Baustein hat den Vorteil, dass bei SV-Betriebsspannung Eingangsspannungen bis zu +15 V angelegt werden können. Der Ausgangspegel des Treibers erfüllt hiermit die Eingangsbedingungen des EA-IC. Durch entsprechende Dimensionierung von R2 und R1 können auch höhere Eingangspegel angelegt werden. Der Widerstand R1 entfällt bei Eingangsspannungen bis 15 V. Widerstand R2 ist in jedem Fall für den Eingang der CMOS-Schaltung erforderlich.

Die Anpassung von Pegeln unter 5 V an den Eingang PA4 (Abb. 10.11c) wird durch eine Transistor-Schaltstufe erreicht. Die Eingangsspannung sollte aber mindestens die erforderliche Schaltspannung von 1 V aufweisen.

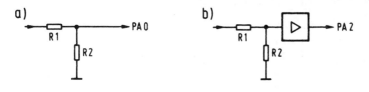

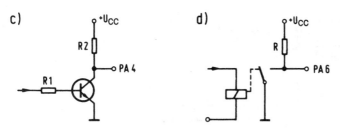

Abb. 10.11: Pegelanpassungen am Eingang von EA-IC

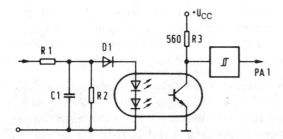

Abb. 10.12: Optokoppler als
Schnittstelle am Eingang von
EA-ICs

Relaisschaltungen können zweckmäßigerweise in der am Eingang PA6 (Abb. 10.11d) dargestellten Form angeschlossen werden. Durch die galvanische Trennung der Schnittstelle ist diese polaritätsfrei. Diese Schaltung ist auch aus Gründen der Störsicherheit vorteilhaft.

Neben dem Relais werden – vor allem bei höheren Schaltgeschwindigkeiten – Optokoppler eingesetzt. In Abb. 10.12 ist als Eingangsschaltung für den Eingang PA1 eine Optokopplerschaltung mit Eingangsspannungsteiler und einen Schmitt-Trigger am Ausgang dargestellt. Der Widerstand R1 und der Kondensator C1 wirken als Tiefpass zur Unterdrückung von Störsignalen, die über der höchsten Signalfrequenz liegen.

Die Diode D1 und die LEDs im Optokoppler benötigen eine Schwellenspannung Us, die vom Eingangssignal überschritten werden muss. Dies muss bei der Dimensionierung des Spannungsteilers R1 und R2 für das Eingangssignal berücksichtigt werden. Das Teilerverhältnis muss auch die Bedingung für den L-Pegel des Eingangssignales erfüllen. Das Eingangssignal muss in diesem Fall unter der Schwellspannung Us liegen. Der Schmitt-Trigger im Ausgang des Optokopplers ist für Signale mit langsamen Impulsflanken erforderlich, z.B. Impulserzeugung durch mechanische Kontakte.

Die galvanische Trennung der Ausgänge des MC-Systems von der Peripherie kann ebenfalls erforderlich sein, da sich die Störungen auch rückwirkend auf das System auswirken können. Auch hier ist der Einsatz von Optokopplern und Relais angebracht.

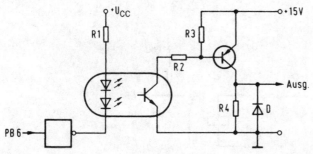

Abb. 10.13: Optokoppler mit Treiberstufe am Ausgang vom EA-IC

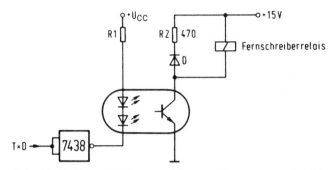

Abb. 10.14: Fernschreiberanschluss am Ausgang von EA-IC

In Abb. 10.13 ist eine Kopplerschaltung mit nachfolgender Treiberstufe dargestellt. Der Ausgang des EA-ICs ist über einen TTL-Treiberbaustein an den Optokoppler angeschlossen. Dies ist erforderlich, da der Ausgang nicht die erforderliche Leistung für die Leuchtdiode im Optokoppler aufbringt. Durch die Transistorfunktion im Optokoppler wird der Ausgangspegel des EA-IC invertiert. Daher wird als nachfolgender Schaltverstärker ein pnp-Transistor eingesetzt. Die Diode im Ausgang schützt die Schaltung vor Impulsen, die beim Abschalten von Induktivitäten, wie z.B. Relais oder Magnetventil, auftreten.

Das Bezugspotenzial der galvanisch getrennten Eingangs- und Ausgangsschaltungen ist immer mit dem Peripheriegerät verbunden. Auch die Versorgungsspannung dieser Schaltungen kommt daher von dem Peripheriegerät, da diese sich ebenfalls auf das Bezugspotenzial bezieht.

Die Verbindung der Ein- und Ausgänge des MC-Systems mit den Interface-Schaltungen erfolgt mit verdrillten Leitungen und einer gemeinsamen Abschirmung.

Abb. 10.14 zeigt die Interface-Schaltung für den Betrieb eines Fernschreiberrelais. Die Schaltung wird durch einen Optokoppler, der das Fernschreiberrelais mit 40 mA speisen muss, an den Senderausgang TxD des EA-IC angeschlossen. Der Ausgangsstrom des Treiberbausteins 7438 wird durch den Widerstand R auf 40 mA begrenzt. Für den Optokoppler ergibt sich somit ein Typ, der ein Übersetzungsverhältnis von 1 für Eingangs- und Ausgangsstrom aufweist.

10.5 Flussdiagramme, Befehlslisten

Der Elektroniker muss sich nicht nur in der Hardware auskennen, sondern auch in die Softwarezusammenhänge einen Einblick verschaffen können. Dies ist dann der Fall, wenn die Schaltungsfunktionen (Hardware) durch einen Computer (z.B. Mikroprozessor) per Programm (Software) gesteuert werden. Hierbei dürfen bei den Funktionsbe-

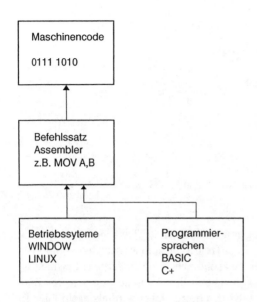

Abb. 10.15: Software-Struktur der Mikrocomputer

trachtungen und` den Kommunikationsmöglichkeiten (die von der PC-Software geboten werden) einige Grundregeln nicht außer acht gelassen werden.

Alle Daten (Befehle, Adressen, Operanden) sind in den Speichermedien (Halbleiterspeicher, Festplatte, CD, DVD) nur in Form der Maschinensprache (Code ist das duale Zahlensystem) vom Prozessor (Mikroprozessor oder Mikrocontroller, *Abb. 10.15*) lesbar.

Der Prozessor kann nur die Programme in Listenform abarbeiten, die mit **seinen** Befehlssatz (Assembler) und **seiner** Befehlsstruktur in Maschinensprache in den Speichermedien vorhanden sind.

Alle Betriebssoftwaresysteme (z.B. DOS, Window, Linux) und Programmiersprachen (z.B. Basic, Pascal, C+, SPS) **müssen** mit einem Umsetzerprogramm (Compiler) in die Assemblerbefehle des Prozessors umgesetzt werden.

Das Flussdiagramm oder auch der Programmablaufplan sind sozusagen das Block- oder Funktionsschema des in einem Speicher befindlichen Programms (vergleiche hierzu die Symbole nach DIN 66001 im Anhang unter 14.9), das den Funktionsablauf darstellt.

In Abb. 10.16 ist als Beispiel das Flussdiagramm für ein Multiplikationsprogramm mit dem Befehlssatz eines INTEL-Mikroprozessor dargestellt.

In diesem Programm werden die Inhalte der Register C und D des Prozessors miteinander multipliziert. Das Ergebnis wird in den Registerpaar BC abgelegt.

Der verwendete Algorithmus fragt alle 8 Bit des Multiplikators im Register C auf ihren Inhalt ab. Ist der Inhalt = 1, muss der Multiplikand stellenwertrichtig addiert werden. Begonnen wird mit der wertniedrigsten Stelle des Multiplikators. Im ersten Pro-

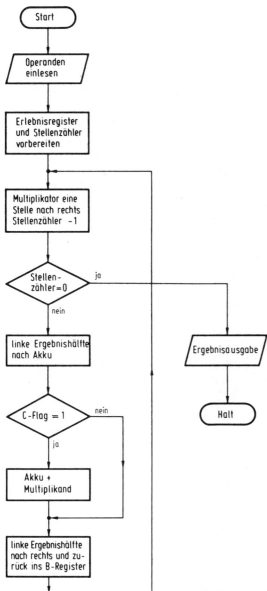

Abb. 10.16: Programmablaufplan

grammteil des Assemblerprogrammes in Tabelle 10.1, bis zur Adresse 400A (Hexadezimal-Adresse, siehe Tabelle 14.11), werden Multiplikand und Multiplikator eingelesen, der Stellenzähler, Register E (MVI E,09) wird gesetzt und die linke Hälfte des Ergebnisregisters (MVI B,00) gelöscht.

Die drei Befehle in den Adressen 400B bis 400D verschieben den Inhalt des Registers C um eine Stelle nach rechts. Das wertniedrigste Bit des Multiplikators befindet sich jetzt im C-Flipflop. Wenn der Stellenzähler noch nicht Null ist, wird mit dem Befehl MOV A, B (Adresse 4012) die linke Hälfte des Ergebnisregisters in den Akkumulator geholt. Der Befehl Add D (Adresse 4016) wird nur dann ausgeführt, wenn das C-Flag = 1 ist. Das bedeutet, dass jede 1 im Multiplikator die Addition des Multiplikanden zur linken Ergebnishälfte veranlasst. Die linke Ergebnishälfte, die jetzt noch im Akkumulator steht, wird mit RAR (Adresse 4017) um eine Stelle nach rechts verschoben und dann mit MOV B, A wieder in das B-Register gebracht. Bei dem Schiebevorgang gelangt das wertniedrigste Ergebnis-Bit in das Carry-Flipflop. Der Sprungbefehl zur Adresse 400B beeinflußt das C-Flag nicht, sodass mit dem Schiebebefehl für das Register C (MOV A, C; RAR; MOV C, A) das wertniedrigste Ergebnis-Bit in der werthöchsten Stelle des Registers C erscheint. Gleichzeitig wird das zweite Bit des Multiplikators in das C-Flipflop geschoben. Von hier ab wiederholt sich der Vorgang, bis alle acht Multiplikatorstellen bearbeitet sind.

Tabelle 10.1: Befehlsliste in Assemblerprogrammierung

Adresse Hexa-C.	Inhalt Hexa-C.	Befehle (Intel-Befehlssatz))	
4000	00	NOP	
4001	DB 01	IN	0
4003	4F	MOV	C, A
4004	DB 02	IN	02
4006	57	MOV	D, A
4007	0600	MVI	B,00
4009	1E09	MVI	E,09
400B	79	MOV	A, C
400C	1F	RAR	
400D	4F	MOV	C,A
400E	1D	DCR	E
400F	CA 1C40	JZ	401C
4012	78	MOV	A, B
4013	D21740	JNC	4017
4016	82	ADD	D
4017	1F	RAR	
4018	47	MOV	B, A
4019	C30B40	JMP	400B
401C	78	MOV	A, B
401D	D303	OUT	03
401F	79	MOV	A, C
4020	D304	OUT	04
4022	76	HLT	

Der Stellenzähler muss auf 9 gesetzt werden, da der Aussprung aus der Programmschleife vor dem Verschieben der linken Ergebnishälfte erfolgt; diese also nur achtmal durchgeführt wird. Am Ende der Multiplikation wird das Registerpaar BC zur Anzeige gebracht.

10.6 DA- und AD-Wandler

Integrierte Digital-Analog-Wandler oder Analog-Digital-Wandler haben mehrere Ein- und Ausgänge, die nach ihren Funktionen unterschieden und erkannt werden müssen. Hinzu kommt, dass bestimmte Abgleichkriterien zu beachten sind.

Wie bei anderen IC-Schaltungen auch, werden Hardwareschaltungen und softwarekompatible Wandler angeboten. Wobei die letzteren z. T. DA- und AD-Wandler in einen Baustein vereint haben.

Die Beschaltungs- und Abgleichkriterien sollen an drei Beispielen dargestellt werden:

Das Schaltungsbeispiel in Abb. 10.17a zeigt die Pin-Belegung eines monolythischen DA-Umsetzers, der nur das Wandler-Netzwerk enthält.

Die Anschlussbezeichnungen kann man bei den Wandlern in drei Funktionsgruppen unterteilen:

- Ein- und Ausgänge für die Signalverarbeitung. Bit 1 bis Bit 12 in Abb. 10.17a sind die Digitaleingänge, I_{out1} und I_{out2} die analogen Ausgänge.
- Eingänge für die Referenzspannung V_{Ref} (Abb. 10.17a), den Takteingang und den Integrationskondensator. Manche IC-Typen erzeugen die Referenzspannung und den Takt intern.
- Skalenfaktorabgleich R_{GK}, Skalenendwert und Nullpunkt.

Der DA-Wandler in Abb. 10.17a muss mit einem externen Operationsverstärker zur Stromsummierung und Umsetzung auf einen Spannungsausgang am Ausgang I_{outl} erweitert werden.

Der Operationsverstärker in Abb. 10.17b ist als I-U-Umsetzer ausgelegt. Das Summenstromsignal wird dem invertierenden Eingang zugeführt. Im Gegenkopplungszweig liegt der externe Gegenkopplungswiderstand R_{GK} zur Einstellung der Ausgangsspannung. Der Operationsverstärker erhält die Versorgungsspannung ±15 V, damit positive und negative Ausgangsspannungen einstellbar sind.

Ist die digitale Eingangsgröße eine vorzeichenlose Zahl, dann hat die analoge Ausgangsspannung nur eine Polarität: positiv oder negativ. Dies ist abhängig von der Polarität der Referenzspannung. Man bezeichnet diese Betriebsart als unipolar-binär (straight-binär).

Der Abgleich beginnt mit dem Einstellen des Nullpunktes. Für das digitale Eingangswort 0000 0000 0000 wird die Ausgangsspannung auf 0 V eingestellt.

Anschließend wird festgelegt, wie groß der analoge Ausgangswert „Full-Scale" sein soll, z.B. $U_{FS} = 10$ V. Bei einem 12-Bit-Umsetzer beträgt dann die kleinste Spannungsstufe:

LSB = 10 V/4096 = 2,44 mV.

Die größte Spannungsstufe tritt bei Änderung des höchsten Stellenwertes auf:

MSB = 10 V/2 = 5 V.

Dieser Spannungswert wird abgeglichen, indem man an den DA-Wandler das Digitalwort 1000 0000 0000 sowie die Referenzspannung $U_{Ref} = -10$ V anlegt. Danach wird der Gegenkopplungswiderstand R_{GK} auf $U_A = 5$ V eingestellt.

Der Gegenkopplungswiderstand ist im DA-Baustein bereits vorhanden. Bei Verwendung dieses Bausteins entfällt die Abgleichmöglichkeit. Die höchste Ausgangsspannung kann

a)

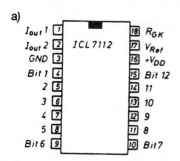

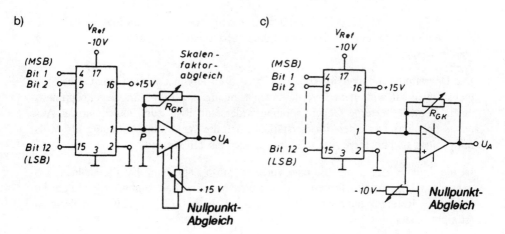

Abb. 10.17: DA-Umsetzer: a) Anschlussbelegung;
b) Unipolarer Betrieb; c) Bipolarer Betrieb

systembedingt nur $U_{Amax.} = U_{FS}$-1 LBS betragen. Am Ausgang des 12-Bit-DA-Wandlers erscheint für das Datenwort 1111 1111 1111 die Spannung $U_A = 10$ V – 2,44 mV.

Zur Verarbeitung von Zahlenwerten mit Vorzeichen übernimmt das höchstwertige Bit 12 (MSB) die Vorzeichenfunktion. Die zugehörige analoge Ausgangsspannung muss dann innerhalb des Bereiches $-(U_{FS})$ bis $+(U_{FS} - 1$ LSB) liegen.

Wenn in der Schaltung Abb. 10.17c das MSB den Wert 0 hat, dann ist die Ausgangsspannung U_A negativ, bei MSB = 1 ist die Ausgangsspannung positiv. Diese Betriebsart des DA-Umsetzers wird als bipolar-binär bezeichnet.

Für den Abgleich des DA-Umsetzers für bipolaren Betrieb wird das Digitalwort 1000 0000 0000 eingestellt. Dem nichtinvertierenden Eingang wird aus einer Hilfsspannungsquelle eine Spannung von $U_{Ref/2} = -5$ V zugeführt. Die Hilfsspannungsquelle wird so eingestellt, dass die Ausgangsspannung $U_A = 0$ V wird.

DA-Umsetzer mit externem Referenzspannungseingang werden auch als multiplizierende DA-Umsetzer eingesetzt. Im Multiplizierbetrieb wird dem DA-Umsetzer am Referenzeingang ein Signal zugeführt, das mit dem digitalen Eingangssignal multipliziert am Ausgang zur Verfügung steht.

AD-Umsetzer sind Bausteine, die eine analoge Eingangsgröße in eine proportionale digitale Ausgangsgröße umsetzen.

Am Beispiel eines nach dem Dual-Slope-Prinzip arbeitenden AD-Umsetzers sollen die wichtigsten Abgleichs- und Schaltungsfunktionen beschrieben werden.

Der in Abb. 10.18a dargestellte AD-Umsetzer benötigt als Betriebsspannungen +5 V und –5 V gegen Massepotenzial. Einige AD-Umsetzer enthalten eine interne Referenzspannungsquelle. Wiederum anderen Typenvarianten ist eine Referenzspannung zuzuführen. Wird zum Beispiel ein Referenzstrom von –20 µA gefordert, kann über einen Negativ-Festspannungsregler eine Referenzspannung von –5 V erzeugt werden. Der Strom wird über einen Vorwiderstand eingestellt: $R_v = -5$ V/– 20 µA = 250 k.

Im Gegenkopplungszweig des Integrators (Int.) ist ein Kondensator C = 68 pF angeschlossen. Dies sind die Anschlüsse (invertierender Eingang und Ausgang) eines integrierten Operationsverstärkers. Der Nullpunkt- und Verstärkungsabgleich erfolgt über die Eingänge I_{Analog} und Nullpunkt.

DerAnschluss I_{Analog} (gleichzeitig Analogeingang) wirkt auf den invertierenden Eingang des Integrators (Operationsverstärker) und der Nullpunkt-Anschluss auf den nichtinvertierenden Eingang.

Für eine Vollaussteuerung an den Digitalausgängen ist ein Eingangsstrom von 10 µA erforderlich. Der Vorwiderstandswert am Analogeingang bestimmt den Arbeitsbereich der Analogspannung:

$U_{Eing.} = 1$ M$\Omega \times 10$ µA = 10 V.

Der Stellwiderstand R_e dient für den Feinabgleich für FS (Toleranzausgleich).

Der Abgleich des Nullpunktes erfolgt mit einem Stellwiderstand am Nullpunkteingang.

Bei einer Eingangsspannung von $U_{Eing.}$ = 20 mV, die einem $^1/_2$ LSB bei 8 Bit Ausgang entspricht, wird der Stellwiderstand so eingestellt, dass der Übergang am Digitalausgang von 0000 0000 auf 0000 0001 gerade erfolgt.

Der Abgleich des Verstärkungsfaktors bestimmt den Skalenendwert und erfolgt über den Stellwiderstand R_E. Dazu wird die analoge Eingangsspannung auf $U_E = ^1/_2 U_{FS}$ C $^1/_2$ LSB eingestellt und mit dem Stellwiderstand R_E so abgeglichen, dass der Übergang am Digitalausgang von 0111 1111 auf 1000 0000 gerade erfolgt.

Soll nur der Betrag der analogen Eingangsspannung digitalisiert werden, so wird dies beim AD-Umsetzer ebenfalls als unipolarer Betrieb bezeichnet.

Sollen Eingangsspannungen mit Vorzeichen am Digitalausgang dargestellt werden, muss ein zusätzlicher Eingangsstrom von 1 bis 5 µA erzeugt, bzw. den Eingangsstrom überlagert werden.

Die Schaltungsvariante hierzu zeigt die Abb. 10.18b.

Aus einer Eingangsspannung von U_E = –5 V resultiert ein Eingangsstrom von I_E = –5 µA und ein Gesamtstrom von 5 µA – 5 µA = 0 µA. Bei einem Eingangssignal von U_E = +5 V wird I_E = +5 µA und es ergibt sich ein Gesamtstrom von $I_{Eing.}$ von 10 µA. Die Bei-

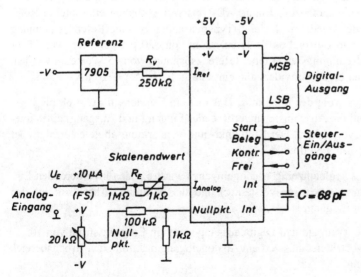

Abb. 10.18: AD-Umsetzer: a) Unipolarer Betrieb

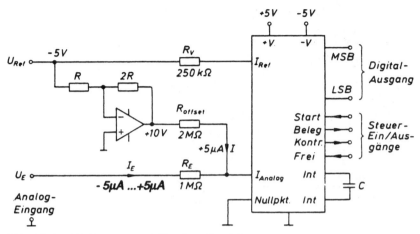

Abb. 10.18: AD-Umsetzer: b) Bipolarer Betrieb

spiele und die nachfolgende Tabelle zeigen, dass sich der Aussteuerbereich dadurch halbiert und das MSB-Signal zur Vorzeichenanzeige benutzt werden kann.

Unipolarer Betrieb			Bipolarer Betrieb		
0	0,00 V	0000 0000	−FS	−5,00 V	0000 0000
1 LSB	+0,04 V	0000 0001	− (FS − 1 LSB)	−4,96 V	0000 0001
$^1/_2$ FS	+5,00 V	1000 0000	0	0,00 V	1000 0000
FS − 1 LSB	+9,96 V	1111 1111	+ (FS − 1 LSB)	+4,96 V	1111 1111
FS	+10,00 V		+ FS	+5,00 V	

Die Anschlussbelegungen eines computerkompatiblen Analog-Digital-Umsetzers (Abk.: ADU) und die Zusammenschaltung mit einem Mikrocomputer zu einem Digitalvoltmeter zeigt Abb. 10.19. Der ADU hat eine Spannungsversorgung von +5 V (Pin 40) und −5 V (Pin 28).

Die Taktfrequenz wird bei diesem Baustein über einen Quarz an den Anschlüssen OSC IN (Pin 22) und OSC OUT (Pin 23) erzeugt. Die Referenzspannung von +5 V wird über P2 und R47 an den Anschluss REF IN+ (Pin 36) geführt. Über R48 wird die gleiche Spannung an die Anschlüsse REF OUT (Pin 29) und REF IN− (Pin 39) geführt.

Die Referenzeingänge REF IN+ und REF IN− bilden einen Differenzeingang. Die Spannungshöhe der Abtaststufen ist abhängig von der Referenzspannungshöhe. Wird die interne Referenzspannung verwendet, lassen sich durch Ändern des Widerstandes R45 (20 kΩ oder 200 kΩ) die Messbereiche von 0,4095 V auf 4,095 V ändern.

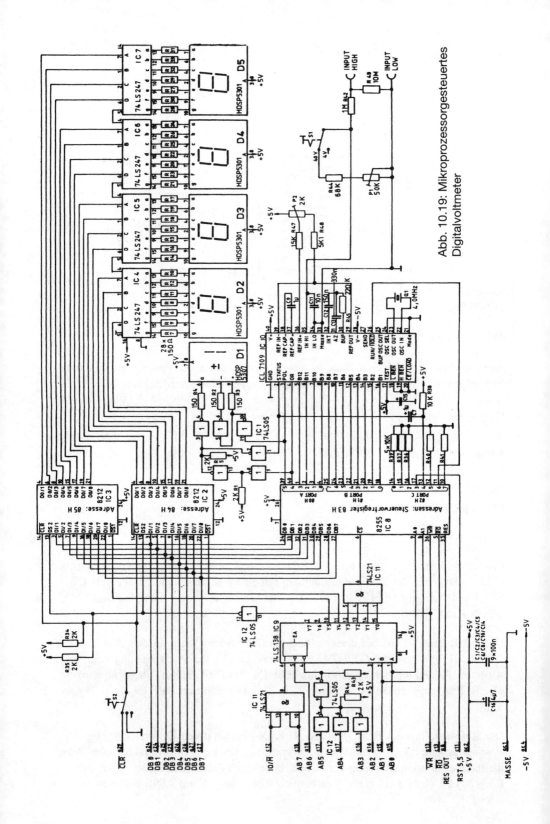

Abb. 10.19: Mikroprozessorgesteuertes Digitalvoltmeter

Die Integratorkapazität C9 liegt an den Anschlüssen REF CAP+ (Pin 37) und REF CAP– (Pin 38).

Der Analogeingang ist ein Differenzeingang mit den Anschlüssen IN HI (Pin 35) und IN LO (Pin 34).

In dieser Schaltung ist der Differenzeingang IN LO mit der Masse an Pin 33 verbunden, d.h., der Analogeingang ist unsymmetrisch geschaltet. Der Spannungseingang INPUT HIGH kann wahlweise über S1 in zwei Empfindlichkeitsstufen betrieben werden, 4 V und 40 V. Im 40-V-Bereich wird durch S1 ein Spannungsteiler R44 und P1 dazugeschaltet. An dem Stellwiderstand P1 kann der 40-V-Bereich abgeglichen werden.

Der Eingangsstrom liegt bei 10 pA, dies entspricht einem Eingangswiderstand von über 1000 MΩ.

Der ADU ICL 7109 wird an dem Mikrocomputer mit Interruptfunktion betrieben. Der Ausgang STATUS (Pin 2) und der Eingang RUN/HOLD (Pin 26) können über die Interruptsteuerung des Mikrocomputers dazu benutzt werden, die Anzahl der Analog-Digital-Wandlungen über Programm zu steuern. Über den programmierbaren E/A-Baustein 8255 fordert der ADU einen Interrupt über Pin 17 des E/A-Bausteins und den Interrupteingang RST 5.5 des Mikrocomputers.

Die Übertragung der digitalisierten Analogwerte erfolgt über die Digitalausgänge B1 bis B12 (Pin 5 bis Pin 16 in umgekehrter Reihenfolge) an den E/A-Baustein, Datenkanäle Port A und Port B. Die Datenausgänge für Polaritätswechsel POL (Pin 3) und Bereichsüberschreitung (Over-range) OR (Pin 4) werden ebenfalls an den E/A-Baustein Port A (Pin 40 und Pin 1) übertragen. Die Ausgangsfunktionen STATUS und POL steuern parallel über den Inverter IC1 den Polaritätsanzeige-Baustein D. Die Steuerung und die Datenaufnahme des ADU ICL 7109 erfolgen über den an den Datenbus DB0 bis DB7 des am Mikrocomputer angeschlossenen E/A-Bausteins 8255.

An diesen Datenbus sind auch die Schnittstellenbausteine (Software/Hardware) IC2 und IC3 (8212) angeschlossen. Diese Bausteine steuern die 7-Segment-Anzeige des Digitalvoltmeters über die BCD/7-Segment-Codierer IC4 bis IC7 und die daran angeschlossenen 7-Segment-Anzeige-Bausteine D2 bis D5.

10.7 Übungen zur Vertiefung

1. Der Mikrocomputer der Prüfsteuerung in Abb. 10.7 steuert über die Ausgänge des BCD-Zählers D7 mit den Wertigkeiten 0 (c), 1 (d), 5 (e), 6 (f) und 7 (g) verschiedene Steuereingänge der nachfolgenden Schaltung. Diese sind mit Hilfe der Erläuterungen der Anschlussbezeichnungen in Anhang 14.10 zu bestimmen.
2. Über welche IC-Bausteine in Abb. 10.19 steuert der A/D-Wandler ICL7109 (C10) die 7-Segment-Anzeigen D1 bis D5?

3. Die Schaltung für seriellen Datenaustausch in Abb. 10.9 ist in einem Übersichtsplan darzustellen.
4. Erinnern Sie sich an Wilhelm Busch? Max und Moritz werden vom Müller zu Körnern verarbeitet (Abb. 10.20). Versuchen Sie, die Verarbeitung in drei Verarbeitungsschritten in einem Programmablaufplan darzustellen.

„Her damit!" Und in den Trichter
Schüttet er die Bösewichter.

Hier kann man sie noch erblicken,
Fein geschroten und in Stücken.

Rickeracke! Rickeracke!
Geht die Mühle mit Geknacke.

Abb. 10.20 Verarbeitungsprogramm

Lösungen im Anhang

11 Bezeichnungs- und Orientierungssysteme gebräuchlicher Industrieunterlagen

In- und ausländische Elektronikindustrien wenden die unterschiedlichsten Bezeichnungs- und Orientierungssysteme in ihren Schaltungsunterlagen an.

Zum Teil werden hierbei die DIN-Normen und internationale Normen eingehalten und angewendet. Vielfach werden diese Normen mit Hausnormen vermischt angewendet. Große international tätige Industriefirmen wenden nach Möglichkeit internationale Normen an, soweit sie vorhanden sind. Fehlende Normen werden dann meistens durch Hausnormen ergänzt.

11.1 Referenzbezeichnungen

Die zur Definierung und Auffindung von Bauelementen notwendigen Referenzkennzeichnungen in Stromlauf- und Referenzplänen bestehen aus drei Klassifizierungen, die, von links nach rechts gelesen, folgende Bedeutung haben:

Die Buchstaben kennzeichnen das Bauelement, z.B. „R" für Widerstand oder „Tr" für Transformator.

Die auf den Buchstaben folgenden Zahlen geben die fortlaufende Nummerierung dieser Bauelementeart an, z. B. R1, R2, R25 ... Danach folgt in der Regel die elektrische Wertangabe des Bauelementes, z. B.z. B. 0,47 µ oder 18 k.

Da aus der Referenzbezeichnung bzw. aus dem Bauelementesymbol die Art des Bauelementes hervorgeht, ist es nicht erforderlich, nach der Wertangabe die Maßeinheit, z. B. Ohm (Ω), Farad (F) oder Henry (H) anzugeben.

Wird die Wertigkeit in der Grundeinheit angegeben, z. B. der Wert „270", dann folgt keine Stellenwerteinheit, wie k für Kilo oder µ für Mikro, M für Mega.

Die Abkürzungen für die Referenzbezeichnungen der Bauelementearten sind nicht genormt. Folgende Kennzeichnungen sind gebräuchlich:

Buchseneingänge	„Bu" oder J
Dioden	„D" oder „G" bzw. CR oder V
Filter, auch Quarzfilter	„F" oder „T" (Ausland)

Gleichrichter	„Gl" oder CR
Kondensatoren	„C"
Lampen	„La" oder DS
Lautsprecher	„LS"
Relais	„Rel"
Spulen	„L"
Schalter, Tasten	„S"
Sicherungen	„S" oder F
Transistoren	„T" oder Q (Ausland)
Transformatoren, Übertrager	„Tr" oder T (Ausland)
Widerstände	„R"
Integrierte Schaltungen	„IC"

Einige Beispiele:

R25 – 47 k	(Widerstand Nr. 25, Wert 47 kg)
R2 – 18	(Widerstand Nr. 2, Wert 18 S2)
R116 – 1 M	(Widerstand Nr. 116, Wert 1 M)
C15 – 0,47 µ	(Kondensator Nr. 15, Wert 0,47 µF oder 470 nF)
C20 – 300 p	(Kondensator Nr. 20, Wert 300 pF)
C153 – 0,1	(Kondensator Nr. 153, Wert 0,1 F oder 100 mF)
L7 – 0,08	(Induktivität Nr. 7, Wert 0,08 H oder 80 mH)

Die Dimensionseinheiten „m" (Milli), „n" (Nano) sind international nicht gebräuchlich und kommen daher nur selten zur Anwendung.

Diese Bezeichnungen sind auch bei der Beschriftung von Bauelementen üblich, sofern kein Farbcode angewendet wird.

Bei Kondensatoren wird z. B. häufig der Wert ohne Dimensionseinheit angegeben.

Bei Elektrolytkondensatoren wird der Wert dann in µF abgelesen, bei keramischen Kondensatoren und Folienkondensatoren immer in pF, wenn nicht anders angegeben.

Dass bei den Referenzbezeichnungen sehr unterschiedlich verfahren wird, zeigt als Extremfall der Schaltungsauszug in Abb. 4.2. Hier fehlen die Referenzangaben für Kondensatoren und Widerstände. Nur die Halbleiterbauelemente (Dioden und Transistoren) haben Referenzbezeichnungen.

11.2 Werksnormen für Stromlaufpläne und Funktionsabläufe

Die Darstellungen von Ausgangszuständen, Betriebsspannungen, Verbindungen und Bezugspotenzialen werden von Firma zu Firma in anderen Formen und eigenen Systemen gehandhabt, sie sind ausgesprochen firmenspezifisch.

Als Beispiel dafür sollen stellvertretend für viele Varianten einige Darstellungsnormen von Unternehmen der Nachrichten- und Messtechnik vorgestellt werden.

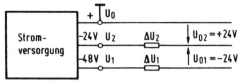

Abb. 11.1: Referenzbezeichnungen für
Versorgungsspannungen

So werden z. B. in Gerätesystemen, die mehrere Betriebsspannungen erfordern, die einzelnen Spannungen durch Referenzbezeichnungen dargestellt (vgl. Abb. 11.1).

Der geerdete Pluspol wird mit „U_0" bezeichnet. Die Teilspannungen -24 V mit U_2 und -48 V mit U_1. Potenzialbereiche entsprechend mit ΔU_1 bzw. mit ΔU_2.

Spannungen, die zwischen U_0 und U_2 liegen, tragen die Bezeichnung U_{02} bzw. U_{01} für Spannungen, die zwischen U_2 und U_1 liegen.

Die Definitionen der möglichen Schaltzustände in digitallogischen Schaltungen werden durch die Potenziale oder Potenzialbereiche dargestellt.

Bei den Transistorschaltungen entspricht das „0"-Signal dem Potenzialbereich U_2 bis U_1 (-24 V bis -48 V) und das „1"-Signal einem wesentlich größeren positiven Potenzial, U_2 bis U_0 (-24 bis $+0$ V).

Ergänzend zu diesen Schaltzuständen werden noch folgende Binarzustände definiert:

1-Signal → NICHT   0-Signal → $\overline{0}$-Signal
0-Signal → NICHT   1-Signal → $\overline{1}$-Signal

Damit ergeben sich an den Eingängen einer Schaltstufe (Abb. 11.2) folgende mögliche Signalzustände:

T1 leitend → 0-Signal, T_1 gesperrt → 1-Signal
K1 geschlossen → 0-Signal, K_1 offen → $\overline{0}$-Signal → 1-Signal
T2 leitend → 1-Signal, T_2 gesperrt → $\overline{1}$-Signal → 0-Signal
K2 geschlossen → 1-Signal, K_2 offen → $\overline{1}$-Signal → 0-Signal

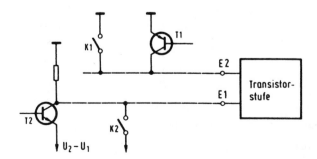

Abb. 11.2: Übersicht über
mögliche Signalzustände

In den Schaltungen wird der Ruhezustand der Transistoren dadurch gekennzeichnet, dass der jeweils leitende Transistor schraffiert gezeichnet ist.

Eine sehr nützliche und von vielen Herstellern angewendete Maßnahme ist die Einteilung der Stromlaufpläne in Planquadrate (Abb. 11.3). In den Schaltungs- und Servicebeschreibungen wird die Kennzeichnung des Planquadrates vor die Referenzbezeichnung des Bauelementes gesetzt. Zum Beispiel wird in Abb. 11.3 für ein Bauelement

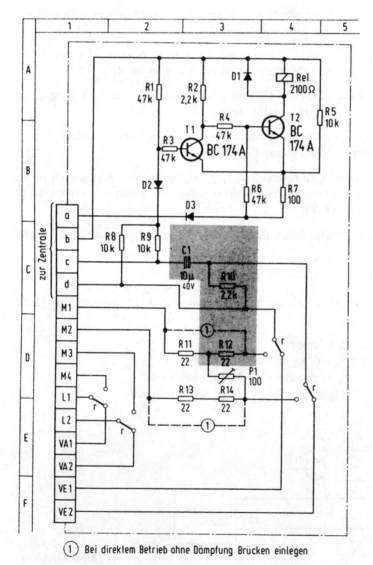

① Bei direktem Betrieb ohne Dämpfung Brücken einlegen

Abb. 11.3: Definition der Bauelemente mit Hilfe der Planquadrate

die Angabe C3 – R10 gemacht. Dies bedeutet, dass im Planquadrat C3 der Widerstand R10 aufzufinden ist.

Diese Orientierungshinweise sind vor allem bei großen Stromlaufplänen, z. B. DIN A3 oder DIN A2, eine wesentliche Unterstützung zum Auffinden der einzelnen Bauelemente.

Bei größeren Geräten mit mehreren Funktionseinheiten wird jeder Stromlaufplan einer Leiterplatte separat auf einer Seite DIN A3 gefaltet auf DIN A4 dargestellt.

Damit bei mehreren Stromlaufplänen ein rasches Auffinden des Funktionsablaufes oder des Signalweges möglich ist, werden die Verbindungspunkte des Stromlaufplanes einer Leiterplatte waagerecht an eine senkrecht verlaufende Linie geführt, die oben die Bezeichnung der Leiterplatte führt, mit der die dargestellte Leiterplatte verbunden ist. Das Beispiel in Abb. 11.4 zeigt einen Teilausschnitt der Leiterplatte GPS.

Die abgebildeten Anschlüsse führen an weitere Funktioneinheiten und Leiterplatten.

Die Anschlüsse „30" und „31" führen an die Leiterplatte DLS. Die Anschlüsse „46", „44" und „39" an die Leiterplatte ZPS. An die Tln-Klemmleiste führen die Anschlüsse a1, a2, c und d.

Die Weiterverfolgung eines Anschlusses ist aufgrund dieser Kennzeichnung ohne weiteres möglich.

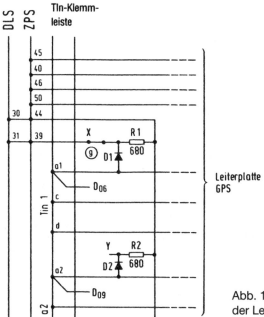

Abb. 11.4: Darstellung der Verbindungen der Leiterplatte GPS zu anderen Leiterplatten und Funktionseinheiten

Zuerst wird die Funktionseinheit bzw. Leiterplatte definiert. Zum Beispiel führt die Verbindung Nr. 31 zur Leiterplatte DLS. Unter dieser Nummer kann man auf der Leiterplatte DLS die Verbindung weiterverfolgen.

Funktionsabläufe von Schaltungen werden vielfach in einem Ablaufdiagramm dargestellt. In diesem Ablaufdiagramm wird jede Schaltstufe bzw. jedes Relais seiner Funktionsfolge entsprechend eingesetzt (Abb. 11.5).

Der schwarze dünne Strich zu Beginn der Einschaltfunktion besagt, dass der Transistor bzw. das Relais verzögert einschaltet. Der schwarze Balken zeigt dann den Ein-

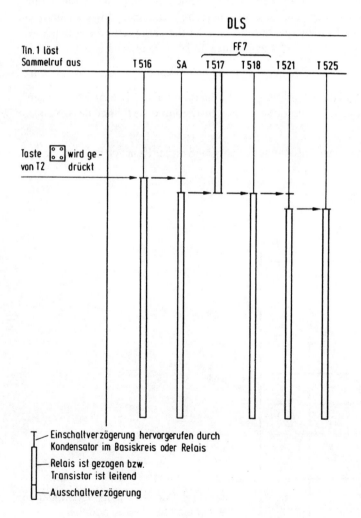

Abb. 11.5: Funktionsdiagramm von Schaltstufen und Relais

schaltzustand an (Transistor leitend, Relais erregt). Das daran anschließende Kästchen zeigt eine Ausschaltverzögerung.

In der Abb. 11.5 ist im Ruhezustand der Transistor T517 des Flipflops FF7 leitend. Alle anderen Transistoren sind nichtleitend. Das Relais SA nicht angezogen.

Durch Auslösung der Funktion mittels der Taste „Sammelruf" wird durch den Transistor T2, entsprechend der dargestellten Reihenfolge, der Transistor T516 leitend geschaltet. Dadurch kippt das Flipflop FF7 in die andere Ausgangslage, T517 wird nichtleitend, T518 leitend. Durch T518 wird T521 geschaltet. Dieser Transistor schaltet verzögert den Transistor T525.

Diese Form der Funktionsdarstellung hat den Vorteil, dass auf einen Blick die am Funktionsablauf beteiligten Schaltungsstufen zu ersehen sind. Dies ist anhand des Schaltbildes und der Funktionsbeschreibung nicht möglich.

11.3 Kennwert- und Datenblätter

Für den Applikations- oder Servicetechniker ist es unerlässlich, die wesentlichsten Kennwerte eines Bauelementes für seine Belange aus den Unterlagen des Herstellers zu entnehmen, d.h. Datenblätter zu lesen. Vor allem der Servicetechniker steht vielfach vor dem Problem, ein defektes Bauteil zu ersetzen. Hierbei ist er oftmals gezwungen, ein nicht mehr erhältliches Bauelement durch ein gleichwertiges zu ersetzen.

Aus der Vielzahl der angegebenen Daten muss er die für die Betriebssicherheit des Gerätes wichtigsten Werte ermitteln.

Die wichtigsten Werte sind maximal zulässige Ströme, Sperrspannungen, Schleusen- und Schwellenspannungen, totale Verlustleistung und Toleranzangaben.

Hierzu drei Beispiele für Dioden, Transistoren und einen integrierten Digitalbaustein:

Bei den meisten Datenblättern werden vorab die Abmessungen des Bauteiles, Gewicht und Gehäuseform angegeben. Auch die Grenzwerte des Bauteils werden vorab gegeben. Diese Grenzwerte sind absolute Höchstwerte, die auf keinen Fall als Kennwert für den Dauerbetrieb angesehen werden dürfen. In der Regel sind dies Verlustleistung, Sperrschichttemperatur und Lagerungstemperatur sowie Wärmewiderstand und Sperrspannungen. Danach folgen Kennwerte und Kennlinien, bzw. die verschiedensten Parameter.

Im folgenden Beispiel soll ein Ersatztyp für eine defekte Diode BA 170 gefunden werden. Diese Diode hat als Grenzwert für die Sperrspannung $U_R = 20$ V angegeben. Der Grenzwert für die Verlustleistung liegt bei $P_{tot} = 300$ mW. Bei der Suche nach einem Ersatztyp muss darauf geachtet werden, dass diese für den Betrieb der Diode wichtigsten Kennwerte nicht unterschritten werden.

Als Ersatztyp käme z. B. die Diode BAV 17 in Frage. Ihre Werte liegen für $U_R = 25$ V und $P_{tot} = 400$ mW deutlich über den Werten der BA 170. Grundsätzlich kann ein Halbleiterbauelement einer Typengruppe mit niedriger Kennziffer durch einen Typ mit höherer Kennziffer ersetzt werden. Die Diode BA 170 kann daher durch die Typen BA 171 bzw. BA 172 ersetzt werden.

Bei Ersatz von Z-Dioden ist neben der Arbeitsspannung, z. B. $U_z = 10$ V, der zulässige Arbeitsstrom I_Z und der differenzielle Widerstand r_Z von Bedeutung. Als Beispiel soll für eine defekte ZPD 10 ein Ersatztyp gesucht werden.

Die ZPD 10 gehört laut Datenblatt zu einer Typengruppe, die von ZPD 1 bis ZPD 51 reicht und die eine Verlustleistung von 500 mW hat. Außerdem eine Toleranz der Arbeitsspannung von 0,5 V. Es gibt nun die Möglichkeit, die ZPD 10 durch zwei in Reihe geschaltete Z-Dioden mit niedrigerer Arbeitsspannung zu ersetzen, z. B. durch die Typen ZPD 5,1. Der zulässige Arbeitsstrom liegt aufgrund der niedrigeren Arbeitsspannung doppelt so hoch ($I_Z = 80$ mA).

Allerdings liegt der differenzielle Widerstand bei $r_Z = 30$ Ω wesentlich höher. Durch die Reihenschaltung verdoppelt sich dieser Widerstand auf 60 Ω. Dies muss beachtet werden! In manchen Schaltungen ist der differenzielle Widerstand für die Siebwirkung von großer Bedeutung. Ist dies der Fall, muss ein Ersatztyp gesucht werden. Dies wäre z. B. eine Z-Diode mit höherer Verlustleistung. Bei der ZY 10 liegt die Verlustleistung bei 1,3 W, der Arbeitsstrom dadurch bei 90 mA ($T_U = 45$ °C). Der differenzielle Widerstand liegt bei $r_Z = 2$ Ω und damit ebenfalls etwas besser als bei der ZPD 10 ($r_Z = 4$ Ω).

Die wichtigsten Kennwerte für Transistoren sind die Grenzwerte für U_{CE0} (bei offener Basis), für I_C und für I_B. Außerdem die statische Stromverstärkung B, die Kollektor-Sättigungsspannung U_{CEsat}, die Basis-Sättigungsspannung U_{BEsat} und die Basis-Emitterspannung U_{BE} sowie die Verlustleistung P_{tot}.

Diese Kennwerte werden in Datenblättern für ganze Typengruppen angegeben. Zum Beispiel für die Typengruppe BC 107 bis BC 239. Auch hier gilt die Regel, dass ein Transistor einer Typengruppe mit niedriger Kennziffer durch einen Transistor mit höherer Kennziffer ersetzt werden kann, weil dieser in den Kennwerten auf jeden Fall besser ist.

Bei integrierten Schaltungen gibt es in der Auswahl von Ersatztypen keine großen Ausweichmöglichkeiten. Man ist hier vor allem an die Anschlussbelegung der einzelnen ICs gebunden. In den Typenbezeichnungen hat sich eine gewisse Standardisierung durchgesetzt.

ICs mit einem Temperaturbereich von 0 °C bis +70 °C beginnen mit den Ziffern 74... ICs mit einem Temperaturbereich von –55 °C bis +125 °C beginnen mit den Ziffern 54... Eine Ausnahme bildet die Firma Siemens, die ein eigenes Typenbezeichnungsschema benützt.

Die Buchstaben vor den Ziffern geben lediglich Aufschluss über den Hersteller, z. B. MIC (Intermetall), SN (Texas Instruments), FZ (Siemens), MK (Mostek) usw.

Alle Firmen stellen ICs mit gleichen Kennwerten und Anschlussbelegungen her. So kann der Baustein SN 7400 (4-fach-NAND) von Texas-Instruments ohne weiteres gegen den Baustein MIC 7400 von Intermetall ausgetauscht werden. Desgleichen kann ein Baustein 7400 gegen einen Baustein 5400 ausgetauscht werden.

11.4 Serviceunterlagen

Aufgrund der zunehmenden Automatisierung von Geräten und Anlagen durch den Einsatz von Mikrocomputern werden auch die Serviceunterlagen immer umfangreicher und komplexer.

Daher werden von den Herstellern umfangreiche Dokumentationen für Servicezwecke den Geräten beigefügt, die das Zusammenwirken von Hardware und Software übersichtlich darstellen sollen. Die folgende Beschreibung der zur Verfügung gestellten Serviceunterlagen wurde einer Dokumentation für einen 100-kW-Hochspannungsgenerator entnommen.

Neben den üblichen Unterlagen, wie Bedienungs-, Installations- und Inbetriebnahmebeschreibungen, enthalten die Unterlagen ein Verzeichnis der Kontaktfunktionen.

Einen Teilauszug enthält die Tabelle 11.1:

Unter „Bezeichnung" (Tab. 11.1) wird zuerst die Schütz- oder Relais-Identifikationsnummer angegeben, z. B. K01, darunter die dazugehörige Spule.

Danach folgt die Auflistung der einzelnen Kontakte durch fortlaufende Großbuchstaben A..., die von diesem Schütz oder Relais geschaltet werden. Die danach folgenden Bezeichnungen NO und NC definieren den Öffner-(O-) und den Schließ-(C-) Kontakt.

Unter „Planquadrat" (Tab. 11.1) wird der Stromlaufplan und das Planquadrat definiert, in der sich das Relais oder das Schütz befinden. Die Spule des Relais K04 findet man im Stromlaufplan 1138-S3, im Planquadrat B8. Der dazugehörige Kontakt A NO befindet sich im selben Stromlaufplan im Planquadrat C5. Die anderen Kontakte dieses Relais sind nicht belegt.

Unter „Funktion" (Tab. 11.1) erfolgen Angaben über die Auslösefunktionen. Zuerst wird der Funktionsname des Schützes oder Relais angegeben. Danach folgt die Auslösefunktion der Spule, z. B. wird das Relais K04 durch die Netzeinschalttaste ausgelöst. Zu den Kontakten werden die ausgelösten Funktionen beschrieben. Trifft die Beschreibung für mehrere Kontakte zu, wird ein Klammersymbol für die entsprechenden Kontakte gesetzt.

Tab. 11.1: Bauelementefunktionen eines 100 kW-Generators

Bezeich-nung	Planquadrat	Funktion
K01		Netzschütz
Spule	1138-S3 C4	wird erregt von 30K3B.
Kontakt		
A NO	1138-S4 A2	⎫
B NO	1138-S4 A2	⎬ Hauptkontakte verbinden den Generator mit dem Netz
C NO	1138-S4 A2	⎭
D NC		frei
E NO	1138-S3 D/E1	⎫ schalten den Transformator T1 ein
G NO	1138-S3 D/E1	⎭
F NC		frei
K 02		Sicherheitsschütz
Spule	1136-S14 E6	Wird erregt von K323B bzw. K318A über K53C
Kontakt		
A NO	1138-S4 C4-6	⎫
		Hauptkontakte; verbinden den Hochspannungstrans-
B NO	1138-S5 D2	formator mit dem Kohlerollentransformator
C NO		⎭
D NC		frei
E NO		frei
F NC		frei
G NO	1138-S14 C8	erregt K107
K04		Stromstoßrelais
Spule	1138-S3 B8	wird geschaltet von der Netztaste
Kontakt		
A NO	1138-S3 C5	in Serie mit 30K2A NC und S02. Erregt
30K3		
A NC		frei
B NO		frei
B NC		frei
K06		Hilfsrelais; schaltet die Primärspannung für den Transformator T2 des Mikroprozessors
Spule	1138-S3 B5	wird erregt von 30K3A oder OUTP. +1 BIT7 des Mikroprozessors (I/O Karte 5)
Kontakt		
A NO	1138-S3 F2	⎫ schalten den Transformator T1 ein
B NO	1138-53 F2	⎭

Eine tabellarische Auflistung erfolgt auch für die Klemmenfunktionen. Dazu folgender Teilauszug:

Tab. 11.2: Klemmenfunktionen des 100 kW-Generators

Klemmen-bezeichnung	Planquadrat	Funktion
TB 14-1 14-2 1136-S16 Bl. 2 E4	15400-S1 G2	+25 V bei Aufnahme und Aufnahmevorbereitung-Durchleuchtung „High Level"
14-3	1136-S19 C4	180-Hz-Start (nur USA)
14-4	1136-S16 Bl. 2 E3	Durchleuchtung „Low Level"
14-5	1136-S19 D2/3	K311 A Com
14-6	1136-S19 C2	K311 B NO
14-7	1136-S19 D2	K311 B Com
14-8	1136-S19 C2	K311 A NO
14-9	1136-S12 G3	Upot Film Device Park
14-10	1136-S10 G8	BV in Position
14-11	1136-S12 G4	Spot Film Camera Park
14-12	1136-S10 G8	70-mm-Kamera geladen
14-13	1136-S6 B9	Kommando „Aufnahme (Low True)"
14-14	1136-S18 A3	+24-V=-Versorgung
14-15	1136-S6 D12	Low True, bei Aufnahmeende mit Belichtungsautomat
14-16	1136-S10 B6	Externe Backup-Anzeige
14-17	1136-S6 A9	Kommando „Aufnahme (High True)"
14-18	1136-S19 C2	Low True, wenn Hangover oder keine Aufnahmevorbereitung (nur USA, HS-Starter)
14-19	1136-S16 Bl. 2 F3	Externer Triggerschalter 2. Stufe
14-20	1136-S19 C3	Low True, wenn Hangover programmiert ist

Unter „Klemmenbezeichnung" (Tab. 11.2) erfolgt die Definition der Klemmenleiste und die fortlaufende Nummerierung der Klemmen, z. B. TB-14-9. Unter „Planquadrat" erfolgt die Angabe des Stromlaufplanes mit der entsprechenden Ortsbestimmung.

Unter „Funktion" (Tab. 11.2) erfolgen Angaben über die angeschlossenen Funktionselemente und Signale.

Eine weitere und interessante Darstellungsform sind Signallisten für bestimmte Funktionsbereiche, wie z. B. die folgende Darstellung (Tab. 11.3) für „Durchleuchtung ausschalten" zeigt.

In der Übersicht (Tab. 11.3) werden zu dem Funktionsablauf alle erforderlichen Hauptsignale und die Hilfssignale (nebengeordnete Signale) aufgelistet.

Tab. 11.3: Funktion „Durchleuchtung ausschalten" des 100kW-Generators

Hauptsignalfluss	nebengeordnete Signale	Spanng. ca.	Ein-/Ausgabe Wrap Pin	Klemme	abs. Adr.	symb. Adr.
Durchleuchtungsschalter Aus		+24 V	IN	5-2		D006/6	10/6
mA-Messung Stop		+24 V	OUT	7-48		D008/0	OUTP + 8/0
µP-Stop Aufnahme		+24 V	OUT	5-25		D007/7	OUTP/7
Q1+Q2 (Drehanode) löschen		+24 V	OUT	6-47 6-48		D005/0+1	OUTP+5/0+1
K312, K318, RES02 entregen		+24 V		6-35 6-36		D004/4+5	OUTP+4/4+5
	kV-Motor Stop 40 ms	0 V	OUT	5-32			
	23K1, 23K3 entregen	+24 V	OUT			D000/ 0+3+4	OUTP/ 0+3+4
	kV-Motor ein	+15 V	OUT	5-32		D000/0	OUTP/0

Es folgen die Spannungswerte der Signale unter „Spannung ca.". Unter „Ein-/Ausgabekarte Wrap.-Pin" werden die Pin-Belegungen und die Ein-/Ausgangsfunktionen definiert. Diese Karte ist das Interface (Hardware-/Software-Schnittstelle). Unter „absolute Adresse" und „symbolische Adresse" werden die Programmadressen im Speicherbereich definiert.

Einen Überblick über das Zusammenwirken von Hardware und Software sollen die Signalflussdiagramme geben. Das Flussdiagramm in Abb. 11.6 zeigt einen Teilauszug aus dem Einschaltvorgang des Generators.

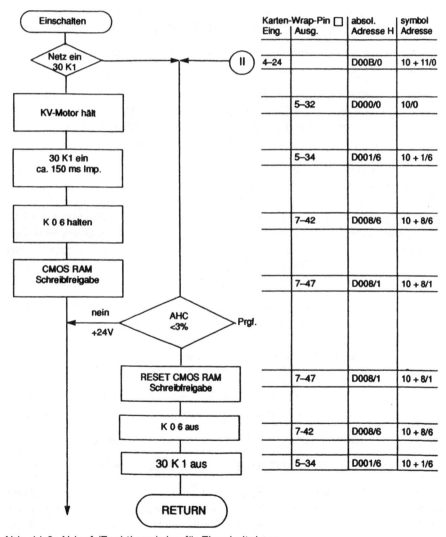

Abb. 11.6: Ablauf-(Funktions-)plan für Einschaltphase

Die Darstellung zeigt im Wesentlichen die Bedingungen für den Funktionsablauf der Hardwareelemente. Daneben befindet sich eine Tabelle, die zu den einzelnen Funktionsschritten die Zuordnung der Ein-/Ausgänge der Hardware-/Software-Schnittstelle und die Adressbereiche des Programmspeichers definiert.

Der Einsatz von Mikrocomputern in Steuerschaltungen und Geräten erfordert vielfach den Einsatz eines Bildschirmgerätes. Die Bedienung, Fehlerdiagnose und Wartung des Gerätes erfolgt dann im Dialog mit dem Bildschirm in Verbindung mit den am Gerät vorhandenen Bedienelementen (Taster, Schalter).

So genannte Funktionstasten werden durch die Software gesteuert und haben daher mehrere Funktionsaufgaben, die über den Bildschirm angezeigt werden.

Abb. 11.7 zeigt eine Übersicht über die Struktur der Bedienerführung eines Programmiergerätes für die Überprüfung der Hardware eines Gerätes.

Die Bedienerführung beginnt mit der Aufforderung, die Netzspannung einzuschalten und die Systemdiskette in das Laufwerk „0" zu legen (vgl. Abb. 11.7a). Danach wird gesagt, welche Tasten für den automatischen Aufruf betätigt werden müssen. Mit Softkey sind hier die softwaregesteuerten Funktionstasten definiert.

Nach dieser Einschaltprozedur wird in Abb. 11.7b das erste Informationsbild der Bedienerführung über die Aufgaben der Funktionsauswahltasten gegeben. In dieser Darstellung wird auch ersichtlich, dass die Bedienerführung über zwei verschiedene Programmzweige erfolgt. Der erste Programmteil führt über die Funktionstasten F1 bis F3, der zweite Programmteil über die Funktionstasten F4 bis F8. Unter den Funktionstasten sind wiederum verschiedene Programmteile enthalten, die zur gewünschten Hardwarefunktion führen. Die Darstellung zeigt auch, über welche Tasten der Rücksprung aus dem jeweiligen Programm erfolgen kann.

Nach Auswahl der entsprechenden Programmfunktion wird auf dem Bildschirm zur Eingabe der Kommandoart aufgerufen, z. B. Ein- oder Aus-Funktion (Abb. 11.7c). Die letzte Bildinformation (Abb. 11.7d) gibt Auskunft über die Kommandoausführung und ob das Kommando auch richtig ausgeführt wurde.

Vielfach werden in den Serviceunterlagen Bedienerführungen in Form von Programmablaufplänen dargestellt. Hierbei werden in gemischter Ablauffolge die Symbole nach DIN 66 001 mit teilweise anderen Funktionen und Tastenfunktionen eingesetzt.

Abb. 11.8 zeigt den Anwendungszweck für den Einsatz der Symbole.

Das Ein-/Ausgabe-Symbol wird für die Eingaben an der Tastatur eingesetzt.

Das Symbol für Operationen im Computer wird für Darstellungen auf dem Bildschirm angewendet. Das Unterprogramm-Symbol wird für separat erläuterte und abgeschlossene Bedienfolgen eingesetzt. Das Symbol für die Operation von Hand wurde in diesem Beispiel in seiner Bedeutung übernommen.

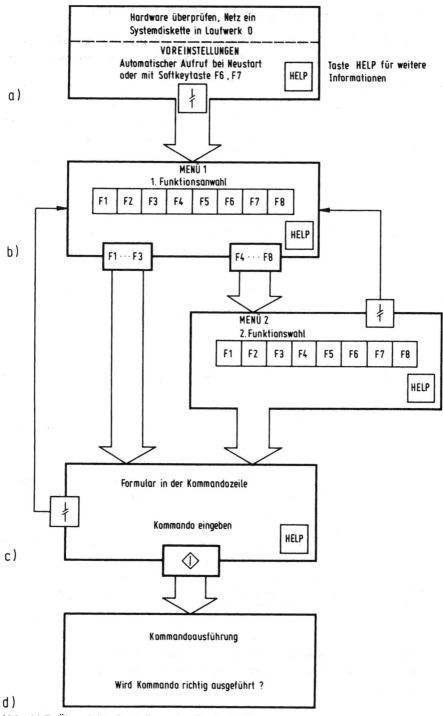

Abb. 11.7: Übersichtsdarstellung der Bedienerführung

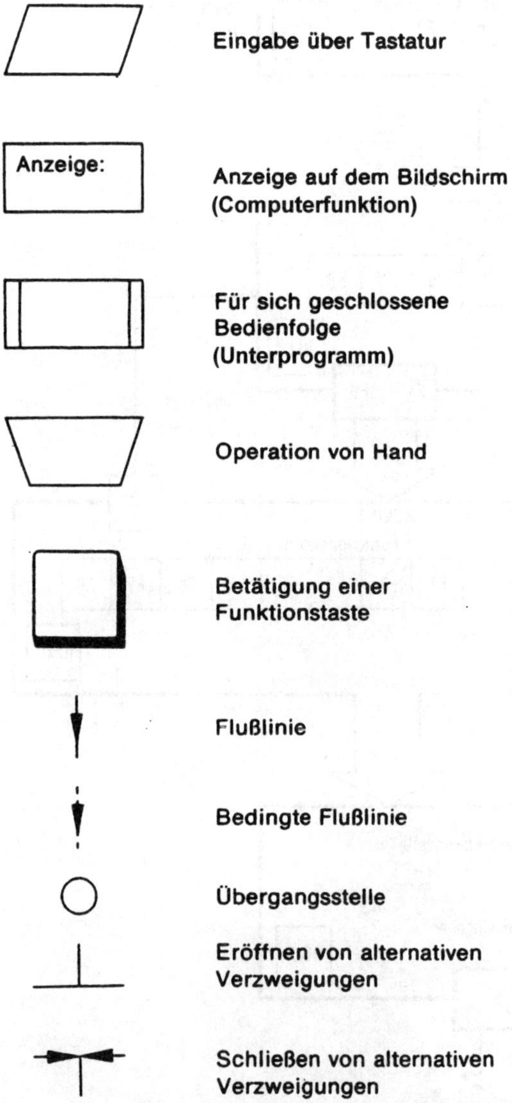

Eingabe über Tastatur

Anzeige auf dem Bildschirm
(Computerfunktion)

Für sich geschlossene
Bedienfolge
(Unterprogramm)

Operation von Hand

Betätigung einer
Funktionstaste

Flußlinie

Bedingte Flußlinie

Übergangsstelle

Eröffnen von alternativen
Verzweigungen

Schließen von alternativen
Verzweigungen

Abb. 11.8: Angewendete Symbole
für Ablaufplan

Ein Anwendungsbeispiel für den Einsatz der Symbole ist in Abb. 11.9 dargestellt. Der Programmablaufplan zeigt eine Bedienerführung für das Ändern der Druckerparameter ohne Schriftfuß.

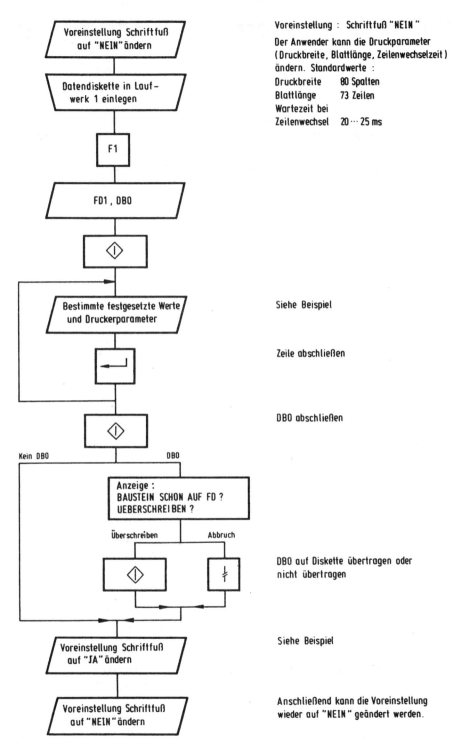

Abb. 11.9: Beispiel für Bedienerführung: Druckerparameter ändern

11.5 Übungen zur Vertiefung

1. In welchem Planquadrat der Abb. 11.3 liegen die Bauelemente T2, C1 und R12?
2. Über welche Anschlussnummer wird die gemeinsame Verbindungsleitung der Widerstände R1 und R2 in Abb. 11.4 an die Leiterplatte ZPS geführt?
3. Durch welche Angaben unterscheiden sich die Tabellen 11.1 und 11.2?
4. Wodurch unterscheiden sich die Bedienerführungen in Abb. 11.7 und Abb. 11.9?

Lösungen im Anhang

12 Darstellungshilfen für speicher-
programmierbare Steuerungen

Speicherprogrammierbare Steuerungen (im folgenden SPS genannt) sind Mikrocomputerschaltungen mit frei programmierbaren Halbleiterspeichern, die Verknüpfungsschaltungen (logische Verknüpfungen, Zeit- und Zählfunktionen) enthalten.

Der Steuerstromkreis der SPS besteht aus den in der Steuerungsanlage befindlichen Signalgebern, die einzeln an die SPS im Eingangsfeld angeschlossen sind (Abb. 12.1), und aus dem Leistungsteil im Ausgangsfeld.

Die Abarbeitung des Programms geschieht seriell. Die Abarbeitungszeit ist von der Programmlänge abhängig. Die Programmerstellung für den gewünschten Steuerungsablauf einer SPS erfolgt anhand einer verbalen Beschreibung, eines Stromablaufplanes oder eines Funktionsplanes. Das Programm wird über ein Datenterminal (Tastatur mit Anzeigeeinheit) in dem Speicher abgelegt.

Der Programmierer muss bei der Programmerstellung in Form einer Anweisungsliste (AWL) bestimmte Regeln beachten. Ein- und Ausgänge und Zeitglieder müssen in einer produktabhängigen Bedienersprache eingegeben werden.

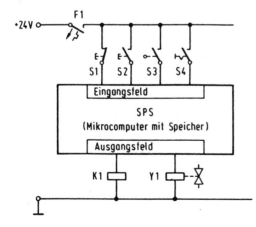

Abb. 12.1: Speicherprogrammierbare
Steuerung

12.1 Betriebsmittel- und Zuordnungsliste

Speicherprogrammierbare Steuerungen und die Programmiergeräte verwenden nur die Kennzeichnung E für Eingänge und A für Ausgänge. Die Kennzeichnung der elektrischen Betriebsmittel in einem Stromlaufplan erfolgt nach DIN 40719 Teil 2. So werden beispielsweise Taster, Grenztaster mit S..., Ventile mit Y... und Schütze mit K... bezeichnet.

Bei der Umsetzung eines Stromlaufplanes in ein Programm muss daher zuerst eine Zuordnungsliste erstellt werden (Abb. 12.2). Darin werden die Ein- und Ausgänge durchnummeriert.

a) Stromlaufplan

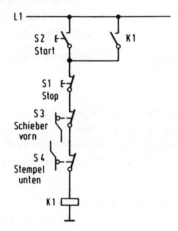

b) Betriebsmittel und Zuordnungsliste

Geräte-bezeichnung	SPS-Bezeichnung	Funktions-hinweise
S 1	E 1	Stop
S 2	E 2	Start
S 3	E 3	Schieber vorn
S 4	E 4	Schieber hinten
K 1	A 1	Automatik ein

Abb. 12.2: a) Beispiel für Stromlaufplan und b) Zuordnungsliste

12.2 Kontaktplan (KOP)

Eine Form der grafischen Programmierung ist der Kontaktplan. Nach DIN 19239 sind hierfür drei Symbole entsprechend Abb. 12.3 vorgesehen. Als Eingänge können auch abzufragende Ausgänge, Zeitglieder und Merker eingesetzt werden. Die Umsetzung des Stromlaufplanes nach Abb. 12.2 ergibt den Kontaktplan entsprechend Abb. 12.4.

a)   b)   c)

Abb. 12.3: Darstellungssymbole im Kontaktplan: a) Eingang; b) Eingang negiert; c) Ausgang

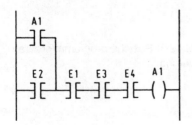

Abb. 12.4: Kontaktplan (KOP) des Stromlaufplanes nach Abb. 12.2a

12.3 Logikplan (LOP)

Eine weitere Form der grafischen Programmierung ist der Logikplan. Die Aufstellung der Symbole in Abb. 12.5 zeigt die wesentlichsten Funktionen nach DIN 19239. Vielfach werden die Symbole der Elektronik benützt (z. B. Flipflop, Register, Zähler usw.).

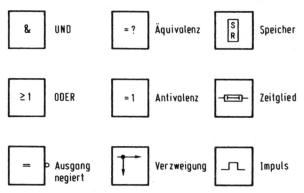

Abb. 12.5: Symbole im Logikplan für SPS

In Abb. 12.6 ist der Stromlaufplan aus Abb. 12.2 in einen Logikplan umgesetzt.

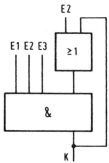

Abb. 12.6: Logikplan der Schaltung nach Abb. 12.2a

12.4 Anweisungsliste (AWL)

Für die Erstellung der Anweisungsliste kann als Vorlage sowohl der Kontaktplan als auch der Funktionsplan dienen. Die aufeinanderfolgenden Anweisungen werden listenförmig den Speicherplätzen zugeordnet. Jede Anweisung enthält die durchzuführenden Operationen (Art der Verknüpfung), das Operandenkennzeichen (Eingang, Ausgang, Merker) sowie den Parameter (Nr. des Operanden).

Es bedeuten für die Operanden:	E	Eingänge
	A	Ausgänge
	M	Merker
	T	Zeiten
	Z	Zähler

Es bedeuten für die Operationen:	(Eingabe)	U	UND-Verknüpfung Signalabfrage bejaht
		UN	UND-Verknüpfung Signalabfrage negiert
	(Eingabe)	O	ODER-Verknüpfung
		ON	ODER-Verknüpfung negiert
	(Ausgabe)	=	Zuweisung
		=N	Zuweisung negiert
		SL	Speicher setzen
		RL	Speicher rücksetzen
(Zeit- und Zähloperationen):		=T	Zeit-Eingang⁻
		=L	Zähler-Sollwertübernahme
		=I	Zähler-Eingang
		SW	Sprung bedingt bejaht
		LS	Lade sofort
		NO	Keine Operation
		PE	Programmende

Die folgende Anweisungsliste zeigt den Programmablauf der Schaltung nach Abb. 12.2 bzw. 12.4 oder 12.6:

Adr.	Operation	Operand	und	Parameter
1	U	E		2
2	0	A		1
3	U	E		1
4	U	E		3
5	U	E		4
6	=	A		1
7	PE			

Abb. 12.7 zeigt den Funktionsplan einer handbetätigten Folgeschaltung mit Speicherfunktionen. Dazu ist folgende Anweisungsliste erforderlich:

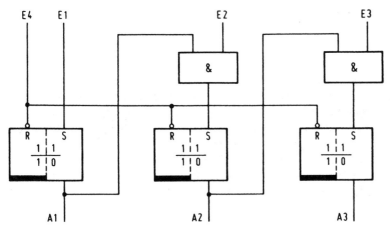

Abb. 12.7: Funktionsplan einer handbetätigten Folgeschaltung

Adresse	Anweisung	Kommentar
1	U EI	Setzen erster Ausgang
2	SL AI	
3	UN E4	Rücksetzen erster Ausgang
4	RL A1	
5	U E2	Setzen zweiter Ausgang
6	U A1	
7	SL A2	
8	UN E4	Rücksetzen zweiter Ausgang
9	RL A2	
10	U E3	Setzen dritter Ausgang
11	U A2	
12	SL A3	
13	UN E4	Rücksetzen dritter Ausgang
14	RL A3	
15	PE	Programmende

12.5 Übungen zur Vertiefung

1. Die Schaltung in Abb. 12.8 stellt den Stromlaufplan einer Haltegliedsteuerung mit vier Tastern für Ein- und Ausschaltung dar.
   Funktionsbeschreibung:
   Wird einer der Taster S3 oder S4 betätigt, muss das Schütz K1 anziehen und sich selbst halten sowie die Meldeleuchte H1 einschalten. Bei Betätigung einer der beiden Taster S1 und S2 muss das Schütz K1 abfallen, die Meldeleuchte H1 aus- und die Meldeleuchte H2 eingeschaltet werden.
   Der dazugehörige Logikplan ist zu erstellen!
2. Zu der Haltegliedsteuerung in Abb. 12.8 ist die Belegungsliste zu erstellen.
3. Zu der Haltegliedsteuerung in Abb. 12.8 ist Anweisungsliste zu erstellen.

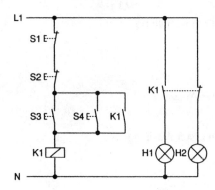

Abb. 12.8: Stromlaufplan einer Haltegliedsteuerung

Lösungen im Anhang

13 CAD-Dokumentation

Mit steigender Tendenz werden die technischen Unterlagen für elektrische Geräte und Anlagen über CAD-Systeme erstellt. Dies gilt im Besonderen für die Steuerungs- und Regeltechnik.

In erster Linie handelt es sich dabei um Stromlaufpläne, aus denen die anderen Dokumentationen, wie z. B. für die Fertigung und den Service, abgeleitet und über den Computer generiert werden. Hierzu zählen Stücklisten, Klemmenbelegungslisten, Funktionspläne und Belegungslisten.

Die Darstellung in Abb. 13.1 zeigt einen möglichen Entwicklungsverlauf für die Entstehung einer CAD-Dokumentation. Aus einem neuen Entwicklungsprojekt und dem daraus entstandenen Pflichtenheft wird z. B. eine Maschinensteuerung konzipiert. Die daraus entstehenden Stromlaufpläne werden bereits im Anfangsstadium per Computer erstellt sowie fortlaufend korrigiert und erweitert. Soweit an diesen Steuerungen Mikrocomputer oder speicherprogrammierbare Steuerungen zur Anwendung kommen, werden parallel zu den Stromlaufplänen Softwareunterlagen in Form von Funktionsplänen, Programmablaufplänen und Anweisunglisten erstellt.

Die Darstellung zeigt, dass aus den Stromlaufplänen alle Fertigungs- und Serviceunterlagen abgeleitet werden. Als Fertigungsunterlagen werden aus den Stromlaufplänen Montage- und Verdrahtungsunterlagen erstellt. Hierzu zählen auch Klemmenpläne und Geräteverzeichnisse. Aus dem Geräteverzeichnis entstehen Stücklisten und Aufbaupläne.

Aus den Stromlaufplänen können sogar die Beschriftungsetiketten für die einzelnen Geräte (Schütze, Relais, Elektronikmodule und andere Bauelemente) erstellt werden.

Einen Nachteil haben alle per Computer erstellten Unterlagen, unabhängig davon, ob es sich um Stromlaufpläne, Installationspläne oder um Aufbaupläne handelt. Die Pläne werden überwiegend im DIN-A4-Format ausgedruckt. Dadurch müssen viele Querverweise und symbolische Hinweise auf andere Seiten gegeben werden.

13.1 Installations- und Aufbaupläne

Diese Pläne zeigen dem Anwender die Anordnung der elektrischen Baugruppen und Geräte innerhalb der Aggregate und Maschinen sowie in den Schaltschränken. Zur Auffindung der einzelnen Funktionselemente und Geräte sind diese Pläne wichtig.

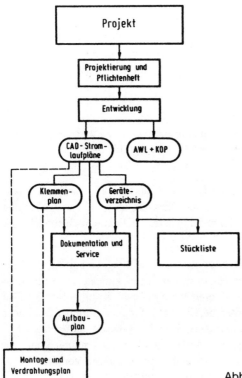

Abb. 13.1: CAD-Dokumentation, Übersicht

Anhand des Stromlaufplanes und dieser Pläne ist die rasche Funktionskontrolle und Signalverfolgung erst möglich. Vor allem bei größeren Steuer- und Regelanlagen sind diese Aufbaupläne unverzichtbare Hilfsmittel, da die Bauelemente auf mehrere Baugruppenträger und Aggregate verteilt sind.

Die folgenden Darstellungen zeigen die Aufbaupläne eines Fräsautomaten und den Installationsplan eines Aggregates der Verpackungsindustrie.

Abb. 13.2 zeigt den Umfang der erforderlichen Steuerschränke und die Bedienkonsole des Fräsautomaten. Aus diesem Übersichtsplan geht hervor, auf welcher Seite der Unterlagen sich die Montageplatte des linken Schrankes (Abb. 13.3a) und des rechten Schrankes (Abb. 13.3b) befindet. Weiter geht aus diesem Übersichtsplan hervor, dass die Bedienkonsole mit Monitor und allen Bedienelementen an einem Deckenpendel befestigt ist. Die Anordnung der elektronischen Baugruppen Geräte und Schütze in diesen Steuerschränken zeigen die Abb. 13.3a und 13.3b.

Die Montageplatte des linken Steuerschrankes in der Abb. 13.3a zeigt von links nach rechts folgende Baugruppen (der Steuerschrank ist hierbei aufgrund des Querformates des Blattes und der besseren Übersicht wegen nach rechts liegend dargestellt):

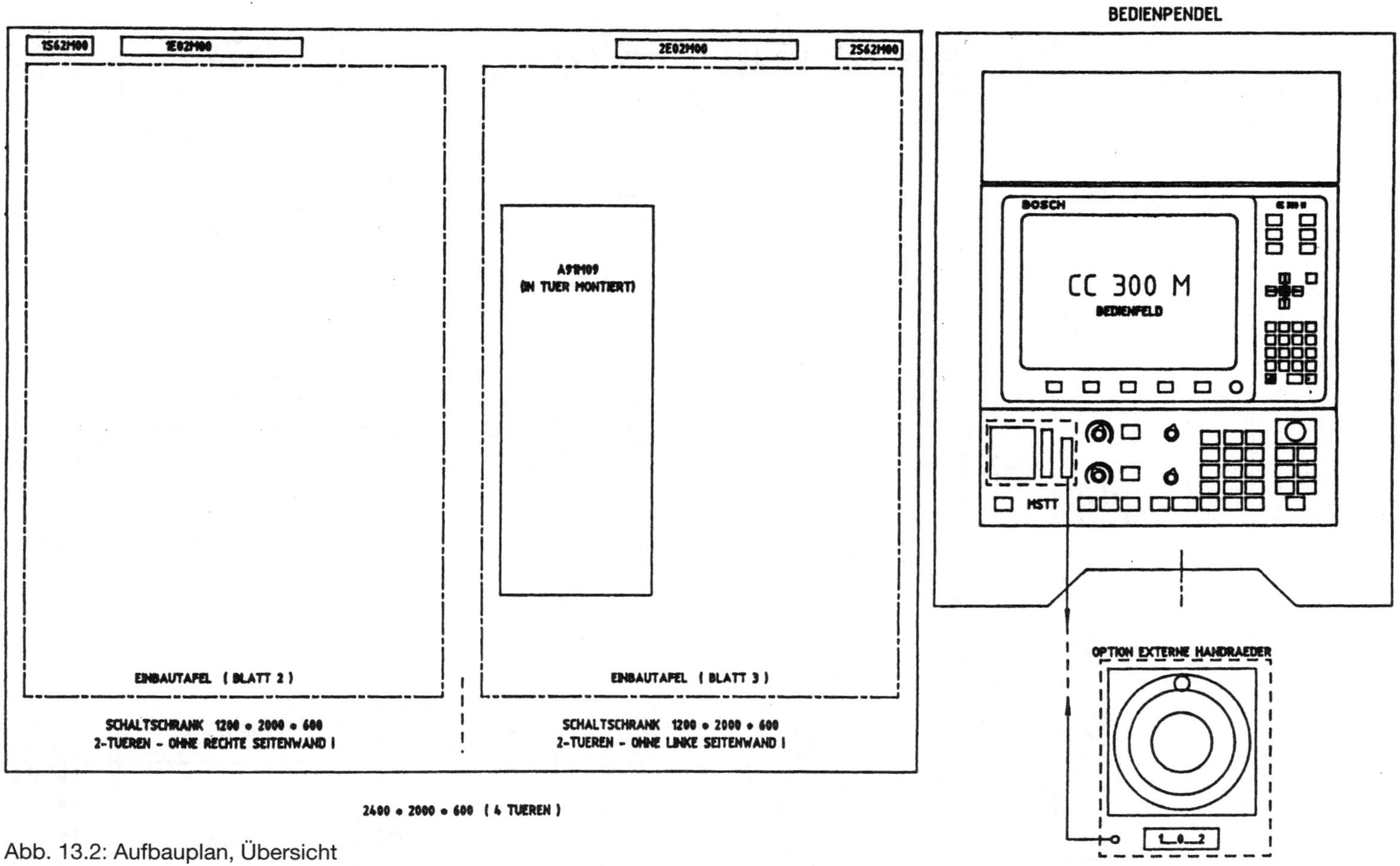

Abb. 13.2: Aufbauplan, Übersicht

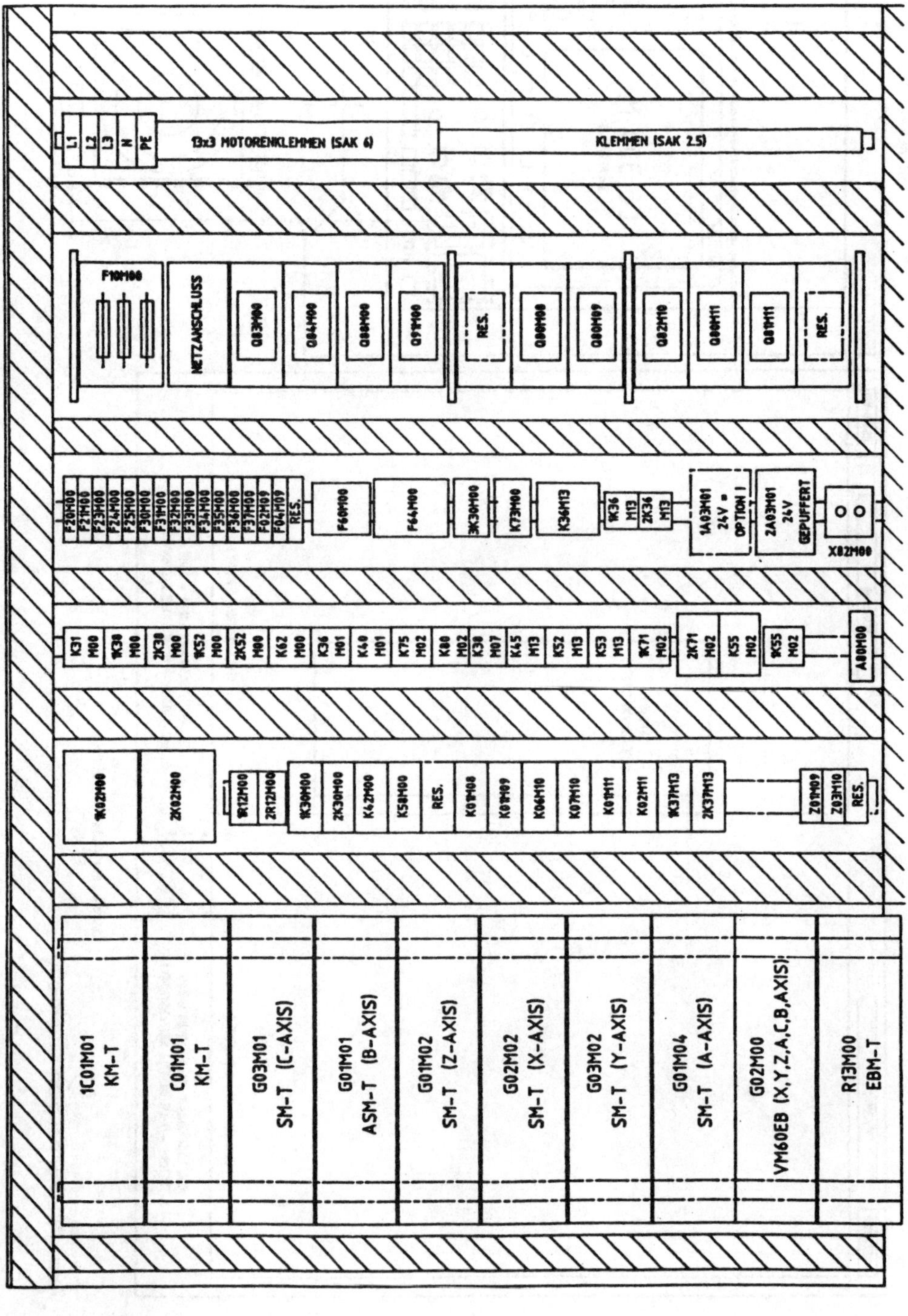

Abb. 13.3a: Aufbauplan, Übersicht 1

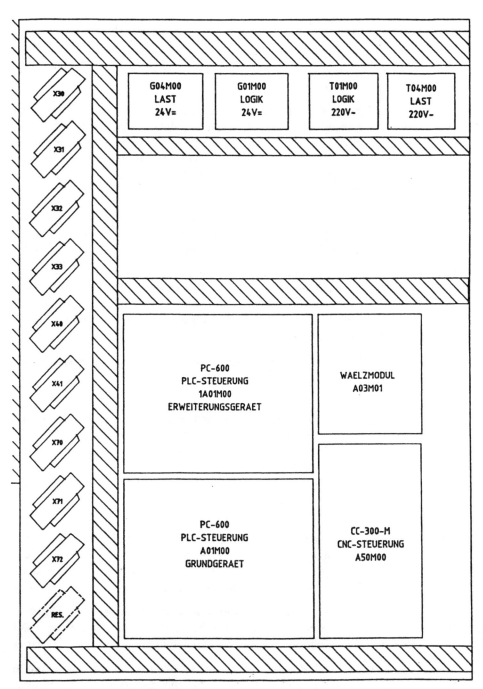

Abb. 13.3b: Aufbauplan, Übersicht 2

Die linke Darstellung (unterste Reihe im Steuerschrank) zeigt die elektronischen Steuerungsmodule für die Achsenbewegungen des Fräskopfes. Jedes Modul ist mit einer Sachnummer und einer Gerätebezeichnung sowie einem Funktionshinweis – in diesem Beispiel die Achsenrichtungen – versehen. Es folgen die Reihen für Schütze, Relais und Sicherungsautomaten.

Die Anfangsbuchstaben der Bauteilebezeichnungen entsprechend weitgehendst der DIN-Norm (siehe Anhang), z. B. „K" für Schütz und Relais sowie „F" für Schutzeinrichtungen und Auslöser. Die vorletzte Reihe zeigt die Aneinanderreihung der Motorschutzschalter Q und eine Sicherungsbaugruppe. Die letzte Reihe ist eine Klemmenanordnung für den 3-Phasen-Netzanschluss und die Motoranschlüsse. Die Zahlen „6" und „2,5" geben den Querschnitt der Klemmen an.

Die Bezeichnung „RES" steht für Freiplätze. Mit „Option" werden Sondereinrichtungen definiert. In der Regel wird vom Hersteller auf einem gesonderten Blatt definiert, mit welchen Sonderausstattungen (Optionen) die Anlage versehen ist.

Die Darstellung in Abb. 13.3b zeigt in der oberen Reihe die Anordnung sämtlicher Drosseln, Übertrager und Kleintransformatoren. Die vier Blöcke auf der linken Seite enthalten die PLC- und CNC-Steuerungen sowie das Wälzmodul. Rechts erkennt man die Anordnung der Stromversorgungseinheiten für die 24-V-Gleichspannungsversorgung und die 220-V-Netzteile.

Die Darstellung der Baugruppen in den Aggregaten erfolgt – im Gegensatz zu den Steuerschränken – nicht in mechanischer Ausführung, sondern als elektrisches Symbol.

Abb. 13.4 zeigt als Beispiel einen Teilausschnitt eines automatischen Blechtafel-Zuführaggregates, mit den für die Steuerung erforderlichen Sensoren, Ventilen, Endschaltern und elektromotorischen Antrieben. Als erstes Beispiel wird der induktive Näherungsschalter 8B307 betrachtet:

Die Anschlüsse P1 (Versorgungsspannung) und M führen zu den entsprechenden Klemmen der Klemmenleiste 8X1. Der Kontaktgeberausgang A1 führt zum SPS-Eingang I307 und ist ebenfalls auf der Klemmenleiste 8X1 aufgelegt (10. Anschluss von unten). Der Schalter 8S196 als weiteres Beispiel führt die Klemmenbezeichnung 596 und I196, die ebenfalls auf der Klemmenleiste 8X1 aufgelegt sind. Die Klemmenbelegungen des Motors 7M200: U200, V200, W200 und PE sind auf einer anderen Klemmenleiste aufgelegt, die in der Abb. 13.4 nicht mehr dargestellt ist.

Ventil 8Y409 mit der Schutzdiode 8V409 wird von einem SPS-Ausgang Q409 gesteuert. Der Anschluss dieses Steuerausganges wird ebenfalls über die Klemmenleiste 8X1 zu dem Steuerschrank geführt, in dem sich die SPS befindet.

Die Bezeichnungen P1 und M an der Klemmenleiste sind Potenzialbezeichnungen, z. B. +24 V für P1 und Bezugspotenzial für M. Der Hinweis 10x sagt aus, dass diese Klemmen 10-mal vorhanden und entsprechend miteinander verbunden sind. Die rech-

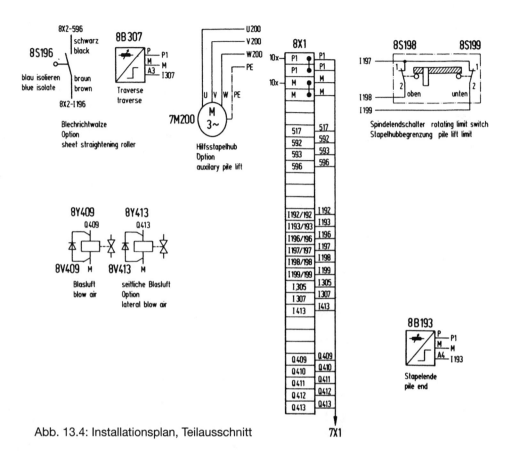

Abb. 13.4: Installationsplan, Teilausschnitt

te Seite der Klemmendarstellung verweist auf die Klemmenleiste 7X1, die sich im Steuerschrank befindet und dieselben Klemmenbezeichnungen führt.

Einen vollständigen Installationsplan eines Aggregates zeigt die Abb. 13.5. In diesem Plan sind alle elektrischen Geräteteile und Verbindungselemente dargestellt. Der Plan zeigt alle Motorantriebe mit – soweit vorhanden – Tachogenerator und Temperaturschalter. Außerdem die Kontaktschalter, Näherungsinitiatoren und Ventile. Auch die Sende- und Empfangseinrichtung eines elektronischen Messgerätes ist in diesem Installationsplan eingezeichnet.

Diese beiden Geräteeinheiten sind unter der Bezeichnung 7P506 und 7P106 links unten (rechte Hälfte) zu ersehen. Die kleine Klemmenleiste 8X1 innerhalb des Aggregates stellt die Verbindung der einzelnen Geräteeinheiten zur großen Klemmenleiste 7X1 her. Die Klemmenleiste 7X1 verbindet vom Aggregat zum Steuerschrank und ist nicht dargestellt.

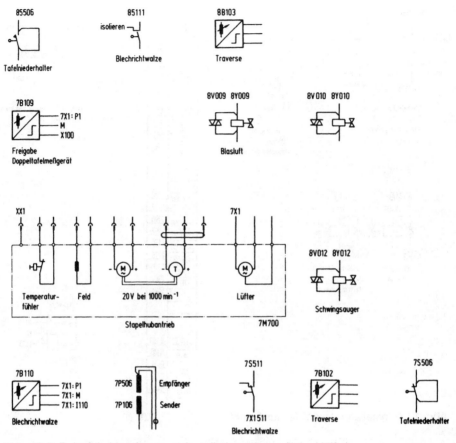

Abb. 13.5: Beispiel eines Aggregat-Installationsplanes (linke Hälfte)

13.2 Bezeichnungssysteme für Klemmen, Steckverbinder und Kabel

In diesen Unterlagen werden vom Hersteller – in unterschiedlicher Ausführlichkeit – die einzelnen Kabel- und Klemmenbezeichnungen in den einzelnen Baugruppen definiert. In einer Übersicht, wie dies die Abb. 13.6 und 13.7 zeigen, werden die Kabelsteckverbindungen und Klemmenleisten definiert. Die Abb. 13.6 zeigt, dass die gesamte Verpackungsanlage aus vier einzelnen Aggregaten besteht.

Aus diesen Übersichten ist erkennbar, welche Aggregate Steuerungs- und Regelungseinrichtungen enthalten und wie diese verteilt sind. Die Funktionseinheit „Pult" definiert die Verbindungen nach vorderer (1X) und hinterer (2X) Montageplatte sowie Pult oben (3X). Da bei dieser Übersicht ein Steuerschrank fehlt, kann man davon aus-

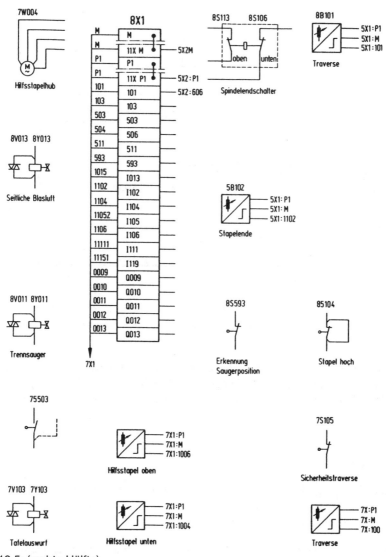

Abb. 13.5: (rechte Hälfte)

gehen, dass die gesamte Steuerungselektronik (z. B. SPS, Regler, Leit- und Synchronisationssysteme, Stromversorgungen) im Steuerungs- und Bedienpult untergebracht ist. Die Verbindungsgruppe 3X bezeichnet entsprechend die Bedien- und Steuerungselemente an der Oberseite des Pultes.

In den Funktionsgruppen Anleger, Kettenrahmen und Aggregat 1 befinden sich die zur Steuerung und Regelung erforderlichen Bauelemente, wie z. B. Sensoren, Winkel-

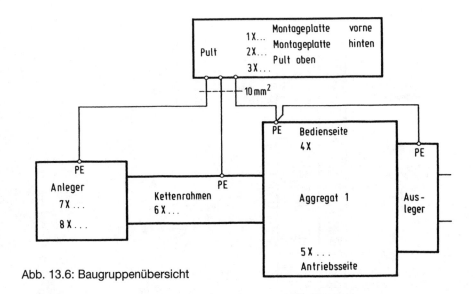

Abb. 13.6: Baugruppenübersicht

schrittgeber, Endschalter und Antriebe. Aus der Abb. 13.6 ist aber auch ersichtlich, dass die Funktionseinheit Ausleger keine elektronischen Steuerungs- und Regelungselemente beinhaltet.

Diese Klemmen- und Steckverbinder-Übersicht wird in diesem Beispiel durch eine ausführliche Verdrahtungs- und Belegungsvorschrift ergänzt (Abb. 13.7). In diesem Plan sind alle Klemmen- und Steckverbindungen aufgeführt, die zu dieser Anlage gehören. Neben Drahtquerschnitt und Leitungsfarben wird die Adernzahl der Kabel und der Ursprung und das Ziel der Verbindungen angegeben. Der Ursprung ist in der Spaltenbezeichnung angegeben, z. B. PULT, SCHALTER-TASTEN-PLATTE (Bedienelemente) und Druckmaschine.

Die Abb. 13.8 zeigt den Übersichtsplan einer anderen Herstellerfirma. Aus der Abb. 13.8a ist ersichtlich, dass bei dieser Anlage die Steuerungs- und Regelungsbaugruppen in einem Schaltschrank untergebracht sind.

Im Gegensatz zu dem vorhergehenden Beispiel werden hier die Klemmen- und Verbindungsleitungen an der ersten Stelle mit dem Buchstaben X versehen und erst an der zweiten Stelle mit der Ziffer, die eine Baugruppe identifiziert.

Der Schalt- oder Steuerschrank trägt die Bezeichnung X1. Die Verbindungen zu der Bedienkonsole heißen X30...X20. Die Bezeichnungen an den Verbindungsleitungen, z. B. 3 x 1,5 an der Verbindung X20, geben zuerst die Anzahl der Adern an (3 Adern) und danach den Leitungsquerschnitt (1,5 mm). Abb. 13.8b zeigt, dass der Hersteller das Bezeichnungsschema nicht eingehalten hat. Die Motorenkabel werden hier mit M1, M2 ... bezeichnet.

VERDRAHTUNGS - VORSCHRIFT

ALLE IM STROMLAUFPLAN NICHT SPEZIELL GEKENNZEICHNETEN
LEITUNGEN SIND FOLGENDERMASSEN AUSZUFUEHREN
- BEZOGEN AUF QUERSCHNITT : 0.75
- BEZOGEN AUF ADERNFARBE :

HAUPTSTROMKREIS : SCHWARZ
STEUERSTROMKREIS : (24 V - DC - P1,P2,P3) BLAU
STEUERSTROMKREIS : (220 V - AC - L4,L5,L6) ROT
FREMDSPANNUNG : ORANGE

BEZEICHNUNG DER KLEMMEN (:KL) UND STECKVERBINDUNGEN (:ST)

PULT

```
1X1    :KL zu 4X1.1:ST MASCHINE   BEDIENSEITE      (64-pol)
1X1.1 :ST zu 5X1.2:ST MASCHINE   ANTRIEBSSEITE    (40-pol)
1X1.3 :ST zu 7X1.3:ST ANLEGER                     (64-pol)
1X1.5 :ST DUESENFEUCHTWERK                        (6-pol)
1X1.6 :ST zu X1.6:ST FOLGEPULT                    (24-pol)
1X1.7 :ST

1X1.9 :ST SOLLWERT 4. AGGREGAT VON HINTEN         (6-pol)
1X1.10:ST SOLLWERT 3. AGGREGAT VON HINTEN         (6-pol)
1X1.11:ST SOLLWERT 2. AGGREGAT VON HINTEN         (6-pol)
1X1.12:ST SOLLWERT LEITMASCHINE                   (6-pol)
1X2   :KL PULT VORNE
1X2.1 :ST SOLLWERT REGLER                         (9-pol)
1X2.2 :ST DREHZAHLANZEIGE                         (9-pol)
1X2.3 :ST SOLLWERT-POTI FARBZONE                  (9-pol)
1X3   :ST zu 2X3  :KL PULT HINTEN                 (37-pol)
1X3.1 :ST zu 3X1.1:ST PULT OBEN                   (37-pol)
1X3.2 :ST zu 3X2.2:ST PULT OBEN                   (37-pol)
1X3.3 :ST zu 3X1.3:ST PULT OBEN                   (37-pol)
1X3.4 :ST zu 2X3.4:ST PULT HINTEN                 (37-pol)

2X1   :KL EINSPEISUNG + TROCKENOFEN               (16-pol)
2X1.1 :ST zu 7X1.1:ST ANLEGER                     (6-pol)
2X1.2 :ST DRUCK-ERZEUGER                          (6-pol)
2X1.3 :ST VAKUUM-ERZEUGER                         (6-pol)
2X1.4 :ST zu 4X1.4:ST MASCHINE BEDIENSEITE        (6-pol)
2X1.5 :ST zu 5X1.5:ST MASCHINE ANTRIEBSSEITE      (6-pol)
2X1.6 :ST HAUPTANTRIEB                            (3-pol)
2X1.7 :ST TACHO HAUPTANTRIEB                      (3-pol)
2X1.8 :ST zu 5X1.8:ST TACHO FARBKASTENWALZE       (3-pol)
2X3   :KL zu 1X3 :KL PULT HINTEN   VORNE          (6-pol)
2X3.2 :ST zu 3X1.2:ST PULT OBEN                   (10-pol)
2X3.4 :ST zu 3X1.4:ST PULT VORNE                  (37-pol)
```

SCHALTER-TASTER-PLATTE

```
3X1.1 :ST zu 1X3.1:ST PULT   VORNE
3X1.2 :ST zu 2X3.2:ST PULT   HINTEN
3X1.3 :ST zu 1X3.3:ST PULT   VORNE
3X2.2 :ST zu 1X3.2:ST PULT   VORNE
```

DRUCKMASCHINE

```
4X1   :KL MASCHINE   BEDIENSEITE      VORNE       (64-pol)
4X1.1 :ST zu 1X1.1:ST PULT            HINTEN      (6-pol)
4X1.4 :ST zu 2X1.4:ST PULT            VORNE
4X2   :KL
4X3   :KL
4X4   :KL
4X4.1 :ST DUESENFEUCHTWERK

5X1   :KL MASCHINE   ANTRIEBSSEITE
5X1.2 :ST zu 1X1.2,:ST PULT           VORNE       (40-pol)
5X1.3 :ST zu GEBLAESE                              (3-pol)
5X1.5 :ST zu 2X1.5:ST PULT            HINTEN      (6-pol)
5X1.6 :ST zu 2X1.8:ST PULT            HINTEN      (3-pol)

6X1.1 :ST zu 4X1 :KL MASCHINE                     (14-pol)
6X1.2 :ST zu                                      (3-pol)
6X1.3 :ST                                         (3-pol)
6X1.4 :ST                                         (6-pol)

7X1   :KL ANLEGER     BEDIENSEITE                 (16-pol)
7X1.1 :ST zu 2X1.1:ST PULT            HINTEN      (3-pol)
7X1.2 :ST zu ROLLENBAHN                           (64-pol)
7X1.3 :ST zu 1X1.3:ST PULT            VORNE

8X1   :KL ANLEGER     OBEN
8X2   :KL ANLEGER     ANTRIEBSSEITE
```

Abb. 13.7: Verdrahtungsübersicht und Festlegung

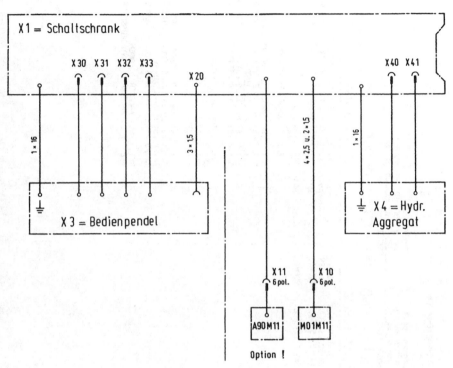

Abb. 13.8a: Installationsplan, Steuerschrank 1

Dafür ist aus diesen Übersichtsplänen – im Gegensatz zum ersten Beispiel – bereits ersichtlich, was Klemmenanschlüsse (Kreissymbol) und was Steckverbinder (Symbol für lösbare Verbindung) sind. Überwiegend hält man sich auch hier an die DIN-Norm. Nur bei den Bezeichnungen, die nicht in einer Norm definiert sind, gibt es bei den verschiedenen Herstellern voneinander abweichende Hausnormen. Der Hersteller der Abb. 13.8 fügt den Übersichtsplänen eine Kabelbezeichnungsliste bei (Abb. 13.9). Unter der Spaltenbezeichnung „Kabel" werden die Kabelbezeichnungen aus den Übersichtsplänen aufgeführt. In der Spalte QUELLE-ZIEL werden Ursprung und Ziel der Verbindung definiert. Danach folgt die Bezeichnung der einzelnen Adern, wie sie in den Stromlaufplänen angegeben sind: U22, V22, 631 ...

Die letzte Spalte gibt die Anzahl der Adern und den Adernquerschnitt an.

13.3 Stromlaufpläne

In den vorhergehenden Abschnitten haben wir die Darstellungsarten und Bezeichnungen für den mechanischen Aufbau der Steuer- und Regelanlagen kennengelernt. Diese Unterlagen werden teilweise oder vollständig auf CAD-Systemen hergestellt.

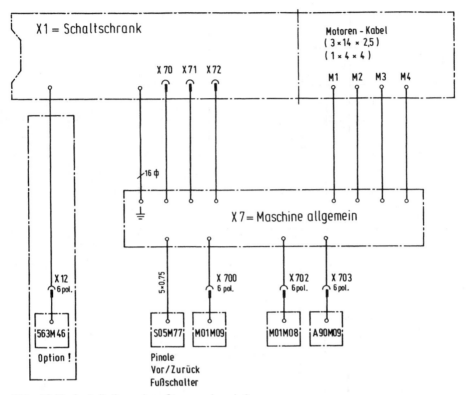

Abb. 13.8b: Installationsplan, Steuerschrank 2

In diesem und den folgenden Abschnitten betrachten wir Stromlaufpläne und daraus abgeleitete Unterlagen, wie z. B. Geräteverzeichnisse, Stücklisten, Klemmen- und Steckverbinderlisten. Auf CAD-Systemen gezeichnete Stromlaufpläne werden in der Regel auf DIN-A4-Querformat ausgedruckt. Daraus ergib sich für eine umfangreiche Steuer- und Regelanlage eine erhebliche Anzahl von Einzel-Stromlaufplänen, die nicht selten 100 bis 200 Seiten beträgt.

Darum arbeiten diese Erstellungsprogramme mit ausgeklügelten Systemen von Bezeichnungen, Querverweisen und Orientierungshilfen, die trotz des großen Seitenumfanges ein schnelles Zurechtfinden ermöglichen. Dazu betrachten wir als Beispiel den Stromlaufplan in Abb. 13.10. In der obersten Zeile ist das Blatt in Strompfade von 0 bis 9 gegliedert. Diese Einteilung des Blattes in Verbindung mit den Seitenzahlen der Stromlaufpläne ist eine wesentliche Orientierungshilfe für die Erkennung von Signalwegen und Leitungsverbindungen. In der rechten oberen Ecke ist unter Strompfad 9 ein Hinweispfeil zu der weiterführenden Verbindung. Die Bezeichnung über dem Pfeil sagt aus, dass auf der Seite 21 die Verbindung über den Strompfad 0 zu einem Schalter 7S108, Kontakt 13 führt.

Kabel Nummer	Bemerkung Quelle → Ziel	1	2	3	4	5	6	7	8	9	10	11	12	13	14	15	16	17	18	19	20	21	22	23	24	Kabel
M1	(X1) Schaltschrank ←→ Hauptklemmkasten (X7)	U22	V22	W22	U23	V23	W23	U24	V24	W24	U25	V25	W25													14 × 2,5
M2	(X1) Schaltschrank ←→ Hauptklemmkasten (X7)	U2	V2	W2				U4	V4	W4	U20	V20	W20													14 × 2,5
M3	(X1) Schaltschrank ←→ Hauptklemmkasten (X7)	U7	V7	W7	U5	V5	W5	631	663	665																14 × 2,5
M4	(X1) Schaltschrank ←→ Hauptklemmkasten (X7)	U21	V21	W21																						4 × 4
X20	(X1) Schaltschrank ←→ Bedienpendel X20-MST1	631	631	633																						3 × 1,5

Abb. 13.9: Verbindungskabel-Bezeichnungen

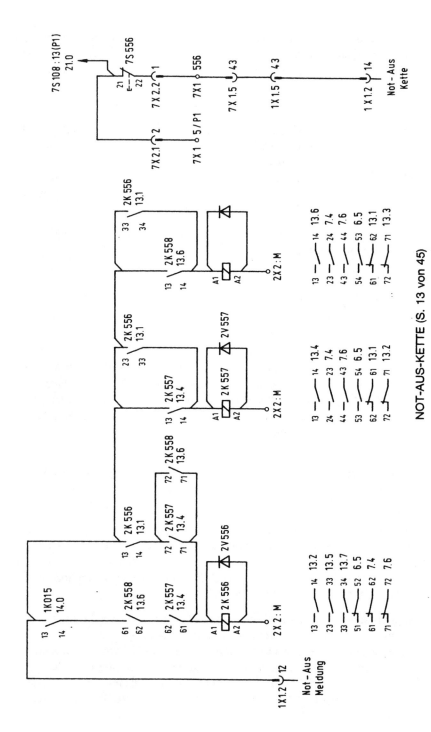

NOT-AUS-KETTE (S. 13 von 45)

Abb. 13.10: Stromlaufplan

Die Bezeichnungen von Klemmenleisten, Steckverbindungen und Bauelementen sowie Geräten kennzeichnen die einzelnen Hersteller z.T. sehr differenziert. Für das Beispiel in Abb. 13.10 müssen folgende Hinweise des Herstellers beachtet werden:

2X2 Klemmenleiste	(z. B. 2X2:M: Klemme 2X2 an Potenzial M)
2X2.1 Steckverbinder	(z. B. 1X1.2–12: Steckverbinder 1X1.2, Pin 12)
1X2:P1 oder 1X2-P1	Indirekte Bezeichnung, d.h. keine direkte Verbindungsvorschrift, nur gleiches Potenzial (z. B. 2X2:M: Klemme 2X2 am Potenzial M)
1X2.P1 oder 1X2/P1	Definierte Potenzialbestimmung für eine Klemme (die Unterscheidung wird durch Punkt, Schrägstrich, Doppelpunkt oder Bindestrich dargstellt).

Die Kurzbezeichnungen für die angeschlossenen Potenziale der Klemmenkontakte orientieren sich an DIN 40719, Kennzeichnung der Betriebsmittel.

Hierzu einige Beispiele:

Klemmenbezeichnung	Bedeutung
„L"	Hochspannung führende Klemme
„M"	Masseklemme
„PE"	Erdeklemme
„P"	Niederspannung führende Klemme (z. B. P1 für 24 V, P2 für 15 V). Für die gleiche Spannung, z. B. 24 V, können verschiedene Potenzialbezeichnungen verwendet werden, wenn dies aus Funktionsgründen erforderlich ist; z. B. Spannungszweige mit unterschiedlicher Siebung, Entstörung oder Stabilisierung.

An den Kontakten stehen in Kleinschrift die Kontaktbezeichnungen und der Strompfad mit Seitenangabe, wo das betreffende Relais oder der Schütz zu finden ist.

An den einzelnen Stromzweigen ist jeweils die Funktion, z. B. NOT-AUS-MELDUNG, eingetragen. Darunter erfolgt die Kontaktbelegung des dargestellten Schütz, mit der Angabe, auf welcher Seite und unter welchem Strompfad die dazugehörigen Kontakte zu finden sind. Das Blatt enthält einen Funktionsnamen, z. B. NOT-AUS-KETTE, der bei entsprechendem Umfang der dazugehörenden Schaltung über mehrere Seiten gehen kann.

Diese Funktionsnamen werden den Stromlaufplänen in einem Verzeichnis mit Seitenangabe vorangestellt, damit die Funktionseinheiten schneller gefunden werden, ohne den gesamten Schaltungsumfang durchblättern zu müssen. Auf der rechten Seite befindet sich die Seitenzahl, darunter die Zahl der gesamten zum Stromlaufplan gehörenden Blätter. Als Beispiel für das Lesen eines Stromlaufplanes wird ein Teilausschnitt aus der Funktion MOTORSCHUTZSCHALTER UND SICHERUNGSAUTOMATEN betrachtet (Abb. 13.11a).

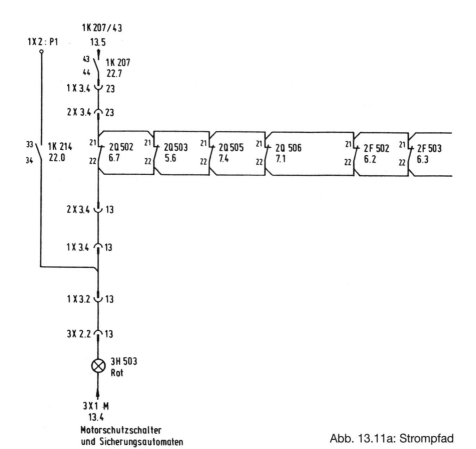

Motorschutzschalter
und Sicherungsautomaten

Abb. 13.11a: Strompfad

Lampentest

Kontakte	Stromlaufplan, Seite :	Strompfad
13 – 14	27	2
24 – 23	22	4
34 – 33	25	1
43 – 44	23	6
53 – 54	23	7
62 – 61	22	3
72 – 71	25	2
83 – 84	23	9

Abb. 13.11b: Schützkontakt-Bezeichnung

Der Strompfad „0", von oben nach unten gelesen, definiert folgende Verbindungen:

„1X2:P1"   Indirekte (:) Bezeichnung der Klemmenleiste (1X2), Klemme P1, z. B. 24 V

„1K214"   Gerätebezeichnung, die Zahlen „33" und „34" sind Kontaktbezeichnungen

„22.0"   Definiert die Seite (22) des Stromlaufplanes und den Strompfad (0) des Bausteines „1K214"

Strompfad „1":

„1K207/43" Hinweis auf Gerätebezeichnung im Strompfad (Pfeilrichtung!)

„13.5"   von Seite 13, Strompfad 5

„1K207"   Kontakte 43 und 44 des Gerätes 1K207

„22.7"   Seite 22 des Stromlaufplanes, Strompfad 7

„1X3.4:23" Steckverbinder (1X3.4), Klemme 23

„2X3.4:23" Steckverbinder (2X3.4), Klemme 23

„2Q502"   Kontakt 21 und 22 des Motorschutzschalters 2Q502 in Stromlaufplan 6, Strompfad 7

„2X3.4:13" Steckverbinder (2X3.4), Klemme 13

„1X3.4:13" Steckverbinder (1X3.4), Klemme 13

„1X3.2:13" Steckverbinder (1X3.2), Klemme 13

„3X2.2:13" Steckverbinder (3X2.2), Klemme 13

„3H503"   Meldeleuchte

„3X1:M"   Indirekte Bezeichnung der Klemmenleiste (3X1), Klemme M (Masse)

Die Bezeichnung unterhalb der Strompfade geben die Funktionen an. Der Schützkontakt im Strompfad „0" schaltet den LAMPENTEST. Die Meldeleuchte 3H503 wird von dem MOTORSCHUTZSCHALTER und den SICHERUNGSAUTOMATEN geschaltet, wenn 1K214 aktiv ist.

Abb. 13.11b zeigt das Schütz 1K070 als Ausschnitt eines Stromlaufplanes. Die darunter dargestellte Tabelle zeigt die dazugehörigen Kontakte mit entsprechendem Hinweis auf den Standort im Stromlaufplan und Strompfad.

Abb. 13.12a zeigt den Teilausschnitt einer Steckkarte aus einer SPS-Baugruppe. Jede Baugruppe hat 16 Ein- oder Ausgänge. Die Eingänge werden in den Stromlaufplänen mit „I" (Input) bezeichnet, die Ausgänge mit „O" (Output).

Die Eingangsklemmen der Baugruppen sind fortlaufend durchnumeriert, z. B. von I19.00 bis I19.15. Die Zahl 19 kennzeichnet den Steckplatz des Einschubes, die Zahlen 00 bis 15 die einzelnen Eingänge. Die Bezeichnungen in der untersten Reihe kennzeichnen die Fortsetzung der Querverweise zu den Stromlaufplänen und Strompfaden. Die Verbindung des Einganges I19.00 wird in dem Stromlaufplan 31, Strompfad 5 mit der Bezeichnung I304 weitergeführt.

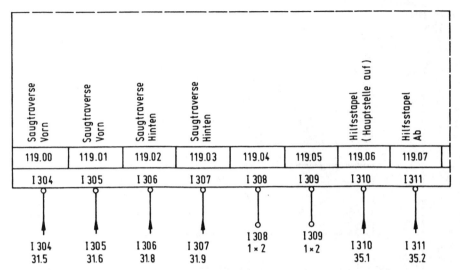

Abb. 13.12a: SPS-Steuerkarte, Eingangsbelegung

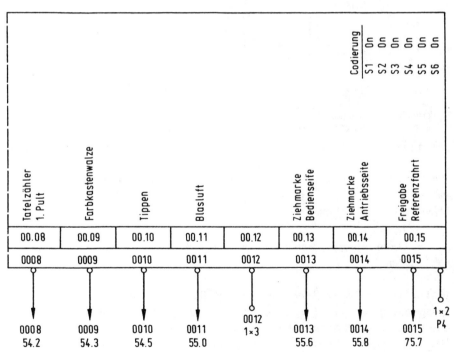

Abb. 13.12b: SPS-Steuerkarte, Ausgangsbelegung

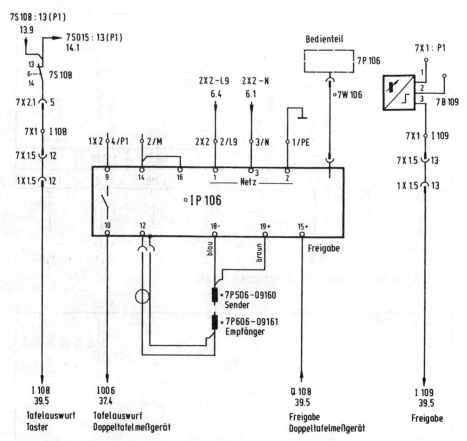

Abb. 13.13: Stromlaufplan mit Darstellung eines elektronischen Messgerätes (S. 21 von 45)

Abb. 13.12b zeigt einen Teilausschnitt einer Baugruppe für Ausgänge. Die Ausgangsklemmen der Baugruppe sind ebenfalls fortlaufend durchnummeriert, z. B. von O0.000 bis O0.15. Die Steckkarte wird hier durch den Buchstaben „O" gekennzeichnet.

In den Stromlaufplänen werden die Ausgänge mit den Bezeichnungen O0.00 bis O0.15 geführt.

Rechts oben, unter der Bezeichnung CODIERUNG, ist die Codeadresse der Baugruppe angegeben. Jede Baugruppe führt innerhalb der SPS eine andere Codeadresse und ist dem Steckplatz des Baugruppenträgers zugeordnet. Bei einem Austausch der Baugruppe muss die Einstellung der Codeadresse auf die vorgegebene Adresse überprüft werden!

Ein Beispiel für die Darstellung elektronischer Komponenten zeigt die Abb. 13.13.

Grundsätzlich werden komplette elektronische Geräteeinheiten als Kästchen mit den ensprechenden Anschlüssen dargestellt. Die Geräteeinheit 1P106-09163 ist eine elektronische Sende- und Empfangseinheit, komplett mit Stromversorgung. Dazu gehört, räumlich abgesetzt, das Anzeige- und Bedienteil 7P106-09162, das über ein mehradriges Kabel 7W106-09295 mit der Sende- und Empfangseinheit verbunden ist.

Die Netzzuführung an den Klemmen 1 und 3 erfolgt über die Phasen L9 und N. Die Klemmen 14 und 16 liegen am Massepotenzial, Klemme 2 an der Schutzerde. Über die Klemmen 18 und 19 wird der Sender eingespeist. Die Empfängersignale gehen über ein geschirmtes Kabel an Klemme 12. Die Freigabe der Sende- und Empfangseinheit erfolgt über Klemme 15. Die Steuerung erfolgt über einen Kontakt, der zwischen Klemme 9 (Potenzial P1 = 24 V) und der Klemme 10 (Ausgangssignal für SPS, Eingang 1006) liegt.

Elektronische Geräte und Module – dazu gehören neben Auswerte- und Prüfgeräten auch SPS-Einsätze, Regler, Leit- und Synchronisationsgeräte – sind als Einheiten zu betrachten, wie Schütz, Relais und Schutzeinrichtungen.

Sind diese Einheiten defekt, sind sie komplett auszuwechseln. Reparaturen sind in diesen Gräten nicht vorgesehen. Daher werden in der Regel von den Herstellern zu diesen Geräten keine Schaltungsunterlagen mitgegeben. Sind Abgleicharbeiten erforderlich, werden diese auf gesonderten Serviceunterlagen vermerkt.

13.4 Bauteil- und Gerätelisten

Diese Listen werden aus den über CAD erstellten Stromlaufplänen generiert. Das heißt, dass diese Listen vollkommen identisch sind mit den dazu gehörenden Stromlaufplänen. Sollte bei der Erstellung der Stromlaufpläne ein Fehler unterlaufen sein, z. B. falsche Schütz- oder Sensorbezeichnung (Artikel-Nr.), dann wird dieser Fehler auch in den Stücklisten auftauchen.

Die Geräteliste ist für den Techniker von Bedeutung, wenn:

a) im Stromlaufplan anhand der Bauteilebezeichnung die Bauteilfunktion definiert werden soll, und

b) die Artikelnummer für die Ersatzteildisposition festgestellt werden muss.

Die folgende Darstellung zeigt ein Beispiel für den Teilauszug einer Geräteliste. Die Bezeichnungen, von links nach rechts beschrieben, haben folgende Bedeutung:

Teil	Beschreibung	ART-NR.	S/G	Einbau-Ort
1B099	THERMOSTAT 40-75 GRAD C.	08830	16/0	PULT VORNE
1	Bauteil mit Art.-Nr.:	<08830>		
4B054	Näherungsschalter induktiv	07846	39/3	MASCH.BEDIENS
4B055	Näherungsschalter induktiv	07846	39/3	MASCH. BEDIENS

4B510	Näherungsschalter induktiv	07846	46/3	MASCH BEDIENS
5B406	Näherungsschalter induktiv	07846	51/3	MASCH. ANTRIEB
5B416	Näherungsschalter induktiv	07846	51/3	MASCH. ANTRIEB
5	Bauteile mit Art.-Nr.:	<07846>		

TEIL
Bauteilbezeichnung im Stromlaufplan.

In der Bauteilbezeichnung 4B054 gibt die erste Ziffer (4) die Baugruppe an, in der sich das Bauteil befindet (Abb. 10.6). Der Buchstabe (B) definiert die Funktionsgruppe, z.B. Fühler und ähnliche Funktionen, entsprechend DIN 40719. Die folgende dreistellige Zahl (054) ist eine fortlaufende Nummerierung.

Beschreibung
Unter dieser Bezeichnung erfolgt die Funktionsbeschreibung des Bauteils, z.B.
THERMOSTAT 40–75 GRAD C
NÄHERUNGSSCHALTER INDUKTIV

Art.Nr.
Artikelnummer des Bauteils, z.B. 07846

S/G
Der erste Buchstabe (S) gibt die Seitenzahl im Stromlaufplan an. Der zweite Buchstabe (G) ist der Strompfad.

Einbau-Ort
Unter dieser Bezeichnung wird die Baugruppe der Maschine definiert, in der sich das Bauteil befindet.

13.5 Klemmen- und Steckverbinderlisten

Auch diese Listen werden aus den über CAD erstellten Stromlaufplänen generiert. Daher sind die Angaben in diesen Listen vollkommen identisch mit den Angaben in den Stromlaufplänen und daher evtl. mit den gleichen Fehlern versehen.

Die nachfolgende Aufstellung zeigt ein Beispiel für eine Klemmenleisten-Belegungsliste.

Ziel 1 (ext.)	**Klemmenleiste/Steckverbinder:**		**Blatt: 9**
			Seite/Pfad
	1X1.1	Ziel 2 (int.)	
4X1.1:IA	1A	1043	= 24.9

4X1.1:1B	1B	104b	= 39.0
4X1.1:1C	1C	1K503:A1	= 16.4
4X1.1:1D	1D	1K008:44	= 20.4

Die Liste ist in fünf Spalten gegliedert, die folgende Informationen enthalten:

Ziel 1 (ext).
Unter dieser Bezeichnung wird ein Verbindungsziel angegeben, das außerhalb der Baugruppe, deren bezeichneter Steckverbinder und ihres Kontaktes liegt. In dem Beispiel wird in der ersten Zeile als externes Ziel der Steckverbinder 4X1.1, Pin 1A angegeben.

Klemmenleiste 1X1.1
Die Überschrift bezeichnet den Steckverbinder, unter der die einzelnen Pins definiert sind. In dem Beispiel wird in der ersten Zeile der erste Pin mit 1A bezeichnet.

„Ziel 2 (int.)"
Unter dieser Bezeichnung wird ein Verbindungsziel angegeben, von dem die Leitungen auf die einzelnen Pins geführt werden. In dem Beispiel wird in der ersten Zeile als internes Ziel der SPS-Eingang I043 angegeben.

„Seite/Pfad"
Die Überschrift bezeichnet hiermit die Seitenzahl im Stromlaufplan und den darin bezeichneten Strompfad. In dem Beispiel wird in der ersten Zeile mit = 24.9 die Seite 24 und der Strompfad 9 definiert.

13.6 Verdrahtungspläne

Einige Hersteller erstellen für Anlagen mit größeren Stückzahlen Verdrahtungspläne entsprechend der Abb. 13.14. Überwiegend werden Verdrahtungen direkt aus den Stromlaufplänen erstellt. Dies erfordert sachkundiges, im Umgang mit Stromlaufplänen versiertes Personal und ist entsprechend teuer.

Die Darstellung in Abb. 13.14 ermöglicht es, die Verdrahtung auch von fachfremdem Personal durchführen zu lassen. Dies zeigt die Verdrahtung von drei Schützen mit aufgesetzten Kontaktblöcken. Das Schütz 1K000 z.B. erhält seine Stromversorgung an Anschluss A1 vom Schütz 1K012, Kontakt 71. Das Bezugspotenzial A2 kommt von Klemme 1X2. An den einzelnen Kontaktbelegungen sind alle Zugangs- und Abgangsleitungen angegeben.

Zuerst steht die Angabe des Bauteiles, der Klemme oder des Kabelsteckers, darüber oder darunter der Kontakt, die Klemme oder der Steckerpin. Diese Zeichnungen wer-

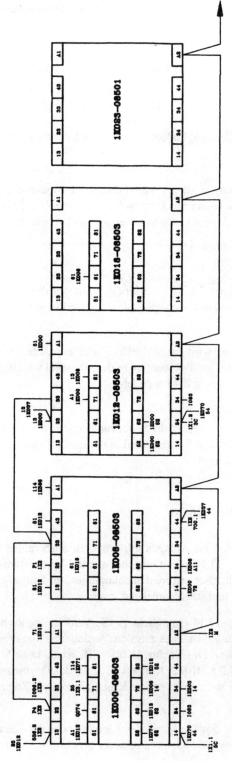

Abb. 13.14: Verdrahtungsplan

den auch über CAD-Systeme erstellt, können aber nicht – wie alle Zeichnungen – aus den Stromlaufplänen generiert werden.

13.7 Übungen zur Vertiefung

1. Der induktive Näherungsschalter 78102 in Abb. 13.5 soll an die Klemmenleiste 8X1 angeschlossen werden. Der Ausgang des Näherungsschalters soll über die Klemmenleiste mit dem SPS-Eingang I413 verbunden werden. Welche Klemmen müssen an der Klemmenleiste 8X1 belegt werden?
2. Was wird mit den Bezeichnungen X 70, X71, X72 in Abb. 13.8b bezeichnet?
3. In Abb. 13.8a führt eine Kabelverbindung die Bezeichnung 4x2,5 u. 2x1,5. Welche Kennwerte werden damit definiert?
4. In Abb. 13.10 sind die Bezeichnungen der Not-Aus-Kette zu definieren.
5. Die SPS-Steuerkarte in Abb. 13.12b wird mit 6 Tippschaltern codiert. Welcher Dualcode ist in diesem Beispiel eingestellt??

Lösungen im Anhang

14 Anhang

14.1 Genormte und international angewendete Schaltzeichen

14.1.1 Stromquellen

Schaltzeichen DIN	gebräuchl. Varianten	Benennung
		Gleichstromquelle
		Wechselstromquelle technischer Wechselstrom
		Wechselstromquelle Tonfrequenz
		Wechselstromquelle Hochfrequenz
		Element Akku , Batterie
		Batterie aus n-Elementen

14.1.2 Sicherungen, Bezugspotenziale

Schaltzeichen DIN	gebräuchl. Varianten	Benennung
		Sicherung allgemein
	FI	Feinsicherung
		Sicherung mit Kennzeichnung des netzseitigen Anschlusses
		Spannungssicherung
		Erde allgemein
		Masse allgemein

14.1.3 Leitungen und Steckverbindungen

Schaltzeichen DIN	gebräuchl. Varianten	Benennung
		Leitung allgemein
		Schutzleitung für Erdung , Nullung
		nicht lösbare, leitende Verbindung
		lösbare, leitende Verbindung
		sich kreuzende, nicht verbundene Leitungen
		Steckerstift allgemein
		Steckerbuchse
		Steckerbuchse mit Schirmanschluß

14.1.4 Einstellung und Veränderung

Schaltzeichen DIN	gebräuchl. Varianten	Benennung
		veränderbar durch mechanische Verstellung allgemein
		veränderbar, stetig, linear
		veränderbar, stufig
		Kennzeichen für lineare Veränderbarkeit unter Einfluß einer physikalischen Größe
		Kennzeichen für nicht lineare Veränderbarkeit unter Einfluß einer physikalischen Größe
		einstellbar durch mechanische Verstellung allgemein
		einstellbar, stetig
		einstellbar, stufig

14.1.5 Widerstände

Schaltzeichen DIN	gebräuchl. Varianten	Benennung
		Widerstand allgemein
		veränderbarer Widerstand Potentiometer
		einstellbarer Widerstand
		Kaltleiter, PTC
		Heißleiter, NTC
		VDR
		Widerstand mit Anzapfungen
		Widerstand mit Schleifkontakt

14.1.6 Spulen

Schaltzeichen DIN	gebräuchl. Varianten	Benennung
		Wicklung, Induktivität, Spule allgemein
		Wicklung mit Eisenkern
		Transformator mit Eisenkern
		Spule, Wicklung, wahlweise Darstellung
		Spule, Wicklung, mit Anzapfungen
		Spule, Wicklung mit Kern aus magnetischen Werkstoff
		Spule, Wicklung, geschirmt

14.1.7 Kondensatoren

Schaltzeichen DIN	gebräuchl. Varianten	Benennung
		Kondensator, Kapazität allgemein
		gepolter Kondensator
		gepolter Elektrolyt-Kondensator
		ungepolter Elektrolyt-Kondensator
		Kondensator, Kapazität einstellbar (Trimmer)
		Kondensator mit veränderlicher Kapazität

14.1.8 Halbleiter

Schaltzeichen DIN	gebräuchl. Varianten	Benennung
		Von der Produktion eines Magnetfeldes abhängiger Widerstand (z.B. Feldplatte)
		Hallgenerator Horizontale Leiter führen den Speisestrom. An den beiden vertikalen Anschlüssen tritt die Hallspannung auf.
		Photowiderstand

14.1.9 Halbleiterdioden und Vierschichtelemente

Schaltzeichen DIN	gebräuchl. Varianten	Benennung
		Halbleiter-Diode-Gleichrichter
		Temperaturabhängige Diode
		Kapazitäts-(Variations-)Diode Betrieb im Sperrbereich

Schaltzeichen DIN	gebräuchl. Varianten	Benennung
		Tunnel-Diode
		Z-Diode für Betrieb im Durchbruchbereich geeignet
		Gegeneinander geschaltete Z-Dioden, Begrenzer
		Photoelektrisches Bauelement, allgemein
		Photodiode
		Lumineszenzdiode (LED)
		Photoelement
		Backward-Diode (Unitunnel-Diode)
		Zweirichtungsdiode (Varistor)
		Gleichrichter-Gerät
		Thyristor, allgemein
		rückwärts sperrende Thyristordiode
		rückwärts leitende Thyristordiode
		Zweirichtungs-Thyristordiode (DIAC)
		(anodenseitig steuerbare) rückwärts sperrende Thyristortriode
		(kathodenseitig steuerbare) rückwärts sperrende Thyristortriode

Schaltzeichen DIN	gebräuchl. Varianten	Benennung
		(anodenseitig steuerbare) Abschalt-Thyristortriode
		(kathodenseitig steuerbare) Abschalt-Thyristortriode
		rückwärts sperrende Thyristortriode
		Zweirichtungs-Thyristortriode (TRIAC)
		(anodenseitig steuerbare) rückwärts leitende Thyristortriode
		(kathodenseitig steuerbare) rückwärts leitende Thyristortriode

14.1.10 Bipolare Transistoren

Schaltzeichen DIN	gebräuchl. Varianten	Benennung
		NPN-Transistor
		PNP-Transistor
		NPN-Transistor integriert
		PNP-Phototransistor
		Zweizonentransistor (Unijunction Transistor, Doppelbasisdiode) mit Basis vom P-Typ
		Zweizonentransistor (Unijunction Transistor, Doppelbasisdiode) mit Basis vom N-Typ

14.1.11 Unipolare Transistoren

Schaltzeichen DIN	gebräuchl. Varianten	Benennung
		Sperrschicht-FET mit N-Kanal
		Sperrschicht-FET mit P-Kanal
		Anreicherungs-IG-FET mit P-Kanal auf N-Substrat
		Anreicherungs-IG-FET mit N-Kanal auf P-Substrat

14.1.12 Grundform digitaler Verknüpfungsglieder

Schaltzeichen DIN	gebräuchl. Varianten	Benennung
		Grundform für Binärschaltungen Das Seitenverhältnis des Rechtecks ist beliebig

14.1.13 Negation

Schaltzeichen DIN	gebräuchl. Varianten	Benennung
		Eingang mit Negation Der Kreis drückt die Umkehrung des Wertes der binären Schaltvariablen an einem Eingang aus. Die Verbindungslinie kann auch durch den Kreis führen.
		Ausgang mit Negation Der Kreis drückt die Umkehrung des Wertes der binären Schaltvariablen an einem Ausgang aus. Die Verbindungslinie kann auch durch den Kreis führen.

14.1.15 Binäre Verknüpfungsglieder

Schaltzeichen DIN	gebräuchl. Varianten	Benennung
		UND-Glied, Konjunktion
		ODER-Glied, Disjunktion
		NICHT-Glied, Negation
		NAND-Glied
		NOR-Glied
		Exklusiv-ODER
		Äquivalenz
		Antivalenz, Exklusiv-ODER
		Kombination von Schaltzeichen

14.1.14 Statische und dynamische Eingänge

Schaltzeichen DIN	gebräuchl. Varianten	Benennung
		Statischer Eingang Eingang, bei dem nur der Zustand der binären Eingangsvariablen wirksam ist.
		Dynamischer Eingang Eingang, bei dem nur die Änderung des Zustandes der binären Eingangsvariablen von 0 auf 1 wirksam ist.
		Dynamischer Eingang mit Negation Eingang, bei dem nur die Änderung des Zustandes der binären Eingangsvariablen von 1 auf 0 wirksam ist.

14.1.16 Kippglieder, Register und Speicher

Schaltzeichen DIN	gebräuchl. Varianten	Benennung
		Bistabiles Kippglied, allgemein Wenn die Variable am Eingang den Wert 1 hat, nimmt die Variable am Ausgang, die im gleichen Feld des Schaltzeichens liegt, den Wert 1 an. Die Variablen von zwei Ausgängen oder Gruppen von Ausgängen, die sich in den durch die gestrichelte Linie gebildeten Feldern des Schaltzeichens gegenüberliegen, haben komplementäre Werte.
S / R		RS - Flipflop
J / K		JK - Flipflop
T		T - Flipflop
S / JG / KG / R G G		JK - Master - Slave - Flipflop ⌐ = verzögerter Ausgang
≥1 S / ≥1 R		RS - Flipflop mit verknüpften ODER - Eingängen
		Bistabiles Kippglied mit besonders gekennzeichneter Grundstellung. Der gekennzeichnete Ausgang hat in einer besonders festzulegenden Grundstellung den Wert 1.

Schaltzeichen DIN	gebräuchl. Varianten	Benennung
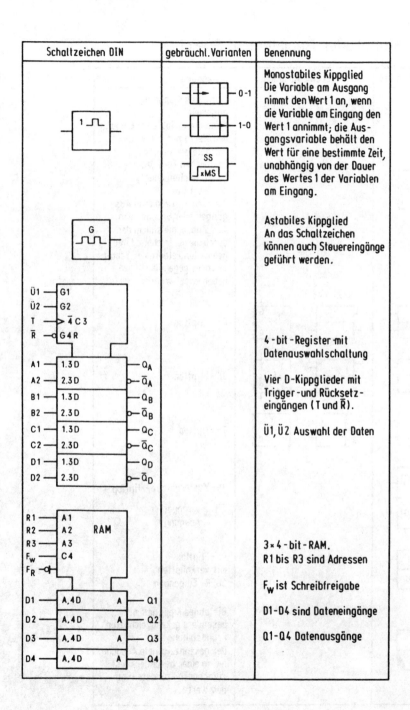		**Monostabiles Kippglied** Die Variable am Ausgang nimmt den Wert 1 an, wenn die Variable am Eingang den Wert 1 annimmt; die Ausgangsvariable behält den Wert für eine bestimmte Zeit, unabhängig von der Dauer des Wertes 1 der Variablen am Eingang.
		Astabiles Kippglied An das Schaltzeichen können auch Steuereingänge geführt werden.
		4-bit-Register mit Datenauswahlschaltung Vier D-Kippglieder mit Trigger- und Rücksetzeingängen (T und $\bar{R}$). Ü1, Ü2 Auswahl der Daten
		3×4-bit-RAM. R1 bis R3 sind Adressen F_W ist Schreibfreigabe D1-D4 sind Dateneingänge Q1-Q4 Datenausgänge

14.2 International gebräuchliche Abkürzungen in englischer Sprache

14.2.1 Referenzkennzeichnungen – Reference Designators

A   *assembly* - Baugruppe
B   *motor* – Antrieb, Motor
C   *capacitor* – Kondensator
CR   *diode* – Diode
DL   *delay line* – Verzögerungsleitung
DS   *device signaling (lamp)* – Indikator (Kontrolllampe)
F   *fuse* – Sicherung
FL   *filter* – Filter
J   *jack* – Buchse
K   *relay* – Relais
L   *inductor* – Drosselspule
M   *meter* – Messinstrument
MP   *mechanical part* – mechanisches Teil
P   *plug* – Verschluss, Abdeckung
Q   *transistor* – Transistor
R   *resistor* – Widerstand
RT   *thermistor* – Thermistor (NTC)
S   *switch* – Schalter
T   *transformer* – Transformator, Umformer
V   *vacuum tube, neon* – Vakuumröhre, gasgefüllte Röhre
      photocell – Photozelle
W   *cable* – Kabel, Leitung

14.2.2 Weitere Abkürzungen – Abbreviations

A   Ampere
BP   *bandpass* – Bandpass, Filter (selektiv)
BWO   *backward wave oscillator* – Oszillator
CER   *ceramic* – Keramik
CMO   *cabinet mount only* – Leergehäuse
COEF   *coefficient* – Koeffizient
COM   *common* – Bezugspunkt
COMP   *composition* – Aufbau, Ausstattung, Beschaffenheit
CONN   *connection* – Verbindung, Anschluss
CRT   *cathode-ray tube* – Kathodenstrahlröhre
DEPC   *deposited carbon* – abgelagerter Kohlenstoff
ELECT   *electrolytic* – Elektrolyt

F	*farads* – Elektrolyt
FXD	*fixed* – Festwert, nicht einstellbar
GE	*germanium* – Germanium
GL	*glass* – Glas
GRD	*ground(ed)* – Masse, Erde
H	*henries* – Induktivitäten
HG	*mercury* – Quecksilber
HR	*hours* – Stunden
IMPG	*impregnated* – imprägniert
INCD	*incandescent* – leuchtend
INS	*insulation(ed)* – Isolierung, Sperrung
K	*kilo* – Kilo = 10^3
LIN	*linear taper* – linearer Verlauf
LOG	*logarithmic taper* – log. Verlauf
MEG	*meg* – Mega = 10^6
M	*milli* – Milli = 10^{-3}
MINAT	*minature* – Kleinausführung
METFLM	*metal film* – Metallfilm (z. B. Metallfilmkondensator)
MFR	*manufacturer* – Hersteller, Produzent
MOM	*mounting* – Montage, Installation
MTG	*momentary* – Momentanwert
MY	*mylar* – Isolationsfolie (z. B. Folienkondensator)
NC	*normally closed* – Ruhelage, Ausgangslage geschlossen
NE	*neon* – Glimmlampe
NO	*normally open* – Ruhelage-, Ausgangslage offen
NPO	*negative positive zero* – negativ-, positiv Null
NSR	*not separately* – nicht einzeln auswechselbar
OBD	*order by description* – Anweisung in der Beschreibung
OX	*oxide* – oxydisch
P	*peak* – Spitzenwert
PC	*printed circuit board* – Leiterplatte
PF	*picofarads* – Picofarad (10^{-12} Farad)
PP	*peak-to peak* – Spitze-Spitze-Wert
PIV	*peak inverse voltage* – inverse Spitzenspannung
POR	*porcelain* – porzellanartig, Porzellan
POS	*position(s)* – Stelle, Ort
POLY	*polystyrene* – Kunststofffolie (Polysteren)
POT	*potentiometer* – Einstellwiderstand, Trimmpoti
RECT	*rectifier* – Gleichrichter
RMS	*root-mean-square* – mittlere Quadratwurzel (Effektivwert)
RMO	*rack mount only* – Leergehäuse, nur Gestellaufbau
S-B	*slow blow* – verzögernd, langsame Auflösung
SE	*selenium* – Selen

SEC	*section(s)* – unterteilt, Gruppe(n)	
SI	*silicon* – Silizium	
SIL	*silver* – Silber	
SL	*slide* – Schieber, Gleitschiene	
SPL	*special* – besonders	
TA	*tantalum* – Tantal	
TD	*time delay* – zeitverzögert	
TI	*titantium dioxide* – Tantaldioxid	
TOG	*toggle* – Gelenk, kippen (toggle switch – Kipphebel)	
TOL	*tolerante* – Toleranz	
TRIM	*trimmer* – Trimmer	
TWT	*traveling wave tube* – Wanderwellenröhre	
U	*micro* – Mikro = 10^{-6}	
VAC	*vacuum* – Vakuum	
VAR	*variable* – einstellbar, veränderlich	
W	*watts* – Watt	
WW	*wirewound* – Drahtwickel	

14.3 Teilverhältnisse von Spannungsteilern
$U_{Eing}/U_{Ausg} = R1 + R2/R2 = n$

Der Teilerfaktor bei vorgegebenen unbelasteten Spannungsteilern kann abgelesen werden. Die Widerstandsreihe entspricht E6 erweitert um die Werte 5, 6 und 8,2. Zwischenwerte aus E12 bis E48 können ohne größeren Fehler auf die Tabellenwerte auf- bzw. abgerundet werden.

Die Teilerfaktoren über drei Dekaden ermöglichen das direkte Ablesen von Teilerwerten in Kiloohm und Megaohm.

Für Teilerwerte von Megaohm durch Ohm oder Kiloohm können die entsprechenden Teilerfaktoren ebenfalls abgelesen werden. Zum Beispiel: R1 = 6,8 MSZ und R2 = 47 kQ. Zuerst werden beide Widerstandswerte um den Faktor 100 erweitert: R1 = 680 MSZ, R2 = 4,7 M. Zu diesen Werten kann der Teilerfaktor zu n = 146 abgelesen werden.

Die Tabelle kann auch für die Bestimmung von Teilerfaktoren bei kapazitiven und induktiven Teilern angewendet werden.

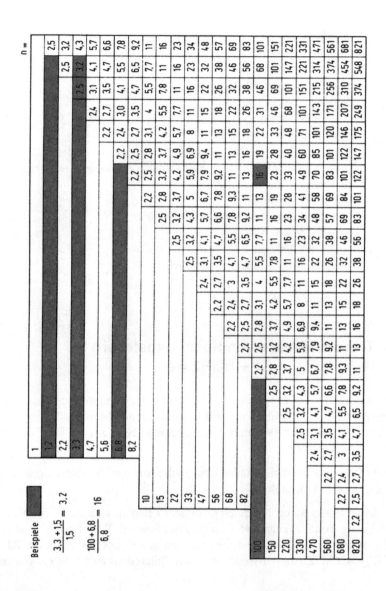

14.4 Parallelschaltung von Widerständen, Serienschaltung von Kondensatoren

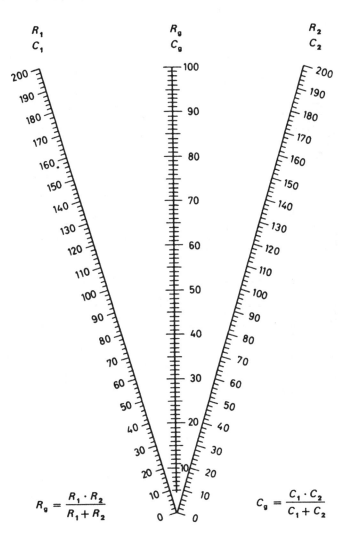

$$R_g = \frac{R_1 \cdot R_2}{R_1 + R_2}$$

$$C_g = \frac{C_1 \cdot C_2}{C_1 + C_2}$$

14.5 Widerstand, Spannung, Strom, Leistung

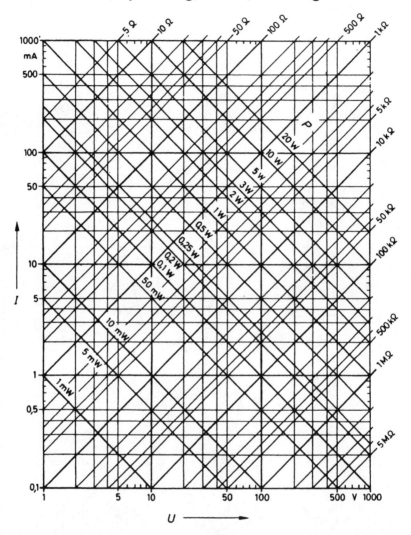

14.6 Kennzeichnung von Widerständen und IEC-Reihen

Farbkennzeichnung durch Ringe oder Punkte (Farbcode)
Die Zählung beginnt bei dem Ring (Punkt), der zu einem Widerstandsende den kleinsten Abstand hat.

4 Ringe (Punkte): Die ersten beiden Ringe geben die 1. und 2. **Wertziffer** an, der 3. Ring den **Multiplikator,** der 4. Ring die **Toleranz.**

5 Ringe (Punkte): Die ersten drei Ringe geben die drei Wertziffern an, der 4. Ring den Multiplikator, der 5. Ring die Toleranz. Dieser 5. Ring sollte 1,5- bis 2-mal so breit wie die übrigen Ringe sein.

6. Ring: Metallfilm-Widerstände (MR bzw. MPR) mit Toleranzen bis 1 % enthalten zusätzlich oft einen 6. Ring, der den Temperaturkoeffizienten (TK) angibt. Es gilt: $\Delta R = \alpha R \, \Delta \vartheta$.

Zuordnung der Farben zu den Werten

Kennfarbe	Wertziffern	Multipli-kator	Zulässige Abweichungen vom Nenn-Widerstandswert	TK in $10^{-6}/°C$
silber	–	$10^{-2}\,\Omega$	±10 % *)	
gold	–	$10^{-1}\,\Omega$	±5 % *)	
schwarz	0	$1\,\Omega$	–	200
braun	1	$10\,\Omega$	±1 %	100
rot	2	$10^2\,\Omega$	±2 %	50
orange	3	$10^3\,\Omega$	–	15
gelb	4	$10^4\,\Omega$	–	25
grün	5	$10^5\,\Omega$	±0,5 %	10
blau	6	$10^6\,\Omega$	±0,25 %	5
violett	7	$10^7\,\Omega$	±0,1 %	1
grau	8	$10^8\,\Omega$	–	–
weiß	9	$10^9\,\Omega$	–	–
keine	–	–	±20 %	–

*) Bei Metallglasurschicht-Widerständen (VR) findet man auch gelb statt gold und grau statt silber zur Verschlüsselung der Toleranz.

Beispiel:
Farbkennzeichnung von Widerstandswerten mit zwei zählenden Ziffern. Widerstand 27 kΩ, zulässige Abweichung ±5 %. Der Widerstandswert kann also um 1,35 kΩ vom Nennwert 27 kΩ nach oben und nach unten abweichen. Minimaler Wert: 25,65 kΩ. Maximaler Wert: 28,35 kΩ.

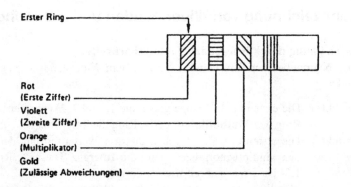

Beispiel:
Farbkennzeichnung von Widerstandswerten mit drei zählenden Ziffern. Widerstand 249 kΩ, zulässige Abweichungen ±1 %. Der tatsächliche Widerstandswert kann also zwischen 246,51 kΩ und 251,49 kΩ liegen.

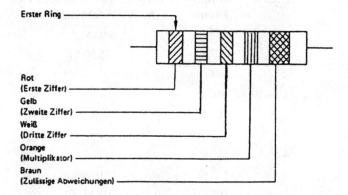

Beispiel:
MPR-Widerstand. 1. Ring: gelb; 2. Ring: violett; 3. Ring: braun; 4. Ring: schwarz; 5. Ring: blau; 6. Ring: grün

Lösung:
Der Nennwiderstand beträgt 471 Ω, die Toleranz ±0,25 % und der TK-Wert $10 \cdot 10^{-6}/°C$

Buchstaben- und Ziffernkennzeichnung von Widerständen
Die Kennzeichnung erfolgt durch zwei, drei oder vier Ziffern und einen Buchstaben. Das Komma wird durch den Buchstaben ersetzt; R, K, M, G und T stehen für die Multiplikatoren 1, 10^3, 10^6, 10^{12} der in Ω angegebenen Widerstandswerte.

Beispiele für die Kennzeichnung von Widerstandswerten:

Widerstandswert	Kennzeichnung	Widerstandswert	Kennzeichnung
0,1 Ω	R10	1 MΩ	1M0
0,15 Ω	R15	1,5 MΩ	1M5
0,332 Ω	R332	3,32 MΩ	3M32
0,590 Ω	R59	5,90 MΩ	5M9
1 Ω	1R0	10 MΩ	10M
1,5 Ω	1R5	15 MΩ	15M
3,32 Ω	3R32	33,2 MΩ	33M2
5,90 Ω	5R9	59,0 MΩ	59M
10 Ω	10R	100 MΩ	100M
15 Ω	15R	150 MΩ	150M
33,2 Ω	33R2	332 MΩ	332M
59,0 Ω	59R	590 MΩ	590M
100 Ω	100R	1 GΩ	1G0
150 Ω	150R	1,5 GΩ	1G5
332 Ω	332R	3,32 GΩ	3G32
590 Ω	590R	5,90 GΩ	5G9
1 kΩ	1K0	10 GΩ	10G
1,5 kΩ	1K5	15 GΩ	15G
3,32 kΩ	3K32	33,2 GΩ	33G2
5,9 kΩ	5K9	59,0 GΩ	59G
10 kΩ	10K	100 GΩ	100G
15 kΩ	15 K	150 GΩ	150G
33,2 kΩ	33K2	332 GΩ	332G
59,0 kΩ	59K	590 GΩ	590G
100 kΩ	100K	1 TΩ	1T0
150 kΩ	150K	1,5 TΩ	1T5
332 kΩ	332K	3,32 TΩ	3T32
590 kΩ	590K	5,90 TΩ	5T9
–	–	10 TΩ	10T

Anmerkung: Für Widerstandswerte mit vier zählenden Ziffern entspricht die Kennzeichnung nachstehenden Beispielen:

Wert		Kennzeichnung
59,04	Ω	59R04
590,4	Ω	590R4
5,904	kΩ	5K904
59,04	kΩ	59K04

IEC-Reihen für Widerstände

Genormte Widerstandswerte ergeben sich aus dem Produkt „IEC-Wert mal Zehnerpotenz mal Ω". IEC-Wert der E 6-, E 12- und E 24-Reihe:

												Toleranz
E 6 ($\sqrt[6]{10}$)		1,0			1,5			2,2				±20 %
E 12 ($\sqrt[12]{10}$)	1,0		1,2		1,5		1,8		2,2		2,7	±10 %
E 24 ($\sqrt[24]{10}$)	1,0	1,1	1,2	1,3	1,5	1,6	1,8	2,0	2,2	2,4	2,7	3,0	± 5 %

												Toleranz
E 6 ($\sqrt[6]{10}$)		3,3			4,7			6,8				±20 %
E 12 ($\sqrt[12]{10}$)	3,3		3,9		4,7		5,6		6,8		8,2	±10 %
E 24 ($\sqrt[24]{10}$)	3,3	3,6	3,9	4,3	4,7	5,1	5,6	6,2	6,8	7,5	8,2	9,1	±5 %

Beispiele für genormte Widerstandswerte: 6,8 MΩ, 4,7 kΩ, 1,5 Ω, 9,1 GΩ

14.7 Kennzeichnung von Kondensatoren

Farbkennzeichnung

Für Kondensatoren gibt es **unterschiedliche** Kennzeichnungen. Die wichtigsten sind im folgenden aufgeführt:

a) Rohrkondensator als Kunststoff-Folienkondensator. Angegeben: Nennkapazität, Toleranz und maximale Betriebsspannung.

b) und c): Standkondensatoren. Es fehlt die Angabe der Maximalspannung.

d) Tantalkondensator ohne Toleranzangabe (auch andere Kodierungen werden verwendet).

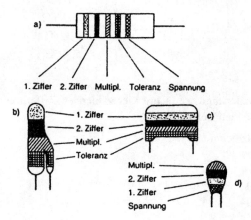

Kenn-farbe	Wert-ziffer	Multiplikatoren		Toleranz für $C \geq 10\,pF$	Toleranz für $C < 10\,pF$	maximale Spannung	
		Folien-kondensator	Tantal-Kondensator			Folien-kondensator	Tantal-Elkos
schwarz	0	1 pF	1 F	±20 %		–	10 V
braun	1	10 pF	10 µF	±1 %	±0,1 PF	100 V	–
rot	2	10^2 pF	–	±2 %	±0,25 PF	200 V	–
orange	3	10^3 pF	–	–	–	300 V	35 V
gelb	4	10^4 pF	–	–	–	400 V	6,3 V
grün	5	10^5 PF	–	±5 %	±0,5 pF	500 V	16 V
blau	6	10^6 pF	–	–	–	600 V	20 V
violett	7	10^7 PF	–	–	–	700 V	–
grau	8	10^8 pF	10 nF	–	–	800 V	25 V
weiß	9	10^9 PF	0,1 µF	± 10 %	±1 pF	900 V	3 V
gold	–	–	–	±5 %	–	1000 V	–
silber	–	–	–	± 10 %	–	2000 V	–
ohne	–	–	–	±20 %	–	500 V	–

Auch der Temperaturkoeffizient (TK-Wert) wird farblich durch den 1. Ring verschlüsselt angegeben, z. B. auf Scheiben- oder Rohrkondensatoren. Der 1. Ring ist dann **breiter** als die anderen Ringe:

Farbkenn-zeichnung	rot-violett gestreift	schwarz	braun	blau-braun gestreift	rot	orange	gelb	grün	blau	violett	orange mit weißem Strich
TK-Wert in $10^{-6}/°C$	+100	0	–33	–47	–75	–150	–220	–330	–470	–750	–1500

Anmerkung: $\Delta C = C \cdot \alpha \cdot \Delta\vartheta$

Beispiel:
Für einen Keramik-Standkondensator gilt:
1. Ring: gelb; 2. Ring: violett; 3. Ring: rot; 4. Ring: schwarz. Es gilt also: Nennkapazität = 47 · 100 pF = 4700 pF = 4,7 nF. Die Toleranz ist ±20 % ; demnach liegt die Kapazität zwischen 3,76 nF und 5,64 nF.

Beispiel:
Für einen Keramik-Rohrkondensator gilt:

1. Ring (breit): violett; 2. Ring: grün; 3. Ring: braun; 4. Ring: schwarz; 5. Ring: grün.

Die Nennkapazität beträgt 51 pF, die Toleranz ±5 %. Bei 20 °C kann also die Kapazität Werte zwischen 48,45 pF und 53,55 pF haben. Der TK-Wert ist $-750 \cdot 10^{-6}/°C$.

Steigt z. B. die Temperatur um 50 °C, so ändert sich die Kapazität von 51 pF auf 51 pF
− 51 pF · 750 · 10^{-6} · 50 = 49,0875 pF.

Kennzeichnung von Kapazitäten durch Buchstaben und Ziffern
Die Buchstaben p, n, t, m und F stehen für die Multiplikatoren 10^{-12}, 10^{-9}, 10^{-6}, 10^{-3}
und 1 der in Farad angegebenen Kapazitätswerte. Das Komma wird durch einen Buchstaben ersetzt.

Beispiele für die Kennzeichnung von Kapazitätswerten:

Kapazitätswert	Kennzeichnung	Kapazitätswert	Kennzeichnung
0,1 pF	p10	100 nF	100n
0,15 pF	p15	150 nF	150n
0,332 pF	p332	332 nF	332n
0,590 pF	p59	590 nF	590n
1 pF	lp0	1 µF	10
1,5 pF	1p5	1,5 µF	15
3,32 pF	3p32	3,32 µF	3µ32
5,90 pF	5p9	5,90 µF	5µ9
10 pF	10p	10 F	10
15 pF	15p	15 µF	15µ
33,2 pF	33p2	33,2 µF	33µ2
59,0 pF	59p	59,0 F	59
100 pF	100p	100 µF	100
150 pF	150p	150 µF	150µ
332 pF	332p	332 F	332
590 pF	590p	590 F	590µ
1 nF	1n0	1 mF	1m0
1,5 nF	ln5	1,5 mF	1m5
3,32 nF	3n32	3,32 mF	3m32
5,90 nF	5n9	5,90 mF	5m9
10 nF	10n	10 mF	10m
15 nF	15n	15 mF	15m
33,2 nF	33n2	33,2 mF	33m2
59,0 nF	59n	59,0 mF	59m

Anmerkung: Für Kapazitätswerte mit vier zählenden Ziffern entspricht die Kennzeichnung nachstehenden Beispielen:

Wert	Kennzeichnung
68,01 pF	68p01
680,1 pF	680pl
6,801 nF	6n801
68,01 nF	68n01

Buchstabenkennzeichnung von zulässigen Abweichungen (Toleranzen)

Kennbuch-stabe	B	C[1]	D	F	G	H[1]	J	K	M	N
zulässige Abw. in %[2]	±0,1	±0,25 ±0,3[3]	±0,5	±1	±2	±2,5	±5	±10	±20	±30

Kennbuch-stabe	W[1]	Q	R[1]	Y[1]	T	S	U[1]	Z	V[1]
zulässige Abw. in %[2]	+20 0	+30 −10	+30 −20	+50 0	+50 −10	+50 −20	+80 0	+80 −20	+100 −10

1) Diese Kennbuchstaben sind in DIN IEC 62 nicht enthalten.
2) Für Kapazitäten < 10 pF wird die zulässige Abweichung in pF angegeben.
3) Nur bei KS-Kondensatoren.

Beispiele:

Kondensatoren			Widerstände		
Kapazität	zulässige Abweichung	Kenn-zeichnung	Wider-standswert	zulässige Abweichung	Kenn-zeichnung
8,2 pF	±0,5 pF	8p2D	6,8 Ω	±10 %	6R8K
27 pF	±0,5 %	27pD	12,7 kΩ	±5 %	12K7J
56 pF	±1 %	56pF	97,6 Ω	± 2 %	97R6G
470 pF	±5 %	470pJ od. n47J	97,6 kΩ	±2 %	97K6G
16 F	+50% −20%	16μS	9,76 MΩ	±5 %	9M76J

Neben einer einzeiligen Darstellung (z. B. 6R8K) darf eine zweizeilige Darstellung, z. B. ($^{6R8}_{K}$) angewendet werden.

Anmerkung: Siehe auch **Farbcode** für Widerstände. Grundsätzlich gilt:

Die Angabe der Kapazität, der Widerstandswerte und der zulässigen Abweichungen auf Kondensatoren und Widerstände in Klartext ist stets jeder anderen Kennzeichnung vorzuziehen. Ist jedoch wegen Platzmangel die Angabe in Klartext nicht möglich, so soll die Kennzeichnung nach DIN 40825 (siehe oben) oder DIN 41429 (Farbcode) verwendet werden.

14.8 Transistoranschlüsse

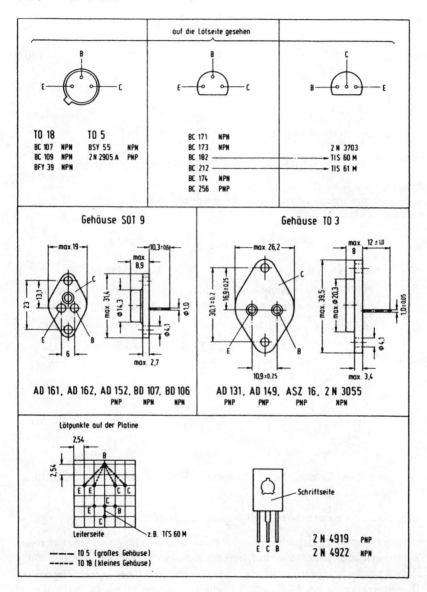

auf die Lötseite gesehen

TO 18

BC 107 NPN
BC 109 NPN
BFY 39 NPN

TO 5

BSY 55 NPN
2 N 2905 A PNP

BC 171 NPN
BC 173 NPN
BC 182 ────────
BC 212 ────────
BC 174 NPN
BC 256 PNP

2 N 3703
────► TIS 60 M
────► TIS 61 M

Gehäuse SOT 9

max. 19
23
13,1
6
C
E
B
10,3 ± 0,6
max. 8,9
max. 31,4
Ø 14,3
Ø 4,1
Ø 1,0
max. 2,7

AD 161, AD 162, AD 152, BD 107, BD 106
PNP NPN NPN

Gehäuse TO 3

max. 26,2
30,1 ± 0,2
16,9 ± 0,25
10,9 ± 0,25
C
E
B
max. 12 ± 1,0
8
max. 39,5
max. Ø 20,3
Ø 4,1
1,0 ± 0,05
max. 3,4

AD 131, AD 149, ASZ 16, 2 N 3055
PNP PNP PNP NPN

Lötpunkte auf der Platine

2,54
2,54
B
E E C C
C
E B
C
Leiterseite
z.B. TIS 60 M

──── TO 5 (großes Gehäuse)
----- TO 18 (kleines Gehäuse)

Schriftseite
E C B

2 N 4919 PNP
2 N 4922 NPN

14.9 Symbole für Flussdiagramme nach DIN 66001

Sinnbild	Bedeutung	Erläuterung bzw. Anwendung
	Operation allgemein	z.B. Transportieren, Rechnen, Löschen, Modifizieren, Vergleichen
	Verzweigung	Der Programmablauf soll aufgrund einer oder mehrerer Bedingungen variiert werden. Es ergeben sich mindestens zwei Ausgänge, die zu kennzeichnen sind (ja oder nein). Ein Sonderfall ist der programmierte Schalter.
	Unterprogramm	Darstellung eines in sich geschlossenen Programmteils. Unterprogramme können von mehreren Stellen angesprungen werden. Es sollte nur einen Eingang und einen Ausgang haben.
	Programmmodifikation	z.B. das Setzen von programmierten Schaltern oder das Ändern von Indexregistern (ersetzbar durch „Operation allgemein").
	Operation von Hand	z.B. Eingabe von Steuer-, Kontroll- und Korrekturdaten; Operator-Konsole. (Nur in Ausnahmefällen anwenden).
	Eingabe Ausgabe	Darstellung der Ein- und Ausgabe periferer Geräte. Die Art der Ein- und Ausgabe soll aus der Beschriftung hervorgehen.
	Ablauflinie	Vorzugsrichtungen: von oben nach unten von links nach rechts Die Ablauflinie kann mit einer Pfeilspitze versehen sein.
	Zusammenführung	Der Ausgang ist immer mit einer Pfeilspitze zu kennzeichnen. Sich kreuzende Ablauflinien sind keine Zusammenführung und sind zu vermeiden.
	Übergangsstelle	Der Übergang kann von mehreren Stellen aus, aber nur zu einer Stelle hin erfolgen. Zusammengehörige Übergangsstellen sind gleich zu bezeichnen.
	Grenzstelle	Darstellung von z.B. Start, Ende, Zwischenhalt. Das Sinnbild ist durch eine Eintragung zu ergänzen.
	Bemerkung	Dieses Sinnbild kann an jedes andere Sinnbild angefügt werden.
	Anfang Schleife	Vor Beginn eines Schleifenprogramms mit Eintragung
	Ende Schleife	Dieses Sinnbild kommt unmittelbar vor dem Verzweigungssymbol

14.10   Erläuterungen der Anschlussbezeichnungen an ICs

Die Kurzbezeichnungen an den Anschlüssen der integrierten digitalen Schaltungen (vgl. Abb. 5.18) sind Abkürzungen aus der englischen Fachliteratur. Die folgenden Listen enthalten in der ersten Spalte die Abkürzungen in alphabetischer Reihenfolge. In der zweiten Spalte wird die ungekürzte Bedeutung in englischer Sprache wiedergegeben. Die dritte Spalte enthält die deutsche Bezeichnung mit Anwendungserläuterungen.

Die Bezeichnungen sind nicht genormt.

Digitale Bausteine:

Anschluss-bezeichnung	Ausgeschrieben in englischer Sprache	Bezeichnung und Erläuterung in deutscher Sprache
A, B...	Inputs	Eingänge in alphabetischer Reihenfolge
Clear	Clear-Input	Löscheingang, Flipflop Rücksetzeit
Clock	Clock-Input	Takteingang
C_n	Input-Increment	Übertragseingang, Inkrementeingang
C_{n+1}	Carry-Output	Übertragsausgang
EI	Even-Input	Eingang für Gleichheit (arithm.)
ENA	Enable-Input	Freigabe des Bausteines bzw. der Eingänge
G	Generate	Übertragungsausgang
INP	Input	Eingang
J	J-Input	Eingang JK-Flipflop
K	K-Input	Eingang JK-Flipflop
L	Shift-left-Input	Eingang für Links schieben
M	Mode	Betriebsart
NC	Not connected	Anschluss nicht belegt
OI	Odd-Input	Eingang für Ungleichheit (arithm.)
OUT	Output	Ausgang
P	Propagate	Übertragungsausgang
Preset	Preset-Input	Eingang, Flipflop Setzen
Q	Output	Ausgang
R	Shift-Right-Input	Eingang für rechts schieben
RCK	Register lock	Takteingang für Register
RCO	Ripple Carry-Output	Übertragsausgang
WS	Word select	Datenwortauswahl
X, Y...	Outputs	Ausgänge In alphabetischer Reihenfolge
Σ	Arithmetik-Output	Summenausgang, z. B. Volladdierer

Computer-Bausteine (Tri-state Funktion):

Anschluss-bezeichnung	Ausgeschrieben, in englischer Sprache	Bezeichnung und Erläuterung in deutscher Sprache
$A_0...A_n$	Address	Adressenausgang, bzw. -eingang
$AD_0...AD_n$	Address-data	Kombinierter Adress- und Datenausgang und -eingang in zeitlicher Reihenfolge (gemultiplext)
AEN	Address enable	Adressfreigabe
ALE	Address-latch-enable	Adressenspeicher-Freigabe
B	Blank	Freigabe
BD	Blank display	Anzeige-Freigabe
BF	Buffer full	Zwischenspeicher voll
BP	Tone enable	Tonfreigabe
BUSEN	Bus enable	Busfreigabe
CE	Chip enable	Bausteinauswahl, bzw. Bausteinfreigabe
CLK	Clock	Takteingang, bzw. -ausgang
CLR	Clear	Löscheingang für Speicher
CNTL	Control	Kontrollanschluss
CS	Chip select	Funktion wie CE
CTS	Clear to send data	Sendebereitschaft
$D_0 ... D_n$	Data	Datenleitung bidirektional (Datenbusleitung)
DACK	DMA acknowledge	DMA-Freigabe
DBIN	Data bus input	Datenbuseingabe frei
DBUSE	Data bus enable	Datenbus-Freigabe
DI	Data input	Dateneingang bei Schnittstellenbausteinen (I/O-Ports)
DIEN	Data input enable	Dateneingabe freigeben
DMA	Direct memory access	Direkter Speicherzugriff
$DO_0...DO_n$	Data output	Datenausgang
DRQ	Direct memory request	DMA-Anforderung
DS	Data seleet	Bausteinauswahl, bzw. -freigabe; Datenaus-wahl
DSR	Data set ready	Datenübertragungseinrichtung bereit
DTR	Data terminal ready	Datenstation bereit
E	Enable	Freigabe
ECS	Enable correct selected	Freigabe der richtigen Daten
ELR	Enable read	Lesefreigabe für Unterbrechungsebene
ERROR	Error	Fehler

Computer Bausteine (Tri-state Funktion), (Fortsetzung):

Anschluss-bezeichnung	Ausgeschrieben, in englischer Sprache	Bezeichnung und Erläuterung in deutscher Sprache
GND	Ground	Bezugspotenzial für Betriebsspannung V_{ss}, und V_{cc}
HLD	Hold	Halteanforderung
HLDA	Hold acknowledge	Quittierung der Halteanforderung
HRQ	Hold request	Haltefreigabe
$I_0 ... I_n$	Input	Eingang
INT	Interrupt	Unterbrechung des Prozessors
INTA	Interrupt acknowledge	Unterbrechungs-Quittierung
INTE	Interrupt enable	Unterbrechungsfreigabe
INTR	Interrupt request	Unterbrechungsfreigabe
$IO_0...IO_n$	Input-Output	Eingang-Ausgang, Bezeichnung für bidirektionalen Datenbus
IOR	Input-output read	Eingang-Ausgang lesen
IOW	Input-Output write	Eingang-Ausgang schreiben
IR	Interrupt request	Unterbrechungsfreigabe
IRQ	Interrupt request	Unterbrechungsfreigabe
KCL	Key clock	Taktgeber
M	Matrix scan lines	Matrix-Scan-Anschluss
MD	Mode	Betriebsart-Freigabe, z. B. Speicher- oder Kanalbaustein
MEMR	Memory read	Speicher lesen
MEMW	Memory write	Speicher schreiben
$O_0...O_n$	Output	Ausgang
OD	Output disable	Ausgang sperren
$OD_{0...7}$	Output data	Datenausgang
OE	Output enable	Ausgangsfreigabe
PA, PB, PC	Port A, B, C	Kanalausgänge, bzw. -eingänge
RxC	Receiver clock	Empfangs-Takt
RD	Read	Freigabe Lesen
READY	Ready	Zustandsmeldung „Fertig"
RESET	Reset	Rückstelleingang für Befehlszähler
RxD	Receiver data	Empfangs-Daten
RL	Return lines	Rückholanschluss
RxRDY	Receiver ready	Empfänger bereit
RST	Restart	Unterbrechungseingänge für bestimmte Adressen

Computer Bausteine (Tri-state Funktion), (Fortsetzung):

Anschlussbe-zeichnung	Ausgeschrieben, in englischer Sprache	Bezeichnung und Erläuterung in deutscher Sprache
RST	Restart	Unterbrechungseingänge für bestimmte Adressen
RTS	Request to send	Sendeaufforderung
S	Select	Bausteinauswahl, bzw. Freigabe
SGS	Status groupe select	Auswahl der Zustandsgruppe
SID	Serial input data	Serieller Dateneingang
SL	Scan lines	Scan-Anschluss
SOD	Serial Output data	Serieller Datenausgang
SP	Slave programm	Hilfsprogrammfreigabe
STB	Strobe	Übernahme
Syndet	Synchron detect	Synchronisationserkennung
SYNC	Synchron	Synchronisierungtakt
TxC	Transmitter Clock	Sendetakt
TxD	Transmitter Data	Sende Daten
TxE	Transmitter empty	Sendepuffer leer
Trap	Trap	Unterbrechungsanforderung
V_{cc}	Voltage circuit	Betriebsspannung, z. B. +5 V
V_{ss}	Voltage source	Betriebsspannung, z. B. −5 V
WAIT	Wait	Wartezustand, Ausgangsfunktion
WE	Write enable	Freigabe für Speicher schreiben
WR	Write	Freigabe schreiben, entspricht WE

14.11 ASCII-Zeichen-Zuordnungstabelle

Hex	Dez	Okt	ASCII	englisch	deutsch
00	0	0	NUL	NULL	Null, Nichts
01	1	1	SOH	START OF HEADING	Kopfzeilenbeginn
02	2	2	STX	START OF TEXT	Textanfangzeichen
03	3	3	ETX	END OF TEXT	Textendezeichen
04	4	4	EOT	END OF TRANSMISSION	Ende der Übertragung
05	5	5	ENQ	ENQUIRY	Aufforderung zur Datenübertragung
06	6	6	ACK	ACKNOWLEDGE	Positive Rückmeldung
07	7	7	BEL	BELL	Klingelzeichen
08	8	10	BS	BACKSPACE	Rückwärtsschritt
09	9	11	HT	HORIZONTAL TABULATION	Horizontal Tabulator
0A	10	12	LF	LINE FEED	Zeilenvorschub
0B	11	13	VT	VERTICAL TABULATION	Vertikal Tabulator
0C	12	14	FF	FORM FEED	Seitenvorschub
0D	13	15	CR	CARRIAGE RETURN	Wagenrücklauf
0E	14	16	SO	SHIFT OUT	Dauerumschaltungszeichen
0F	15	17	SI	SHIFT IN	Rückschaltungszeichen
10	16	20	DLE	DATA LINK ESCAPE	Datenübertragungsumschaltung
11	17	21	DC1	DEVICE CONTROL 1 (X-ON)	Gerätesteuerzeichen 1
12	18	22	DC2	DEVICE CONTROL 2 (TAPE)	Gerätesteuerzeichen 2
13	19	23	DC3	DEVICE CONTROL 3 (X-OFF)	Gerätesteuerzeichen 3
14	20	24	DC4	DEVICE CONTROL 4 (TAPE)	Gerätesteuerzeichen 4
15	21	25	NAK	NEGATIVE ACKNOWLEDGE	Negative Rückmeldung
16	22	26	SYN	SYNCHRONOUS IDLE	Synchronisierung
17	23	27	ETP	END OF TRANSMISSION BLOCK	Ende des Datenübertragungsblocks
18	24	30	CAN	CANCEL	Ungültig
19	25	31	EM	END OF MEDIUM	Ende der Aufzeichnung
1A	26	32	SUB	SUBSTITUTE	Substitution
1B	27	33	ESC	ESCAPE	Umschaltung
1C	28	34	FS	FILES SEPARATOR	Hauptgruppentrennzeichen
1D	29	35	GS	GROUP SEPARATOR	Gruppentrennzeichen

Hex	Dez	Okt	ASCII	englisch	deutsch
40	64	100	@	COMMERCIAL AT	Kommerzielles a-Zeichen
41	65	101	A		
42	66	102	B		
43	67	103	C		
44	68	104	D		
45	69	105	E		
46	70	106	F		
47	71	107	G		
48	72	110	H		
49	73	111	I		
4A	74	112	J		
4B	75	113	K		
4C	76	114	L		
4D	77	115	M		
4E	78	116	N		
4F	79	117	O		
50	80	120	P		
51	81	121	Q		
52	82	122	R		
53	83	123	S		
54	84	124	T		
55	85	125	U		
56	86	126	V		
57	87	127	W		
58	88	130	X		
59	89	131	Y		
5A	90	132	Z		
5B	91	133	[	OPENING BRACKET	Eckige Klammer (offen)
5C	92	134	\	REVERSE SLANT	Schrägstrich (links)
5D	93	135	]	CLOSING BRACKET	Eckige Klammer (geschlossen)

14.11 ASCII-Zeichen-Zuordnungstabelle (Fortsetzung)

Hex	Dez	Zeichen	ENGLISH NAME	Deutsch
1E	30	RS	RECORD SEPARATOR	Untergruppentrennzeichen
1F	31	US	UNIT SEPARATOR	Teilgruppentrennzeichen
20	32	SP	SPACE	Leerzeichen
21	33	!	EXCLAMATION MARK	Ausrufzeichen
22	34	"	QUOTATION MARK	Anführungszeichen
23	35	#	NUMBER SIGN	Nummerzeichen
24	36	$	DOLLAR SIGN	Dollarzeichen
25	37	%	PERCENT SIGN	Prozentzeichen
26	38	&	AMPERSAND	Kommerzielles UND-Zeichen
27	39	'	APOSTROPHE	Hochkomma
28	40	(	OPENING PARENTHESIS	Runde Klammer (offen)
29	41	)	CLOSING PARENTHESIS	Runde Klammer (geschlossen)
2A	42	*	ASTERISK	Stern
2B	43	+	PLUS	Pluszeichen
2C	44	,	COMMA	Komma
2D	45	-	HYPHEN (MINUS)	Bindestrich (Minuszeichen)
2E	46	.	PERIOD (DECIMAL)	Punkt
2F	47	/	SLANT	Schrägstrich (rechts)
30	48	0		
31	49	1		
32	50	2		
33	51	3		
34	52	4		
35	53	5		
36	54	6		
37	55	7		
38	56	8		
39	57	9		
3A	58	:	COLEN	Doppelpunkt
3B	59	;	SEMI-COLON	Semikolon
3C	60	<	LESS THAN	Kleiner als
3D	61	=	EQUALS	Gleichheitszeichen
3E	62	>	GREATER THAN	Größer als
3F	63	?	QUESTION MARK	Fragezeichen

Hex	Dez	Zeichen	ENGLISH NAME	Deutsch
5E	94	^	CIRCUMFLEX	Zirkumflex
5F	95	_	UNDERSCORE	Unterstrich
60	96	`	GRAVE ACCENT	
61	97	a		
62	98	b		
63	99	c		
64	100	d		
65	101	e		
66	102	f		
67	103	g		
68	104	h		
69	105	i		
6A	106	j		
6B	107	k		
6C	108	l		
6D	109	m		
6E	110	n		
6F	111	o		
70	112	p		
71	113	q		
72	114	r		
73	115	s		
74	116	t		
75	117	u		
76	118	v		
77	119	w		
78	120	x		
79	121	y		
7A	122	z		
7B	123	{	OPENING BRACE	Geschweifte Klammer (offen)
7C	124	|	VERTICAL LINE	Vertikalstrich
7D	125	}	CLOSING BRACE (ALTMODE)	Geschweifte Klammer (geschlossen)
7E	126	~	TILDE	
7F	127	DEL	DELETE (RUBOUT)	Löschen

14.12 Griechisches Alphabet für Größen und Maßeinheiten

Die Physik als sehr alte Wissenschaft hat im Altertum für Größen und Maßeinheiten die Buchstaben des damals einzigen Alphabets eingesetzt, sowohl mit den Groß- und den Kleinbuchstaben. Die griechische Sprache war in Europa die erste Schriftsprache, die auf 24 Buchstaben aufgebaut war.

Auch die Elektrophysik arbeitet mit diesen Größen und Maßeinheiten.

Hierzu einige Beispiele:

Kleinbuchstabe Alpha –	Zeichen für Temperaturbeiwert eines Werkstoffes oder Zeichen für Drehwinkel
Großbuchstabe Beta –	Zeichen für Feldliniendichte oder Magnetflussdichte
Kleinbuchstabe Beta –	Zeichen für dynamische Stromverstärkung des bipolaren Transistors
Großbuchstabe Delta –	Zeichen für Änderungsbetrag einer physikalischen Größe
Kleinbuchstabe Epsilon –	Zeichen für Dielektrizitätskonstante
Großbuchstabe Epsilon –	Zeichen für Feldstärke
Großbuchstabe Eta –	Zeichen für magnetische Feldstärke
Kleinbuchstabe Eta –	Zeichen für Wirkungsgrad
Großbuchstabe Theta –	Zeichen für elektrische Durchflutung
Kleinbuchstabe Theta –	Zeichen für Temperatur
Kleinbuchstabe Kappa –	Zeichen für spezifische Leitfähigkeit
Großbuchstabe Lambda –	Zeichen für magnetischen Leitwert
Kleinbuchstabe Lambda –	Zeichen für Wellenlänge
Kleinbuchstabe My –	Zeichen für magnetische Feldkonstante oder Permeabilität
Kleinbuchstabe Pi –	Zeichen für Kreisfrequenz
Kleinbuchstabe Rho –	Zeichen für spezifischen Widerstand
Großbuchstabe Sigma –	Summenzeichen
Kleinbuchstabe Tau –	Zeitkonstante
Großbuchstabe Phi –	Zeichen für Magnetfluss
Kleinbuchstabe Phi –	Zeichen für Potenziale von Knotenpunkten
Großbuchstabe Omega –	Maßeinheit für ohmschen Widerstand

Benen-nung	Groß-buchstabe	Klein-buchstabe	Benen-nung	Großbuch-stabe	Klein-buchstabe
Alpha	A	α	Ny	N	ν
Beta	B	β	Xi	Ξ	ξ
Gamma	Γ	γ	Omikron	O	o
Delta	Δ	δ	Pi	Π	π
Epsilon	E	ε	Rho	P	ρ
Zeta	Z	ζ	Sigma	Σ	$\sigma\ \varsigma$
Eta	H	η	Tau	T	τ
Theta	Θ	ϑ	Ypsilon	Y	υ
Jota	I	ι	Phi	Φ	φ
Kappa	K	κ	Chi	X	χ
Lambda	Λ	λ	Psi	Ψ	ψ
My	M	μ	Omega	Ω	ω

14.13 Dezibel-Tabelle

Zahlenmäßig große Verhältnisse von Leistungen, Spannungen und Strömen werden in der Praxis häufig in Dezibel (dB) angegeben. lg ist der Logarithmus zur Basis 10, also der Zehnerlogarithmus.

$$\frac{v_p}{dB} = 10 \lg v_p \text{ mit } v_p = \frac{Leistung_2}{Leistung_1}$$

$$\frac{v_u}{dB} = 20 \lg v_u \text{ mit } v_u = \frac{Spannung_2}{Spannung_1}$$

$$\frac{v_i}{dB} = 20 \lg v_i \text{ mit } v_i = \frac{Strom_2}{Strom_1}$$

dB	v_u, v_i	v_P	dB	v_u, v_i	v_P
0	1,00	1,00	20	10,00	100,00
3	1,413	1,995	25	17,78	316,2
4	1,585	2,512	30	31,62	1000
5	1,778	3,162	35	56,2	3162
6	1,995	3,981	40	100,0	10000
7	2,239	5,012	50	316,2	10^5
8	2,512	6.310	60	10^3	10^6
9	2,818	7,943	70	3162	10^7
10	3,162	10,00	80	10^4	10^8
12	3,981	15,85	90	31620	10^9
14	5,012	25,12	100	10^5	10^{10}
17	7,079	50,12			

Anmerkung: Für den praktischen Gebrauch sind besonders folgende Näherungen wichtig:

Spannungs-(Strom-)verhältnis:

dB	v_u, v_i
6	2
8	2,5
12	4
14	5
20	10

Leistungsverhältnis:

dB	v_p
3	2
6	4
7	5
9	8
10	10

Absolute Pegelangaben

Es sind auch absolute Pegelangaben in dB üblich: z. B. dBm.

Dabei ist die Bezugsleistung (Leistung$_1$) 1 mW

Beispiel:
Was bedeutet 30 dBm?

Lösung

$$\frac{v_p}{\text{dBm}} = 10 \lg\left(\frac{P}{1\,\text{mW}}\right); \frac{P}{1\,\text{mW}} = 10\left(\frac{v_p}{dBm} \cdot \frac{1}{10}\right) = 10^3; P = 10^3 \cdot 1\,\text{mW} = 1\,\text{W}$$

14.14 Stecker und Buchsen für die HiFi- und Videotechnik

Stiftbezeichnungen der DIN 41524 - Buchsen

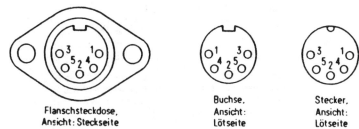

Flanschsteckdose,
Ansicht: Steckseite

Buchse,
Ansicht:
Lötseite

Stecker,
Ansicht:
Lötseite

Mono-Anschlüsse

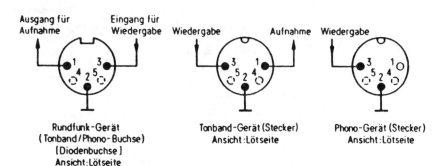

Rundfunk-Gerät
(Tonband/Phono-Buchse)
[Diodenbuchse]
Ansicht:Lötseite

Tonband-Gerät (Stecker)
Ansicht:Lötseite

Phono-Gerät (Stecker)
Ansicht:Lötseite

Stereo-Anschlüsse

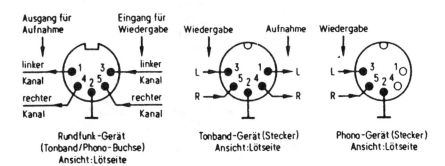

Rundfunk-Gerät
(Tonband/Phono-Buchse)
Ansicht:Lötseite

Tonband-Gerät (Stecker)
Ansicht:Lötseite

Phono-Gerät (Stecker)
Ansicht:Lötseite

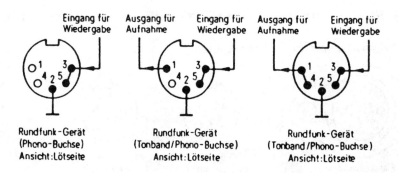

Rundfunk-Gerät
(Phono-Buchse)
Ansicht:Lötseite

Rundfunk-Gerät
(Tonband/Phono-Buchse)
Ansicht:Lötseite

Rundfunk-Gerät
(Tonband/Phono-Buchse)
Ansicht:Lötseite

Alte Stereo-Beschaltung (3-Stift)

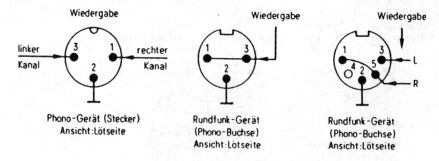

Phono-Gerät (Stecker)
Ansicht:Lötseite

Rundfunk-Gerät
(Phono-Buchse)
Ansicht:Lötseite

Rundfunk-Gerät
(Phono-Buchse)
Ansicht:Lötseite

Mikrofonanschluß

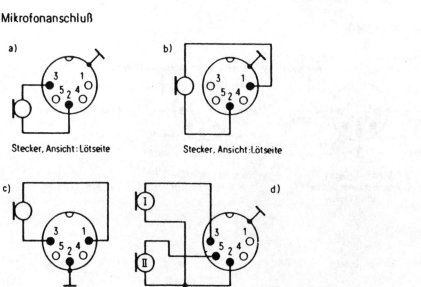

a)

Stecker, Ansicht: Lötseite

b)

Stecker, Ansicht:Lötseite

c)

Stecker, Ansicht:Lötseite

d)

Stecker, Ansicht:Lötseite

e)

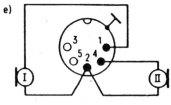

f)

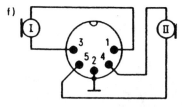

Stecker, Ansicht: Lötseite   Stecker, Ansicht: Lötseite

a: niederohmig, asymetrisch (50Ω ... 600Ω)

b: $R_i > 500Ω$

c: niederohmig, symmetrisch

d: Stereo – sonst Daten wie a)

e: Stereo – sonst Daten wie b)

f: Stereo – sonst Daten wie c)

Kopfhöreranschluß

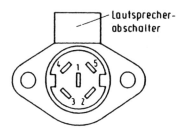

Lautsprecher-
abschalter

Stecker kann um 180° gedreht
werden, entspricht EIN-AUS-
Zustand der Lautsprecher

Steckdose, Ansicht Lötseite

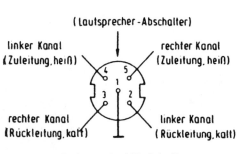

(Lautsprecher-Abschalter)

linker Kanal
(Zuleitung, heiß)

rechter Kanal
(Zuleitung, heiß)

rechter Kanal
(Rückleitung, kalt)

linker Kanal
(Rückleitung, kalt)

Buchsen, Ansicht Lötseite

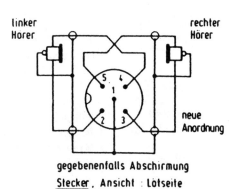

linker
Hörer

rechter
Hörer

neue
Anordnung

gegebenenfalls Abschirmung
Stecker, Ansicht : Lötseite

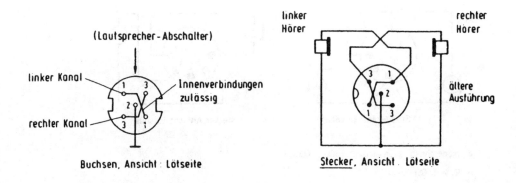

(Lautsprecher-Abschalter)

linker Kanal

rechter Kanal

Innenverbindungen zulässig

Buchsen, Ansicht : Lötseite

linker Hörer

rechter Hörer

ältere Ausführung

Stecker, Ansicht . Lötseite

Lautsprecheranschluß

Schalterkontakt zum Abschalten des eingebauten Lautsprechers

Lautsprecheranschluß

Markierung Stecker

Sonderbuchsen

8-polige Universalbuchse

1. Aufnahme
2. Masse
3. Wiedergabe
4. leer (mit 1 Verbunden)
5. mit 3 verbunden
6. Start-Stop-Schaltspannung
7. für Schaltmikrofon
8. Betriebsspannung für Electret-Mikrofon

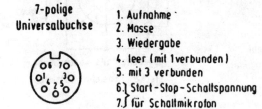

7-polige Universalbuchse

1. Aufnahme
2. Masse
3. Wiedergabe
4. leer (mit 1 verbunden)
5. mit 3 verbunden
6.⎤ Start-Stop-Schaltspannung
7.⎦ für Schaltmikrofon

6-polige TV-Buchse;
AV-Buchse

1. Schaltspannung 0V/12V-Ausgang (12V; 100mA)
2. Videosignal Eingang/Ausgang
3. Masse
4. Audiosignal 1 Eingang/Ausgang
5. Versorgungsspannung 12V
6. Audiosignal 2 Eingang/Ausgang

FBAS-Buchse

1. frei
2. FBAS
3. Masse
4. frei
5. frei

Honda-(VTR)-Buchse

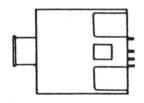 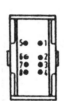

1. Audiosignal (Eingang/Ausgang)
2. Videosignal (Eingang/Ausgang)
3. Videosignal Masse (Ausgang/Eingang)
4. Videosignal (Ausgang/Eingang)
5. Audiosignal Masse (Eingang/Ausgang)
6. Masse Video (Eingang/Ausgang)
7. Audiosignal Masse (Ausgang/Eingang)
8. Audiosignal (Ausgang/Eingang)

BNC-Buchse

Stift : Signal
Gehäuse : Masse

HF-Buchse
(Antennensteckbuchse; Antennenkoaxialbuchse)

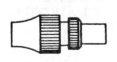

Signal

Stift : Signal
Gehäuse : Masse

Masse

14.15 Stecker und Buchsen für die Datenübertragung

Die Schnittstellen in der Datentechnik sind nach nationalen (DIN 66020) und nach internationalen (EIA-)Normen festgelegt und größtenteils identisch.

14.15.1 Busbelegung

Die Abbildung zeigt die Anschlussbelegung für ein 8-bit-Prozessorsystem. Für jede Versorgungsspannung sind zwei parallele Stifte belegt.

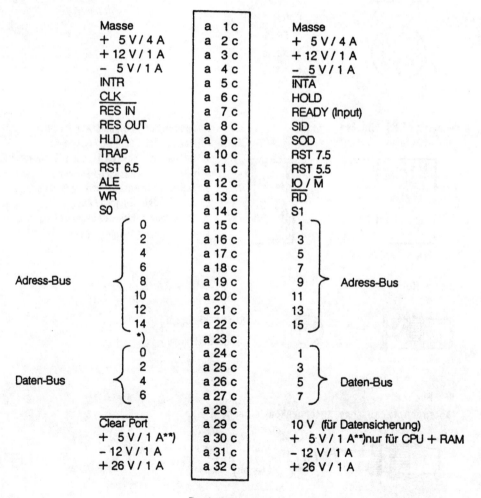

Masse	a 1 c	Masse
+ 5 V / 4 A	a 2 c	+ 5 V / 4 A
+ 12 V / 1 A	a 3 c	+ 12 V / 1 A
– 5 V / 1 A	a 4 c	– 5 V / 1 A
INTR	a 5 c	$\overline{\text{INTA}}$
$\overline{\text{CLK}}$	a 6 c	HOLD
RES IN	a 7 c	READY (Input)
RES OUT	a 8 c	SID
HLDA	a 9 c	SOD
TRAP	a 10 c	RST 7.5
RST 6.5	a 11 c	RST 5.5
$\overline{\text{ALE}}$	a 12 c	IO / $\overline{\text{M}}$
$\overline{\text{WR}}$	a 13 c	$\overline{\text{RD}}$
S0	a 14 c	S1
0	a 15 c	1
2	a 16 c	3
4	a 17 c	5
6	a 18 c	7
Adress-Bus { 8	a 19 c	9 } Adress-Bus
10	a 20 c	11
12	a 21 c	13
14	a 22 c	15
*)	a 23 c	
0	a 24 c	1
2	a 25 c	3
Daten-Bus { 4	a 26 c	5 } Daten-Bus
6	a 27 c	7
	a 28 c	
$\overline{\text{Clear Port}}$	a 29 c	10 V (für Datensicherung)
+ 5 V / 1 A**)	a 30 c	+ 5 V / 1 A**)nur für CPU + RAM
– 12 V / 1 A	a 31 c	– 12 V / 1 A
+ 26 V / 1 A	a 32 c	+ 26 V / 1 A

Busbelegung

14.15.2 Serielle TTY/V24-Schnittstelle

Die TTY- oder Current-Loop-Interface-Standard überträgt Daten in Form eines „offenen" und eines „geschlossenen" Kontakts oder einer Schaltfunktion. Die Verbindung besteht aus einem verdrillten Adernpaar (Simplex) oder aus zwei verdrillten Adernpaaren (Vollduplex). Damit können kurze bis mittellange Abstände bei Datenraten von 110 Baud bis 9600 Baud überbrückt werden.

TTY-Kennwerte:

- L-Pegel (logisch 1): 10 mA bis 100 mA,
- H-Pegel (logisch 0): 0 mA bis 0,1 mA.

Übliche Stromgrenzen: 20 mA, 40 mA und 60 mA:

- Spannungsabfall bei 20 mA: Empfänger 1,2 V; Sender 0,1 V;
- Spannungsabfall bei 60 mA: Empfänger 1,3 V; Sender 0,2 V.

Die Abbildung zeigt eine 25-polige Steckerbelegung b), die in der oberen Hälfte a) mit einer TTY-Schnittstelle belegt ist. Bei dieser asynchronen Verbindung werden sowohl die Datensignale als auch die Steuersignale übertragen.

Die untere Hälfte der 25-poligen Steckerverbindung zeigt die V24-Schnittstelle für eine asynchrone Datenübertragung. Eine weitere 7-polige Steckerbelegung c) zeigt die V24-Anschlüsse für zwei Sende- und Empfangsstationen.

Die V24-Schnittstellen nach DIN 66020 sind identisch mit der EIA RS-232 C-Norm. Die maximale Übertragungsgeschwindigkeit beträgt 20 kBaud. Die Leitung muss nicht mit den Wellenwiderstand abgeschlossen sein.

V24-Senderkennwerte:

- logisch 1 (Zeichen) entspricht -5 V bis -15 V,
- logisch 0 (Pause) entspricht 5 V bis 15 V.

Die angegebenen Werte gelten für einen Impedanzwert Z von 3 k bis 7 k.

Sender-Ausgangsimpedanz größer 300.
Empfänger-Eingangsimpedanz 3 kΩ bis 7 kΩ

V24-Empfängerkennwerte:

- logisch 1 (Zeichen) entspricht -3 V bis -25 V,
- logisch 0 (Pause) entspricht 3 V bis 25 V.

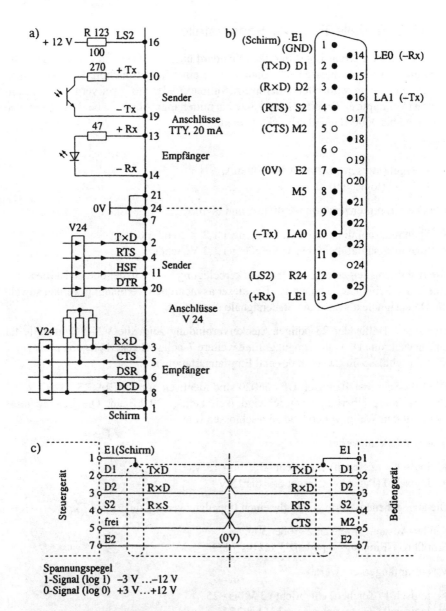

TTY- und V24-Schnittstelle
a) Anschlussfunktionen
b) Steckerbelegung
c) V24-Anschlüsse für zwei Sende- und Empfangsstationen

14.15.3 BAS-Monitorschnittstelle

Bei den Anschlüssen für Farbmonitore unterscheidet man serielle und parallele Schnittstellen.

An die serielle Schnittstelle mit Analogsignal können Monitore mit folgenden Kennwerten angeschlossen werden:

- 3 x RGB/BAS-Signal (1 V Spitze-Spitze) 75 Ω; Rot, Grün, Blau.
- Synchronsignal VSYNC und HSYNC auf G-Kanal (Vertikalfrequenz 50 Hz, Horizontalfrequenz 15 625 Hz).

Die Kabellänge des Koaxialkabels sollte 60 m nicht überschreiten. An die parallele Monitorschnittstelle für Digitalsignale können Datenmonitore mit TTL-Eingängen angeschlossen werden. Die Steckerbelegung (neunpolig, D-Subminiaturbuchse) ist standardisiert und wie folgt in Abb. a) belegt:

Stift-Nr.	Signalname	Beschreibung	Beschaltung
1	0 V, Masse	Bezug ITL-Logik	pull up 150 Ω
2	Rot	Rotkanal	pull up 150 Ω
3	Grün	Grünkanal	pull up 150 Ω
4	Blau	Blaukanal	pull up 1 kΩ
5	VSYNC	Vertikal-(Bild-)Synchronfrequenz	pull up 1 kΩ
6	HSYNC	Horizontal-(Zeilen-)Synchronfrequenz	pull up 1 kΩ
7	LPS	Lichtgriffelschalter	LPS-Eingang
8	LPCH	Lichtgriffel-Übernahmetakt	LPS-Eingang
9	−5 V	Eingang für −5 V	

a) Steckerbelegung für parallele Schnittstelle (BAS-Monitorfunktionen)

Folgende Abbildungen b) und c) zeigen die Pegel- und Zeitverläufe der RGB/BAS-Signale, die mit einem Oszilloskop gemessen werden:

Spannung Videosignal	Monitor angeschlossen		ohne Monitor	
	ohne −5 V (Stift 9)	mit −5 Volt	ohne −5 V (Stift 9)	mit −5 Volt
U1	1,2 V	−0,6 V	2,4 V	−1,0 V
U2	1,4 V	−0,1 V	2,8 V	−0,2 V
U3	2,0 V	+1,0 V	3,9 V	+2,0 V

b) Spannungen der RGB/BAS-Signale

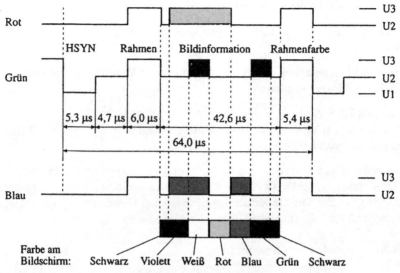

c) Zeitliche Darstellung der RGB/BASX-Signale

14.15.4 IEC-Schnittstelle

Das IEC-Interface ist ein in der Messtechnik eingesetztes und genormtes Bussystem zur Verbindung von Computersystemen mit mehreren Peripherie- oder Messgeräten. Es besitzt 8 Daten-, 3 Quittungs- und 5 Steuerleitungen. Entsprechend der Fähigkeiten der angeschlossenen Geräte werden sie in 4 Gruppen eingeteilt:

- Controller: z. B. Rechner
- Listener: kann nur „hören", z. B. ein Drucker
- Talker: kann nur „sprechen" z. B. ein Messgerät
- Listener und Talker: z. B. Diskettenspeicher

14.16 Telekommunikations-Anschlusseinheiten

An die Telefonendanschlüsse der Telekom können eine Vielzahl von Kommunikations- und Mediengeräte angeschlossen werden. Daher ist es durchaus sinnvoll, die Verbindungs- und Kontaktanschlussanordnungen zu kennen.

Prozessor	Der IEC-Bus			
DA-Bus	Stecker		Bezeichnung der Leitung	
	IEEE	IEC		
	Acht Datenleitungen			
	`Daten'		für ATN ist Passiv	
	`ADRESSEN" oder „KOMMANDOS'		für ATN ist aktiv	
DA0	1	1	DIO1	(Data Input/Output)
DA1	2	2	DIO2	
DA2	3	3	DIO3	
DA3	4	4	DIO4	
DA4	13	14	DIO5	
DA5	14	15	DIO6	
DA6	15	16	DIO7	
DA7	16	17	DIO8	
	Drei Handshake-Leitungen			
DA4	6	7	DAV	(DAta Valid)
DA6	7	8	NRFD	(Not Ready for Data)
DA7	8	9	NDAC	(Not Data ACcepted)
	Fünf Kontroll-Leitungen			
DA1	17	5	REN	(Remote ENable)
DA5	6	6	EOI	(End or identify)
DA2	9	10	IFC	(InterFace Clear)
DA0	10	11	SRQ	(Service ReQuest)
DA3	11	12	ATN	(ATteNtion)

Anschlussbelegung des IEC-Steckers

14.16.1 Der analoge Netzanschluss

Der Netzanschluss der Telekom beim analogen Telefonnetz ist mit einer TAE-Netzab-schlusseinheit (Abb. 14.16.1a) versehen. Bis zur Netzabschlusseinheit und an dieser selbst dürfen nur Angehörige der Telekom arbeiten. Für Arbeiten nach der Netzab-schlussdose gibt es für die Elektroberufe eine Zulassung zum Errichten, Ändern und Instandsetzen der Endstellenleitungen (Innenleitungen nach der Anschalteinrichtung der Telekom) in einfachen Endstellen.

Im Netzabschluss der TAE-Steckdose (Abb. 14.16.1b) befindet sich der Prüfabschluss PPA für die Überprüfung der Postleitung. Die Endstellenleitung kann über einen TAE-Stecker (Abb. 14.16.1c, d, e) an der Netzabschlusseinheit eingesteckt werden. Damit ist eine eindeutige Trennung zwischen Netzanschluss und Endstelleneinrichtung möglich. Die angeschlossenen Endgeräte müssen auf jeden Fall zugelassen sein (ZZF-Zeichen).

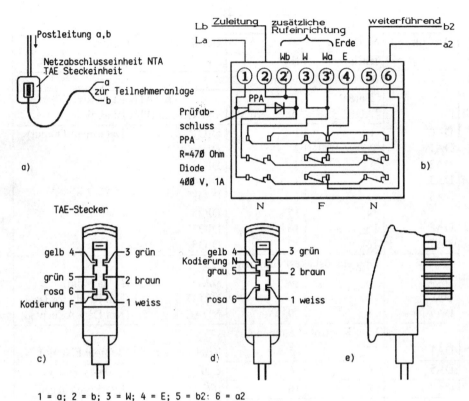

1 = a; 2 = b; 3 = W; 4 = E; 5 = b2; 6 = a2

Abb. 14.16.1:
a) Netzanschlusseinheit
b) Interne Verbindung der Steckkontakte (Schalterkontakte öffnen beim Einführen des TAE Steckers
c) TAE-Stecker, Kodierung F
d TAE-Stecker, Kodierung N
e) TAE-Stecker-Gehäuse

14.16.2 Die analoge Telekommunikations-Anschlusseinheit

Zum Anschluss der Endgeräte stehen Telekommunikations-Anschlusseinheiten TAE zur Verfügung. Es werden Einfach- (Abb. 14.16.2a), Zweifach- und Dreifach- (Abb. 14.16.2b) TAE angeboten. Unterschieden wird zwischen der Codierung F zum Anschluss von Telefonapparaten und Telekommunikationsanlagen und -systemen und der Codierung N zum Anschluss von Zusatzgeräten, wie Anrufbeantwortern, Modems, Btx-Anschlussboxen etc.

Die Abb. 14.16.2c zeigt die verschiedenen internen Verbindungen der Anschlusseinheiten.

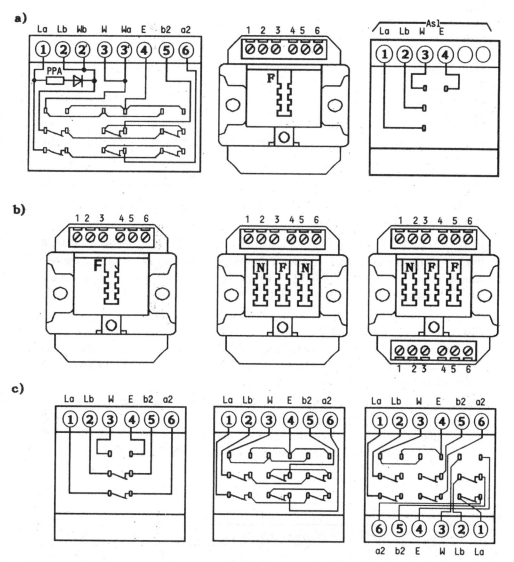

Abb. 14.16.2:

a) TAE-Anschlusseinheit der Telekom (L), Einfache Anschlusseinheit TAE 4 (M)), Verbindung der Anschlusskontakte der TAE 4 (R).

b) Einfachanschlusseinheit TAE 6F (L), Dreifachanschlusseinheit TAE 3x6 NFN (M), Dreifachanschlusseinheit TAE3x6 NF/F (R)

c) Kontaktverbindungen: TAE 6F (L), TAE3x6 NFN (M), TAE3x6 NF/F

Leitungen an der TAE-Anschlusseinheit:

La: Ader a der Amtsleitung
Lb: Ader b der Amtsleitung
W: Schaltader von Geräten (z. B. zum Anschluss eines zusätzlichen Weckers)
E: Erdungsader (für Nebenstellenanlagen)
a2 abgehende Benutzerader a
b2 abgehende Benutzerader b

Es gibt auch 16-polige TAE-Steckverbindungen für Sonderanwendungen (Abb. 14.16.3).

Für die Installation der Teilnehmeranlage sind verschiedene Festlegungen zu beachten:

Die Leitungslänge vom Netzabschluss (NTA) bis zur letzten TAE-Anschlusseinheit darf maximal 100 m betragen.

Bei der Auswahl der Leitungen und Kabel und deren Verlegungen sind DIN VDE 0815 (Installationskabel und -leitungen für Fernmelde- und Informationsverarbeitungsanlagen) sowie DIN VDE 0891 (Verwendung von Kabeln und isolierten Leitungen für Fernmelde- und Informationsverarbeitungsanlagen) zu beachten.

Solange an den TAE-Anschlusseinheiten keine Geräte angesteckt sind, besteht die Verbindung zwischen La und a2 sowie zwischen Lb und b2. Bei Mehrfachanschlusseinheiten sind angeschlossene Zusatzgeräte und Telefonapparate in Reihe hintereinander geschaltet. Als NTA werden bei einfachen Sprechstellen in der Regel TAE-Dreifachanschlusseinheiten NFN verwendet.

Für den Anschluss an den Geräten stehen Telefonsteckverbinder TSV 6/4 (Western-Steckverbinder, Abb. 14.16.4) zur Verfügung. Sie erlauben das Trennen der Verbindung ohne Öffnung des Gehäuses. Bei dem Miniatursteckverbinder MSV (Abb. 14.16.5) und dem Steckverbinder SV müssen die Gehäuse geöffnet werden.

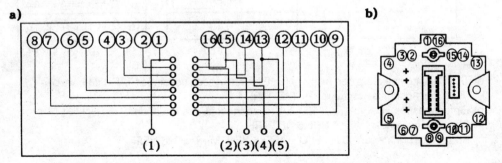

Abb. 14.16.3: a) Interne Verbindungen der 16-poligen Anschlusseinheit
b) Gehäuse der 16-poligen Anschlusseinheit

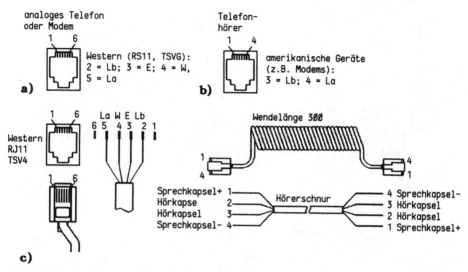

Abb. 14.16.4: a) Steckverbinder Western (RS11, TSVG),
b) Steckverbinder für amerikanische Geräte,
c) Steckverbinder Western (RJ11, TSV4)

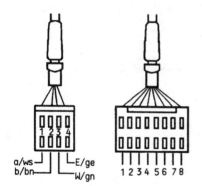

Abb. 14.16.5: Miniatursteckverbinder MSV,
4-, 5-, 6- oder 8-polig

Für den geräteseitigen Anschluss der Telefonanschlussschnüre gibt es verschiedene Möglichkeiten. Aktuelle Geräte besitzen Telefonsteckverbinder TSV.

Zur Verfügung stehen auch verschiedene Adapter:

Adapterdose TSV – TAE,
Adapter TAE – Ado 8,
Adapter TAE – IAE (ISDN) und
Adapter IAE – TAE (ISDN).

Früher verwendete man Ado-Anschlusseinheiten, die manchmal auch heute noch zu finden sind (Abb. 14.16.7).

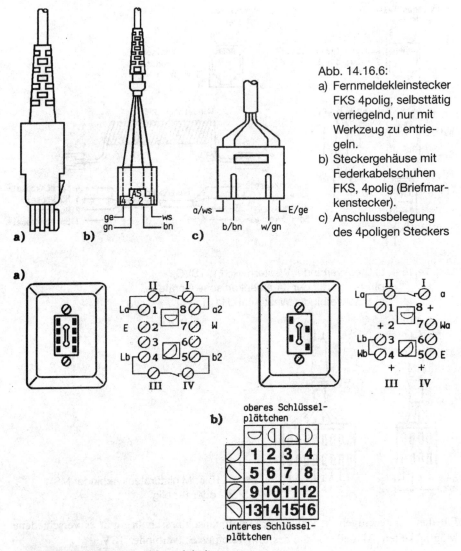

Abb. 14.16.6:
a) Fernmeldekleinstecker FKS 4polig, selbsttätig verriegelnd, nur mit Werkzeug zu entriegeln.
b) Steckergehäuse mit Federkabelschuhen FKS, 4polig (Briefmarkenstecker).
c) Anschlussbelegung des 4poligen Steckers

Abb. 14.16.7: a) ADo-Anschlusseinheiten
                b) Verbindungskodierung mit Schlüsselplättchen

Eine Codierung mit zwei Schlüsselplättchen und Führungsstiften verhindert das Einstecken von nicht geeigneten Geräten. Beispiele für die Codierung:

1:   Fernsprechapparat,
3:   Anrufbeantworter,
10:   Telefax,
11:   schnurloses Telefon, Multitel.

14.16.3 Die Gleichstrombedingungen im analogen Netz

Die Speisespannungen für die Teilnehmerendgeräte liegt im Bereich von 12 ... 60 V, der Schleifenstrom-Funktionsbereich bei 19 ... 60 mA zwischen Leitung a und b. Der Strom zur Betriebserde bei Erdtastenbetätigung beträgt maximal 120 mA. Minus-Potenzial an a, Plus-Potenzial an b.

Für die Teilnehmeranschlussleitung zwischen dem speisenden Netzknotenpunkt und dem Anschaltpunkt des Endgeräts sind folgende übertragungstechnische Werte zu beachten:

Aderndurchmesser:	0,4	0,6	0,8 mm
Reichweite für 10 dB:	6,6	12,5	16,7 km
Schleifenwiderstand:	268	119	67 Ohm
Dämpfung bei 800 Hz:	1,5	0,8	0,6 dB

Die ankommende Rufspannung wird der Speisegleichspannung überlagert. Rufspannung 55 ... 90 V, Ruffrequenz 25 Hz +/–8%, Ruffrequenz spezieller Endeinrichtungen: 50 Hz, Impulsdauer 1 s, Impulspause 4 ... 5 s.

Hörtöne im analogen Telefonnetz:

Art des Tons	Impuls	Impulspause	Mindestpegel
Wählton	Dauerton	- - - - - - - - -	–27 dB
Freiton	1 s	4 s	–43 dB
Besetztton	0,15/0,48 s	0,475/0,48 s	–43 dB

Hinsichtlich der a-, b- und W-Adern müssen die Endgeräte polaritätsfrei arbeiten. Die Anschlussleitung a und b darf in der Endeinrichtung keine Verbindung mit Potenzial gegen Erde erhalten, ausgenommen bei Signalisierung mit Fernmeldebetriebserde E bei galvanisch geschalteten Telekommunikationsanlagen.

Der Schleifenwiderstand zwischen den Anschlüssen a und b sowie a gegen Erde E und b gegen Erde E darf in allen Betriebszuständen mit Ausnahme des Schleifenzustands, der Aktivzustände der Signaltasten und des Wahlzustands folgende Werte nicht übersteigen:

Bei Prüfspannung bis:	100 V	150 V
Widerstandswert mindestens:	5 Megaohm	100 Kiloohm

Die Speisespannung für nachgeschaltete Endeinrichtungen muss mindestens 12 V betragen. Endeinrichtungen müssen im Schleifenzustand über einen Vorwiderstand von 500 Ohm für 10 s einer Gleichspannungsbelastung von 120 V standhalten.

14.17 PC- und Notebook-Anschlussfunktionen

Die Weiterentwicklung der PC- und Notebook-Leistungsmerkmale hat auch zu erweiterten Ein- und Ausgabeeinheiten und teilweise zu neuen Anschlüssen geführt.

Auch hier wird mit Abkürzungen gearbeitet, die im Folgenden erklärt und dargestellt werden.

Arbeitsspeicher (RAM)-Fach
Das Speicherfach (vor allem in Notebooks) enthält einen oder zwei (je nach Modell) Erweiterungssteckplätze für ein zusätzliches Arbeitsspeichermodul. Ein zusätzliches Arbeitsspeichermodul erhöht die Anwendungsleistung, da die Anzahl der notwendigen Zugriffe auf die Festplatte verringert werden. Das BIOS[1])-Programm erkennt automatisch die Arbeitsspeichergröße im System und konfiguriert während des POST (Einschaltselbsttest)-Prozesses das CMOS entsprechend. Nach der Installation des Arbeitsspeichers ist keine Hardware- oder Softwareeinstellung, auch nicht im BIOS, erforderlich. Bei der Speichererweiterung nur die vom Hersteller des Computers empfohlenen Speichermodule einsetzen, damit die optimale Kompatibilität und Zuverlässigkeit sichergestellt ist.

Bluetooth-Wireless-Verbindung
Desktop- und Notebook-PCs mit Bluetooth-Technologie benötigen keine Kabel zur Verbindung mit anderen Bluetooth-fähigen Geräten, z. B. PCs, Handys und PDAs (Drucker, Scanner, Maus, Tastatur, usw.).

Abhängig von den Leistungsmerkmalen kann von Bluetooth-fähigen Handys das Telefonverzeichnis, Fotos, Musikdateien, usw. übertragen oder als Modem zur Verbindung mit dem Internet verwendet werden. Damit können auch SMS versendet und empfangen werden.

Für den Zusammenschluss und die Verbindung eines Computers mit einem Bluetooth-fähigen Gerät müssen diese erst über die Software gepaart werden. Für den Verbindungsaufbau muss das Gerät eingeschaltet sein.

Die Verbindung erfolgt bei Windows über **Start/Programs/Bluetooth** oder **Add New-Connection** in der Bluetooth-Taskleiste. Danach folgt man den Installations-Assistenten für die Bluetooth-Installation des Gerätes. Nach erfolgreicher Software-Installation ist das Gerät auf dem Bildschirm sichtbar.

Display (Monitor)-Ausgang
Der 15-Pin-D-Sub-Monitoranschluss unterstützt VGA-kompatible Standardgeräte wie z. B. einen Monitor oder Projektor zur Großansicht.

---

1. BIOS ist eine Sammlung von Routinen, die beeinflussen, wie der Computer Daten zwischen seinen Komponenten transportiert, wie z. B. Speicher, Datenträger und Grafikkarte. Die BIOS-Instruktionen sind in den nicht flüchtigen Nur-Lese-Speicher des Computers eingebaut. Die BIOS-Parameter können vom Anwender im BIOS-Setup-Programm konfiguriert werden. Das BIOS kann mittels eines Hilfsprogramms aktualisiert werden, indem eine neue BIOS-Datei ins EPROM kopiert wird.

DVI-D-Ausgang

Der DVI (Digital Video Interface)-Ausgang ist speziell für die Übertragung des Inhaltes der Grafikkarte zu LCD-Flachbildschirmen oder anderen DVI-konformen Geräten vorgesehen (optimale Bildqualität).

ExpressCard

An diesen 26-Pin-ExpressCard-Steckplatz können eine 34-mm-ExpressCard- oder eine 54-mm-ExpressCard-Erweiterungskarte eingesetzt werden. Durch die Mitanwendung der seriellen Busunterstützung des USB 2.0 und PCI[2]-Express anstelle des langsameren parallelen Bus, der in PC-Kartensteckplätzen Anwendung findet, ist diese Schnittstelle erheblich schneller. Sie ist aber nicht kompatibel mit vorhergehenden PCMCIA-Karten[3].

Flash-Speicher-Schacht

In diesen Aufnahmeschacht können Speicherkarten von Geräten wie z. B. Digitalkameras, MP3-Player, Mobilphones und PDAs eingesetzt werden. Das Lesen dieser Flash-Speicherkarten erfolgt dann über einen integrierten Speicherkartenleser. Dieser interne Speicherkartenleser ist meist schneller als die meisten PCMCIA- oder USB-Speicherkartenleser, weil er den Hochbandbreiten-PCI-Bus verwendet.

Folgende Speichertypen werden von internen Speicherkartenlesern unterstützt:

MS-Adapter mit MS (Memory Stick)
Duo/Pro/Duo Pro/MG
MS: Magic Gate (MG)
MS: Select
MMC (Multimedia Card)
SD (Secure Digital)
SD/MMC
MS/MS Pro

IEEE 1394-Port

IEEE1394, auch iLINK (Sony) oder Fire Wire (Apple) genannt, ist ein Hochgeschwindigkeits-Serial-Bus wie SCSL, aber mit einen einfachen Anschluss und Hot-Plug-Fähigkeiten wie bei USB-Anschlüssen. Das IEEE1394-Interface hat eine Band-

---

2. PCI-Bus (Peripherigerät Component Interconnect Local Bus)
   PCI-Bus ist eine Spezifikation für ein 32-Bit-Datenbusinterface. PCI ist ein weitverbreiterter Standard für Erweiterungskarten.
3. PC-Cards (PCMCIA) haben ungefähr die Größe einiger aufeinander gestapelter Kreditkarten und verfügen an einem Ende über einen 68-poligen Anschluss. Der PC-Card-Standard umfasst eine Reihe von Erweiterungsoptionen zu Funktionen, Kommunikation und Datenspeicherung. PC-Cards gibt es als Speicher/Flash-Karten, Faxmodems, Netzwerkadapter, SCSI-Adapter, MPEG I/II-Decoderkarten und sogar drahtlose Modem- oder LAN-Karten. PCs unterstützen die Standards PCMCIA 2.1 und 32-Bit-CardBus. Die drei unterschiedlichen PC-Standards sind von unterschiedlicher Dicke. Typ-I-Karten sind 3,3 mm dick, Typ-II-Karten 5 mm und Typ-III-Karten 10,5 mm dick. Karten von Typ I und Typ II können in einem einzelnen Steckplatz benutzt werden. Typ-III-Karten nehmen zwei Steckplätze auf.

breite von 100 bis 400 Mbits/Sek. und kann bis zu 63 Einheiten auf demselben Bus aufnehmen.

Dieses Interface wird zusammen mit USB voraussichtlich parallele Schnittstellen wie IDE[4], SCSI und EIDE ersetzen.

Das Interface wird auch in High-End-Digitalgeräten verwendet. Es wird in der Regel dann mit „DV" für „Digital Video"-Port gekennzeichnet.

Infrarot-Anschluss (IrDA)
Der Infrarot (IrDA)-Kommunikationsanschluss ermöglicht eine bequeme drahtlose Datenübertragung (bis zu 4 Mbits/Sek.) mit Geräten oder Computern, die mit Infrarot-Anschlüssen ausgestattet sind. Dies ermöglicht einfache drahtlose Synchronisierung mit PDAs oder Mobiltelefonen und den kabellosen Anschluss von Druckern. Wenn der Computer IrDA-Netzwerktechnik unterstützt, hat man überall drahtlosen Netzwerkanschluss, solange eine ununterbrochene Sichtlinie mit einem IrDA-Knoten besteht. Mehrere nahe beieinander stehende Computer-Arbeitsplätze können mit der IrDA-Technologie einen gemeinsamen Drucker benützen und untereinander Dateien ohne Netzwerk zuschicken.

Kopfhörerbuchse
An die Stereo-Ausgangsbuchse (1/8 Zoll) können zur Abnahme des Audiosignals sowohl Nf-Verstärker mit Lautsprecher oder ein Kopfhörer angeschlossen werden. Die integrierten Lautsprecher werden automatisch bei Belegung der Buchse ausgeschaltet.

LAN-Port
Der 8-polige RJ-45-LAN-Anschluss ist größer als der RJ-11-Modemanschluss und benötigt ein standardisiertes Ethernet-Kabel zur Verbindung mit einem lokalen Netzwerk. Der integrierte Anschluss benötigt daher keinen zusätzlichen Adapter.

Die Verbindung des Netzwerkanschlusses erfolgt über ein Twisted-Pair-Kabel TPE (Straight-through Twisted Pair Ethernet). Dieses Kabel dient zum Anschluss an einen Host (Standard ist Hub- oder Switch, Abb. 4.17.1). Ein Crossover-LAN-Kabel wird benötigt, wenn zwei Computer ohne einen Hub dazwischen direkt verbunden werden (Fast-Ethernet-Modell). Gigabit-Modelle unterstützen die Auto-Crossover-Funktion.

Damit die 100BASE-TX/1000BASE-T-Übertragungsgeschwindigkeit erreicht wird, muss ein Netzwerkkabel der Kategorie 5, nicht Kategorie 3, verwendet werden. Das Modem muss mit einem 100BASE-TX/1000Base-T-Hub (nicht einem BASE-T4-Hub) verbunden werden. Computer die 10/100 MBps Vollduplex unterstützen, benötigen aber dafür einen Netzwerk-Switch-Hub, auf dem die Duplex-Funktion aktiviert ist. Die Software steuert dann automatisch die höchste Übertragungsgeschwindigkeit, ohne weitere Einstellungen.

---

4. IDE (**I**ntegrated **D**rive **E**lectronics) integrieren die Laufwerkskontrollschaltungen direkt auf dem Laufwerk selbst, was die Verwendung einer separaten Adapterkarte (z. B. für SCSI-Geräte) unnötig macht. UltraDMA/33 IDE-Geräte können bis zu 33 MB/Sek. Transferleistung erreichen.

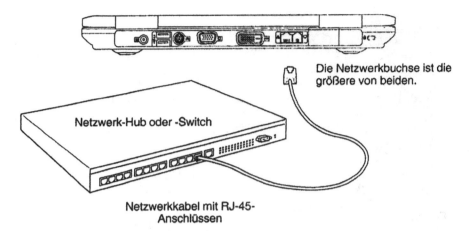

Die Netzwerkbuchse ist die größere von beiden.

Netzwerk-Hub oder -Switch

Netzwerkkabel mit RJ-45-Anschlüssen

Abb. 14.17.1: Verbindung zwischen PC und Netzwerk-Hub oder -Switch

Mikrofoneingang (Mic-In)
Die Mono-Mikrofonbuchse (1/8 Zoll) kann ein externes Mikrofon oder Ausgangssignale von Audiogeräten aufnehmen. Ein integriertes Mikrofon wird dann automatisch abgeschaltet, wenn an diese Buchse ein entsprechender Stecker angeschlossen wird. Dieser Audio-Eingang kann für Video-Konferenzsitzungen (Ton), Erzählungen oder Audioaufnahmen eingesetzt werden.

Modem-Port
Der 2-polige RJ-11 Modem-Stecker ist kleiner als der RJ-45-Modemanschluss und benötigt ein standardisiertes Telefon-Verbindungskabel zur Verbindung mit einem Netzwerk (Internet). Das interne Modem unterstützt eine Übertragung bis zu 56k V.90. Ein zusätzlicher Adapter ist daher nicht erforderlich.

Das Telefonkabel zum Anschluss des internen Computer-Modems sollte zwei- oder vieradrig sein. Nur zwei Adern werden vom Modem benötigt sowie zwei RJ-11-Stecker an beiden Enden des Telefonkabels (Abb. 4.17.2) oder computerseitig ein RJ-11-Stecker und ein TAE-Stecker an der Telefonsteckdose.

Achtung: Das integrierte Modem ist **nur** für analoge Telefonanschlüsse vorgesehen. Durch die Spannung von digitalen Telefonanschlüssen (ISDN) kann das integrierte Modem beschädigt werden.

Prozessor (CPU)
Manche PC-Hersteller verwenden einen Sockelprozessor. Dadurch ist es möglich, den Prozessor gegen einen leistungsfähigeren oder im Servicefall auszutauschen. Manche Modelle verfügen über ein kompakteres ULV-Design und können nicht aufgerüstet werden.

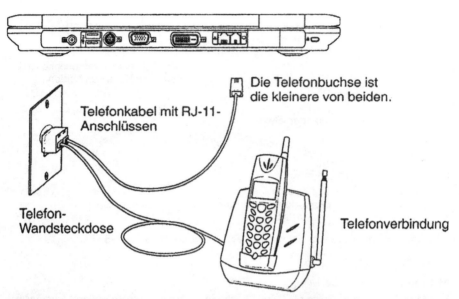

Abb. 14.17.2: Verbindung des PC mit einem Telefonanschluss

Schlossbuchse

Mit einem Kensington-Schloss können Computer, vor allem Notebooks, mittels Kensington-kompatibler Sicherheitsprodukte gesichert werden. Diese Sicherheitsprodukte umfassen ein Metallkabel sowie ein Schloss, mit denen der Computer an ein fixiertes Objekt angeschlossen werden kann. Einige Sicherheitsprodukte umfassen auch einen Bewegungsmelder.

SPDIF-Ausgangsbuchse

An diesen digitalen Audio-Ausgang können SPDIF-kompatible (Sony/Philips Digital Interface) Geräte für digitale Audioausgabe mit bester HiFi-Qualtität angeschlossen werden.

TV-Ausgangsanschluss

Dieser Ausgang ist ein S-Videoanschluss, der eine Umleitung der Anzeige des Computers zu einem Fernseher oder Videoprojektionsgerät ermöglicht. Man kann eine gemeinsame oder Einzelanzeige auswählen. Als Verbindung sollte ein S-Videokabel für eine Hochqualitätsdarstellung oder eine RCA-Verbindung zum S-Videoadapter für ein Standard-Videogerät verwendet werden. Der TV-Anschluss unterstützt sowohl das NTSC- als auch das PAL-Format.

USB Port (2.0/1.1)

Universal Serial Bus (USB)-Ports, (4-poliger serieller Kabelbus) unterstützen viele USB-kompatible Geräte wie z. B. Tastaturen, Zeigegeräte (Maus, Projektoren), Videokameras, Modems, Festplattenlaufwerke, Sticks, Drucker, Monitore und Scanner, die alle in Reihe bei einer Übertragungsgeschwindigkeit von bis zu 12 Mbits/Sek. (USB1.1) und 480 Mbits/Sek. (USB 2.0), angeschlossen werden können. USB ermöglicht gleichzeitigen Betrieb von bis zu 127 Geräten auf einem Computer, wobei Peripheriegeräte wie z. B. USB-Tastaturen und einige neuere Monitore als zusätzliche Plug-in-Sites oder Hubs agieren. USB unterstützt die Hot-Swap-Funktion. Dies bedeutet, dass USB-Geräte ein- oder ausgesteckt werden können, während der Computer eingeschaltet ist.

Wireless LAN-Verbindung

Die Wireless LAN-Ausstattung erfolgt über einen Wireless Ethernet-Adapter. Dieser integrierte Adapter verwendet den IEEE 802.11 Standard für Wireless LAN (WLAN) und kann über Direct Sequence Spread Spectrum (DSSS) und Octogonal Frequency Division Multiplexing (OFDM)-Technologien mit einer Frequenz von 2,4 GHz superschnelle Datentransfers anbieten. Die WLAN ist abwärtskompatibel mit älteren IEEE 802.11 Standards.

Die integrierte WLAN-Ausstattung ist ein Client-Adapter, der Infrastruktur- und Ad-hoc-Modi unterstützt. Dadurch ist bei der Konfiguration eines vorhandenen oder einzurichtenden drahtlosen Netzwerks mit Abständen von bis zu 40m zwischen dem Client und dem Access Point möglich.

Die Sicherheit für die drahtlose Kommunikation ist bei diesem Adapter mit einer 64-Bit/ 128-Bit-Wired-Equivalent-Privacy-(WEP)-Verschlüsselungs- und Wi-Fi-Protected-Access-(WPA)-Funktion gewährleistet.

Im Ad-hoc-Modus ist eine drahtlose Verbindung ohne Access Point (AP) möglich (Abb. 14.17.3).

Der Infrastruktur-Modus ermöglicht die Verbindung zu einem drahtlosen Netzwerk mit einem Access-Point (AP) für drahtlose Clients (Abb. 14.7.4).

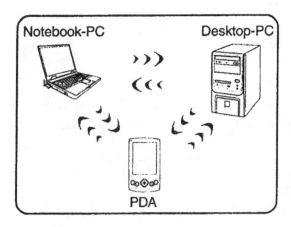

Abb. 14.17.3: Direkte drahtlose Verbindung

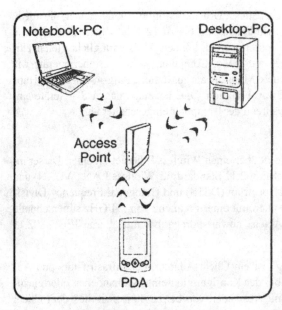

Abb. 14.17.4: Indirekte drahtlose
Verbindung

14.18 Sensoren

Sensoren sind Geräte, die Informationen (Messgrößen) aus Prozessen erfassen und an
Steuerungen weitergeben. Sensoren erfassen z. B. geometrische Größen wie Länge
und Weg, die Annäherung von Objekten oder Füllstand von Behältern, Grenzwerte
von Kraft, Druck, Feuchte oder Temperatur und bewegungsbezogene Größen wie Geschwindigkeit, Drehzahl oder Durchfluss und stellen diese Informationen in Form von
elektrischen Signalen der Steuerung zur Verfügung. Folgende physikalische Effekte
werden dabei hauptsächlich ausgenutzt:

- Widerstand (Potentiometer, Dehnungsmessstreifen (DMS), Widerstandsthermo-
  meter), Schaltzeichen im Anhang 14.1.5.
- Induktion (Induktiver Näherungsschalter, Druckmesser), Schaltzeichen im Anhang
  14.1.6.
- Kapazität (kapazitiver Näherungsschalter, Druckmesser), Schaltzeichen im
  Anhang 14.1.7.
- Piezoeffekt (piezoelektrischer oder piezoresistiver Kraftmesser), Schaltzeichen im
  Anhang 14.1.7.
- Fotoleitfähigkeit (Fotowiderstand), Schaltzeichen im Anhang 14.1.8 und 14.1.9.
- Seebeck-Effekt (Thermoelement), Schaltzeichen im Anhang 14.1.5.
- Halleffekt (Hallgenerator), Schaltzeichen im Anhang 14.1.8.
- Magnetowiderstand (Feldplatte), Schaltzeichen im Anhang 14.1.6.

Bezeichnungen wie Geber, Aufnehmer, Generator, Wandler oder Zelle werden alle synonym als Bezeichnung für Sensoren verwendet.

Als Beispiel für Sensoren sind in Abb. 14.18.1 elektrische Näherungsschalter dargestellt, die auf Annäherung, also berührungsfrei arbeiten. Man unterscheidet meist zwischen induktiven Näherungsschaltern (reagieren auf Metall), kapazitiven Näherungsschaltern (reagieren auf nichtleitende Materialien, außer auf Luft), magnetischen Näherungsschaltern (reagieren auf ein Magnetfeld) und optischen Näherungsschaltern (reagieren auf Lichtreflektion).

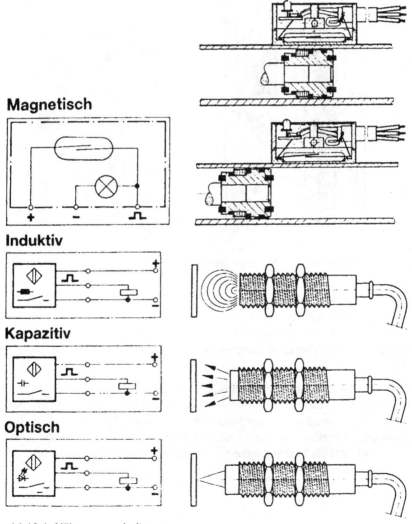

Magnetisch

Induktiv

Kapazitiv

Optisch

Abb. 14.18.1: Näherungsschalter

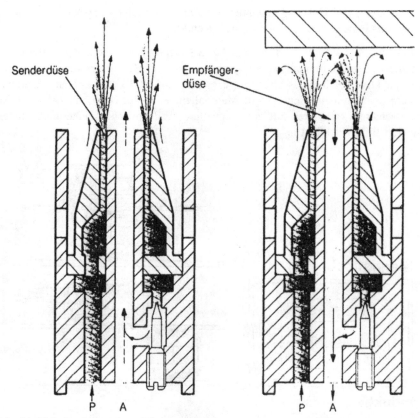

Abb. 14.18.2: Funktion eines Ringstrahlsensors

Näherungsschalter gibt es in 2- und 3-Draht-Ausführung. Bei 2-Draht-Ausführungen wird der Näherungsschalter zwischen Versorgungsspannung und Signalempfänger geschaltet. Bei 3-Draht-Ausführungen wird der Näherungsschalter an den positiven und negativen Anschluss der Versorgungsspannung sowie an den Signalempfänger angeschlossen.

Das Funktionsprinzip eines pneumatischen, berührungslosen Sensors ist in Abb. 14.18.2 dargestellt. Der Ringstrahlsensor besteht im wesentlichen aus einer Sender- und einer Empfängerdüse. Aus der Senderdüse strömt ständig ein Luftstrahl. Bei Annäherung eines Objektes wird diese Luftstrahl beeinflusst, es findet ein Rückstau (Reflex) statt, der über die Empfängerdüse als Signal ausgewertet werden kann.

Lösung zu den Übungen

1.4.1   C

1.4.2   A

1.4.3   D

1.4.4   A und C

1.4.5   Siehe Anhang 14.1.9 Halbleiterdioden

1.4.6   Siehe Anhang 14.1.5 Widerstände

1.4.7   Siehe Anhang 14.1.9 Halbleiterdioden

1.4.8   C

1.4.9   B

2.5.1   Der Spannungsteiler, bestehend aus den Widerständen RB und RQ, liegt mit dem Eingang an der Versorgungsspannung +Ucc. Der Ausgang liegt an der Basis. Über das Teilerverhältnis wird die Spannung des Arbeitspunktes für die Basis bestimmt.

2.5.2   Der Kondensator C leitet Wechselspannungen gegen das Bezugspotenzial (Masse) ab. Somit wird nur die Gleichspannung für den Arbeitspunkt der Basis wirksam.

2.5.3   Die Darlingtonstufe hat 3 Stromkreise:
Den ersten Stromkreis im Eingang den Basisstromkreis über beide Basis-Emitter-Widerstände.
Den zweiten Stromkreis über den Kollektorwiderstand und Kollektor-Emitter des ersten Transistors, weiter über Basis-Emitter des zweiten Transistors. Den dritten Stromkreis über den Ausgangstransistor Kollektor-Emitter.

2.5.4   Alle Dioden-Gleichrichter erzeugen am Ausgang die Halbwellen der sinusförmigen Eingangswechselspannung. Der Kondensator CL, dessen Kapazität vom Laststrom abhängig ist, glättet diese Halbwellen zu Gleichspannung mit geringer Restwelligkeit.

2.5.5   An den Ausgängen würden die Halbwellen der sinusförmigen Wechselspannungen anstehen. Bei der 50-Hz-Netzfrequenz ergibt sich bei dem Einweg-Gleichrichter eine Ausgangsfrequenz von 50 Hz, bei den Zweiweg-Gleichrichtern eine Frequenz von 100 Hz.

2.5.6   Wenn an die Differenzverstärkerschaltung an beide Eingänge das gleiche Signal (Gleichtaktsignal) angelegt wird, wird am Ausgang kein Signal gemessen. Ein Operationsverstärker in Differenzverstärkerschaltung unterdrückt Eingangssignale mit gleicher Amplitude, Frequenz und Phasenlage.

2.5.7   Der bistabile Multivibrator braucht an jedem Eingang ein Signal, um einen Rechteckimpuls zu erzeugen.
Der monostabile Multivibrator braucht nur ein Signal. Mit der Zeitkonstante des RC-Gliedes kippt er in die Ausgangslage selbsttätig zurück.

2.5.8   Die Emitterschaltung ist identisch mit dem invertierenden Operationsverstärker. Beide Schaltungen kehren das Eingangssignal in seiner Polarität am Ausgang um. Bei der Kollektorschaltung und dem nichtinvertierenden Verstärker wird das Eingangssignal in seiner Polarität nicht verändert.

2.5.9   Das Lämpchen H leuchtet, wenn kein Eingangssignal mit positiver Polarität an der Basis ansteht, der Transistor dadurch einen hohen Übergangswiderstand zwischen Kollektor und Emitter hat, also nichtleitend ist.

2.5.10   Eine positive Halbwelle am Eingang bewirkt eine negative Halbwelle am Ausgang der ersten Stufe. Diese negative Halbwelle am Eingang der zweiten Stufe wird nochmals umgekehrt und hat damit am Ausgang der zweiten Stufe wieder eine positive Halbwelle.

2.5.11   Wenn die Basisspannung zu U_b = 0 V wird, dann wird auch der Basisstrom I_B = 0 mA. Somit kann auch kein Kollektorstrom fließen. Der Übergangswiderstand Kollektor-Emitter wird hochohmig, in den Bereich Megaohm: R = 1 M bis 10 M. Ist vom Transistortyp abhängig.
Wenn der Übergangswiderstand Kollektor-Emitter im Bereich 1 M bis 10 M liegt, dann wird die Spannung an den Widerstand R = 1 k zu U = 0 V (Widerstandsverhältnis 1:1000, bzw. 10.000).

2.5.12   Bei drei gleich großen parallel geschalteten Widerstandswerten 5 k, beträgt der Gesamtwiderstand 1/3 des Einzelwiderstandes, also ca. R_{ges} = 1,5 k.

2.5.13   Bei drei unterschiedlich parallel geschalteten Widerstandswerten, ist der Gesamtwiderstand R_{ges} kleiner als der kleinste Widerstand, R = 1 k. R_{ges} = 0,74 k.

3.3.1   Der Thermistor R5 ist ein temperaturabhängiger Widerstand. Über den Widerstand wird das sinusförmige Ausgangssignal in den Emitter der Stufe T1 zurückgekoppelt. Erhöht sich die Temperatur, wird der Widerstandswert kleiner, das zurückgekoppelte Signal wird größer. Dadurch wird das Differenzsignal zwischen Basis und Emitter der Verstärkerstufe T1 kleiner und somit auch das Ausgangssignal. Diese gegensinnige Wechselwirkung zwischen Temperatur und Ausgangssignal und den Regelmechanismus über den Thermistor hält die Amplitude des Oszillators konstant.

3.3.2   Die Reihenschaltung der Trimmwiderstände R7 und R8 liegt mit dem Eingang an der Versorgungsspannung und mit dem Ausgang über den Widerstand R9a an der Basis von T1. Über diesen Spannungsteiler wird der Arbeitspunkt der Verstärkerstufe von T1 eingestellt.

3.3.3 Mit dem Potentiometer wird der erste Schaltpunkt (Hysterese) des Schmitt-Trigger eingestellt.

3.3.4 Der Kondensator C10 liegt in Reihe mit den Widerstand R12 zwischen Versorgungsspannung und der Basis des Transistors. Die Zeitkonstante dieser Reihenschaltung bildet den zweiten Schaltpunkt (Hysterese) des Schmitt-Trigger.

3.3.5 Der Kondensator C11 liegt parallel zu den Koppelwiderstand R15 der Schmitt-Trigger-Stufen. Mit 100 Picofarad ist der Kondensator nur für sehr hohe Schaltfrequenzen ein wirksames Übertragungsglied und dient somit zur Verbesserung der Schaltflanken des Rechteckes.

3.3.6 Der Widerstand R126 (niederer Ohmwert) dient zur Strombegrenzung für die Lampe La, damit diese nicht überlastet wird.

3.3.7 Der Kondensator C17 liegt parallel zum Emitterwiderstand R13. Mit zunehmender Frequenz des Steuersignals wird der Blindwiderstand des Kondensators kleiner und hebt somit die Gegenkopplungswirkung des Emitterwiderstandes auf. Somit wirkt der Kondensator für das Steuersignal als Hochpass. Der Kondensator C18 koppelt das Steuersignal mit umgekehrter Polarität vom Kollektor zur Basis zurück (Gegenkopplung). Die dadurch verursachte Verringerung des Eingangssignals an der Basis wird mit zunehmender Frequenz des Steuersignals immer größer. Dies entspricht einer Tiefpasswirkung.

3.3.8 Der Widerstand R115 bildet mit R114 einen einstellbaren Spannungsteiler zur Erzeugung des Arbeitspunktes für die Basis von T38.

3.3.9 Der Widerstand R118 bildet zusammen mit dem Kondensator C20 ein Zeitglied. Dieses Zeitglied bestimmt im Wesentlichen den Schaltzeitpunkt des Schmitt-Trigger.

3.3.10 Der Widerstand R125 entkoppelt den Impulsausgang vom Kollektor T41 und der Basis von T42.

4.5.1 Bei dieser Schaltung ist der Eingang an der Basis, der Ausgang am Kollektor. Daher entspricht diese Schaltung der Emitter-Schaltung in Tabelle 2.1.

4.5.2 Diese Schaltung entspricht dem bistabilen Multivibrator in Tabelle 2.1.

4.5.3 An der Transistorstufe T24 ist der Steuereingang an der Basis, der Ausgang am Emitter. Dies entspricht der Kollektor-Schaltung in Tabelle 2.1

4.5.4 Erste Zeile: Emitter-Schaltung.
Zweite Zeile: Kollektor-Schaltung.
Dritte Zeile: Basis-Schaltung.

4.5.5 Mit dem Kontakt an-4 wird der Eingang an der Basis von T3 und die Rückkopplung von T2 an das gemeinsame Emitterpotenzial gelegt. Damit wird der selbsttätige Kippvorgang blockiert.

5.5.1   Der Arbeitspunkt der Stufe T1 wird von den Spannungsteiler R7 und R8 bestimmt.
Der Arbeitspunkt der Stufe T2 wird von R1 und die nachfolgende Reihenschaltung von T1, R2 und R3 bestimmt.
Der Arbeitspunkt der Stufe T3 wird von Stufe T2, R4, R2 und R3 bestimmt.

5.5.2   Der Spannungsteiler R109 und R110 bestimmt den Arbeitspunkt der Verstärkerstufe T37.

5.5.3   Der Arbeitspunkt an der Basis von T22 wird durch den Widerstand R113 bestimmt.
Der Arbeitspunkt an der Basis von T23 durch die Reihenschaltung von R114, R115, T22 (Emitter-Kollektor) und R116.
Der Arbeitspunkt an der Basis von T24 wird durch R117 und die Reihenschaltung von T23 (Kollektor-Emitter), R118, R119 bestimmt.

5.5.4   Der gemeinsame Spannungsteiler R14 und R17.

5.5.5   Der Thermistor R5.

5.5.6   Der gemeinsame Emitterwiderstand R14.

5.5.7   Der Widerstand R115 ist am Kollektor und der Basis der Stufe T38 angeschlossen und bildet zusammen mit den Widerstand R114 den Spannungsteiler zur Erzeugung des Arbeitspunktes. Wenn die Temperatur am Transistor steigt (thermische Kopplung), wird der Innenwiderstand zwischen Kollektor und Emitter kleiner, die Folge ist ein Anstieg des Kollektorstromes. Dadurch wird die Spannung am Kollektor niedriger. Diese Reduzierung der Kollektorspannung verringert über den Widerstand R115 auch die Spannung an der Basis. Die Folge ist ein geringerer Basisstrom und damit auch ein geringerer Kollektorstrom. Der Transistor kühlt wieder ab.

5.5.8   Der hohe Widerstandswert von R111 bewirkt einen hohen Eingangswiderstand für das Eingangssignal und entkoppelt somit den Steuereingang von den relativ niedrigen Eingangswiderstand des Transistors.

5.5.9   Die Dioden D1 und D2 in Abb.4.5 liegen im Steuerstromkreis der Basisanschlüsse, die Diode D3 im Kollektor von T3. Die Dioden sind in Durchlassrichtung geschaltet. Durch die Abstiegsflanke des erzeugten Rechteckimpulses können hohe negative Spannungswerte auftreten, die zu einer Gefährdung der Transistoren führen können. Daher haben die Dioden D1 bis D3 Schutzfunktion.

5.5.10   Die Dioden G1, die in Sperrrichtung zwischen Basis und Emitter liegen, sind für Schaltimpulse und Störimpulse mit negativer Polarität leitend. Dadurch wird verhindert, dass die Basis-Emitter-Diode der Transistoren durch die

Schaltimpulse gefährdet ist. Bipolare Transistoren haben einen niedrigen Sperrspannungswert.

5.5.11 In Abb. 5.7 haben alle 3 Stufen Verstärkerfunktion, d.h. sie arbeiten in Source- (FET T8), bzw. in Emitter-Schaltung (T9,T10–T11, T12). Auch die Stufe T13 wirkt in dieser Funktion.

In Abb. 5.8 wirken die Stufen T201 und T203 in Basisschaltung. Die Verstärkerstufe T202 hat die Funktion einer Emitter-Schaltung.

6.4.1 Die Verbindungskopplung besteht aus einer direkten Kopplung von Kollektor T1 zur Basis T2.

6.4.2 Die Verbindung besteht aus einer direkten Kopplung von Kollektor T9 zur Basis T10.

6.4.3 Die Verbindung besteht aus einer Widerstandskopplung von Emitter T15 über die Widerstände R108 und R111.

6.4.4 Der Kondensator C47 in Abb. 4.3 liegt zwischen Kollektor und Basis von T23 und hat somit frequenzabhängige Gegenkopplungswirkung. Die Kapazität von 27 pF ist gering und daher nur für hohe Frequenzen wirksam.

6.4.5 Gegenkopplung.

6.4.6 Die ungeregelte Gleichspannung wird über den Widerstand 5,1M (Widerstandskopplung als Regelspannung an die Basis des Transistors BC 107 geführt. Über den Widerstand 47k wird die ungeregelte Gleichspannung ebenfalls als Regelspannung an die Basis des zweiten Transistors geführt.

6.4.7 Der Emitterwiderstand bewirkt eine Stabilisierung des Arbeitspunktes durch seine Gegenkopplungswirkung, wenn die Basisspannung durch einen Vorwiderstand oder Spannungsteiler stabil gehalten wird. Erhöht sich der Emitterstrom, dann wird die Spannung am Emitterwiderstand größer. Die Spannungsdifferenz zwischen Basis und Emitter wird dadurch kleiner.

6.4.8 Bei einer Gegenkopplung wird eine Gegenspannung frequenzunabhängig über einen Widerstand zurückgeführt. Ist diesem Widerstand ein Kondensator parallel geschaltet, wird die Gegenkopplungswirkung frequenzabhängig und nimmt mit steigender Frequenz zu.

6.4.9 Durch eine Gegenkopplung.

6.4.10 Überhaupt nicht, weil ein Kondensator für Gleichspannung trennend wirkt.

7.3.1 Ausgang T1, direkte Verbindung zur Basis T2, weiter Kollektor T2. Direkte Verbindung zur Basis T3, Emitter T3 über C1, S2 und S3a zum Ausgang S4/AF.

7.3.2 Eingang, Kondensator C16, Widerstand R111, Basis T37, Kollektor T37, Kondensator C19, Basis T38, Kollektor T38, Basis T39, Kollektor T39, Diode

D49, Widerstand R 118, Basis T40, (Koppelweg 1: Kollektor T40, Widerstand R123, Basis T41; Koppelweg 2: Emitter T41, T40) Kollektor T41, Basis T42, Emitter T42, Lampe La, oder Kollektor T41, Widerstand R125, Ausgang.

7.3.3   Widerstand R112, C44, Basis T22, Kollektor T22, Basis T23, Kollektor T23, Basis T24, Emitter T24, Kondensator C50.

7.3.4   Kollektor T99, Widerstand R239, Basis T98, Widerstand R241, Basis T97, Kollektor T97, Widerstand R244, Widerstand R243, D40 (parallel R246, R245, D41), R240, Basis T99.

7.3.5   Eingang A:
Gate T8a, Drain T8a, Widerstand R33, Basis T9, Kollektor T9, Basis T10, Kollektor T10, Ausgang.
Eingang B:
Gate T8b, Drain T8b, Widerstand R39, Basis T12, Kollektor T12, Basis T11, Kollektor T11.

7.3.6   Antenne, Induktivität L201, Kondensator C203, Emitter T201, Kollektor T201, Kondensator C207, Basis T202, Induktivität L206, Induktivität L207, ZF-Verstärker.

7.3.7   Widerstand R65, Basis T9, Kollektor T9, Basis T10, Kollektor T10, Verzweigung: Basis T12, Kollektor T12, Diode BYY59, Sicherung Si 5. VDR-Widerstand R107, Basis T11, Kollektor T11, Stecker.

7.3.8   Anschluss +45 V, Widerstand 33 k, Widerstand 5 k, Basis BC107B unten, Kollektor BC107B unten, Widerstand 10 k, Basis BC 107B oben, Emitter BC 107B oben, Basis 2N5293.

7.3.9   Verbindung der Gatteranschlüsse 7400 und 7404 entsprechend der Schaltung (Abb. 7.3.9).

8.2.1   Sinus-Generator: Ausgang Kondensator C1.
Rechteckformer: Eingang Kondensator C10. Ausgang Widerstand R18.
Signalabschwächer: Eingang Schalter S2. Ausgang Schalter 3a.

8.2.2   Eingangsverstärker: Eingang Kondensator C16. Ausgang Kollektor T37.
Amplitudenbegrenzer: Eingang C19. Ausgang T39.
Rechteckformer: Eingang D49. Ausgang Kollektor T47.
Ausgangsverstärker: Eingang Basis T42. Ausgang Emitter T42.

8.2.3   Die Zählstufen haben jeweils zwei Takteingänge über die Dioden G2 und die Widerstände R4 an die Kondensatoren C1 bis C3 und zwei Vorbereitungseingänge über die Widerstände R2 und R5 zu den Ausgängen von zwei Zählstufen.
Die Ausgänge und Eingänge der Zählstufen sind wie folgt verkoppelt:
Ausgang Kollektor T1 zu den Eingängen T2 über R2 und T3 über R5.
Ausgang Kollektor T2 zu den Eingängen T1 über R5 und T3 über R2.
Ausgang Kollektor T3 zu den Eingängen T1 über R2 und T2 über R5.
Taktausgänge: T1 zu T2, T2 zu T3 und T3 zu T1.

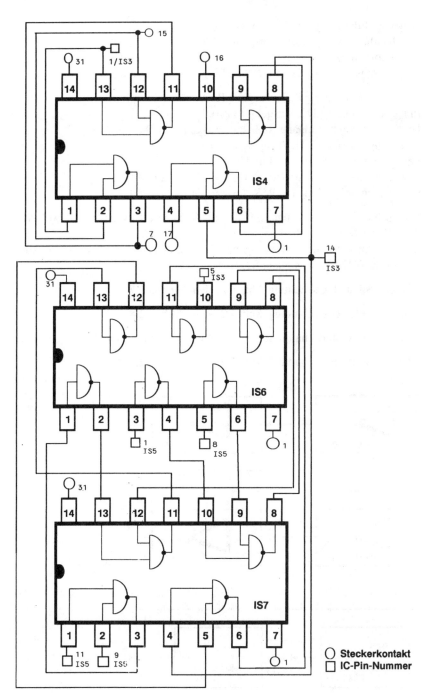

Abb. 7.3.9: Verbindungen der Logik-ICs (Aufgabe 7.3.9)

8.2.4   Eingangsstufe: Eingang C203, Ausgang C207
Mischstufe: Eingang Basis, Ausgang L206.
Oszillator: Ausgang L205.
Frequenzabstimmung: Über R208 an Eingangsstufe und R209 an Oszillator.

8.2.5   VCG Mirror: Eingang R33, Ausgang R47.
Integrator: Eingang D2, Ausgang IS4(6).
Hysterese-Switch: Eingang R63/R64, Ausgang D3/D4.
Q11: Eingang Basis T11, Ausgang Emitter T11.
Square-Wave: T12, T13, T14 und T15.
Sine-Converter: Eingang R61, Ausgang G11, G12 und G13.
Output-Amplifier: Eingang R58, Ausgang R56 und R59.

8.2.6   Binärzähler 7493: Takteingang EA (Pin 14), Binäre Ausgänge AA, AB, AC,
AD, Rücksetzeingang R0(1).
BCD-Dezimal Dekoder 7442: Eingänge EA, EB, EC, ED, Ausgänge A0 bis A9.
Monoflop 74121: Takteingang S3, Ausgang Q (1).

8.2.7   Übersichtsplan der Schaltung Abb. 6.3, siehe Abb. 8.2.7.

8.2.8   Übersichtsplan der Schaltung Abb. 7.2, siehe Abb. 8.2.8.

8.2.9   Symbole der Grundschaltungen aus Tabelle 2.1, siehe Abb. 8.2.9.

8.2.10 Übersichtsplan der Schaltung Abb. 7.3, siehe Abb. 8.2.10.

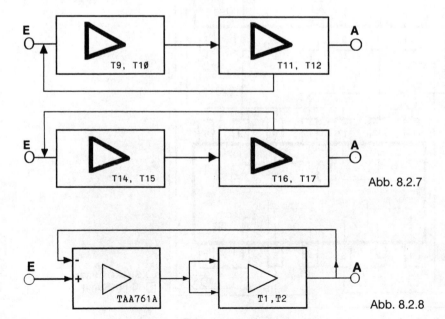

Abb. 8.2.7

Abb. 8.2.8

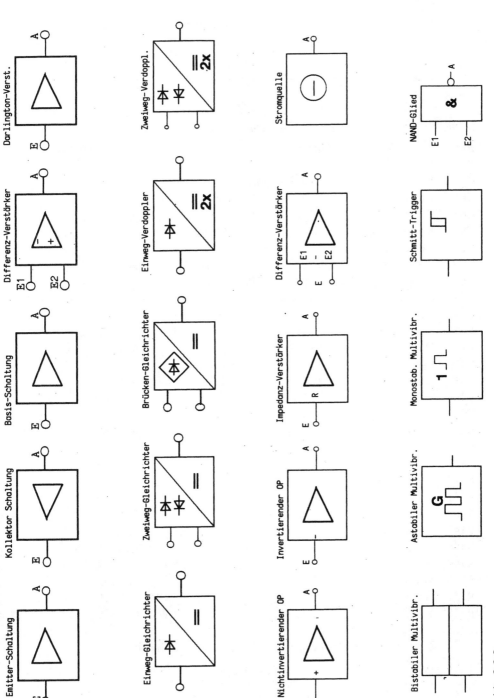

Abb. 8.2.9

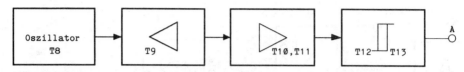

Abb. 8.2.10

Tabelle 9.1: Beispiel einer Teileliste zur Schaltung in Abb. 9.3

Ref. Bez.	Benennung und Kennwerte				firmenspezifische Bestellnr.
C60	Kondensator	0,1 µF	±10%	250 V	903 198
C61	Kondensator (Elyt)	25 µF	−10...+100%	25 V	903 193
C62	Kondensator	0,1 µF	±10%	250 V	903 198
C63	Kondensator	200 pF	±1%	500 V	903 185
C64	Kondensator	0,33 µF	±10%	160 V	903 201
C65	Kondensator	0,22 µF	±10%	125 V	903 197
C66	Kondensator (Elyt)	25 µF	−10...+100%	25 V	903 193
C67	Kondensator	4,7 µF	±20%	63 V	903 218
C68	Kondensator	0,01 µF	±1%	100 V	903 176
C69	Kondensator	0,1 µF	±10%	250 V	903 198
D9	Diode	1N4148			904 610
D10	Diode	2AA135			904 549
D11	Diode	2AA135			904 549
D12	Diode	BAY31			904 536
D13	Diode	BAY31			904 536
M1	Stellmotor				918 061
M2	Stellmotor				918 061
R8	Potentiometer	20 k (m. Antrieb)			301 405
R21	Potentiometer	20 k (m. Antrieb)			301 405
R145	Widerstand	82 kΩ	±10%	0,25 W	921 279
R164	Widerstand	12 kΩ	±10%	0,5 W	921 222
R147	Trimmpoti	25 kΩ	linear	0,15 W	909 159
R148	Widerstand	1 kΩ	±5%	0,25 W	921 135
R149	Widerstand	5,6 kΩ	±10%	0,5 W	921 008
R150	Widerstand	39 kΩ	±2%	0,25 W	921 242
R151	Widerstand	6,8 kΩ	±2%	0,25 W	921 410
R152	Widerstand	22 kΩ	±1%	0,2 W	921 379

9.3　Korrigierte Bauelementetabelle, siehe obenstehende Tabelle.

10.7.1　Über Ausgang 0(c) erfolgt die Freigabe an CS des USART.
Über Ausgang 1(d) erfolgt die Freigabe an CS des Timers.
Über Ausgang 5(e) wird REGISTER 8 getaktet.

Über Ausgang 6(f) erfolgt die Freigabe an CE des RAM-I/O-Speichers.
Über Ausgang 7(g) erfolgt die Freigabe an CS und über D9, D10, D11 an CE1 und CE2 des RAM-Speichers.

10.7.2 Das Vorzeichen IC (D1) wird direkt von den Ausgängen STATUS, POL und über IC1 gesteuert. Die Steuerung der Bausteine D2 bis D5 erfolgt über die Ausgänge B1 und B12 (IC1), das Steuerwortregister IC8 weiter über die I/O-Bausteine 8212 (IC2, IC3) und die BCD-7-Segmentdecoder IC4 bis IC7.

10.7.3 Übersichtsplan der Schaltung Abb. 10.9, siehe Abb. 10.7.3.

10.7.4 Programmablaufplan der Bilder aus Abb. 10.20, siehe Abb. 10.7.4

11.5.1 Transistor T2 liegt im Planquadrat B4.
Der Kondensator C1 liegt im Planquadrat C3.
Der Widerstand R12 liegt im Planquadrat D3.

11.5.2 Der Anschluss der Verbindungsleitung erfolgt über Nr. 44 an der Platine ZPS.

11.5.3 In Tabelle 11.1 werden die Aufgaben und Funktionen der Bauelemente erklärt.
In der Tabelle 11.2 werden die Klemmenfunktionen definiert.

11.5.4 In der Abb. 11.7 wird eine Übersicht über die Bedienerführung gegeben. Im Gegensatz dazu zeigt die Abb. 11.9 eine detaillierte Programmablauffolge für die Änderung einer Druckerfunktion.

12.5.1 Logikplan zur Abb. 12.8, siehe Abb. 12.5.1.

12.5.2 Belegungsliste zur Abb. 12.8, siehe Abb. 12.5.2.

12.5.3 Anweisungsliste zur Abb. 12.8, siehe Abb. 12.5.3.

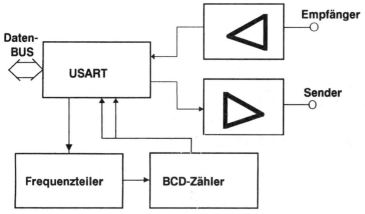

Abb. 10.7.3

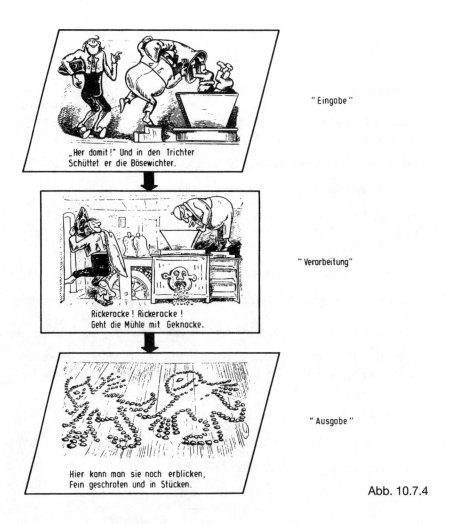

" Eingabe "

" Verarbeitung "

" Ausgabe "

Abb. 10.7.4

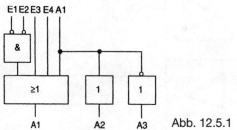

Abb. 12.5.1

Belegungsliste

Funktionsteil	Kennzeichnung im Stromlaufplan	Operanden- zuordnung
Taster (Öffner)	S1	E1
Taster (Öffner)	S2	E2
Taster (Schließer)	S3	E3
Taster (Schließer)	S4	E4
Schütz	K1	A1
Meldeleuchte für Betrieb	H1	A2
Meldeleuchte für Bereitschaft	H2	A3

Abb. 12.5.2

Anweisungsliste

Adr.	Anweisung	Kommentar
1	U E3	UND-Eingang 3
2	O E4	ODER-Eingang 4
3	O A1	ODER-Ausgang 1
4	U E1	UND-Eingang 1
5	U E2	UND-Eingang 2
6	= A1	ist Ausgang 1
7	U A1	UND-Ausgang 1
8	= A2	ist Ausgang 2
9	UN A1	NAND-Ausgang 1
10	= A3	ist Ausgang 3
11	PE	Programmende

Abb. 12.5.3

13.7.1 Folgende Klemmen müssen verbunden werden:

78102	8X1
P	P1
M	M1
A	I413

13.7.2 Mit den Bezeichnungen X70, X71, X72 werden Kabelstecker vom Schalt-schrank zur Maschine bezeichnet.

13.7.3 Mit den Bezeichnungen 4 × 2,5 und 2 × 1,5 werden Kabelleitungen wie folgt definiert: Zu der Kabelverbindung gehören 4 Leitungen mit 2,5 mm Durch-messer und 2 Leitungen mit 1,5 mm Durchmesser.

13.7.4 Die Not-Aus-Kette in Abb. 13.10 ist von oben nach unten wie folgt beschrieben:

„7S 108:13(P1)"	Hinweis auf Gerätebezeichnung
„21.0"	Seite 21, Strompfad 0
„7S 556"	Tastenbezeichnung, Kontakte 21 und 22
„7X2.1"	Steckverbinder, Klemme 1
„7X2.2"	Steckverbinder, Klemme 2
„7X1"	Klemmleiste, Kontakt 5 an P1
„7X1"	Klemmleiste, Kontakt 556
„7X1.5"	Steckverbinder, Klemme 43
„1X1.5"	Steckverbinder, Klemme 43
„1X1.2"	Steckverbinder, Klemme 14

13.7.5 Alle Schalter sind eingeschaltet. Daher ergibt sich der sechsstellige Dualcode wie folgt: 11 1111 entspricht 3F im Hex.-Code.

Sachverzeichnis

Dietmar Benda

Wie misst man mit dem Oszilloskop?

Elektronik

Dietmar Benda

Wie misst man mit dem
Oszilloskop?

Technik, Geräte, Messpraxis mit über 150 Messbeispielen

Mit 190 Abbildungen
4. Auflage

FRANZIS

Bibliografische Information der Deutschen Bibliothek

Die Deutsche Bibliothek verzeichnet diese Publikation in der Deutschen Nationalbibliografie; detaillierte Daten sind im Internet über **http://dnb.ddb.de** abrufbar.

© 2007 Franzis Verlag GmbH, 85586 Poing

Die meisten Produktbezeichnungen von Hard- und Software sowie Firmennamen und Firmenlogos, die in diesem Werk genannt werden, sind in der Regel gleichzeitig auch eingetragene Warenzeichen und sollten als solche betrachtet werden. Der Verlag folgt bei den Produktbezeichnungen im Wesentlichen den Schreibweisen der Hersteller.

Alle in diesem Buch vorgestellten Schaltungen und Programme wurden mit der größtmöglichen Sorgfalt entwickelt und getestet. Trotzdem können Fehler im Buch und in der Software nicht vollständig ausgeschlossen werden. Verlag und Autor übernehmen für fehlerhafte Angaben und deren Folgen keine Haftung.

Satz: Fotosatz Pfeifer, 82166 Gräfelfing
art & design: www.ideehoch2.de
Druck: Legoprint S.p.A., Lavis (Italia)
Printed in Italy

ISBN 978-3-7723-**6766-3**

Vorwort

Oszilloskope sind aufgrund der steigenden Leistungsfähigkeit, bei immer niedrigeren Beschaffungskosten, zum Standard-Messgerät geworden. Der technisch Interessierte arbeitet mit diesen Messgeräten nicht nur in Schulen und Seminaren, sondern auch zunehmend im Hobbybereich. Im Gegensatz zu einfach bedienenden Anzeigemessgeräten erfordert das Oszilloskop Kenntnisse über seine vielfältigen Einstellmöglichkeiten zur Sichtbarmachung von elektrischen Signalen und andere über Sensoren aufnehmbare Funktionsabläufe. Dazu gehört auch ein Vergleich der Vor- und Nachteile von Analogoszilloskopen und Digital-Speicheroszilloskopen sowie deren Messmöglichkeiten.

Bei der inhaltlichen Gestaltung und der Gliederung dieses Buches hat sich der Autor folgende Ziele und Schwerpunkte für den Anfänger gesetzt

- Der Leser soll lernen, wie man misst (Bedienung des Oszilloskops), warum man so misst (Funktionserkennung) und was man misst (Versuche, Übungen und Anwendungsbeispiele).
- Der Leser weiß nach gründlicher Durcharbeit dieses Buches, wie, warum und was man mit einem Oszilloskop messen kann.
- Wenn der Leser nach Studium dieses Buches nicht die Möglichkeit einer regelmäßigen Messpraxis hat, dann kann er entstehende Kenntnislücken sozusagen im Trockenkursverfahren mit Hilfe dieses Buches wieder auffrischen. Dazu helfen vor allem die Abschnitte „Übungen zur Vertiefung".

Im ersten Hauptkapitel erhält der Leser eine Übersicht über den Aufbau von Oszilloskopen, die Funktionen der Bedienelemente und über die Kennwerte.

In den folgenden Kapiteln wird mit dem Oszilloskop gearbeitet und es werden anhand von Versuchsbeschreibungen und vielen Übungen die Funktionen beispielhaft erarbeitet und vertieft.

Gerade die Abschnitte 2 bis 7 machen den Newcomer zum Könner. Hierbei ist es wie beim Autofahren. Viele Kenner können ein Auto bedienen, der Könner weiß, welche Funktionen hierbei ineinandergreifen und zusammenwirken und daher zu berücksichtigen sind.

Danach folgt der Abschnitt mit vielen Messbeispielen und Versuchen für den Einsatz eines Oszilloskops in den verschiedensten Anwendungsbereichen, angefangen bei der Verstärker- und Impulsmesstechnik bis zur Sensorauswertung für physikalische Funktionsabläufe, über messbare Körperspannungen (Puls und Herzaktionsspannungen), zu Antriebsregelsystemen und Bussystemen.

Die nachfolgend aufgeführten Firmen haben Unterlagen zur Verfügung gestellt:

Fluke & Philips, Hamburg
HAMEG, Frankfurt,
ITT – METRIX, Paris
Robert Bosch GmbH, Stuttgart
Tektronix, Düsseldorf

Inhalt

1 Eigenschaften und Funktionen des Oszilloskops

Ein Oszilloskop ist bei der Prüfung von Wechselströmen und Wechselspannungen und bei der Fehlersuche in elektronischen Schaltungen ein unentbehrliches Messgerät.

Mit dem Oszilloskop kann man Schwingungsvorgänge jeder Art in ihrer Amplitude und Signalformänderung in bestimmten Zeitabschnitten an beliebigen Stellen in einer elektronischen Schaltung sichtbar machen. Die trägheitslose Messung der Amplitude, Signalform und Zeitdauer ist besonders vorteilhaft, wenn Signale von sehr kurzer Zeitdauer (Millisekunden, Mikrosekunden) und mit unregelmäßigem Verlauf (Impulsmessung in der Digitaltechnik) gemessen werden sollen.

Die zunehmende Umwandlung von physikalischen Größen (Dehnung, Druck, Geschwindigkeit, Licht, Schall, Temperatur, Zug) durch Sensoren in elektrische Signale (Strom, Spannung, Widerstand) erlaubt die Messung auch dieser Signale mit dem Oszilloskop.

1.1 Messtechnische Grundlagen

Bevor wir uns mit den Funktionen des Oszilloskops vertraut machen, werden vorab einige Messgrößen erläutert und dargestellt.

Direkt messen kann man mit einem Oszilloskop nur Spannungen. Alle anderen Messgrößen, wie z. B. der Strom, können nur indirekt gemessen werden, d. h., sie müssen auf eine Spannungsmessung zurückgeführt werden. Der Bildschirm zeigt ein Messdiagramm *(Abb. 1.1)*, das die Spannungen in der Amplitude (Y-Achse) und in der Zeit (X-Achse)

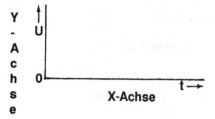

Abb. 1.1 Messdiagramm auf Bildschirm

darstellt. Das Bildschirmraster ist ein einstellbarer Maßstab für beide Achsen und ermöglicht so das Ablesen der dargestellten Amplitude in der Y-Achse und der eingestellten Zeit in der X-Achse (*Abb. 1.2*). Die Definition des Maßstabes erfolgt für ein Raster sowohl in der Y-Achse (Ablenkkoeffizient) als auch in der X-Achse (Zeitkoeffizient).

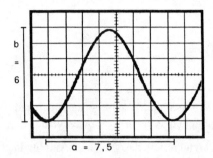

Abb. 1.2: Rastermaßstab auf Bildschirm

Für das Beispiel in *Abb. 1.2* nehmen wir folgende Maßstäbe an:

- Y-Maßstab = 1 V pro Raster (Ablenkkoeffizient) oder abgekürzt 1 V/DIV
- X-Maßstab = 1 ms pro Raster (Zeitkoeffizient) oder abgekürzt 1 ms/DIV

Hieraus ergeben sich folgende Messwerte für eine sinusförmige Spannung:

- Der Amplitudenwert (b) von der positiven Halbwelle bis zur negativen Halbwelle geht über 6 Raster, dies entspricht einer Spannung von 6 V bei 1 V/DIV (6 · 1 V = 6 V).
- Der Zeitablauf (a) einer Periode geht über ca. 7,5 Raster, dies entspricht einer Zeit von 7,5 ms (Millisekunden) bei 1 ms/DIV (7,5 · 1 ms = 7,5 ms).

Wir merken uns:

Für die vertikale (y) oder horizontale (x) Ablenkung mit Hilfe von Spannungen gilt:

Ablenkkoeffizient (pro Raster) =

$$\frac{\text{Spannnung, die die Ablenkung bewirkt}}{\text{Ablenkungsweg des Leuchtpunktes}}$$

Für eine horizontale (x) Ablenkung, die proportional zur Zeit erfolgt, ist der Zeitkoeffizient maßgeblich:

$$\text{Zeitkoeffizient (pro Raster)} = \frac{\text{Zeitdauer}}{\text{Weg des Leuchtpunktes}}$$

Die Ablenkkoeffizienten und der Zeitkoeffizient sind einstellbar.

Zur Vertiefung noch ein Beispiel:

Zur Messung eines sinusförmigen Wechselstroms I wird die Spannung U = R · I an einem ohmschen Widerstand mit R = 10 Ω aufgezeichnet.

Einstellungen am Oszilloskop:

Horizontaler Zeitkoeffizient = 20 µs/DIV;
vertikaler Ablenkkoeffizient = 50 mV/DIV.

Abgelesene Werte:
Periodenlänge der sinusförmigen Wechselspannung = 2 Raster; Abstand zwischen Maximal- und Minimalwert = 4 Raster.

Gesucht Strom I und Frequenz f:

$\hat{u}$= 50 mV/DIV · 4 Raster = 200 mV; $\hat{I}$ = 200 mV/10 Ω = 20 mA;
f = 1/T; T = 20 µs/DIV · 2 Raster 40 µs; f = 1/40 µs = 25 kHz.

Bei der Messung von Spannungen mit dem Oszilloskop müssen drei Spannungsgrößen unterschieden werden:

- Effektivspannung (Gleichgröße) U
- Spitze-Spannung U_S
- Spitze-Spitze-Spannung U_{SS} oder $\hat{y}$

Die Effektivspannung oder Gleichgröße ist eine zeitlich konstante Größe (z. B. Gleichspannung), daher eine Spannung, die sich über die Zeit in der Amplitude nicht ändert *(Abb. 1.3a)*.

Die Spitze-Spannung U_S *(Abb. 1.3b)* wird von der Nulllinie aus gemessen, in diesem Beispiel 3,1 Raster bei 1 V/DIV ergibt Us = 3,1 V.

Der Spitze-Spitze-Spannungswert U_{SS} wird über die gesamte Amplitude gemessen und liegt daher bei 6,2 Raster, entspricht 6,2 V *(Abb. 1.3b)*. Der zeitliche Mittelwert einer Größe ist der Gleichwert, diesen Wert erhält man bei einer Mischspannung, deren Spannungswerte über Spannungsnull liegen *(Abb. 1.3c)*.

Eine Wechselspannung ist eine periodisch sich mit der Zeit ändernde Größe auf der Nulllinie, deren Gleichwert null ist *(Abb. 1.3d)*.

Welcher Zusammenhang oder Unterschied besteht nun zwischen der Anzeige eines Voltmeters (Digital oder Zeiger) und den Spannungsdarstellungen eines Oszilloskops. Hierzu betrachten wir den folgenden Vergleich:

Spannungsart	Oszilloskop	Voltmeter
Gleichspannung,	Einst. 4 V/DIV	Einst. Gleichsp.
z. B. U = + 12 V	3 x 4 V = 12 V	+ 12 V
Wechselspannung	Einst. 10 V/DIV	Einst. Wechselsp.
Sinus u = 14,3 V	4 x 10 V = 40 V	14,3 V

a)

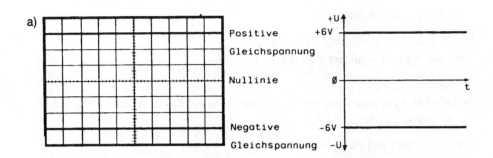

b)

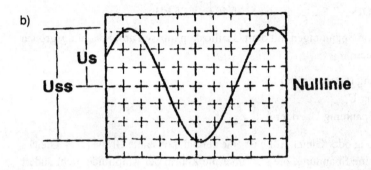

c)

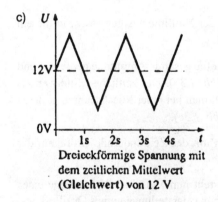

Dreieckförmige Spannung mit
dem zeitlichen Mittelwert
(Gleichwert) von 12 V

d)

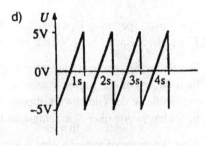

Abb. 1.3:
a) Gleichspannung am Oszilloskop und im Diagramm
b) Spitzenspannung und Spitze-Spitze-Spannung
c) Dreieckförmige Spannung mit dem zeitlichen Mittelwert
d) Sägezahnspannung als Wechselspannung (Gleichwert = 0 V)

Der Vergleich zeigt bei Gleichspannung keinen Unterschied zwischen dem dargestellten Spannungwert am Oszilloskop und in der Anzeige des Voltmeters.

Bei einer sinusförmigen Wechselspannung zeigt nur das Voltmeter den vorgegebenen Messwert an. Die Spitze-Spitze-Spannung $U_{SS} = 40$ V ist die Darstellung am Oszilloskop. Dieser Unterschied lässt sich wie folgt erklären:

Voltmeter sind immer im Effektivwert geeicht, dies ist der Gleichwert einer Wechselspannung.

Zwischen dem Effektivwert (Gleichwert) und der Spitze-Spitze-Spannung am Oszilloskop besteht bei Wechselspannungen, folgender Zusammenhang:

$$U \cdot 1,4 = U_S \qquad\qquad U_S \cdot 2 = U_{SS} \qquad\qquad \text{oder} \qquad\qquad U \cdot 2,8 = U_{SS}.$$

Multiplizieren wir die zu messende Effektivspannung mit dem Faktor 2,8, erhalten wir die vom Oszilloskop dargestellte Spitze-Spitze-Spannung $U_{SS} = 14,3$ V $\cdot$ 2,8 = 40 V.

1.2   Bedien- und Anzeigeelemente eines Oszilloskops

Betrachten wir das Bedienfeld eines einfachen Oszilloskops, dann haben wir wesentlich mehr Einstellmöglichkeiten als z. B. bei einem Zeigerinstrument oder einem Digitalvoltmeter (DVM).

Abb. 1.4a zeigt beispielhaft die Bedienelemente des Oszilloskops und die Anzeigefläche der Elektronenstrahlröhre. Daneben sind zum Vergleich die Einstell- und Darstellungsmöglichkeiten eines Digitalvoltmeters in *Abb. 1.4b* zu sehen.

Der direkte Vergleich zeigt, dass die beiden Messgeräte nur eine der vier Hauptfunktionen des Oszilloskop gemeinsam haben.

1.2.1   Die Darstellung

Das Oszilloskop hat eine Bildfläche, auf der Signale in ihrer Amplitude und Form (Vertikal-Ablenkung) und in ihrem zeitlichen Verlauf (Horizontal-Ablenkung) dargestellt werden (*Abb. 1.5*).

Die einzelnen Funktionen werden in den folgenden 4 Abschnitten ausführlich beschrieben.

Das Digitalvoltmeter hat zur Darstellung der Signalgröße (Amplitude) nur eine Ziffernanzeige mit einer Vorzeichenanzeige für Gleichspannungen.

Signaldarstellung

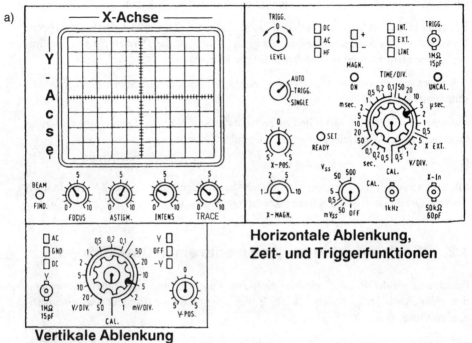

Horizontale Ablenkung,
Zeit- und Triggerfunktionen

Vertikale Ablenkung

Abb. 1.4: Anzeige- und Bedienungselemente im Vergleich
a) Oszilloskop
b) Digitalvoltmeter

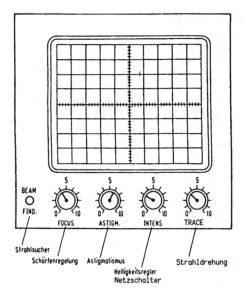

Abb. 1.5: Bildschirmeinheit

1.2.2 Vertikale Messwerteinstellung und Signalart

Das Oszilloskop (*Abb. 1.6b*) hat einen Amplitudenteiler, mit dem die Spannungs-amplitude in Volt pro Rasterteil auf dem Bildschirm (V/DIV oder mV/DIV) eingestellt werden kann. Mit einem veränderbaren Widerstand auf dem Spannungsteiler kann die Amplitude auf beliebige Zwischenwerte eingestellt werden. Nur in der rechten End-stellung CAL. des Widerstandes gilt die Skalenteilung, z. B. V/DIV.

Mit dem veränderlichen Widerstand Y-POS. kann der Strahlpunkt bzw. der abgelenkte Strahlpunkt in Form einer horizontalen Linie oder des Signalverlaufes über den ge-samten Bildschirm von der Mitte aus in vertikaler Richtung nach oben und nach unten verschoben werden. Mit der Funktionstaste AC (Abk. für Wechselspannung) kann der Vertikaleingang des Oszilloskops für Gleichspannungen gesperrt werden. Ein vorge-schalteter Kondensator kann nur Wechselspannungen übertragen.

Die Funktionstaste GND (Abk. für Ground, Masse) legt den Eingang des Vertikalver-stärkers gegen Masse. Der Eingang ist somit für Eingangssignale gesperrt.

Mit der Funktionstaste DC wird der Vertikaleingang für Gleich- und Wechselspannun-gen und somit für Mischspannungen freigegeben.

Das Digitalvoltmeter hat neben dem gemeinsamen Teiler für Strom, Spannung und Wi-derstand getrennte Eingänge für diese Messwerte, sowie einen Umschalter für Gleich- oder Wechselstromwerte (*Abb. 1.6a*).

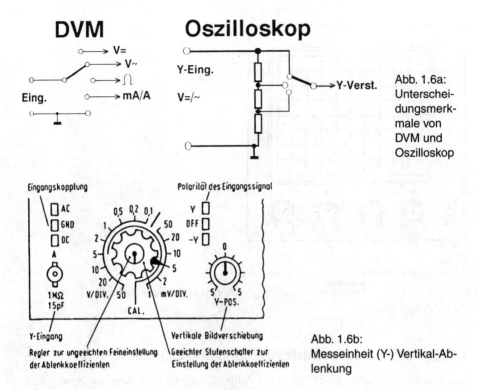

Abb. 1.6a: Unterscheidungsmerkmale von DVM und Oszilloskop

Abb. 1.6b: Messeinheit (Y-) Vertikal-Ablenkung

Dadurch unterscheiden sich grundsätzlich das Oszilloskop und das direkt messende Digitalvoltmeter. Mit dem Oszilloskop können nur Gleich- und Wechselspannungen gemessen werden *(Abb. 1.6b)*. Strom- und Widerstandsmessungen sind nur indirekt über eine Spannungsmessung möglich.

Für die Anschlussbuchse des zu messenden Signales werden in *Abb. 1.6b* der Eingangswiderstand mit 1 MΩ und die Eingangskapazität mit 15 pF angegeben.

1.2.3 Horizontale Zeitablenkung

Damit in der Horizontalablenkung (Zeitachse) verschiedene Zeitmaßstäbe eingestellt werden können, ist ein Zeitschalter (TIME/DIV) erforderlich *(Abb. 1.7)*. Ein eingestellter Zeitwert in Sekunden (sec.), Millisekunden (msec.) oder Mikrosekunden (µsec.) gilt für ein Raster auf der horizontalen Rastereinteilung auf dem Bildschirm. Auf diesem Zeitschalter ist ebenfalls ein veränderlicher Widerstand angebracht, mit dem der eingestellte Zeitmaßstab verändert werden kann. Der eingestellte Zeitwert gilt aber nur in der Stellung CAL. (kalibriert).

Eine weitere einstellbare Funktion X-MAGN. (Magnification) ermöglicht die stufenweise Zeitdehnung (Dehnung bis zum Zehnfachen des eingestellten Zeitwertes, vgl. *Abb. 1.8*).

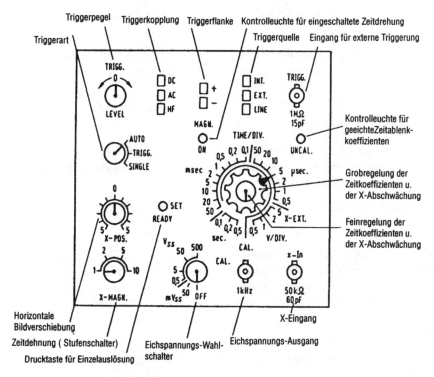

Abb. 1.7: Zeit- und Triggereinrichtung

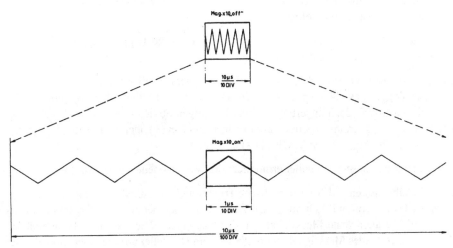

Abb 1.8: Dehnung der Zeitachse

Hierbei wird die X-Verstärkung erhöht. Die dadurch bewirkte Zeitdehnung wirkt immer von der Mitte des Bildschirmes aus.

Mit dem veränderlichen Widerstand X-POS. kann der Strahlpunkt, bzw. die Strahllinie in der horizontalen Richtung aus der Mittelstellung nach rechts und nach links verschoben werden.

1.2.4 Triggereinrichtung

Als Triggerfunktion oder als Triggersystem bezeichnet man die Einrichtung, mit der die horizontale Zeitablenkung auf das zu messende Signal synchronisiert wird, damit ein stehendes Bild der zu messenden Signale zustande kommt.

Einstellen kann man verschiedene Triggerquellen und verschiedene Triggerkopplungen.

Für die Triggerquelle gibt es drei Auswahlmöglichkeiten (*Abb. 1.7*).

Unterschieden wird zwischen der externen, der internen und der Netztriggerung. Bei der internen Triggerung (Taste INT.) wird das Triggersignal zur Synchronisation des zu messenden Signals aus dem Vertikalverstärker abgeleitet. Die externe Triggerung (Taste EXT.) erfordert ein Triggersignal über die Anschlussbuchse TRIGG. Die Netztriggerung (Taste LINE) verbindet den Eingang der Triggerschaltung mit der Netzwechselspannung (50 Hz) als Triggerquelle.

Für die Ankopplung der drei Triggerquellen stehen vier Übertragungsfunktionen zur Auswahl (vgl. *Abb. 1.9*).

Die Gleichspannungskopplung erfolgt über die Taste DC, die Wechselspannungskopplung über die Taste AC. Die Ankopplung durch die Tastenfunktion HF (high frequency) erfolgt über einen Hochpass. Bei der Tastenfunktion LF (low frequency) erfolgt die Triggerankopplung über einen Tiefpass.

Die Tastenfunktion TV (television) schaltet ein Filter in die Triggerkopplung, die es ermöglicht, Videosignale zu synchronisieren.

Der veränderbare Widerstand TRIGG. LEVEL (Triggerschwelle) ermöglicht die Einstellung der Triggerschwelle (vgl. *Abb. 1.10*). Durch die Einstellung der Triggerschwelle kann die Auslösung der Triggerung an jeder beliebigen Stelle des Messsignals erfolgen. Die Wahl des Triggereinsatzpunktes auf der ansteigenden (+) oder abfallenden (-) Flanke wird mit den Funktionstasten SLOPE (+,-) eingestellt.

Ein weiterer Betriebsartenschalter ermöglicht drei verschiedene Triggerauslösungen:

In der Schalterstellung AUT (Automatische Triggerung) wird die Zeitablenkung bei einer Triggerschwelle von null Volt ausgelöst. Der Zeitablenkgenerator läuft frei und schreibt eine Nulllinie auch ohne Messsignal am Vertikaleingang. Dies ist die gebräuchlichste Triggerart, weil jedes Messsignal innerhalb der vom Hersteller angegebenen Grenzwerte für Frequenz und Amplitude getriggert wird.

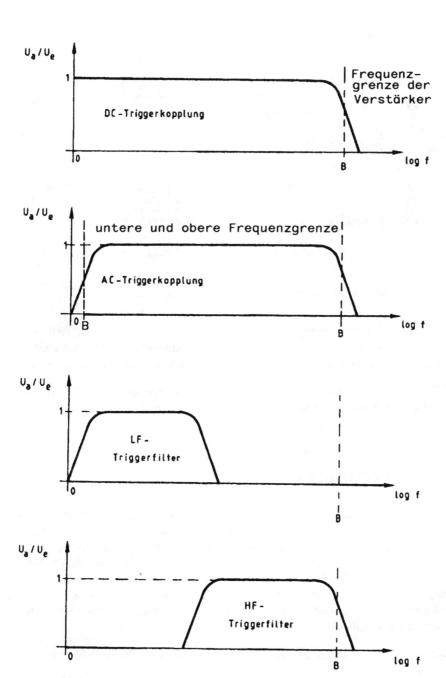

Abb. 1.9: Triggerkopplung und ihre Funktionen

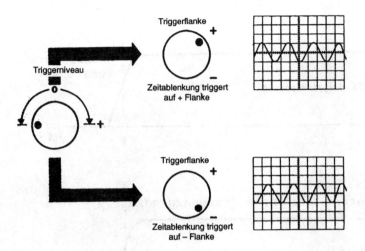

Abb. 1.10: Funktion des Triggerpegels

Der Einsteller TRIGG. LEVEL ist hierbei nicht in Funktion. In der Stellung TRIGG (oder NORM für normale Triggerung) wird nur dann ein Signalbild dargestellt, wenn ein Triggersignal vorhanden ist und die Trigger-Bedienungselemente richtig eingestellt sind.

Die einmalige Zeitablenkung SINGLE wird mit dem Drucktaster SET READY (auch RESET bezeichnet) ausgelöst. Nach jedem Knopfdruck wird eine einmalige Ablenkung ausgelöst.

1.3   Funktion des Oszilloskops

Nachdem wir im vorhergehenden Abschnitt die Anzeige- und Bedienelemente eines einfachen Oszilloskops kennengelernt haben, wollen wir in diesem Abschnitt die internen Funktionsabläufe etwas näher betrachten. Dies ist vor allem dann von Nutzen, wenn die Beschaffung eines Oszilloskops ansteht. Dann sollte man das Preis-Leistungs-Verhältnis anhand der Funktionsmöglichkeiten und technischen Daten (siehe nächsten Abschnitt) bewerten können. Aber auch für die Anwendung ist es von großem Vorteil, wenn die Bedienfunktionen in ihren Wirkungen und Einflüssen auf das Messgerät bekannt sind.

Werfen wir zuerst einen Blick auf ein sehr vereinfachtes Blockschaltbild in *Abb. 1.11.*

Das Messsignal wird direkt oder über einen Tastkopf (zur Erhöhung des Eingangswiderstandes und Verringerung der Eingangskapazität mit Amplitudenabschwächung 1:10 oder 1:100) an den Vertikaleingang des Oszilloskops angeschlossen.

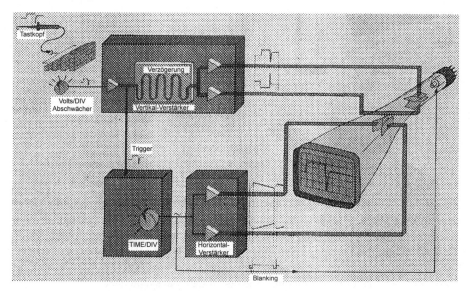

Abb. 1.11: Vereinfachtes Blockschaltbild des Oszilloskops

Der zu messende Spannungswert gelangt über den auf die Amplitude eingestellten Abschwächer an den Vertikalvorverstärker (Dreiecksymbol). Danach wird das Messsignal über eine Verzögerungsleitung und einen Gegentakt-Endverstärker an die vertikalen Ablenkplatten der Elektronenstrahlröhre weitergeleitet. Die Verstärkung des Messsignales ist erforderlich, weil die Ablenkplatten zur Auslenkung des Elektronenstrahles eine Spannung von 2 V bis 5 V für ein Rasterteil benötigen. Bei der in *Abb. 1.11* dargestellten Rastereinteilung von fünf Rastern müssen zur vollen Bildschirmauslenkung 10 V bis 25 V zur Verfügung gestellt werden. In *Abb. 1.6* beträgt die kleinste Einstellung des Spannungsteilers 1 mV/DIV. Deshalb muss der Vertikalverstärker das Signal auf das 10.000- bis 25.000-fache verstärken können.

Mit der in *Abb. 1.11* dargestellten Verzögerungsleitung im Vertikalverstärker wird das Messsignal in seiner Laufzeit um einige Nanosekunden verzögert, und dies hat folgenden Grund:

Das Messsignal wird zwischen Vertikalvorverstärker und Verzögerungsleitung als „internes" Triggersignal abgegriffen und an die Ablenk-Triggerschaltung geführt. Damit gewährleistet ist, dass die Zeitablenkung an den horizontalen Ablenkplatten um einige Nanosekunden früher einsetzt als die Auslenkung der Vertikalablenkplatten durch das Messsignal, ist dafür die Verzögerungsleitung erforderlich.

Nach der Trigger- und Zeitablenkschaltung folgt ein Horizontalverstärker. Dieser Verstärker muss die sägezahnförmige Ablenkspannung für die Horizontalplatten ebenfalls verstärken, und dies für 8 Rastereinheiten.

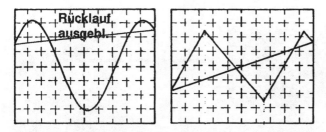

Abb. 1.12: Rückstrahlausblendung (Dunkelsteuerung)

Zwischen der Trigger- und Zeitablenkungseinheit und dem Horizontalverstärker führt eine Leitung mit der Bezeichnung „Blanking" zur Kathode der Bildröhre. Das ist eine Austastfunktion für den Elektronenstrahl, wenn er seinen Weg von links nach rechts zur Darstellung des Signales beendet hat und in die Ausgangslage nach links schnell zurückschaltet. Damit dieser Rücklauf nicht gesehen wird (vgl. *Abb. 1.12*), wird in dieser Zeit der Elektronenstrahl dunkel getastet, daher ausgeblendet.

1.3.1 Vertikalverstärkersystem

Betrachten wir in *Abb. 1.13* das Vertikalverstärkersystem in einem Blockschaltbild etwas genauer. Daneben die Bedienelemente, entsprechend *Abb. 1.6.* Damit wird das Zusammenwirken der einzelnen Funktionseinheiten und deren Anordnung ersichtlich.

Das Vertikalverstärkersystem hat die Aufgabe, den Momentanwert der Eingangsspannung in eine proportionale Vertikalauslenkung des Elektronenstrahls auf dem Bildschirm umzuwandeln. Das Messsignal durchläuft der Reihe nach die Baugruppen Eingangskopplung, Eingangsteiler, Vertikalvorverstärker, Verzögerungsleitung, Vertikalendverstärker und die Vertikalablenkplatten in der Katodenstrahlröhre. Die Aufgabe der Verzögerungsleitung zeigt die *Abb. 1.14*.

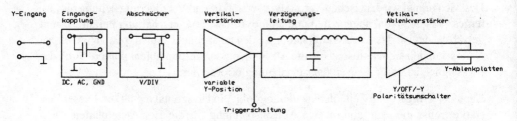

Abb. 1.13: Blockschema des Vertikalverstärkersystems

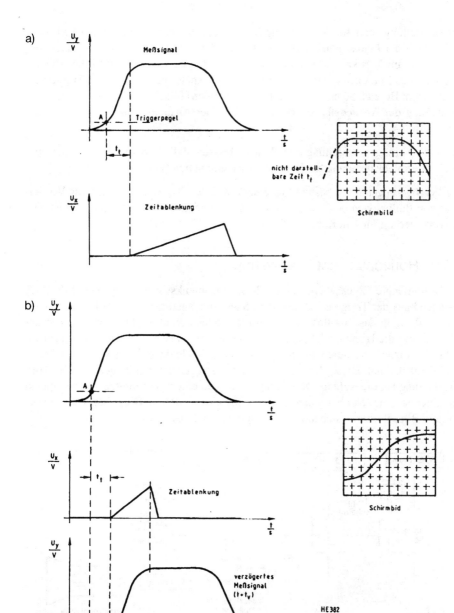

Abb. 1.14: Messsignaldarstellung
a) ohne Verzögerungsleitung
b) mit Verzögerungsleitung

Zur Darstellung schneller Messsignale (z. B. Nadelimpulse, Impulsflanken) wird auf den Anfang der Flanke getriggert (Punkt A in *Abb. 1.14a*). Aufgrund der Laufzeiten der Signale im Vertikalvorverstärker und in der Triggerschaltung wird die Ablenkspannung des Zeitablenkgenerators mit der Zeit t_1 später gestartet. Diese Triggerverzögerung im Bereich 50 ns bis 100 ns (Nanosekunden) führt zu der nicht vollständigen Darstellung der Anstiegsflanke, der untere Teil der Anstiegsflanke wird nicht mehr dargestellt.

Durch die Verzögerungsleitung erreicht das Messsignal die VertikalAblenkplatten später als die Ablenkspannung die Horizontal-Ablenkplatten (vgl. *Abb. 1. 14b*).

Die Verzögerungsleitung besteht aus einem längeren Koaxialkabel, das zur Vermeidung von Reflexionen beidseitig mit dem Wellenwiderstand Z_0 abgeschlossen ist. Die Zeitverzögerung für 1 m Kabel beträgt ca. 5,3 ns.

1.3.2 Horizontalverstärkersystem

Das vereinfachte Blockschema eines Horizontalablenksystems zeigt die *Abb. 1.15*, bestehend aus der Triggerschaltung, dem Sägezahngenerator und dem Horizontalverstärker. Wird an das Oszilloskop ein zu messendes Signal an den Vertikalverstärker angelegt und die Horizontalablenkung eingeschaltet, entsteht auf dem Bildschirm ein nicht identifizierbares durchlaufendes Bild. Die Zeitablenkung hat noch keinen Bezug zum Vertikalsignal. Dieser Bezug wird mit der Triggerfunktion hergestellt. Die Triggerschaltung hat die Aufgabe, die Zeitablenkung an einem bestimmten Potenzialpunkt und einer bestimmten Phasenlage des Messsignales zu starten. Diese Massnahme lässt auf dem Bildschirm ein stehendes Oszillogramm sichtbar werden.

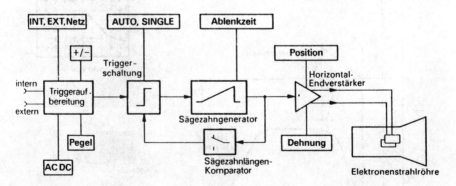

Abb. 1.15: Blockschema des horizontalen Ablenk- und Verstärkersystems

1.3.3 Zeitablenkung

Die Zeitablenkung erzeugt eine Funktion, die die Strahlablenkung in der Horizontalen mit konstanter Geschwindigkeit von links nach rechts über die gesamte Bildbreite bewirkt. Zur Erreichung einer linearen Zeitachse wird eine Sägezahnfunktion eingesetzt.

Der Strahl beginnt mit einem steigenden Amplitudenverlauf und einem positiven Pegel und endet entsprechend der Strahlablenkung am linken Bildschirmrand. Anschließend erfolgt eine Rückstellung des Strahls an den linken Bildschirmrand. Diese Rückstellung ist nicht zeitproportional; sie muss viel schneller vor sich gehen, damit die nächste Ablenkung kurz danach ausgelöst werden kann. Eine schnelle Rückstellung (Rücklauf) führt zur Steigerung der Wiederholfrequenz und hat helle Oszillogramme zur Folge.

Abb. 1.16 zeigt als Beispiel die Bildschirmdarstellung eines trapezförmigen Messsignals mit drei verschiedenen Ablenkzeiten. Aus dem repetierenden Messsignal wird jeweils bei der steigenden Signalflanke und einem eingestellten Triggerpegel, der bei 25 % Signalamplitude liegt, der Triggerimpuls zum Zeitpunkt T_0 gewonnen.

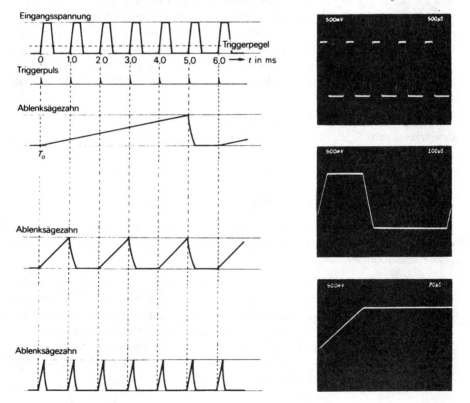

Abb. 1.16: Funktion der zeitabhängigen Horizontalablenkung

Der Triggerimpuls startet zum gleichen Zeitpunkt den Ablenksägezahn, der je nach eingestellter Zeitablenkung eine entsprechende Zeit benötigt, um vom linken Bildschirmrand mit steigender Amplitude zum rechten Bildschirmrand zu gelangen. Der oberste Sägezahn, der mit einer Ablenkgeschwindigkeit von 500 µs/DIV abläuft, benötigt für die zehn Raster Horizontalablenkung 5 ms (500 µs/DIV · 10 Raster) und stellt hierbei fünf der trapezförmigen und 1 ms langen Pulse auf dem Bildschirm dar. Eine Erhöhung der Ablenkgeschwindigkeit bewirkt, dass nur eine Periode oder nur Teile der Pulsfunktion dargestellt werden. So hat z. B. der mittlere Sägezahn in *Abb. 1.16* eine Ablenkgeschwindigkeit von 100 µs/DIV (1 ms Ablenkzeit bei 10 Rastern) und stellt nur einen trapezförmigen Puls dar. Der unterste Sägezahn in *Abb. 1.16* mit 20 µs/DIV (200 µs Ablenkzeit bei 10 Rastern) erfasst sogar nur den Anstieg ab dem Triggerpunkt und einen Teil des Pulsdaches.

Der Zeitablenkgenerator arbeitet als Miller-Integrator oder nach dem Bootstrap-Prinzip.

1.3.4 Triggerung

Aufgabe der Triggerung ist es, zwischen dem angelegten Vertikalsignal oder einem externen Signal und der im Oszilloskop erzeugten horizontalen Ablenk-Sägezahnspannung einen Zeit- und Phasenbezug zu schaffen und dadurch ein stehendes (getriggertes) Oszillogramm. Diese Aufgabe ist für den Anwender des Oszilloskops von höchster Bedeutung, da bei allen Anwendungsmöglichkeiten unterschiedliche Bedingungen bezüglich Signalfrequenz, -amplitude und -form vorliegen und diese Signale als stabile Oszillogramme dargestellt werden sollen.

Die Triggerschaltung ist häufig als Tunneldiodenschaltung aufgebaut und erzeugt aus den unterschiedlichen Signalen einen definierten, steilen Triggerimpuls zur Auslösung des Horizontal-Sägezahnimpulses.

1.3.5 Pegel- und Flankentriggerung

Für die oszilloskopische Darstellung muss der Horizontal-Sägezahnimpuls sowohl auf der steigenden als auch auf der fallenden Flanke (SLOPE) eines beliebigen Signals ausgelöst werden können.

Außerdem muss auf jedem Pegelwert (Triggerlevel) der positiven (+) oder negativen (–) Flanke des darzustellenden Signals getriggert werden. Die Festlegung des Triggerpegels wird mit dem Pegelsteller bestimmt, der in einem Komparator die Signalamplitude mit einer kontinuierlich regelbaren Gleichspannung vergleicht und bei Spannungsgleichheit einen Triggerimpuls auslöst. *Abb. 1.17* stellt die Triggerpunkte bei drei verschiedenen Potenzialen auf der fallenden Flanke einer Sinusfunktion dar. Ebenso können beliebige Triggerpotenziale auf der steigenden Flanke gewählt werden.

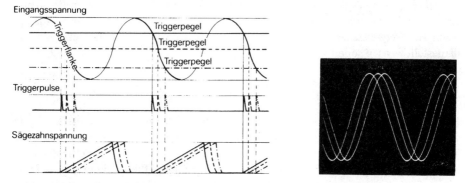

Abb. 1.17: Auslösung der Ablenkung bei unterschiedlichen Triggerpegeln

1.3.6 Triggerkopplung

Das Triggersignal kann über unterschiedliche Koppelfunktionen (*Abb. 1.18*) an die Triggereinheit geschaltet werden (Triggeraufbereitung im Blockschema *Abb. 1.15*).

In der Stellung DC der Triggerkopplung werden alle Signale (Gleich- und Wechselspannung) übertragen. Sie eignet sich insbesondere für sehr langsam ablaufende Signale und für Digitalsignale.

Die AC-Kopplung ist zur Ankopplung von Wechselspannungen geeignet, die von einer überlagerten Gleichspannung getrennt werden sollen.

Diese Kopplung ist in der unteren und oberen Übertragungsfrequenz begrenzt (vgl. *Abb. 1.9*).

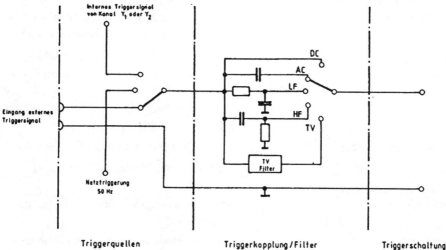

Abb. 1.18: Triggerquellen und Triggersignalkopplung

Die HF-Kopplung (vgl. auch *Abb. 1.9*) setzt bei 5 % bis 10 % der unteren Frequenzgrenze des Y-Verstärkers ein. Der Einsatz dieser Kopplungsart ist dann zweckmäßig, wenn HF-Frequenzen mit überlagerten NF-Frequenzen (z. B. 50-Hz-Netzfrequenz) dargestellt werden sollen.

1.3.7 Triggerquellen

Mit der Auswahl der Triggerquelle wird ein bestimmtes Signal der Triggerschaltung zugeführt (*Abb. 1.18*). Man unterscheidet hierbei die interne, externe und netzbezogene Triggerung. Bei der internen Triggerung wird das im Vorverstärker des Vertikalablenksystems vorhandene Messsignal an die Triggerschaltung geführt. Die externe Triggerung erfordert den Anschluss einer Triggerquelle an die vorgesehene Eingangsbuchse.

Die netzabhängige Triggerfunktion LINE gehört ebenfalls zu den Standardeinrichtungen. Hierbei wird als Triggerquelle die Netzfrequenz aus dem Netzteil des Oszilloskops eingesetzt.

1.4   Kennwerte und Technische Daten

Die Leistungsfähigkeit eines Oszilloskops wird vom Hersteller durch Technische Daten und verschiedene Kennwerte beschrieben. Hierzu ein Beispiel:

Y-Verstärker

Frequenzbereich:	0 Hz bis 20 MHz bei -3 dB (vgl. *Abb. 1.9*)
Max. Eingangsempfindlichkeit:	$U_{ss} = 1$ mV/DIV (vgl. *Abb. 1.4*)
Anstiegszeit:	ca. 10 ns, Definition einer Schaltflanke zwischen 10 % und 90 % der Gesamtamplitude
Überschwingen:	max. 1 % bei einer Rechteckspannung
Eingangsteiler:	frequenzkompensiert in 15 Stufen (*Abb. 1.4*) +/- 5 % Genauigkeit
Eingangsimpedanz:	1 Megaohm/15 Picofarad (vgl. *Abb. 1.4*)
Eingang umschaltbar:	AC, DC, GND (vgl. *Abb. 1.4*)
Kalibrierspannung:	in 5 Stufen umschaltbar (vgl. *Abb. 1.4*)
Max. zulässige Gleichspannung am Y-Eingang:	500 V (Spannungsfestigkeit der Eingangsbauelemente)
Max. Strahlauslenkung:	Vertikal 80 mm, dreifache Rasterhöhe übersteuerbar (240 mm)

X-Verstärker

Frequenzbereich:	0 Hz bis 1 MHz bei -3 dB (vgl. *Abb. 1.9*)

Max. Eingangsempfindlichkeit:	U_{ss} = 0,5 V/DIV (vgl. *Abb. 1.4*)
Eingangsteiler:	frequenzkompensiert in 4 Stufen
Eingangsimpedanz:	50 Kiloohm/50 Picofarad (*Abb. 1.4*)
Eingangskopplung:	Gleichspannung (DC)
Amplitude:	Faktor 3 kontinuierlich einstellbar

Zeitablenkung und Triggerung

Ablenkgenerator:	getriggert, in 19 Stufen, Nichtlinearität < 5%
Zeiteichung:	19 Zeitkoeffizienten (*Abb. 1.4*), +/-5 %, Faktor 3 kontinuierlich einstellbar
Zeitlinie:	Länge 10 cm (*Abb. 1.4*)
Dehnung (X-Magn.):	bis 10-fache Bildschirmbreite in 4 Stufen
Triggerbereich:	1 Hz bis 20 MHz
Triggerschwelle:	0,5 cm
Triggerniveau:	kontinuierlich einstellbar, Stellung „Autom. Triggerung"
Triggerquellen:	intern, extern, positiv und negativ

Netzteil

Wechselspannungsanschluss:	110/220 V
Leistungsaufnahme:	ca. 33 VA
Betriebsgleichspannungen:	Elektronisch stabilisiert

Elektronenstrahlröhre

Typ:	Kurzbezeichnung D 13-480 GH: D = Einstrahloszilloskopröhre 13 = Schirmdurchmesser in cm 480 = Bauartbezeichnung GH = Typbezeichnung für Röhrenabschirmung
Bildschirm:	Fluoreszenz, z. B. grün Phosphoreszenz, z. B. grün Nachleuchten, z. B. kurz

Heizung:	indirekt, Parallelspeisung
	Heizspannung U = 6,3 V
	Heizstrom I = 300 mA
Betriebswerte:	Mittleres Ablenkpotenzial, z. B. U = 1500 V
	Beschleunigungsspannung, z. B. U = 1500 V
	Wehnetzspannung, z. B. -U = 19...50 V
	Helltastspannung, z. B. ca. 10 V
	Fokussierungsspannung, z. B. 150...270 V

Der Aufbau und die Funktion der Elektronenstrahlröhre werden im folgenden Abschnitt behandelt.

1.5   Übungen zur Vertiefung

Muss man sich mit etwas völlig Neuem mit Hilfe eines Fachbuches auseinandersetzen, dann sind die ersten Einführungs- und Beschreibungsabschnitte die schwersten. Neben neuen Funktionen und Bedienungsabläufen sind es vor allem die vielen neuen Begriffe, die einen anfänglich verwirren. Daher sollen in jedem Abschnitt zu allem Ungewohnten, weil Neuem, einige Vertiefungsübungen angeboten werden.

1. Bestimmung von Amplituden

Signalform	Ablenkkoeffizient	Rasterteile	Messwert
Sinus	1 V/DIV	4 (Beispiel)	4 V
Gleichspannung	1 mV/DIV	3	
Rechteck	50 mV/DIV	2	
Dreieck	0,2 V/DIV	3	
Sinus	10 V/DIV	2	
Gleichspannung	0,5 V/DIV	4	

2. Bestimmung von Periodenzeiten

Signalform	Ablenkkoeffizient	Rasterteile	Messwert
Sinus	0,1 s/DIV	5 (Beispiel)	0,5 s
Rechteck	5 ms/DIV	7	
Sinus	50 μs/DIV	1,5	
Dreieck	0,2 ms/DIV	6	
Sägezahn	50 ms/DIV	4,5	
Sinus	20 ms/DIV	3	

3. Bestimmung von Frequenzen

Messwert	Frequenz
25 ms (Beispiel)	40 Hz
0,3 s	
20 ms	
0,1 µs	
40 ms	
25 µs	

4. Effektivwertbestimmung

Messwert	Effektivwert
U_{ss} = 40 V (Beispiel)	14,2 V
U = 10 V	
U_{ss} = 80 mV	
U_s = 700 mV	
U_{ss} = 150 mV	
Mischspannung:	
U = 2 V, U_{ss} = 4 V	

5. Bestimmung von Spitze-Spannung und Spitze-Spitze-Spannung

Effektivwert		Spitze (Us)	Spitze-Spitze (U_{ss})
Sinus	10 V (Beispiel)	14 V	28 V
Sinus	20 mV		
U =	25 V		
Sinus	220 V		
Sinus	238 V		
Sinus	400 µV		

Lösungen ab Seite 216

2 Funktion und Einstellung der Elektronenstrahlröhre

Die Elektronenstrahlröhre wird für die Erzeugung und Ablenkung des sichtbaren Elektronenstrahles im Oszilloskop benötigt. Auf ihrer Funktion basiert die Arbeitsweise eines Oszilloskops. Daher soll auf ihren Aufbau und ihre Funktion etwas näher eingegangen werden.

2.1 Aufbau und Funktion der Elektronenstrahlröhre

Die Elektronenstrahlröhre ist in langjähriger Entwicklungsarbeit aus der Braunschen Röhre (Katodenstrahlröhre) hervorgegangen. Technik, Bauart, Herstellung und Anwendung unterliegen der laufenden Weiterentwicklung, das Funktionsprinzip jedoch ist unverändert.

Die Elektronenstrahlröhre (*Abb. 2.1*) besteht aus einem zylindrischen Glaskolben, der sich zur Bildschirmseite pyramidenstumpfähnlich (bei Rechteckröhren) verjüngt. In diesem Glaskolben ist das z. T. kompliziert aufgebaute Elektrodensystem, auch einfach System genannt, untergebracht. Die Anschlüsse des Systems sind an Sockelstifte geführt, die die Verbindung mit den elektrischen Zuleitungen ermöglichen. Die Ablenkanschlüsse sind in unmittelbarer Nähe der Ablenkplatten (elektrostatische Ablenkung) angeordnet, damit Streufelder weder im System noch anderweitig Störungen hervorrufen können. Aus Isolationsgründen ist der Anodenanschluss ebenfalls getrennt nach außen geführt.

Auf der Bildschirmseite der Röhre (vgl. *Abb. 1.5*) ist eine fluoreszierende Schicht aufgebracht, die durch den auftreffenden Elektronenstrahl zur Lichtemission angeregt wird.

Zur Erzeugung des Elektronenstrahls wird eine Katode benutzt, die bei Netzgeräten indirekt, bei batteriebetriebenen Oszilloskopen meistens direkt geheizt wird. Die dem Steuergitter entsprechende Elektrode, der Wehnetz-Zylinder, wird als Steuergitter bezeichnet. Durch die Form seines Aufbaus kann nur ein Teil der emittierten Elektrodenwolke das System passieren. Das Steuergitter ist zylindrisch aufgebaut und wie

Abb. 2.1: Rechteck-
Elektronenstrahlröhre

die anderen Elektroden, die den Elektronenstrahl bündeln, zentrisch zur Katode angeordnet. Somit ist eine Formung des Strahls, der wegen der gewünschten Abbildungs-
schärfe stark gebündelt auf dem Bildschirm auftreffen muss, erreicht. In der Mitte des
Zylinders befindet sich eine kreisförmige Öffnung, durch die nicht alle emittierten
Elektronen gelangen können. Indem man an das Steuergitter eine einstellbare Potenzialdifferenz legt, ist die Intensität des auftreffenden Strahls in gleichem Maße wie die
Potenzialdifferenzänderung zu beeinflussen. Auf diese Weise ist die Helligkeitssteuerung (Intensität) des Bildes möglich. Der erzeugte Elektronenstrahl wird durch die
Einwirkung der sich räumlich an das Steuergitter anschließenden Elektroden, der so
genannten Elektrodenlinse oder Elektrodenoptik, weiter gebündelt und in seiner Konzentration durch entsprechende Potenzialveränderungen variiert (*Abb. 2.2*).

In dieser Anordnung von Beschleunigungs- und Linsenelektroden wird in deren Strahlraum ein zusätzliches Feld aufgebaut, das auf den Elektronenstrahl ähnlich wirkt wie
eine Linsenoptik auf einen Lichtstrahl.

Durch die unterschiedlichen Potenzialdifferenzen der verschiedenen Elektroden der
Elektronenlinse bilden sich Linienfelder mit gleichen Potenzialen (Äquipotenziallini-
enfelder) aus, in denen der Strahl so geformt wird, dass er auf dem Bildschirm gebündelt
(fokussiert) auftritt. Mit dem Fokus-Einsteller, der die an der Elektronenlinse liegende

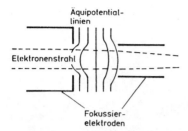

Abb. 2.2: Äquipotenziallinien
bündeln den Elektronenstrahl

Spannung verändert, lässt sich das Bild auf maximale Schärfe einstellen. Räumlich hinter der Fokussiereinrichtung angeordnet, befinden sich die Ablenkplattenpaare für die horizontale und vertikale Ablenkung des emittierten Elektronenstrahls (*Abb. 2.3*). Wenn an die Ablenkplattenpaare, die um 90° gegeneinander versetzt sind, Spannungen gelegt werden, bauen sich an den Platten elektrostatische Felder auf, die die gewünschte Ablenkung des Elektronenstrahls zur Folge haben. Somit ist es möglich, den vorher gebündelten Strahl an beliebige Punkte auf der Bildschirmfläche zu dirigieren.

Der Elektronenstrahl wird durch das positive Potenzial der Anodenspannung beschleunigt und kann daher die verschiedenen Linsen- und Ablenksysteme durchlaufen. Vom Röhrenkonzept her unterscheidet man nach der Art der Beschleunigung Elektronenstrahlröhren mit Beschleunigungs- und mit Nachbeschleunigungselektroden. Die erstgenannten beschleunigen den Elektronenstrahl, bevor er abgelenkt wird; beim zweiten Röhrenkonzept wird nach der Ablenkung beschleunigt. Daher auch der Name Nachbeschleunigung.

Da die Lichtausbeute von der Anzahl der auf das Phosphor treffenden Elektronen und deren Auftreffgeschwindigkeit abhängt, ist eine möglichst hohe Beschleunigungsspannung wünschenswert. Im Falle der einfachen Beschleunigung kann mit einer Potenzialdifferenz von 3 kV bis 4 kV zwischen Anode und Katode gearbeitet werden. Die Be-

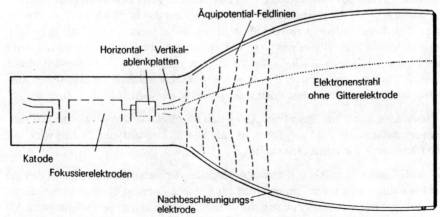

Abb. 2.3: Aufbau einer Elektronenstrahlröhre mit Nachbeschleunigungselektrode

schleunigungsspannung reicht aber in vielen Fällen, beispielsweise bei der Darstellung von langsam repitierenden Signalen oder kurzen Pulszeiten nicht aus, um ein gut sichtbares Signal zu erzeugen. Aus diesem Grund wird in Oszilloskopen mit breitbandigem Frequenzbereich die Nachbeschleunigung eingesetzt. Diese Funktion wird durch die Nachbeschleunigungselektrode bewirkt, die als Widerstandswendel oder -belag auf der Kolbenwand aufgebracht ist. Dieser Teil der Kolbenwand liegt außerhalb des Bereichs, in dem das System angeordnet ist, also im freien Strahlraum, der auch Nachbeschleunigungsraum genannt wird.

2.2 Anforderungen an Elektronenstrahlröhren

Die heute verwendeten Bauformen von Elektronenstrahlröhren sind ein Kompromiss zwischen den erzielbaren Eigenschaften und den Anforderungen, die an eine Elektronenstrahlröhre gestellt werden. Diese Anforderungen lassen sich wie folgt zusammenfassen:

- Hohe Helligkeit
  Wichtig für Messungen in der Impulstechnik, wenn einmalige Vorgänge oder Vorgänge mit niedriger Wiederholfrequenz bei hoher zeitlicher Auflösung dargestellt oder fotografiert werden sollen.

- Hohe Ablenkempfindlichkeit
  Aufgrund der niedrigen Betriebsspannungen der Horizontal- und Vertikalverstärker (Halbleiterschaltungen) und den damit verbundenen geringen Ablenkspannungen muss die Elektronenstrahlröhre eine hohe Ablenkempfindlichkeit haben.

- Hohe Grenzfrequenz
  Diese Forderung entspricht dem Bestreben nach hohen Messfrequenzen, die die Verstärkertechnik der Analogoszilloskope ermöglicht.

- Hohe Messgenauigkeit
  Damit verbunden sind eine hohe Punktschärfe, eine große Schirmfläche sowie eine fehlerfreie, daher lineare Auslenkung des Elektronenstrahls.

Wie schwierig es ist, die verschiedenen Forderungen gleichzeitig zu erfüllen, soll anhand einiger einfacher Zusammenhänge erläutert werden. Voraussetzung für eine hohe Helligkeit ist eine hohe Elektronenstrahl- und Auftreffgeschwindigkeit der Elektronen auf dem Phosphor. Da die Geschwindigkeit in direktem Zusammenhang mit der Beschleunigungsspannung steht, ist es sinnvoll, die Elektronenstrahlröhre mit einer hohen Beschleunigungs- bzw. Nachbeschleunigungsspannung auszustatten. Eine höhere Elektronenstrahlgeschwindigkeit hat aber zwangsläufig eine Verkürzung der Verweildauer des Strahls in den Ablenkfeldern zur Folge. Der Strahl kann dadurch durch die Elektrodensysteme nicht mehr so stark beeinflusst werden.

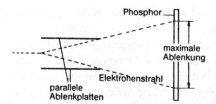

Abb. 2.4: Begrenzter Ablenkwinkel durch
parallele Ablenkplatten

Die Folge ist eine Verschlechterung der Ablenkempfindlichkeit. Abhilfe könnte durch Verlängerung der Ablenkplatten oder durch Verringerung des Plattenabstands geschaffen werden.

In beiden Fällen steigt die Plattenkapazität, wodurch sich die Grenzfrequenz verringert. Im Ersatzschaltbild sind die Ablenkplatten die kapazitive Last des Vertikalendverstärkers, die mit dem Innenwiderstand des Endverstärkers einen Tiefpass bilden. Ein weiterer Nachteil liegt in der Begrenzung des Ablenkwinkels bei parallel liegenden Ablenkplatten (*Abb. 2.4*). Bei zu langen Ablenkplatten erhöht sich die Verweildauer des Elektronenstrahls innerhalb des Ablenkplattenbereichs. Dies hat zur Folge, dass der Strahl nur von langsameren Ablenksignalen beeinflusst werden kann. Entspricht die Periodendauer des angelegten Ablenksignals der Verweildauer des Elektronenstrahls, hebt sich die Ablenkwirkung, die beide Halbwellen des Signals hervorrufen, auf. Aus diesem Grund muss die Verweildauer des Elektronenstrahls im Ablenkfeld bedeutend kleiner sein als die Periodendauer des an die Ablenkplatten gelegten Messsignals. Aus diesen einfachen, logischen Zusammenhängen erkennt man die Schwierigkeit, die anfangs erwähnten Forderungen zu erfüllen. Die im Zusammenhang mit der Fokussierung erwähnten Linienfelder treten überall zwischen den Elektroden des Systems auf und beeinflussen auch die Strahlablenkung. Eine relativ starke Beeinflussung der Ablenkung wird durch die Linienfelder verursacht, die sich zwischen der Nachbeschleunigungselektrode und den Ablenkplatten bilden. Die Linienfelder greifen in die Ablenkfelder ein und reduzieren dadurch die Ablenkwirkung.

2.3 Elektronenstrahl suchen und scharf einstellen

Nachdem wir nun Vieles über Aufbau, Funktionen und Zusammenhänge des Oszilloskops erfahren haben, wollen wir damit beginnen, uns mit der Inbetriebnahme des „Messgerätes Oszilloskop" vertraut zu machen. Zuerst wir das Gerät mit dem Netzschalter eingeschaltet. In unserem Übungsgerät ist der Netzschalter mit dem Einsteller INTENS kombiniert (vgl. *Abb. 1.6*).

Man beachte hierbei die Anwärmzeit des Gerätes. Die Zeit, die zur Erreichung der Betriebstemperatur erforderlich ist, beträgt ca. 5 bis 10 Minuten. Auch der Elektro-

a)

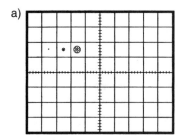

b)

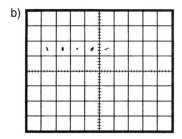

c)

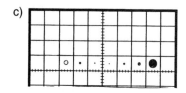

Abb. 2.5:
Beeinflussung des Strahlpunktes:
a) Helligkeitsveränderung
b) Astigmatismusveränderung
c) Schärfeveränderung

nenstrahl wird erst nach einigen Sekunden sichtbar. Erst nach Erreichen der Betriebstemperatur hat sich das Elektrodensystem der Elektronenstrahlröhre so weit stabilisiert, dass die Lage des Elektronenstrahls keine nennenswerte Drift mehr aufweist. Dies macht sich durch eine konstante Nulllage und gleichbleibende Strahlschärfe sowie Helligkeit des Elektronenstrahls bemerkbar.

Mitunter kann es Schwierigkeiten bereiten, den Strahl überhaupt sichtbar zu machen. Dies kann verschiedene Ursachen haben und ist in der Regel auf falsch eingestellte Bedienelemente zurückzuführen.

Daher wird eine Grundeinstellung der Bedienelemente nach dem Einschalten empfohlen. Folgende Einstellungen sind zur Einstellung der Strahlschärfe der Reihe nach vorzunehmen bzw. zu überprüfen (vgl. *Abb. 1.4*):

- Einsteller INTENS etwa auf Skalenteil 8 einstellen,
- Eingangskopplung des Y-Einganges auf GND schalten,
- Einsteller für Y- und X-Verschiebung (Y-POS, X-POS) in Mittelstellung drehen,
- Zeitablenkung abschalten hierzu wird der Stufenschalter TIME/DIV in Stellung X-EXT. in den unempfindlichsten Bereich 5 V/DIV) geschaltet.

Der Strahlpunkt müsste sich jetzt im mittleren Bildschirmbereich darstellen. Falls erforderlich, mit Y-POS und X-POS korrigieren. In den folgenden Übungen versuchen wir die Wirkung der Einsteller FOCUS, ASTIGM und INTENS auf den Strahlpunkt darzustellen.

Betätigen wir den Einsteller INTENS von rechts nach links, dann stellen wir fest, dass im linken Einstellbereich der Leuchtfleck immer schwächer wird, bis er verschwindet. Mit zunehmender Rechtsdrehung wird der Leuchtfleck heller und zeigt im letzten rechten Drittel des Einstellbereiches einen zunehmenden Lichthof (*Abb. 2.5a*).

Der Einsteller ASTIGM ist auf die geometrische Form des Strahlpunktes wirksam. Drehen wir den Einsteller von der Mitte aus nach links, dann wird sich der Leuchtpunkt über eine elliptische Form zu einem Strich verändern. Bei einer Rechtsdrehung des Einstellers wird sich in etwa derselbe Effekt ergeben, nur mit dem Unterschied, dass sich eine andere Lage ergibt (*Abb. 2.5b*).

Wird der Einsteller FOCUS von links nach rechts gedreht (ASTIGM in Mittelstellung), dann stellen wir fest, dass sich der Leuchtpunkt in der mittleren Stellung am kleinsten und schärfsten darstellt und sowohl nach links als auch nach rechts zu einem Leuchtfleck vergrößert. (*Abb. 2.5c*).

Wenn die geometrische Form des Leuchtpunktes mit dem Einsteller ASTIGM nicht optimal eingestellt ist, wird bei der Schärfeeinstellung mit FOCUS kein kreisrunder kleiner Punkt erreicht. Der Punkt bleibt oval- oder stabförmig oder ändert seine Form in Abhängigkeit von der eingestellten Intensität des Strahls.

Für eine optimierte Strahleinstellung (kleiner runder Punkt über alle Helligkeitsbereiche) ist daher der richtige Abgleich der Einsteller ASTIGM und FOCUS wie folgt erforderlich:

- Einsteller INTENS in Mittelstellung;
- Einsteller FOCUS auf schärfsten und kleinsten Strahlpunkt einstellen;
- mit Einsteller ASTIGM kreisrunden Punkt einstellen und mit dem FOCUS-Steller die Punktschärfe nachstellen;
- bei Erhöhung der Helligkeit mit INTENS sollte der Strahlpunkt seine Form nicht verändern. Erforderlichenfalls ist abwechselnd mit ASTIGM und FOCUS, wie zuvor beschrieben, der Strahlpunkt zu optimieren.

2.4   Die Funktionen TRACE und BEAM FIND

In den ersten Abschnitten dieses Kapitels haben wir den Aufbau des Elektrodensystems kennengelernt. Es bildet mechanisch über Trägerkörper eine Einheit, die bei der Montage der Elektronenstrahlröhre durch den offenen Röhrenhals eingeschoben und justiert wird. Danach wird der Röhrenhals bis auf eine kleine Öffnung zugeschmolzen, die Luft abgesaugt (evakuiert), die Öffnung verpfropft, der Röhrenanschlusssockel aufgesetzt und mit den Anschlussdrähten des Elektrodensystems verbunden.

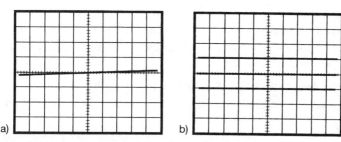

Abb. 2.6: Trace-Funktion
a) Strahlablenkung verläuft schräg in der X-Achse
b) Strahlablenkung verläuft in allen Schirmbildbereichen parallel zur X-Achse

Bei der mechanischen Justage des Elektrodensystems müssen die Ablenkplatten mit dem Bildschirmraster in Übereinstimmung gebracht werden. Verbleibt hierbei ein kleiner Versatz (*Abb. 2.6*), dann kann dieser durch eine Potenzialveränderung mit dem Einsteller TRACE korrigiert werden.

Diese Korrektur kann auch dann erforderlich sein, wenn das Gerät durch einen Transport starken Erschütterungen ausgesetzt war oder Störfelder, bestehend aus elektromagnetischen Gleich- oder Wechselfeldern, auf die Ablenkung des Elektronenstrahls Einfluss nehmen. Der Einfluss derartiger Störfelder wird durch einen Abschirmzylinder aus Mu-Metall weitestgehend verhindert. Starke elektromagnetische Streufelder von Transformatoren verursachen z. B. ein Zittern oder eine Unschärfe des Elektronenstrahls.

Auf den nicht abgeschirmten Bildschirm wirkt insbesondere das Erdmagnetfeld, das in seiner Wirkung die Ablenkrichtung des Elektronenstrahls beeinflusst. Mit dem Einsteller TRACE wird der Stromfluss und damit das elektromagnetische Feld einer Spule beeinflusst, die um den vorderen Teil des Röhrenhalses, vor der Aufweitung der Bildröhre zum Bildschirm, gelegt ist.

Zur Korrektur muss ein Ablenkstrahl in der Zeitachse erzeugt werden, der folgende Einstellungen (*Abb. 1.7*) an der horizontalen Zeitablenkung erfordert:

- Stufenschalter TIME/DIV in Stellung 1 ms/DIV;
- Schalter Triggerart in Stellung AUTO;
- Einsteller INTENS (*Abb. 1.5*) so einstellen, dass die horizontale Ablenklinie gut sichtbar ist;
- Eingangskopplung des Messverstärkers (*Abb. 1.6*) auf GND geschaltet lassen;
- Einsteller Y-POS, X-POS so einstellen, dass die horizontale Ablenklinie auf der Mittellinie des Bildschirmrasters liegt (*Abb. 2.6a*);
- mit dem Einsteller TRACE die Ablenklinie so korrigieren, dass sie mit der horizontalen mittleren Rasterlinie zur Deckung kommt;
- mit dem Steller Y-POS die Ablenklinie auf die nächsten Rasterlinien nach oben und unten verschieben und Deckung der Linien prüfen, falls erforderlich, mit dem Steller TRACE leicht korrigieren (*Abb. 2.6b*).

Abschließend soll die sich auf der Bildschirmeinheit in *Abb. 1.5* befindliche Tasten-funktion BEAM FIND an einem Beispiel erklärt werden. Nachdem das Oszilloskop eingeschaltet wurde, ist vielfach der Strahlpunkt oder die Ablenklinie nicht sichtbar. Dies kann mehrere Ursachen haben:

- Die Intensität ist mit den Steller INTENS zu schwach eingestellt.
- Die Steller Y-POS und X-POS sind zu weit rechts oder nach links aus der Mittel-stellung gedreht.
- Der Y-Stufenschalter steht in einer der empfindlichsten Stellungen mV/DIV und der Stufenschalter TIME/DIV steht zufällig in einer Stellung 1 ms/DIV oder schneller; eine starke Brummspannung 50 Hz würde dann den Elektronenstrahl außerhalb des Messfeldrasters repetieren lassen, weil eine Halbwelle (10 ms) der Brummspan-nung bei einer Ablenkzeit von 1 ms/DIV oder schneller keinen Nulldurchgang auf den Bildschirm hätte (*Abb. 2.7a*).
- Eine weitere Möglichkeit einer Auslenkung außerhalb des Bildschirm-Messberei-ches ist ein hohes Gleichspannungspotenzial am Messeingang bei DC-Eingangs-kopplung und Stufenschalter im mV/DIV-Bereich oder ein Messsignal, das einer sehr hohen Brummspannung 50 Hz bis 100 Hz überlagert ist.
- Die Strahlablenkung ist auch dann nicht zu sehen, wenn der TIME/DIV-Stufen-schalter in der schnellsten Ablenkzeit µs/DIV steht, bei INTENS in Mittelstellung, oder wenn keine Ablenkung vorhanden ist (AUTO-Triggerung nicht eingeschaltet und Messsignal ist zu klein).

In all diesen Fällen hilft die Funktionstaste BEAM FIND bei der Strahlfindung. Bei Betätigung dieser Taste werden die Ablenkspannungen an den Y- und X-Ablenkplatten auf eine Spannung begrenzt, die innerhalb des Ablenkbereiches des Bildschirmrasters liegt, gleichzeitig wird auf die maximale Strahlintensität geschaltet.

Aus der Lage und der Darstellung des gebeamten Elektronenstrahls auf dem Bild-schirm kann man verschiedene Informationen ableiten. Die Darstellung in *Abb. 2.7b* zeigt an, dass eine Übersteuerung für die Vertikal-Ablenkplatten nach oben vorliegt und für die Horizontal-Ablenkplatten nach links. Die balkenähnliche Darstellung sagt aber aus, dass eine Zeitablenkung vorhanden ist.

In diesem Fall müsste mit einer Positionsverschiebung X-POS das BEAM-Bild in die Mitte gebracht werden.

Die Y-Übersteuerung ist mit dem Abschwächer und/oder mit dem YPOS-Steller nach unten zu korrigieren (hohes Gleichspannungspotenzial am Messeingang).

Wenn die Beam-Darstellung in der Mitte liegt (*Abb. 2.7c*), dann ist der Y-Verstärker sehr stark übersteuert. Dann muss der Stufenabschwächer in unempfindlichere Stellun-gen V/DIV geschaltet werden.

Die punktuelle Darstellung des Beambildes in *Abb. 2.7d* ist typisch für die fehlende Zeitablenkung. In diesem Fall ist die Triggerquelle zu prüfen (vgl. Kapitel 4).

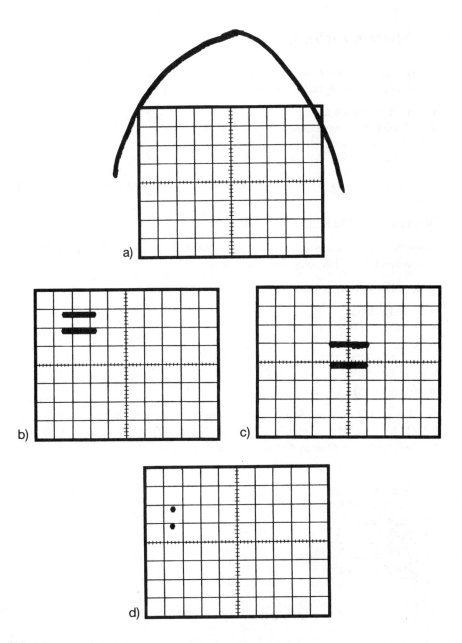

Abb. 2.7:
a) Bei entsprechender Zeiteinstellung liegt das Signal außerhalb des Schirmbildes
b) Übersteuerung des X- und Y-Schirmbildbereiches
c) Übersteuerung in der Y-Achse
d) Keine Zeitablenkung in der X-Achse

2.5 Übungen zur Vertiefung

1. Auf dem Bildschirm ist kein Strahlpunkt und keine Linie sichtbar. Die Bildschirmfunktionen haben folgende Einstellungen:

   - FOCUS in Mittelstellung
   - ASTIGM in Mittelstellung
   - INTENS in linker Stellung
   - TRACE in rechter Stellung

   Wenn der BEAM FIND betätigt wird, wird der Strahlpunkt in der Mitte des Bildschirms sichtbar.

   Welche Funktion ist falsch eingestellt?

2. Der sichtbare Strahlpunkt auf dem Bildschirm verändert mit der Erhöhung der Helligkeit durch INTENS seine Form und Größe.

   Welche Einstellungen müssen überprüft werden:

   - X- und Y-POS
   - TRACE und FOCUS
   - FOCUS und ASTIGM
   - TRACE und ASTIGM
   - Nur FOCUS
   - Nur ASTIGM

3. Bei den in *Abb. 2.8* dargestellten Einstellungen ist kein Strahlpunkt sichtbar. Mit BEAM FIND wird der Strahlpunkt in der oberen Hälfte der Bildschirmmitte sichtbar. Welche Stellfunktion ist falsch eingestellt?

E	Ablenk-	1V/
i	koeffizient	DIV
n	kopplung	GND
g	Polarität	Y
a	Y-POS.	+5
n	Regler	CAL
g		
s		
-		

Abb. 2.8

4. Der Strahlpunkt kann nur mit BEAM FIND sichtbar gemacht werden; er zeigt sich hierbei in der rechten oberen Ecke des Bildschirmes. Welche Stellfunktionen in *Abb. 2.9* müssen korrigiert werden, damit der Strahlpunkt auf dem Bildschirm sichtbar wird?

Bildschirm				
BEAM FIND	FOCUS	ASTIGM	INTENS	TRACE
	4	6	3	5

Abb. 2.9

5. Auf dem Bildschirm ist bei den in *Abb. 2.10* vorgegebenen Einstellungen kein Ablenkstrahl sichtbar. Durch Betätigen von BEAM FIND wird der Ablenkstrahl verkürzt in der Bildschirmmitte sichtbar. Welche Einstellung muss geändert werden?

Bildschirm				
BEAM FIND	FOCUS	ASTIGM	INTENS	TRACE
	4	6	3	5

Abb. 2.10

- Mit FOCUS muss der Strahlpunkt schärfer eingestellt werden
- Y-POS muss korrigiert werden
- Mit INTENS muss die Strahlhelligkeit erhöht werden
- Die Zeitablenkung TIME/DIV muss auf langsamere Ablenkzeiten gestellt werden

6. Der Strahlpunkt steht in der linken unteren Ecke des Bildschirmes. Wie müssen die Steller Y- und X-POS gedreht werden, damit der Strahlpunkt in der Mitte des Bildschirmes positioniert wird?

- Y-POS und X-POS nach rechts drehen
- Y-POS und X-POS nach links drehen
- Y-POS nach rechts und X-POS nach links drehen
- Y-POS nach links und X-POS nach rechts drehen

Lösungen ab Seite 216

3 Spannungs- und Amplitudenmessungen

Die bisherigen Funktionsbetrachtungen des Oszilloskops fanden bisher ohne Messsignale statt. In den folgenden Abschnitten soll nun das Messen von Spannungen und Amplituden näher betrachtet und erläutert werden.

Für unsere Betrachtungen beziehen wir uns wieder auf die Funktionen des Oszilloskops in den *Abb. 1.5*, *1.6* und *Abb. 1.7*.

3.1 Messaufbau

Bei allen Messungen, unabhängig davon, ob es sich um gleich-, wechsel- oder impulsförmige Spannungen handelt, ist ein richtiger Messaufbau die erste Bedingung für eine richtige Messung von Signalform und Spannung.

In *Abb. 3.1* ist ein Messaufbau symbolisch dargestellt. Daraus ersehen wir, das im Wesentlichen drei Funktionen auf das richtige Messergebnis Einfluss haben:

- Bezugspotenziale von Messobjekt (Signalquelle) und Messgerät (Oszilloskop);
- Verhältnis von Innenwiderstand des Messobjektes und des Messgerätes (Oszilloskop);
- Leitungslänge und Leitungsart der Messleitung zwischen Messobjekt und Messgerät (Oszilloskop).

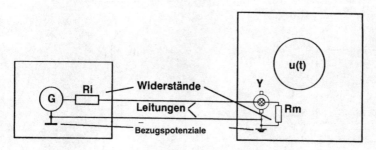

Abb. 3.1: Messaufbau: Messobjekt und Messgerät

3.1.1 Bezugspotenzial, Erdungsprobleme und Masseführung

Eine Messverbindung (Messstromkreis) zwischen Messobjekt und Messgerät muss wie ein einfacher Stromkreis (Spannungsquelle und Lastwiderstand) zwei Leitungsverbindungen haben (*Abb. 3.2*).

Auch hier wird von einer Signalübertragungsleitung und einer Bezugsleitung gesprochen.

Die Signalübertragungsleitung verbindet den Ausgang des Messobjektes (Generatorausgang) mit dem Messeingang (Y-Eingang) des Oszilloskops. Der gemeinsamen Bezugsleitung muss bei der Verbindung besondere Aufmerksamkeit geschenkt werden. Wenn die richtigen Bezugspotenziale nicht miteinander verbunden werden, kann es zu Unterbrechungen des Messstromkreises oder zu einem Kurzschluss desselben führen. Das Oszilloskop führt an allen Eingangsbuchsen das Bezugspotenzial an sein Gehäuse (Gehäusemasse). Das Gehäuse ist mit dem äußeren Schutzleiter PE der Netzverbindung verbunden (*Abb. 3.2a*).

Hat das Messobjekt die gleiche Bezugspotenzialverbindung, dann muss die Bezugsleitung dazwischen verbunden werden. Vertauscht man hierbei die Signalübertragungsleitung mit der Bezugsleitung, dann wird der Ausgang des Messobjektes und der Messeingang des Oszilloskops gegen das andere Bezugspotenzial kurzgeschlossen (*Abb. 3.2b*). Es kann keine Signalspannung gemessen werden.

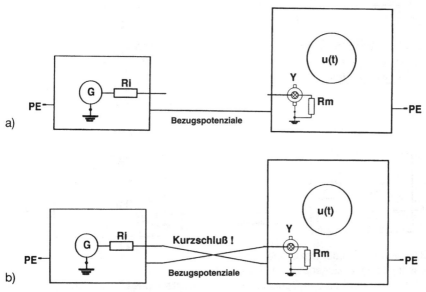

Abb. 3.2: Verbindung der Bezugspotenziale
a) Messobjekt und Oszilloskop haben Bezugspotenzial mit dem Gehäuse verbunden
b) Messleitungen sind vertauscht

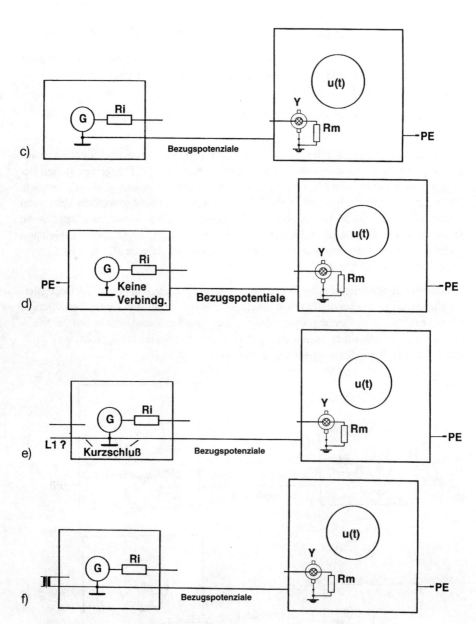

Abb. 3.2: Verbindung der Bezugspotenziale
c) Messobjekt hat Bezugspotenzial nicht am Gehäuse
d) Verbindung zwischen den Gehäusen: Bezugspotenzial des Messobjekts
    dadurch mit Oszilloskop nicht verbunden
e) Netzleiter mit Bezugspotenzial verbunden, dadurch Kurzschluss
f) Trenntrafo verhindert die Verbindung des Netzleiters mit dem Bezugspotenzial

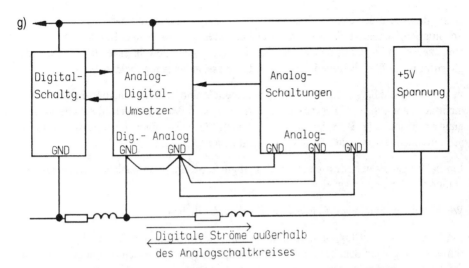

Abb. 3.2: Verbindung der Bezugspotenziale
g) Masseführung bei analogen und digitalen Schaltungen

Ist das Bezugspotenzial des Messobjektes von der Gehäusemasse getrennt, muss die Bezugsleitung an das isoliert geführte Bezugspotenzial gelegt werden (*Abb. 3.2c*).

Beachtet man dies nicht und legt die Bezugsleitung an die Gehäusemasse des Messobjektes, dann ist der Messstromkreis unterbrochen (*Abb. 3.2d*). In diesem Fall ist das Messsignal über einen sehr hochohmigen Messkreis mit dem Y-Eingang des Oszilloskops verbunden. Das Signal wird dadurch einer sehr hohen Brummspannung (50 Hz bis 100 Hz) überlagert sein und je nach Stellung des Stufenschalters zur Übersteuerung des Messverstärkers führen.

Besonders zu beachten, weil gefährlich, sind Messungen an Geräten, deren Gehäuse nicht mit einem äußeren Schutzleiter verbunden sind. Dies sind alle Geräte, die nur mit einem zweipoligen Netzstecker ausgestattet sind und keinen Netztrenntrafo haben. Diese Geräte haben ein isolierendes Schutzgehäuse (Kunststoff, Holz, Keramik). Damit man aber einen Messstromkreis aufbauen kann, muss man mit der Bezugsleitung an das Bezugspotenzial des Messobjektes. In der Regel ist dies das interne Metallchassis. Dieses Chassis ist mit einer Leitung des zweipoligen Netzsteckers verbunden. Dadurch kann der Nullleiter (PEN) des Hausnetzes oder der Netzaußenleiter mit dem Chassis verbunden sein (*Abb. 3.2e*). Wird nun die Bezugsleitung des Oszilloskops mit dem Chassis des Messobjektes verbunden und der Netzaußenleiter liegt an dem Chassis an, dann gibt es einen Kurzschluss zwischen den 230 V/50 Hz des Außenleiters und dem Erdschutzleiter am Gehäuse des Oszilloskops. Die Verbindungsklemme kann man danach meistens wegwerfen, weil sie angeschmolzen ist.

Damit die Netzaußenleiterverbindung vom Chassis getrennt wird, muss man einen Netz-trenntrafo zwischen Netzhausanschluss und das Messobjekt schalten. Damit ist eine Tren-nung zwischen Netzaußenleiter und dem Erdschutzleiter gewährleistet (*Abb. 3.2f*) und gleichzeitig das Chassis gegen zu hohe Berührungsspannungen gesichert.

In vielen Anwendungsschaltungen kommen digitale und analoge Funktionsbausteine ge-meinsam zum Einsatz. Dies bedeutet, dass man beim Messen unterschiedliche Versor-gungsspannungen (z. B. ±15 V, +5 V) vorfindet. Für diese Spannungen muss man einen gemeinsamen Bezugspunkt für das Messgerät haben.

Ein häufig gemachter Messfehler ist, dass digitale Ströme über analoge Masseleitungen geführt werden und umgekehrt.

Wie sich das auswirkt, soll folgendes Beispiel verdeutlichen:

Ein 12-Bit-ADU (Analog-Digital-Umsetzer) hat eine Auflösung von 2,5 mV. Fließt nun ein Strom von digitalen Schaltkreisen von 100 mA, so entsteht an einem Leitungswiderstand von 0,1 Ohm (auf einer Platine schnell erreicht) ein Spannungsabfall von 10 mV. Dies ent-spricht bei einer Auflösung von 2,5 mV pro Bit einem Fehler von 4 LSB.

Alle analogen Masseleitungen und alle digitalen Masseleitungen sollten zum Messgerät getrennt verlaufen und die Verbindung der Masseleitungen sollte vorrangig nur *einmal* an der zu messenden Schaltung (Massereferenzpunkt) oder wenn nicht anders möglich am Os-zilloskop erfolgen (*Abb. 3.2g*). Optimal wäre ein konsequent durchgeführter sternförmiger Leitungsverlauf.

3.1.2 Innenwiderstand

Jede Spannungsquelle (z. B. Batterie oder Wechselspannungsgenerator) oder Ersatz-spannungsquelle (z. B. Verstärker-, Oszillator- oder Gleichrichter-Ausgang) hat einen elektrischen Innnenwiderstand, der sich aus der Beziehung Leerlaufspannung/Kurz-schlussstrom ergibt (*Abb. 3.3a*).

Messgeräte haben entsprechend einen Eingangswiderstand. Bei Oszilloskopen ist der Eingangswiderstand, wie bereits im ersten Abschnitt erwähnt, in den technischen Da-ten oder neben der Eingangsbuchse (vgl. *Abb. 1.4*) angegeben.

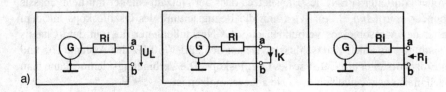

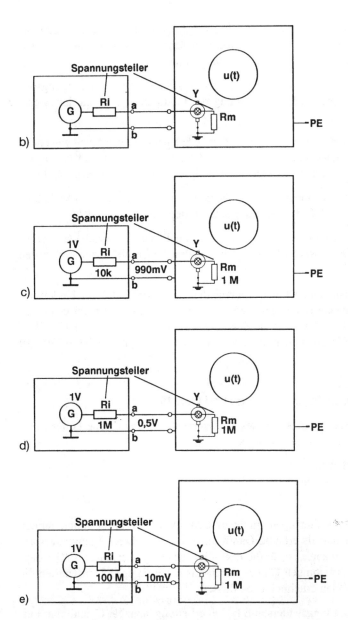

Abb. 3.3: Innenwiderstände beeinflussen Messspannungen:
a) Spannung und Strom sind vom Innenwiderstand abhängig
b) Innenwiderstände von Messobjekt und Oszilloskop bilden einen Spannungsteiler
c) Ri sehr klein im Verhältnis zu Rm, nur geringe Spannungsteilung
d) Ri in der Größenordnung von Rm, Spannung wird halbiert
e) Ri sehr groß im Verhältnis zu Rm, sehr große Spannungsteilung

Der Innenwiderstand des Messobjektes wird beim Anschluss der Messleitungen mit dem Innenwiderstand des Oszilloskops in Reihe geschaltet und bildet somit einen Spannungsteiler für die Spannungsquelle des Messobjektes (*Abb. 3.3b*).

Solange der elektrische Innenwiderstand wesentlich kleiner ist als der Eingangswiderstand des Oszilloskops, wird die Spannung der Spannungsquelle an den Messklemmen gemessen.

Ein Innenwiderstand des Messobjekts von z. B. $R_i = 10$ kΩ, hat nur einen Anteil von einem Prozent am Gesamtwiderstand von $R_i + R_m = 10$ k $+ 1$ M, d. h. nur 1 % der Spannung verbleibt am Innenwiderstand und 99 % werden an den Messklemmen gemessen (*Abb. 3.3c*).

Bei 100 kΩ des Innenwiderstandes teilt sich die zu messende Spannung im Verhältnis $R_i + R_m/R_m = 1,1$ M/1 M auf. Der Messfehler beträgt hierbei schon fast 10 %.

Ist der Innenwiderstand der zu messenden Spannungsquelle genauso groß wie der Eingangswiderstand des Oszilloskops $R_i = R_m$, dann halbiert sich die Spannung an den Messklemmen (*Abb. 3.3d*).

An Schaltungen mit sehr hohen Innenwiderständen, z. B. am Gate von Feldeffekttransistoren, kann mit einem Eingangswiderstand von $R_m = 1$ M nicht mehr gemessen werden, z. B. bei $R_i = 100$ MΩ, wird die Spannung im Verhältnis $R_i/R_m = 100$ M/1 M $= 100$ reduziert. Bei einer Spannung von 1 V würde man daher nur noch 0,01 V = 10 mV messen (*Abb. 3.3e*).

3.1.3 Messleitungen, Einfluss von Länge und Qualität

Zur Verbindung des Messobjektes und des Messgerätes sind elektrische Leiter (*Abb. 3.4a*) erforderlich. Man unterscheidet hierbei:

- Das einfache Leiterkabel,
- das verdrillte Doppeladerkabel,
- das Koaxialkabel.

Das Oszilloskop ist an den Eingängen mit einem BNC-Anschluss ausgestattet, der den Anschluss eines Koaxialkabels erlaubt. Damit auch mit einfacheren Leitungsverbindungen gearbeitet werden kann, ist für die BNC-Buchse ein so genannter BNC-Adapter vorgesehen. Die Messleitungen können durch ihre Übertragungseigenschaften die zu messenden Signalformen erheblich beeinflussen.

Jedes Kabel hat einen Leitungswiderstand R_l, eine Leitungkapazität C_l und eine Leitungsinduktivität H_l, die mit zunehmender Länge der Messleitungen größer werden. Dies bedeutet, je länger die Messleitungen sind, um so schlechter werden die Übertragungseigenschaften und damit um so größer die Messfehler für Signalform und Signalamplitude. Daher gilt als erste Regel:

Messleitungen so kurz wie möglich halten.

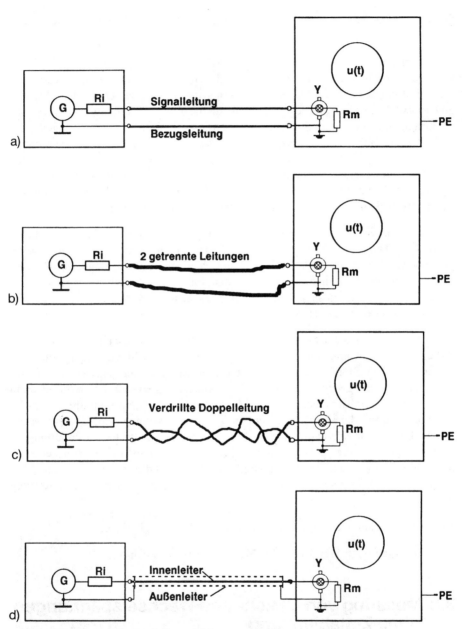

Abb. 3.4: Messleitungen beeinflussen Messergebnisse:
a) Zwei Leitungen bilden einen frequenzabhängigen Übertragungswiderstand
b) Zwei getrennte Leitungen haben einen veränderlichen Übertragungswiderstand
c) Verdrillte Leitungen haben ein besseres Übertragungsverhalten
d) Koaxialkabel haben einen konstanten Übertragungswiderstand

Die Leitungsart hat ebenfalls wesentlichen Einfluss auf das Übertragen der Mess-signale.

Eine einfache Leitungsverbindung ist das schlechteste Übertragungsmedium. Durch die Anschlussverbindung der beiden losen Leitungen besteht kein fester Abstand und damit keine exakte Parallelführung der Leitungen zueinander. Dadurch gibt es auf der Leitungsstrecke unterschiedliche Leitungsverkopplungen, die das Übertragungsverhalten erheblich beeinflussen (*Abb. 3.4b*). Mit diesem Messleitungs-aufbau sollten nur Gleichspannungen und sehr niederfrequente Wechselspannungen bis max. 100 Hz gemessen werden. Auf keinen Fall Impulsspannungen, die in den Schaltflanken wesentlich höhere Frequenzen aufweisen, die unabhängig von der Impulsfolgefrequenz sind. Ein rechteckförmiger Impuls von f = 1 Hz (T = 1s) kann in den Schaltflanken Frequenzen von mehreren Megahertz (T = µs) erreichen.

Ein Kompromiss eines einfachen Messkabels ist das verdrillte Doppeladerkabel (*Abb. 3.4c*). Durch die Verdrillung wird der Abstand der Leitungen zueinander einigermaßen gleich gehalten. Dadurch ergeben sich bessere Übertragungseigenschaften als mit zwei losen Leitungen. Daher kann man mit diesem Messkabel Wechselspannungssignale und Impulsspannungen mit niedrigen Schaltfrequenzen im Bereich von 10 kHz bis max. 20 kHz messen.

Für die Übertragung hochfrequenter Signale soll man grundsätzlich das koaxiale Kabel einsetzen. Damit die Signalleitung gegen äußere Einwirkungen von elektromagnetischen Störwellen (z. B. Netzbrummen) gesichert ist, wird eine Abschirmung darum gelegt. Das Material besteht aus einem aus Kupferdraht dicht geflochtenen Metallschlauch, der die Messleitung vollständig umhüllt. Damit die Abschirmung mit dem Innenleiter nicht in Berührung kommt, wird eine Isolierung aus hochwertigem Kunststoff dazwischen gelegt. Über diese Isolierumhüllung ist dann der Metallschirm gezogen, der so genannte Außenleiter. Durch diesen Aufbau sind der Innen- und der Außenleiter in einem äußerst geringen und gleichbleibenden Abstand festgelegt, wodurch die Leitungskapazität C_1 sehr niedrig gehalten wird (*Abb. 3.4d*).

Als zweite Regel für eine Messung mit dem Oszilloskop gilt daher:

Messleitungen oder Messkabel der Messaufgabe anpassen.

3.2 Messung von Gleich- und Wechselspannungen ohne Zeitablenkung

Bevor man Messungen durchführt, sollte man sich von der Funktionsfähigkeit des Gerätes überzeugen und die Grundeinstellungen für einen kalibrierten Messbetrieb vornehmen.

Zu den Grundeinstellungen gehört:

- die Einstellung der Strahlschärfe und der Strahllage wie im 2. Abschnitt gelernt vornehmen;
- am Vertikalverstärker (Y-Ablenkung) den Feineinsteller in Stellung CAL bringen;
- Feineinsteller für Ablenkzeit und X-Abschwächung in Stellung CAL bringen;
- Einstellung der X- und Y-POS, gegebenenfalls mit Unterstützung von BEAM FIND, auf Mitte des Bildschirmes.

Überprüfung der Funktionsfähigkeit des Y-Verstärkersystems
Damit soll in erster Linie der Messsignalverstärker und das vertikale Ablenksystem geprüft werden.

Dafür benützen wir den im Oszilloskop in *Abb. 1.4* auf der rechten Seite dargestellten BNC-Ausgang für einen 1-kHz-Rechteckgenerator, der mit einem Stufenschalter auf fünf Spannungswerte eingestellt werden kann. Diesen BNC-Ausgang verbinden wir über ein Koaxialkabel mit BNC-Anschlüssen an die BNC-Anschlussbuchse des Y-Einganges. Der Eichspannungs-Wahlschalter wird auf 5 V_{ss} gestellt.

Die Bedienelemente werden entsprechend *Abb. 3.5a* eingestellt. Darauf muss sich der auf dem Bildschirm dargestellte senkrechte Strich (1) über 5 Raster (1 V/DIV) zeigen.

Schalten wir den Ablenkkoeffizienten auf 2 V/DIV, dann muss sich eine Auslenkung von 2,5 Raster (2) ergeben.

Formal stehen die drei Einheiten Auslenkung, angelegte Spannung und Ablenkkoeffizient in folgendem Zusammenhang:

$$\text{Auslenkung} = \frac{\text{angelegte Spannung}}{\text{Ablenkkoeffizient}} = \frac{5 \text{ V}}{1 \text{ V/DIV}} = 5 \text{ Raster oder}$$

$$\frac{5 \text{ V}}{1 \text{ V/DIV}} = 2,5 \text{ Raster}$$

Weicht die Ablenkung von diesen Werten nur wenig ab, dann kann die Verstärkung des Messverstärkers über ein an der Frontseite angebrachtes Trimmpoti justiert werden. Bei größeren Abweichungen (zu geringe Auslenkung) ist im Messverstärker ein Fehler.

Funktionsprüfung der Bedienelemente
Wenn der Schalter „Eingangskopplung" aus der Stellung AC (*Abb. 3.5a*) in die Stellung GND geschaltet wird, muss aus dem vertikalen Strich ein Punkt werden. Schalten wir wieder in die Stellung AC, dann zeigt sich der vertikale Strich mit dem Bezugspunkt in der Mitte (*Abb. 3.5b*). Wird anschließend über GND in die Stellung DC geschaltet, dann baut sich der vertikale Strich auf dem Bezugspunkt auf (*Abb. 3.5b*).

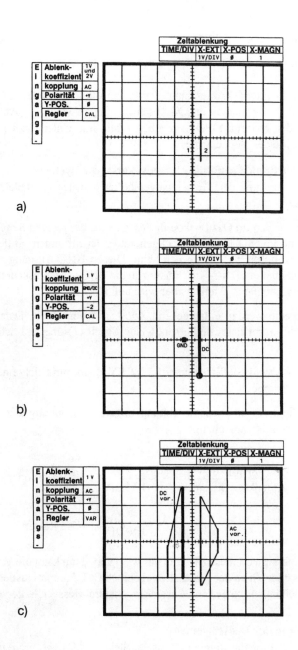

Abb. 3.5: Darstellung von Amplituden:
a) Rechteck mit 5 V bei 1 V/DIV (1) und 2 V/DIV (2)
b) Funktion von Eingangskopplung GND und DC
c) Wirkung der Feineinstellung bei Eingangskopplung DC und AC

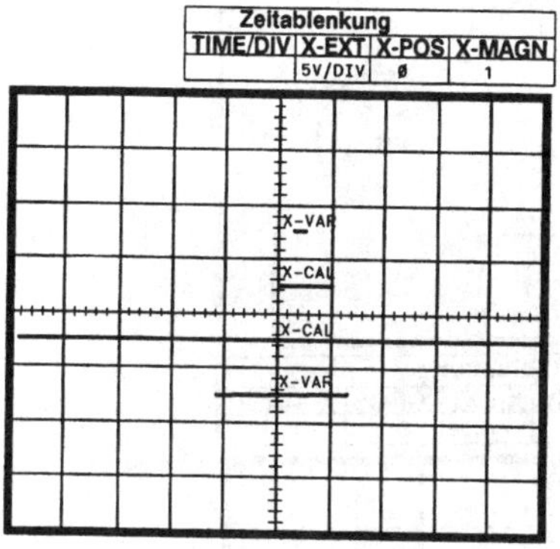

Abb. 3.6: Prüfung der X-Aussteuerung

Wird der Regler zur Feineinstellung aus der Stellung CAL nach links gedreht, dann muss der vertikale Strich langsam von oben beginnend kleiner werden, ohne dass sich der Bezugspunkt in seiner Lage ändert (*Abb. 3.5c*).

Nachdem der Feineinsteller wieder in die Stellung CAL gedreht und der Schalter „Eingangskopplung" in die Stellung AC geschaltet wurde, drehen wir wieder den Feineinsteller aus der Stellung CAL nach links; hierbei können wir beobachten, dass sich der vertikale Strich von oben und unten gleichmäßig auf den Bezugspunkt hinzu verkleinert (*Abb. 3.5c*).

Überprüfung der Funktionsfähigkeit des X-Verstärkersystems
Für diese Aufgabe muss das BNC-Koaxialkabel von der Y-Anschlussbuchse entfernt werden und an die Buchse X-In angeschlossen werden. Die X-Ablenkung wird entsprechend *Abb. 3.6* eingestellt.

Wird der Stufenschalter für das 1-kHz-Rechtecksignal auf 5 V_{ss} gestellt, dann muss die Auslenkung in der X-Achse 1 Rasterteil betragen. Bei der Einstellung auf 50 V_{ss} beträgt die horizontale Auslenkung 10 Raster. Wird der Feineinsteller aus der Stellung CAL nach links gedreht, dann muss die horizontale Auslenkung kleiner werden.

3.2.1 Messung von Gleichspannungen

Der Messversuch in *Abb.3.7* zeigt die Auslenkung des Elektronenstrahls mit Gleichspannungen in X- und Y-Ablenkung.

Wird nur der Y-Eingang an eine Gleichspannung gelegt (+4 V) und der X-Eingang an 0 V, dann wird der Strahlpunkt von der Mitte aus senkrecht nach oben 4 Raster ausgelenkt.

Wird nur der X-Eingang an eine Gleichspannung gelegt (+4 V) und der Y-Eingang an 0 V, dann wird der Strahlpunkt von der Mitte aus waagerecht nach rechts 4 Raster ausgelenkt.

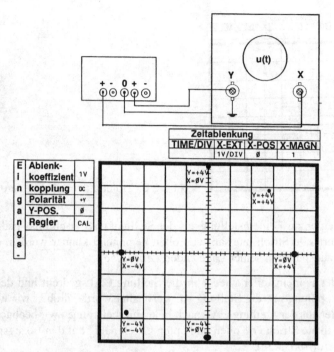

Abb. 3.7: X-Y-Aussteuerung mit Gleichspannung

Werden beide Eingänge (Y-X) an die gleiche Spannung (+4 V) gelegt, dann wird der Strahlpunkt von der Mitte aus genau in der Diagonale der beiden +4-V-Eckpunkte liegen.

Alle anderen Spannungseinstellungen von 0 V nach +4 V für Y und X liegen dann innerhalb dieser Eckpunkte und der Diagonale im 1. Quadranten. Werden die Spannungsquellen umgepolt (Achtung! Das geht nur bei potenzialfreier Minusklemme, siehe *Abb. 3.2*), dann werden die gleichen Spannungsmessungen eine Strahlauslenkung vom Mittelpunkt aus nach links bzw. nach unten erzeugen, also innerhalb des 3. Quadranten.

3.2.2 Messung von Wechsel-(Sinus-)Spannungen

Bei diesem Messversuch (*Abb. 3.8*) wird eine sinusförmige Wechselspannung mit unterschiedlichen Spannungswerten und Spannungspolaritäten sowie verschiedenen Frequenzen zwischen 1 Hz und 1 kHz an die Y- und X-Eingänge angelegt.

Der Frequenzgenerator muss potenzialfreie Ausgänge haben, da in diesem Versuch an beiden Ausgängen gemessen wird.

Im ersten Versuch werden beide Eingänge (Y-X) an die Generatorspannung 8 V und f = 1 kHz angeschlossen. Dadurch werden die Spannungen an beiden Eingängen gleichzeitig positiv, gleichzeitig Null und gleichzeitig negativ.

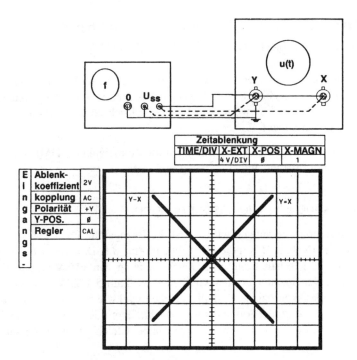

Abb. 3.8: X-Y-Aussteuerung mit Wechselspannung

Daraus ergibt sich bei einer Generatorfrequenz von 1 kHz eine zusammenhängende gerade Linie, die von rechts oben (1. Quadrant) über den Mittelpunkt der Quadranten nach links unten verläuft (3. Quadrant).

Im zweiten Versuch wird an einem Ausgang des Frequenzgenerators der Y-Eingang angeschlossen, an den anderen Ausgang der X-Eingang. Daraus ergibt sich eine zusammenhängende gerade Linie, die von links oben (4. Quadrant) über die Bildschirmmitte nach rechts unten (2. Quadrant) verläuft.

Die Neigung der Geraden wird durch das Verhältnis zwischen Y- und X-Spannung bestimmt und liegt zwischen den Eckpunkten $Y = U_m/X = 0V$ und $Y = 0V/X = U_m$.

Wird die Frequenz von 1 kHz bei beiden Versuchen langsam nach tieferen Frequenzen nach 1 Hz verstellt, dann wird aus den Linien ein sich auflösender Punkt, der mit der Sinusfrequenz zwischen dem Spitzenwert der positiven Halbwelle und dem Spitzenwert der negativen Halbwelle hin- und herpendelt.

3.3 Messung von Gleich- und Wechsel- spannungen mit Zeitablenkung

Die Messung von Spannungen mit Zeitablenkung zur Darstellung der Signalform ist das eigentliche Einsatzgebiet des Oszilloskops. Aus der zeitlichen Auflösung der Spannungen kann man viele Kennwerte entnehmen, die Rückschlüsse auf die Funktion der Spannungsquelle erlauben.

Hierzu wird für die folgenden Betrachtungen die Zeitablenkung TIME/DIV auf 1 ms und die Triggereinrichtung auf AUTO eingestellt (*Abb. 3.9*).

3.3.1 Messung von Gleichspannungen

Für Gleichspannungsmessungen wird zuerst die Bezugslinie für 0 V festgelegt (Eingangskopplung GND), z. B. auf die Mittellinie in *Abb. 3.9*. Danach wird die Eingangskopplung auf DC geschaltet und eine Gleichspannung von +15 V an den Y-Eingang angeschlossen. Der Spannungsablenkkoeffizient wird auf 5 V/DIV eingestellt. Für die Auswahl des Ablenkkoeffizienten gilt die gleiche Regel wie für das Messinstrument. Es wird ein Bereich mit großer Aussteuerung gewählt, damit der Messwert möglichst genau abgelesen werden kann. Die Auflösung kann bei Gleichspannungsmessungen noch

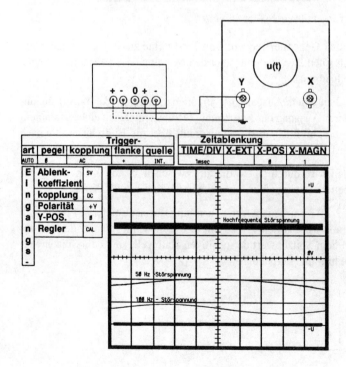

Abb. 3.9:
Messen von Gleich-
spannungen

weiter erhöht werden, indem man die Nulllinie bei positiven Gleichspannungen auf die unterste Rasterlinie des Bildschirmes einstellt, bei negativen Gleichspannungen auf die oberste. Eine Messspannung von + 15V kann nun mit einer Auflösung von 2 V/DIV gemessen werden (15 V/2 V = 7,5 Raster). Wird die zu messende Spannung umgepolt (-15 V), dann erfolgt die Aussteuerung des Elektronenstrahls nach unten (*Abb. 3.9*).

Eine störspannungsfreie Gleichspannung erzeugt eine saubere gerade Linie. Ist der Gleichspannung eine 50-Hz- oder 100-Hz-Wechselspannung überlagert, dann zeigt sich bei 1 ms/DIV über die gesamte Bildschirmbreite (10 ms) eine leichte Wellung der dargestellten Linie, bei 50 Hz eine halbe Welle (1 Sinusperiode entspricht 20 ms bei 50 Hz), bei 100 Hz eine volle Sinuswelle. Überlagerte Wechselspannungen mit höheren Frequenzen verursachen je nach Spannungsanteil eine dicke Ablenklinie oder sogar ein breites Band.

Die Überlagerung mit einer 50-Hz-Wechselspannung, die gleich oder größer als die zu messende Gleichspannung ist, übersteuert bei den eingestellten Ablenkkoeffizienten von 5 V/DIV und DC-Eingangskopplung den Bildschirm. Hier liegt dann meistens ein Fehler im Messaufbau vor. Entweder sind die Bezugspotenziale nicht miteinander richtig verbunden (vgl. *Abb. 3.4*), oder der Messkreis ist nicht geschlossen (Unterbrechung in der Messleitung oder der Bezugsleitung).

3.3.2 Messung von Wechselspannungen

Messungen von Wechselspannungen werden bei AC-Eingangskopplung durchgeführt (*Abb. 3.10*). Die Einstellung der Ablenkzeit richtet sich nach der zu messenden Frequenz. Ist die Frequenz unbekannt oder für die Spannungsmessung nicht von Bedeutung, dann stellt man eine mittlere Ablenkzeit ein, z. B. 1 ms/DIV.

Da Wechselspannungen immer einen positiven und einen negativen Spannungsanteil haben, muss die Nulllinie immer im mittleren Bildschirmbereich positioniert werden, bei Eingangskopplung GND. Das Oszilloskop stellt mit den Momentanwerten den

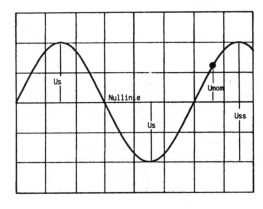

Abb. 3.10:
Kennwerte einer Sinusperiode

zeitlichen Verlauf einer Wechselspannung auf dem Bildschirm dar. Bei einer sinusförmigen Wechselspannung sind die positiven und negativen Spitzen- oder Momentanwerte gegenüber der Nulllinie als Bezugswert gleich groß. Diese Definitionen gelten auch für eine symmetrische Dreiecksspannung. Bei allen anderen unsymmetrischen Spannungsverläufen sind die Spitzen oder Momentanwerte vom arithmetischen Mittelwert der positiven und negativen Spannungsflächenanteile abhängig.

An dem folgenden Beispiel einer Rechteckspannung mit unterschiedlichem Tastverhältnis und AC-Eingangskopplung sollen diese Zusammenhänge verdeutlicht werden (*Abb. 3.11*).

Betrachten wir den zeitlichen Verlauf der Spannung an dem Widerstand R_m bei verschiedenen Tastverhältnissen $t_i{:}t_p$ des Rechtecksignales. Aus *Abb. 3.11a* ist zu ersehen, dass die dunklen Flächen bei einem Tastverhältnis von $t_i/t_p = 1$ oberhalb und unterhalb der Nulllinie gleich groß sind und hierbei das Impulsdach und der Impulsfuß den gleichen Abstand zur Nulllinie haben.

Bei einem Tastverhältnis $t_i/t_p = <1$, verschiebt sich die Nulllinie in Richtung Impulsfuß (*Abb. 3.11b*).

Ist das Tastverhältnis $t_i/t_p = >1$, verschiebt sich die Nulllinie in Richtung Impulsdach (*Abb. 3.11c*).

Diese Zusammenhänge können auf alle Wechselspannungen mit unterschiedlichen Tastverhältnissen und damit unterschiedlichen Flächenanteilen übertragen werden. Bei DC-Eingangskopplung gibt es diese Nulllinienverschiebung nicht. Hier baut sich die Wechselspannung auf das Bezugspotenzial bzw. auf die Nulllinie auf.

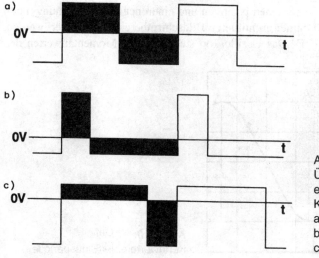

Abb. 3.11:
Übertragung von Rechtecksignalen über einen Kondensator:
a) Tastverhältnis ti:tp = 1
b) Tastverhältnis ti:tp = > 1
c) Tastverhältnis ti:tp = < 1

3.3.3 Messung von Mischspannungen

Bei der Messung von Wechselspannungen, die einer Gleichspannung überlagert sind, ist die Vorgehensweise der Messung von dem Spannungsverhältnis der beiden Spannungen zueinander abhängig. Hat die Wechselspannung in etwa den gleichen Spannungswert wie die Gleichspannung, dann kann die Mischspannung über die Eingangskopplung DC gemessen werden (*Abb. 3.12*).

Ist der Gleichspannungsanteil wesentlich höher als die Wechselspannung, z. B. > 10/1, dann wird zuerst über Eingangskopplung DC der Gleichspannungsanteil gemessen, danach über die Eingangskopplung AC und höhere Auflösung V/DIV der Wechselspannungsanteil.

Ist der Gleichspannungsanteil sehr niedrig im Verhältnis zur Wechselspannung, z. B. < 1/10, dann wird über der Eingangskopplung AC zuerst die Wechselspannung gemessen. Danach wird auf die Eingangskopplung DC umgeschaltet und die Auflösung durch V/DIV erhöht. Dabei lässt man die positive Halbwelle der überlagerten Wechselspannung am oberen Bildschirmrand in die Begrenzung gehen, soweit dies für die Bestimmung der Gleichspannung erforderlich ist.

Überlagerte Störwechselspannungen, die in der Größenordnung der zu messenden Spannung liegen, müssen bei der Messung von Wechsel- oder Mischspannungen unbedingt vermieden werden, da sonst keine genaue Bestimmung der Spannungswerte möglich ist.

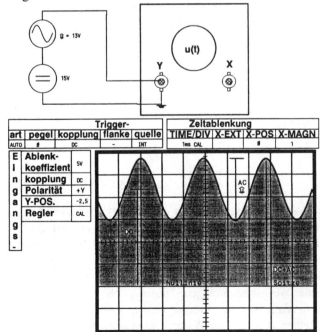

Abb. 3.12:
Definition einer
Mischspannung

Werden die Störspannungen von außen eingekoppelt, sind diese durch einen ordentlichen Messaufbau weitestgehend zu unterdrücken. Hierzu gehören einwandfreie Potenzialverbindungen, hauptsächlich Erd- und Masseverbindungen, gute Abschirmung der Messleitung und kurze Messleitungsverbindungen. Wird die Störspannung mit der Messspannungsquelle übertragen, in der Regel bei zu hohem Innenwiderstand, dann kann nur versucht werden, durch äußere Beschaltung (Parallelwiderstand) den Innenwiderstand zu verringern.

3.4 Amplitudenmessungen mit Tastköpfen

Für Messungen im gleich- oder niederfrequenten Wechselspannungsbereich bis 10 kHz und niederohmigen Messspannungsquellen (bis ca. 10 kΩ) kann mit einfachen Messleitungen gearbeitet werden. In diesen Bereichen ist nicht mit größeren Störsignaleinstreuungen zu rechnen. Für einwandfreie Anzeigeergebnisse bei hochohmigeren Messspannungsquellen und höheren Frequenzen werden vorzugsweise Tastköpfe eingesetzt. Den schematischen Aufbau eines Tastkopfes zeigt die *Abb. 3.13*.

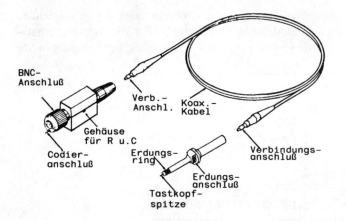

Abb. 3.13:
Aufbau eines Tastkopfes bzw. Tastteilers

3.4.1 Tastteiler

Diese Form der Tastköpfe besteht in ihrem Aufbau (*Abb. 3.14*) aus einem Längswiderstand von 9 MΩ, der zusammen mit dem 1-MΩ-Eingangswiderstand des Oszilloskops einen ohmschen Spannungsteiler 10:1 bildet. Diesem Längswiderstand liegt ein Trimmkondensator von ca. 5 pF parallel. Dieser liegt nun wiederum mit der Eingangskapazität des Verstärkereinganges in Reihe und bildet somit einen Spannungsteiler für hochfrequente Wechselspannungen. Dieser kombinierte Spannungsteiler erhöht die Eingangsimpedanz bzw. den Eingangswiderstand für die Messspannungsquellen. Durch die Reihenschaltung der Widerstände ergibt sich ein gesamter

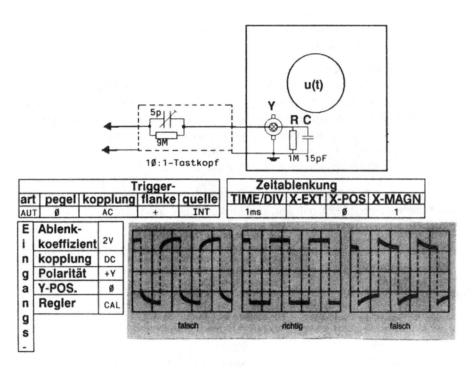

Abb. 3.14: Funktion und Abgleich eines Tastteilers

Eingangswiderstand von 10 Megaohm für die Messspannungsquelle. Die Eingangskapazität von 15 pF des Messverstärkers wird durch den Trimmkondensator, wenn er richtig abgeglichen ist, auf ein Zehntel, also 1,5 pF, reduziert. Durch diese Schaltungsmaßnahme kann man an Messspannungsquellen höhere Frequenzen mit höherem Innenwiderstand messen (vgl. Abschnitt 3.1). Dafür wird die Spannungsteilung um den Faktor 10 für die Messspannung in Kauf genommen.

Damit der kapazitive Spannungsteiler an die Eingangskapazität des Oszilloskops genau angeglichen werden kann, wird der Trimmkondensator des Tastteilers an einer Rechteckspannung abgeglichen. Diese Signalform eignet sich am besten für den Abgleich, weil in den Schaltflanken der Rechteckspannung hohe Frequenzen enthalten sind, die auf dem Bildschirm durch Signalverformung sichtbar werden, wenn sie nicht alle gleichmäßig um den Faktor 10 von dem Tastteiler reduziert werden. Die Wirkungsweise des Tastteilers in Verbindung mit der Eingangsimpedanz des Oszilloskops kann man sich etwa so vorstellen: Die Gleichspannung und die tiefen Frequenzen werden nur durch den Widerstandsteiler R, die hohen Frequenzen jedoch nur durch den kapazitiven Teiler C übertragen.

Als Rechteckgenerator kann der interne 1-kHz-Generator des Oszilloskops verwendet werden. Die Einstellung ist aus *Abb. 3.14* zu ersehen. Der Eichspannungswahlschalter ist auf 50 V_{SS} eingestellt. Der Stufenschalter für den Y-Ablenkkoeffizienten ist dagegen nur auf 2 V/ DIV geschaltet (2,5 Raster $\cdot$ 2 V $\cdot$ 10 = 50 V).

Durch die Verstellung des Trimmkondensators können die Darstellungen in *Abb. 3.14* erzeugt werden. Die mittlere Darstellung in dieser Abbildung zeigt die Signalform für den richtig abgeglichenen kapazitiven Spannungsteiler. Er hat hierbei genau das gleiche Teilerverhältnis wie der Widerstandsteiler. In der linken Abbildung ist das kapazitive Teilerverhältnis zu groß, die hohen Frequenzen werden zu viel abgeschwächt. In der rechten Abbildung ist das kapazitive Teilerverhältnis zu klein, die hohen Frequenzanteile in den Schaltflanken werden zu wenig abgeschwächt.

Neben dem Tastteiler mit 10/1-Teilung gibt es auch noch Tastteiler mit 100/1-Teilung. Bei Spannungsmessungen mit dem Oszilloskop muss das Teilerverhältnis des Tastkopfes berücksichtigt werden.

Die folgende Tabelle gibt einen Überblick über den tatsächlichen Spannungswert der Ablenkkoeffizienten A_y für das Oszilloskop in *Abb. 1.4:*

Ablenkkoeffizient $A_y = 1$	Tastteiler A_y bei 10/1	Tastteiler A_y bei 100/1
50 V	500 V	5000 V
20 V	200 V	2000 V
10 V	100 V	1000 V
5 V	50 V	500 V
2 V	20 V	200 V
1 V	10 V	100 V
0,5 V	5 V	50 V
0,2 V	2 V	20 V
0,1 V	1 V	10 V
50 mV	500 mV	5 V
20 mV	200 mV	2 V
10 mV	100 mV	1 V
5 mV	50 mV	500 mV
2 mV	20 mV	200 mV
1 mV	10 mV	100 mV

3.4.2 Dioden-(Demodulator-)Tastkopf

Der Dioden-Tastkopf wird zur Gleichrichtung bei Messungen von amplitudenmodulierten Hochfrequenzspannungen eingesetzt. Durch die Gleichrichterwirkung der

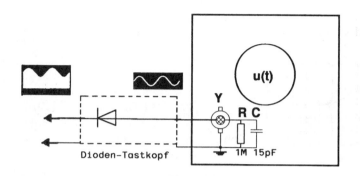

Abb. 3.15:
Gleichrichtung und
Demodulation mit
Diodentastkopf

Diode in *Abb. 3.15* wird nur die Hüllkurve der Trägerfrequenzspannung dargestellt. Der Diode ist ein Tiefpass nachgeschaltet, der den Hochfrequenzanteil des gleichgerichteten Signals unterdrückt.

Wie bei allen anderen Verbindungselementen ist für fehlerhafte Messergebnisse der Tastkopf mit die am häufigsten übersehene Fehlerquelle, daher empfiehlt sich vor jeder Messung die funktionale Überprüfung an einer Kalibrierspannung. Vor allem die Masse- bzw. Erde-Verbindungen sind besonders sorgfältig zu überprüfen.

3.5 Übungen zur Vertiefung

Für die folgenden 7 Übungen wird für den vertikalen und horizontalen Ablenkkoeffzienten $k_v = k_h = 1$ V/DIV angenommen.

1. Der Leuchtfleck steht in der Mitte, wenn weder am Eingang des Horizontal- noch an dem des Vertikalverstärkers Ablenkspannungen angelegt sind.

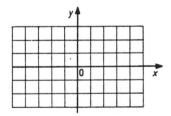

Abb. 3.16

In *Abb. 3.16* ist die Lage des Leuchtflecks einzuzeichnen. Die Koordinaten sind anzugeben:

x = ... Teile

y = ... Teile

2. Die Eingangsspannung am Vertikalverstärker u_v ändert sich von 0 V auf + 2 V. Der Spurverlauf des Leuchtflecks ist in *Abb. 3.17a* einzuzeichnen.

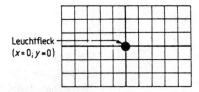

Abb. 3.17 a)

Die Eingangsspannung des Horizontalverstärker u_h ändert sich von 0 V auf +5 V. Der Spurverlauf des Leuchtflecks ist in *Abb. 3.17b* einzuzeichnen.

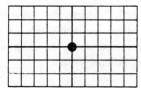

Abb. 3.17 b)

Die beiden beschriebenen Ablenkvorgänge sollen nun gleichzeitig verlaufen. Der Spurverlauf des Leuchtflecks ist in *Abb. 3.17c* einzuzeichnen.

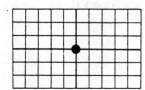

Abb. 3.17 c)

3. Der Leuchtfleck in *Abb. 3.18a* soll sich gleichmäßig von A nach B bewegen, in genau 8 s.

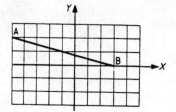

Abb. 3.18 a)

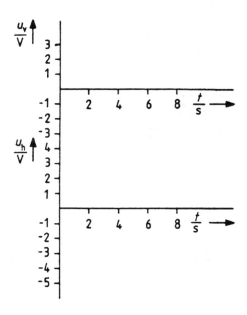

Abb. 3.18 b)

Die erforderlichen Ablenkspannungen u_v und u_h sind in *Abb. 3.18b* einzutragen. Zu beachten ist, dass es sich um zusammengesetzte Bewegungen handelt, die gleichzeitig ablaufen.

4. Der Leuchtfleck soll, nachdem er Punkt B in *Abb. 3.18a* erreicht hat, nach A zurückspringen, um dann in der gleichen Zeit wie vorher (8 s) nach B abgelenkt zu werden.
   Dieser Vorgang soll insgesamt viermal ablaufen.
   Die erforderlichen Ablenkspannungen sind in *Abb. 3.19* einzutragen.
   Für den Rücksprung wird die Zeit t = 0 s angenommen.

5. Die Spannung am Eingang des Vertikalverstärkers hat den Verlauf entsprechend *Abb. 3.20a*.
   Der gleiche Verlauf soll auf dem Bildschirm entsprechend *Abb. 3.20b* sichtbar werden.

   Der Verlauf der Spannung, die auf den Eingang des Horizontalverstärkers gegeben werden muss, ist in *Abb. 3.20c* einzutragen.

6. Durchläuft der Leuchtfleck auf dem Bildschirm eine Signalform nur einmal, verschwindet das Bild und kann nicht mehr beobachtet werden. Bei einer periodischen Spannung am Vertikaleingang (*Abb. 3.21a*) ist es durch stets wiederholtes Nachzeichnen derselben Kurve möglich, ein stehendes Bild darzustellen.

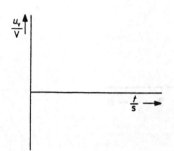

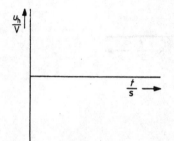

Abb. 3.19

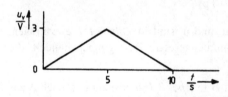

Abb. 3.20 a)

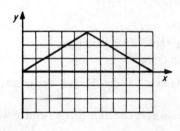

Abb. 3.20 b)

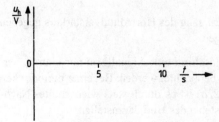

Abb. 3.20 c)

Um dies zu erreichen, muss eine periodische Ablenkspannung am Eingang des Horizontalverstärkers anliegen (*Abb. 3.21b*). Entsprechend dem Verlauf von u_v (*Abb. 3.21a*) und u_h (*Abb. 3.21b*) beträgt die maximale horizontale Ablenkung

a) ....Teile.

b) In *Abb. 3.21c* ist der resultierende Signalverlauf einzuzeichnen.

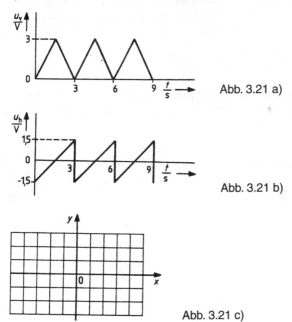

Abb. 3.21 a)

Abb. 3.21 b)

Abb. 3.21 c)

7. Durch welche der folgenden Maßnahmen kann man erreichen, dass die volle Bildschirmbreite ausgeschrieben wird?

a) Durch Vergrößerung der Spannung am Eingang des Vertikalverstärkers.

b) Durch Veränderung der Frequenz des Horizontalsignals.

c) Durch Erhöhung des Wertes von Spitze zu Spitze der Spannung U_h.

8. Der Ausgang des Sägezahngenerators bleibt so lange auf Null, bis ein Triggerimpuls auf den Eingang gelangt. Dann wird am Ausgang die Ablenkspannung entsprechend *Abb. 3.22* erzeugt:

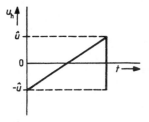

Abb. 3.22

Die Spannung u_h steigt von -u so lange gleichmäßig an, bis sie den Scheitelwert +u erreicht. Dann springt sie auf -u zurück. Die Spitze-Spitze-Spannung u_{ss} ist gerade ausreichend, den Leuchtfleck über die volle Breite des Bildschirms abzulenken.

Der Leuchtfleck bewegt sich also nach Eintreffen eines Triggerimpulses mit konstanter Horizontalgeschwindigkeit einmal über den Schirm bis zum rechten Ende des Skalenrasters und springt dann wieder in seine Ausgangsposition am linken Skalenrand zurück. Die Geschwindigkeit, mit der sich der Leuchtfleck über den Bildschirm bewegt, ist am Ablenkteil einstellbar:
Dazu dient der Schalter „Zeitkoeffizient", angegeben in Ablenkzeit pro Rastereinheit (Zeit/DIV).
Der Bildschirm ist zehn Raster breit. Ist der Zeitkoeffizient k_t auf 50 ms/DIV eingestellt, braucht der Leuchtfleck eine Zeit von ...., um die gesamte Breite des Bildschirms zu durchqueren.

9. Der Zeitkoeffizient ist so eingestellt, dass der Leuchtfleck 3 s braucht, um die gesamte Schirmbreite zu durchlaufen. Der Sägezahngenerator wird zum Zeitpunkt t = 1 s einmal getriggert.
Demnach ist der Zeitkoeffizient k_t auf .... Zeit/DIV eingestellt.

In *Abb. 3.23* ist der von dem Zeitablenkgenerator erzeugte Spannungsverlauf einzuzeichnen.

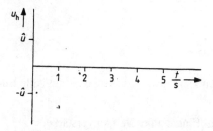

Abb. 3.23

10. Der Zeitkoeffizient k_t ist auf 0,1 s/DIV eingestellt. Die Eingangsspannung des Sägezahngenerators besteht aus einer Folge von Triggerimpulsen, wie in *Abb. 3.24a* dargestellt. Der Verlauf der erzeugten Ablenkspannung ist in *Abb. 3.24b* einzuzeichnen.

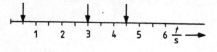

Abb. 3.24 a)

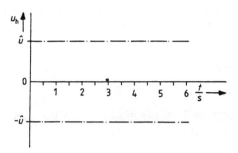

Abb. 3.24 b)

11. Aus dem Triggersignal (Auslösesignal) werden die Triggerimpulse abgeleitet. Bei einem periodischen Triggersignal wird die Ablenkung periodisch getriggert. Die *Abb. 3.25* zeigt den Verlauf einer Ablenkspannung.

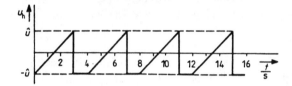

Abb. 3.25

a) Der Sägezahngenerator wird einmal getriggert alle

.... s.

b) Zu welchen Zeitpunkten befindet sich der Leuchtfleck am linken Rand des Schirms?

t = ...

c) Auf welchen Wert ist der Schalter Zeitkoeffizient eingestellt, wenn u_{ss} gerade ausreicht, den Leuchtfleck über die ganze Bildschirmbreite (zehn Raster) abzulenken?

....

12. Der Vertikalverstärker ist auf folgende Funktionen eingestellt:

- Eingangskopplung AC
- Ablenkkoeffizient 2 V/DIV
- Die Messspannung beträgt +6 V Gleichspannung

Wieviel Raster über oder unter der Nulllinie bleibt der Leuchtfleck stehen?

...................................Raster

13. An den Vertikal- und Horizontalverstärker wird eine Gleichspannung von U = +8 V angeschlossen, bei Eingangskopplung DC.

Der Ablenkkoeffizient des Vertikalverstärkers beträgt 2 V/DIV, der Ablenkkoeffizient des Horizontalverstärkers beträgt 5 V/DIV. Die Koordinaten des Leuchtfleckes sind anzugeben.

X = ... Teile

Y = ... Teile

14. Bei welchen Spannungsverläufen liegt die Nulllinie nicht in der Mitte zwischen positiven und negativen Amplitudenanteilen?

a) Sinus
b) Dreieck
c) Sägezahn
d) Impulse

15. Eine Sinusspannung erzeugt eine Strichlänge von 4 Teileinheiten. Der Ablenkkoeffizient beträgt 10 V je Teileinheit. Wie groß ist die Spitze-Tal-Spannung?

.... V

16. Bei einer Spannung umfasst eine Periode 8 Teileinheiten auf dem Bildschirm. Der Zeitmaßstab beträgt 5 µs/DIV. Wie groß ist die Frequenz der Spannung?

.... kHz

17. Am Eichspannungsgenerator ist die Rechteckspannung auf 5 V_{ss} eingestellt. Über einen Tastteiler 10/1 wird die Spannung gemessen. Auf welchen Ablenkkoeffizienten A_y muss der Stufenschalter gestellt werden, damit eine Auslenkung der Rechteckspannung über 2,5 Raster erfolgt?

.... /DIV

18. Die Frequenz der Eichspannung beträgt f = 1 kHz und die gemessene Periodendauer beträgt 5 Raster. Wie groß ist der eingestellte Zeitkoeffizient?

.... /DIV

19. In welchem Zeitablenkbereich wird die aufgezeichnete Linie in einen Punkt aufgelöst?

Zeitkoeffizientenbereich .... /DIV

Lösungen ab Seite 216

4 Triggerung und Synchronisation von Messsignalen

Die Triggerfunktionen von Oszilloskopen sind Leistungsmerkmale, die im Wesentlichen die Einsatzmöglichkeiten bestimmen.

Das breite Spektrum der möglichen Messaufgaben stellt die unterschiedlichsten Anforderungen an die Auslösung und Stabilisierung eines auswertbaren Oszillogrammes in Frequenz, Amplitude und Signalform.

Bei einem Analog-Oszilloskop muss die Triggerung zwischen dem zugeführten Messsignal oder einem extern zugeführten Triggersignal und der vom Zeitbasisgenerator erzeugten sägezahnförmigen Ablenkspannung einen definierten Zeit- und Phasenbezug herstellen. Dies sind die Voraussetzungen für die Erzeugung stehender Signalformen auf dem Oszilloskop.

Ein Oszilloskop bietet verschiedene Möglichkeiten, die Triggerauslösung zu beeinflussen und zu steuern. Die Funktionskombinationen:

- Einstellbarer Triggerpegel
- Wahl der Triggerflanke
- Wahl der Triggerbetriebsart
- Wahl der Triggerquelle
- Wahl der Triggerankopplung
- Frequenzbereich der Triggerfunktionen

Sie bieten eine Vielzahl von Einstellmöglichkeiten, die zu einer Optimierung der Triggerauslösung für nahezu jede Messaufgabe beitragen.

In diesem Abschnitt sollen anhand von Messbeispielen und Messversuchen die verschiedenen Triggerfunktionen in ihrer Funktion verdeutlicht werden.

4.1 Triggerquelle

Entsprechend der Darstellung in *Abb. 1.7* können mit den Tasten „Triggerquelle" drei verschiedene Triggersignale angewählt werden. Im Normalfall wird man den Zeitbasisgenerator intern triggern (Funktion INT).

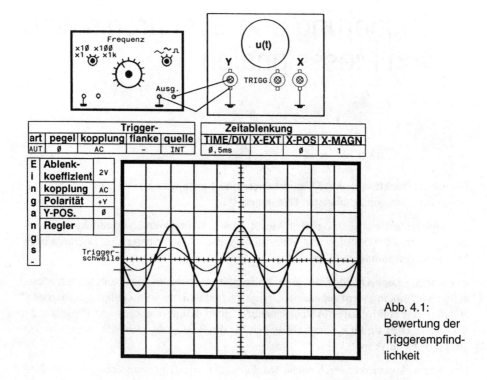

Abb. 4.1:
Bewertung der
Triggerempfind-
lichkeit

Wir wollen diese Triggermöglichkeit in ihrer Funktion ausprobieren. In *Abb. 4.1* wird über einen Funktionsgenerator ein Messsignal (Sinus, $f = 1$ kHz, $U_{ss} = 0$ bis 5 V) an das Oszilloskop angeschlossen und die vorgegebenen Funktionen werden eingestellt.

Versuch 1: Triggerschwelle

Zuerst wird die Ausgangsspannung am Funktionsgenerator so lange verringert, bis das Signalbild am Bildschirm anfängt zu laufen oder die Triggerung ganz aussetzt (waagerechte Linie am Bildschirm). Wird die Messsignalamplitude wieder vergrößert, wird das laufende Signalbild wieder sichtbar und triggert bei weiterer Erhöhung auf ein stehendes Bild.

Die gleiche Wirkung wird erzielt, wenn die Amplitudenveränderung am Stufenschalter oder am Feinregler für die Ablenkkoeffizienten am Oszilloskop vorgenommen wird.

Daraus lässt sich ableiten, dass das Messsignal eine bestimmte Mindestamplitude haben muss, damit es noch eine Triggerauslösung bewirkt.

Unterschreitet die Amplitude eine Höhe von etwa 1 cm, wird die Triggerschwelle im Automatikbetrieb unterschritten und es erfolgt keine Triggerung mehr, der Zeitbasisgenerator läuft frei.

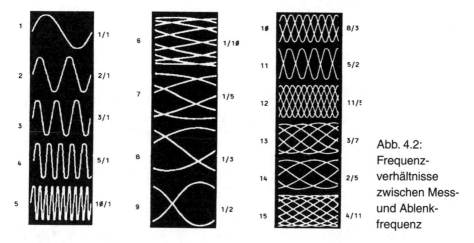

Abb. 4.2:
Frequenz-
verhältnisse
zwischen Mess-
und Ablenk-
frequenz

Versuch 2: Zusammenhang zwischen Messfrequenz und Ablenkfrequenz

Wir erhöhen die Messfrequenz am Funktionsgenerator kontinuierlich, die Ablenkzeit wird hierbei nicht verändert, und beobachten den Bildschirm.

Dabei werden sich Signalbilder entsprechend der *Abb. 4.2* einstellen. Die wechselnden Signalbilder erklären sich wie folgt:

Bei steigender Frequenz besteht teilweise keine Übereinstimmung mehr zwischen der Ablenkfrequenz und der Messfrequenz oder ihrem ganzzahligen Vielfachen, das Signalbild läuft bei ständiger Erhöhung der Messfrequenz mit entsprechend ungeradzahligen Vielfachen in horizontaler Richtung durch, wobei die Laufrichtung nach links oder rechts in Abhängigkeit der eingestellten Frequenz wechseln kann. Ist das Frequenzverhältnis geradzahlig, bleibt das Bild stehen, siehe *Abb. 4.2*.

Für die Darstellungen in *Abb. 4.2* gehen wir für die Betrachtungen davon aus, dass die Zeitablenkung immer 1 ms/DIV beträgt, entsprechend einer Ablenkfrequenz von f = 1/1 ms = 1 kHz. Im ersten Bild wäre für die Darstellung einer Sinusperiode hierfür eine Frequenz von f = 1 kHz erforderlich. Das Frequenzverhältnis zwischen Ablenkzeit pro Raster und der Messfrequenz stünde demnach im Verhältnis 1ms:1ms. Wie die folgende Tabelle zeigt, ist bei den Bildern 2 bis 5 in der linken Reihe und den Bildern 10 bis 12 in der rechten Reihe die Messfrequenz höher als die Zeit-Ablenk-Frequenz. Bei den Bildern 6 bis 9 in der mittleren Reihe und den Bildern 13 bis 15 in der rechten Reihe ist die Zeit-Ablenk-Frequenz höher als die Messfrequenz.

Das scheinbare Durchlaufen der Bilder wird an der grafischen Darstellung in *Abb. 4.3* noch deutlicher.

Der horizontale Ablenksägezahn T_h ist langsamer als die Periode des zu messenden Rechtecksignales T_v. Es wird also etwas mehr als eine Periode der Messfreqenz sichtbar. Dieses Stück fehlt beim nächsten Ablenkvorgang (siehe zweiter und dritter Hinlauf). Dieser Vorgang wiederholt sich, sodass der Eindruck entsteht, dass das Signalbild nach links läuft.

Wäre der Ablenksägezahn T_h etwas schneller als die Periode oder ein ungeradzahliges Vielfaches der Messfrequenz T_v, dann würde das Signalbild nach rechts laufen.

Bild-Nr.	Messsignal		Ablenkkoeffizient		Zeit- und Frequenzverhältnis	
	t	f	t	f	t	f
1	1 ms	1 kHz	1 ms	1 kHz	1 ms : 1 ms	1 kHz : 1 kHz
2	0,5 ms	2 kHz	1 ms	1 kHz	0,5 ms : 1 ms	2 kHz : 1 kHz
3	0,33 ms	3 kHz	1 ms	1 kHz	0,33 ms : 1 ms	3 kHz : 1 kHz
4	0,2 ms	5 kHz	1 ms	1 kHz	0,2 ms : 1 ms	5 kHz : 1 kHz
5	0,1 ms	10 kHz	1 ms	1 kHz	0,1 ms : 1 ms	10 kHz : 1 kHz
6	10 ms	0,1 kHz	1 ms	1 kHz	10 ms : 1 ms	0,1 kHz : 1 kHz
7	5 ms	0,2 kHz	1 ms	1 kHz	5 ms : 1 ms	0,2 khZ : 1 kHz
8	3,3 ms	0,3 kHz	1 ms	1 kHz	3,3 ms : 1 ms	0,3 kHz : 1 kHz
9	2 ms	0,5 kHz	1 ms	1 kHz	2 ms : 1 ms	0,5 kHz : 1 kHz
10	0,37 ms	2,7 kHz	1 ms	1 kHz	0,37 ms : 1 ms	2,7 kHz : 1 kHz
11	0,4 ms	2,5 kHz	1 ms	1 kHz	0,4 ms : 1 ms	2,5 kHz : 1 kHz
12	0,45 ms	2,2 kHz	1 ms	1 kHz	0,45 ms : 1 ms	0,42 kHz : 1 kHz
13	2,33 ms	0,42 kHz	1 ms	1 kHz	2,33 ms : 1 ms	0,42 kHz : 1 kHz
14	2,5 ms	0,4 kHz	1 ms	1 kHz	2,5 ms : 1 ms	0,4 kHz : 1 kHz
15	2,75 ms	0,36 kHz	1 ms	1 kHz	2,75 ms : 1 ms	0,36 kHz : 1 kHz

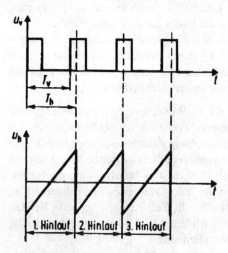

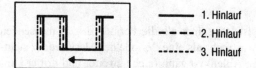

1. Hinlauf
2. Hinlauf
3. Hinlauf

Abb. 4.3:
Zusammenhang zwischen Vertikal-
und Horizontalspannungen

Versuch 3: Störspannungsüberlagerung

Dem Messsignal wird eine 50-Hz-Störspannung überlagert. Dies kann man dadurch auslösen, indem man z. B. versucht, die Bezugsleitung am Oszilloskop oder am Funktionsgenerator zu trennen, oder man legt einen Finger auf die blanke Messleitung.

Daraus erhalten wir dann vielleicht Signalbilder, die denen der *Abb. 4.4* gleichen oder ähneln. Diese Signalbilder zeigen die Messfrequenzen, denen die 50-Hz-Störspannung überlagert ist. Das Signalbild wird auch durchlaufen. Erst wenn man versucht mit der Ablenkzeit auf die 50 Hz zu triggern, wird man ein stehendes Bild erhalten.

Die *Abb. 4.4a* zeigt die Störfrequenz mit einer wesentlich größeren Amplitude als die zu messende Frequenz. *Abb. 4.4b* zeigt einen geringeren Amplitudenunterschied zwischen Störfrequenz und Messfrequenz. In *Abb. 4.4c* ist die Amplitude der Störfrequenz wesentlich kleiner als die Amplitude der Messfrequenz.

Versuch 4: Externes Triggersignal bei Störspannungen

Entsprechend den eingestellten Werten aus dem ersten Versuch wird der Wahlschalter für die Triggerquelle auf die Funktion EXT umgeschaltet. Dadurch wird dem Zeitbasisgenerator das Triggersignal abgeschaltet, die Ablenkung erfolgt frei mit der eingestellten Ablenkzeit TIME/DIV. Es ergibt sich ein laufendes Bild, dessen Geschwindigkeit vom Frequenzverhältnis der Ablenkzeit und der Messfrequenz abhängig ist.

Das Messsignal muss jetzt über die Anschlussbuchse TRIGG (vgl. *Abb. 1.7*) über eine Messleitungsverbindung mit einem Triggersignal verbunden werden (*Abb. 4.5*). Nimmt man hierzu das störungsfreie Messsignal als Triggersignal, dann hat sich an der Triggerfunktion nichts geändert. Man erhält sofort ein stehendes Signalbild.

Die externe Triggerung wird dann eingesetzt, wenn ein Messsignal mit Störsignalen entsprechend Versuch 3 oder mit anderen Signalformen überlagert ist, die eine wesentlich höhere oder niedrigere Frequenz aufweisen. Dann wird auch nicht mehr das Messsignal als externes Triggersignal eingesetzt, sondern ein anderes Signal, das kei-

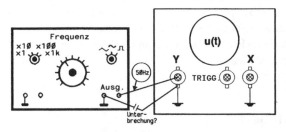 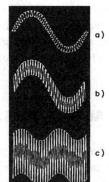

Abb. 4.4: Störspannungsüberlagerung:
a) Störspannungsamplitude sehr groß
b) Störspannungsamplitude groß
c) Messsignalamplitude größer

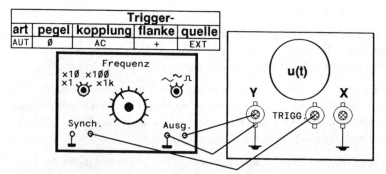

Abb. 4.5: Anschluss eines externen Triggersignals

ne Störsignalüberlagerungen aufweist. Auch hier muss bei der Triggerfrequenz darauf geachtet werden, dass nur dann ein stehendes Signalbild auf dem Bildschirm entsteht, wenn die Ablenkung immer am selben Punkt innerhalb jeder Periode des Messsignales getriggert wird.

Versuch 5: Netztriggerung

Ausgehend von der Versuchsanordnung in *Abb. 4.1*, wird der Wahlschalter Trigger-quelle in die Stellung LINE (vgl. *Abb. 1.7*) geschaltet.

Das Triggersignal wird jetzt innerhalb des Oszilloskops aus der 50-Hz-Netzspannung erzeugt. Innerhalb einer Sekunde wird der Ablenksägezahn 50mal ausgelöst, dies entspricht einer Ablenkzeit von 20 ms.

Bei einer Messfrequenz von f = 1 kHz ist daher ein stehendes Bild zu erwarten (ganz-zahliges Vielfaches). Kritisch wird die 50-Hz-Synchronisation bei Frequenzen unter 50 Hz oder sehr hohen Frequenzen.

Daher wird diese Triggerquelle nur dann eingesetzt, wenn das Messsignal im Bereich der Netzfrequenz liegt oder seine Frequenz von der Netzfrequenz abgeleitet oder syn-chronisiert wird. Dies ist zum Beispiel bei Wobbelgeneratoren der Fall, die Wieder-holfrequenz des Wobbelhubes wird aus der Netzfrequenz synchronisiert bzw. abgelei-tet. Auch bei Signalmessungen an Fernsehgeräten kann im Bildfrequenzbereich mit der 50-Hz-Triggerung gearbeitet werden.

4.2 Auswahl der Triggerart

Bei allen bisherigen Messbeispielen mit Zeitablenkung haben wir den Schalter Trig-gerart in *Abb. 1.7* immer in der Stellung AUTO stehen gehabt. In dieser Stellung des Wahlschalters arbeitet die Triggereinrichtung mit einer Auslösung des Zeitbasisgene-

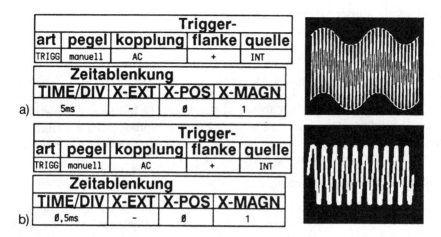

Trigger-				
art	pegel	kopplung	flanke	quelle
TRIGG	manuell	AC	+	INT

Zeitablenkung			
TIME/DIV	X-EXT	X-POS	X-MAGN
5ms	-	0	1

a)

Trigger-				
art	pegel	kopplung	flanke	quelle
TRIGG	manuell	AC	+	INT

Zeitablenkung			
TIME/DIV	X-EXT	X-POS	X-MAGN
0,5ms	-	0	1

b)

Abb. 4.6: Manuelle Triggersignal-Einstellung:
a) Triggerung auf Störfrequenz
b) Triggerung auf Messfrequenz

rators, unabhängig von einer Triggerschwelle. Daher wird in dieser Betriebsart auch ohne Mess- und damit Triggersignal eine Nulllinie von links nach rechts gezogen.

In dieser Betriebsart erhält man nahezu für alle Messsignale eine stabile Darstellung der Signalformen.

Für die Triggerauslösung ist eine Überschreitung der Triggerschwelle durch das Messsignal erforderlich und die Messfrequenz muss höher sein als die vom Hersteller angegebene untere Grenzfrequenz der Triggerschaltung.

In der Stellung TRIGG des Wahlschalters Triggerart erscheint nur dann ein stehendes Messsignal auf dem Bildschirm, wenn ein Triggersignal vorhanden ist und der Triggerpegel mit dem Pegeleinsteller TRIGG LEVEL auf das Messsignal richtig eingestellt ist. Damit lassen sich auch Messsignale triggern, deren Frequenz kleiner ist als die untere Grenzfrequenz der automatischen Triggerung. Vor allem kann mit dieser Triggerart bei überlagerten Signalen mit verschiedenen Frequenzen gezielt auf die gewünschte Frequenz getriggert werden (*Abb. 4.6*). Diese manuelle Triggereinstellung wird auch dann gewählt, wenn Impulsfolgen mit kleinem Tastverhältnis gemessen werden sollen.

Die Triggerart SINGLE (single sweep = einmalige Auslösung) wird mit der Drucktaste SET READY ausgelöst. Nach jedem Knopfdruck erfolgt dann eine einmalige Auslösung des Elektronenstrahls. Zuvor muss aber in der Triggerart AUTO oder TRIGG die Triggereinstellung des Signales vorgenommen werden.

Diese Triggerart wird immer dann gewählt, wenn man nichtperiodische Vorgänge oder periodische Signale mit veränderlicher Amplitude fotografieren will. Diese

Messsignale würden bei einer sich wiederholende Zeitablenkung unstabile, also nicht stehende Darstellungen ergeben.

Versuch 1: Automatik-Triggerung

Ohne Messsignal am Y-Eingang wird in der Triggerart AUT und einem Zeitkoeffizienten von 1 ms/DIV der Bildschirm betrachtet. Es muss sich eine Nulllinie zeigen. Wird nun in die Triggerart TRIGG umgeschaltet, wird die Nulllinie nicht mehr dargestellt. Die Nulllinie lässt sich in dieser Triggerart nicht reproduzieren, auch nicht durch Verändern der Triggerquelle von INT auf EXT oder der Triggerflanke von + auf –, oder durch Verändern des Triggerpegels TRIGG LEVEL.

Versuch 2: Manuelle Triggerung

Ein Messsignal, Rechteck oder Sinus (f = 1 kHz), wird an den Y-Eingang angeschlossen. Die Triggerquelle steht auf INT und der Triggerpegel steht auf 0 V, Steller TRIGG LEVEL in der Mitte auf Pegel 0.

In der Triggerart AUTO wird eine stehende Signalform dargestellt. Wird nun der Wahlschalter Triggerart von AUTO auf TRIGG umgeschaltet, dann bleibt das Signal stehen. Nun wird das Messsignal in seiner Amplitude auf dem Bildschirm kleiner gemacht. Bei einer Amplitude innerhalb eines halben bis einem Raster wird dann das Messsignal verschwinden. Wird jetzt wieder in die Triggerart AUTO umgeschaltet, erscheint wieder die Nulllinie.

Versuch 3: Einmalige Triggerung

In der Triggerart AUTO wird ein Messsignal zur Darstellung gebracht. Danach wird der Wahlschalter in die Stellung SINGLE umgeschaltet. Das Messsignal verschwindet. Wird nun die Taste SET READY betätigt, wird das Messsignal in einem einmaligen Ablenkvorgang dargestellt.

Diesen Vorgang kann man beliebig oft wiederholen.

4.3 Auswahl der Triggerflanke und des Triggerpegels

Der Zeitpunkt, in dem das Triggersignal einen Triggerimpuls zur Steuerung des Sägezahngenerators auslöst, ist von zwei Einstellungen abhängig:

- von der Triggerflanke, positiv oder negativ,
- und vom Triggerpegel.

Soll bei einem sich periodisch wiederholenden Spannungsverlauf ein stehendes Bild zu sehen sein, müssen nach jedem Ablenkvorgang alle sich zeitlich folgenden Bilder deckungsgleich sein. Dies wird erreicht, indem durch die beiden Funktionen Triggerflanke und Triggerpegel aus dem abzubildenden Signalverlauf ein Punkt herausgesucht

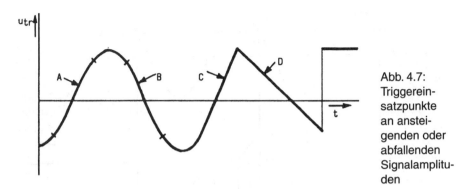

Abb. 4.7:
Triggerein-
satzpunkte
an anstei-
genden oder
abfallenden
Signalamplitu-
den

wird, der das Startsignal für eine Ablenkbewegung des Leuchtpunktes ist, wenn dieser nach Erreichen des rechten Bildrandes in seine Ruhelage am linken Bildrand gesprungen ist. Hier wartet der Leuchtpunkt sozusagen auf seinen Einsatz, wenn der vorbestimmte Startpunkt am Signal sozusagen vorbeikommt. Dieser Vorgang wird als Triggern bezeichnet, nach dem englischen Wort „to trigger" = auslösen.

Die Triggerschaltung wertet das angebotene interne oder externe Triggersignal nach Anstieg (+) oder nach Abstieg (–) und nach Niveau aus. Der resultierende Trigger- oder Auslöseimpuls wird an eine Logikschaltung weitergegeben. Hier wird festgestellt, ob der Strahl in seine Wartestellung am linken Bildrand zurückgekehrt ist; nur dann wird ein Ablenkvorgang ausgelöst.

Wird die Triggerflanke negativ (–) auf das in *Abb. 4.7* dargestellte Triggersignal eingestellt, dann kann die Ablenkung nur in den Bereichen B oder D getriggert werden. Bei positiv eingestellter Triggerflanke kann die Ablenkung nur in den Bereichen A oder C erfolgen.

Die Einstellung des manuellen Triggerpegels bestimmt, bei welchem Spannungsniveau des Triggersignals ein Triggerimpuls ausgelöst wird.

Das Triggerniveau lässt sich im Bereich zwischen den Spannungen U und U_l in *Abb. 4.8* kontinuierlich einstellen.

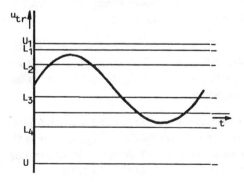

Abb. 4.8: Bereich Triggerpegel und
Triggerniveau

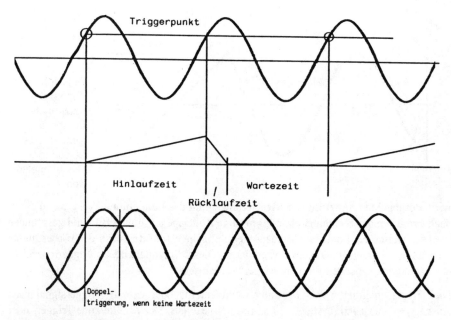

Abb. 4.9: Ablenkvorgang mit Wartezeit

Eine Triggerung ist nur dann möglich, wenn das Triggerniveau im Amplitudenbereich des Triggersignals liegt.

In dem Beispiel *Abb. 4.8* ist nur eine Triggerung zwischen den Pegeln L2 und L3 möglich. Dies ist vor allem bei der Wahl der Triggerquelle zu beachten. Bei der Triggerquelle INT und LINE ist das Triggersignal ausreichend groß und entspricht dem Bereich $U - U_1$. Nur bei der Triggerquelle EXT muss darauf geachtet werden, dass das Triggersignal kleiner ist als der Spannungsbereich $U - U_1$.

Das Triggersystem eines Oszilloskops ist während eines Ablenkvorganges oder während des Strahlrücklaufs nicht in der Lage, eine Triggerung auszulösen. Diese kurze Zeitspanne (hold-off-time) ist systembedingt in jeder Triggereinrichtung vorhanden und kann nicht beeinflusst werden, wie dies die *Abb. 4.9* veranschaulicht.

Die Summe aus Hinlaufzeit, Rücklaufzeit und Wartezeit muss über zwei Perioden des zu messenden Signales andauern. Würde die Hinlaufzeit und die kurze Rücklaufzeit innerhalb einer Periode ablaufen, dann ergebe sich eine Doppeltriggerung, nämlich bei der ansteigenden und abfallenden Flanke, wie dargestellt.

Befinden sich in einem Messsignal mehrere überlagerte Signale mit wechselnden Amplituden und Phasenverschiebungen (*Abb. 4.10*), dann können mögliche Triggerpunkte in einer Periode des Messsignals mehrfach auftreten. Dann ist auch bei manueller Einstellung des Triggerpegels und der Triggerflanke kein stehendes Signalbild herzustellen.

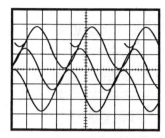

Abb. 4.10: Signalüberlagerung bei schwankenden Amplituden- und Phasenverschiebungen

Eine manuelle Einstellung des Triggerpegels ist, wie schon im vorhergehenden Abschnitt erwähnt, nur in der Stellung TRIGG des Wahlschalters Triggerart möglich.

Das Triggern und Auswerten von Signalen mit Störspannungsüberlagerungen und Mischspannungen mit unterschiedlichen Amplituden, Frequenzen sowie Phasenbeziehungen erfordert viel Übung und Erfahrung, sodass man sich zunächst auf das Üben und Auswerten einfacher Vorgänge konzentrieren sollte, um sich damit mit den unterschiedlichen Triggerfunktionen im Zusammenwirken auf die jeweilige Messaufgabe vertraut zu machen.

Versuch 1: Flankentriggerung

In diesem Versuch wird ein Sinussignal (f = 1 kHz, Kopplung = AC) an den Messverstärker angeschlossen. In der Triggerart TRIGG und in der Einstellung der Triggerflanke auf „+" wird der Sinus bei Triggerpegel in Stellung „0" entsprechend *Abb. 4.11 a1* dargestellt. Der Triggereinsatz erfolgt an der Nulllinie nach positiven Amplitudenwerten.

Wird nun der Triggerpegel mit TRIGG LEVEL nach links gedreht (negative Spannungswerte U entsprechend *Abb. 4.8*), dann verschiebt sich der Triggereinsatz kontinuierlich von der Nulllinie aus nach unten zu negativen Amplitudenwerten (*Abb. 4.11a2*).

Ist der höchste negative Amplitudenwert am Messsignal erreicht und der Steller TRIGG LEVEL noch nicht am linken Anschlag, dann wird beim Weiterdrehen nach links das Messsignal verschwinden oder der Triggereinsatz an der negativen Amplitudenspitze verweilen, weil der Triggerpegel außerhalb der maximalen Amplitudenwerte des Messsignales liegt (vgl. *Abb. 4.8*).

Nun wird der Triggerpegel aus der zuletzt links stehenden Position kontinuierlich nach rechts gedreht. Der Triggereinsatzpunkt verschiebt sich stetig bis zum höchsten positiven Spitzenwert des Messsignales (vgl. *Abb. 4.11a3*). Auch hier kann dieser Punkt schon erreicht sein, bevor der Steller TRIGG LEVEL den rechten Anschlag erreicht hat.

Nun wird die Triggerflanke von „+" nach „–" umgeschaltet. Das Messsignal kippt scheinbar nach unten auf den höchsten negativen Amplitudenwert (*Abb. 4.11a4*).

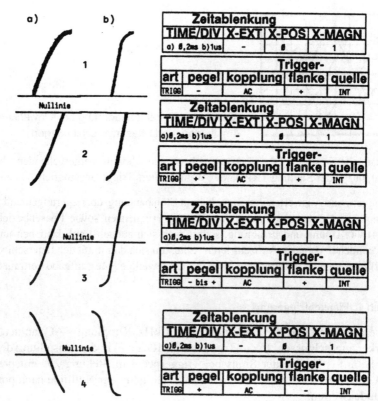

1

Zeitablenkung			
TIME/DIV	X-EXT	X-POS	X-MAGN
a) 0,2ms b)1us	-	0	1

Trigger-				
art	pegel	kopplung	flanke	quelle
TRIGG	-	AC	+	INT

2

Zeitablenkung			
TIME/DIV	X-EXT	X-POS	X-MAGN
a)0,2ms b)1us	-	0	1

Trigger-				
art	pegel	kopplung	flanke	quelle
TRIGG	+	AC	+	INT

3

Zeitablenkung			
TIME/DIV	X-EXT	X-POS	X-MAGN
a)0,2ms b)1us	-	0	1

Trigger-				
art	pegel	kopplung	flanke	quelle
TRIGG	- bis +	AC	+	INT

4

Zeitablenkung			
TIME/DIV	X-EXT	X-POS	X-MAGN
a)0,2ms b)1us	-	0	1

Trigger-				
art	pegel	kopplung	flanke	quelle
TRIGG	+	AC	-	INT

Abb. 4.11: Signalflankentriggerung

Wird nun der Steller TRIGG LEVEL vom rechten Anschlag nach links gedreht, dann verschiebt sich der Triggereinsatzpunkt auf der abfallenden Sinuswelle nach der Nulllinie und weiter nach positiven Amplitudenwerten.

Versuch 2: Impulsflankentriggerung

Auf den Messverstärker wird nun ein Rechtecksignal geschaltet, mit der gleichen Amplitude und Frequenz, wie das Sinussignal in Versuch 1. Aufgrund der sehr schnellen Anstiegs- und Abfallflanken von Rechtecksignalen kann hier nicht mit der gleichen Zeitablenkung im Millisekundenbereich wie bei einem Sinus- oder Dreiecksignal gearbeitet werden. Die Flanken eines elektronisch geschalteten Impulses liegen in der Größenordnung Nanosekunden bis Mikrosekunden und werden bei der Auflösung der Impulsperioden kaum gesehen, höchstenfalls als feine senkrechte Striche bei höchster Intensitätseinstellung. Daher muss bei dem Versuch, die Flanken eines Impulses über die Zeit stehend sichtbar zu machen, wie in den Triggereinstellungen von Versuch 1, der Schalter für Zeitkoeffizienten so lange nach rechts gedreht werden, bis die Flanke sichtbar wird (vgl. *Abb. 4.11b1*). Dabei die Intensität zur Aufhellung ebenfalls nach rechts drehen.

Entsprechend den Einstellungen nach Versuch 1 wird die Anstiegsflanke von der Mitte aus nach positiven Werten getriggert.

Die Veränderung des Triggerpegels hin zu positiven Werten verschiebt den Triggerpunkt auf der Anstiegsflanke zum Impulsfuß (vgl. *Abb. 4.11b2*).

Die Veränderung des Triggerpegels hin zu positiven Werten bis zum Impulsdach zeigt die gesamte Anstiegsflanke entsprechend *Abb. 4.11b3*. Wird nun die Triggerflanke von „+" nach „–" umgeschaltet, springt der Triggereinsatzpunkt an die Abstiegsflanke zum Impulsfuß (vgl. *Abb. 4.11b4*).

Wird nun der Steller TRIGG LEVEL kontinuierlich von rechts nach links gedreht, dann verändert sich der Triggereinsatzpunkt vom Impulsfuß auf der Abstiegsflanke bis zum Impulsdach.

4.4 Hinweise und Beispiele für die Triggersignalankopplung

Die Auswahl der richtigen Kopplung des Triggersignals an die Triggerschaltung erfordert einige grundsätzliche Funktionsbetrachtungen von Signalformen und Signalverformungen.

Bereits im 1. Hauptabschnitt und in den Darstellungen *Abb. 1.9* und *Abb. 1.18* wurde eingehend auf die Funktionen der verschiedenen Triggersignalkopplungen hingewiesen. Daher soll in diesem Abschnitt anhand verschiedener Versuchsbeschreibungen auf die Grenzen der einzelnen Kopplungsarten hingewiesen werden.

Funktion DC
Das Oszilloskop in *Abb. 1.7* stellt drei Kopplungsarten zur Verfügung. Die Funktion „DC" überträgt alle Triggersignale ohne untere Frequenzbegrenzung und damit ohne Triggersignalverformung.

Der gewünschte Triggerzeitpunkt kann in der Triggerart TRIGG mit dem Triggerpegelsteller TRIGG LEVEL eingestellt werden. Mit diesem Steller wird der Gleichspannungswert vorgegeben, an dem das Triggern dann einsetzt, wenn die Amplitude des Messsignals diesen Gleichspannungspegel erreicht hat.

Zu beachten ist bei dieser Kopplungsart das Triggern von Signalen mit Gleichspannungsanteilen. Je höher der Gleichspannungsanteil ist, umso schwieriger ist es, auf einen bestimmten Spannungspunkt des überlagerten Wechselspannungssignals zu triggern.

Daher wird diese Kopplungsart nur für sehr langsame Zeitvorgänge oder niedrige Frequenzen der Triggersignale benutzt. Diese Kopplung eignet sich vor allem für rechteckförmige Impulse mit sehr niedriger Folgefrequenz (< 20 Hz). Rechtecksignale werden hierbei nicht verformt.

Ist ein Messsignal tiefer Frequenz einer hohen Gleichspannung überlagert, dann kann dieses Signal nur über ein externes, gleichspannungsfreies Triggersignal mit tiefer Frequenz getriggert werden.

Bei dieser Kopplung wirken sich Störspannungen mit niederen Frequenzen besonders nachteilig auf die Triggerung aus.

Versuch 1: Triggerung einer Mischspannung

Ein Wechselspannungssignal von $U_{SS} = 50$ mV wird einer hohen Gleichspannung von 500 mV überlagert. Es wird versucht, dieses Mischsignal darzustellen.

Damit die Gleichspannung mit übertragen wird, muss die Eingangskopplung des Vertikalverstärkers auf DC geschaltet werden.

Die Nulllinie des Y-Verstärkers wird mit Y-POS auf die unterste Linie des Bildschirmrasters abgestimmt.

Der Ablenkkoeffizient wird auf 0,1 V/DIV eingestellt. Dies ergibt eine Auslenkung von 5 Rastern für den Gleichspannungsanteil und ca. ein halbes Raster darüber für die Wechselspannung. Danach das Messsignal anschließen. Als Triggerquelle wird INT gewählt.

In der Triggerart AUTO kann das Wechselspannungssignal nicht mehr getriggert werden. In der Triggerart TRIGG lässt sich das Signal mit Hilfe des Stellers TRIGG LEVEL gerade noch triggern.

Sobald ein zu messendes und damit zu triggerndes Signal unter der Triggeransprechschwelle eines Oszilloskops liegt, wird es nicht mehr wirksam.

Funktion AC
In dieser Kopplungsart wird das Triggersignal über einen Koppelkondensator geführt, wodurch alle Gleichspannungsanteile vom Triggersignal getrennt werden. Dieser Kondensator hat für das Triggersignal eine Tiefpassfunktion. Daher werden alle Frequenzen von Wechselspannungssignalen unter 20 Hz in der Amplitude abgeschwächt. Hinzu kommt bei tiefen Impulsfrequenzen die Verformung des Impulssignals.

Daher eignet sich diese Kopplung für alle Triggersignale oberhalb der unteren Frequenzgrenze bis zu der vom Hersteller angegebenen Grenzfrequenz der Triggerschaltung.

Versuch 2: Triggerung von Wechselspannungssignalen

Der Triggerbereich der Triggerkopplung AC soll überprüft werden. Hierzu wird ein Frequenzgenerator SINUS/RECHTECK an den Y-Eingang angeschlossen und auf ca. 100 Hz SINUS eingestellt.

In der Triggerart AUTO und Triggerquelle INT wird das Signal mit 3 bis 5 Perioden dargestellt.

Nun wird die Frequenz am Generator so lange heruntergedreht, bis das Signalbild nicht mehr getriggert wird (Nulllinie) oder nicht mehr stehenbleibt. Bei dieser Frequenz ist der unterste Übertragungsbereich der AC-Kopplung erreicht.

Der Versuch wird mit einem Rechtecksignal wiederholt. Hierbei kann der unterste Übertragungsbereich schon bei höherer Frequenz erreicht werden, weil das Rechtecksignal nicht nur in der Amplitude abgeschwächt wird, sondern auch durch die Integrationsfunktion des Kondensators mit dem nachfolgenden Eingangswiderstand der Triggerschaltung das Triggersignal verformt.

Dieser Versuch wird in der Triggerart TRIGG und dem einstellbaren Triggerpegel wiederholt. Auch hier kann es für den SINUS und das RECHTECK voneinander abweichende untere Grenzfrequenzen geben.

Funktion HF

Wie die *Abb. 1.18* zeigt, wird bei der Triggerkopplung HF (Hochfrequenzkopplung) das Triggersignal über ein Hochpassfilter übertragen. Dadurch wird die untere Grenzfrequenz nach oben verschoben. Die obere Grenze des Durchlassbereiches wird, wie bei den anderen Triggerkopplungen, durch die Triggerschaltung bestimmt.

Der Einsatz dieser Kopplungsart ist dann zweckmäßig, wenn hochfrequente Messsignale mit niederfrequenten Störsignalen (Schwebungen durch Interferenzen, 50- bis 100-Hz-Brummspannungen) überlagert sind.

Durch den Hochpass werden diese niederen Frequenzen in der Amplitude bedämpft.

Die Triggerquelle LINE mit einer Triggerfrequenz von 50 Hz ist in Verbindung mit der Triggerkopplung HF nicht geeignet.

Versuch 3: Triggerung von hochfrequenten Signalen

Zur Bestimmung der untersten Frequenzgrenze, bei der die Triggerung des Oszilloskops aussetzt, können die Messungen aus Versuch 2 wiederholt werden. Hierbei muss die unterste noch brauchbare Triggerfrequenz wesentlich höher liegen als bei der AC-Kopplung.

Versuch 4: Prüfung der Triggergrenze

In diesem Versuch wird die Wirkung der Triggerkopplung HF auf ein Messsignal mit überlagerter Brummspannung entsprechend *Abb. 4.12* überprüft.

Zuerst wird versucht, mit der Triggerkopplung HF auf das höherfrequente Messsignal zu triggern.

Danach wird in die Triggerkopplung AC umgeschaltet und versucht, das Messsignal zu triggern.

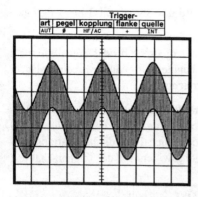

Abb. 4.12: HF-Signal mit 50-Hz-Störspannung

Hierbei besteht die Möglichkeit, dass wahlweise auf das Messsignal oder die Brummspannung getriggert wird oder beide Signale nicht getriggert werden können.

Die Umschaltung auf die Triggerkopplung DC und der Versuch, auf das Messsignal zu triggern, wird ebenfalls nicht gelingen. Die Signale werden wechselweise oder beide nicht getriggert. Wird die Zeitablenkung auf den Zeitbereich der Brummspannung eingestellt, dann wird auf dieses Störsignal einwandfrei getriggert werden können.

Abschließend eine Zusammenstellung der wichtigsten Anwendungsmerkmale der Triggerkopplungen (siehe folgende Tabelle).

T-Kopplung	unt. F.-Grenze	ob. F.-Grenze	Triggersignale
DC	0 Hz (Gleichsp.)	Herst.-Ang. beachten	alle Frequenzen keine Mischsignale
AC	ca. 20 Hz	Herst.-Ang. beachten	keine Gleichsp. keine tiefen Freq.
HF	> 100 Hz	Herst.-Ang. beachten	keine tiefen Freq. u. Signale mit Störsp.

4.5 Dehnung des Zeitablenkkoeffizienten

Die Zeitdehnung X-MAG (*Abb. 1.7*) ermöglicht es, die X-Verstärkung in Stufen (1, 2, 5, 10) einzustellen und somit das Oszillogramm zu dehnen. Diese Einstellmöglichkeit kann sowohl im Y-t-Betrieb als auch im XY-Betrieb vorgenommen werden. Die Zeitdehnung erfolgt immer von der Mitte des Bildschirmes aus nach beiden Richtungen.

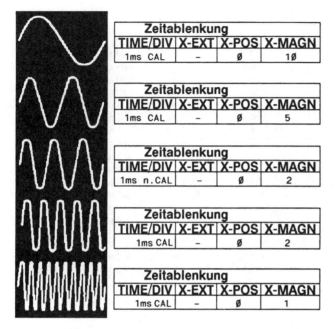

Zeitablenkung			
TIME/DIV	X-EXT	X-POS	X-MAGN
1ms CAL	–	Ø	1Ø

Zeitablenkung			
TIME/DIV	X-EXT	X-POS	X-MAGN
1ms CAL	–	Ø	5

Zeitablenkung			
TIME/DIV	X-EXT	X-POS	X-MAGN
1ms n.CAL	–	Ø	2

Zeitablenkung			
TIME/DIV	X-EXT	X-POS	X-MAGN
1ms CAL	–	Ø	2

Zeitablenkung			
TIME/DIV	X-EXT	X-POS	X-MAGN
1ms CAL	–	Ø	1

Abb. 4.13: Funktion der Zeitdehnung

Will man einen bestimmten Teil eines Messsignals genauer untersuchen, kann man mit Hilfe dieser Einrichtung das Signal dehnen. Mit der horizontalen Bildverschiebung (X-POS) wird der gewünschte Signalausschnitt in die Bildmitte geschoben.

Der eingestellte Zeitkoeffizient TIME/DIV gilt für den Faktor 1 der Zeitdehnung. Wird diese Stellung verlassen, dann leuchtet die mit MAGN. ON bezeichnete Kontrollampe auf (vgl. *Abb. 1.7* und *Abb. 1.8*). Durch die Zeitdehnung bekommt ein Zeitraster TIME/DIV einen anderen Wert.

Steht z. B. der Stufenschalter TIME/DIV in der Stellung 5 µs/DIV und der Schalter X-MAGN in der Stellung 2, dann beträgt der tatsächliche Zeitkoeffizient 5 µs/2 = 2,5 µs.

Die folgende Tabelle soll für die in *Abb. 1.7* vorhandenen einstellbaren Zeitkoeffizienten und Zeitdehnungsfaktoren die resultierenden Zeitkoeffizient aufzeigen (vgl. hierzu auch *Abb. 4.13*):

Zeitkoeffizient TIME/DIV	Resultierender Zeitkoeffizient bei X-MAGN: 1	2	5	10
0,5 sec.	0,5s	0,25 s	0,1 s	0,05 s
0,2 sec.	0,2s	0,1 s	0,04 s	0,02 s
0,1 sec.	0,1 s	0,05 s	0,02 s	0,01 s
50 msec.	50 ms	25 ms	10 ms	5 ms
20 msec.	20 ms	10 ms	4 ms	2 ms
10 msec.	10 ms	5 ms	2 ms	1 ms
5 msec.	5 ms	2,5 ms	1 ms	0,5 ms
2 msec.	2 ms	1 ms	0,4 ms	0,2 ms
1 msec.	1 ms	0,5 ms	0,2 ms	0,1 ms
0,5 msec.	0,5 ms	0,25 ms	0,1 ms	0,05 ms
0,2 msec.	0,2 ms	0,1 ms	0,04 ms	0,02 ms
0,1 msec.	0,1 ms	0,05 ms	0,02 ms	0,01 ms
50 µsec.	50 µs	25 µs	10 µs	5 µs
20 µsec.	20 µs	10 µs	4 µs	2 µs
10 µsec.	10 µs	6 µs	2 µs	1 µs
5 µsec.	5 µs	2,5 µs	1 µs	0,5 µs
2 µsec.	2 µs	1 µs	0,4 µs	0,2 µs
1 µsec.	1 µs	0,5 µs	0,2 µs	0,1 µs
0,5 µsec.	0,5µs	0,25 µs	0,1 µs	0,05 µs

Versuch 1: Dehnung des Zeitmaßstabes

Entsprechend der Tabelle wird der langsamste Zeitkoeffizient eingestellt und mit dem Zeitdehnungsschalter nacheinander die Stufen 2, 5 und 10 angewählt. Dieser Vorgang wird bei allen darauffolgenden Zeitkoeffizienten wiederholt.

Hierbei kann man feststellen, dass bei den langsamen Zeiten die Punktdarstellung mit zunehmendem Zeitdehnungsfaktor in eine Linie übergeht, weil zum Beispiel beim Zeitdehnungsfaktor 10 pro Raster die Zeit 10mal schneller wird.

Weiter wird man feststellen, dass bei schnellen Zeitkoeffizienten im Millisekunden- und Mikrosekundenbereich bei der Zeitdehnung die Helligkeit zunehmend geringer wird, bei voller Intensität.

Im Mikrosekundenbereich lässt sich der Elektronenstrahl bei voller Zeitdehnung überhaupt nicht mehr wahrnehmen.

4.6 Übungen zur Vertiefung

1. Wenn der Sägezahngenerator einmal getriggert ist, kann er nicht erneut getriggert werden, bevor der Ablenkvorgang beendet ist. Ein Triggerimpuls, der während des Verlaufs der Ablenkspannung auftritt, bleibt wirkungslos.

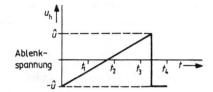

Abb. 4.14

Welche Wirkung hat der Triggerimpuls auf die Ablenkspannung in *Abb. 4.14:*

a) Wenn er zur Zeit t = t$_2$ auftritt? ....

b) Wenn er zur Zeit t = t$_3$ auftritt? ....

c) Wenn er zur Zeit t = t$_4$ auftritt? ....

2. Der Zeitkoeffizient ist auf 0,5 s/DIV eingestellt. Gegeben ist die Abfolge der Triggerimpulse am Eingang des Sägezahngenerators in *Abb. 4.15a.*

   In *Abb. 4.15b* ist die Horizontalablenkung des Leuchtflecks als Funktion der Zeit einzutragen!

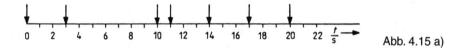

Abb. 4.15 a)

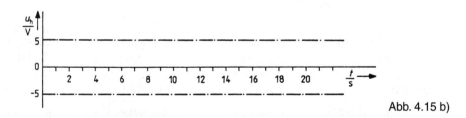

Abb. 4.15 b)

3. Wir wissen aus den Erläuterungen der vorhergehenden Kapitel, wie ein Sägezahngenerator funktioniert.

   Die Ausgangsspannung dieses Generators steuert den Horizontalverstärker an, wenn eine Signalform als Funktion der Zeit auf dem Bildschirm sichtbar gemacht werden soll.

Tritt ein Triggerimpuls am Eingang des Sägezahngenerators auf, dann wird eine sägezahnförmige Ablenkspannung erzeugt, die den Leuchtfleck einmal über den Schirm ablenkt.

Wenn der nächste Triggerimpuls auftritt, wird die Ablenkspannung wieder getriggert, vorausgesetzt, der vorhergehende Sägezahnverlauf ist schon abgeschlossen.

a) Die Eingangsimpulse des Sägezahngenerators kommen von der

   ....

b) Wenn kein Triggersignal am Eingang der Triggerschaltung auftritt, wird auch kein Ausgangsimpuls erzeugt. Damit der Sägezahngenerator getriggert werden kann, muss ein ....
   am Eingang der Triggerschaltung vorhanden sein.

4. Der Zeitpunkt, zu dem das Triggersignal einen Triggerimpuls zur Steuerung des Sägezahngenerators auslöst, hängt von zwei Einstellfunktionen ab:

   – Polarität der Triggerflanke
   – Triggerpegel

   Die erste Einstellfunktion bestimmt, ob die Ablenkung bei positiver oder negativer Steigung des Triggersignals einsetzt, d. h. bei ansteigender oder abfallender Flanke des Triggersignals.

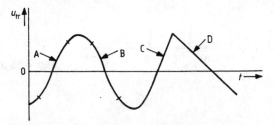

Abb. 4.16

Wird die Triggerflanke negativ eingestellt und entspricht das Triggersignal der *Abb. 4.16,* dann kann die Ablenkung nur in den Bereichen .... oder .... nicht aber in den Bereichen .... oder .... getriggert werden.

5. Die zweite Einstellfunktion Triggerpegel bestimmt, bei welchem Spannungsniveau des Triggersignals ein Triggerimpuls ausgelöst wird. In dem Beispiel sind Triggerflanke und Triggerpegel so eingestellt, dass die Ablenkung in Punkt B der *Abb. 4.17* durch das Triggersignal ausgelöst wird.

   Welche Stellfunktion muss betätigt werden, damit die Ablenkung in Punkt A anstatt in Punkt B triggert?

   ....

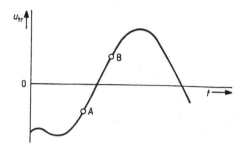

Abb. 4.17

6. Der Triggerpegel lässt sich entsprechend der *Abb. 4.18a* im Bereich zwischen den Spannungen U_1 und U_2 kontinuierlich einstellen. Eine Triggerung ist nur dann möglich, wenn der Triggerpegel im Amplitudenbereich des Triggersignals liegt.

a)

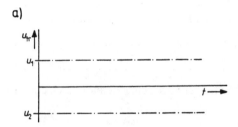

b)

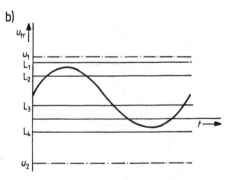

Abb. 4.18

Bei welchem der in *Abb. 4.18b* eingezeichneten Triggerniveaus L_1 bis L_4 ist eine Triggerung möglich?

....

7. Eine Sinusschwingung wird als Triggersignal eingesetzt. Die sich daraus ergebenden Triggerimpulse und die Ablenkspannung sind in *Abb. 4.19* dargestellt.

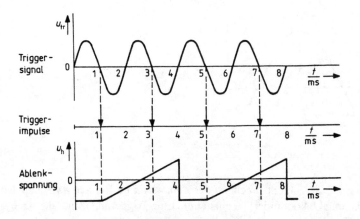

Abb. 4.19

Die Funktionen sind eingestellt:

a) Triggerflanke ....

b) Triggerpegel ....

c) Zeitkoeffizient ....

8. Zu welchen Zeitpunkten in *Abb. 4.20* wird der Sägezahngenerator durch die Impulse nicht getriggert?

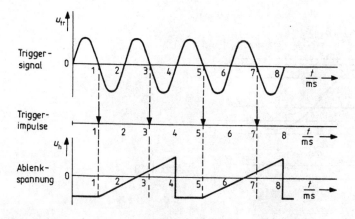

Abb. 4.20

a) t = ...

b) t = ...

c) Begründung ....

9. In diesem Beispiel wird das Zusammenwirken von Triggerpegel und Triggerflanke geübt.

   Gegeben ist in *Abb. 4.21a* der Zeitverlauf von $u_v = f(t)$.
   Diese Spannung soll auch als Triggersignal verwendet werden.

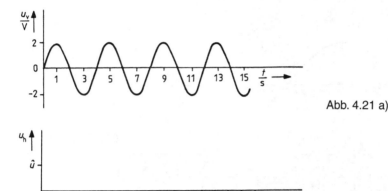

Abb. 4.21 a)

Abb. 4.21 b)

– Triggerpegel auf 0
– Triggerflanke auf +
– Zeitkoeffizient auf 0,5 s/DIV

Die erzeugte Ablenkspannung des Sägezahngenerators ist in *Abb. 4.21b* einzuzeichnen!

10. In dieser Übung befindet sich der Leuchtfleck am linken Rand des Bildschirmrasters $u_h = -u$.

   Die Ablenkspannung u_{ss} ist gerade so groß, dass der Leuchtfleck über die gesamte Breite des Rasters abgelenkt wird.

   Ablenkkoeffizient: 1 V/DIV.

   Die Spannung u_v und die Werte der Stellfunktionen entsprechen den Angaben aus Übung 9.

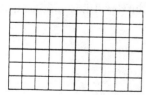

Abb. 4.22

In *Abb. 4.22* ist das auf dem Bildschirm erscheinende Bild einzuzeichnen!

11. Der in *Abb. 4.23* dargestellte Spannungsverlauf u_{tr} wird als Triggersignal eingesetzt.

In die folgende Tabelle sind die Einstellwerte für die Triggerflanke und den Triggerpegel einzutragen, wenn in den Punkten 1 bis 6 jeweils getriggert werden soll.

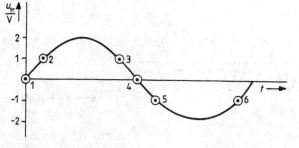

Abb. 4.23

Punkte	1	2	3	4	5	6
Flanke						
Pegel						

12. Der Spannungsverlauf u_{tr} aus der Übung 11 (*Abb. 4.23*) wird an den Vertikaleingang
angeschlossen.

Die eingestellten Triggerfunktionen gewährleisten eine Triggerung in Punkt 3 des
Signalverlaufes.

Der Zeitkoeffizient ist so eingestellt, dass genau eine Periode des Spannungsverlaufes dargestellt wird.

Durch entsprechende Wahl des Ablenkkoeffizienten k_y wird eine Amplitude über 4
Raster geschrieben.

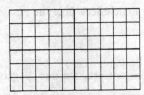

Abb. 4.24

Das aus den Einstellungen resultierende Signalbild auf dem Bildschirm ist in das
Rasterdiagramm der *Abb. 4.24* einzuzeichnen.

13. Am Schalter Triggerart lassen sich drei Arbeitsfunktionen wählen:

– Automatikbetrieb
– Normalbetrieb
– Einzelauslösung

Wie muss die Triggerart bei den folgenden Messproblemen eingestellt werden?

a) Es soll geprüft werden, ob an einem Messpunkt ein Signal anliegt oder nicht.
Schalter Triggerart steht auf ....

b) Die Frequenz eines Signals soll gemessen werden.
Schalter Triggerart steht auf ....

c) Eine Nulllinie ohne Eingangssignal soll auf dem Bildschirm sichtbar gemacht werden.
Der Schalter Triggerart steht auf ....

d) Das Messsignal auf dem Bildschirm soll fotografiert werden, mit einer langen Belichtungszeit.
Der Schalter Triggerart steht auf ....

14. Die Triggerquelle ist auf LINE (Netz) geschaltet. Die 50-Hz-Netzspannung (*Abb. 4.25*) wird daher als Triggersignal eingesetzt.

a) Wie oft in der Sekunde wird die Ablenkung getriggert, wenn die Ablenkzeit geringer ist als 1/50 s?

....

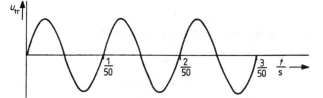

Abb. 4.25

b) Wie oft in der Sekunde wird die Ablenkung getriggert, wenn die Ablenkzeit größer ist als 1/50 s, aber geringer als 1/25 s?

....

15. Auf dem Bildschirm erscheint nur dann ein stehendes Bild, wenn die Ablenkung immer am selben Punkt innerhalb einer Periode des Vertikalsignals getriggert wird.

Stimmt die Ablenkfrequenz nicht mit der Messfrequenz oder ihrem ganzzahligen Vielfachen überein, läuft das Signalbild in horizontaler Richtung durch.

Der zeitliche Verlauf der Ablenkspannung und die Spannung am Vertikal-Eingang sind in *Abb. 4.26* dargestellt.

Erscheint ein stehendes Bild auf dem Bildschirm? ....

Die Antwort ist zu begründen: ....

....

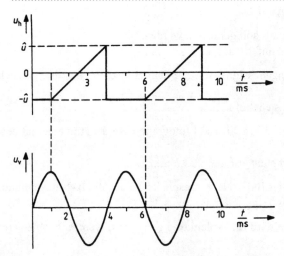

Abb. 4.26

16. Als Triggerquelle wurde die Funktion LINE gewählt. Der Bildschirm zeigt ein laufendes Signalbild.

Durch welche Maßnahme erhält man ein stehendes Signalbild?

....

17. Die Spannungung in *Abb. 4.27b* liegt am externen Triggereingang und u_v am Vertikaleingang (*Abb. 4.27a*). Die Triggerquelle ist auf EXT geschaltet, die Triggerflanke steht auf „+". Der Triggerpegel ist so eingestellt, dass der Triggerimpuls dann erzeugt wird, wenn u gerade −1 V beträgt.

In der Darstellung *Abb. 4.27b* sind die Stellen im Spannungsverlauf von u zu kennzeichnen, in denen getriggert wird.
Im Signalverlauf von u_v in *Abb. 4.27a* sind mit Pfeilen die Punkte zu kennzeichnen, bei denen die Ablenkung beginnt.

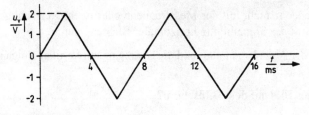

Abb. 4.27 a)

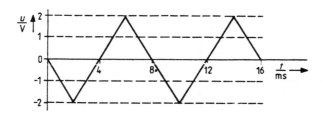

Abb. 4.27 b)

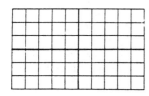

Abb. 4.27 c)

Das dargestellte Signalbild ist in das Diagramm *Abb. 4.27c* einzuzeichnen.
Zeitkoeffizient ist 1 ms/DIV.
Ablenkkoeffizient ist 1 V/DIV.

18. Die *Abb. 4.28* zeigt den Spannungsverlauf u_v am Vertikal-Eingang, und den Spannungsverlauf u des externen Triggersignals.

Die Triggerflanke steht auf „–".

Der Triggerpegel ist so eingestellt, dass Triggerimpulse entstehen, wenn das Triggersignal gerade +1 V beträgt.

Zeitkoeffizient ist 1 ms/DIV.

Ablenkkoeffizient ist 1 V/DIV.

Die resultierenden Darstellungen sind einzuzeichnen!

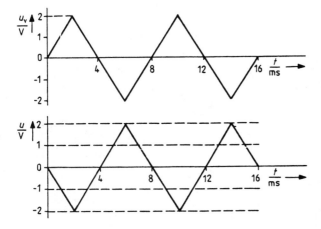

Abb. 4.28

a)   b)

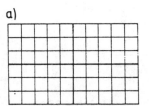   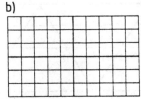

Abb. 4.28 a), b)

In *Abb. 4.28a* für Triggerquelle in Stellung INT,
in *Abb. 4.28b* für Triggerquelle in Stellung EXT.

19. Die Ablenkung wird nicht getriggert in den Punkten des Triggersignals, in denen die Steigung Null ist. Als Eingangsspannung stehen die Signale u_1 und u_2 in *Abb. 4.29a* zur Verfügung.

Daraus ergibt sich das Schirmbild in *Abb. 4.29b*.

Folgende Fragen sind zu beantworten:

a) Die Spannung u_1 ist verbunden mit ....

b) Die Spannung u_2 ist verbunden mit ....

c) Die Triggerquelle steht auf ....

d) Die Triggerflanke steht auf ....

e) Der Triggerpegel steht auf ....

f) Der Zeitkoeffizient steht auf ....

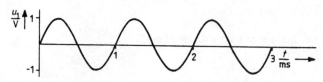

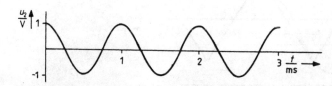

Abb. 4.29 a)

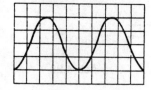

Abb. 4.29 b)

20. Will man auf dem Schirm ein periodisches Signal beobachten, muss die richtige Triggerquelle ausgewählt werden, so dass ein stehendes Bild entsteht.

In die nachstehende Tabelle sind alle möglichen und einstellbaren Triggerquellen einzutragen, die ein stehendes Signalbild gewährleisten.

	Vert.-Eingang	Ext. Trigg.-Eing.	Triggerquelle
a)	100 Hz	kein Signal	....
b)	56 Hz	28 Hz	....
c)	140 Hz	60 Hz	....
d)	1190 Hz	Gleichspannung	....

21. Der Gleichspannungsanteil des Triggersignals beeinflusst die Ablenkung nicht, wenn die Triggerkopplung in der Stellung

.... steht.

22. Wie muss bei sehr niedrigen Triggerfrequenzen die Triggerkopplung eingestellt werden? ....

Wie muss die Triggerkopplung eingestellt werden, wenn ein 5-Hz-Triggersignal zur Verfügung steht? ....

Die Antwort ist zu erläutern: ....

....

23. Die Triggerfunktionen sind wie folgt eingestellt:

– Triggerpegel auf „0“

– Triggerflanke auf „+“

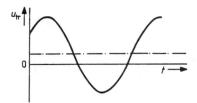

Abb. 4.30

In *Abb. 4.30* sind an dem Signalverlauf die Punkte zu markieren, bei denen die Triggerung erfolgt (die gestrichelte Linie in dem Diagramm stellt den Gleichspannungsanteil dar):

a) bei AC-Kopplung
b) bei DC-Kopplung

24. Die Triggerquelle ist in Stellung INT geschaltet.

In der *Abb. 4.31a* ist der Signalverlauf auf dem Bildschirm angegeben. Die Eingangskopplung des Vertikal-Eingangs ist auf DC geschaltet. Die Triggerankopplung auf AC.

DC-Eingang
AC-Ankopplung

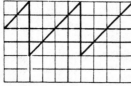

Abb. 4.31 a)

AC-Eingang
AC-Ankopplung

Abb. 4.31 b)

a) Die Triggerflanke ist auf .... geschaltet.
b) Der Triggerpegel steht hierbei auf ....
c) Der Vertikal-Eingang wird nun auf AC umgeschaltet. Die Ablenkung wird noch immer zur selben Zeit getriggert, weil ....
d) Der resultierende Signalverlauf ist in das Diagramm *Abb. 4.31b* einzuzeichnen.

25. Der Vertikal-Eingang ist auf DC geschaltet (vgl. *Abb. 4.32a*). DieTriggerkopplung auf AC.

Die Triggerkopplung wird auf DC umgeschaltet.

DC-Eingang
AC-Ankopplung

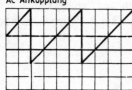

Abb. 4.32 a)

AC-Eingang
AC-Ankopplung

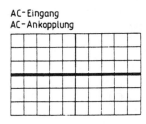

Abb. 4.32 b)

a) Warum verschiebt sich der Signalverlauf nicht in vertikaler Richtung?

....

b) Warum verschiebt sich der Signalverlauf in horizontaler Richtung?

....

c) Der resultierende Signalverlauf ist in das Diagramm *Abb. 4.32b* einzuzeichnen.

26. Die Helltastung bewirkt, dass der Leuchtfleck nur während des Hinlaufs sichtbar wird. In der übrigen Zeit wird die Intensität des Elektronenstrahls zurückgenommen, und der Leuchtfleck bleibt unsichtbar. In *Abb. 4.33* ist der Ablenksägezahn in zweimaliger Wiederholung dargestellt.

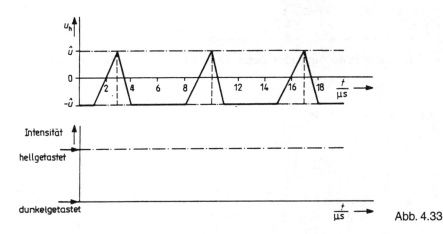

Abb. 4.33

Bei sehr hohen Ablenkgeschwindigkeiten kann die Zeit für den Rücklauf nicht mehr vernachlässigt werden.
In das Diagramm der *Abb. 4.33* sind die Abschnitte der Hell- und Dunkeltastung einzutragen.

27. Auf dem Bildschirm ist der Signalverlauf der *Abb. 4.34* sichtbar. Die Dehnung X-MAGN wird von einfach auf fünffach umgeschaltet.

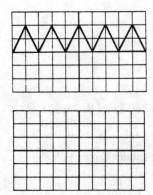

Abb. 4.34

In das leere Diagramm ist der neue Signalverlauf einzuzeichnen.

28. In der Übung 27 war der Zeitkoeffizient auf 2 ms/DIV eingestellt. Vor dem Umschalten der Dehnung benötigte der Leuchtpunkt vom linken zum rechten Rasterrand insgesamt t = 20 ms. Nach Umschalten der Dehnung auf das Fünffache braucht der Leuchtpunkt t = ... ms.

Das Ergebnis ist zu erlären:

....

Wie groß ist in der fünffachen Dehnung der tatsächliche Zeitkoeffizient?

.... /DIV.

Lösungen ab Seite 216

5 Messungen mit Zweikanaloszilloskop

Bei den bisherigen Betrachtungen, Versuchen und Übungen des Vertikalverstärkers wurde das Übungsgerät in *Abb. 1.4* immer nur mit einem Messverstärker eingesetzt.

Aus der *Abb. 5.1* ist ersichtlich, dass dieses Oszilloskop um einen Zweikanal-Messverstärker erweitert wurde.

Der Vergleich der *Abb. 1.4* und der *Abb. 5.1* zeigt, dass sich durch diese funktionale Erweiterung an den anderen Funktionsbereichen Signaldarstellung, Horizontale Zeitablenkung und Triggereinrichtung nicht viel verändert hat.

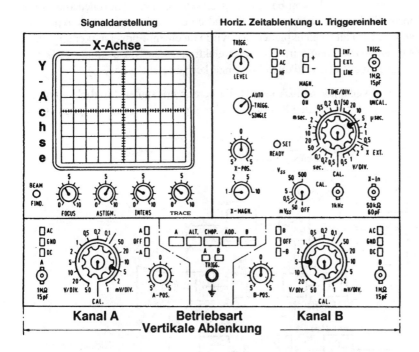

Abb. 5.1: Funktions- und Bedienelemente eines Zweikanaloszilloskops

Lediglich einige wenige Bezeichnungen sind dazugekommen.

Am Einkanaloszilloskop wurden der Polaritätsumschalter für das Eingangssignal, die Messeingangsbuchse und die vertikale Bildverschiebung mit dem Buchstaben Y bezeichnet. Diese Bedienelemente tragen entsprechend der Zweikanalbezeichnung, die Buchstaben A und B.

Zur gleichzeitigen Darstellung von zwei periodischen Vorgängen benötigt man ein Zweistrahloszilloskop oder ein Zweikanaloszilloskop. Dadurch besteht die Möglichkeit, zwischen zwei Messsignalen, z. B. Eingangs- und Ausgangsfunktion, Vergleiche anzustellen zwischen Signalform, Signalamplitude, Phasenlage und zeitlichem Verlauf. Bevor wir auf den Aufbau und die Betriebsarten näher eingehen, wollen wir kurz die Begriffe Zweistrahl und Zweikanal erläutern.

Zweistrahloszilloskope enthalten eine Elektronenstrahlröhre mit zwei Strahlsystemen und zwei getrennte Y-Verstärker. Die beiden Elektronenstrahlen werden in der Röhre meist mit einer gemeinsamen Katode erzeugt und anschließend geteilt (Split-Beam-Technik). Dieses Verfahren hat den Vorteil, dass die gemeinsame X-Ablenkung besonders genau erfolgt und damit ein guter Vergleich der beiden Signalspannungen möglich ist.

Der Begriff Zweikanaloszilloskop besagt, dass es sich bei der Elektronenstrahlröhre um eine Einstrahlröhre mit einem vertikalen und einem horizontalen Ablenkplattenpaar handelt. Das vertikale Ablenkplattenpaar wird von einem Endverstärker angesteuert. Die Zweikanaldarstellung wird mit einer elektronischen Umschaltung zwischen den beiden Signalen aus den vertikalen Vorverstärkern erreicht (*Abb. 5.2*).

Jeder Kanal des Zweikanaloszilloskops hat die bereits erwähnten Möglichkeiten der Eingangskopplung, der vertikalen Positionsregelung, der Teilung des Eingangssignals

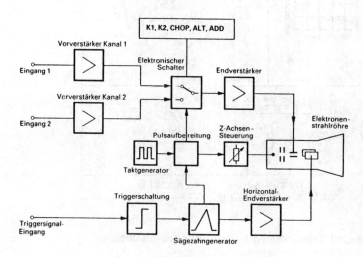

Abb. 5.2:
Blockschema
eines Zweikanal-
oszilloskops

und der Polaritätsumschaltung. Damit stellt jeder Messkanal einen unabhängigen, in sich geschlossenen Vorverstärker dar. Die Vorverstärker sind über einen elektronischen Schalter mit dem vertikalen Endverstärker verbunden. Verbindet der Schalter den Vorverstärker 1 mit dem Endverstärker, dann wird das Signal von Kanal 1 im Endverstärker verstärkt und auf der Elektronenstrahlröhre dargestellt. Entsprechend wird nur Kanal 2 dargestellt, wenn der Schalter in die zweite Stellung wechselt.

Sollen zwei Signale mit einem Zweikanaloszilloskop gleichzeitig dargestellt werden, dann geschieht das immer im Zeitmultiplex-Verfahren. Da nur ein Elektronenstrahl zur Verfügung steht, muss dieser unter Ausnutzung der Trägheit des menschlichen Auges von einem Signal zum anderen umgeschaltet werden. Man unterscheidet bei der Umschaltung zwei Betriebsarten: die Umschaltung mit fester Umschaltfrequenz, den so genannten chopped (zerhackt) Betrieb, und die ablenksynchrone Umschaltung (alternierender Betrieb).

5.1 Betriebsarten

Wie in *Abb. 5.3* dargestellt, bietet das Zweikanaloszilloskop fünf verschiedene Betriebsarten zur Darstellung der Messsignale an.

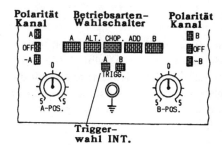

Abb. 5.3: Betriebsarten für ein Zweikanaloszilloskop

Einzelkanalbetrieb
Die wahlweise Darstellung von nur einem Messsignal bieten die Funktionen A und B.

In der Funktion A (Taste A gedrückt) wird nur das am Messkanal A angeschlossene Messsignal auf dem Bildschirm dargestellt. Wenn auf dieses Messsignal intern getriggert werden soll, dann muss die Taste A TRIGG. geschaltet werden. Nur in dieser Funktion kann die Triggereinheit auf das Messsignal triggern (Triggerquelle in Stellung INT).

Ist die Funktionstaste B betätigt, dann wird nur das am Messkanal B angeschlossene Messsignal auf dem Bildschirm dargestellt. Wenn auf dieses Messsignal intern getriggert werden soll, dann muss die Taste B TRIGG. geschaltet werden. Nur in dieser Funktion kann die Triggereinheit auf das Messsignal triggern (Triggerquelle in Stellung INT).

Versuch 1: Kanaltriggerung

Entsprechend der *Abb. 5.4* wird der Funktionsgenerator an das Oszilloskop angeschlossen. Die Signalamplitude beträgt etwa zwei Raster. Der Zeitkoeffizient wird entsprechend der Messfrequenz eingestellt. Als erste Betriebsart wird die Taste A betätigt.
Wird dazu die Triggerfunktion TRIGG. A betätigt, muss auf dem Bildschirm ein stehendes Signalbild dargestellt werden.

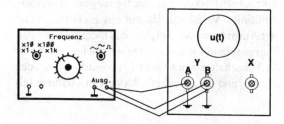

Abb. 5.4: Zweikanalbetrieb

Wird die Triggerfunktion auf den Kanal B (TRIGG B) umgeschaltet, läuft das Signalbild durch.

Wird die Eingangspolarität von Kanal A in Stellung OFF. geschaltet, dann wird das
Messsignal abgeschaltet (Nulllinie). In der Stellung -A erscheint das Messsignal mit
einer halben Periode verschoben (Umkehrung).

Umschaltung mit fester Umschaltfrequenz
In der Betriebsart CHOP (chopped) wird der elektronische Schalter durch einen freilaufenden Taktgenerator gesteuert und schaltet z. B. bei jeder positiven Halbwelle des Taktsignals auf Kanal A und bei jeder negativen auf Kanal B. Jeder Kanal wird also für die
Dauer der halben Periodendauer des Taktsignals zum Vertikalverstärker geschaltet und
auf dem Bildschirm dargestellt. Es werden immer nur Signalausschnitte der beiden Eingangssignale dargestellt. *Abb. 5.5a* verdeutlicht diese Funktion.

Das Eingangssignal von Kanal A soll eine Sinusfunktion und das Signal von Kanal B eine
Rechteckfunktion sein. Der freilaufende Taktgenerator soll eine Taktfrequenz von etwa
1 MHz haben, die nicht synchron mit den Eingangssignalen ist. Bei einer Taktfrequenz
von 1 MHz (1 µs Periodendauer) wird von einem zum anderen Kanal nach jeweils 500
ns umgeschaltet. Vorausgesetzt, dass die positiven Halbwellen den Schalter auf Kanal A
schalten und die negativen auf Kanal B, wird sich folgendes Bild ergeben:

Nacheinander werden abwechselnd Funktionsausschnitte der Sinusschwingung und der
Rechteckfunktion sichtbar. Die beiden Funktionen werden während jeder Horizontalablenkung nur ausschnittsweise dargestellt (Oszillogramm). Da die folgenden Horizon-
talablenkungen immer wieder andere Funktionsteile darstellen – es besteht kein Bezug
zwischen der Horizontalablenkung und dem freilaufenden Taktsignal –, werden sich die
Signalfunktionen über mehrere Zeitabläufe zusammensetzen und eine geschlossene Kurvenform bilden.

Damit die Umschaltung von einem zum anderen Signalausschnitt, die der Elektronenstrahl in Form von senkrechten Linien darstellt, nicht sichtbar wird, ist während der Umschaltung eine Dunkeltastung der Bildröhre mit einbezogen. Die Dunkeltastung beginnt kurz vor und endet kurz nach der Umschaltung.

Die Betriebsart CHOP empfiehlt sich für die Zweikanaldarstellung bei langsamen Ablenkzeiten und entsprechenden Messfrequenzen.

Die Chop-Frequenzen liegen abhängig von der Grenzfrequenz des Vertikalverstärkers zwischen 500 kHz und 5 MHz.

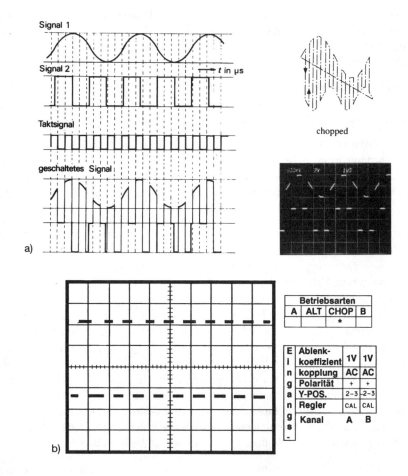

Abb. 5.5:
a) Funktion der Chopped-Betriebsart bei Sinus- und Rechteck-Signaldarstellung
b) Zerhackte Umschaltung ohne Signal

Die Betriebsart CHOP ist bis zu Signalfrequenzen von 50 kHz bis 100 kHz geeignet, da nur bis zu diesem Frequenzbereich lückenlose Signalverläufe dargestellt werden. Die Umschaltfrequenz muss im Verhältnis zu den Messsignalfrequenzen ausreichend groß sein für eine lückenlose Darstellung.

Wird das gechoppte Signal zur Triggerung verwendet, so führt das in der Regel dazu, dass auf die Umschaltfrequenz getriggert wird und dass das Signal nicht mehr zu erkennen ist. Hierbei ist es gleichgültig, ob die interne Triggerung von Kanal A oder Kanal B aus erfolgt.

Versuch 2: Chop-Betrieb

Mit dem Messaufbau aus *Abb. 5.4* werden folgende Messversuche durchgeführt: Zuerst werden in der Betriebsart CHOP die beiden auf dem Bildschirm sichtbaren Signalbilder so eingestellt, dass der Messkanal A auf der oberen Bildschirmhälfte dargestellt wird, der Messkanal B auf der unteren Bildschirmhälfte.

Der Zeitkoeffizient wird auf die langsamste Zeit (0,5 s/DIV) eingestellt. Da auf beiden Messkanälen das gleiche Signal anliegt, wird in der oberen und unteren Bildschirmhälfte jeweils ein zwei Raster hoher vertikaler Strich synchron von links nach rechts wandern.

Wird der Zeitkoeffizient-Schalter nach schnelleren Ablenkzeiten gedreht, wird das Signal entsprechend gedehnt. In den letzten Stellungen (0,5 µs bis 2 µs) kann dann die Auflösung nach der Chopper-Frequenz sichtbar werden. Die Messfrequenz sollte hierbei nicht höher als 1 kHz sein. Allerdings wird auch bei maximaler Intensität das Signalbild sehr dunkel.

Am deutlichsten wird die Chopper-Frequenz sichtbar, wenn man auf kein Signal triggert (vgl. *Abb. 5.5b*).

Ablenksynchrone Umschaltung

Zur Triggerung höherer Messfrequenzen empfiehlt sich die Betriebsart ALT (alternierende Umschaltung). In dieser Betriebsart wird der elektronische Schalter, der die Signale zum Vertikal-Endverstärker schaltet, von der Zeitablenkung gesteuert. Jeweils nach einem vollständigen Ablenkzyklus wird die Umschaltung von einem auf den anderen Kanal vorgenommen. Die einzelnen Signale werden während einer gesamten Ablenkung über den Bildschirm ohne Unterbrechung dargestellt. Hat die Horizontalablenkung den rechten Bildschirmrand erreicht, erfolgt die Umschaltung auf den anderen Kanal, dessen Signal danach wiederum für einen vollständigen Ablenkzyklus dargestellt wird. Die Funktion der Betriebsart „alternierende Umschaltung" zeigt die *Abb. 5.6a.* Kanal A hat als Eingangssignal eine Dreieckfunktion und Kanal B eine Rechteckfunktion.

Für die Horizontalablenkung wird eine Sägezahnfunktion benutzt. Hat der Sägezahn sein Maximum erreicht, ist der Strahl horizontal über den Bildschirm abgelenkt worden und befindet sich am rechten Bildschirmrand. Zu diesem Zeitpunkt wirkt die Kanalumschaltung.

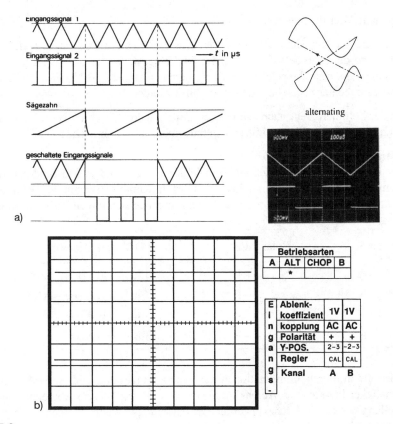

Abb. 5.6:
a) Funktion der alternierenden Betriebsart bei Dreieck- und Rechteck-Signaldarstelung
b) Alternierende Umschaltung ohne Signal

Diese Betriebsart hat bei langsamen Ablenkzeiten ein verstärktes Flimmern zur Folge, das durch die Halbierung der Wiederholfrequenz bedingt ist.

Wichtig ist bei der Betriebsart ALT die Festlegung der richtigen Triggerquelle, wenn ein zeitlicher Bezug zwischen den beiden Signalverläufen hergestellt werden soll. Dies ist nur dann möglich, wenn folgende Messregeln beachtet werden:

- Die Triggerung muss immer vom gleichen Kanal aus erfolgen.
- Die Messsignale Y_1 (Kanal A) und Y_2 (Kanal B) müssen periodisch sein.
- Die Messsignale Y_1 und Y_2 müssen zeitsynchron zueinander sein (Messfrequenzverhältnis muss ganzzahlig sein).

Bei Nichtbeachtung dieser Regeln geht der zeitliche Bezug verloren!

Die Umschaltung von der Betriebsart CHOP auf die Betriebsart ALT erfolgt bei manchen Oszilloskopentypen automatisch, je nach Signalfrequenz.

Versuch 3: Alternierende Kanaldarstellung

Ausgehend von dem Messaufbau des Versuchs 2, wird auf die Betriebsart ALT umgeschaltet und der Zeitkoeffizient auf 0,5 s/DIV eingestellt. Auf dem Bildschirm kann man nun sehen, dass abwechselnd auf der oberen und unteren Bildschirmhälfte immer nur ein senkrechter Strich über den Bildschirm wandert.

Wird der Zeitkoeffizient nach schnelleren Zeiten gedreht, werden beide Signalbilder gedehnt und dunkler, bis zwei Striche gerade noch sichtbar sind (*Abb. 5.6b*).

Signaladdition

In der Betriebsart ADD werden die Signale der Vorverstärker A und B addiert (A+B) und anschließend dem Endverstärker zugeführt. In Kombination mit der Wahl der Polarität des Eingangssignals von Kanal A und B ergeben sich folgende Betriebsarten:

Polarität A	Polarität B	ADD	Betriebsart
A	B	Ein	A+B
A	–B	Ein	A+(–B) = A–B
–A	B	Ein	(–A)+B = B–A
–A	–B	Ein	(–A)+(–B)

Werden die mittleren Kombinationen der Tabelle eingestellt, wirken beide Vertikalvorverstärker bei gleichen Ablenkkoeffizienten und sorgfältigem Abgleich der Feineinstellung wie ein Differenzverstärker. Die Messmöglichkeiten werden im folgenden Abschnitt näher beschrieben.

Versuch 4: Addition der Messsignale

Die Addition der Messsignale mit den Kombinationen der Polaritätsumschaltung lässt sich am einfachsten mit einer Gleichspannung durchführen.

Auf beide Messeingänge (A und B) wird eine Gleichspannung von +2 V geschaltet, bei einem Ablenkkoeffizienten von 0,5 V/DIV. In der Betriebsart ADD wird die Nulllinie genau auf die unterste Rasterlinie des Bildschirmes eingestellt.

Danach werden folgende Einstellungen vorgenommen und die resultierende Gleichspannung am Bildschirm abgelesen:

Kanal A	+2 V (Pol. A)	+2 V (Pol. A)	+2 V (Pol. A)
Kanal B	0 V (Pol. OFF)	–2 V (Pol. –B)	+2 V (Pol. B)
	....	....	....
Anzeige	+2 V (4 Raster)	0 V (Nulllinie)	+4 V (8 Raster)

Nulllinie auf die oberste Rasterlinie des Bildschirmes einstellen.

Kanal A	0 V (Pol. OFF)	−2 V (Pol. -A)	−2 V (Pol. −A)
Kanal B	−2 V (Pol. −B)	+2 V (Pol. B)	−2 V (Pol. −B)
	....	....	....
Anzeige	−2 V (4 Raster)	0 V (Nulllinie)	−4 V (8 Raster)

5.2 Differenzmessungen

Die Funktionen A–B oder B–A in der Betriebsart ADD sind vor allem bei Messungen sinnvoll, wenn die Spannungsdifferenz zwischen zwei Messpunkten abgegriffen werden muss, die beide Spannung gegen eine gemeinsame Masse oder Erde führen, z. B. wenn die Ausgangsspannung im Nullzweig einer Messbrücke bestimmt werden soll.

Die Differenzmessung hat dann den Vorteil, dass gemeinsam überlagerte Störspannungen oder Gleichspannungen durch diesen Messvorgang unterdrückt werden (Gleichtaktunterdrückung).

Ein Beispiel soll dies verdeutlichen:
Die Spannungsdifferenz von zwei Messsignalen, die von einer 50-Hz-Störspannung überlagert sind, soll gemessen werden. Die *Abb. 5.7* zeigt die gemeinsame Störspannung mit 5 V. Die Messspannungen $U_1 = 2$ V und $U_2 = 3$ V werden über Kanal A (U_1) und Kanal B (U_2) gemessen. Weil die Spannung U_2 die höhere Spannung ist, wird B − A in der Betriebsart ADD gemessen. Polarität von Kanal A ist −Y, Polarität von Kanal B ist +Y.

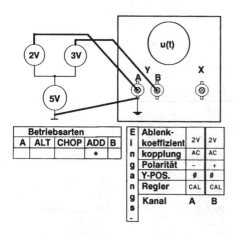

Abb. 5.7: Messen von Differenzspannungen

In beiden Messzweigen addieren sich die Störspannung und die zu messende Spannung wie folgt:

---

5 V + 3 V = 8 V an Kanal B

5 V + 2 V = 7 V an Kanal A

$$B - A = 8\,V - 7\,V = 1\,V$$

Aus diesem Beispiel ersehen wir, dass nur die Differenzspannung zwischen den beiden Messsignalen von 3 V – 2 V = 1 V gemessen wird, da sich die gemeinsame Störspannung bei der Differenzmessung (5 V – 5 V = 0 V) aufhebt.

Da man vielfach die Differenzmessung bei sehr kleinen Messsignalen im Millivoltbereich mit großem Innenwiderstand und hohen Störspannungen messen muss, sollte man folgende Hinweise beachten (vgl. *Abb. 5.8*):

Die richtige Masseverbindung ist dann hergestellt, wenn die benutzten Tastköpfe oder Kabel an den Eingängen des Oszilloskops geerdet und die Abschirmungen am anderen Kabelende verbunden sind.

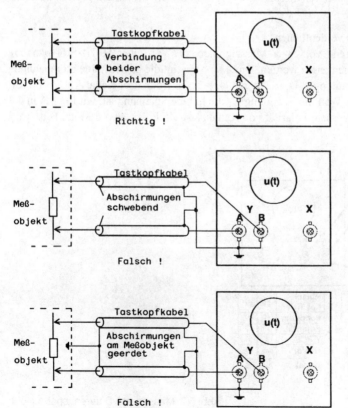

Abb. 5.8:
Messkabelan-
schlüsse bei Zwei-
kanalmessungen

Die Abschirmungen dürfen nicht an die Masse des Messobjekts gelegt werden, da dadurch Brummschleifen entstehen können, und sie dürfen auch nicht miteinander verbunden sein, sonst können sie Streusignale aufnehmen.

Die Messkabel sollen so kurz wie möglich sein, in ihren Abmessungen gleiche Länge und gleiche Übertragungseigenschaften aufweisen und nicht an Störsignalquellen vorbeigelegt werden.

Hierzu ein praktisches Beispiel:
In der Phasenanschnittssteuerung (*Abb. 5.9*) soll die Spannung über einen DIAC gemessen werden.

Die Messpunkte über den DIAC sind massefrei. Mit einem Oszilloskop-Tastkopf würde mit dem Masseanschluss der Messleitung einer der Messpunkte kurzgeschlossen.

Im Zweikanalbetrieb wird ein Messpunkt an den Signaleingang Y_A und der zweite Messpunkt an den Signaleingang Y_B des Oszilloskops angeschlossen. Beide Spannungen werden gegen Bezugspotenzial (Masse) der Schaltung gemessen.

Das Oszilloskop wird hierbei im Differenzbetrieb A–B geschaltet. Die Signale von A und B werden voneinander subtrahiert. Somit wird der Spannungsfall über den DIAC gemessen.

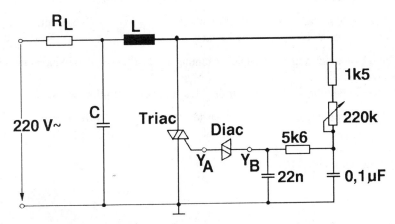

Abb. 5.9: Beispiel für Differenzmessung

5.3 Übungen zur Vertiefung

1. Zwei Messsignale im Frequenzbereich 200 kHz bis 400 kHz sollen zum Vergleich auf dem Bildschirm dargestellt werden.

   In welcher Betriebsart des Zweikanaloszilloskops soll die Messung erfolgen?

   ....

   Begründung: ....

   ....

2. Zwei Messsignale, die im Frequenzbereich unter 50 Hz liegen, sollen gleichzeitig auf dem Bildschirm dargestellt werden.
   Welche Betriebsart eignet sich hierfür am besten?

   ....

3. Die Differenzspannung zwischen zwei frequenz- und phasengleichen Messspannungen soll festgestellt werden. Beide Spannungswerte liegen bei etwa 2 V. Die Differenzspannung liegt im Millivoltbereich.

   Welche Einstellungen müssen für die Messung vorgenommen werden?

   Eingangskopplung   Polarität   Betriebsart
   Kanal   A   B   Kanal   A   B

4. In dem Brückenzweig einer Gleichspannungsmessbrücke soll die Spannung gemessen werden.
   Welche Einstellungen müssen für die Messung vorgenommen werden?

   Eingangskopplung   Polarität   Betriebsart
   Kanal   A   B   Kanal   A   B

Lösungen ab Seite 216

6 Signalbilder speichern (einfrieren)

Mit Speicheroszilloskopen können einmalige Signale mit niedriger Wiederholrate oder langsame Signale, die sich während der Repetierung verändern, erfasst und auf dem Bildschirm gespeichert werden.

Anwendungsbeispiele wären z. B.:

- Darstellung von Steuersignalen mit niedrigen Frequenzen (< 10 Hz)
- Festhalten von einmaligen Signalauslösungen (gedämpfte Schwingungen), z. B. Einschwingvorgänge von frequenzabhängigen Netzwerken
- Erkennung von frequenzkonstanten, aber in der Amplitude veränderlichen Signalen
- Darstellung von zwei oder mehreren Signalverläufen, wenn ungeradzahlige Frequenzverhältnisse kein stehendes Schirmbild erzeugen.

Analog arbeitende Speicheroszilloskope sind mit einer Sichtspeicherröhre ausgestattet, die es ermöglicht, neben der normalen Darstellungsweise eine Speicherung des Schirmbildes über eine längere Zeitdauer vorzunehmen. Hierzu ist die Sichtspeicherröhre mit einer zusätzlichen Speicherelektrode (Target) ausgerüstet, die in unterschiedlichen Speicherverfahren eingesetzt wird.

6.1 Speicherverfahren

Für analog arbeitende Speicheroszilloskope unterscheidet man drei wesentliche Speicherverfahren, deren Funktions- und Unterscheidungsmerkmale kurz beschrieben werden.

6.1.1 Bistabiles Speicherverfahren

Wie die Bezeichnung des Verfahrens bereits sagt, handelt es sich hierbei um eine Speicherung mit zwei stabilen Zuständen. Der eine stabile Zustand ist die Nichtspeicherung, der zweite die Speicherung. Dieses Verfahren kann als Speicherelektrode sowohl ein Speichergitter benutzen als auch direkt auf dem Phosphor speichern (*Abb. 6.1*).

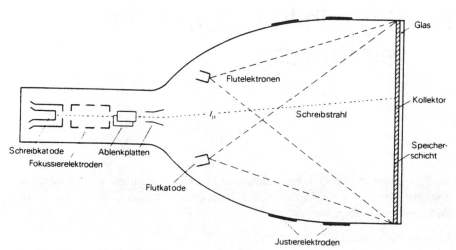

Abb. 6.1: Funktion der bistabilen Sichtspeicherröhre

Der von der Schreibkatode (Potenzial ca. −2 kV) ausgehende Elektronenstrahl erreicht eine hohe Energie und lädt die Speicherpartikel, die vom Elektronenstrahl getroffen werden, auf ein Potenzial von mehr als 50 V auf. Die gleichzeitig eingeschalteten Flutkatoden berieseln den gesamten Speicherschirm gleichmäßig mit Flutelektronen und unterstützen die Potenzialbildung in den beiden stabilen Punkten:

Solange die Flutelektronen auf dem Schirm auftreffen, können sich die nichtgeladenen Partikel nicht aufladen und die geladenen Partikel können sich nicht entladen. Die positiv geladenen Partikel werden durch die Flutelektronen zur Leuchtemission angeregt, die negativ geladenen bleiben dagegen dunkel. Bei den derzeitigen Speicheroszilloskopen können diese Zustände bis zu mehreren Stunden ohne merklichen Qualitätsverlust bei großer Helligkeit aufrechterhalten werden.

Die Justierelektroden sind außerhalb des Röhrenkolbens angebracht. Sie sorgen für eine gleichmäßige Verteilung der Flutelektronen über den Oszilloskopenschirm.

6.1.2 Monostabiles Speicherverfahren

Die monostabile Speicherröhre in *Abb. 6.2* ist ähnlich aufgebaut wie die bistabile Speicherröhre. Als Speichertarget wird nicht – wie bei der bistabilen Röhre – der Phosphor benutzt, sondern eine hochisolierende Schicht, die in Dünnfilmtechnik auf ein feinmaschiges leitendes Gitter mit etwa 200 Gitterlinien je cm aufgebracht ist. Die Speicherelektrode liegt in einem Abstand von etwa 2 mm vor dem Phosphor. Zwischen der Speicherelektrode und der Schreibelektrode befindet sich in geringem Abstand von der Speicherelektrode ein zweites Gitter, das so genannte Kollektorgitter. Es ist grob-

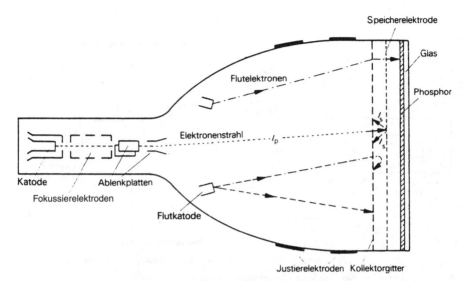

Abb. 6.2: Funktion der monostabilen Sichtspeicherröhre

maschiger als das Speichergitter und liegt an einem Potenzial von etwa +200 V. Es hat die Aufgabe, aus der Speicherelektrode herausgeschlagene Sekundärelektronen zu sammeln und sorgt in Verbindung mit der Speicherelektrode und dem Phosphor für einen Äquipotenziallinienverlauf parallel zur Frontscheibe, wodurch ein senkrechtes Durchlaufen der Flutelektronen durch das Speichergitter und ein ebensolches Auftreffen auf den Phosphor gewährleistet ist. Die Nachbeschleunigungsspannung von etwa 7 kV liegt an einer dünnen Aluminiumschicht, die auf dem Phosphor aufgebracht ist.

In der Speicherbetriebsart sind die Flutkatoden eingeschaltet, das Ladungspotenzial der Speicherschicht wird über kapazitive Kopplung wegen des vorhergehenden Löschvorgangs vom Speichergitter aus auf ein negatives Potenzial von –10 V gebracht. Das Potenzial von –10 V ist negativer als der erste stabile Zustand.

Die Steuerung der Entladung geschieht mittels Pulsen, die in ihrer Breite veränderlich sind, über kapazitive Kopplung vom Speichergitter aus. Werden breite Pulse gewählt, dann ist die Nachleuchtdauer geringer, bei schmalen Pulsbreiten ist sie entsprechend länger. Durch diese Methode lassen sich kontinuierlich einstellbare Nachleuchtzeiten im Bereich von Millisekunden bis in den Sekundenbereich erzeugen.

6.1.3 Transfer-Speicherverfahren

Dieses Verfahren ist ein Speicherverfahren, bei dem die beiden vorher beschriebenen Verfahren der bistabilen und monostabilen Speicherung miteinander kombiniert werden.

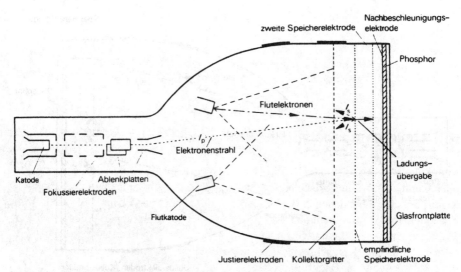

Abb. 6.3: Funktion der Transfer-Sichtspeicherröhre

Die Transfer-Speicherröhre hat zwei Speicherelektroden, die sich in ihrem Aufbau ähneln. Beide Speicherelektroden bestehen wie bei der monostabilen Speicherung aus feinmaschigen, leitenden Speichergittern mit aufgetragener hochisolierender Speicherschicht. Vor den beiden Speicherelektroden liegt das grobmaschige Kollektorgitter (*Abb. 6.3*). Die erste Speicherelektrode, die hinter dem Kollektorgitter liegt, arbeitet nach dem empfindlicheren monostabilen Verfahren. Die zweite Speicherelektrode liegt in geringem Abstand vor dem Phosphor und kann sowohl im bistabilen als auch im monostabilen Verfahren arbeiten. Bei der Speicherung im Transfer-Betrieb wird das Ladungsbild zuerst auf der empfindlicheren monostabilen Speicherschicht aufgebracht. Diese Speicherschicht kann das Ladungsbild – bedingt durch ihre hohe Empfindlichkeit – nur für begrenzte Zeit speichern. Deshalb wird sofort nach der Einspeicherung auf der empfindlichen Speicherschicht das Ladungsbild auf die stabiler arbeitende zweite Speicherelektrode transferiert.

Dies geschieht, indem der zweiten Speicherelektrode eine hohe positive Spannung zugeführt wird. Im normalen bistabilen Betrieb würde die ganze Speicherschicht in den stabilen gespeicherten Zustand übergehen. Da aber nur an den geladenen Stellen Flutelektronen die monostabile Speicherelektrode durchdringen können, werden auf der zweiten Speicherschicht auch nur die Partikel geladen, die von Flutelektronen getroffen werden. Alle anderen Partikel fallen nach Abnehmen der positiven Spannung in den ersten stabilen Zustand (nichtgespeichert) zurück. Damit das bistabile Target eine gleichmäßige Berieselung durch die Flutelektronen erfährt und die beiden stabilen Zustände erhalten bleiben, wird die monostabile Speicherschicht nach der Ladungsübergabe positiv aufgeladen.

Die verschiedenen Ladungszustände zwischen gespeicherten und nichtgespeicherten Partikeln auf der zweiten Sperrschicht beeinflussen die Flutelektronen und erzeugen in Verbindung mit der Nachbeschleunigungsspannung das Helligkeitsbild auf dem Phosphor. Das gespeicherte Ladungsbild kann bis zu mehreren Stunden ohne merkliche Beeinträchtigung der Bildqualität bei größter Helligkeit betrachtet werden.

6.2 Anwendungsbeispiele

Einmalige Ereignisse sind z. B. Einschaltvorgänge von Bauelementen, Baugruppen oder Geräten. Darunter versteht man Untersuchungen an mechanischen Schaltern, Relais, Schützen, bei denen z. B. das Kontaktprellen oder das Übergangsverhalten im Ein- oder Ausschaltmoment analysiert werden soll. Bei Baugruppen könnte z. B. das Verhalten von Spannung und Strom an einem stabilisierten Netzteil bei Stoßbelastung oder im Falle eines Kurzschlusses überprüft werden. Ein weiterer Anwendungsfall für die Untersuchung von Baugruppen oder Geräten ist die Analyse eines Oszillators bei sprunghafter Frequenzänderung (Bereichsumschaltung) oder beim Einschalten.

Schnellere einmalige Vorgänge treten bei der Stimulation in der Medizin auf; noch schnellere einmalige Vorgänge sind in der Datenverarbeitung (Pulsketten), in Kernreaktoren, in der Plasmaphysik sowie in der Radar- und Lasertechnik zu finden.

Repetierende Signale, die während der Wiederholung die Form, Amplitude bzw. die Periode ändern, treten in der Elektromedizin (z. B. Gehirnströme, Elektrokardiogramme, Pulsdiagramme) und in der Mechanik auf (z. B. Druckverläufe, Vibration, Dehnungen). Hinzu kommen die Bereiche Biologie, Chemie, Meteorologie, Ozeanographie u. a. Hier treten Signale auf, die sich langsam ändern und als gesamte Signalform dargestellt werden müssen.

Vergleichsmessungen sind z. B. erforderlich, wenn die Änderungen eines oder mehrerer Parameter in der Auswirkung gegenüber dem Ausgangszustand betrachtet werden sollen oder wenn Signale verschiedener Messwertaufnehmer miteinander verglichen werden sollen. Die Darstellung von Signalen mit niedriger Wiederholfrequenz lässt sich am wirkungsvollsten mit einstellbarer Nachleuchtdauer lösen. Bei entsprechender Wahl der Nachleuchtdauer tritt kein Flackern auf und das dargestellte Signal kann mit größter Auflösung betrachtet werden. Dies ist besonders in Verbindung mit Spektrumanalysen wichtig, da das Einschwingverhalten der Filter den Informationsgehalt verfälschen kann. Ähnliche Probleme gibt es in der Sampling-Technik. Bei niedrigen Wiederholraten kann das Signal bei einem nichtspeichernden Oszilloskop nur mit einer Punktdichte dargestellt werden. Die Speicherung beseitigt den Nachteil beschränkter Punktdichte, der ebenfalls zu einer Informationsverfälschung führen kann, weitgehend.

Der Speicherbetrieb ermöglicht auch die Integration von Ladungen.

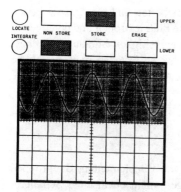

Abb. 6.4: Abspeicherung einer langsamen
repetierenden Sinusfunktion

Dies ist z. B. bei Signalen mit Rauschüberlagerungen von Vorteil, da das Rauschen eliminiert wird. Ferner eignet sich der Speicherbetrieb zur Darstellung von schnellen Pulsen mit langsamen Wiederholfrequenzen, die mit hoher zeitlicher Auflösung dargestellt werden sollen: z. B., wenn von einem Puls mit einer Repetierfrequenz von 10 Hz die Pulsflanke bei einer Zeitablenkung von 5 ns/DIV dargestellt werden soll. In diesem Fall ist selbst bei einem guten, nichtspeichernden Oszilloskop die Pulsflanke kaum noch sichtbar zu machen. Das Analog-Speicheroszilloskop kann die Ladung der Pulsflanke über eine Vielzahl von Wiederholungen integrieren und so ein helles Oszillogramm darstellen.

Versuch: Signalspeicherung

Mit dem analogen Speicheroszilloskp arbeitet man zur Darstellung der Signale genauso wie mit einem nichtspeichernden, also Einstellung der Eingangskopplungen, Ablenk- und Zeitkoeffizienten, Triggerfunktionen. Für die speichernden Darstellungen, in diesem Beispiel eine Sinusfunktion mit langsamer Frequenz, die nur als blinkender Leuchtfleck über den Bildschirm läuft (*Abb. 6.4*), müssen nun die Speicherfunktionen in Betrieb genommen werden.

Das Bedienfeld in der *Abb. 6.4* weist entsprechende Tastenfunktionen auf.

Die Betriebsart Speichern (STORE) schaltet die Speicherfunktion ein. Wenn die Tastenfunktion nur einmal vorhanden ist, dann gilt die Speicherfunktion für den gesamten Bildschirmbereich. Sind die Tasten zweimal vorhanden, ist der Speicherbereich in zwei Bildschirmhälften aufgeteilt, in die obere (UPPER) und untere (LOWER) Bildschirmhälfte. Gelöscht wird die Bildspeicherung mit der Tastenfunktion ERASE (Löschen).

Mit der Tastenfunktion LOCATE kann die Zeitablenkung manuell ausgelöst werden. Der Ablenkvorgang wird beim Betätigen der Taste unterbrochen und neu gestartet.

Mit der Tastenfunktion INTEGRATE kann ein schwaches Signal, z. B. Anstiegsflanke eines Impulses durch mehrmaliges Betätigen aufgehellt werden.

Die Helligkeit wird entsprechend der Schreibgeschwindigkeit eingestellt. Je schneller der Zeitablenkkoeffizient gewählt ist, um so größer muss die Strahlintensität gewählt werden. Die meisten Signaldarstellungen mit Speicherfunktion werden in Verbindung mit einer einmaligen Zeitablenkung (SINGLE SWEEP) durchgeführt.

Bevor man auf diese Funktion umschaltet, muss sichergestellt sein, dass eine einwandfreie Triggerung des darzustellenden Signales erfolgt.

Hierzu wird in der Triggerart TRIGG der Triggerpegel so eingestellt, dass eine sichere Triggerung des Signals erfolgt. Erst dann stellt man auf die Triggerart SINGLE um. Jetzt wird auch die Speicherfunktion mit der Tastenfunktion STORE eingeschaltet. Danach wird die Tastenfunktion SET READY zur einmaligen Triggerung ausgelöst. Hierbei ist zu beachten, dass nur bei periodischen Signalverläufen sofort nach Betätigung der SET-READY-Taste ein sofortiger Ablenkvorgang ausgelöst wird. Bei einmaligen Vorgängen kann der Auslösevorgang erst zu einem späteren Zeitpunkt erfolgen, der abgewartet werden muss.

Nachdem das gespeicherte Signal ausgewertet worden ist, kann es mit der Tastenfunktion ERASE gelöscht werden.

Will man Signalverläufe auf Identität oder Veränderungen überprüfen, können mehrere Signalauslösungen übereinander gespeichert werden.

6.3 Übungen zurVertiefung

1. Wozu dienen Speicheroszilloskope?
   Nennen Sie drei Beispiele:

   A ....

   B ....

   C ....

2. Geben Sie zwei Möglichkeiten an für das Speichern in Oszilloskopröhren:

   A ....

   B ....

3. Mit welcher Funktion kann das Flackern von Signalen mit niedriger Wiederholfrequenz vermieden werden?

   ....

4. Bei einem rechteckförmigen Spannungsverlauf mit niedriger Wiederholfrequenz
   sind die schnellen Flanken kaum sichtbar.
   Mit welcher Funktion kann die Flankendarstellung aufgehellt werden?

   ....

Lösungen ab Seite 216

7 Digitale Speicheroszilloskope

Im Gegensatz zu analogen Speicheroszilloskopen, bei denen der Speichereffekt in der Katodenstrahlröhre stattfindet, wird bei digitalen Speicheroszilloskopen (Abk.: DSO) die Eingangsspannung nach dem Vorverstärker in ein digitales Signal umgewandelt und in einem Halbleiterspeicher (RAM) abgelegt (*Abb. 7.1*).

Die Umwandlung geschieht in der gleichen Weise wie bei digitalen Messgeräten, d. h. die Messspannung wird in kurzen Zeitabständen abgetastet. Die Speicherung

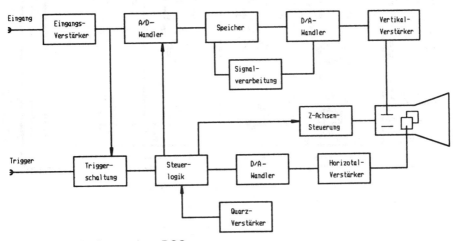

Abb. 7.1: Blockschema eines DSO

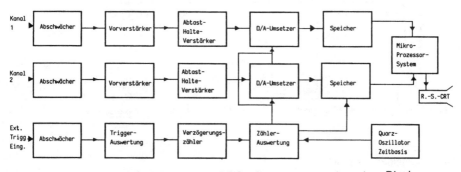

Abb. 7.2: Blockschema eines Zweikanal-DSO mit prozessorgesteuertem Display

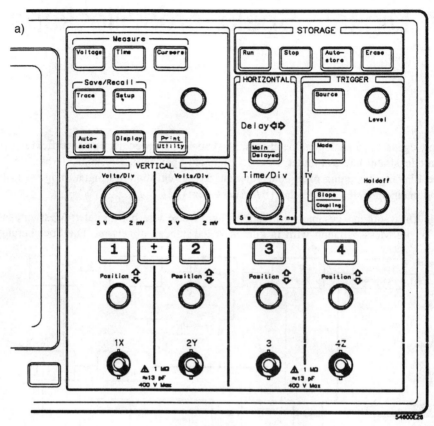

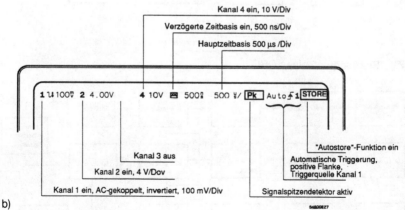

Kanal 4 ein, 10 V/Div

Verzögerte Zeitbasis ein, 500 ns/Div

Hauptzeitbasis 500 µs /Div

"Autostore"-Funktion ein

Automatische Triggerung,
positive Flanke,
Triggerquelle Kanal 1

Kanal 3 aus

Kanal 2 ein, 4 V/Dov

Kanal 1 ein, AC-gekoppelt, invertiert, 100 mV/Div

Signalspitzendetektor aktiv

Abb. 7.3:
a) Bedienfeld eines DSO
b) In den Bildschirm eingeblendete Text- und Messwertinformationen

der digitalen Informationen erfolgt in binärer Form. Die Abtastfrequenz muss dabei etwa fünfmal so groß sein wie die Messfrequenz, damit beim Lesen des Speichers das Signal wieder die vollständige Kurvenform erhält. Vorteile der digitalen Speicherung sind die beliebig lange Speicherzeit und die Wiederholbarkeit des gespeicherten Signalverlaufes. Außerdem besteht die Möglichkeit zur zeitlichen Dehnung und die Darstellung von Signalverläufen, die vor der Triggerschwelle liegen.

Die Weiterentwicklung des DSO zum prozessorgesteuerten Messgerät zeigt die *Abb. 7.2* (zweikanaliges DSO).

Nach der Signalaufnahme über Teiler und Vorverstärker erfolgt die Digitalisierung des Messsignales und danach die Speicherung. Die Signalaufbereitung zur Darstellung auf der Elektronenstrahlröhre erfolgt in einem Mikrocomputer.

Die Bedienungsabläufe dieser Oszilloskope sind von Hersteller zu Hersteller sehr unterschiedlich, da die Bedienung über umfangreiche Software und Funktionssteuerung über Menütasten erfolgt. Die Betriebsarten und Kennwerte werden als Textinformation in den Bildschirm eingeblendet. *Abb. 7.3* zeigt als Beispiel für einen DSO das Bedienfeld und die Organisation der eingeblendeten Textinformationen.

Diese mikroprozessorgesteuerten DSO haben folgende Vorteile:

- Signale können für beliebig lange Zeiträume gespeichert werden, sozusagen unendliche Nachleuchtdauer, Abspeicherung auf Diskette oder CD Weiterverarbeitung mit dem PC
- Die Triggervorgeschichte kann analysiert werden.
- Der Bildschirminhalt kann ausgedruckt werden.
- Die zu analysierenden Signale können mit Hilfe komplexer Triggerbedingungen erfasst werden, wenn die übliche Flankentriggerung nicht mehr ausreicht.
- Die erfassten Daten können durch einen angeschlossenen Computer weiterverarbeitet werden.
- Das Oszilloskop kann durch einen Computer fernbedient werden.

7.1 Technische Kennwerte und Funktionen des DSO

Für die Digitalisierung des Messsignals sind Momentaufnahmen erforderlich, die das eigentliche Bild zerlegen. Man spricht von der so genannten Abtastrate, z. B. 25 MHz. Dies bedeutet, dass alle 0,04 Mikrosekunden eine Momentaufnahme gemacht werden kann. Hat das Messsignal z. B. eine Frequenz von 2,5 MHz, dann können mit dieser Abtastrate zehn Momentaufnahmen während einer Periode gemacht werden. Dies kann, wie die *Abb. 7.4* zeigt, noch zu einer nicht definierbaren Punktdarstellung führen.

Die Abtastrate (Digitalisierungsrate) muss daher wesentlich höher sein als die Messfrequenz.

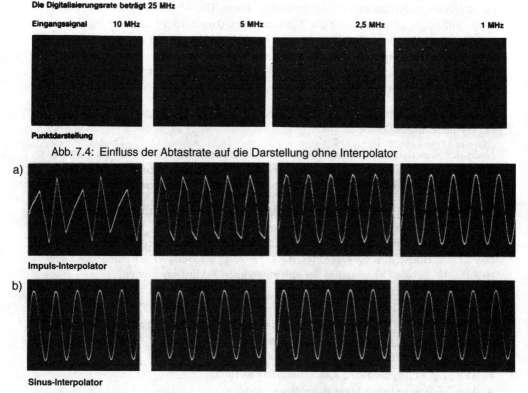

Die Digitalisierungsrate beträgt 25 MHz

Eingangssignal   10 MHz   5 MHz   2,5 MHz   1 MHz

Punktdarstellung

Abb. 7.4: Einfluss der Abtastrate auf die Darstellung ohne Interpolator

a)

Impuls-Interpolator

b)

Sinus-Interpolator

Abb. 7.5: a) Wirkung eines Impuls-Interpolators   b) Wirkung eines Sinus-Interpolators

Möglich sind heute Abtastraten bis 50 GHz, was Darstellungen bis zu 5 GHz ermöglicht.

Genauigkeit und Auflösung werden in der Y-Ablenkung von der Anzahl der Bits des Digitalisierers und in der X-Ablenkung von der Abtastrate sowie der Anzahl der Speicherplätze bestimmt.

Für die Darstellung müssen die Momentanwerte zu einer möglichst fehlerfreien Kurve zusammengesetzt werden. Dies besorgt ein so genannter Interpolator (vgl. *Abb. 7.5*), der zur Signalverlaufsrekonstruktion erforderlich ist.

Die Abtast- oder Digitalisierungsrate wird bei den DSO auf verschiedene Art angegeben.

Üblich ist die Angabe als Frequenz, z. B. $f_A = 40$ MHz, daraus folgt, dass alle 25 ns eine Probe (Sample) genommen wird, entsprechend 40 MSa/s.

Wird die Abtastrate in Mbit/s angegeben, benötigt man die Anzahl der bit, mit der der A/D-Umsetzer arbeitet.

Bei 160 Mbit/s und einem 8-bit-ADU (n = 8) ergibt sich:

$$f_A = \frac{160 \cdot 10^6 \text{ bit}}{8 \text{ bit s}} = 20 \text{ MHz}$$

DSO, die nach dem periodischen Sampling-Verfahren arbeiten (f_A = 10 ... 20 MHz), haben eine konstante Abtastrate. Echtzeit-DSO haben eine variable Abtastrate, die im Display angezeigt wird. Diese Abtastrate kann aber auch aus der jeweiligen Stellung des Zeitablenkkoeffizienten berechnet werden. Dazu muss die Größe des Datenspeichers bekannt sein, z. B. 1024 Worte zu je 6 bit.

Als Beispiel wird der Zeitkoeffizient mit 10 µs/DIV angenommen, der Datenspeicher mit 1024 Worten. Die horizontale Darstellungslänge beträgt 10,24 DIV (Teile).

$$\text{Abtastrate} = \frac{\text{Datenspeichertiefe}}{\text{Zeitablenkung} \cdot \text{Darstellungslänge}}$$

$$f_A = \frac{1024}{10 \cdot 10^{-6}\text{s} \cdot 10,24} = 10 \text{ MHz}$$

Unter Aliasing versteht man eine Informationsverkennung, die aus einem falschen (zu kleinen) Verhältnis zwischen Abtastrate und Signalfrequenz resultiert. Moderne DSO haben für diesen Fall bestimmte Warneinrichtungen, so dass dieser Bedienungsfehler vermieden werden kann.

Unter Bandbreite versteht man bei allen Oszilloskopen, auch beim DSO, die obere Frequenzgrenze, also den –3 dB-Punkt bei sinusförmiger Aussteuerung.

Solange die Abtastrate viermal größer als das sinusförmige Messsignal ist, gibt es keine Fehlmessungen.

Ähnlich wie bei einem analogen Oszilloskop (AO), wo bei 100 MHz ein Rechtecksignal von 100 MHz nur noch als Sinus dargestellt wird (die Oberwellen 300, 500, 700 ... MHz gehen verloren), kommt hier zu der Eigenanstiegszeit des Vorverstärkers noch ein Fehler durch die Abtastung hinzu.

Im Datenblatt wird daher der Wert von 3,5 ns für ein 100-MHZ-DSO als berechneter Wert angegeben, oder die Fehlerangabe ist ähnlich kompliziert wie bei digitalen Multimetern.

Berücksichtigt man die geometrische Addition von Oszilloskop-Anstiegszeit t_{rAO} und Signal t_{rSG} und rechnet dabei mit einem Fehler durch das AO mit 5 %, so muss $t_{rAO} < 1/3\ t_{rSG}$ sein.

$$t_{rges} = \sqrt{t_{rAO}^2 + t_{rSG}^2} = \sqrt{(0,333 \text{ ns})^2 + (1 \text{ ns})^2} = 1,5 \text{ ns}$$

7.2 Messbeispiele mit dem Digitaloszilloskop

Die folgenden Beispiele sollen die etwas anderen Bedienfunktionen und die Mess-möglichkeiten eines computergesteuerten DSO veranschaulichen. Im vorherge-henden Abschnitt wurde bereits erwähnt, dass computergesteuerte Oszilloskope mit softwaregesteuerten Menütasten oder Multifunktionstasten (so genannten Softkeys) arbeiten, deren Anordnungen und Funktionen weitestgehend durch den Hersteller be-stimmt werden und nicht standardisiert sind.

Die Beispiele bieten aber eine gute Möglichkeit, sich mit dieser softwaregestützten Bedienung vertraut zu machen. Die für die Messbeispiele erforderlichen Messsignale werden über eine Testplatine vorgegeben.

Beispiel 1: Tastkopfabgleich

Der zu diesem Gerät passende Tastkopf 10:1 wird an den BNC-Eingang für Kanal 1 angeschlossen. Die Tastkopfspitze wird an den Ausgang des Kalibriersignals (5 V; 1,2 kHz) angeschlossen. Danach wird die Taste „Autoscale" betätigt.

Auf dem Bildschirm (*Abb. 7.6a*) wird das interne Kalibriersignal des Oszilloskops dargestellt. Die Autoscale-Funktion passt die Eingangsempfindlichkeit (Kanal 1, 1,00 V), den Zeitkoeffizienten (200 µs) und den Triggerpegel (positive Flanke, Kanal 1) automatisch an das Eingangssignal an.

In der Autoscale-Betriebsart erhält man fast für alle Messsignale ein stehendes Bild, wenn f > 50 Hz und das Tastverhältnis > 1 % ist. Der Tastkopf enthält auf der Ein-gangsseite zum Oszilloskop am BNC-Stecker eine Einstellschraube zur Frequenz-kompensation, mit der das Rechteck abgeglichen wird (siehe Abbildung).

Durch Betätigen der Taste „1" (Kanal 1) über dem 1X-Eingang wird das zugehö-rige Kanalmenü zu den sechs Softkeys in dem unteren Bildschirmbereich dargestellt (*Abb. 7.6b*).

Mit dem sechsten Softkey ganz rechts im Bild kann das Teilerverhältnis des Tast-kopfes (Probe) in drei Stufen eingestellt werden. Der Softkey „Probe" ändert nur den Teilerfaktor und damit die Skalierung der Y-Achse, nicht die Signaldarstellung. Bei Einstellung eines nicht auf den Tastkopf zutreffenden Teilerfaktors werden falsche Amplitudenwerte angezeigt.

Wird der Softkey „Probe" betätigt, dann ändert sich auch die links oben angezeigte Eingangsempfindlichkeit für Kanal 1.

Beispiel 2: Phasenverschiebung und X-Y-Darstellung

Der Tastkopf von Kanal 1 wird an eine Sinusfunktion der Testplatine angeschlossen. Danach wird wieder die Taste „Autoscale" betätigt.

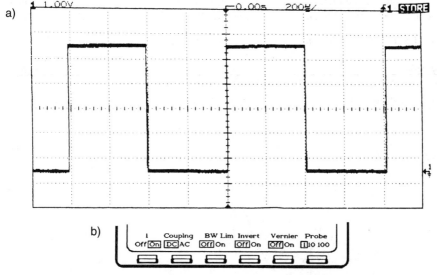

Abb. 7.6: a) Darstellung eines über einen Tastteiler gemessenen Rechtecksignals;
der Bildschirm ist bei diesem DSO in der X-Achse in zwei Hälften
geteilt. Die linke Hälfte zeigt das Signal vor der Triggerung, die rechte
Hälfte nach der Triggerung.
b) Funktionsanwahl über Softkey BW Lim (Bandbreitenbegrenzung)
reduziert auf 20 MHz, z. B. bei verrauschten Signalen

Auf dem Bildschirm erfolgt die Darstellung entsprechend *Abb. 7.7.* Wieder wird Taste"1"
(Kanal 1) betätigt. Die Softkeydarstellung entsprechend *Abb. 7.6b* wird eingeblendet.

Der Softkey „Vernier" für die Feineinstellung wird eingeschaltet (On). Nun kann mit dem
Steller Volts/Div über der Taste „1" der Amplitudenbereich geändert werden (Anzeige
links oben).

Alle eingestellten Werte sind kalibriert wie bei einem Analog-Oszilloskop.

Mit einem weiteren frequenzkompensierten Tastkopf, der an Kanal 2 angeschlossen wird,
wird ein weiteres Sinussignal auf der Testplatine abgegriffen. Wiederum wird die Taste
„Autoscale" betätigt.

Der Bildschirm zeigt die beiden Signale entsprechend *Abb. 7.8a.* Eine Phasenverschiebung der beiden Signale wird von der senkrechten Mittellinie (0,00 s) aus gemessen
(Triggerzeitpunkt).

Im Bedienteilbereich HORIZONTAL des Oszilloskops befindet sich die Taste „MAIN/
Delayed".

Beim Betätigen dieser Taste wird das zur X-Ablenkung gültige Softkeymenü auf dem
Bildschirm eingeblendet (*Abb. 7.8b*).

Mit dem entsprechenden dritten Softkey wird die Betriebsart XY gewählt. Danach zeigt sich die in *Abb. 7.9* dargestellte Lissajous-Figur.

Kanal 1 verursacht eine Ablenkung in X-Richtung, Kanal 2 in Y-Richtung.

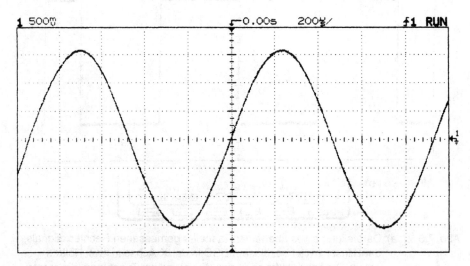

Abb. 7.7: Darstellung einer Sinusfunktion in der Y-t-Betriebsart

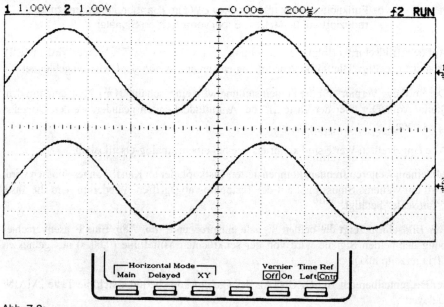

Abb. 7.8:
a) Darstellung der Sinusfunktion auf zwei Kanälen
b) Anwahl der X-Y-Funktion über Softkey

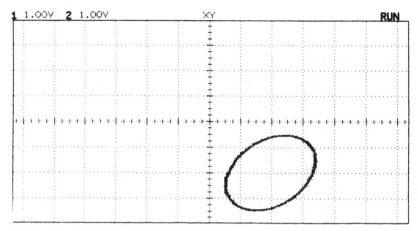

Abb. 7.9: Resultierende Lissajous-Figur aus der X-Y-Messung

Die Lage der Lissajous-Figur auf dem Bildschirm kann über die Einsteller „Position" über den Eingängen 1X und 2Y (*Abb. 7.3a*) verändert werden.

Beispiel 3: Automatische Messungen im Spannungsbereich

Zu dieser Messung wird wieder das Kalibriersignal des Oszilloskops mit Kanal 1 über einen Tastkopf angeschlossen (*Abb. 7.10a*).

Mit der Taste „Voltage" im Bedienbereich „Measure" des Oszilloskops werden die verschiedenen Spannungsparameter des Messsignals im unteren Bereich des Bildschirmes (*Abb. 7.10b*) eingeblendet.

Mit der zugeordneten Softkey-Taste können die einzelnen Spannungswerte zur Anzeige gebracht werden.

Mit V_{p-p} wird der Spitze-Spitze-Wert definiert (5,125 V).

V_{avg} kennzeichnet den arithmetischen Mittelwert (2,514 V), während V_{rms} den berechneten Effektivwert (root mean square) darstellt (3,540 V).

Beispiel 4: Automatische Messungen im Zeitbereich

Der Tastkopf vom Kanal 1 wird wieder an das Rechtecksignal der Testplatine angeschlossen.

Mit der Taste „Time" im Bedienteil „Measure" können über Softkey neun verschiedene Funktionen angewählt werden (*Abb. 7.11a*).

Ein wichtiger Parameter ist die Frequenz. Nach Betätigen des entsprechenden Softkey „Freq" wird der Frequenzwert unterhalb des dargestellten Messsignales eingeblendet (*Abb. 7.11b*).

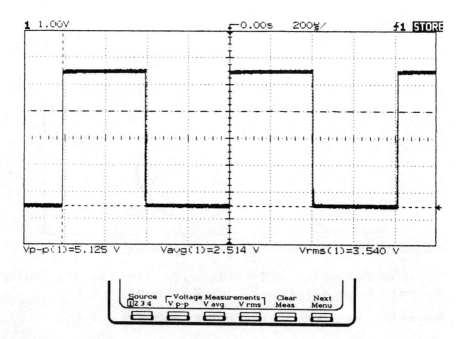

Abb. 7.10:
a) Spannungsmessungen an einem Rechtecksignal
b) Auswahlfunktionen für Spannungswerte

Im Abschnitt „8.2 Impulsmessungen" werden die anderen anwählbaren Pulsparameter erläutert und dargestellt.

Beispiel 5: Verzögerte (zweite) Zeitbasis

Auf der Testplatine werden zwei Impulssignale angeschlossen (*Abb. 7.12a*). Die schnellere Impulsfolge ist an Kanal 1 angeschlossen. Diese Impulsfolge wird als PRBS-Signal bezeichnet (pseudo random binary sequence). Sie entsteht, indem die Ausgänge eines Ringschieberegisters über EXOR-Gatter rückgekoppelt werden. In der Messtechnik ist diese Schaltung bei der Signaturanalyse bekannt.

Durch Betätigen der Taste „Autoscale" erhalten wir wieder eine stehende Abbildung. Bei zwei anliegenden Signalen wird Kanal 2 automatisch zur Triggerquelle gemacht, weil an diesem Kanal die wesentlich langsamere Impulsfolge anliegt.

Wenn die beiden Signale an den Eingängen getauscht werden und erneut die Taste „Autoscale" betätigt wird, dann erfolgt die automatische Triggerung auf Kanal 1.

Wird im Bedienteil TRIGGER die Taste „Source" (Triggerquelle) betätigt, dann kann mit den Softkeys (*Abb. 7.12b*) die Triggerquelle ausgewählt werden.

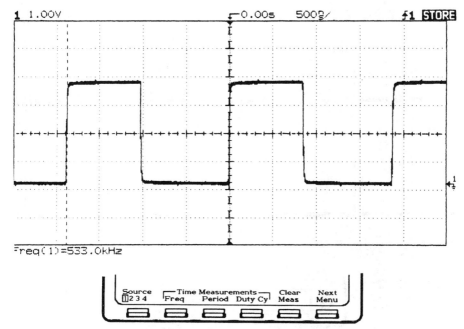

Abb. 7.11:
a) Frequenzmessung an einem Rechtecksignal, mit Anzeige des Bezugspegels
   (Pfeil auf rechter Seite)
b) Auswahlfunktionen für Zeit- und Frequenzmessungen

Wenn (PRBS-Signal wieder auf Kanal 1) die Taste 2 zweimal betätigt wird, dann wird der Messkanal 2 vom Bildschirm abgeschaltet. Die Abschaltung kann auch erreicht werden, wenn die Taste nur einmal betätigt wird und anschließend mit dem ersten Softkey der Kanal 2 abgeschaltet wird.

Das Signalbild bleibt stehen, da die Triggerung weiterhin vom Signal des Kanals 2 aus erfolgt.

Mit dem Steller Time/Div wird der Zeitablenkkoeffizient auf 5 µs eingestellt. Danach wird die Taste „Time" im Bedienteil „Measure" betätigt. Unter „Source 1" „Next Menü" und „+Width" wird die positive Pulsbreite gemessen. Die Messung wird am ersten positiven Impuls vorgenommen. Durch Verändern der Impulslage mit dem Steller „Delay" im Bedienfeld HORIZONTAL erfolgt die Einstellung entsprechend der *Abb. 7.12c*.

Die ausgemessene Pulsbreite wird angezeigt, + Width(1) = 5,637 µs.

Durch Betätigen der Taste „Main-Delayed" und der Softkey-Taste „Delayed" ergibt sich die Darstellung entsprechend *Abb. 7.13*. Im oberen Bereich des Bildschirmes sieht man das Signal von Kanal 1 mit dem Zeitfenster, das mit dem Steller „Delay" ver-

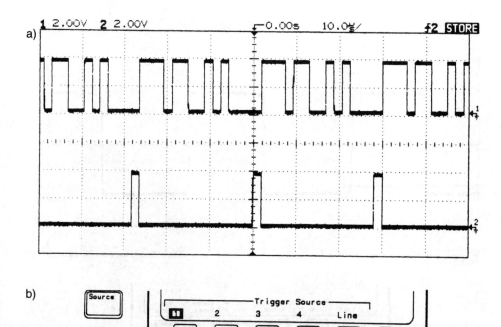

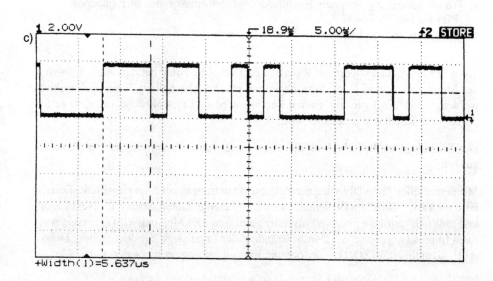

Abb. 7.12:
a) Darstellung einer schnellen und einer langsamen Pulssequenz
b) Auswahl der Triggerquelle (Kanal 1 bis 4) oder Line-Triggerung
c) Ausmessen der Impulsbreite

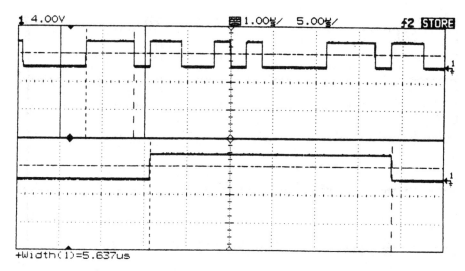

Abb. 7.13: Gedehnter Ausschnitt des Impulses aus Kanal 1

schoben werden kann, darunter die gedehnte Darstellung der gemessenen positiven Pulsbreite als zweite Zeitbasis.

Dieser Ausschnitt kann mit dem Steller „Time/Div" variiert werden.

Beispiel 6: Darstellung und Erkennung von Störimpulsen

Der Tastkopf von Messkanal 1 wird an ein entsprechendes Signal auf der Testplatine angeschlossen. In diesem Signal erscheint hin und wieder ein Störimpuls. Die Voreinstellungen für die zweite Zeitbasis entsprechen denen in Beispiel 5. Damit dieser Störimpuls besser erkannt wird, muss der Zeitausschnitt verkleinert werden und an die Stelle geschoben werden, wo der Störimpuls auftritt. Diese Veränderungen werden mit den Stellern „Time/Div" und „Delay" am Bedienteil HORIZONTAL durchgeführt (*Abb. 7.14*).

Wenn die richtige Position eingestellt ist, wird die Taste „Auto-store" im Bedienteil STORAGE betätigt. Damit wird die unendliche Nachleuchtdauer des Bildschirms eingeschaltet. Alle repetierenden Signaldurchläufe werden übereinander geschrieben.

Zum Messen des Störimpulses werden die Zeitzeiger eingesetzt. Hierzu muss die Taste „Cursors" (Zeiger) im Bedienteil „Measure" betätigt werden. Danach wird in der Menü-Auswahl (*Abb. 7.15a*) der Softkey „t1" betätigt (helle Unterlegung). Mit dem Steller unterhalb der Taste „Cursors" wird die vertikale Linie (*Abb. 7.15b*) auf eine Flanke des Störimpulses in der unteren Darstellung (2. Zeitbasis) verschoben. Danach wird mit dem Softkey „t2" die zweite Zeitmarke aktiviert und mit dem Steller auf die zweite Impulsflanke des Störimpulses gesetzt. Die zugehörigen Zeitwerte für die Pulsbreite des Störimpulses können am Bildschirm abgelesen werden.

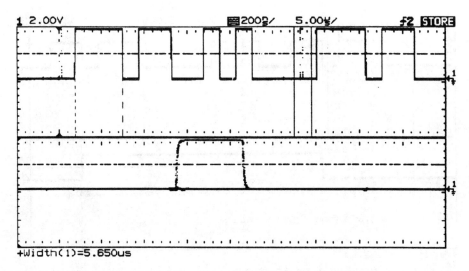

+Width(1)=5.650us

Abb. 7.14: Eingrenzen des Störimpulses mit zweiter Zeitbasis (200 ns)

Beispiel 7: Einzelimpulsmessung (Einschwingvorgang)

Die hier vorgestellte Einzelimpulsmessung ist von grundsätzlicher Bedeutung.

Einmalige Ereignisse (Single Shot) erscheinen wirklich nur einmal oder in sehr großen Zeitabständen und dann selten in gleicher Form. Typische Beispiele sind das Hochlaufen eines Netzteiles nach dem Einschalten oder ganz einfach der Einschwingvorgang bei einer Spannungsverdoppler-Schaltung innerhalb der ersten 300 ms.

Hierzu müssen vorab einige Kennwerte über das Single-Shot-Ereignis vorliegen, damit die entsprechenden Einstellungen am Oszilloskop vorgenommen werden können.

Dies sind im wesentlichen der Amplitudenwert (z. B. TTL- oder 24-V-Pegel), die Signaldauer (z. B. wieviel Perioden) und der zu erwartende DC-Offset. Danach können der Triggerpegel, der Y-Ablenkkoeffizient, die Vertikalposition und der Zeitablenkkoeffizient entsprechend eingestellt werden.

Ein weiteres Kriterium ist die Abtastrate des DSO. Sie soll für Single-Shot-Ereignisse 1/10 der Abtastrate des Oszilloskops entsprechen.

Für dieses Beispiel werden für das einmalige Signal folgende Kennwerte angenommen:

- Amplitude ca. 3,5 V: Einstellung 1 V/Div
- Zeitdauer ca. 85 µs: Einstellung 10 µs

Im Bedienteil HORIZONTAL wird die Taste „Main/Delayed" betätigt. Danach wird mit dem Softkey „Time Ref" auf „Lft" geschaltet.

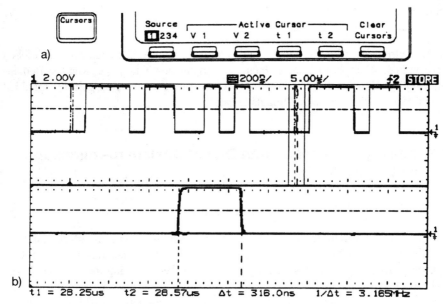

Abb. 7.15:
a) Anwahl der Zeitmarken für Störimpulsmessung
b) Angewählter Störimpuls mit Anzeige der Zeit- und Frequenzwerte

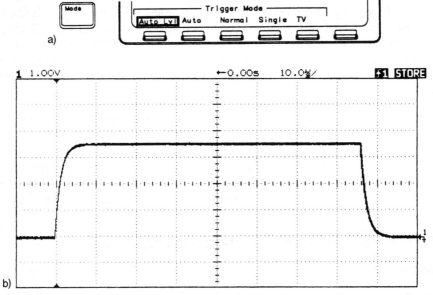

Abb. 7.16:
a) Anwahl der Repetierfunktionen „Normal" oder „Single"
b) Darstellung des Einzelimpulses

Im Bedienteil TRIGGER wird mit der Taste „Mode" (*Abb. 7.16a*) und den Softkeys die Betriebsart „Normal" oder „Single" eingestellt.

In der Betriebsart „Normal können laufend Einzelimpulse übereinander geschrieben werden. In der Betriebsart „Single" muss der Vorgang durch die Taste „Run" im Bedienteil STORAGE betätigt werden. Das auf der Testplatine einmalig ausgelöste Signal hat den in *Abb. 7.16b* dargestellten Impulsverlauf.

7.3 Analog-Oszilloskop und Digital-Speicheroszilloskop im Vergleich

7.3.1 Vorteile des Analog-Oszilloskops (AO)

Der wesentliche Vorteil des AO ist die Signaldarstellung in Echtzeit aufgrund der extrem hohen Horizontal-Ablenkgeschwindigkeit und unendlicher Auflösung. Digitale Speicheroszilloskope (DSO) sind bei gleicher Grenzfrequenz langsamer, da sie die Signalform punktweise abtasten, den Amplitudenwert in eine Binär-Bitfolge umwandeln und anschließend diesen Amplitudenwert zur Darstellung auf dem Bildschirm durch D/A-Umsetzung wieder rekonstruieren. Zusätzliche Auswertungsmöglichkeiten setzen die Wiederholrate dieser Wandlungsvorgänge noch weiter herab. Die ergänzende Anzeige von Wellenformparameter wie Frequenz oder Anstiegszeit erfordert weitere Rechenzeit, bevor das Signal auf dem Bildschirm dargestellt wird. Während der gesamten Berechnung verändert sich das Eingangssignal unter Umständen erheblich. Wichtige Signalinformationen, z. B. steile Flanken und kurze Impulse, werden nicht erfasst und bleiben für den Anwender unsichtbar. AO erfassen auch diese Signalinformationen problemlos, da sie mit einer wesentlich höheren Wiederholrate das Signal und die Veränderungen unmittelbar darstellen.

AO eignen sich besonders für die Darstellung komplexer und modulierter Signale, wie z. B. amplitudenmodulierte Trägersignale (AM) oder Videosignale. Die Hüllkurve eines AM-Signals wird durch geeignete Wahl der Zeitbasis gut sichtbar dargestellt (*Abb. 7.17a*). Bei dieser hohen Wiederholrate des Signals ist die Erfassung des Trägersignals mit einem DSO aufgrund seiner niedrigen Abtastrate nicht einwandfrei möglich (*Abb. 7.17b*). Das AO zeigt die Wellenform verzerrungsfrei an.

7.3.2 Vorteile des Digital-Speicheroszilloskops (DSO)

Das DSO hat im Vergleich zum AO z. B. folgende Vorteile:

Ein DSO kann kurzzeitige Signale und einzelne Ereignisse (Single-Shot) im Speicher festhalten, während ein AO nur einen einmalig und schnell über den Bildschirm bewegenden Lichtpunkt darstellt.

Speichermöglichkeit besteht beim AO nur mit einer Fotokamera.

Extrem langsame Signale erscheinen auf einem AO als heller Lichtpunkt, der von links nach rechts über den Bildschirm bewegt wird. Ein DSO hingegen stellt das langsame Signal als gut sichtbare, stehende Wellenfom dar, eine Analyse des erfassten Signals ist darum sehr gut möglich.

Die Anzeigehelligkeit der Schreibspur auf dem Bildschirm eines AO ist umgekehrt proportional zur Ablenkgeschwindigkeit. Dies führt zu einem ständigen Wechsel der Helligkeitswerte und notwendigem Nachstellen. Ein DSO zeigt ein erfasstes Signal mit gleichbleibender Helligkeit für sämtliche Einstellungen an.

Bei einem AO startet die Triggerschaltung die Strahlablenkung bei Erreichen einer vorgewählten Eingangsamplitude. Soll der Signalverlauf vor der Triggerauslösung betrachtet werden, ist eine Pre-Triggerschaltung erforderlich. Ein DSO bietet dagegen umfangreiche Möglichkeiten der Signaldarstellung mittels Pre-Triggerung. Das DSO tastet das Signal ständig ab. Die Triggerung kann nicht nur zum Auslösen der Abtastung verwendet werden, sondern auch zum Stoppen. Das Signal wird bis zum Abbruch der Abtastung durch das Triggerereignis im Speicher festgehalten und auf dem Bildschirm dargestellt. Der Anwender kann den Triggerpunkt an beliebiger Stelle auf dem Bildschirm positionieren und so die Vorgeschichte eines Ereignisses ohne Informationsverlust darstellen.

Ein im DSO digitalisiertes Signal kann ein Signalprozessor beliebig analysieren, z. B. Signalparameter wie Frequenz, Anstiegszeit, Amplitude berechnen. Mit erweiterten Mathematikfunktionen des Prozessors ist es dem Anwender möglich, auch komplexe Berechnungen vorzunehmen, wie z. B. die Fast-Fourier-Transformation (FFT), Addition und Multiplikation einzelner Kanäle.

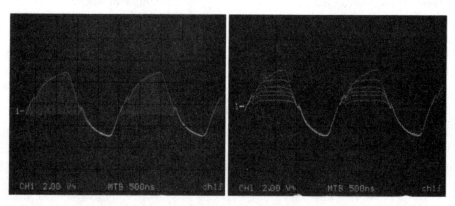

Abb. 7.17: Vergleichende Darstellung einer Amplitudenmodulation:
a) Darstellung in Echtzeit mit AO
b) Darstellung mit DSO aufgrund einer zu niedrigen Abtastrate

Zur Unterdrückung von überlagertem Rauschen bei repetierenden Signalen lässt sich die Darstellung durch Mittelwertbildung (Averaging) glätten. Durch Softwarefunktionen kann ein DSO auch Messergebnisse und Hüllkurven analysieren und mit Referenzsignalen vergleichen. Die Überwachung und Durchführung von Pass/Fail-Tests im Prüf- und Qualitätswesen wird damit sehr unterstützt. Gespeicherte Daten lassen sich überdies als Kurvenzug mit Raster und Messdaten auf einem Drucker oder Plotter ausgeben oder auch an einen PC zur Archivierung und weiteren Analyse übertragen.

7.3.3   Unterscheidung zwischen kontinuierlicher Aufzeichnung und Abbildung

Kontinuierliche Aufzeichnungen (Traces) sind z. B. Ausgangssignale von Funktionsgeneratoren (statisch) sowie Servo-Steuersignale, Jitter und Rauschen (dynamisch).

Abbildungen (Images) sind z. B. Video-Testsignale, AM- und FM-Modulation (statisch) sowie Kommunikationssignale und magnetisch aufgezeichnete Signale mit Drop outs (dynamisch).

Die folgende Vergleichstabelle soll die Wahl zwischen einem AO und einem DSO erleichtern:

Signal	AO	DSO	Kommentar
Single Shot		*	Erfassung und Messung
niedrige Wiederholungsrate		*	kein Flackern
hohe Wiederholungsrate		*	hohe Frequenz
verrauschte Signale	*		Auflösung
AM	*		Auflösung
FM	*		Auflösung
Signale mit Jitter	*		Auflösung
Augenmuster	*		Auflösung
Dynamische Signale	*		Wiederholungsrate
Video	*		Auflösung
Pretrigger-Anzeige		*	Volle Speicherlänge
Messungen		*	Vollautomatisch
Signalverarbeitung		*	FFT,MULTIPLIKATION
Drucken und Plotten		*	direkt
Informationsübertragung		*	Netzwerke, PC

7.4 Übungen zur Vertiefung

1. Nennen Sie 5 Vorteile, die ein DSO im Vergleich zu einem analogen Oszilloskop hat!

   A ....

   B ....

   C ....

   D ....

   E ....

2. Schreiben Sie in das Blockschaltbild (*Abb. 7.18*) die folgenden Begriffe in funktional richtiger Anordnung!

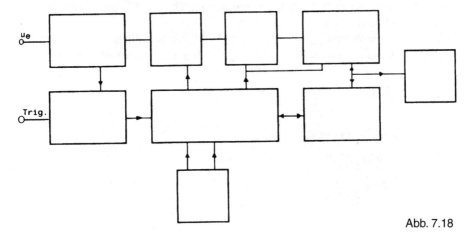

Abb. 7.18

   – Abschwächer und Vorverstärker
   – Sample and Hold
   – A/D-Umsetzer
   – Speicher
   – Trigger
   – Ablaufsteuerung
   – Rechner
   – Raster CRT
   – Takt

3. Vergeben Sie in das Blockschaltbild (*Abb. 7.18*) die zwei Begriffe:

   – Zeitquantisierung
   – Amplitudenquantisierung

4. Beschreiben Sie mit den aufgezählten Begriffen aus Übung 2, die prinzipielle Wirkungsweise eines DSO!

5. Beschreiben Sie, was durch die gezeigte Verringerung der Abtastrate (*Abb. 7.5*) verändert wird. Besondere Bedeutung hat der Grenzfall, bei dem die Abtastrate $\leq 2f$ ist.

6. Beschreiben Sie die nachfolgenden Begriffe:

   – Pre-Triggerung
   – Post-Triggerung
   – Center-Triggerung

7. Welche zusätzliche Möglichkeit außer Flanke und Triggerpegel verbirgt sich hinter dem Begriff „Qualifizierte Triggerung"?

8. Besonders der Effektivwert ist ein sehr nützlicher Messwert, da seine Messung nicht immer ganz einfach ist, seine Bestimmung aber für Leistungsbetrachtungen unumgänglich ist.
   Tragen Sie die Werte $U_{p\text{-}p}$, U_{avg} und U_{rms} in die Impulsdarstellung der *Abb. 7.10* ein. Berechnen Sie zur Kontrolle V_{rms} für $V_{p\text{-}p} = 5{,}0$ V bei einem Verhältnis von 50 %

$$U_{rms} = \sqrt{\frac{V_{p\text{-}p}^{2}}{2}} =$$

mit der gegebenen Formel.

Lösungen ab Seite 216

8 Messungen an Anwendungs- und Versuchsschaltungen

Mit dem Oszilloskop können elektrische Größen z. T. direkt und andere elektrische sowie nichtelektrische Größen indirekt gemessen werden.

Elektrischer Strom lässt sich indirekt über eine Spannungsmessung an einem Widerstand messen, der in den Stromkreis eingesetzt wird.

Der Strom durch den Messwiderstand verursacht einen Spannungsabfall, der nach dem Ohmschen Gesetz ($U = I \times R$) zum hindurchfliessenden Strom proportional ist.

Nach dieser indirekten Messung kann auch ein Widerstandswert ermittelt werden. In diesem Fall muss man vorher den Stromwert bestimmen. Danach kann aus dem gemessenen Spannungswert und dem bekannten Stromwert der Widerstand nach dem Ohmschen Gesetz ($R = U/I$) berechnet werden.

Die durch einen Wechselstrom in einer Selbstinduktivität induzierte Spannung ist zur Stromänderung je Zeiteinheit und zum Induktivitätswert proportional. Ist die Stromänderung je Zeiteinheit bekannt (bei konstantem Strom und Frequenz), dann ist die selbstinduzierte Spannung der Spule von der Größe der Selbstinduktion abhängig.

Der durch einen Kondensatorstromkreis fließende Wechselstrom ist von der Kapazität und der Spannungsfrequenz abhängig. Wird eine Wechselspannung mit konstanter Frequenz und Amplitude an den Kondensator angeschlossen, dann ist der resultierende Strom zur Kapazität proportional. Über einen Messwiderstand kann der Strom in eine proportionale Spannung umgewandelt werden, die der Kapazität des Kondensators entspricht.

Bei der Umwandlung oder Umformung nichtelektrischer Größen in elektrische Spannung gibt es verschiedene Messwertaufnehmer, die mechanische Größen in elektrische Größen wandeln oder umsetzen.

Weg- und Längenmessungen im Mikro- und Millimeterbereich können durch kapazitive, induktive und ohmsche Aufnehmer erfasst werden.

Bei einer kapazitiven Längenmessung kann z. B. das Messobjekt mit einer Kondensatorplatte verbunden werden. Die zweite Kondensatorplatte wird fixiert. Vergrößert sich die Länge des Objekts, verringert sich der Plattenabstand. Dies hat eine Kapazitätsänderung zur Folge. Die sich dadurch ändernde Spannung an einem im Messkreis befindlichen Widerstand ist ein Maß für die Längenänderung des Messobjektes.

Wird durch eine Längenänderung ein Metallstab in einer stromdurchflossenen Spule bewegt, dann ändert sich die Selbstinduktion dieser Spule. Daraus resultiert eine Selbstinduktionsspannung, die durch die Längenzunahme des Metallstabes in der Spule erhöht wird.

Bei einem Dehnungsmessstreifen verändert sich bei Dehnung oder Stauchung der Widerstand des Materials. Klebt man einen Dehnungsmessstreifen auf das Messobjekt, dann ändert sich der Widerstand bei entsprechender Längenänderung. Diese Widerstandsänderungen können in einem Stromkreis als Spannungsänderungen gemessen werden.

Messaufnehmer für Kraft und Druckmessungen messen ebenfalls die hierbei entstehenden Längenveränderungen. Sie arbeiten daher nach dem gleichen Prinzip wie die Längenaufnehmer.

Als Messaufnehmer für Schallschwingungen werden Mikrofone eingesetzt.

Hierbei unterscheidet man Kondensatormikrofone, Kristallmikrofone, elektrodynamische Mikrofone und das Kohlemikrofon.

Auch hier werden die mechanischen Veränderungen in Kapazitäts-, Widerstands- und Selbstinduktionsveränderungen umgesetzt.

Für die Messung von Lichtänderungen und Beleuchtungsstärken werden lichtempfindliche Widerstände, Halbleiterdioden und Fotozellen eingesetzt.

Die folgenden Versuchsbeispiele sollen den Anwendungsbereich des Oszilloskops vor allem in der Schaltungstechnik der Elektronik aufzeigen.

Neben den schaltungsabhängigen Messungen der Signalformen werden auch Arbeitspunkt- und Potenzialmessungen dargestellt, soweit sie für die Funktionserkennung und Bewertung einer Schaltung von Bedeutung sind.

Alle Messungen werden mit einem Zweistrahloszilloskop vorgestellt. Die eingestellten Funktionen sind neben dem Diagramm angegeben.

Grundsätzlich können aber alle Messungen auch mit einem Einstrahloszilloskop durchgeführt werden.

Aus Sicherheitsgründen sollte der Messplatz mit einer abschaltbaren Netzsteckerleiste und einem Not-Aus-Schalter versehen sein.

8.1 Aliasing-Effekt vermeiden

Mit den folgenden Maßnahmen können Aliasing-Effekte verhindert werden.

1. auf einen stabilen Trigger achten. Aliasing-Signale scheinen manchmal über den Oszilloskop-Bildschirm zu wandern oder ungetriggert zu sein.
2. Die effektive Abtastrate muss so hoch wie möglich sein. Bei den meisten Oszilloskopen verringert sich die effektive Abtastrate bei langsamer Zeitbasis-Einstellung. Bei periodischen Signalen wird eine hohe effektive Abtastrate erzielt, selbst bei einer tatsächlichen niedrigen Abtastrate. Wird bei einer Signalform Aliasing vermutet, sollte die Ablenkgeschwindigkeit erhöht werden, damit die Abtastrate des Oszilloskops gesteigert wird und somit die korrekte Darstellung der Signalform gewährleistet ist.

   Das Nyquist-Abtasttheorem besagt, dass zur korrekten Darstellung eines digitalen Signals die Abtastrate mehr als doppelt so hoch sein muss, wie die höchste Frequenz, die in dem Signal auftritt.

   Wird z. B. die Zeitbasis auf 5 ms/Skt. eingestellt, beträgt die Abtastrate des Oszilloskops 10 kSa/s. Dies bedeutet das eine Signalfrequenz mit 13 MHz mit etwa 50 MHz gemessen wird. Das Nyquistkriterium ist nicht erfüllt.

   Bei einer Zeitbasiseinstellung von 20 ns/Skt. beträgt die Abtastrate des Oszilloskops 2 GSa/s. Das Oszilloskop zeigt das richtige Signal an und misst die richtige Frequenz von 13 MHz.
3. Von den Herstellern werden spezielle Techniken eingesetzt, damit Aliasing verhindert wird. DSO sind mit einem Anti-Aliasing-Algorithmus ausgestattet, mit dem Aliasing verhindert wird.
4. Mit der DSO-Spitzenwerterfassungsfunktion lässt sich Aliasing feststellen. Bei der Spitzenwerterfassung wird die maximale Abtastrate beibehalten und die höchsten und niedrigsten Werte werden auf dem Bildschirm dargestellt. Aliasing wird hierbei ausgeschaltet.

8.2 Amplituden- und Frequenzmodulation

Zur Darstellung der Resonanzkurven von Schwingkreis und Bandfilter wird im Versuch 8.8 eine Trägerfrequenz mit 50 Hz frequenzmoduliert.

Bei den Modulationsschaltungen wird nach Amplituden- und nach Frequenzmodulation unterschieden.

Für die verschiedenen Anwendungsbereiche werden von der Halbleiterindustrie die Modulator- und Demodulatorfunktionen bis über 100 MHz in Form integrierter Bausteine hergestellt. In der Mehrzahl jedoch in Verbindung mit anderen Funktionen als Systembausteine, z. B. Trägerfrequenzverstärker.

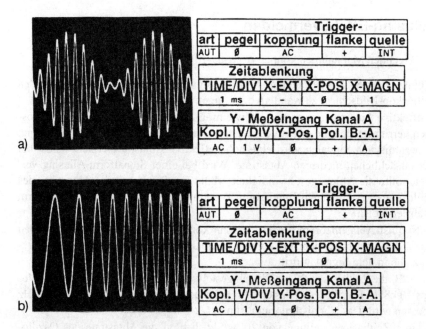

			Trigger-		
art	pegel	kopplung	flanke	quelle
AUT	Ø	AC	+	INT

Zeitablenkung			
TIME/DIV	X-EXT	X-POS	X-MAGN
1 ms	–	Ø	1

Y - Meßeingang Kanal A				
Kopl.	V/DIV	Y-Pos.	Pol.	B.-A.
AC	1 V	Ø	+	A

a)

			Trigger-		
art	pegel	kopplung	flanke	quelle
AUT	Ø	AC	+	INT

Zeitablenkung			
TIME/DIV	X-EXT	X-POS	X-MAGN
1 ms	–	Ø	1

Y - Meßeingang Kanal A				
Kopl.	V/DIV	Y-Pos.	Pol.	B.-A.
AC	1 V	Ø	+	A

b)

Abb. 8.1: Modulierte Trägerfrequenzspannungen:
a) Amplitudenmodulierte Trägerfrequenz
b) Frequenzmodulierte Trägerfrequenz

Auch mit Funktionsgeneratoren können modulierte Signale erzeugt werden, wie z. B. AM-, FM-, FSK- und Burst-Modulation.

Versuch 1: Auswertung einer amplitudenmodulierten Trägerfrequenz

Das Oszillogramm in *Abb. 8.1a* zeigt ein amplitudenmoduliertes Signal mit nur geringem Frequenzabstand von 10:1 zwischen Trägerfrequenz und Modulationsfrequenz.

Bei diesem geringen Frequenzabstand kann auf die Trägerfrequenz getriggert werden über Triggerquelle INT.

Ist die Trägerfrequenz sehr hoch im Verhältnis zur Modulationsfrequenz, dann muss auf das Modulationssignal getriggert werden.

Der Modulationsgrad der Amplitudenmodulation wird durch das Amplitudenverhältnis von NF und HF bestimmt. Er wird in Prozenten der HF-Spannung angegeben:

$m = U_{NF}/U_{HF} \times 100 \%$

Für das Beispiel in *Abb. 8.1a* ergibt sich folgender Modulationsgrad:

$m = 5{,}5 \text{ V}/6 \text{ V} \times 100\% = 90 \%$

Versuch 2: Auswertung einer frequenzmodulierten Trägerfrequenz

Im Gegensatz zur Amplitudenmodulation wird bei der Frequenzmodulation nicht die Amplitude der Trägerspannung, sondern die Frequenz durch die niederfrequente Modulationsspannung verändert, d. h. die Trägerfrequenz ändert sich im Rhythmus der Frequenz, mit der die hochfrequenten Schwingungen moduliert sind.

Die Größe der durch die Modulation hervorgerufenen Frequenzänderung, die auch als Frequenzhub h bezeichnet wird, ist von der Amplitude der Modulationsspannung abhängig. Je größer die Amplitude der Modulationsspannung ist, umso größer ist der Frequenzhub der Trägerfrequenz.

Die Geschwindigkeit der Frequenzänderung ist wiederum von der Frequenz der Modulationsspannung abhängig.

Das Oszillogramm in *Abb. 8.1b* zeigt die erste Sinusperiode der Trägerfrequenz mit 1,5 Teilen, die letzte Sinusperiode mit ca. 0,5 Teilen. Bei 1 ms/DIV Ablenkzeit ergibt sich ein Frequenzhub von h = 1/0,5 ms −1/1,5 ms = 2 kHz − 0,7 kHz = 1,3 kHz.

Das Oszillogramm zeigt die Frequenzänderung für die erste positive Viertelperiode einer Sinuswelle. Die gesamte Veränderung durch eine Sinusperiode würde sich wie folgt ergeben:

Änderung von f durch	1. pos. Viertelper.	(f + h)	=	0,7 kHz + 1,3 kHz
„ „ „ „	2. „ „	(f + h − h)	=	0,7 kHz
„ „ „ „	3. neg. „	(f − h)	=	0,7 kHz − 1,3 kHz
„ „ „ „	4. neg. „	(f − h + h)	=	0,7 kHz

Ähnlich wie bei der Amplitudenmodulation wird auch der Frequenzmodulationsgrad F_{MB} gekennzeichnet. Dieser wird durch den Index B bestimmt: $B = h/f_{NF}$.

8.3 Antriebsregelsysteme

Der Kennlinienverlauf drehzahlgeregelter Antriebe kann durch Veränderung der Parameter des PID-Reglers beeinflusst werden.

Der PID-Verstärker verstärkt die Soll-Ist-Differenz linear und negiert sie. Dadurch wirkt dieser Verstärker jeder Drehzahländerung proportional entgegen. Der Verstärkungsfaktor bestimmt im wesentlichen die Kreisverstärkung.

In der Antriebstechnik werden die Eigenschaften eines Regelkreises durch zwei Begriffsdefinitionen gekennzeichnet:

1. Der Schleppfehler definiert die Zeit, die der Motor zum Erreichen einer neuen Drehzahl benötigt, hervorgerufen durch eine Soll- oder Istwert-Änderung (*Abb. 8.2a*). Umgesetzt in die Wegstrecke auf einer Achse ist es die Wegdifferenz, den die Achse dem Sollwert nachläuft.

a)

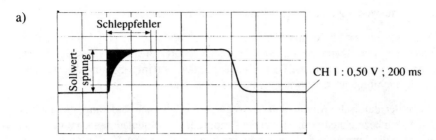

b)

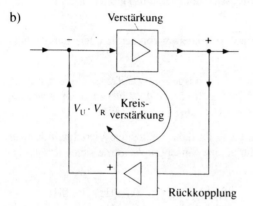

c) Schleppfehler

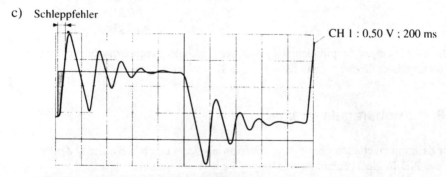

Abb. 8.2: Auswirkungen der Kreisverstärkung
a) die Kreisverstärkung ist klein, der Schleppfehler wird groß
b) Zusammenhang Verstärkung, Rückkopplung und Kreisverstärkung
c) die Kreisverstärkung ist groß, der Schleppfehler wird klein, aber die Regelung
    schwingt

2. Die Gesamtverstärkung in einem geschlossenen Regelkreis wird als Kreisverstärkung (K_v) bezeichnet (*Abb. 8.2b*). Die Kreisverstärkung bestimmt im wesentlichen das Reglerverhalten. Eine zu hohe Verstärkung führt zu Schwingungsneigungen (*Abb. 8.2c*).

Das Schwingungskriterium ergibt sich aus dem Rückkopplungsfaktor und dem Verstärkungsfaktor.

Bei zu kleiner Kreisverstärkung nähert sich die Ist-Drehzahl zu langsam an die Soll-Drehzahl und umgekehrt ($K_v = V_u \cdot V_r \geq 1$). Daher ist K_v umgekehrt proportional zum Schleppfehler. Die Kreisverstärkung muss so optimiert werden, dass der Motor seine Soll-Drehzahl so schnell wie möglich erreicht, ohne jedoch zu schwingen.

Der Integralverstärker wirkt durch seine Funktion, das Ausgangssignal als Integral des Eingangssignals über eine bestimmte Zeit zu bilden, der Schwingungsneigung des ganzen Verstärkersystems (Motor, Tachogenerator und Verstärker) entgegen (*Abb. 8.3a* und *Abb. 8.3b*).

Der Differenzialverstärker soll das Ausgangssignal proportional zur Steilheit des Tachometersignals verändern. Diese Verstärkerfunktion wirkt daher schnellen Tachosignaländerungen stärker entgegen als langsamen (*Abb. 8.4a* und *Abb. 8.4b*).

Abb. 8.5a bis *Abb. 8.5d* zeigen weitere Einstellmöglichkeiten und deren Einfluss auf das Regelverhalten des Antriebssystems.

a)
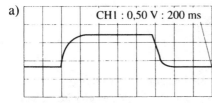

b)
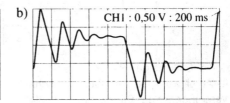

Abb. 8.3: Einfluss des Integralreglers
a) überhöhter I-Anteil, Schleppabstand wird größer (langsame Annäherung); Kreisverstärkung ist klein
b) verringerter I-Anteil, kleiner Schleppabstand, große Kreisverstärkung, Schwingungsneigung

a)
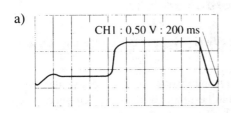

b)
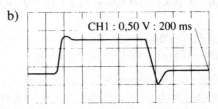

Abb. 8.4: Einfluss des D-Reglers
a) überhöhter D-Anteil, Flanke zu Beginn der Näherung wird steiler
b) verringerter D-Anteil bewirkt nur geringfügige Vergrößerung des Schleppabstands

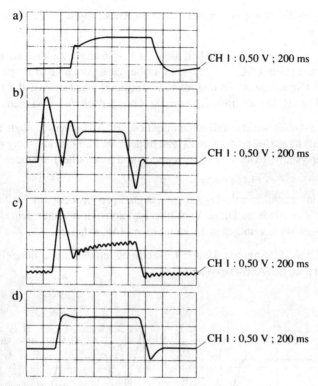

Abb. 8.5 Einfluss des PID-Reglers

a) ID-Anteil vergrößert, ergibt zuerst schnelle, dann langsame Annäherung

b) Vergrößerung der PID-Summe, Kennlinie des gesamten Regelkreises wird zu steil und damit zu schnell

c) überhöhter P-Anteil bewirkt überproportionale Reaktion auf Sollwert-Sprung

d) optimierte PID-Regelung, folgt dem Sollwert-Sprung (Rechteck); der Überschwinger an der abfallenden Flanke kann ohne Bremse nicht verhindert werden

8.4 Buskonflikte mit Logiktriggerung erfassen

Für das Auffinden von Buskonflikten gibt es zwei Triggerarten: Triggerung auf Bitmuster (Pattern) und Statustriggerung.

Triggerung auf Bitmuster ist aktiv, wenn eine Kombination von Logikpegeln den Triggerpegel erreicht hat. In der Anwendung kann bestimmt werden, ob getriggert wird, wenn das Bitmuster den Triggerpegel erreicht, oder wenn es den Triggerpegel verlässt.

Die Triggerung auf Bitmuster wird eingesetzt zur Herausfindung bestimmter Logikzustände oder zur Erkennung ungültiger Logikzustände. In der *Abb. 8.6a* gezeigten

Schaltung sollen Buskonflikte festgestellt werden. Daher muss herausgefunden werden, ob die beiden Bustreiber (CH2 und CH3) versuchen, den Bus gleichzeitig zu belegen. Der vierte Messkanal, der den Systemtakt misst, wird in diesem Stadium auf „don't care status" (X) eingestellt (*Abb. 8.6b*).

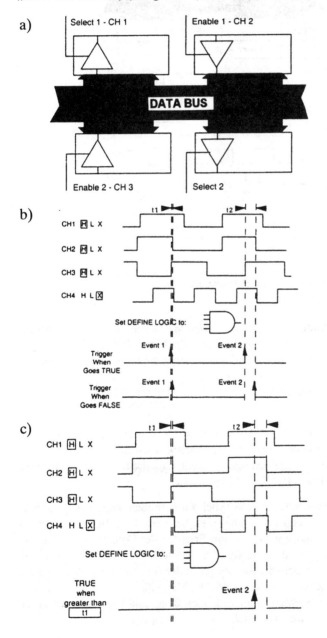

Abb. 8.6: Logiktriggerung auf Bitmuster

a) Anschluss der Messkanäle an den Datenbus

b) Bus-Triggerung in einem asynchronen System

c) Zeitqualifizierte Triggerung auf Bitmuster von Bus-Signalstörungen

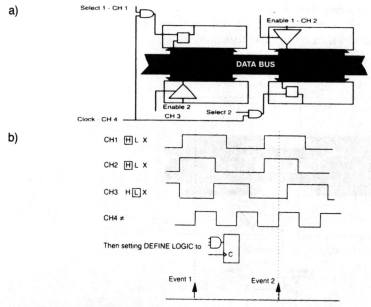

Abb. 8.7: Statustriggerung
a) Synchrone Busstruktur
b) Statustriggerung in einem synchronen Bussystem

Wie die *Abb. 8.6b* zeigt, könnte das Gerät zwei mögliche Trigger finden. Das Ereignis lässt sich beobachten, entweder zu Beginn des Einstellpatterns oder am Ende. Bei näherer Betrachtung der Bitmuster sieht man, dass das Triggerereignis (Event 1) auftritt, weil die Einstellzeit nicht stimmt. Das veranlasst beide Treiber für eine kurze Zeit aktiv zu sein. Obwohl dieser Zustand unerwünscht ist, ist er nicht die Ursache für den Datenbusfehler.

Der Fehler liegt im zweiten Ereignis (Event 2). Die Treiber werden für eine bestimmte Zeitspanne abgeschaltet. Damit das Ereignis 1 unterdrückt wird und auf das Ereignis 2 getriggert wird, stellt man die Triggerbedingung so ein, dass die Bedingungen für eine Zeitspanne größer als t1 gültig (TRUE) sind (*Abb. 8.6c*) .

Wird das Bussystem über einen Systemtakt synchron betrieben, eignet sich die Statustriggerung. Die *Abb. 8.7a* zeigt ein Busbeispiel, bei dem der Eingangstreiber als Latch-Treiber arbeitet. Das Taktsignal wird zum Erfassen der Daten benutzt und das vorhandene Signal zur Freigabe des Taktsignales. Diese Konstellation kann nur in einem System funktionieren, in dem die Steuersignale der verschiedenen Bauelemente am Bus auf einen Mastertakt synchronisiert sind. Die Messung in *Abb. 8.7b* zeigt, dass die Daten immer dann erfasst werden, wenn es keinen Buskonflikt gibt. Daher werden Fehler nicht durch das System weitergeleitet.

8.5 BUS-Systeme

Werden mit einem Oszilloskop in einem Mikrocomputersystem Pegel und Signale gemessen, ist zu beachten, dass die Informationen Bit-seriell erfasst werden. Bei einem Zweikanaloszilloskop bedeutet dies, dass von einem 8 Bit breiten Datenbus nur 2 Bit parallel gleichzeitig zueinander dargestellt werden können.

Festlegung des Triggersignals
Die Auswahl des Triggersignals erfordert beim Messen an Mikrocomputern die größte Aufmerksamkeit. Denn alles, was an Impulsdiagrammen auf dem Bildschirm erscheint, bezieht sich auf den zeitlichen Punkt der Triggerung. Ist dieser zeitliche Fixpunkt nicht für alle Messungen gleich, entstehen Messfehler, die unter Umständen als solche überhaupt nicht erkannt werden.

Die *Abb. 8.8* zeigt, dass bei einem festen Zeitmaßstab ein stehendes Bild, bzw. ein Bild ohne Geisterimpulse (Impulse mit durchgezogener Linie am Impulsdach und am Impulsfuß) nur möglich ist, wenn das Oszilloskop eine Trigger-Auslösesperre (Hold-Off) besitzt. Der Hold-Off muss durch Probieren so eingestellt werden, dass ein ordnungsgemäßes Impulsdiagramm dargestellt wird.

Die *Abb. 8.9* zeigt, wie man auch dann brauchbare Impulsdiagramme erzeugen kann, wenn das Oszilloskop keine Hold-Off-Funktion besitzt.

Allerdings ist hier beim Einstellen der Sägezahnlänge (Zeitablenkung) etwas Fingerspitzengefühl erforderlich. Denn die Triggerschaltung löst den Sägezahn mit dem nächsten

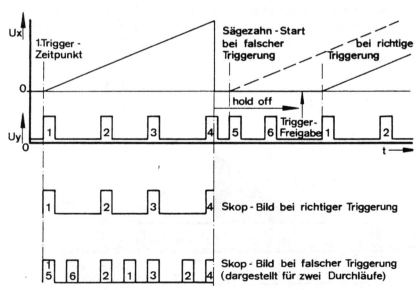

Abb. 8.8: Messung an einer Tri-state-(Bus-)Leitung mit Hold-Off-Funktion

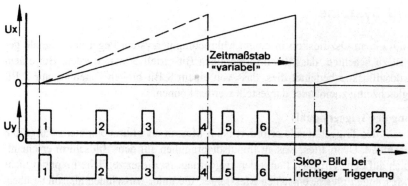

Abb. 8.9 Messung an einer BUS-Leitung ohne Hold-Off-Funktion

auftretenden Impuls aus, nachdem der Sägezahn sich in Wartestellung befindet.

Wird nach einer der beiden erklärten Triggerverfahren ein Programm, das aus mehr als ca. 5 Maschinenbefehlen besteht, ausgemessen, ist der Abstand der zusammengehörenden Triggersignale zu groß. Ein sinnvolles Auswerten des Impulsdiagramms ist kaum mehr möglich. Besitzt das Oszilloskop jedoch eine zweite Zeitbasis, kann das Impulsdiagramm wieder beliebig gespreizt werden (*Abb. 8.10*).

Versuch: Auswerten von Impulsdiagrammen

Bei Mikroprozessoren arbeiten Steuer-, Adress- und Daten-Bus jeweils parallel.

Wird der zeitliche Verlauf der Signalleitungen mit einem Zweikanal-Oszilloskop untersucht, ist beim Auswerten der Impulsdiagramme darauf zu achten, dass die Kontrolle der Signalzustände von den zu untersuchenden Busleitungen parallel erfolgt. Bedingung hierfür ist jedoch ein eindeutiges Triggerereignis.

Die Oszillogramme in *Abb. 8.11* sind mit einem Zweikanaloszilloskop (Grenzfrequenz 35 MHz) aufgenommen worden.

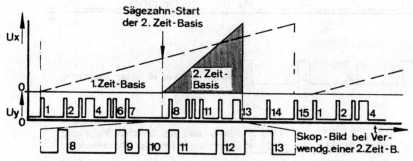

Abb. 8.10 Messung von Datenbusinformationen hoher Frequenz mit zweiter Zeitbasis

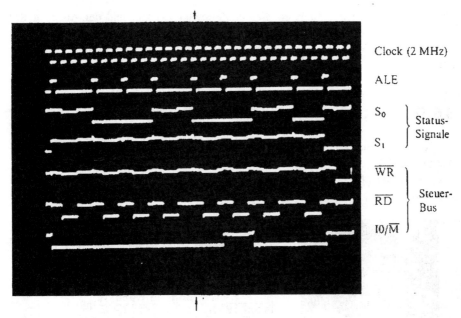

Abb. 8.11 Zeitliche Zuordnung der BUS-Steuersignale für den Maschinenzyklus „Operationscode im Speicher lesen".

Die Darstellung von insgesamt sieben Impulsdiagrammen wurde durch Mehrfachbelichtung mit einem Fotoapparat ermöglicht.

Da immer nur zwei Signale gleichzeitig dargestellt werden können, muss bei der Triggerung immer darauf geachtet werden, dass das Signal mit der niedrigeren Frequenz als Triggerquelle eingesetzt wird.

Die folgende Auswertung der Steuersignale erfolgt zu dem mit dem Pfeilen markierten Zeitpunkt.

Das Clock-Signal geht zu diesem Zeitpunkt von H- auf L-Pegel, dies hat zur Folge, dass das Status-Signal S_0 ebenfalls von H- auf L-Pegel geht, während das ALE-Signal von L- auf H-Pegel umgeschaltet wird.

Die anderen Signale ändern sich zu dem markierten Zeitpunkt nicht.

Aus der Darstellung der Steuersignale auf dem Oszillogramm kann folgender Maschinenstatus entnommen werden:

Die Status-Signale führen vor dem Umschalten von S_0 H-Pegel. Dies entspricht dem Maschinenzyklus „Operationscode lesen". Nach der Änderung von S_0 auf L-Pegel wird ein neuer Maschinenzyklus eingeleitet.

Die Steuerleitung IO/$\overline{\text{M}}$ führt zu diesem Zeitpunkt L-Pegel und der Ausgang $\overline{\text{RD}}$ (Lese Speicher) geht einen Clock später ebenfalls auf L-Pegel, zusammen mit dem ALE-Ausgang (Adressenzwischenspeicher freigeben). Dies entspricht dem Maschinenzyklus „Speicher lesen".

8.6 Darstellung der Kennlinien von Bauelementen

Die Kennlinie eines Bauelements ist die grafische Darstellung zweier voneinander abhängiger Größen, z. B. von Strom und Spannung, in einem rechtwinkligen Koordinatensystem. Die um 90 Grad versetzten Ablenkplatten des Oszilloskops entsprechen einem solchen Koordinatensystem. Man kann deshalb auf dem Oszilloskop Kennlinien

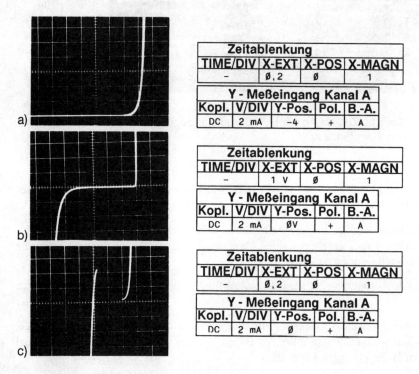

a)

Zeitablenkung			
TIME/DIV	X-EXT	X-POS	X-MAGN
–	Ø,2	Ø	1

Y - Meßeingang Kanal A				
Kopl.	V/DIV	Y-Pos.	Pol.	B.-A.
DC	2 mA	–4	+	A

b)

Zeitablenkung			
TIME/DIV	X-EXT	X-POS	X-MAGN
–	1 V	Ø	1

Y - Meßeingang Kanal A				
Kopl.	V/DIV	Y-Pos.	Pol.	B.-A.
DC	2 mA	ØV	+	A

c)

Zeitablenkung			
TIME/DIV	X-EXT	X-POS	X-MAGN
–	Ø,2	Ø	1

Y - Meßeingang Kanal A				
Kopl.	V/DIV	Y-Pos.	Pol.	B.-A.
DC	2 mA	Ø	+	A

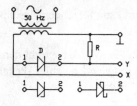

Abb. 8.12: Diodenkennlinien:
a) PN-Siliziumdiode
b) Z-Diode
c) Tunneldiode

in der X-Y-Betriebsart abbilden. Als Messspannung verwendet man eine Wechselspannung, da bei Gleichspannung nur jeweils ein Punkt der Kennlinie dargestellt würde.

Ströme müssen mit Hilfe von Widerständen in Spannungen umgesetzt werden.

Versuch 1: Diodenkennlinien

Zur Aufnahme der Kennlinien von zweipoligen Bauelementen kann die in *Abb. 8.12* dargestellte Versuchsschaltung eingesetzt werden.

Bei der Dimensionierung des Vorwiderstandes R ist darauf zu achten, dass der maximal zulässige Strom I_D durch die Diode nicht überschritten wird, weil dies die Zerstörung des Bauelementes zur Folge hätte. Die Grenzwertdaten für das Bauelement müssen den Technischen Daten entnommen werden.

Die Sperr- und Durchlassspannnungen der Dioden werden in X-Richtung dargestellt. Sie können, mit der Rasterteilung multipliziert, mit den eingestellten Ablenkkoeffizienten direkt abgelesen werden. Damit zwischen Sperr- und Durchlassspannung genau unterschieden werden kann, muss vorab ohne Signale der Nullpunkt des Koordinatensystems definiert werden.

Der Strommaßstab in der vertikalen Y-Ablenkung muss aus dem Quotienten von Ablenkkoeffizient und Messwiderstand R berechnet werden

Damit der Strommaßstab am Bildschirm direkt abgelesen werden kann, wird ein Mess- und Vorwiderstand eingesetzt, dessen Widerstandswert einer Zehnerpotenz entspricht, also 1 Ω, 10 Ω, 100 Ω.

Dazu ein Beispiel:
Der eingestellte Y-Ablenkkoeffizient beträgt 0,1 V/DIV, der Mess- und Vorwiderstand hat einen Wert von 100 Ohm. Der Ablenkkoeffizient für den Strommaßstab errechnet sich zu 0,1 V/100 Ω = 1 mA/DIV.

Den Koordinaten-Nullpunkt auf dem Bildschirm für die Diodenkennlinie in *Abb. 8.12a* bildet die vertikale Mittellinie und die untere vorletzte horizontale Rasterlinie.

Von der vertikalen Mittellinie aus nach rechts kann die Durchlassspannung in horizontaler Richtung abgelesen werden (2,5 Teile · 0,2 V = 0,5 V).

Der vertikale Kennlinienverlauf zeigt den Stromanstieg in Durchlassrichtung bis zur Schirmbegrenzung.

Links von der vertikalen Mittellinie aus zeigt sich der Sperrbereich der Diode. Die Kennlinie verläuft auf der Nulllinie, weil in diesem Bereich nur ein geringer Sperrstrom fließt.

Die Darstellung der Z-Dioden-Kennlinie in *Abb. 8.12b* zeigt den Koordinaten-Nullpunkt auf der Mittellinie in horizontaler Richtung und ein Raster links von der vertikalen Mittellinie.

Der Arbeitsbereich der Z-Diode liegt im oberen rechten Quadranten.

Die Z-Spannung beträgt 4 V bei 1 V/DIV. Der Durchlassbereich liegt im unteren linken Quadranten. Diese Darstellung ergibt sich aus der Betriebsart der Z-Diode, die im Vergleich zur Diode im Sperrbereich betrieben wird.

Abb. 8.12c zeigt die Tunneldiode von der Bildschirmmitte aus in Sperr- und Durchlassrichtung. Das Maximum des Tunnelstroms I_t ist bei niedrigen Spannungen vor dem Bereich des negativen Widerstands erreicht. Der Strom hat einen Wert von 4 mA bei 2 mA/DIV. Die zugehörige Spannung U_t beträgt ca. 60 mV.

Der minimale Tunnelstrom I_v beträgt im Minimum des Tales ca. 0,2 mA.

Die Spannung U_v beträgt ca. 440 mV. Aus dem Verhältnis der Spannungs- und Stromdifferenzen errechnet sich dann der Mittelwert des nicht sichtbaren differenziellen und negativen Widerstands r:

$$r = \frac{U_v - U_t}{I_v - I_t} = \frac{440\,\text{mV} - 60\,\text{mV}}{110\,\mu\text{A} - 1000\,\mu\text{A}} = -414\,\Omega$$

Versuch 2: Eingangskennlinie eines Transistors

Mit dem Oszilloskop lassen sich nahezu alle Kennlinien darstellen, die im Datenblatt eines Transistors angegeben sind.

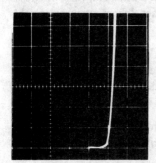

Zeitablenkung			
TIME/DIV	X-EXT	X-POS	X-MAGN
–	Ø,2	Ø	1
Y - Messeingang Kanal A			
Kopl.	V/DIV	Y-Pos.	Pol.	B.-A.
DC	Ø,1mA	–4	+	A

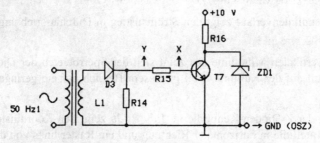

Abb. 8.13: Aufnahme einer NPN-Transistor-Eingangskennlinie

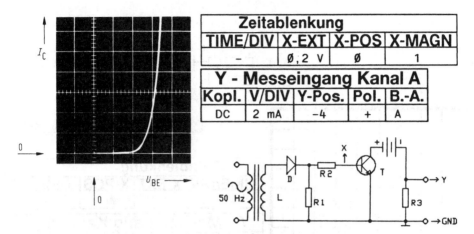

Abb. 8.14: Aufnahme einer NPN-Transistor-Steuerkennlinie

Zur Darstellung der Eingangskennlinie $I_B = f(U_{BE})$ eines Kleinsignaltransistors wird die Schaltung in *Abb. 8.13* eingesetzt.

Die Versorgungsspannung $+U_B = 10$ V wird einem Regelnetzgerät entnommen. Die Z-Diode D1 hält die Spannung U_{CE} konstant. Die Eingangswechselspannung 10 bis 20 V kann einem Netztrenntrafo entnommen werden.

Die durch die Diode gleichgerichtete Wechselspannung wird über den hochohmigen Widerstand R15 = 100 kΩ zur Basisansteuerung wirksam. Die zum Basisstrom proportionale Spannung für die Y-Ablenkung wird an dem Widerstand R15 abgenommen. Die Spannung U_{BE} wird direkt an der Basis für die X-Ablenkung abgegriffen.

Auf dem Bildschirm wird dann die Eingangskennlinie entsprechend der Abbildung dargestellt.

Versuch 3: Steuerkennlinie eines Transistors

Die Schaltung in *Abb. 8.14* zeigt die Versuchsschaltung zur Darstellung der Steuerkennlinie $I_C = f(U_{BE})$. Als Versorgungsspannung werden $+U_B = 1,5$ V benötigt (Netzteil potenzialfrei).

Der Transistor wird wie im vorhergehenden Versuch angesteuert.

Damit das Messergebnis nicht zu sehr verfälscht wird, darf der Messwiderstand R3 nicht größer als 10 Ω werden. Hierdurch ergibt sich ein Kollektorstrom I_C von ca. 5 mA.

Versuch 4: Ausgangskennlinien eines Transistors

Für die Ansteuerung des Transistors wird ein Rechteckgenerator mit ca. 4 V Ausgangsspannung benötigt. Die in Reihe zur Versorgungsspannung geschaltete Wechselspan-

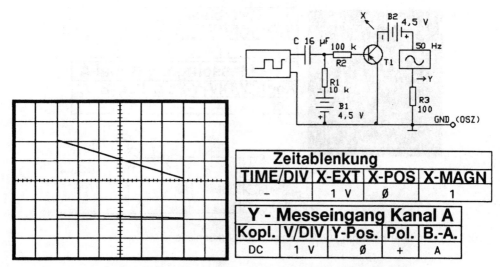

Abb. 8.15: Aufnahme einer NPN-Transistor-Ausgangskennlinie

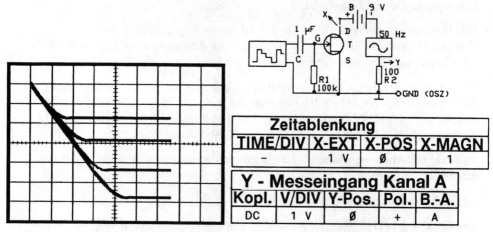

Abb. 8.16: Aufnahme einer N-FET-Ausgangskennlinie

nung (50-Hz-Generator oder Stelltrenntransformator) wird ebenfalls auf ca. 4 V einge-stellt (*Abb. 8.15*).

Die Spannung an R3 (Y-Ablenkung) ist proportional zum Kollektorstrom.

Die Kollektorspannung U_{CE} liegt an der X-Ablenkung.

Das Oszillogramm zeigt zwei Kennlinien. Die untere Kennlinie entspricht in etwa der Eingangsspannung $U_{BE} = 0$ V (L-Pegel des Rechtecks).

Die obere Kennlinie wird durch den H-Pegel des Rechtecks erzeugt.

Versuch 5: Ausgangskennlinien eines Feldeffekt-Transistors

Für den dargestellten Versuch in *Abb. 8.16* wird ein Kleinsignaltransistor (N-Typ) eingesetzt.

Am Treppenspannungsgenerator wird eine Periodenzeit von T = 0,2 ms eingestellt. Die Stufenspannung beträgt etwa 1 V. Die Wechsel- und die Gleichspannung werden auf 8 bis 10 V eingestellt.

Das dargestellte Oszillogramm enthält vier Kennlinien, entsprechend der angelegten Treppenspannung $-U_{GS}$ = 3, 2, 1 und 0 V.

8.7 Drehzahlmessungen an Inkrementalgebern

Das Grundprinzip eines inkrementalen Drehgebers mit berührungsloser Abtastung zur Geschwindigkeitsmessung besteht in der Messung der Impulsanzahl während einer bestimmten Zeitdauer oder des Zeitabstands zwischen zwei Phasen. Daraus ergibt sich ein Maß für die Geschwindigkeit. Wenn man für Servosysteme von einem dynamischen Verhältnis von 1:20 000 (Impulse pro Umdrehung) ausgeht, ergeben sich jedoch Probleme für den Inkrementalgeber. Damit kleine Drehzahlen überhaupt noch erfasst werden können, muss die Auflösung, d. h. die Anzahl der Impulse pro Umdrehung entsprechend hoch gewählt werden. Dies führt bei hohen Drehzahlen zu Frequenzen von einigen MHz. Darüber hinaus würde die Anzahl der Informationen zu Null werden, wenn man sich dem Drehzahlnullpunkt nähert.

Lässt man jedoch die Lichtschranke um die Impulsscheibe drehen, so wird bei Wellendrehzahl Null eine konstante Frequenz erzeugt. Bei Drehung der Impulsscheibe mit der Lichtschranke wird die Frequenz geringer, bei Drehung gegen die Drehrichtung der Lichtschranke größer. In der Praxis werden Systeme mit feststehenden Sendern, Blenden und Empfängern aufgebaut, wobei das Licht mit einer konstanten Frequenz umlaufend gepulst wird. Ein wesentliches Kriterium für dieses System ist die direkte Proportionalität der Frequenzänderung zur Drehzahländerung. Da die Frequenzänderung nicht sprunghaft ist, sondern sich in Form einer kontinuierlichen Phasenverschiebung über beliebig viele Phasen ergibt, ist das Verhalten bei Drehzahl Null bis zur maximalen Drehzahl gleich gut.

Als Impulsscheibe verwendet man die eines inkrementalen Drehgebers oder eines Linearmaßstabes. Die Signale können auch direkt als Information über den Drehwinkel ausgewertet werden. Zählt man die Anzahl der periodischen Frequenzverschiebungen, so erhält man eine Information über den Drehwinkel der Welle in inkrementaler Form, deren Auflösung von der Anzahl der Impulse/Umdrehungen abhängt.

Versuch: Messungen am Winkelcodierer

Für den reibungslosen Ablauf der Übertragung ist es notwendig, dass eine definierte Anzahl von Impulsen (Taktbüschel) auf den Takteingang des Winkelcodierers gelegt

	Trigger-			
art	pegel	kopplung	flanke	quelle
TRI	+	DC	+	EXT

Zeitablenkung			
TIME/DIV	X-EXT	X-POS	X-MAGN
Ø,2 ms	–	Ø	1

Y - Messeingang Kanal A				
Kopl.	V/DIV	Y-Pos.	Pol.	B.-A.
DC	2 V	+3	+	ALT

Y - Messeingang Kanal B				
Kopl.	V/DIV	Y-Pos.	Pol.	B.-A.
DC	2 V	–3	+	ALT

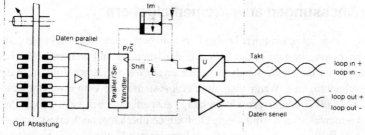

Abb. 8.17: Messungen an Inkrementalgebem
Oberes Oszillogramm: Takteingangssignal
Unteres Oszillogramm: Taktausgangssignal

wird (loop in). Daraufhin muss eine Pause erfolgen, deren Zeit t_p abhängig von der Taktfrequenz ist (vgl. oberes Oszillogramm in *Abb. 8.17*). Während der Zeit, in der kein Taktsignal am Codierer anliegt, ist das codeinterne Parallel-Seriell-Schieberegister auf parallel geschaltet.

Die Winkelinformation liegt parallel an. Sobald mit Beginn der Datenübertragung auf seriell geschaltet wird, wird die Winkelinformation gespeichert und über loop out ausgegeben (vgl. unteres Oszillogramm in *Abb. 8.17*).

Mit dem ersten Wechsel des Taktsignales von High auf Low wird das retriggerbare Monoflop angesteuert, dessen Monoflopzeit t_m größer als die Periodendauer T des Taktsignals sein muss.

Der Ausgang des Monoflops steuert das Parallel-Seriell-Register über den Anschluss P/S (Parallel-Seriell).

Mit dem ersten Wechsel des Taktsignals von Low auf High wird das höchstwertige Bit (MSB) der Gray-codierten Winkelinformation an den seriellen Datenausgang des Codierers gelegt. Mit jeder weiteren steigenden Flanke wird das nächstniederwertige Bit an den Datenausgang geschoben. Ist das niederwertigste Bit (LSB) übertragen, schaltet die Datenleitung auf Low, bis die Monoflopzeit t_m abgelaufen ist.

Die Datenleitung zeigt somit an, dass der Codierer noch nicht für eine weitere Übertragung bereit ist.

Schaltet die Datenleitung daraufhin wieder auf High, dann ist der Codierer für eine weitere Übertragung bereit.

8.8 Frequenzfilter

Frequenzfilter sind einfache oder gekoppelte LC-Resonanzkreise, die in ihrer Resonanzfrequenz durch Spannungsüberhöhung reagieren.

Werden diese Resonanzfrequenzen im HF-Bereich mit einer Niederfrequenz moduliert, kann die daraus resultierende Hüllkurve als Übertragungskennwert des Frequenzfilters auf dem Oszilloskop dargestellt werden.

Versuch 1: Frequenzbereich eines Schwingkreises

Die Messschaltung in *Abb. 8.18* zeigt einen Hochfrequenzgenerator, der mit der extern zugeführten Modulationsfrequenz von 50 Hz frequenzmoduliert werden kann. Am Ausgang des Generators liegt ein Parallelschwingkreis.

Den HF-Generator ohne Modulationsspannung auf 450 kHz einstellen, bei voller Ausgangsamplitude. Den Widerstand R2 auf 100 kΩ einstellen.

Die 100-V-/50-Hz-Spannung an die Z-Achse anschließen. X-Ablenkung auf X-EXT schalten und mit dem Kondensator C auf maximale Amplitude am Y-Eingang abgleichen (Resonanzfrequenz 450 kHz).

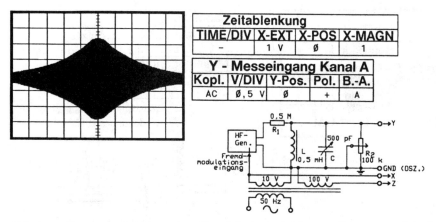

Zeitablenkung			
TIME/DIV	X-EXT	X-POS	X-MAGN
–	1 V	Ø	1

Y - Messeingang Kanal A				
Kopl.	V/DIV	Y-Pos.	Pol.	B.-A.
AC	Ø,5 V	Ø	+	A

Abb. 8.18: Resonanzverhalten eines Parallelschwingkreises an frequenzmodulierter HF-Spannung

Am HF-Generator Modulationsfrequenz 10 V, 50 Hz, anschließen und Frequenzhubmaximum einstellen. X- und Y-Verstärkung auf dargestelltes Oszillogramm abgleichen. Bei zwei überlagerten Bildern Bildhelligkeit mit INTENS zurücknehmen.

Die Hochfrequenz des Generators verändert sich entsprechend des eingestellten Frequenzhubes um die Resonanzfrequenz des Parallelschwingkreises von 450 kHz. Im selben Rhythmus der 50 Hz führt der Elektronenstrahl seine horizontale Schreibbewegung aus. Während eines vollständigen Modulationszyklus wird die Resonanzfrequenz zweimal durchlaufen, einmal beim Frequenzhub von der tiefsten Frequenz nach der höchsten Frequenz und ein zweites Mal beim Rücklauf von der höchsten nach der tiefsten Frequenz. Der Elektronenstrahl durchläuft entsprechend beim Vorlauf von links nach rechts und beim Rücklauf den Spannungsverlauf am Resonanzkreis. Die mit der Horizontalablenkung synchronisierte Z-Spannung (50 Hz) tastet den Elektronenstrahl während des Rücklaufes dunkel, dadurch entsteht nur ein Bild. Der Frequenzhub ist zur X-Spannung proportional. Daher kann die X-Achse des Oszillogramms als Frequenzachse betrachtet werden. Die Bildbreite entspricht dann dem doppelten Frequenzhub. Die Amplitude der Y-Spannung ist zur Schwingkreisimpedanz proportional. Der dargestellte Amplitudenverauf stellt die Änderung der Schwingkreisimpedanz als Funktion der Frequenz dar.

Versuch 2: Frequenzbereich eines Bandfilters

Die *Abb. 8.19* zeigt zwei Parallelschwingkreise, die über einen Koppelkondensator C3 ein Bandfilter bilden. Mit dem Schalter S kann der Y-Eingang wahlweise auf die Parallelschwingkreise umgeschaltet werden.

Die Hochfrequenz wird wieder ohne Modulation auf 450 kHz eingestellt.

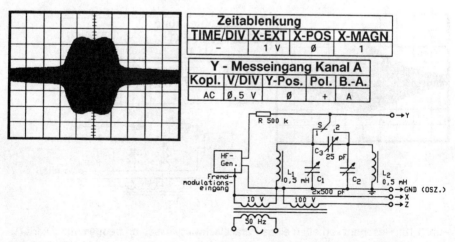

Zeitablenkung			
TIME/DIV	X-EXT	X-POS	X-MAGN
−	1 V	Ø	1

Y - Messeingang Kanal A				
Kopl.	V/DIV	Y-Pos.	Pol.	B.-A.
AC	Ø,5 V	Ø	+	A

Abb. 8.19: Resonanzverhalten eines Bandfilters an frequenzmodulierter HF-Spannung

Der Kondensator C3 wird auf kleinsten Wert eingestellt. Der Schalter S wird in Stellung 2 geschaltet.

X-Kanal in Stellung X-EXT schalten und mit dem Kondensator C2 maximale Amplitude am Y-Eingang einstellen (Resonanzabgleich). Schalter S in Stellung 1 umschalten und den Kondensator C1 ebenfalls auf maximale Resonanzamplitude einstellen.

Frequenzmodulation einschalten und maximalen Frequenzhub einstellen.

An dem Kondensator C3 die Kapazität so weit vergrößern, bis sich ein Oszillogramm entsprechend der Abbildung ergibt.

Mit dem Kondensator wird die Kopplung der beiden Schwingkreise verändert. Dadurch ergibt sich eine mehr oder weniger breite Einsattelung in der Bandfilterdarstellung. Durch die Kapazitätsänderung von C3 wird auch die Resonanzfrequenz der Schwinkreise mit verändert, dadurch ergeben sich zwei Resonanzhöcker mit unterschiedlicher Frequenz, obwohl die beiden Schwingkreise auf die Frequenz von 450 kHz abgeglichen wurden.

8.9 Frequenzmessungen

Die Bestimmung der Frequenz eines Messsignals über den Zeitablenkfaktor des Oszilloskops ist relativ ungenau.

Die Messgenauigkeit wird durch Ablenkungenauigkeit der Zeitablenkung und durch Ablesefehler beeinträchtigt. Der gesamte Messfehler liegt hierbei im Bereich von 4...6 %.

Genauere Frequenzbestimmungen können nur über den Vergleich der Messfrequenz mit einer über die Zeit konstanten Vergleichsfrequenz durchgeführt werden.

Funktionsgeneratoren mit genauer Frequenzeinstellung (Frequenznormale) im Toleranzbereich < 1 % sind teuer. Für die meisten Anwendungsfälle kann man die Netzfrequenz als Vergleichsfrequenz heranziehen, wenn die Messfrequenz im Bereich bis 500 Hz, max. bis 1 kHz liegt. Darüber hinaus muss ein Frequenznormal mit fester Frequenz (Quarzgenerator: 1 kHz, 10 kHz, 100 kHz) herangezogen werden.

Als Frequenznormale kann man auch die Quarzoszillatoren von PCs oder von einer SPS heranziehen, wenn man unbekannte Messfrequenzen im Bereich von 1 MHz bis 100 MHz bestimmen will.

Bei den Frequenzvergleichsmessungen unterscheidet man folgende Messmethoden:

- Frequenzbestimmung über Lissajous-Figuren
- Frequenzbestimmung über Zykloiden
- Frequenzbestimmung über Z-Modulation
- Frequenzbestimmung über Netztrigger

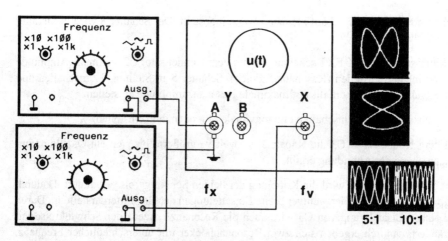

Abb. 8.20: Messaufbau für Frequenzvergleich über Lissajous-Figuren

In den folgenden Versuchen werden z. T. die Messmethoden zur Vereinfachung mit der Netzfrequenz als Vergleichsfrequenz durchgeführt.

Versuch 1: Vergleich über Lissajous-Figuren

Den Messaufbau für die Frequenzbestimmung über Lissajous-Figuren zeigt die *Abb. 8.20.*

An den X-Verstärker-Messeingang wird z. B. die bekannte Vergleichsfrequenz $f_v = 50$ Hz angeschlossen, an den Y-Eingang die zu ermittelnde Messfrequenz f_x.

Jede der beiden Spannungen lenkt den Elektronenstrahl in seine Richtung ab, z. B. f_v in die waagerechte und f_x in die senkrechte Richtung.

Unter dem Einfluss beider Spannungen wird der Strahlpunkt in beiden Achsrichtungen entsprechend den Momentanwerten der Spannung ausgelenkt.

Haben die dem X- und Y-Eingang zugeführten Wechselspannungen gleiche Amplituden, gleiche Frequenz und gleiche Phasenlage, entsteht auf dem Bildschirm ein gegen die Horizontale um 45 Grad geneigter Strich.

Werden zwei gleiche Spannungen mit gleicher Amplitude und gleicher Frequenz, aber um 180 Grad phasenverschoben angeschlossen, dann ergibt sich eine nach links gegen die positive X-Achse um 135 Grad geneigte Gerade.

Sind die beiden Signale um 90 Grad gegeneinander verschoben, dann wird ein Kreis am Bildschirm dargestellt.

Ist die unbekannte Messfrequenz f_x doppelt so hoch (100 Hz) wie die Vergleichsfrequenz, dann entsteht eine liegende Acht.

Werden die beiden Messsignale vertauscht, $f_x = 100\,Hz$ an den X-Eingang und $f_v = 50\,Hz$ an den Y-Eingang, dann entsteht eine stehende Acht.

Aus diesen Unterschieden kann man ableiten, dass die Anzahl der Schleifen das geradzahlige Frequenzverhältnis der Signale darstellen.

Bei senkrecht stehenden Schleifen ist die Frequenz am X-Eingang höher als am Y-Eingang. Bei waagerecht liegenden Schleifen ist die Frequenz am Y-Eingang höher.

Versuch 2: Vergleich über Zykloiden

Wenn das Frequenzverhältnis von unbekannten und bekannten Signalen zu groß ist, können die Lissajous-Figuren nicht mehr ausgezählt werden.

Daher wendet man bei einem großen Frequenzverhältnis das Verfahren des modulierten Lissajous-Kreises (Zykloiden) an. Bei diesem Frequenzvergleich muss das unbekannte Messsignal eine höhere Frequenz, aber eine kleinere Amplitude als das Vergleichssignal aufweisen.

Zur Durchführung der Messung wird ein Messaufbau entsprechend *Abb. 8.21* benötigt.

Das bekannte Vergleichssignal wird durch einen Funktions- oder Sinusgenerator erzeugt, dessen Bezugspotenzial frei ist gegen die Gehäuse- und Erdverbindung. Auch beide Anschlüsse des unbekannten Messsignals müssen gegen Gehäusemasse und Netzerde potenzialfrei sein.

Bevor das Messsignal angeschlossen wird, muss der Widerstand R direkt an den X-Eingang des Oszilloskops angeschlossen und so eingestellt werden, dass bei der am Frequenzgenerator eingestellten Frequenz R = C ist. Dadurch werden die Spannungen an den Bauteilen gegeneinander um 90 Grad phasenverschoben. Wenn der Einstellbereich des Widerstandes nicht ausreicht, muss die Frequenz des Generators geändert werden.

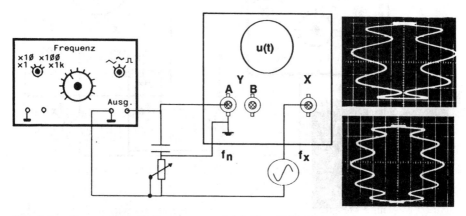

Abb. 8.21: Messaufbau für Frequenzvergleich über Zykloiden

Auf dem Bildschirm des Oszilloskops entsteht dadurch der aus Versuch 1 bekannte Kreis. Dieser Kreis wird auf Bildmitte zentriert. Danach wird das Messsignal entsprechend *Abb. 8.21* angeschlossen. Durch die Phasenverschiebung des RC-Gliedes wird die niedrigere Vergleichsfrequenz f_n durch die höhere Messfrequenz f_x moduliert. Die Darstellung zeigt ein Kurvenbild entsprechend der Darstellung.

Dreht sich das Bild, dann muss die Vergleichsfrequenz mit dem Generator so lange nachgestimmt werden, bis die Zykloiden stehen.

Zur Bestimmung der unbekannten Frequenz werden die rechten und die linken Amplituden z zusammengezählt und die Vergleichsfrequenz f_n am Generator abgelesen. Die Freqeunz f_x des unbekannten Signals ergibt sich dann zu $f_x = z \times f_n$.

Für die Beispiele auf dem Bildschirm beträgt die eingestellte Vergleichsfrequenz $f_n = 1,25$ kHz. Im oberen Bild beträgt die Anzahl der Schwingungen z = 8, in der unteren Darstellung z = 10.

Die unbekannten Frequenzen berechnen sich dann wie folgt:

$f_x = 8 \cdot 1,25$ kHz $= 10$ kHz,
$f_x = 10 \cdot 1,25$ kHz $= 12,5$ kHz.

Versuch 3: Vergleich über Z-Modulation

Das Messverfahren durch Z-Modulation entspricht dem Messverfahren mit Zykloiden. In diesem Messverfahren muss die Amplitude des Messsignals sehr viel größer sein als die des Vergleichssignals.

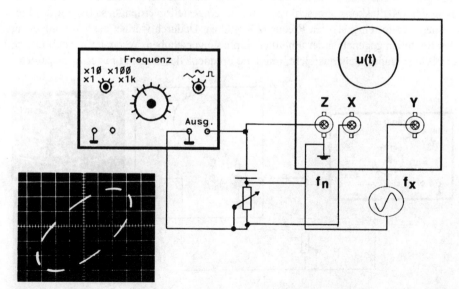

Abb. 8.22: Messaufbau für Frequenzvergleich über Z-Modulation

Das Messsignal wird zur Steuerung der Z-Achse und damit zur Helligkeitssteuerung herangezogen. Voraussetzung für diese Messung ist, dass das zur Verfügung stehende Oszilloskop eine Anschlussmöglichkeit für die Z-Modulation aufweist.

Der Versuchsaufbau in *Abb. 8.22* zeigt, dass das Vergleichssignal f_n über das Phasenschiebernetzwerk R und C auf die X-Y-Eingänge zur Darstellung der Lissajous-Figur verbunden ist. Das Messsignal f_x wird zur Modulation auf den Z-Eingang geschaltet. Somit wird die Lissajous-Figur mit den negativen Amplitudenwerten des Messsignals dunkel gesteuert, so dass sich auf dem Umfang des entstehenden Schirmbildes helle und dunkle Teilstücke abwechseln.

Zur Darstellung der Lissajous-Figur bleibt der Z-Eingang zunächst geschlossen. Nachdem der Kreis mit dem Widerstand R eingestellt ist und mit X-Y-Position zentriert ist, wird der Z-Eingang geöffnet und das Messsignal angeschlossen. Die Vergleichsfrequenz wird am Frequenzgenerator auf ein stehendes Bild korrigiert. Die unbekannte Frequenz f_x lässt sich aus der Anzahl z der Dunkelmarken und der am Frequenzgenerator eingestellten Frequenz f_n errechnen: $f_n \cdot z = f_x$.

Der dargestellte Kreis in *Abb. 8.22* weist auf seinem Umfang acht Dunkelmarken auf. Die eingestellte Frequenz f_n beträgt 1 kHz. Danach berechnet sich die unbekannte Frequenz $f_x = 8 \cdot 1 \text{ kHz} = 8 \text{ kHz}$.

Versuch 4: Vergleich über Netzfrequenz

Die Netzfrequenz ist eine sehr genaue Frequenz, die zu vergleichenden Frequenzbestimmungen herangezogen werden kann. In diesem Fall wird sie über die interne Triggerquelle LINE des Oszilloskops als Vergleichsfrequenz herangezogen.

Die Triggerquelle LINE benützt die 50-Hz-Netzwechselspannung als Triggerquelle.

Die unbekannte Messfrequenz f_x wird dann wie folgt bestimmt:

$$f_x = N_{fx} \cdot f_n \cdot p.$$

N_{fx} ist die Anzahl der auf dem Bildschirm entstehenden Perioden (*Abb. 8.23*).

Der Faktor p definiert das Verhältnis der Zeitablenkfrequenz zur Bezugsfrequenz ($f_k : f_n$). Sind beide Zeiten gleich 20 ms, dann ist p = 1.

Das auf dem Bildschirm dargestellte Bild wird selten volle Perioden aufweisen. Entstehen Signalverläufe, die nur Teilstücke des Spannungsverlaufes der unbekannten Frequenz f_x enthalten, so liegt f_x unterhalb 50 Hz und ergibt sich als Quotient der bekannten Frequenz f_n und der Anzahl der Kurvenstücke A_k der unbekannten Frequenz f_x.

$$f_x = f_n / A_k \cdot p.$$

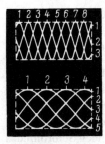

Abb. 8.23: Frequenzvergleich über Netztriggerung

In der Regel entstehen jedoch weder volle Perioden noch einfache Sinus-Kurven-bilder, sondern die in der Abbildung wiedergegebenen Kurvenformen. Um diese Bilder auszuwerten, zählt man die horizontalen Amplitudenspitzen und die vertikalen Kurvenenden. Dann ergibt sich die unbekannte Frequenz zu $f_x = f_n \cdot A_h/A_v \cdot p$.

Für die dargestellten Beispiele ergeben sich folgende Messfrequenzen:

$f_x = 50$ Hz $\cdot$ 8/3 $\cdot$ 1 = 133 Hz;
$f_x = 50$ Hz $\cdot$ 4/5 $\cdot$ 1 = 40 Hz.

8.10 Gleichtaktstörsignale an Schaltungen prüfen

Bevor Messungen an einer Schaltung durchgeführt werden, sollte die Tastkopfspitze und die Erdleitung mit den Massepunkt der Schaltung verbunden werden. Damit wird die Gleichtaktunterdrückung geprüft. Im Idealfall erscheint auf dem Oszilloskopbildschirm eine gerade Linie. Erscheinen dagegen Störimpulse (Gleichtaktstörung), wird sich diese Ungenauigkeit auch auf die Messergebnisse auswirken.

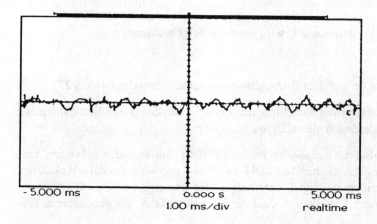

Abb. 8.24: a) Gleichtaktstörsignale bei langer Erdleitung

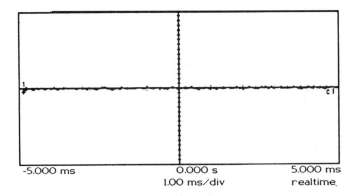

-5.000 ms   0.000 s   5.000 ms
                1.00 ms/div   realtime

Abb. 8.24: b) Gleichtaktstörsignale bei kurzer Erdleitung.

In diesem Fall sollte der Messkreis geändert werden, damit die Messergebnisse genauer werden.

Die *Abb. 8.24a und b* zeigen die Auswirkung einer Verkürzung der Erdleitung.

In *Abb. 8.24a* wird die Betriebserde über eine ca. 15 cm lange Erdleitung kontaktiert.

In der *Abb. 8.24b* wird dieselbe Betriebserde über eine ca. 1,5 cm lange Erdleitung kontaktiert. Die Störimpulse sind jetzt so klein, dass sie die Messung nicht mehr wesentlich beeinflussen.

8.11 Impulsmessungen

In der digitalen Steuerungs- und Regelungstechnik, Kommunikationstechnik und der Datenverarbeitung haben wir es mit Impulsverarbeitungen und Impulsübertragungen zu tun. Die hierbei auftretenden Impulsveränderungen in Amplitude und Zeit ermöglichen Rückschlüsse über die Übertragungseigenschaften der hierbei zur Anwendung kommenden Schaltungen und Verbindungsleitungen.

Die wichtigsten Pulsparameter in den Rechteckverzerrungen sind:

A – Impulsdauer (Width) bezeichnet die Impulsbreite bei 50 % der Amplitude.

B – Tastgrad (Duty Cycle) ist das Verhältnis von Impulsdauer/Pulsperiode.

C – Tastverhältnis ergibt sich aus Pulsperiode/Impulsdauer.

D – Anstiegszeit (Leading Edge) ist die Zeit zwischen 10 % und 90 % der Amplitude.

E – Abfallzeit (Trailing Edge) ist die Zeit zwischen 90 % und 10 % der Amplitude.

F – Jitter definiert die Zeitunsicherheit einer ansteigenden oder abfallenden Pulsflanke (Flankenzittern).

G – Überschwingen (Overshoot) wird als erster Überschwinger über die Pulsamplituden in % definiert.

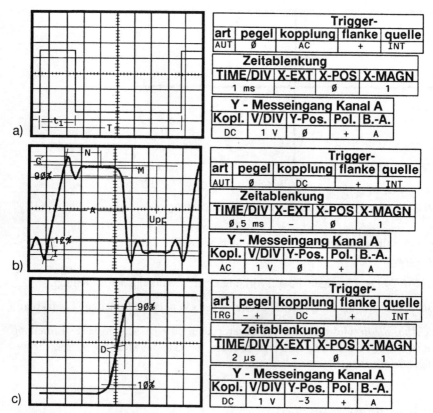

Abb. 8.25: Impulsmessungen
a) Impulsdauer und Pulsperiode
b) Weitere Impulskennwerte
c) Definition der Impulsanstiegszeit

H – Nachschwingen (Ringing) nach dem Überschwingen in % der Amplitude, wobei das erste Minimum nach dem Überschwingen als Bezugspunkt dient.

I – Abweichung des Pulses von der Nulllinie vor der Flanke (Preshoot) in % der Amplitude.

K – Nichtlinearität (Nonlinearity) definiert die Abweichung des Pulses von einer Geraden durch die 10- und 90-%-Punkte in % der Amplitude.

L – Abrundung (Rounding) direkt nach der Anstiegs- oder Abfallzeit.

M – Dachschräge oder Absacken (Droop) der Amplitude während des Verlaufs des Pulses in % der Pulszeit.

N – Einschwingzeit (Setting time) ist die Zeit, nach der sich der Impuls innerhalb eines vorgegebenen Fehlerbandes befindet, z. B. innerhalb 5 V bei 2 %.

Versuch 1: Messung von Impulskennwerten

Die Pulsparameter einer Rechteckimpulsfolge sollen in der Darstellung *Abb. 8.25a* entsprechend den Einstellungen Y-t gemessen werden:

Impulsdauer (A) t_i = 2 ms
Tastgrad (B) = t_i/T = 2 ms/8,3 ms = 0,24
Tastverhältnis (C) = 8,3/2 ms = 4,2
Pulsperiode T = 8,3 ms
Pulsfrequenz F = 1/T = 1/8,3 ms = 120 Hz

Versuch 2: Messung von Impulskennwerten

Eine Rechteckimpulsfolge wurde im Zeitmaßstab auf die Darstellung der Impulsweite gedehnt (*Abb. 8.25b*). Folgende Pulsparameter sind zu bestimmen:

Überschwingen (G), U_{pp} = 5,5 V = 100 %, G = 0,7 V = 13/100 = 13 %
Amplitude U_{pp} = 5,5 V
Einschwingzeit (N) t = 2,2 ms
Dachschräge (M), t_i = 2 ms, M = 1 ms, 2 ms = 100%, 1 ms = 50%
Nichtlinearität (K) = 0 %
Abweichung (1) 1,3 V, U_{pp} = 5,5 V = 100 %, 1 = 24 %

Versuch 3: Messung von Anstiegs- und Abfallzeit

Zur Bestimmung der Anstiegs- und Abfallzeit wird zuerst auf die positive Flanke getriggert (*Abb. 8.25c*) und anschließend auf die negative Flanke. Mit dem Triggerpegel werden die Flanken fixiert und auf die Zeit zwischen 10 % und 90 % der Amplitude gemessen:

Anstiegszeit (D) t = 2,1 µs
Abfallzeit (E) t = 2,2 µs

8.12 Impulsmessungen mit Spitzenwerterfassungsfunktion

Das Erfassen schneller Impulse, wie z. B. der in *Abb. 8.26a* dargestellte 2,5-ns-Impuls, ist für schnelle Digitaloszilloskope kein Problem.

Ist dieser Impuls jedoch Teil einer Impulsfolge mit einem Tastverhältnis von nur 0,002 %, wird die Messung problematisch. Damit die lange Impulspause angezeigt werden kann, muss die Zeitbasis langsamer gemacht werden. Bei den herkömmlichen Abtasttechniken wird dazu die Abtastgeschwindigkeit des Oszilloskops reduziert, so dass Punkte auf schmalen Impulsen nicht mehr erfasst werden können. In dem Beispiel in *Abb. 8.26b* beträgt die Abtastrate des Oszilloskops 500 kSa/s bei einer Zeitbasis von 100 µs/Skt, sodass ein Punkt auf einen der schmalen Impulse nur zufällig erfasst wird. Statistisch wird ein 2,5-ns-Impuls bei einem Abtastintervall von 2 µs mit einer Wahrscheinlichkeit von 0,125 % pro Zyklus erfasst.

a)
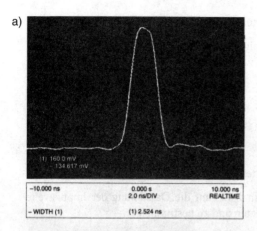

b)
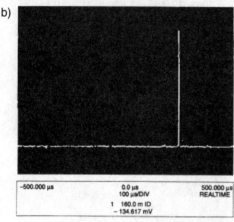

c)
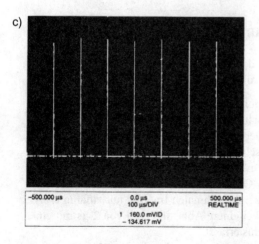

Im Spitzenwerterfassungsmodus können dagegen Impulsfolgen mit einer Breite von nur 1 ns zuverlässig erfasst werden und dies unabhängig von der Zeitbasis des Oszilloskops (*Abb. 8.26c*).

Die Spitzenwerterfassung ist ein Darstellungsmodus, bei dem die maximale Abtastrate des Oszilloskops unabhängig von der Zeitbasis beibehalten wird. Die höchsten und die niedrigsten Werte werden gespeichert und dargestellt. Ohne die Spitzenwerterfassung würden viele dieser Maximal- und Minimalwerte nicht erkannt. Die kleinste Impulsbreite, die erfasst werden kann, ist abhängig von der Abtastrate des Oszilloskops.

Abb. 8.26: Schneller Impuls
a) 2,5-ns-Impuls
b) Erfassung des Einzelimpulses
c) Erfassung der Impulsfolge

8.13 Digitale Signalformen stabilisieren

In der Regel wird man zunächst die Flankentriggerung einsetzen. In diesem Modus wird die Zeilenablenkung an jeder Flanke getriggert, die den vorgegebenen Triggerwerten entspricht, z. B. auf Kanal 1 bei 1,5 V. Das Trigger-Ereignis wird zum zeitlichen Bezugspunkt für die Datendarstellung. Diese Darstellung wird zum Problem, sobald an unterschiedlichen Positionen in einer Signalform viele Flanken auftreten, die den Triggerwerten entsprechen. Dies ist bei komplexen Signalformen der Fall. Die Zeitablenkung wird in diesem Fall durch mehrere Flanken getriggert. Das Ergebnis ist eine Darstellung, die scheinbar ungetriggert ist (*Abb. 8.27a*).

Mit Hilfe der Trigger-Hold-Off-Funktion des Oszilloskops kann man eine solche ` Signalform stabilisieren. Wenn die Trigger-Hold-Off-Funktion aktiv ist, wird die Zeitablenkung durch die erste positive Flanke getriggert. Danach wird der Trigger zur Erfassung des nächsten Trigger-Ereignisses jedoch erst nach Ablauf der Hold-

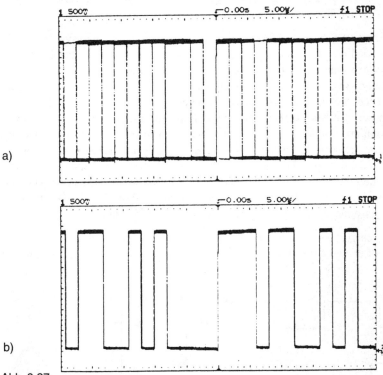

a)

b)

Abb. 8.27:
Komplexer Signalverlauf
a) ungetriggert,
b) getriggert.

Off-Zeit wieder aktiviert. Hierbei muss eine Hold-Off-Zeit verwendet werden, die wesentlich kürzer ist als die Wiederholperiode der Signalform. In diesem Beispiel (*Abb. 8.27b*) liegt die Hold-Off-Zeit bei 28 μs.

Die Zeitablenkung wird nun jedesmal an derselben Flanke getriggert, so dass für die Datendarstellung immer derselbe zeitliche Bezugspunkt gilt. Jetzt ist erkennbar, dass intermittierende Störimpulse auftreten.

8.14 Metastabile Zustände in digitalen Systemen finden und darstellen

Metastabile Zustände sind in asynchronen Systemen sehr schwer zu erfassen und zu diagnostizieren. Sie treten selten auf und machen das Auffinden und Erfassen noch schwieriger als bei anderen Fehlererscheinungen. Metastabile Zustände können durch Setup- und Holdzeit-Veränderungen am Eingang einer Logikschaltung verursacht werden, wie bei dem D-Flip-Flop in *Abb. 8.28a*.

Das Bild zeigt zwei Signale DATA und CLOCK zum Flip-Flop, die asynchron sind. Gelegentlich wird die ansteigende Flanke des Taktes auftreten, wenn die Daten den Status ändern, was eine Setup- und Holdzeit-Veränderung bewirkt. In diesem Stadium kann der Ausgang Q des Flip-Flop in seinem Originalstatus bleiben, die Änderung im Datenstatus wiedergeben, oder sogar einen Moment zwischen den beiden Zuständen verharren. In der Zeit des „Verharrens" ist das Flip-Flop metastabil und die Ausgänge sind undefiniert, wie in *Abb. 8.28b* zu sehen ist. Dieses Beispiel zeigt, wie das Flip-Flop beim Erfassen der Daten versagt. Das Signal geht nach dem metastabilen Zustand in den davor liegenden Zustand zurück. Diese Funktionsabläufe sind mit normaler Triggerung nicht zu identifizieren. Die Erfassung dieser Logikzustände sind nur mit einer doppelten Amplitudenschwellen-Qualifizierung möglich. In der Oszilloskop-Messtechnik wird diese Funktion als „Runt-Triggerung" bezeichnet.

In *Abb. 8.28c* passiert der zweite Puls die erste Schwelle, kreuzt aber nicht die zweite Schwelle bevor er die erste Schwelle nochmals kreuzt. Ein gültiges Logiksignal würde

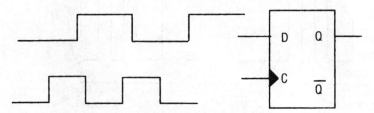

Abb. 8.28: Messen von metastabilen Zuständen
a) Signale am D-Flip-Flop

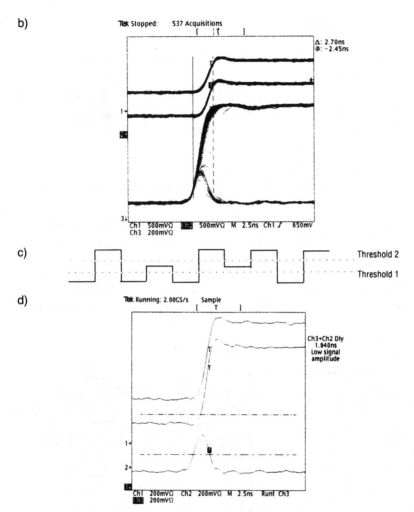

Abb. 8.28: Messen von metastabilen Zuständen
b) Metastabiler Zustand am D-Flip-Flop
c) Doppelte Amplitudenschwellen-Qualifizierung durch Runt-Triggerung
d) Metastabiler Zustand, erfasst mit Runt-Triggerung

die erste Schwelle kreuzen, dann die zweite und dann zurück durch die zweite und erste Schwelle. Wie gezeigt, kann ein negativer Runtpuls aufgefunden werden, wenn der Logikpegel zwischen den Pulsen 3 und 4 nicht auf den richtigen Pegel zurückgeht. *Abb. 8.28d* zeigt den metastabilen Zustand, der mit der Runt-Triggerung erfasst wurde.

8.15 Netzgleichrichter

Bei den Messungen an Netzgleichrichtern unterscheidet man die Einweggleichrichtung und die Zweiweggleichrichtung.

Bei der Einweggleichrichtung wird nur eine Halbwelle der Wechselspannung zu Gleichspannung umgewandelt, daher 50-Hz-Brummspannung. Bei der Zweiweggleichrichtung werden beide Halbwellen zur Umwandlung in Gleichspannung eingesetzt (100-Hz-Brummspannung).

Am Ausgang einer Gleichrichterschaltung mit Ladekondensator und Siebglied wird bei Laststrom eine hohe Gleichspannung mit relativ niedriger Brummspannungsüberlagerung gemessen.

Wird am Ausgang einer Gleichrichterschaltung unbelastet, d. h. ohne Laststrom gemessen, dann wird eine höhere Gleichspannung ohne Brummspannung dargestellt.

Versuch 1: Einweggleichrichtung

Die Schaltung in *Abb. 8.29* zeigt eine Einweggleichrichtung mit Ladekondensator und Lastwiderstand. Zwischen den einzelnen Bauelementen sind Steckbrücken enthalten, die nach Bedarf geöffnet und geschlossen werden können.

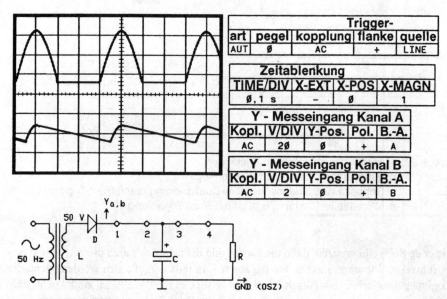

	Trigger-			
art	pegel	kopplung	flanke	quelle
AUT	Ø	AC	+	LINE

Zeitablenkung			
TIME/DIV	X-EXT	X-POS	X-MAGN
Ø,1 s	−	Ø	1

Y - Messeingang Kanal A				
Kopl.	V/DIV	Y-Pos.	Pol.	B.-A.
AC	2Ø	Ø	+	A

Y - Messeingang Kanal B				
Kopl.	V/DIV	Y-Pos.	Pol.	B.-A.
AC	2	Ø	+	B

Abb. 8.29: Einweggleichrichtung
Oberes Oszillogramm: Ohne Last und ohne Ladekondensator
Unteres Oszillogramm: Mit Last und mit Ladekondensator

Ist die Brücke 1–2 offen, werden an der Gleichrichterdiode die positiven Halbwellen gemessen (oberes Oszillogramm).

Beide Brücken geschlossen, ergeben die belastete Gleichspannung mit Brummspannungsüberlagerung (unteres Oszillogramm).

Wird die Brücke 3–4 geöffnet, dann wird die unbelastete Gleichspannung gemessen, die der Spitzenspannung der Halbwelle entspricht.

Versuch 2: Zweiweggleichrichtung

Die Schaltung in *Abb. 8.30* zeigt eine Zweiweggleichrichtung, ebenfalls mit Ladekondensator und Lastwiderstand sowie Steckbrücken.

Wird am Ausgang der Diodenbrücke gemessen, bei geöffneter Brücke 1–2, dann werden beide Halbwellen mit positiver Polarität gemessen (oberes Oszillogramm).

Sind beide Brücken geschlossen, wird die belastete Gleichspannung mit Brummspannungsüberlagerung gemessen (unteres Oszillogramm). Im Vergleich zur Einweggleichrichtung ist die Brummspannung geringer, weil in der Periodenzeit von 20 ms zwei Halbwellen zur Gleichspannungserzeugung zur Verfügung stehen. Die Zeitabstände zur Entladung der Kondensatoren durch den Laststrom sind halb so groß wie bei der Einweggleichrichtung.

Ist die Brücke 3–4 geöffnet, dann wird ebenfalls eine unbelastete Gleichspannung gemessen. Da kein Laststrom die Kondensatoren entlädt, besteht kein Unterschied zwischen dem Gleichspannungswert der Einweg- und Zweiwegschaltung.

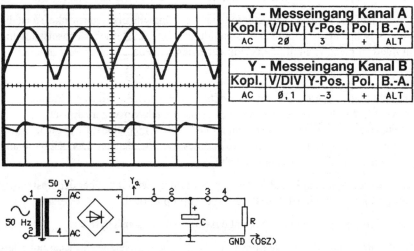

Y - Messeingang Kanal A				
Kopl.	V/DIV	Y-Pos.	Pol.	B.-A.
AC	2Ø	3	+	ALT

Y - Messeingang Kanal B				
Kopl.	V/DIV	Y-Pos.	Pol.	B.-A.
AC	Ø,1	–3	+	ALT

Abb. 8.30: Zweiweggleichrichtung
Oberes Oszillogramm: Ohne Last und ohne Ladekondensator
Unteres Oszillogramm: Mit Last und mit Ladekondensator

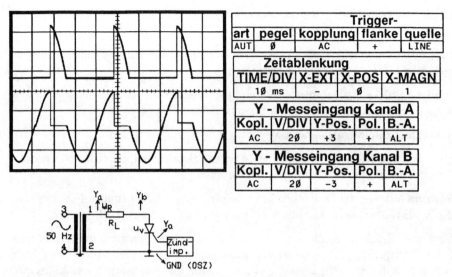

	Trigger-			
art	pegel	kopplung	flanke	quelle
AUT	Ø	AC	+	LINE

Zeitablenkung			
TIME/DIV	X-EXT	X-POS	X-MAGN
1Ø ms	–	Ø	1

Y - Messeingang Kanal A				
Kopl.	V/DIV	Y-Pos.	Pol.	B.-A.
AC	2Ø	+3	+	ALT

Y - Messeingang Kanal B				
Kopl.	V/DIV	Y-Pos.	Pol.	B.-A.
AC	2Ø	–3	+	ALT

Abb. 8.31: Einweggleichrichtung mit Thyristor
Oberes Oszillogramm: Thyristor leitet, Spannung am Lastwiderstand
Unteres Oszillogramm: Thyristor sperrt, Spannung am Thyristor

Versuch 3: Anschnittsgleichrichtung

Bei phasengesteuerten Gleichrichtern erfolgt das Zünden des Schaltgliedes im Verlauf einer Halbwelle der Betriebswechselspannung mit periodischer Wiederholung (*Abb. 8.31*).

Zum Zündzeitpunkt t_Z wird der Thyristor leitend. Der Zündwinkel (Steuerwinkel) α ist die Zeitspanne zwischen dem Zeitpunkt t_0 des Nulldurchgangs der Betriebswechselspannung und dem Zündzeitpunkt t_Z, multipliziert mit der Kreisfrequenz der Wechselspannung:

$\alpha = (t_Z - t_0)\,\omega.$

Die Zündschaltung stellt einen Zündimpuls mit ausreichender Energie zur Zündung eines Halbleiterventils zur Verfügung. Es kommen meist Bauelemente zum Einsatz, die bei Überschreiten einer definierten Kippspannung (Diac, Vierschichtdiode, UJT) die in einem Kondensator gespeicherte Energie an das Gate des Ventils abgeben. Der Kippvorgang läuft synchronisiert auf die Netzspannung ab.

Das obere Oszillogramm auf Kanal A zeigt den Spannungsverlauf u_R über den Lastwiderstand. Der Stromfluss durch den Lastwiderstand ist proportional.

Das untere Oszillogramm zeigt den Spannungsverlauf u_v an dem Thyristor.

Der Thyristor kann nur während der positiven Halbwelle der Netzwechselspannung leitend geschaltet werden. Während der negativen Halbwelle bleibt er gesperrt.

8.16 Operationsverstärker

Die Kennwerte der Operationsverstärker (Abk.: OPV) werden durch die äußere Beschaltung bestimmt (*Abb. 8.32*).

Der OPV hat zwei potenzialfreie Eingänge, die sich in ihrer Bezeichnung „–" (invertierend, umkehrend) und „+" (nicht invertierend, nicht umkehrend) auf den Ausgang beziehen.

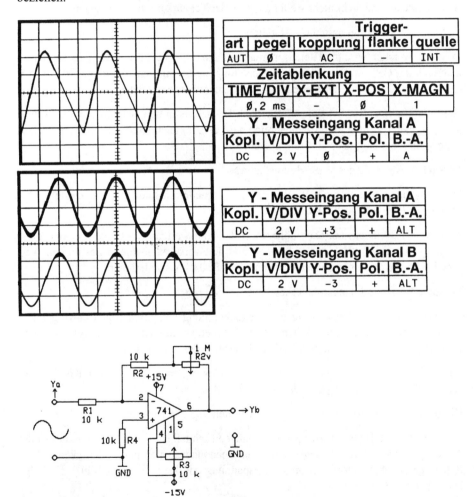

		Trigger-		
art	pegel	kopplung	flanke	quelle
AUT	Ø	AC	–	INT

Zeitablenkung			
TIME/DIV	X-EXT	X-POS	X-MAGN
Ø,2 ms	–	Ø	1

Y - Messeingang Kanal A				
Kopl.	V/DIV	Y-Pos.	Pol.	B.-A.
DC	2 V	Ø	+	A

Y - Messeingang Kanal A				
Kopl.	V/DIV	Y-Pos.	Pol.	B.-A.
DC	2 V	+3	+	ALT

Y - Messeingang Kanal B				
Kopl.	V/DIV	Y-Pos.	Pol.	B.-A.
DC	2 V	-3	+	ALT

Abb. 8.32:
Die Oszillogramme zeigen fehlerhafte Ausgangsspannungen von Operationsverstärkern.
Oberes Oszillogramm: Begrenzung der Anstiegsgeschwindigkeit durch kapazitive Last
Mittleres Oszillogramm: Überlagerte HF-Eigenschwingungen
Unteres Oszillogramm: HF-Eigenschwingungen im Maximum der Amplitude

Die Gegenkopplung vom Ausgang auf den invertierenden Eingang bestimmt die Verstärkereigenschaften. Sie begrenzt die sehr hohe Eigenverstärkung (10 000...20 000) des OPV.

Der Verstärkungsfaktor des invertierenden OPV ergibt sich im Wesentlichen aus dem Widerstandsverhältnis R2/R1.

Die Ausgangsspannung des OPV ist näherungsweise von der angelegten Eingangsspannung abhängig. Nach Erreichen der Grenzspannung, die bei ca. 13 V liegt, steigt die Ausgangsspannung nicht mehr weiter an, d. h. der Verstärker wird übersteuert.

Versuch 1: Offset-Messung und -Abgleich

In diesem Versuch wird die Gleichspannungsablage (Offset), die sich aus Unsymmetrien innerhalb des OPV und der Eingangsbeschaltung ergibt, mit dem Trimmpoti R3 auf 0 V abgeglichen. Dazu wird der Steuereingang potenzialfrei geschaltet.

Hierbei muss mit dem Schalter V/DIV nach Bedarf bis in den Bereich 1 mV/DIV heruntergeschaltet werden. In diesem Bereich wird der Abgleich erschwert, die Gleichspannung springt bei zu groben Einstellversuchen.

Versuch 2: Messung des Verstärkungsfaktors

Die Ausgangsspannung einer Wechselspannungsquelle wird auf 0,1 V eingestellt. Das Trimmpoti R2v wird auf 0 Ohm gedreht.

Trimmpoti R2v muss man nach höheren Widerstandswerten drehen und die Ausgangsspanung auf dem Bildschirm beobachten und den Verstärkungsfaktor bestimmen. Versuch bei kleinerer Eingangswechselspannung z. B. 0,01 V wiederholen.

Versuch 3: Eigenschwingen und Slew-Rate

Verstärker mit hoher Verstärkung und Gegenkopplung neigen zu Eigenschwingungen. Solche Eigenschwingungen können verursacht werden durch falsche Dimensionierung der Gegenkopplung und durch kapazitive Belastung des Ausgangs.

Bei voller Aussteuerung und maximaler Verstärkung muss man einen Kondensator (10 ... 100 nF) an den Ausgang des OPV gegen Masse anschließen.

Hierbei können sich die in *Abb. 8.32* dargestellten Signalbilder ergeben.

Die kapazitive Belastung verhindert ein genügend schnelles Ansteigen oder Abfallen der Ausgangsspannung. Diese Begrenzung der Spannungsanstiegsgeschwindigkeit (Slew-Rate) führt zu dreieckförmiger Ausgangsspannung und kann eine Instabilität zur Folge haben (*Abb. 8.32 Oben*).

Eigenschwingungen sind durch überlagerte hochfrequente Schwingungen, die das Signal zu einem Band verbreitern, ersichtlich (*Abb. 8.32 Mitte*).

Diese Verbreiterung kann dauernd vorhanden sein oder nur an bestimmten Stellen, z. B. im Nulldurchgang oder im Maximum von Sinusschwingungen (*Abb. 8.32 Unten*).

8.17 Phasenmessungen

Phasenmessungen können neben den X-Y-Messungen, die sich besonders für Einstrahl-Oszilloskope bestens eignen, auch als Zeitmessungen (X-t) mit einem Zweikanal-Oszilloskop durchgeführt werden.

Bei X-Y-Darstellungen muss unbedingt die Grenzfrequenz für diese Messungen berücksichtigt werden. Gute Oszilloskope haben bei 1 MHz eine Phasenverschiebung von nur 1 Grad. Der grösste Teil weist diese Phasenverschiebung bereits im Kilohertz-Bereich auf. Dagegen können Phasenverschiebungen über die X-t-Messung bis zur Grenzfrequenz der Oszilloskope gemessen werden.

Versuch 1: Phasendifferenz zwischen zwei Signalen

Im behandelten Beispiel soll die Phasendifferenz zwischen zwei Signalen hoher Frequenz gemessen werden.

Die beiden Signale werden gemeinsam in der Betriebsart alternierend oder chopped mit gleicher Amplitude symmetrisch zur mittleren horizontalen Rasterlinie eingestellt (*Abb. 8.33a*). Beim Anschluss der Signale mit hohen Frequenzen ist darauf zu achten, dass die Laufzeit in den Verbindungskabeln oder in den Tastkopfkabeln gleich groß ist (gleichlange Kabel benutzen).

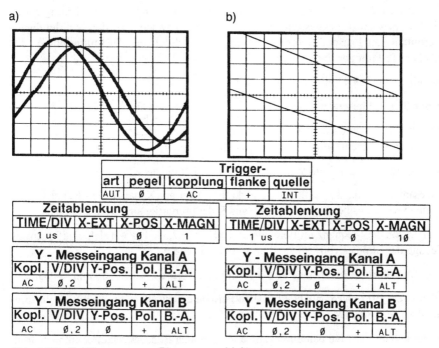

a)   b)

		Trigger-		
art	pegel	kopplung	flanke	quelle
AUT	Ø	AC	+	INT

Zeitablenkung			
TIME/DIV	X-EXT	X-POS	X-MAGN
1 us	–	Ø	1

Zeitablenkung			
TIME/DIV	X-EXT	X-POS	X-MAGN
1 us	–	Ø	1Ø

Y - Messeingang Kanal A				
Kopl.	V/DIV	Y-Pos.	Pol.	B.-A.
AC	Ø,2	Ø	+	ALT

Y - Messeingang Kanal A				
Kopl.	V/DIV	Y-Pos.	Pol.	B.-A.
AC	Ø,2	Ø	+	ALT

Y - Messeingang Kanal B				
Kopl.	V/DIV	Y-Pos.	Pol.	B.-A.
AC	Ø,2	Ø	+	ALT

Y - Messeingang Kanal B				
Kopl.	V/DIV	Y-Pos.	Pol.	B.-A.
AC	Ø,2	Ø	+	ALT

Abb. 8.33: Bestimmung von Phasenverschiebungen

Sollten die Signale verschiedene Polarität haben, dann hilft eine Drehung (invertieren), die Messgenauigkeit zu steigern. Die Signaldrehungen müssen bei der späteren Berechnung wieder berücksichtigt werden. Die Darstellung wird nur von einem Signal getriggert, entweder intern oder extern.

Die Zeitablenkung wird mit der Feineinstellung des Zeitkoeffizienten so eingestellt, dass eine Periodendauer von beiden Signalen eine feste Anzahl von Teilen umfasst und jeweils im Nulldurchgang die Rasterkreuze schneidet (am günstigsten sind acht oder zehn Rasterteile).

Die Periodendauer von 360 Grad ist auf zehn Rasterteile eingestellt, das bedeutet, dass ein Rasterteil 36 Grad entspricht.

Anschließend wird der horizontale Abstand zwischen den Nulldurchgängen beider Schwingungen ermittelt und mit dem Wert Grad/Rasterteil multipliziert.

Phasendifferenz = 0,9 Teile · 36 Grad/Teil = 32,4 Grad.

Eine Steigerung der Genauigkeit kann auf einfache Art über die Dehnung (schwieriger über den Zeitablenkfaktor) erreicht werden. Mit Einschalten der Dehnung verringert sich der Winkel je Teil um den Dehnungsfaktor, z. B. um den Faktor 10 (*Abb. 8.33b*):

36 Grad/10 = 3,6 Grad/Teil.

Die Nulldurchgänge der Signale werden mit der horizontalen Lageverschiebung in den Bildschirmbereich zurückgestellt und die Entfernung zwischen beiden Nulldurchgängen ermittelt. Die Phasendifferenz errechnet sich wiederum aus der Multiplikation des Winkels je Teil mit der Entfernung:

Phasendifferenz = 8,9 Teile · 3,6 Grad/Teil = 32,1 Grad.

Versuch 2: I-U-Phasenverschiebung

In diesem Versuch wird die Messung der Phasenverschiebung zwischen Strom und Spannung an einem Reihenresonanzkreis dargestellt (*Abb. 8.34*).

Das Ausgangssignal am Generator wird auf 1 kHz, 1 V eingestellt.

Die Gesamtspannung des Reihenresonanzkreises liegt am Kanal A. Am Kanal B wird über eine Spannungsmessung am Widerstand R der proportionale Strom gemessen.

Abhängig von der Frequenz im Bereich von 1 kHz und 2,5 kHz kann sich die Phasenverschiebung des Stromes von –90 Grad bis +90 Grad ändern.

In dem angegebenen Frequenzbereich erreicht man Werte zwischen –80 und +80 Grad.

Wird auf dem Bildschirm genau eine halbe Periode eingestellt (*Abb. 8.34a*), so entsprechen 10 Raster 180 Grad ($\varphi = a_x\ 18°\ /DIV$).

Befindet sich der positive Nulldurchgang auf der linken Bildschirmhälfte, eilt der Strom der Spannung nach, die Phasenverschiebung ist negativ, der Verschiebungswinkel ist vom

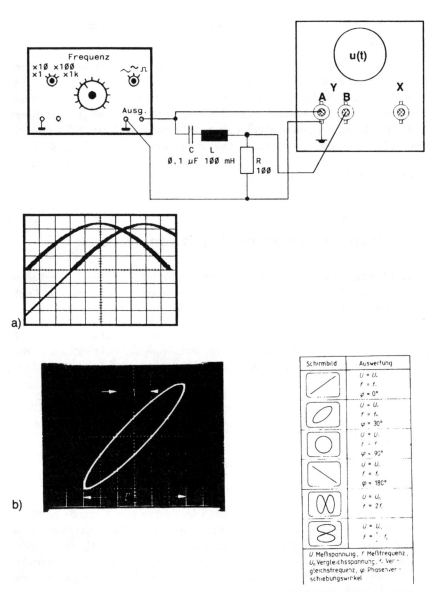

Abb. 8.34
a) I-U-Phasenverschiebung am Reihenresonanzkreis über Y-t-Messung
b) I-U-Phasenverschiebung über X-Y-Messung

linken Bildschirmrand aus zu bestimmen. Befindet sich der negative Nulldurchgang in der rechten Bildhälfte, ist die Phasenverschiebung positiv und der Phasenverschiebungswinkel ist vom rechten Bildschirmrand zu bestimmen.

Dieser Versuch kann auch über eine X-Y-Messung (Lissajous-Figur) durchgeführt werden.

Das Signal vom Kanal B wird an den X-Eingang verlegt und der Ablenkkoeffizient V/DIV entsprechend eingestellt (*Abb. 8.34b*). Die Entfernung B für die gesamte Horizontalablenkung und die Entfernung A zwischen den beiden Kreuzungspunkten mit der horizontalen Mittellinie werden bestimmt. Der Quotient aus A und B ist der Sinus des Phasenwinkels. Im Beispiel beträgt die gesamte Horizontalablenkung B sechs Teile, und A beträgt zwei Teile. Daraus ergibt sich der Phasenwinkel:

$$\varphi = \arcsin \frac{A}{B} = \arcsin \frac{2}{6} = 19,5 \, .$$

8.18 Physikalische Funktionsabläufe von Sensoren

Vor allem die Entwicklung der Kraftfahrzeugelektronik hat viele messtechnische Aufgaben gelöst. So müssen Größen wie Weg, Lage, Winkel, Drehzahl, Beschleunigung, Kraft, Druck, Drehmoment, Temperatur, Gasdurchfluss oder Körperschall erfasst werden.

Hohe Genauigkeit durch Fehlerkompensation im Sensor, hohe Betriebssicherheit durch robuste Technik, geringer Platzbedarf durch Miniaturisierung der Bauelemente, niedrige Kosten durch rationelle Großserienfertigung und hohe Zuverlässigkeit kennzeichnen diese Bauelemente.

Mit Ausnahme der Winkelgeber und der Drehzahlsensoren, die impulsförmige Ausgangssignale liefern, werden alle anderen Ausgangssignale als Gleichspannung im Bereich von 10 mV bis 10 V angeboten.

Versuch 1: Piezoresistive Absolutdrucksensoren

Das Kernstück bildet eine in Dickschichttechnik hergestellte Druckblase.

Die auf der Blase aufgedruckten und mit einem Glasüberzug gegen aggressive Medien geschützten piezoresistiven Dickschicht-Dehnwiderstände zeichnen sich durch hohe Messempfindlichkeit aus. Bei Druckeinwirkung verwandeln sie eine mechanische Spannung in ein elektrisches Signal. Eine Vollbrückenschaltung liefert ein druckproportionales Messsignal, das von einer Hybridschaltung auf derselben Substratplatte verstärkt wird. Daher können keine Störungen auf die Kabelverbindungen zum Steuergerät einwirken (*Abb. 8.35*).

Eine Gleichstromverstärkung (CB) und eine Temperaturkompensation (C) sorgen für eine proportionale Ausgangsspannung im Bereich von 0 bis 120 mV bei einem Druck von 0 bis 250 kPa. Daher kann die Ausgangsspannung direkt mit dem Oszilloskop bei Eingangskopplung DC gemessen werden.

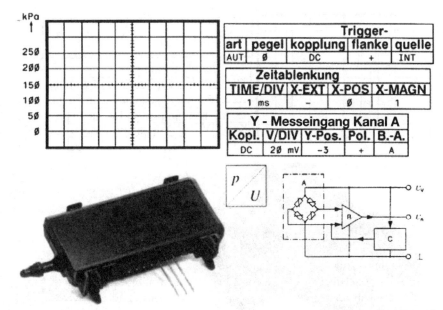

Abb. 8.35: Drucksensor mit Ausgangsschaltung. Das vertikale Raster des Bildschirmes kann bei DC-Kopplung direkt in Druckwerten kalibriert werden.

Die Ausgangsgleichspannung des Sensor erhöht sich mit dem Druck wie folgt: 50 kPa = 20 mV, 100 kPa = 40 mV, 150 kPa = 60 mV, 200 kPa = 80 mV, 250 kPa = 100 mV.

Versuch 2: Heißfilm-Luftmassenmesser

Messungen des Luftmassendurchflusses sind z. B. für schadstoffarme Verbrennungsvorgänge oder andere gasförmiger Medien erforderlich.

Der Sensor ist ein thermischer Durchflussmesser. Die Schichtwiderstände auf dem Keramiksubstrat sind dem zu messenden Luftmassenstrom ausgesetzt. Der Platin-Metallfilmwiderstand R_S (*Abb. 8.36*) wird mit Hilfe eines Heizwiderstandes R_H auf konstanter Übertemperatur gegenüber der Temperatur des anströmenden Mediums gehalten. Der Temperatursensor ist Teil einer Brückenschaltung, die außerdem noch Temperaturänderungen der durchströmenden Luftmassen durch den Fühler R_9 berücksichtigt. Der Widerstand R_1 kompensiert dabei den Temperaturgang der Brücke im gesamten Arbeitstemperaturbereich. Das Messsignal hängt von der Temperaturabweichung des Heizwiderstandes R_H ab und stellt somit ein Maß für die durchströmende Luftmasse dar.

Die Ausgangsgleichspannung U_A in V ist direkt ein Maß für den Massendurchfluss ρ m: 100 kg/h = 5 V; 200 kg/h = 5,75 V; 300 kg/h = 6,5 V; 400 kg/h = 7,25 V; 500 kg/h = 8 V; 600 kg/h = 8,75 V.

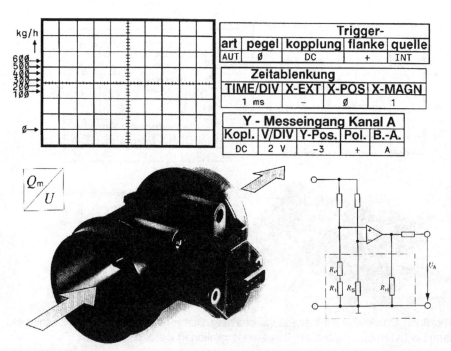

	Trigger-			
art	pegel	kopplung	flanke	quelle
AUT	∅	DC	+	INT

Zeitablenkung			
TIME/DIV	X-EXT	X-POS	X-MAGN
1 ms	−	∅	1

Y - Messeingang Kanal A				
Kopl.	V/DIV	Y-Pos.	Pol.	B.-A.
DC	2 V	−3	+	A

Abb. 8.36: Messung der Ausgangsspannung eines Luftmassensensors im Bereich von 5 V bis 8,75 V bei DC-Kopplung

8.19　Puls- und EKG-Signale

Physiologische Signale sind Signale mit niedriger Wiederholfrequenz bei langsamer Zeitablenkung. Die menschlichen Herzaktionsspannungen liegen im 1-Hz-Bereich (50 bis 100 P/min).

Die hierbei auftretenden Darstellungsanforderungen sind von der Nachleuchtdauer normaler Elektronenstrahlröhren beeinträchtigt.

Da die Nachleuchtdauer im Verhältnis zur Ablenkzeit sehr kurz ist, können keine Gesamtsignale, sondern immer nur Teile davon dargestellt werden. Daher empfiehlt sich entweder die Benutzung eines Bildschirmphosphors mit langer Nachleuchtdauer (bei wiederkehrenden Signalen) oder die Speicherung. Das Signal kann dann einmalig oder repetierend abgelenkt werden und steht immer als Gesamtsignal zur Verfügung. Auch können, je nach Anwendung, Signaländerungen über mehrere Ablenkungen sichtbar gemacht werden.

Versuch 1: Messen von Puls-Signalen

Die einfachste Methode der Pulsmessung ist die photoelektrische Pulsregistrierung, die auf der von der Blutfüllung abhängigen Lichtdurchlässigkeit des Gewebes beruht.

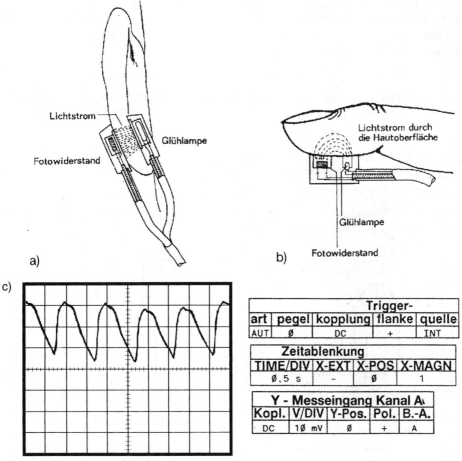

Abb. 8.37: Messung von Pulssignalen:
a) Funktion der Durchlichtmessung
b) Funktion der Reflexionsmessung
c) Darstellung des Pulssignalverlaufs auf Speicherstrahlröhre

Die Messung ist im Durchlichtverfahren möglich (Transmissionsprinzip), *vgl. Abb. 8.37a,* aber auch mit Hilfe des im Gewebeinneren reflektierten Lichtes durchführbar (Reflexionsprinzip in *Abb. 8.37b*). Die Aufnehmer bestehen aus einem Fotowiderstand und einem Lämpchen oder LED.

Für das Reflexionsprinzip kann auch ein Reflexionssensor eingesetzt werden. Abhängig von der Empfindlichkeit der Pulsabnehmer und der Betriebsbedingungen (angelegte Betriebsspannung für den Fotowiderstand, Leistung der Lampe) können Ausgangssignale im 10- bis 100-mV-Bereich gemessen werden.

Die Amplitude der Pulsverlaufkurve im Sekundenbereich ist neben den Kennwerten des Pulsabnehmers auch von der Durchblutung des Objektes (Finger, Zehe oder Ohrläppchen) abhängig. Kräftiges Reiben unmittelbar vor der Messung kann die Amplitude verdoppeln und verdreifachen (*Abb. 8.37c*).

Versuch 2: Messen von EKG-Signalen

Herzaktionsspannungen können über gut leitende metallische Elektroden am ganzen Körper abgenommen werden.

Drei Ableitungen nach EINTHOVEN zeigt die *Abb. 8.38a:*

Ableitung I,   vom linken Arm zum rechten Arm
Ableitung II,   vom linken Bein zum rechten Arm
Ableitung III,   vom linken Bein zum linken Arm

Für fehlerfreie Messungen müssen bei der Kontaktierung der Metallelektroden (Metallplättchen) einige Fehlerquellen beachtet werden.

a)

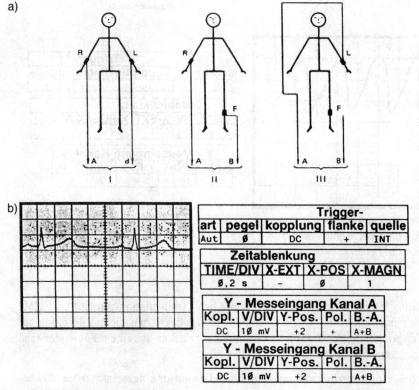

b)

Trigger-				
art	pegel	kopplung	flanke	quelle
Aut	Ø	DC	+	INT

Zeitablenkung			
TIME/DIV	X-EXT	X-POS	X-MAGN
Ø,2 s	–	Ø	1

Y - Messeingang Kanal A				
Kopl.	V/DIV	Y-Pos.	Pol.	B.-A.
DC	1Ø mV	+2	+	A+B

Y - Messeingang Kanal B				
Kopl.	V/DIV	Y-Pos.	Pol.	B.-A.
DC	1Ø mV	+2	–	A+B

Abb. 8.38: Aufnehmen von Herzaktionsspannungen:
a) Ableitungsarten
b) Darstellung des Elektrokardiogramms (EKG) auf Speicherstrahlröhre

Die Haut als Kontaktfläche hat unterschiedliche elektrische Übertragungseigenschaften, die sich auf die Amplitude der Herzaktionsspannung und die Signalform direkt auswirken.

Trockene Haut ist ein schlechter Leiter. Haare zwischen Haut und Elektrode verhindern guten Kontakt.

Hinzu kommen Bewegungsartefakte, Muskelzittern, hochfrequente Störfelder und niederfrequente Netzstörungen.

Aufgrund der vielen möglichen Störquellen und der Haut als nicht konstanter Übergangswiderstand (trockene Haut, Hornhaut, schlecht durchblutete Haut) ist es sinnvoll, mit einem Zweikanaloszilloskop im Differenzbetrieb ein EKG aufzunehmen (*vgl. Abb. 8.38b*).

8.20 Rauschen von Netzgeräten

Die *Abbildung 8.39* zeigt drei Methoden zum Messen des Rauschens im normalen Betriebsmodus. Das Prinzip nach *Abb. 8.39a* schließt Fehler durch Erdschleifen nicht aus, da Netzteil und Oszilloskop über ihre Gehäuse an die Netzerdleitung angeschlossen sind. Ein Strom in der Erdschleife bewirkt einen seriellen Spannungsabfall am Oszilloskopeingang. Der Spannungsabfall wird durch die Aufnahme an den nicht abgeschirmten Anschlussleitungen noch verstärkt. Das daraus resultierende Rauschen kann viel größer sein als der tatsächliche Rauschpegel des Netzteils.

Abb. 8.39b zeigt einen Weg zum Auftrennen der Schleife. Mit einem unsymmetrisch angeschlossenen Oszilloskop wird eine verdrillte Doppelleitung oder eine abgeschirmte Zweidrahtleitung verwendet. Die Abschirmung ist nur an einem Ende mit der Erde zu verbinden.

Die Funktion dieses Messaufbaues kann wie folgt getestet werden:

Oszilloskopleitungen an den Netzgerätanschlüssen kurzschließen. Entspricht der Messwert am Oszilloskop immer noch den Werten der eigentlichen Messung, wird wahrscheinlich Rauschen über die Erdung oder die Anschlüsse aufgenommen.

Für sehr störanfällige Anwendungen oder Geräteanordnungen, bei denen Netzteil und Oszilloskop die gleiche Erdung haben, wird ein Differenzialoszilloskop benötigt (*Abb. 8.39c*). Ein Differenzialoszilloskop zeigt wegen seiner Unterdrückung von Gleichtaktsignalen nur die Signaldifferenz zwischen seinen beiden Vertikaleingängen an. Das muss durch Kurzschließen der Leitungen am Netzteil überprüft werden. Wenn eine gerade Linie gezeichnet wird, ist der Messaufbau und der Abgleich in Ordnung. Werden Abweichungen festgestellt, unterdrückt das Oszilloskop nicht die Gleichtaktsignale und muss abgeglichen werden. Auch das Vorhandensein externer Fremdsignale kann geprüft werden. Hierzu wird das Netzgerät bei angeschlossenen Leitungen ausgeschaltet.

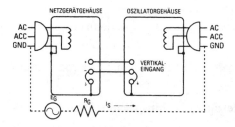

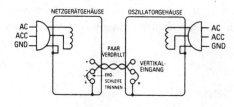

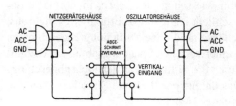

Abb. 8.39: Zur Messung von Welligkeit und Rauschen müssen etwaige Erdschleifen zwischen Netzgerät und Oszilloskop aufgetrennt werden.
a) Falsche Messmethode
b) Richtige Messmethode mit einem unsymmetrischen Messeingang
c) Richtige Messmethode mit einem Differenzial-Messeingang

Wenn in der Anzeige irgendein Signal festgestellt wird, resultiert dies aus einer Erdschleife oder aus induktiven Einkopplungen in die Oszilloskopleitungen.

Für das Messen von Gleichtaktrauschen (CMI-Rauschen) wird eine andere Messanordnung benötigt. Außerdem muss eine Differenzialmessung mit einer hinreichend großen Bandbreite von ca. 20 MHz vorgenommen werden.

Aus der *Abb. 8.40* ist der Messaufbau ersichtlich. Die Kondensatoren trennen von Gleichspannungen, die Widerstände dienen der Impedanzanpassung, damit stehende Wellen und Überschwingen unterdrückt werden. Die Widerstände müssen 2:1-Teilerwirkung haben. Dadurch müssen die abgelesenen Messwerte verdoppelt werden.

Außerdem muss darauf geachtet werden, dass die aus der Koaxialabschirmung herausstehenden Messleitungen so kurz wie möglich gehalten werden. Die Paare aus Trennkondensator und Reihenwiderstand sind direkt zwischen Kabelinnenleiter und Netzteilanschlüsse ohne zusätzliche Leitungen zu verbinden.

Zu vermeiden sind Erdschleifen, indem die Abschirmungen der beiden Koaxialkabel nicht an die Netzteilerdung angeschlossen werden.

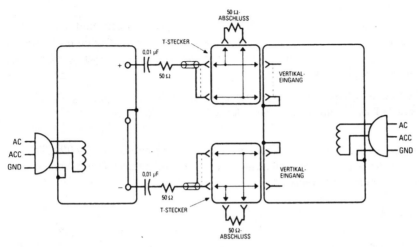

Abb. 8.40: Der richtige Messaufbau zum Messen von Störspitzen erfordert Gleich-spannungs-Blockkondensatoren und Impedanzanpasswiderstände.

8.21 Reflexionsmessungen an Verbindungs- und Übertragungsleitungen

Die Übertragung von Dateninformationen über Verbindungsleitungen gewinnt zunehmend für den Techniker an Bedeutung. Durch die hohen Übertragungsgeschwindigkeiten mit Frequenzen im MHz-Bereich wird die Übertragungsqualität der Daten weitestgehend durch die Verbindungsleitungen bestimmt. Und dies im Wesentlichen durch die Form und den Aufbau der Leitung und die Art der Ankopplung, bzw. der Anpassung an die Datenquelle (Senderausgang) und das Datenziel (Empfängereingang).

Auch der zunehmende Einsatz von Text-, Daten- und Bildverarbeitungssystemen führt zu einem steigenden Bedarf an innerbetrieblicher Kommunikation. Die Antwort darauf ist die Entwicklung von LAN (= Local Area Network), mit der Zielsetzung einer firmenweiten Kommunikation zwischen Datenendgeräten (Rechner, Terminals, Workstations, Drucker und Plotter) der unterschiedlichsten Hersteller.

LANs werden zusammen mit Datenverarbeitungsnetzen (DV-Netze) und Nebenstellenanlagen (PABX-Anlagen) unter dem Begriff „Inhouse-Netze" zusammengefasst. DV-Netze haben die Aufgabe, Datenendgeräte an zentrale Datenverarbeitungsanlagen anzuschließen.

Nebenstellenanlagen sind im Wesentlichen Telefonanlagen, die die mündliche Kommunikation intern und extern ermöglichen. Übertragungsmedien für Inhouse-Netze sind:

Verdrillte Kupferleitungen
Die verdrillte Kupferleitung (Twisted Pair) ist das preiswerteste und verbreitetste Übertragungsmedium in der Nachrichtentechnik. Fast das gesamte Telefonnetz besteht zum Beispiel aus verdrillter Kupferleitung. Für Inhouse-Netze müssen jedoch einige Nachteile in Kauf genommen werden:

- Hohe Empfindlichkeit gegen elektromagnetische Störungen.
- Begrenzte Übertragungsbandbreite oder -geschwindigkeit.
- Geringe Reichweite.

Deshalb sind in der Datenübertragung zunächst geschirmte Kabel (shielded Twisted Pair) verwendet worden. Zunehmend wird auch die vorhandene Telefonverkabelung zur Datenübertragung verwendet.

Koaxialkabel
Elektrisch bessere Medien sind die Koaxialkabel. In Inhouse-Anwendungen werden zwei Koaxtypen verwendet:

- 10-BASE-2-Kabel oder RG58-Kabel, dünnes, relativ flexibles Koaxialkabel mit einer Dämpfung von 8,5 dB auf 185m bei 10 Mbit/s.
- 10-BASE-5-Kabel oder Yellow-Cable, dickes Koaxialkabel mit einer Dämpfung von 8,5 dB auf 500 m.

Lichtwellenleiter
Die Nachteile der elektrischen Kabel entfallen, wenn Lichtwellenleiter (LWL) eingesetzt werden. In Inhouse-Netzen wird überwiegend ein Gradientenindex-LWL mit den Kernmaßen 50/125 µm verwendet. Damit lassen sich störsichere Netze bis zu 4,5 km aufbauen. Die Bandbreite beträgt ca. 450 MHz/km und die Dämpfung 3 dB/km. Noch größere Netze lassen sich mit Einmoden-Fasern realisieren. Mit der OYDE-L-1300 können zum Beispiel Strecken bis zu 20 km ohne Zwischenverstärkung überbrückt werden.

Charakteristische Größen für Leitungen sind:
- Der Wellenwiderstand,
- die Fortpflanzungskonstante
- und die Ausbreitungsgeschwindigkeit.

Die Übertragungseigenschaften werden durch folgende Größen gekennzeichnet:

- Die Dämpfung definiert die Abschwächung eines Impulses am Ende einer Leitung. Die Dämpfung ist von der Leitungslänge l und der Impulsfrequenz f abhängig. Mit zunehmender Frequenz und zunehmender Leitungslänge wird die Dämpfung größer. Die Dämpfung einer Leitung wird wie folgt definiert:

  $a = 20 \times \log \times u_E/u_A$.

  Für Leitungen wird für eine bestimmte Dämpfung keine obere Grenzfrequenz definiert.

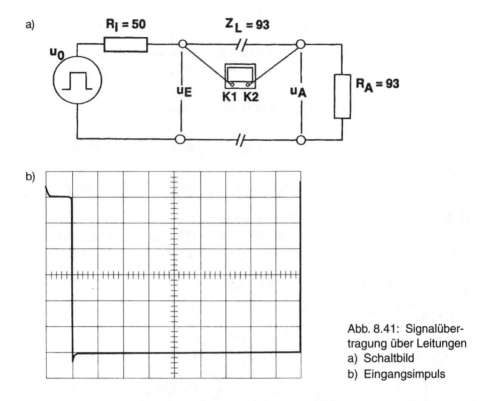

Abb. 8.41: Signalüber-
tragung über Leitungen
a) Schaltbild
b) Eingangsimpuls

In Datenblättern wird häufig für die Leitungslänge 100 m jeweils ein Dämpfungsmaß für unterschiedliche Frequenzen angegeben. Da eine Leitung jedoch ein Tiefpassverhalten aufweist, kann man die Definition der Grenzfrequenz eines Tiefpasses anwenden:

$f_{grenz} = 1/2 \, T_i$ (T_i = Anstiegszeit des Impulses).

- Die Signallaufzeit ist von der Ausbreitungsgeschwindigkeit v und der Leitungslänge l abhängig: $T = l/v$.
  Die maximale Ausbreitungsgeschwindigkeit ist die Lichtgeschwindigkeit. Sie wird im Vakuum erreicht ($\mu_r = 1$, $e_r = 1$)
- Einfluss auf den Reflexions- und Brechungsfaktor haben die in *Abb. 8.41a* dargestellten Größen.
  Am Eingang der Leitung wird ein Rechteckimpuls eingespeist. Nach der Signallaufzeit T hat er den Ausgang der Leitung erreicht. Dort wird ein Teil reflektiert ($u_{refl.}$) und ein Teil des Impulses gebrochen ($u_{gebr.}$). Die Energie des gebrochenen Anteils wird im Abschlusswiderstand R_A verbraucht. Der reflektierte Anteil $u_{refl.}$ erreicht nach der doppelten Signallaufzeit 2 T den Eingang der Leitung. Dort wird wiederum ein Teil reflektiert und ein Teil gebrochen. Die gebrochene Energie wird am Widerstand R_i verbraucht, usw.

Die folgende Aufstellung zeigt die Kennwerte von vier verschiedenen Kabeltypen:

Leitung	Signallaufzeit	Wirkwdst. R	Wellenwdst. Z	Geschw. v
Koax	3,8 ns/m	0,156 Ω /m	93 Ω	263 000
Flachb. 0,14 mm²	5,5 ns/m	0,264 Ω /m	120 Ω	181 000
LIYCY 4 × 0,75 mm²	5,8 ns/m	0,142 Ω /m	76 Ω	172 000
Verdrillte Telefonltg.	5,1 ns/m	0,126 Ω /m	115 Ω	97 000 km/s

Reflexionsmessungen an einem Koaxialkabel

Die folgenden Messungen wurden mit dem in *Abb. 8.41b* dargestellten Eingangsimpuls
des Rechteckgenerators an einem Koaxialkabel durchgeführt:

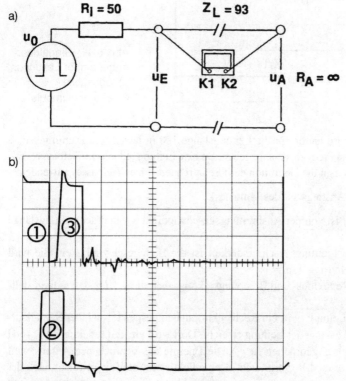

Abb. 8.42: Koaxialleitung ohne Abschluss
a) Messaufbau
b) Ein- und Ausgangsimpulse

Frequenz:	500 kHz
Periodendauer:	2 µs
Pulspausenverhältnis:	1:9
Pulsdauer:	200 ns
Amplitude:	6 V

Einstellungen am Oszilloskop:

Y-Eingangsteiler	–	1 V/Skt
Zeitablenkung	–	0,2 µs/Skt

Die *Abb 8.42a* zeigt den Messaufbau eines 30,8 m langen Koaxialkabels mit offenem Ausgang (Abschlusswiderstand unendlich).

Der Innenwiderstand R_i des Generators wurde bei diesem Messaufbau durch einen Reihenwiderstand auf die Größe des Wellenwiderstandes erhöht, so dass am Eingang des Kabels keine Reflexion mehr entsteht.

Die in *Abb. 8.42b* gemessenen Impulsverläufe am Eingang und am Ausgang der Leitung wurden mit folgenden Einstellungen am Oszilloskop gemessen:

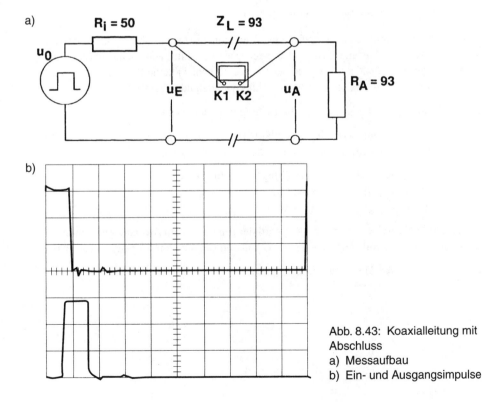

Abb. 8.43: Koaxialleitung mit Abschluss
a) Messaufbau
b) Ein- und Ausgangsimpulse

Y -Eingangsteiler Kanal 1 – 1 V/Skt (Eingang Leitung)
Y -Eingangsteiler Kanal 2 – 2 V/Skt (Ausgang Leitung)
Zeitablenkung – 0,2 µs/Skt

Die Amplitude des Signals am Ausgang der Leitung ist doppelt so groß, wie die des Eingangssignals, weil sich hinlaufendes und reflektiertes Signal überlagern.

Impuls (1) wird nach der Signallaufzeit am offenen Ende reflektiert (2) und erscheint als Impuls (3) nach der doppelten Signallaufzeit des Kabels wieder am Eingang.

Der Messaufbau in *Abb. 8.43*a zeigt die Leitung mit Abschlusswiderstand. Das Potentiometer am Ausgang wurde auf $R_A = Z_L = 93\ \Omega$ eingestellt.

Die in *Abb. 8.43b* gemessenen Impulsverläufe am Eingang und am Ausgang der Leitung wurden mit folgenden Einstellungen am Oszilloskop gemessen:

Y-Eingangszeiler Kanal 1 – 1 V/Skt (Eingang Leitung)
Y-Eingangsteiler Kanal 2 – 1V/Skt (Ausgang Leitung)
Zeitablenkung – 0,2 µs/Skt

Durch die Anpassung des Ausgangswiderstandes an den Wellenwiderstand des Kabels wird der Impuls nicht mehr reflektiert.

Die Amplitude des Signales wird halbiert (3 V).

Bei einem unbekannten Wellenwiderstand kann mit einem variablen Abschlusswiderstand der Wellenwiderstand bestimmt werden. Der Abschlusswiderstand wird so lange verändert, bis das Signal am Eingang der Leitung (Kanal 1) keine Reflexion mehr zeigt. Danach wird der Widerstandswert des Abschlusswiderstandes gemessen.

Der Messaufbau in *Abb. 8.44a* zeigt die Leitung mit kurzgeschlossenem Ausgang.

Die in *Abb. 8.44b* gemessenen Impulsverläufe am Eingang und am Ausgang der Leitung wurden mit folgenden Einstellungen am Oszilloskop gemessen:

Y-Eingangsteiler Kanal 1 – 1 V/Skt (Eingang Leitung)
Y-Eingangsteiler Kanal 2 – 1 V/Skt (Ausgang Leitung)
Zeitablenkung – 0,2 µs/Skt

Durch den kurzgeschlossenen Ausgang wird der Impuls (1) am Ausgang der Leitung mit Vorzeichenwechsel vollständig reflektiert (2) an den Eingang zurückgeschickt (Kanal 1).

Am Ausgang (Kanal 2) ist kein Signal sichtbar.

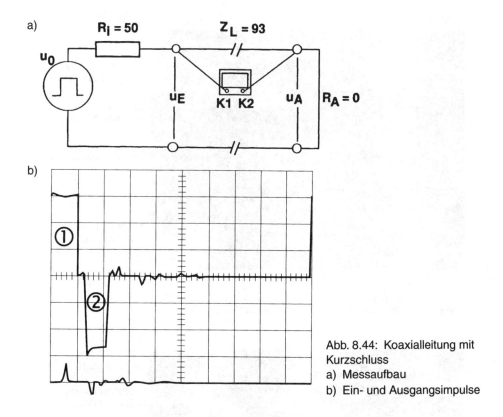

Abb. 8.44: Koaxialleitung mit
Kurzschluss
a) Messaufbau
b) Ein- und Ausgangsimpulse

8.22 Seltene Signale erfassen

Bei der Fehlerdiagnose oder bei der Funktionsprüfung einer Schaltung können die Trigger-Funktionsmöglichkeiten des Oszilloskops sehr von Nutzen sein. Bei der Möglichkeit für den Trigger ein Zeitlimit festzulegen, wird ein Trigger nur dann ausgelöst, wenn ein Signalereignis auftritt, das länger oder kürzer als der vorgegebene Wert ist.

Wenn z. B. bekannt ist, dass ein Strobe-Impuls mindestens 30 ns breit sein muss, dann muss das Oszilloskop so eingestellt werden, dass der Trigger bei einem Impuls von weniger als 30 ns ausgelöst wird. Die Trigger-Schaltung prüft alle Impulse, sofern der Impulsabstand mindestens so groß wie die Rücksetzdauer für die Trigger-Schaltung ist.

Wird der Trigger ausgelöst, liegt ein Problem vor. Wird der Trigger nicht ausgelöst, liegt kein Problem vor. In dieser Funktion kann ein Oszilloskop mehrere Zehnmillionen Ereignisse pro Sekunde verarbeiten.

In *Abb. 8.45a* triggert das Oszilloskop auf eine positive Flanke in Kanal 1, der Strobe-Impuls scheint richtig zu sein (Breite ≥ 30 ns).

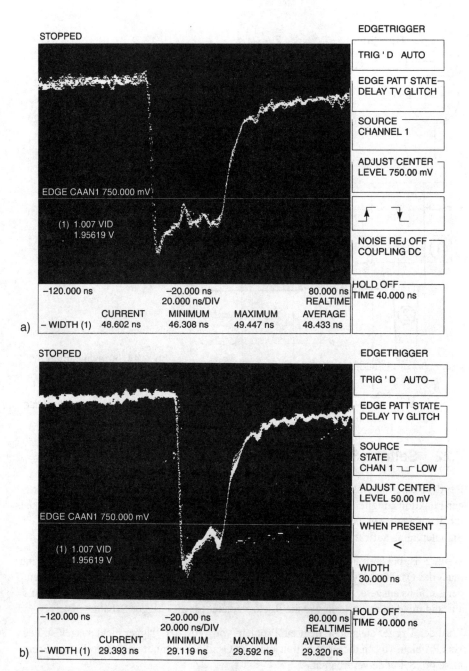

Abb. 8.45: Strobe-Impuls
a) nur scheinbar richtig gemessener Impuls
b) richtig gemessener Impuls

In *Abb. 8.45b* ist das Oszilloskop so eingestellt, dass es nur auf negative Impulse mit einer Breite von weniger als 30 ns triggert. Das Oszilloskop wurde getriggert, wodurch bestätigt ist, dass der Strobe-Impuls nicht immer richtig ist (Breite ≤ 30 ns).

8.23 Spannungs- und Stromverstärker

Bei der Überprüfung von Verstärkerstufen zur Übertragung von Sinusfunktionen sind neben der Signalform auch die Gleichspannungspotenziale an den einzelnen Elektrodenanschlüssen von Bedeutung.

Diese Spannungen geben Aufschluss über das Übertragungsverhalten der einzelnen Verstärkerstufen und ihre Funktion.

Versuch 1: Potenzialmessungen

An der in *Abb. 8.46* dargestellten linearen Verstärkerstufe werden zuerst die Gleichspannungen an den einzelnen Elektroden des Transistors gemessen. Daher darf kein Signal an den Eingang angeschlossen werden.

Am Kollektor muss die Hälfte der Betriebsspannung gemessen werden.

Somit ist die lineare Aussteuerung für die positve und negative Halbwelle der Sinusspannung gewährleistet.

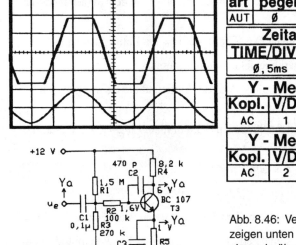

Trigger-				
art	pegel	kopplung	flanke	quelle
AUT	Ø	AC	–	INT

Zeitablenkung			
TIME/DIV	X-EXT	X-POS	X-MAGN
Ø,5ms	–	Ø	1

Y - Messeingang Kanal A				
Kopl.	V/DIV	Y-Pos.	Pol.	B.-A.
AC	1 V	Ø	+	ALT

Y - Messeingang Kanal B				
Kopl.	V/DIV	Y-Pos.	Pol.	B.-A.
AC	2 mV	–4	+	ALT

Abb. 8.46: Verstärkerstufe: Die Oszillogramme zeigen unten das Eingangssigal (Kanal B), oben ein übersteuertes Ausgangssignal (Kanal A)

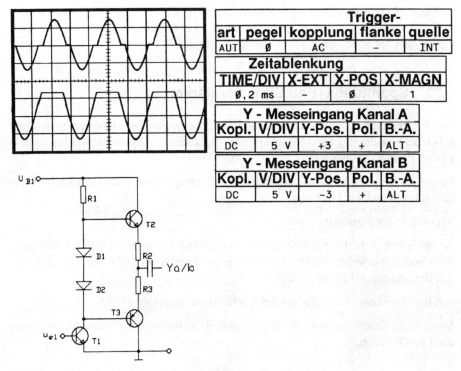

		Trigger-		
art	pegel	kopplung	flanke	quelle
AUT	Ø	AC	–	INT

Zeitablenkung			
TIME/DIV	X-EXT	X-POS	X-MAGN
Ø,2 ms	–	Ø	1

Y - Messeingang Kanal A				
Kopl.	V/DIV	Y-Pos.	Pol.	B.-A.
DC	5 V	+3	+	ALT

Y - Messeingang Kanal B				
Kopl.	V/DIV	Y-Pos.	Pol.	B.-A.
DC	5 V	–3	+	ALT

Abb. 8.47: Fehlerhafte Aussteuerung von Endstufen

Am Emitterwiderstand R5 ergibt sich eine Spannung entsprechend dem Widerstandsverhältnis R4/R5 bei 12 V.

Die Spannung an der Basis muss um ca. 0,6 V höher sein als die Emitterspannung.

Versuch 2: Bestimmung des Verstärkungsfaktors durch Messung

In diesem Versuch werden der Verstärkungsfaktor der Stufe und die Übertragungseigenschaften geprüft.

Daher wird eine Sinusspannung mit f = 800 Hz, u = 3,6 mV, am Eingang des Verstärkers angeschlossen.

Der Verstärkungsfaktor ergibt sich aus dem Verhältnis:

Ausgangsspannung/Eingangsspannung, v_u = 3,5 V/3,6 mV = 972.

Das Ausgangssignal muss in der Signalform dem Eingangssignal entsprechen.

Wenn die Amplitude des Eingangssignals erhöht wird, werden sich die Amplitudenspitzen am Ausgangssignal zunehmend begrenzen, d. h., das Signal wird größer als die 12 V Betriebsspannung.

Versuch 3: Messungen an Gegentaktendstufen

Die *Abb. 8.47* zeigt als Beispiel eine Gegentaktendstufe. Der Ruhestrom der Transistoren T2 und T3 wird durch den T1 bestimmt. Zu geringer Ruhestrom äußert sich durch einen Knick beim Nulldurchgang der Spannung (Signalbild Kanal A). In diesem Zustand leitet keiner der beiden Transistoren ohne Signal. Der Strom durch T1 muss erhöht werden, damit die Basis-Emitter-Spannung von T2 und T3 größer wird.

Kanal B zeigt eine Spannungsbegrenzung in der oberen Amplitudenhälfte.

Hier ist die Aussteuerung unsymmetrisch. Der Arbeitspunkt in der Stufe T1 muss geändert werden.

8.24 Ursachen von Störsignalen schnell diagnostizieren

In digitalen Systemen sind Störsignale, die durch Systemkomponenten verursacht werden, ein häufig auftretendes Problem. Ganz gleich, ob die Störung auf ein Schalt-

a)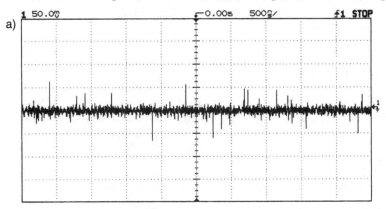

b)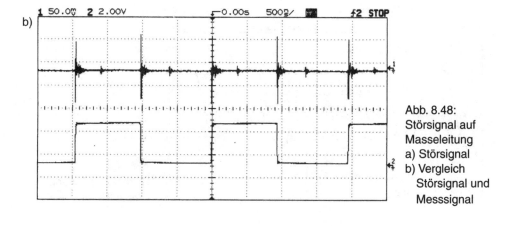

Abb. 8.48:
Störsignal auf
Masseleitung
a) Störsignal
b) Vergleich
   Störsignal und
   Messsignal

netzteil, Störimpulse aus der Bildschirm-Elektronik oder den Systemtaktgeber zurückzuführen ist, mit der hier beschriebenen Messtechnik lässt sich die Störungsursache eingrenzen.

Die Analyse von Störsignalen mit einem Oszilloskop ist nicht ganz einfach. In der Regel wird das Oszilloskop auf ein Funktionssignal triggern. Störsignale sind in der Amplitude so klein, dass ein Oszilloskop nur schwer direkt auf ein solches Signal triggern kann. Die *Abb. 8.48a* zeigt ein mit Störungen überlagertes Massesignal bei automatisch getriggertem Oszilloskop.

Daher muss man versuchen, auf das mutmaßliche Störsignal zu triggern (*Abb. 8.48b*). In diesem Beispiel wurde das 516-kHz-Taktgebersignal als Störquelle angenommen. Durch Triggern auf das Taktgebersignal (Kanal 2) und Darstellung des gestörten Massesignals auf Kanal 1 ergibt sich ein mit dem Störsignal synchroner Trigger. Mit Hilfe der Messkurvenmittelung können die unkorrelierten Rauschanteile des Störsignals unterdrückt werden. Das 516-kHz-Taktsignal ließ sich somit als Störsignal ermitteln.

Bei mehreren Störquellen können mit derselben Technik die Störkomponenten isoliert werden, die auf die einzelnen Quellen zurückzuführen sind, wobei die Anteile der unkorrelierten Rauschquellen durch die Messkurvenmittelung eliminiert werden.

8.25　Verzerrungsanalyse

Harmonische Verzerrungen sind bei linearen Verstärkern ein wohlbekanntes Problem (*Abb. 8.49a*). Die Beurteilung dieser Signalform ist Erfahrung, lässt aber keine quantitative Beurteilung zu.

Eine FFT-Messung ermöglicht die quantitative Auswertung von harmonischen Verzerrungen. In der *Abb. 8.49b* beträgt die Grundfrequenz des Messsignales 50 kHz. Der Pegel der zweiten Oberwelle von 100 kHz liegt um 17,8 dB unter dem Pegel der Grundfrequenz, womit die Verzerrung des Messsignales begründet ist.

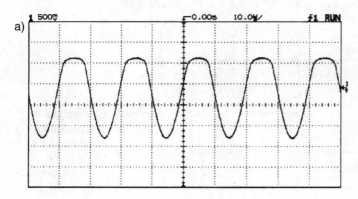

Abb. 8.49:
Signalverzerrungen
a) verzerrte Sinuswelle,

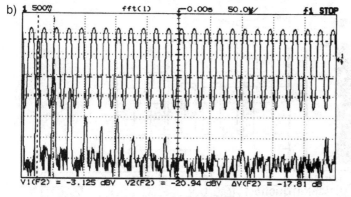

b)

V1(F2) = -3.125 dBV   V2(F2) = -20.94 dBV   ΔV(F2) = -17.81 dB

Abb. 8.49:
Signalverzerrungen
b) transformierte
Auflösung

Oszilloskope (DSO) mit FFT-Messfunktion ermöglichen einen schnellen Überblick über Zeit- und Frequenzbereiche mit quantitativer Amplitudenauswertung.

8.26 Videosignale an Fernsehgeräten und Monitoren

Das Oszilloskop ist zur Fehlersuche an Fernsehgeräten sozusagen von den Herstellern vorgeschrieben.

Damit diese Fehlersuche erleichtert wird, sind die wichtigsten Oszillogramme zu den entsprechenden Messpunkten in den Schaltungen der Gerätehersteller eingezeichnet. Mit dem Oszilloskop kann dann festgestellt werden, ob das betreffende Oszillogramm in der vorgegebenen Form und Amplitude dargestellt wird.

Alle im Fernsehgerät vorkommenden Impulsformen sind periodisch und zum 50-Hz-Netz synchron. Es bereitet daher keine Schwierigkeit, diese Oszillogramme zu messen. Auch ältere Oszilloskope mit einfachen Synchronisierschaltungen sind einsetzbar.

Oszillogramme, die Bildinhalte wiedergeben, beziehen sich auf ein von einem Farbbalkengenerator stammendes Signal, das dem Fernsehgerät über die Antennenanschlüsse zugeführt wird.

Beim Messaufbau für die Oszilloskope ist darauf zu achten, dass das Fernsehgerät vom Netz getrennt betrieben wird.

In den Unterlagen der Hersteller sind entsprechende Hinweise zu beachten! Bei Geräten ohne Netztrafo führt das Chassis ständig Netzspannung (Brückengleichrichter).

Bei Reparaturen unbedingt Trenntrafo benutzen und gültige Sicherheitsvorschriften beachten.

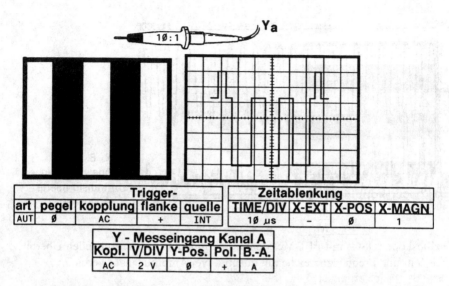

	Trigger-				Zeitablenkung			
art	pegel	kopplung	flanke	quelle	TIME/DIV	X-EXT	X-POS	X-MAGN
AUT	Ø	AC	+	INT	1Ø µs	–	Ø	1

Y - Messeingang Kanal A				
Kopl.	V/DIV	Y-Pos.	Pol.	B.-A.
AC	2 V	Ø	+	A

Abb. 8.50: Zeilenvideosignal an der Katode der Bildröhre

Versuch 1: Zeilenvideosignal

Entsprechend *Abb. 8.50* wird ein Fernsehgerät über einen Trenntransformator an das Netz angeschlossen. Ein Bildmustergenerator wird über den Antenneneingang des Fernsehgerätes angeschlossen. Über einen Tastteiler 10/1 wird der Y-Eingang des Oszilloskops mit der Katode der Bildröhre verbunden.

Das Fernsehgerät einschalten und den Bildmustergenerator auf ein vertikales Balkenmuster einstellen. Amplitude und Frequenz des Videosignals so einstellen, dass auf dem Fernseher das Balkenmuster entsprechend der Abbildung dargestellt wird.

Zeitablenkung des Oszilloskops im Bereich 20 bis 50 µs einstellen und Feinabstimmung von Y-Verstärkung und Zeitmaßstab (f = 15 kHz) vornehmen, bis das dargestellte Oszillogramm erreicht wird.

Ein Fernsehbild setzt sich aus 625 Zeilen zusammen, die pro Bild innerhalb von 40 ms über den Bildschirm gelenkt werden.

Die Zeilenfrequenz beträgt daher ca. 15,625 kHz, entsprechend einer Zeilendauer von 64 µs. Innerhalb von 53 µs wird der Bildinhalt (Helligkeitswerte) der Zeile dargestellt. In den verbleibenden 11 µs wird der Bildinhalt dunkel getastet (Zeilenrücksprung). Dieser Rücksprung wird durch die Anstiegsflanke des Zeilensynchronimpulses eingeleitet. Im Oszillogramm ist dies die Anstiegsflanke des ersten oberen Impulses. Dieser Impuls tritt 0,7 µs nach Aufzeichnung des Videosignales (Bildinhalt) einer Zeile auf. Diese Impulsperiode, in der die Bildröhre dunkel getastet wird, dauert 11,5 µs. Danach folgt das Videosignal der nächsten Zeile im unteren Impulspegel, entsprechend dem Balkensignal.

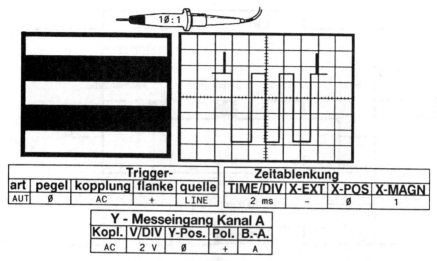

Trigger-					Zeitablenkung			
art	pegel	kopplung	flanke	quelle	TIME/DIV	X-EXT	X-POS	X-MAGN
AUT	Ø	AC	+	LINE	2 ms	–	Ø	1

Y - Messeingang Kanal A				
Kopl.	V/DIV	Y-Pos.	Pol.	B.-A.
AC	2 V	Ø	+	A

Abb. 8.51: Halbbildvideosignal an der Katode der Bildröhre

Die drei Impulspausen entsprechen den weißen Balken, die zwei Impulse den schwarzen. Danach folgt im oberen Impulspegel der nächste Synchronimpuls (Sender/Empfänger) mit etwa 5,8 µs Impulsbreite.

Mit dem Kontrasteinsteller am Fernsehgerät wird die Amplitude der Balkenimpulse im Bildbereich verändert.

Versuch 2: Videosignal für Halbbild

In diesem Versuch wird der Bildmustergenerator auf ein horizontales Balkenmuster eingestellt (*vgl. Abb. 8.51*) und das Fernsehbild auf dieses Videosignal abgestimmt.

Die Zeitablenkung wird auf das Bildsignal (50 Hz) eingestellt und auf ein stehendes Bild, entsprechend dem Oszillogramm abgeglichen.

Ein vollständiges Fernsehbild wird innerhalb von 40 ms aufgebaut.

Dabei werden im ersten Halbbild zuerst alle ungeradzahligen Zeilen übertragen, danach die geradzahligen in einem zweiten Halbbild.

In diesem Zeilensprungverfahren muss der Elektronenstrahl zweimal von oben nach unten über den Bildschirm gesteuert werden. Die Übertragung der Bildinformation eines Halbbilds erfordert 18,4 ms. Während der verbleibenden 1,6 ms ist die Bildröhre dunkel getastet. In dieser Zeitspanne liegt das Vertikal-Austastsignal. Dieses besteht aus einer Folge schmaler und breiter Impulse, die jedes neue Halbbild und jede neue Zeile, einschliesslich der 25 unsichtbaren Zeilen, zum richtigen Zeitpunkt synchronisieren.

Die unteren Impulse entsprechen den Bildinformationen des horizontalen Balkenmusters, die oberen Impulse sind die Synchron- und Austastimpulse.

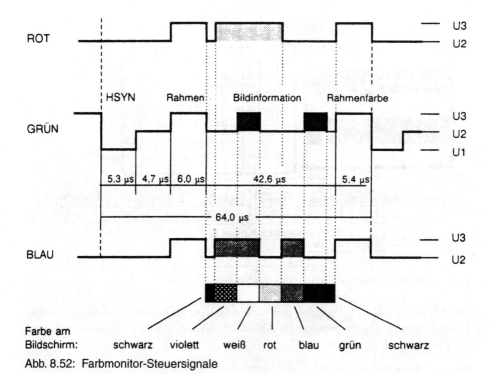

Abb. 8.52: Farbmonitor-Steuersignale

Wird der Bildmustergenerator durch den Antennenanschluss ersetzt und ein Fernsehsender eingeschaltet, dann wird sich die Bildinformation im unteren Oszillogrammbereich entsprechend den sich laufend ändernden Hell-Dunkel-Informationen ändern, während die Synchron- und Austastimpulse unverändert an der gleichen Stelle stehenbleiben.

Versuch 3: Steuersignale für Farbmonitore

Farbmonitore an Steuerungsanlagen werden an standardisierte serielle und parallele Schnittstellen angeschlossen.

Abb. 8.52 zeigt die Pegel- und Zeitverläufe der RGB/BAS-Signale.

Folgende Spannungen müssen mit dem Oszilloskop gemessen werden:

Spannung Videosignal	Monitor angeschlossen ohne –5 V (Stift 9), mit –5 V		Ohne Monitor	
			ohne –5 V	mit –5 V
U1	1,2 V	–0,6 V	2,4 V	–1,0 V
U2	1,4 V	–0,1 V	2,8 V	-0,2 V
U3	2,0 V	+1,0 V	3,9 V	+0,2 V

8.27 Übungen zur Vertiefung

1.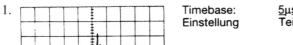

Timebase: Einstellung	5µs / Teil
Verstärkungs-Ampl.: Einstellung	3mV / Teil

Die Anstiegszeit beträgt ⬚⬚⬚⬚ ⬚⬚ µs

2.

Das Tastverhältnis der oszilloskopierten Spannung beträgt ⬚⬚⬚⬚, ⬚⬚

3.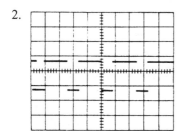

Ablenkkoeffizient: 10 V/Teil

Die Schwingungsbreite Δu (u_{ss}) des oben abgeleiteten Impulses beträgt

⬚⬚⬚⬚, ⬚⬚ V.

4.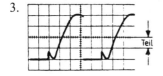

Ablenk-koeffi-zienten:

2 V/Teil
50 µs/Teil

Ein Oszilloskop zeigt diesen Spannungsverlauf. Die Impulsfolgefrequenz ist

⬚⬚⬚⬚, ⬚⬚ kHz.

5. 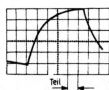   **Ablenkkoeffizient:**
5 μs/Teil

Die Ablenkzeit des oben abgebildeten Impulses beträgt ⎕⎕⎕⎕ , ⎕⎕ μs.

6. 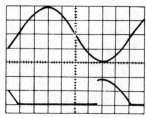 y_1

**Ablenk-
koeffizienten:**
y_1 : 20 V/Teil
y_2 :   1 V/Teil
    (invert)

y_2

Aus dem Oszillogramm entnimmt man für den Zündwinkel einen Wert zwischen:

A) 40°...45°   C) 70°...75°
B) 55°...60°   D) 85°...90°

7. Wie groß ist die Dachschräge des dargestellten Impulses?

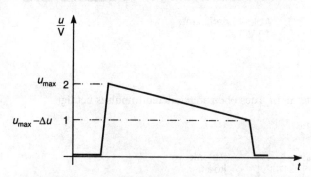

8. Das vorliegende Oszillogramm ist zu analysieren. Bestimme für $u_1(t)$, $u_2(t)$ Impulsfolgefrequenz und Pulsperiodendauer, für u_1 Tastverhältnis und Tastgrad, für u_2 Anstiegsgeschwindigkeit, Abfallgeschwindigkeit, Schwingungsbreite und Spannungszeitfläche zwischen t_1 und t_2 (Impulsdauer).

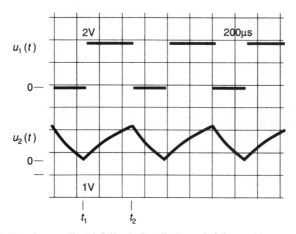

9. Bestimme die Abfallzeit für die Impulsfolge $u_2(t)$.
   Bestimme weiterhin Pulsperiodendauer und Impulsfolgefrequenz.

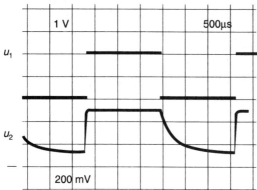

10. Wie groß ist das Überschwingen des obigen Impulses?

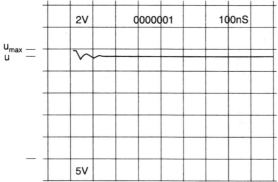

Lösungen ab Seite 216

Lösungen zu den Übungen

1.5.1 Bestimmung von Amplituden

Signalform	Ablenkkoeffizient	Rasterteile	Messwert
Sinus	1 V/DIV	4	(Beispiel) 4 V
Gleichspannung	1 mV/DIV	3	3 mV
Rechteck	50 mV/DIV	2	100 mV
Dreieck	0,2 V/DIV	3	0,6 V
Sinus	10 V/DIV	2	20 V
Gleichspanunng	0,5 V/DIV	4	2 V

1.5.2 Bestimmung von Periodenzeiten

Signalform	Ablenkkoeffizient	Rasterteile	Messwert
Sinus	0,1 s/DIV	5	(Beispiel) 0,5 s
Rechteck	5 ms/DIV	7	35 ms
Sinus	50 µs/DIV	1,5	75 µs
Dreieck	0,2 ms/DIV	6	1,2 ms
Sägezahn	50 ms/DIV	4,5	225 ms
Sinus	20 ms/DIV	3	60 ms

1.5.3 Bestimmung von Frequenzen

Messwert	Frequenz
25 ms	(Beispiel) 40 Hz
0,3 s	3,3 Hz
20 ms	50 Hz
0,1 µs	10 MHz
40 ms	25 Hz
25 µs	40 kHz

1.5.4 Effektivwertbestimmung

Messwert	Effektivwert
$U_{ss} = 40$ V	(Beispiel) 14,2 V
$U = 10$ V	10 V
$U_{ss} = 80$ mV	28,5 V
$U_s = 700$ mV	500 mV
$U_{ss} = 150$ mV	53,5 mV
Mischspannung:	
$U = 2$ V, $U_{ss} = 4$ V	3,4 V

1.5.5 Bestimmung von Spitze-Spannung und Spitze-Spitze-Spannung

Effektivwert		Spitze (U_S)	Spitze-Spitze (U_{SS})
Sinus	10 V	(Beispiel) 14 V	28 V
Sinus	20 mV	28 mV	56 mV
U =	25 V	———	———
Sinus	220 V	308 V	616 V
Sinus	238 V	333 V	666 V
Sinus	400 μV	560 μV	1120 μV

2.5.1 INTENS in linker Stellung (Strahlpunkt nicht hell genug)

2.5.2 FOCUS und ASTIGM

2.5.3 Y-POS; +5 V

2.5.4 X- und Y-POS

2.5.5 Die Strahlhelligkeit muss mit INTENS erhöht werden.
Die Zeitablenkung TIME/DIV muss auf langsamere Ablenkzeiten gestellt werden.

2.5.6 Y-POS und X-POS nach rechts drehen

3.5.1 Der Leuchtfleck liegt in der Mitte des Skalenrasters: x = 0, y = 0 sind seine Koordinaten

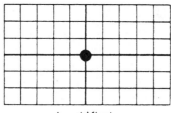

Leuchtfleck
$(x = 0; y = 0)$

Lösung zu Abb. 3.16

3.5.2

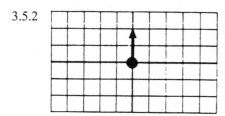

Lösung zu Abb. 3.17a

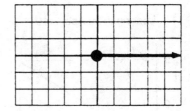

Lösung zu Abb. 3.17b

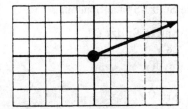

Lösung zu Abb. 3.17c

3.5.3 Beachten Sie dass sich gleichzeitig u_v von 2 V auf 0 V und
u_h von −5 V auf 3 V ändern.

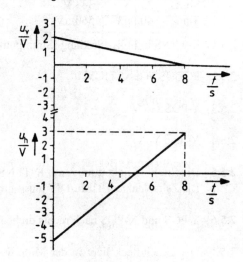

Lösungen zu Abb. 3.18b

3.5.4

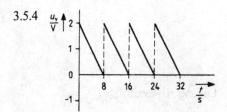

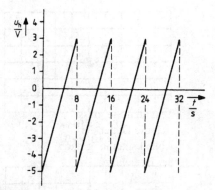

Lösungen zu Abb. 3.19

3.5.5

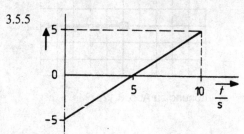

Lösungen zu Abb. 3.20c

3.5.6 a) Drei Teile. Beachten Sie, dass dieselbe Kurve dreimal durchlaufen wird.

b)

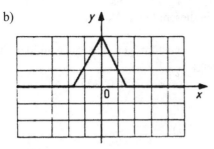

Lösung zu Abb. 3.21c

3.5.7 c) ist richtig

3.5.8 Der Leuchtfleck braucht eine Zeit von 500 ms = 1/2 s, um den gesamten Schirm zu durchqueren.
Die allgemeine Beziehung dieses Vorgangs ist:
Wenn der „Zeitkoeffizient" k_t auf Rs/Teil eingestellt wird, benötigt der Leuchtfleck t = (Rs/Teil) · *(X* Teile, um *X* Teile zu durchlaufen.

3.5.9 Der „Zeitkoeffizient" kt ist auf 3 s/10 Teile eingestellt. Das entspricht 0,3 s/Teil

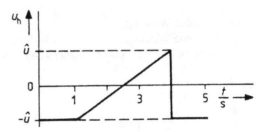

Lösung zu Abb. 3.23

3.5.10 Beachten Sie, dass sich die Dauer der Ablenkspannung nach der Beziehung:
$t = kt · X$
$= 0,1$ s/Teil · 10 Teile
$= 1$ s ergibt.

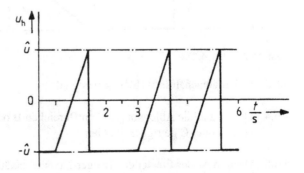

Lösung zu Abb. 3.24b

3.5.11 a) Der Sägezahngenerator wird alle 4 s getriggert.
b) In den Zeiten $t = 0$s, $t = 3$ s bis $t = 4$ s, $t = 7$ s bis $t = 8$ s, $t = 11$ s bis $t = 12$ s.
c) Der „Zeitkoeffizient" beträgt in diesem Fall 0,3 s/Teil.

3.5.12 Der Leuchtfleck bleibt nach einer impulsförmigen Bewegung auf der Nulllinie stehen, aufgrund der AC-Kopplung.

3.5.13 X = 1,6 Teile
Y = 4 Teile

3.5.14 c (d, wenn das Tastverhältnis nicht 1/1)

3.5.15 $U_{ss} = 40$ V

3.5.16 8×5 µs = 40 µs, f = 1/40 µs = 25 kHz

3.5.17 5 V : 10 = 500 mV : 2,5 = 200 mV = 0,2 V/DIV

3.5.18 t = 1/f = 1 ms : 5 = 0,2 ms/DIV

3.5.19 0,5 s/DIV

4.6.1 a) Keine Wirkung.
b) Keine Wirkung.
c) In diesem Fall wird die Ablenkung von neuem beginnen.

4.6.2

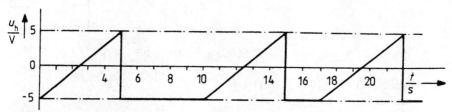

Lösung zu Abb. 4.15b

4.6.3 a) Triggerschaltung   b) Triggersignal

4.6.4 Dann kann die Ablenkung in den Bereichen B oder D, nicht aber in den Bereichen A oder C getriggert werden.

4.6.5 Dazu muss der Einsteller „Trigger-Niveau" betätigt werden.

4.6.6 Triggerung ist bei den Einstellungen L2 und L3 für das „Trigger-Niveau" möglich.

4.6.7 a) – (negativ)
b) 0
c) 0,3 ms/Teil

4.6.8 a) $t = 3$ ms
b) $t = 7$ ms
c) Der vorhergehende Ablenkvorgang war noch nicht beendet.

4.6.9

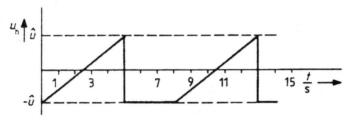

Lösung zu Abb. 4.21b

4.6.10 Beachten Sie, dass 5 s (5/4 Perioden) auf dem Bild erscheinen.

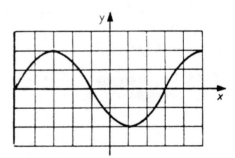

Lösung zu Abb. 4.22

4.6.11

Punkt	1	2	3	4	5	6
Flanke	+	+	–	–	–	+
Niveau	0 V	1 V	1 V	0 V	–1 V	–1 V

4.6.12

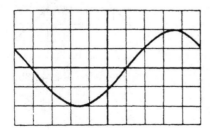

Lösung zu Abb. 4.24

4.6.13 a) Automatik　　c) Automatik
　　　　b) Normalbetrieb　d) Einzelauslösung

4.6.14 a) Die Ablenkung wird 50mal getriggert.
　　　　b) Die Ablenkung wird 25mal getriggert.

4.6.15 Nein, es erscheint kein stabiles Bild auf dem Schirm.
　　　　Die Ablenkung beginnt immer an verschiedenen Punkten innerhalb einer Periode.

4.6.16 Der „Trigger-Quelle"-Schalter muss in Position „Intern" gebracht werden.

4.6.17

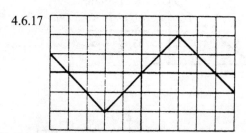

Lösung zu Abb. 4.27c

4.6.18 a) Es wird getriggert, wenn $u_V = 1\,V$
　　　　　mit negativer Steigung ist.

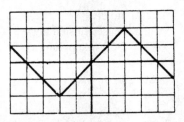

Lösung zu Abb. 4.28a

　　　　b) Es wird getriggert, wenn $u_V = 1\,V$
　　　　　mit positiver Steigung ist.

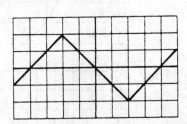

Lösung zu Abb. 4.28b

4.6.19 Zwei Lösungen sind möglich:

1. a) dem Vertikal-Eingang
   b) dem externen Trigger-Eingang
   c) „Extern"
   d) (+)
   e) 0
   f) 0,2 ms/Teil

2. a) dem externen Trigger-Eingang
   b) dem Vertikal-Eingang
   c) „Extern"
   d) (–)
   e) 0
   f) 0,2 ms/Teil

4.6.20

Vertikal-Eingang	Externer Trigger-Eingang	Richtige Einstellung des „Trigger-Quelle"-Schalters	
100 Hz	nichts	Line; INT	(a)
56 Hz	28 Hz	INT; EXT	(b)
140 Hz	60 Hz	INT	(c)
1190 Hz	Gleichspannung	INT	(d)

4.6.21 Der Gleichspannungsanteil des Triggersignals beeinflusst die Ablenkung nicht, wenn der Ankopplungsschalter auf AC steht.

4.6.22 a) auf DC
   b) Diese Einstellung ist nicht möglich, weil bei Frequenzen unter 16 Hz die DC-Ankopplung verwendet werden muss.

4.6.23

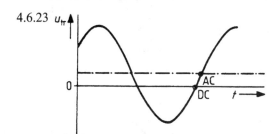

Lösung zu Abb. 4.30

4.6.24 a) (+)
   b) 0
   c)... weil der Wechselspannungsanteil derselbe geblieben ist wie vorher.

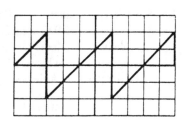

   d) Lösung zu Abb. 4.31b

4.6.25 a) Weil der Gleichspannungsanteil am Vertikal-Eingang gleich geblieben ist.

b) Weil die Ablenkung zu einem anderen Zeitpunkt getriggert wird.

c)

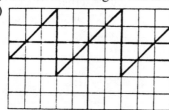

Lösung zu Abb. 4.32b

4.6.26

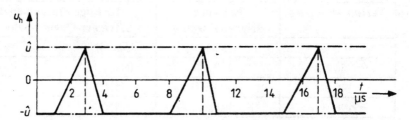

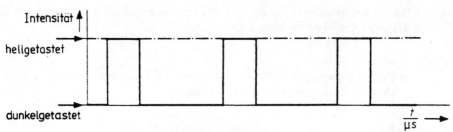

Lösung zu Abb. 4.33

4.6.27

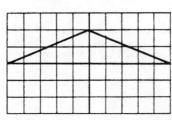

Lösung zu Abb. 4.34

4.6.28 Nach Umschalten der „Dehnung" auf das Fünffache braucht er t = 4 ms. Da der Zeitkoeffizient nicht verändert wurde, ist der Ablenkvorgang der gleiche geblieben. Durch die fünffache „Dehnung" kann jetzt nur 1/5 dieses Ablenkvorgangs auf dem Schirm sichtbar werden, und das geschieht während 1/5 der Zeit, die der gesamte Ablenkvorgang beansprucht.

$$\frac{2\,\text{ms/Teil}}{5} = 0{,}4\,\text{ms/Teil}$$

5.3.1 Im alternierenden Betrieb
Begründung: Die Messfrequenzen sind für den Chop-Betrieb zu hoch.

5.3.2 Die Chop-Betriebsart

5.3.3 AC AC + –   ADD

5.3.4 DC DC + –   ADD

6.3.1 z. B. A: Darstellung langsamer Signalabläufe
         B: Festhalten von einmaligen Signalen
         C: Erkennung von Amplitudenschwankungen

6.3.2 z. B. A: Bistabiles Speicherverfahren
         B: Monostabiles Speicherverfahren

6.3.3 Einstellbare Nachleuchtdauer
6.3.4 Integration der Speicherladungen

7.4.1 z. B. A: Bildschirm ausdrucken
         B: Systemsteuerung (Remote-Betrieb)
         C: Komplexe und qualifizierte Triggerung
         D: beliebig lange Speicherung
         E: Vergleich mit Referenzsignal u. a.

7.4.2 siehe folgende Abbildung

7.4.3 siehe folgende Abbildung

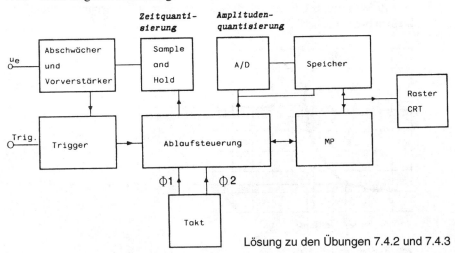

Lösung zu den Übungen 7.4.2 und 7.4.3

7.4.4 Beim DSO wird nach dem Abschwächer und Vorverstärker das Signal abgetastet,
d. h., es werden Augenblickswerte (Samples) einem A/D-Wandler zugeführt.

Die Digitalisierung ist das Zusammenwirken von Zeit- und Amplitudenquantisierung. Die Zeitbasis ist als Taktgenerator ausgeführt, dessen Impulse für S/H, A/D, Speicher und Mikroprozessor benutzt werden. Sind die Daten einmal gespeichert, können sie mit einem Rechner beliebig rekonstruiert und kombiniert werden.

7.4.5 Bei einer Abtastrate >2f unterscheidet sich das rekonstruierte Signal in Amplitude, Phase und Frequenz. Es kann zum Ursprung kein gültiger Bezug hergestellt werden. Eine Abtastrate <4f erzielt gute Ergebnisse für sinusförmige Parameter, dagegen gibt es bei impulsförmigen Signalverläufen und modulierten Spannungen größere Messfehler.

7.4.6 PRE-Triggerung:
Es werden Signalereignisse erfasst, die vor dem Triggereinsatz kommen.
POST-Triggerung:
Signalereignisse werden erfasst, die nach dem Triggereinsatz kommen.
Center-Triggerung:
Signalereignisse vor und nach dem Triggereinsatz werden erfasst.

7.4.7 Die Triggerung von Signalen über mehrere Messkanäle mit zusätzlicher Verzögerungseinstellung.

7.4.8 $U_{eff.} = 3{,}5$ V

8.27.1 Die Anstiegszeit eines Impulses ist die Zeit, die vergeht, bis die Impulsspannung von 10 % des Endwerts bis auf 90 % angestiegen ist. Überschwingamplituden bleiben hierbei unberücksichtigt.

$$t_r = 2 \text{ Teile} \cdot \frac{5\,\mu s}{\text{Teil}} = 10\,\mu s$$

Richtig sind Ergebnisse zwischen 8 µs und 12 µs.

8.27.2 Nach DIN 5488 ist das Tastverhältnis T/τ, *wobei* T = Periodendauer und τ= Impulsdauer.
Bei T = 2,5 Teilen und τ = 1,6 Teilen wird das Tastverhältnis 2,5/1,6 = 1,56
Richtig sind Ergebnisse zwischen 1,45 und 1,65.

8.27.3 U_{ss} = 4,2 T · 10 V = 42 V

8.27.4 T = 4 · 50 μs = 200 μs

$$f = \frac{1}{T} = \frac{1}{200\,\mu s} = \frac{1}{0,2\,\mu s} = 5\,kHz$$

8.27.5 $2,75\,T \cdot 5\,\mu s \approx 13,6\,\mu s$

8.27.6 C mit 70°...75° ist richtig.

8.27.7 Dachschräge $= \dfrac{\Delta\mu}{u_{max}} = \dfrac{1\,V}{2\,V} = 0,5 = 50\%$.

8.27.8 Die eingeblendeten Zahlenwerte geben die Ablenkkoeffizienten an, d. h. für

$$u_1 = 2\frac{V}{Teil}, \quad u_2 = 1\frac{V}{Teil} \quad \text{und t}: \frac{200\mu s}{Teil}$$

Für $u_1(t)$, $u_2(t)$:

Pulsperiodendauer $T \approx 3,65\,\text{Teile} \cdot 200\dfrac{\mu s}{Teil} \approx 730\,\mu s = 0,73\,ms$

Impulsfolgefrequenz $f = \dfrac{1}{T} \approx \dfrac{1}{0,73\,ms} \approx 1,4\,kHz$

Für $u_1(t)$:

Tastverhältnis $\alpha = \dfrac{T}{\text{Im pulsdauer}} \approx \dfrac{0,73\,ms}{2,02\,\text{Teile} \cdot 0,2 \cdot \frac{ms}{Teil}}$

$$\alpha = \frac{0,73\,ms}{0,41\,ms} \approx 1,8$$

Tastgrad $\dfrac{1}{\alpha} \approx \dfrac{1}{1,8} \approx 0,56$

Für $u_2(t)$:

Schwingungsbreite $\Delta u_2 \approx 1,4\,\text{Teile} \cdot 1\dfrac{V}{Teil} = 1,4\,V$

Anstiegsgeschwindigkeit $v_{au+} = \dfrac{\Delta u2}{\text{Im pulsdauer}} \approx \dfrac{1,4\,V}{0,41\,ms} \approx 3,4\dfrac{V}{ms}$

Abfallgeschwindigkeit $v_{au-} \approx \dfrac{1,4\,V}{(0,73-0,41)\,ms} = \dfrac{1,4\,V}{0,32\,ms} \approx 4,4\dfrac{V}{ms}$

Spannungszeitfläche ergibt sich als Dreiecksfläche mit $A = \Delta u_2 \dfrac{t_2 - t_1}{2}$,

wenn Anstiegsflanke durch Gerade angenähert wird.

$$A \approx \frac{1,4\,V \cdot 0,41\,ms}{2} \approx 0,29\,V\,ms.$$

8.27.9 Mit ist die Zeitdauer zwischen

$$u_2 = \Delta u_2 \approx 1,9\,\text{Teile} \cdot 200\,\frac{mV}{\text{Teil}} = 0,38\,V \quad 0,34\ V \text{ und } u_2 = 0,04\ V \text{ zu bestimmen.}$$

Dies führt auf

$$t_f \approx 2\,\text{Teile} \cdot 0,5\,\frac{ms}{\text{Teil}} = 1\,ms.$$

Pulsperiodendauer $T \approx 6,7\,\text{Teile} \cdot 0,5\,\dfrac{ms}{\text{Teil}} = 3,35\,ms.$

Impulsfolgefrequenz $f = \dfrac{1}{T} \approx 298\,Hz$

8.27.10 $\dfrac{u_{max} - u}{u} \approx \dfrac{5\,\text{Teile} \cdot 2\,\frac{V}{\text{Teil}} - 4,6\,\text{Teile} \cdot 2\,\frac{V}{\text{Teil}}}{4,6\,\text{Teile} \cdot 2\,\frac{V}{\text{Teil}}} = \dfrac{5 - 4,6}{4,6} \approx 0,087 = 8,7\%.$

Sachverzeichnis

Dieses Buch gliedert sich in zwei Teile. Der erste Teil behandelt einfache Standardschaltungen der Digitaltechnik, während der zweite Teil Standardschaltungen der Analogtechnik zum Inhalt hat. In vielen Applikationen der Digital- und Analogtechnik finden sich immer wieder dieselben relativ einfachen Grundbausteine. Um an die Schaltungen dieser Grundbausteine heranzukommen, muss der Entwickler und Hobby-Elektroniker eine Menge Fachbücher wälzen. Dieses Buch soll ihm diese lästige Sucherei abnehmen, sodass er auf die Schnelle eine Lösungsmöglichkeit für sein individuelles Entwicklungsproblem findet.

Standardschaltungen der Digital- und Analogtechnik

2007; ca. 300 Seiten

ISBN 978-3-7723-**4198-4**

€ **29,95**

Besuchen Sie uns im Internet – www.franzis.de

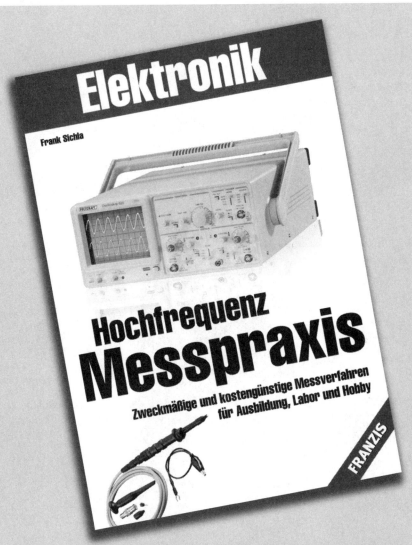

Das vorliegende Fachbuch soll mehrere Zwecke erfüllen: Zum einen soll es einen Überblick über das interessante und schnell wachsende Gebiet der elektrischen Direktantriebstechnik geben. Zum anderen soll es in den Bereich der Regelung von elektrischen Direktantrieben einführen. Dabei wurde auf eine leicht verständliche Darstellung der Materie geachtet. Es werden Maßnahmen und die dazugehörigen theoretischen Grundlagen beschrieben, mit welchen auf elektronischem Wege im Servoverstärker eine Optimierung der Prozessqualität und eine Vereinfachung der Inbetriebnahme erreicht wird.

Elektrische Direktantriebe

Josef Gießler; 2005; ca.100 Seiten

ISBN 978-3-7723-**5007-8**

€ **29,95**

Besuchen Sie uns im Internet – www.franzis.de